U0332724

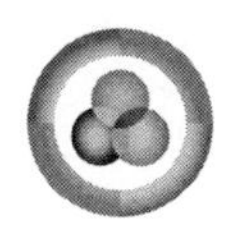

材料基因组工程丛书

2

氢键规则六十条

□ 孙长庆　黄勇力　张 希　著

高等教育出版社·北京

图书在版编目（C I P）数据

氢键规则六十条 / 孙长庆，张希著．-- 北京：高等教育出版社，2019.8

（材料基因组工程丛书）

ISBN 978-7-04-051928-0

Ⅰ.①氢…　Ⅱ.①孙…②黄…③张…　Ⅲ.①氢键　Ⅳ.①O641.2

中国版本图书馆CIP数据核字（2019）第083486号

策划编辑　刘剑波　　责任编辑　刘占伟　　封面设计　王　琰　　版式设计　徐艳妮
插图绘制　于　博　　责任校对　刘娟娟　　责任印制　韩　刚

出版发行　高等教育出版社
社　　址　北京市西城区德外大街4号
邮政编码　100120
印　　刷　北京汇林印务有限公司
开　　本　787 mm×1092 mm　1/16
印　　张　32.75
字　　数　680千字
插　　页　28
购书热线　010-58581118

咨询电话　400-810-0598
网　　址　http://www.hep.edu.cn
　　　　　http://www.hep.com.cn
网上订购　http://www.hepmall.com.cn
　　　　　http://www.hepmall.com
　　　　　http://www.hepmall.cn
版　　次　2019年8月第1版
印　　次　2019年8月第1次印刷
定　　价　179.00元

本书如有缺页、倒页、脱页等质量问题，请到所购图书销售部门联系调换

物 料 号　51928-00

献给我们的至爱

天下莫柔弱于水,而攻坚强者莫之能胜

——老子(公元前571—公元前471)

如果这个星球上有什么魔幻,那它只能在水中

——洛伦·艾斯利(1907—1977)

真理的最明显特征就是简单

——赫尔曼·布尔哈夫(1668—1738)

简化就是舍弃那些复杂的表象而直指问题的本质

——威廉姆·奥卡姆(1285—1347)

化学键的属性是链接物质结构和性能的桥梁

——鲍林《化学键的本质》,1939

控制键与非键的形成与弛豫以及相应的电子转移、极化、局域化、致密化动力学是调制物质结构和性能的唯一途径

——孙长庆《化学键的弛豫》,2014

O:H—O 氢键非对称耦合振子对的受激协同弛豫及其分段比热差异主导冰水的单晶结构和超常自适应、自愈合、强记忆、高敏感等特性

作者简介

孙长庆，辽宁葫芦岛人。澳大利亚默多克大学1997年理学博士。现任职于新加坡南洋理工大学，并客座于长江师范学院。主攻超常配位键和非键电子学。首创多场键弛豫和氢键耦合振子对理论，并拥有多项计量谱学专利。著有《化学键的弛豫》《水合反应动力学》《电子声子计量谱学》等中英文专著，并在《化学评论》等期刊发表了20余篇专述。曾获夸瑞兹密一等奖和首届南洋科技创新奖。

黄勇力，湖南常德人。湘潭大学2013年工学博士。现任职于湘潭大学。研究兴趣为物理力学、氢键耦合振子对作用势、氢键受激弛豫振动力学、水合反应等。合著《化学键的弛豫》《水合反应动力学》《电子声子计量谱学》和英文版《材料的宏微观力学性能》。

张希，河南洛阳人。新加坡南洋理工大学2013年理学博士。现任职于深圳大学。研究兴趣为表面界面力学、微纳光电传感、石墨烯纳米带边界量子钉扎与极化、氢键受激弛豫的量子计算等。曾获深圳市海外高层次人才计划奖励。

序

水是一切生命的起源和重要组成部分——如果没有水，生命既不能维持也不能繁衍。它虽然简单但很神奇，柔软但具有韧性，纯洁但很高贵。水象征着善良、智慧、忠诚、健康、财富、兴旺。老子曾经用水来描述人类高尚品德的标准：上善若水，利万物而不争。处众人之所恶，故几于道。

水对任何微扰譬如生物信号、电磁辐射、外界约束或激励是如此的敏感而使其在史上留下了不计其数的浪漫奇迹和不解悬疑。日本江本胜博士在他的《水知道的秘密》以及系列丛书中描绘了意念、声音、音乐节奏等对结冰形态的影响。美国詹姆斯·布朗瑞奇博士花了10余年时间做了20多个实验以寻找控制姆潘巴效应的关键因素(热水比冷水结冰快的现象是由亚里士多德在公元前350年首先发现的)。另外，作为《水》期刊的创刊人，华盛顿大学格拉德·波拉克教授提出在亲水界面存在一个区域——《水的第四相》，并推断这个相是由三配位的 H_3O_2 层状网格经过面间滑移形成的，在常温下呈胶体状态，具有排斥杂质和微生物以及分离电荷的能力。这个相有别于常见的气、液、固相而主导水的许多奇异现象。由于水的超强敏感性和各种神奇特性，人们总是把它附以某种神秘色彩而尊为神的使者，具有智慧和灵性——唯有上帝才知道水的秘密。

英国 *Nature* 期刊前资深编辑菲利普·鲍尔曾经指出，水实在是太神奇、太反常、太具有挑战性了。他甚至断言根本就不可能有人真正知道水的秘密。水的多变相结构和反常物理性能吸引了无数的智慧头脑试图厘清它的运行规律，其中包括阿基米德、弗兰斯·培根、瑞恩·笛卡儿、托马斯·开尔文、艾萨克·牛顿、西蒙·泊松、托马斯·杨、皮埃尔·拉普拉斯、卡尔·高斯、弗兰兹·霍夫梅斯特、威廉·阿姆斯壮、约翰·莱顿弗罗斯特、吉伯特·路易斯、莱纳斯·鲍林等诸多先贤和先哲。1611年，伽利略与卢多维科·哥伦布在意大利佛罗伦萨面对诸多社会名流贤达首次点燃了长达3天的关于浮冰机理的激烈辩论。他们从浮力定律、表面张力和质量密度等不同角度的争辩延续至今。1859年，迈克尔·法拉第、詹姆斯·福布斯、约西亚·吉布斯、詹姆斯·汤姆森(开尔文勋爵)和他的弟弟威廉·汤姆森开始了持续几年的关于复冰机理和超润滑现象的讨论(复冰即冰在受压时熔点降低但在压力撤除后熔点还原)。后来，人们从压致熔融、摩擦生热以及表面水分子的类轴承效应等角度试图解释冰的这些悬疑，但至今没有定论。

美国 *Science* 期刊在纪念创刊 125 周年之际将“水的结构”列为人类亟需解决的 125 个难题之一。2012 年，英国皇家化学学会组织了一场有 22 000 个团队和个人参加的竞赛，并奖赏能够合理解释姆潘巴佯谬的人。最后，热对流和过冷的定性解释胜出。国际纯粹与应用化学联合会于 2005 年在意大利比萨集结了 30 多名专家学者修订氢键的定义，并在 2011 年达成共识，正式发表。最终定义 O∶H 或者 H—O 为氢键，而令人遗憾地忽略了两者之间的强关联耦合作用。为纪念伽利略与哥伦布浮冰辩论 400 周年，25 名智者重聚佛罗伦萨，用了一个星期时间专门讨论水的未解之谜，然而激烈的争论无果。人们引用当年马克·吐温的名言打趣——威士忌是用来饮用的而水是用来吵架的。

美国物理学会主办的 *Reviews of Modern Physics* 在 2016 年 2 月发表的一篇文章重申，人们对水的研究最多，但知之最少；研究投入越多，手段越先进，认知却越迷茫。常规的液体-固体相变理论对水失灵；量子理论计算仅能与部分实验观测结果相符。美国化学学会于同年同月在 *Chemical Reviews* 出版的关于水的专辑也有相应的论述。通过会议观察和文献阅读，笔者也感触颇深。当前的现状是：一种现象伴随着多种理论解释，且各执其词。就某一专题达成共识，似乎尚需时日。然而，建立一种能够统一冰水本质及其运行规律的简捷理论，是科学研究的真谛所在。

人们通常把水分子类比成刚性或弹性偶极子并作为基本结构单元，用以研究它们在偶极子海洋中的相互作用以及时空行为。除经典连续介质论外，分子时空论、质子量子论、氢键弛豫极化论已经成为认知主流。从某一特定角度出发，各种理论都构思合理且表述正确，但难免有其时代认知的局限性。当前亟需融合这些理论以揭示表观现象背后隐藏的共同机制。尽管如此，所有的努力对水科学研究进展都作出了不可磨灭的贡献，也奠定了笔者研究成果的基础。我们尊重所有的艰辛付出，珍惜所有的研究成果，以敬畏和朝拜之心，探索其究竟。

系统地破解水的结构和反常物性悬疑的挑战提示我们必须从源头重新思考。当某问题久思而不得其解时，一定是由于某种原理上的缺陷或对关键因素的忽视。所以，必须对思维方式与研究方法进行革新。作为新的尝试，在原理上，我们将传统的水分子偶极子间相互作用机理转换到“分子间和分子内的氢键(O∶H—O)强耦合”作用；将源头的“质子隧穿失措”转换到“氢键分段受激协同弛豫”；引入氢键分段比热差异的概念。在处理方法上，用有一定厚度的表皮取代零厚度表面；用高有序强涨落的分子“单晶”取代液态非晶；用多变量的关联效应和统计平均取代单变量精确求解；用计量谱学分析取代实验谱学测量。我们采用一条耦合氢键代表样本中所有的同类，并专注于这条氢键各段的时空与能量的受激演变，以及其对可测物理量的贡献。这种思维方式和处理方法的改变，使我们能够系统地验证氢键分段协同弛豫、非键电子极化和分段比热差异理论对描述冰水反常物性的充分有效性。

笔者早年对氧吸附的研究揭示，在与任何电负性较低的原子反应过程中，一个氧原子依次从其近邻的两个原子分别俘获一个电子后杂化它自身的 $2sp^3$ 电子轨道，然后通过两条极性共价键和两条被孤对电子所占据的非键定向轨道与近邻原子结合，而形成二重对称的四配位结构。无论是在气态、液态，还是固态，水分子的四配位构型都保持唯一。北京大学的同仁用高真空扫描隧道显微镜在5 K温度下证实氧的杂化轨道的稳定性。如果所考虑的样本中包含 N 个氧原子，那么这个样本就有 $2N$ 个与氧键合的质子和 $2N$ 个属于氧的孤对电子“ ：”，它们只能以 O：H—O 键方式组合。氢键是冰水的唯一基本结构和能量存储单元，并通过长度的弛豫存储和释放能量。即使在受激情况下，O：H—O键的基本构型和空间取向依然守恒，而单分子大角度转动和质子在近邻水分子间的平移隧穿将受到能量的限制。唯一可变的是氢键的键角、取向、分段长度和能量、耦合强度的弛豫和涨落，正是这些弛豫决定了冰水的物性，而涨落只是耗散些许能量。

需要澄清的是氢键是通过 O-O 分子间排斥对 O：H 非键和分子内 H—O 极性共价键的耦合，而不是它们的任一个体。作为振子对，氢键包含超短程、非对称的三体作用。正是这些一直被忽略的氢键的强关联作用主导着冰水在面对任何程度的微扰和辐射时所显示的超常自适应、自愈合、强记忆和高敏感等特性。氢键的非对称(分别为 ~0.1 eV 和 ~4.0 eV的结合能)和 O-O 的强关联使水分子作为一个整体在一定的范围内不停地振动以逼近其理想的统计平均结构，而质子很难在两个氧之间发生博奈尔-富勒隧道贯穿(OH_3^+：OH^- 超离子瞬态)或鲍林的“两进两出”的表观位置失措。事实上，一个质子贯穿 1 Å 厚度和 10^{-4}eV 高度的势垒的概率仅为 5%，但通过断键实现质子-孤对电子易位需要至少 4~5 eV 的能量或吸收~121.6 nm 波长的激光。而由分子集体转动引起表观的质子易位或隧道贯穿和位置失措则另当别论。

在外场驱动下，氢键的强弱两段永远以主-从方式相对氢质子为坐标原点协同弛豫。如果其中一段伸长，那么另一段就收缩。所以，在质子两侧的氧离子总是沿着它们的连线朝同一方向发生不同的位移。因为结合强度不对称，O：H总是发生大于 H—O 的位移。此外，任何一段的伸长或收缩都伴随其刚度的减弱或增强，并且可以用声子谱学方法直接观测。氢键具有很强的韧性和可极化特性，而且普遍存在于冰水的各相中，与晶体结构无关。即使在 OH_3^+：OH^- 超离子态和分段长度对等的第X相中，O：H—O 键性质以及孤对电子和质子总数守恒。吉林大学的同仁通过计算发现，只有在超高温

(2 000 K)和超高压(2×10^{12} Pa)条件下，水才可以从常规态转变为超离子态。所以非键孤对电子的存在不仅是冰水，也是所有生命体的关键。相对传统的偶极子间相互作用的处理方法，氢键的非对称协同弛豫、非键电子极化和分段比热近似无疑是具有更普遍和深远的意义，并且可通用于所有包含孤对电子的分子晶体，尤其是生命体中。

在处理水这类高有序、强关联、强涨落系统时，我们应该关注所有相关参量集合的统计平均，而不是苛求某一特定参量在某一特定位置、特定条件下的即时准确性。我们应该把那些具有明显意义、反应本质的物理量进行抽象处理，而暂时舍弃那些具有共性的如长程作用、非线性效应等的贡献。把问题进行分解，简化到不可再简化为止，去寻求所要解决问题的基态解，然后再把舍去的参量逐一还原，探究激发态的非线性的原貌和真相。尽管实验条件苛刻且理论计算艰辛，但结果会更加奇妙多彩。当全面地考虑各阶近似后，我们可以得到对所有相关问题的有明确物理意义的完备解。

氢键的分段比热差异从本质上区分了冰水与其他可以用单键平均表述的物质的热力学行为——单键热力学。比热曲线的基本特征是它的德拜温度和它对温度的积分。前者决定比热曲线趋近饱和的速度；后者正比于相应分段的结合能。这两条分段比热曲线的叠加产生两个交点并把全温区分成多个具有不同比热比值的温段。此两个交点即为密度极值温度，分别在 4 ℃和−15 ℃，靠近熔点和冰点。从液态到固态的转变需要跨过这两个极值点。在这两个极值之间存在具有冷膨胀特征且边界可调的准固态，或准液态。根据爱因斯坦的振动理论，氢键分段的比热的德拜温度与各自的特征振动频率正相关。所以准固态的相边界，也即冰点和熔点，可通过施加外场进行调制而实现表观过冷和过热。譬如，低配位导致共价键自发收缩强化和 O∶H 非键伸长弱化并伴随着非键电子的双重极化。低配位氢键的弛豫不仅拓展准固态温区，而且使冰水的表皮、水合层、水滴和气泡以及受限水形成一种新的超固态——强极化、高弹性、高黏滞、高熔点、低冰点、低沸点、低密度($\leqslant$ 0.75 单位)、超疏水、高润滑等。表皮超固态的程度与液滴或气泡的曲率正相关。所以水是由超固态表皮包裹的高序度、强关联、强涨落、可流动的均相“分子单晶”。

迄今为止，酸碱盐水合的研究仍局限在路易斯水解理论，仅考虑电子对、质子 H^+或羟基 OH^-的施与受。分子动力学和超快谱学测量关注分子的时空行为，主要集中在溶质的扩散输运、水合层厚度、溶液的黏滞性、表界面介电性和特征声子(分子滞留在水合层内)的寿命。理论上大多考虑溶质的作用距离以及对水的结构的加固与破坏。只有在水的结构和氢键弛豫动力学图像清晰之后，我们才有可能探索酸碱盐的水合动力学、溶质–溶剂分子间的作用，以及对溶剂的氢键网络和物理性能的调制。实验证明，除 H^+和 OH^-外任何溶质只能以点电荷的形式存在而不改变溶液中的孤对电子和质子的数目。当 HX 类型的酸在水中分解后，产生 X^- 离子和 H^+ 质子。H^+ 质子与一个水分子结合并与其共享一个孤对电子而形成类氨四配位 H_3O^+。H_3O^+ 取代一个水分子使原来的 $2N$ 个孤对电子变成了 $2N-1$ 个，而原来的 $2N$ 个质子变成了 $2N+1$ 个。多余的两个质子只能以 H↔H 方式取代溶液中的一条 O：H—O 键，称为反氢键。从而 H↔H 作为点断裂源使溶液的氢键网络局域致脆。同理，YOH 类型的碱水解后产生一个 Y^+ 离子和一个 OH^- 四配位类氟烷，OH^- 的介入增加了 3 个孤对电子和一个质子，打破了原来的平衡，额外的两个孤对电子将以 O：⇔：O 超氢键点压缩源的形式呈现在碱溶液中。O：⇔：O 的强大斥力压缩近邻的 O：H 非键并通过 O-O 耦合拉长和弱化 H—O 键而释放热能。从而导致日常所见到的碱水解时溶液升温。在酸溶液中的 X^- 离子和碱溶液中的 Y^+ 离子与它们在 YX 盐溶液中的行为相同，各自产生点源电场以集聚和定向排列水合层中的分子，并且拉伸和极化氢键。离子水合层中氢键与水表皮的极化氢键类似，两者均显示超固态特性。

研究水的谱学方法很多。红外-可见光和频振动（SFG）光谱专门用于测定表界面的介电性能或分子偶极矩的取向。瞬态红外吸收谱主要探测声子的弛豫时间或寿命，以获取液体中溶质和溶剂分子的时空动力学信息，并以此标定溶液的黏滞度和分子扩散迁移特性。作为上述两种方法的补充，我们采用拉曼散射差谱（DPS）分析技术，提纯具有分子局域配位环境分辨功能的有关氢键的分段协同弛豫定量信息。这种技术在探测外场驱动下氢键的分段长度和刚度以及声子丰度从常规状态到极化态的转变尤为有效。我们从而得以翔实地了解在不同的空间位置和配位环境下以及在外场作用下水溶液中到底发生了什么和怎样发生的。此外，紫外和 X 射线光电子谱学可以探测在液态射流不同位置的氧原子 1s 能级的移动和非键电子的极化。求解拉格朗日方程可以有效地处理氢键耦合振子对，并将测得的氢键分段长度和振动频率转换成相应分段的力常数和结合能，继而得出在外场驱动下氢键弛豫的作用势能路径。傅里叶流体热传导方程的有限元方法的求解证明了氢键的记忆特性、水表皮的超固态以及非绝热耗散是决定姆潘巴效应的三要素。数值解析计算和谱学测量分析的相辅相成是验证逻辑推理的必要手段，而合适的理论模型是确保认知突破的核心。

本书也以科普形式简要介绍历史背景和研究趣闻。同时也建议了六十条关于水与氢键的行为准则，以达到抛砖引玉的效果。对于下列一系列悬疑的实验和数值解，证明了氢键协同弛豫理论和综合处理方法的合理性：

（1）水的双相有序结构——超固态表皮包裹的单相四配位、高有序、强关联、强涨落“分子单晶”；

（2）氢键的超短程、非对称、强关联振子对作用势及其受激协同弛豫；

(3) 水与冰的质量密度–几何构型–分子尺度–分子间距的定量关联；

(4) 氢键–电子–声子–物性的关联与反常物性的起因；

(5) 水的温度–压强相图中各相和相边界的氢键分段协同弛豫表述；

(6) 浮冰现象——准固态温区的 H—O 冷缩与 O–O 斥力协同作用下的 O：H冷胀；

(7) 质量密度的四温区振荡——低比热分段服从热胀冷缩定律，高比热分段反之；

(8) 复冰现象——压致熔点漂移——氢键的超强自愈合能力和准固态相边界的色散；

(9) 压致氢键的质子对称化——外压与 O–O 斥力协同作用下的 O：H 压缩和 H—O 伸长；

(10) 低分子配位体系反常热力学(过热与过冷)——H—O 收缩 O：H 膨胀导致的准固态相边界色散；

(11) 姆潘巴佯谬——氢键记忆、表皮超固态、非绝热的 H—O 键能量存储—释放—传导—耗散；

(12) 亲水–疏水受激转变——水表皮的本征极化以及接触界面偶极子的产生与湮没；

(13) 超润滑与量子摩擦——接触界面偶极子间静电排斥与 O：H 低振频弱声子的超弹性；

(14) 介电溶质的超固态水合团簇——强极化、高黏度、低涨落、低密度、高热稳定性；

(15) 准固体相边界可控弛豫——氢键分段长度和振动频率主导相应德拜温度；

(16) 霍夫梅斯特效应——盐溶液表面张力与蛋白质溶解能力——氢键极化与弛豫；

(17) 酸分子水合动力学——H↔H 反氢键的致脆与退极化；

(18) 碱分子水合动力学——O：⇔：O 压缩弱化溶剂 H—O 键和键序缺失强化溶质 H—O 键；

(19) 盐溶液相变——溶质种类和浓度通过压强、温度、相变时间调制临界能量；

(20) 阿姆斯壮水桥——平板电容器电场长程极化导致准固态相边界色散；

(21) 电致熔点与冰点的漂移——氢键极化与弛豫通过振动频率–德拜温度调整相边界；

(22) 微弱机械冲击对过冷准固态结冰温度的提升——瞬态复冰效应；

(23) 水的抗磁、磁化与电磁辐射——洛伦兹力感生偶极子抗磁电流；

(24) 土壤的盐溶液浸润——土壤微粒与盐溶剂离子电场的反向复合；

(25) 岩石冻融反常温滞回线——准固态相区氢键受阻弛豫——岩石风化；

(26) 水滴凝固结晶——熔点差异、盐溶液准固态、基板热导等效应；

(27) 其他固体反常热膨胀——多元作用势耦合和多元比热竞争；

(28) H—O 声子频率-丰度-序度转换与表皮应力-溶液黏滞-分子扩散——溶质迁移之间的关联；

(29) 含能材料的储能与燃爆——氢键与超氢键耦合；

(30) 温度-压强-配位-水合多场耦合叠加作用，等等。

水形成如此一个高有序、强关联、强涨落体系，它不仅包含超短程非对称耦合作用，而且对任何微弱的扰动和辐射都极其敏感。这使它显现多米诺骨牌效应而长程传递形变和信息。水，没有我们想象的那样复杂，却远比我们所知道的更有趣。从理论预测氢键-电子-声子-物性的关联弛豫到数值计算和实验证明，每一步都引人入胜。

虽然本书的内容对水的知识海洋的贡献微不足道，但我们希望它能激发新的思维方式、处理方法以及更多的研究兴趣和智慧，以便彻底解决与冰水有关的悬疑。继续拓展研究水在受不同约束和刺激时的行为，引入耦合氢键、反氢键、超氢键、单键比热、准固态、超固态等理论无疑对加深理解水与软物质、生命体、药物以及其他分子晶体的作用有益。可以预见，耦合氢键理论体系必将促进对相关领域的认知。

我们非常荣幸地，而且有责任和义务，把我们的思想历程、作业实践和研究发现分享给业界同仁。如果本书对研究水起到些许作用，我们会深受鼓舞。文中表述均属一己之见，难免有欠妥之处，我们诚挚地欢迎批评、指正。

作者深深地感激业界同仁和朋友给予的鼓励和支持，以及合作者的帮助和贡献。感谢我们的家人，尤其是孙夫人陈勐女士和女儿孙一博士的耐心、支持、理解、帮助和贡献，感谢大家与我们共享愉悦和丰硕的旅程。

作者

2019 年 1 月

目　录

第1章
神奇的水：机遇与挑战

重点提示

- 冰水在受激励或扰动时总是显示与常识期望相反的物理性能
- 冰水的单一异常现象总是伴随多种阐释，然其诸种表象必来自某个共同本源
- 澄清氢键(O：H—O)弛豫和极化动力学导致的各种反常物性是挑战的核心
- 对于这个强关联、强涨落体系，关注其所有相关联参量的统计平均远比强调单一参数的瞬态准确度更具实际意义

摘要

冰水在微扰下的反应异于普通物质。尽管已有数代人的不懈努力，冰水未解之谜依然进展缓慢。突破传统认知的局限性，并从不同的角度思考寻求有效的处理方法，从本质上系统地理解冰水对各种受激的反应迫在眉睫。获取氢键(O：H—O)受激弛豫、电子极化的定量信息并阐明其导致的冰水各种异于寻常的可测物性和现象的根源是本书的要点。

1.1　冰水的重要性

水覆盖地球表面约70%，占人体体重约60%，在血液中高达90%左右。它不仅在诸如天体物理、农业、生物、气候、环境、星系、地质、生命等领域中极具意义，而且在社会文明、经济、外交、历史、军事、政治以及国际关系等方面亦至关重要。正如乌克兰科学院院士Goncharuk在其著作《饮用的水》中所述[1]：国民的智慧取决于其饮水的质量；社会的文明程度与供排水技术水平有关。如果一个国家控制了充足的水源，那么它在外交及国际事务上将拥有话语权。换句话说，水资源关乎世界和平。

然而，这种由极普通又简单的一个氧原子、两个氢原子构成的物质却神秘莫测。简单但很神奇，纯洁但很高贵，柔软但具有韧性。水象征着善良、智慧、健康和兴旺。中国古代哲学家、思想家老子曾经用水来描述我们应该崇尚的品德标准：上善若水，利万物而不争；处众人之所恶，故几于道。

氢键(O：H—O)是水和生物分子的核心组成，也是最基本的结构和储能单元。主导冰水及其他同时具备"："非键孤对电子作用的体系的各种反常行为。一般电负性元素如O、N、F等原子在发生化学反应时产生孤对电子。O：H—O键及其极化作用可以维系脱氧核糖核酸(DNA)、蛋白质及其他超分子的三维构型，加速或减缓生物或化学反应进程[2-4]。水受激励或受扰时呈现出高度的自适应、协同、敏感、自愈合以及记忆性，注定它在自然界[5-16]、地球化学[17,18]、DNA和蛋白质工程[2,9-21]、基因传递[22-24]、细胞培养[25]、药物靶材[26]、离子通道[27]、信号与信息传送等方面的关键作用。

氧离子间的氢键O：H—O常与分子内的H—O共价键或分子间的O：H非键混淆，这是水研究进展缓慢的原因之一。基于经典热力学和量子力学，人们在水的结构与氢键方面开展了大量研究。目前，研究冰水特征性的热点主要有：①晶体结构优化[28]、相的形成和转变；②界面反应动力学[29,30]；③氢键弱相互作用[31,32]；④结合能的测定[33-39]；⑤声子受激弛豫动力学等[9,30,40-42]。

许多期刊和著作从不同角度关注水的研究，包括：水的相和几何结构[43-45]、分子团簇[46-49]、冰的成核与生长[16, 50]、冰的融化[51]、冰的润滑与摩擦[52]以及水与冰在正负压力下的行为[46, 53-55]。当然，也涵盖水表面的电荷密度与极化[56, 57]、表面光电子发射[58,59]、声子弛豫[18, 60, 61]、无机材料表面的水滴吸附[62-66]、材料表面水分子行为的原位观察[67]、水物性与结构的离子效应[68]以及其他方面的工作。

最新探测技术如中子衍射谱、X射线衍射(XRD)光谱[69, 70]、扫描隧道显微镜/隧道谱（STM/S）[71-73]、近边X射线吸收/发射精细结构(NEXAFS/

NEXEFS)光谱[74, 75]、光电子发射谱（PES）[76]、和频振动(SFG)光谱[57, 77]、小角度拉曼散射光谱[78, 79]等极大地促进了纯净水或在酸碱盐水合情况下水滴、气泡、冰水表面与界面[61, 80, 81]的各种性能研究的进展。

然而，水实在是太神奇、太反常、太具有挑战性了[5, 82, 83]。譬如，关于水汽或水与其他物质如细胞、蛋白质、微通道、亲水或疏水物质的界面性质方面的研究，实验验证还有待进一步充实。在2013年7月于意大利瓦伦纳举办的水主题费米暑期学校研讨会期间，相关领域的专家学者发表了一系列研究报告，涉及水与其他溶液、生物水、水质子环境、水与环境、水的非晶固相、水的谱学、液态水结构、过冷水，等等。2014年10月13日—11月7日，在瑞典斯德哥尔摩北欧理论原子物理研究院举行了为期4周的关于“水——最为反常的液体”的主题讨论会。与会的实验专家和理论学者进行了深入的探讨与交流，共同探索，以期未来能形成关于水本质的统一认识。

目前，针对每一种冰水特异现象的假论或学说派别林立、争论不休。人们梦寐以求的是，应用一个理论统一冰水的所有反常物性，以揭示其本质和运行规律。虽然在冰水表皮或溶液中的分子结构、短程局域势、氢键弛豫动力学以及电荷行为等方面已初见端倪，然而，人们对冰水在诸如低配位、水合、压力、电磁场、辐射、热激发等微扰情况下的反常物性一直知之甚少。对水的电荷感应，能量吸收、存储、传导和耗散等依旧一知半解。此外，对于冰水的三维配位规则及其热力学行为的精确表征依然困难重重[84]。

目前，关于冰水反常物性的认知远远缺乏系统性和一致性。例如，水分子的配位数可从2变化至5。关于氢键，有人指分子内的H—O共价相互作用，也有人认为是水分子间O：H的非键相互作用。确切说法应该为：氢键是集合了水分子间和分子内相互作用的O：H—O整体。

1.2 冰水相图

冰水迄今已发现有17种结构，如图1.1的$P-T$相图所示[85]。水分子(H_2O)结构呈V字形：两个H原子连接至一个O原子。在固、液、气三态中，固态时的$H_2O：H_2O$水分子间非键相互作用相对最强，气态时最弱。人们通常把水类比成偶极子的海洋，认为水分子的行为源自偶极子间的相互作用。这一论点忽略了水分子间的O：H非键和水分子内的H—O共价键的耦合。更关键的是，邻近氧原子的电子对间的库仑排斥，但遗憾的是O-O耦合一直被忽略[86]。

透彻理解冰的形成及行为规律对于探索宇宙、气候、地质、新生命等领域至关重要[91]。在太阳系中，月球、部分行星、彗星上都有冰水的痕迹。地球

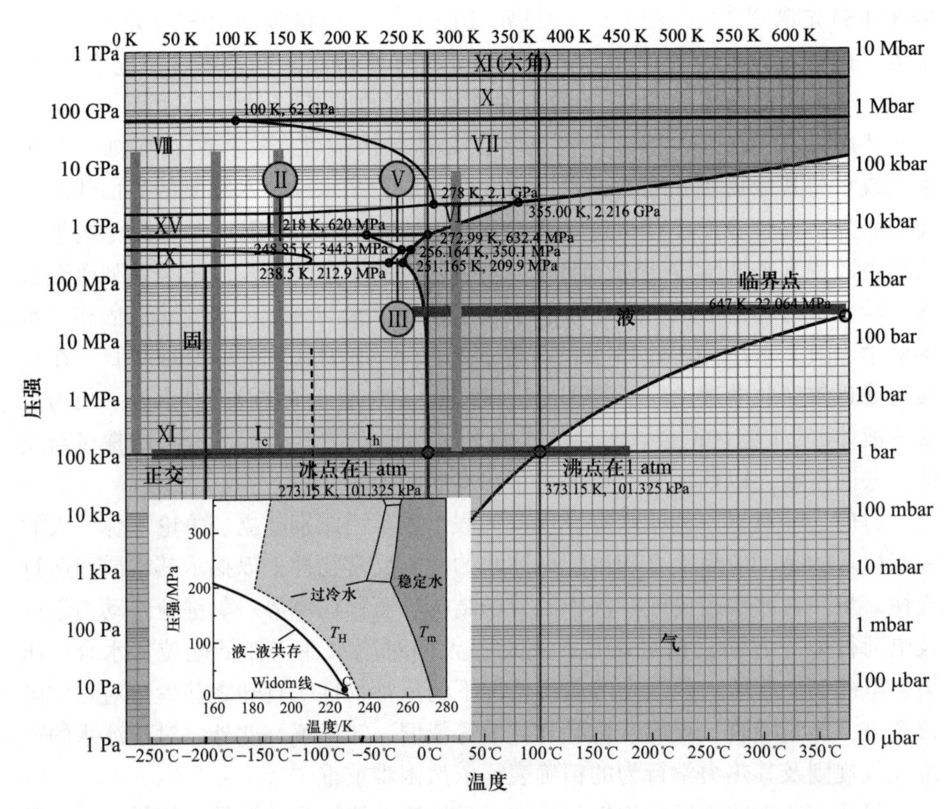

图 1.1　冰水的 P-T 相图[85](参见书后彩图)

图中各相的边界线可以按其斜率分类[85, 87, 88]：① $dT_C/dP<0$ 时有Ⅱ-Ⅴ、液-I_h 以及Ⅶ-Ⅷ相边界；②$dT_C/dP>0$ 时有液-气、液-Ⅴ/Ⅵ/Ⅶ相边界；③$dT_C/dP\cong\infty$且60 GPa 时有Ⅶ/Ⅷ-Ⅹ相边界；④ $dT_C/dP\cong 0$ 时有 I_c-Ⅺ相边界。插图对应乳状水的过冷相变情况[89, 90]，其均相冰的形核温度(即第二临界温度 T_H)随压强变化，此相区常称过冷水，或“准固态无人区”。主图中的粗实线表示拉曼标定的氢键弛豫动力学路径，详细阐述请见第 4 章

上，白色的极地冰洋反射了高达 90%的太阳辐射。约 7%的海洋表面被冰覆盖，这会改变海洋流动，限制海水挥发。10%的陆地终年被冰雪覆盖。到隆冬季节，北半球近一半的区域陷入冰雪的海洋。

冰晶状云雾集结空气中产生的化学物质，并为大气化学反应提供场所。在两极上空，冰晶云中发生臭氧消耗反应，导致高空平流层臭氧层形成空洞，致使人们日益暴露在不断增加的紫外辐射中。地面上冰雪内部的化学反应能够生成臭氧和其他环境污染物。其中沉积的有机毒物和汞，在雪融化时，会释放到江河湖海中，从而慢慢侵入人类食物链。

冰在低温和高压下行为异常。通常，由液态水降温而结成的冰的 I_h 相，

其水分子按六重旋转对称排列使雪花呈六边形图案。进一步降温时，I_h相转变为I_c立方结构相。此相常见于云雾中。I_c相密度较高，晶格常数为0.283 nm，可在石墨烯双层和3层微晶中组装而成，也可在石墨烯纳米毛细管中于室温下生成[92]。分子动力学(MD)模拟证实，I_c相也存在于疏水的纳米微通道中，受通道原子类别的影响较小。冰的结构相当松散，因为冰I_h相的密度低于液态水，此时水分子间的O：H非键比H—O共价键更长、更弱[88]。

高压下，I_h相的六角结构遭到破坏，键长、键角发生变化[88]，氢键重构形成更为密实的晶体结构，顺序标记为冰Ⅱ、Ⅲ、Ⅳ相等。此外，还存在一些类玻璃的水分子随机排布的冰结构相。冰Ⅱ一般由冰I_h在约200 MPa的压力下转变而成。冰Ⅱ无法自然形成，即使在南极最厚冰层的底部，3 mile①厚度的冰层也仅产生冰Ⅱ所形成压力的1/4。不过，行星科学家预测冰Ⅱ及其他相如冰Ⅵ(1 GPa~10^4 atm②下形成)等，存在于外太阳系更为寒冷的星球上，如木星的卫星盖尼米德(Ganymede)和卡利斯托(Calisto)。

如果压力足够高，即使温度较高，水也可能结冰。将地球板块推至地球内部后或许发生。在地表以下100 mile的地方，温度可达300~400 ℃，远高于表面水的沸点，但与其周围的岩石相比依旧很冷。在这一深度，压力高达2 GPa，足够将此处任何的水转变成冰的第Ⅶ相。当然，没有人证明是否能真正在地球内部找到冰，因为目前还无法探测到地下100 mile深处的温度和压力。

在水中添加其他物质也会影响结冰和融化，如撒盐化冰。冰水的熔点、冰点、汽化以及露点温度既可以通过压力也可以经由添加化学物质或改变约束条件进行调节。譬如，在疏水和亲水表面的低配位水分子行为完全不同，造成结冰行为差异较大[93]。

结冰行为也随温度明显变化。在六角冰中，通常氧原子位置固定，但水分子之间的O：H非键反复断开与连接，每秒高达数万次。若温度足够低(<-200 ℃)，H—O和O：H键将冻结无弛豫，但冷致键角伸张[94]，常规冰开始转变为冰的Ⅺ(正交结构)。天文学家声称已经在冥王星表面及海王星和天王星的卫星上发现过冰的Ⅺ相。

冰的Ⅻ相和笼形空心结构的ⅩⅥ相，发现仅10余年，还存在诸多谜团。譬如，冰ⅩⅥ是在负压下(即在张力下)稳定的低温相，密度仅0.81 g/cm^3[95]。它由低配位水分子构成，在55 K及以下具有冷致弱膨胀的属性，如图1.2a所示。这一相结构力学性能稳定，低温下具有比实心结构更大的晶格常数。若冰所受的压力增至60 GPa，将形成H—O和O：H分段长度对称均为0.11 nm的

① 1 mile=1 609.344 m，本书同。

② 1 atm=101 325 Pa，本书同。

第Ⅹ相，此时的密度达到冰 I_h 的两倍[96, 97]。

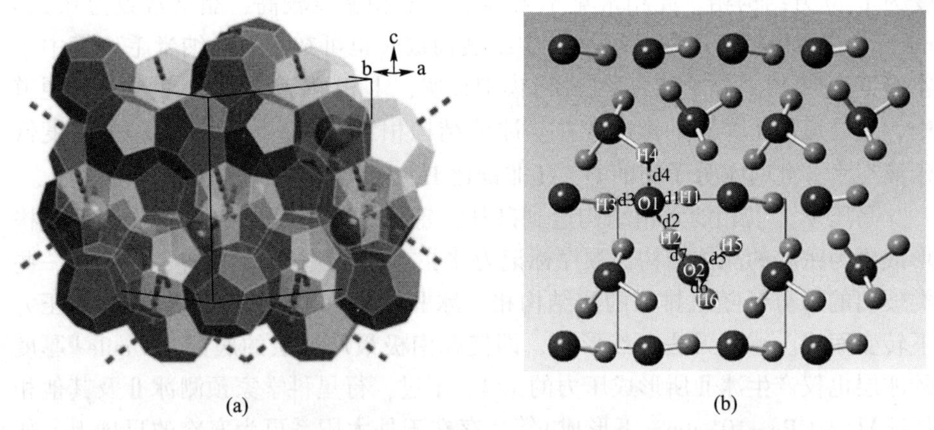

图 1.2　(a)冰ⅩⅥ相的笼形结构[95]和(b)在 2 000 K 和 2 TPa 下，从 $2H_2O$ 到 $H_3O^{\delta+}$： $HO^{\delta-}$ (δ=0.62) 超离子态的转变[36](参见书后彩图)

(a)图中 Ne 原子(蓝色)可轻易穿过较大笼形结构(灰色)的六元水分子环面(红色虚线)，但 Ne 原子要脱离较小笼形结构(绿色)则需五元环上存在水分子空位[98]。(b)图中的紫色大球表示氧原子，绿色小球表示氢原子。原子间距及 H—O 键长已如图标记。图中 O：H—O 键仍然存在，但 $2H_2O$ 演变成含有不同孤对电子数目的类 NH_3 和 HF 的准四面体

在极高的压力(2 TPa)和温度(2 000 K)下，冰可发生 $2H_2O \rightarrow H_3O^{\delta+}$：$HO^{\delta-}$($\delta$=0.62) 转变的离子化过程。一个水分子中的 H 与另一个水分子中的电子孤对发生交换[36]，而不改变冰中的质子和孤对电子的数目以及 O：H—O 的构型。该结构变化可通过基于粒子群优化算法的晶体结构程序 CALYPSO (crystal structure analysis by particle swarm optimization) 预测[99]。$H_3O^{\delta+}$ 类似 NH_3 分子，含有一对孤对电子，而 $HO^{\delta-}$ 则如 HF 含有 3 对孤对电子。图 1.2b 所示为沿 a 轴所视的 $P2_1$ 晶体结构。图中的大球表示氧原子，小球为氢原子。d_i(i = 1~7)为不同位置的 H—O 间距，取值 0.902 ~1.182 Å。这一部分离子化转变断开了四面体键合氢键网络中的 H—O 共价键。

过冷水除了液-气相变点外，还有第二个临界点[89, 100]，处于 145 K $<T_{C2}<$ 175 K 温度区间，压力 $P_{C2}\approx$200 MPa，如图 1.1 中插图所示。这一临界点对应于冰的均匀成核(T_H)或高-低密度无定形固相间的转变。值得注意的是，冰水相图中不存在第Ⅳ相。华盛顿大学 Gerald Pollack 教授表示，第Ⅳ相存在于水与亲水界面之间，呈凝胶状，密度高，带正电荷(OH_3^+)，具有去除杂质和有机物的能力[101]。

2015 年，美国航空航天局(NASA)宣布了以红外吸收光谱法检测出火星上存

在液态水的证据（图 1.3），其特征声子波长为 1.4 μm、1.9 μm 和 3.0 μm[102]。频谱分析发现此水是含有高氯酸盐的水合溶液，平均温度为-33 ℃。在这种条件下纯水只能以冰的形式存在，只有盐溶液才能以准固相[86]（结冰温度较低、黏性较高）的形式存在。冰水异常行为的分子机制很大程度上仍然未知[91]。掌握冰雪内部何处以及怎样进行化学反应，对于大气和气候模型的建立和模拟以及将实验室研究推向真实环境都至为重要。

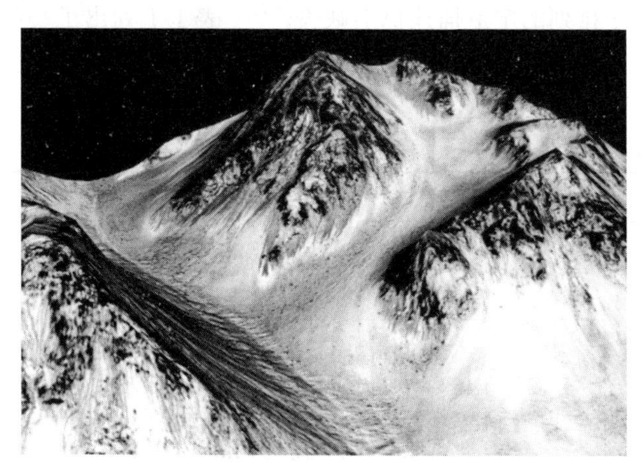

图 1.3 NASA 的火星勘测轨道飞行器所拍摄的火星表面照片，其中有近 100 m 的黑暗狭窄条纹，科学家认为是流动的咸水引起的（David Templeton，匹兹堡邮报）（参见书后彩图）

笔者研究表明[94]，O：H—O 键中 O：H 和 H—O 分段比热曲线的两个交叠点确定了固态/准固态/液态的边界温度。准固态相边界的这两个温度亦是密度极值对应的温度，趋近熔化和结冰温度。在准固相中，H—O 键冷却收缩，O：H 非键膨胀，且膨胀量大于收缩量，导致冰的密度降低。若水分子处于表皮、缺陷和边缘等低配位位置，则会引起准固态相边界扩大，而形成超固态相——高弹性、低密度、强极化、高热稳定性，可使冰易滑，以及使冰与水的表皮具有弹性、疏水性和韧性[103, 104]。

冰水相图的相边界非常复杂。通常人们将物质的结构和性质 Q（PV、ST、…）直接与外因诸如压力、体积、温度等直接相连，这也是连续介质热力学处理常规物性的经典方式，涉及熵、焓、吉布斯和亥姆霍兹自由能等概念。这些统计量与标准偏差 σ 相关，后者与样本大小 N 呈 $\sigma \propto N^{-1/2}$ 关系。然而这种方法对于相图中的每个阶段以及跨越相边界时化学键如何响应所提供的信息非常有限。

Pauling 曾指出[105]，化学键的属性是连接晶体和分子的结构和性能的桥梁。因此，控制成键与非键的形成与弛豫以及相应的电子转移、极化、局域化、致密化动力学是改造物质结构和性能的唯一途径[106]。声子谱分析可以直接探测冰水各相以及跨越相边界时 O：H—O 键的协同弛豫情况[88]。

1.3　反常物性略观

水表现出诸多反常物性，其物理根源一直成谜。迄今为止，对水相结构乃至基本的水分子排列的定量描述仍然缺失[107]。表 1.1 列出了一些广为人知的冰水奇特物性，本书亦将以此为基础探讨其物理机制和定量表征。

表 1.1　典型的冰水奇特物性

激励类型	序号	物性
基本结构	1	构序规则[108]。证实冰与水共有 17 种相结构，水分子配位数、O-O 间距以及电子结构等亟需确定[108]
	2	氢键构型[86]。氢键有 3 种混淆定义：分子间的 O：H 键；分子内的 H—O 极性共价键；氧原子间的 O：H—O 键
	3	局域作用势[109]。应用衍射、电子及声子光谱无法确定分子内/间作用势。随之氢键定义的不确定性，作用势也难确定
	4	结构与物性的关联不明确[86]。应该是氢键同时决定两者
外力作用	5	复冰现象[110]。冰受压融化，撤压复原结冰。210 MPa 的压力可将 T_m 从 273 K 降至极限值 251 K，而−95 MPa 的负压可提升 T_m 至 279.5 K；18.84 MPa 的压力可使最大密度的温度从 277 K 降至 273 K，−180 MPa 则可使之升高至 320 K
	6	质子对称化[96]。压强高达 60 GPa 时，冰转变为 O：H 和 H—O 分段长度对等为 0.11 nm 的 X 相。O：H—O 性质保留还是转变为共价，存在争议
	7	声子协同弛豫[111]。在 $T \leqslant 140$ K 时，若压力低于临界值 ~3.3 GPa，氢键的 O：H 低频声子红移而 H—O 高频声子蓝移；若压力继续增大，O：H 和 H—O 分段声子频移趋势反转
	8	反常压缩[82]。25 ℃时，水的压缩系数仅为 0.46 GPa^{-1}，相比之下 CCl_4 的达 1.05 GPa^{-1}。在稍低于极小密度温度时，水的压缩系数达到最大，随温度升高逐渐降低直到 46.5 ℃的极小值[112]

续表

激励类型	序号	物性
温度激励	9	浮冰[94]。氧与氩的液体结冰时体积收缩 19%，而水转变为冰时密度降低 8%。所以，冰浮在水面上。究其原因是密度降低还是表面张力抑或两者竞争所致，还存在争议
	10	密度振荡[94]。冰水的密度在整个温度范围内以四温区形式振荡：液相和冰 I_h/ I_c相冷致收缩，准固态冷致膨胀，冰Ⅺ相(≤100 K)中密度几乎守恒
	11	第二临界点[89, 100]。除了常规的液/气相变点，水还在 145 K < T_{C2}< 175 K，压强 P_{C2}≈200 MPa 时呈现第二临界点
	12	超常比热[94]。水具有超常的比热，随温度变化反常且并不遵循德拜近似。水升温需要更多的能量(约等质量 Fe 的10 倍)，降温也耗散更多。所以，地球上容量丰富的水足以稳定和维持地球温度。而地面升温和降温则相对更快。地球不同区域温度变化不一致形成了风
	13	温度/压强调控折射率[86]。温度从-30 °C 升至接近0 ℃，折射率从 1.330 26 增大至 1.334 34，随后降低，到 100 °C 时为 1.318 54。压力则增大折射率
分子低配位	14	水的韧性表皮[113]。20 ℃水的表面张力为 72.75 mJ/m^2，CCl_4的为 26.6 mJ/m^2。张力随温度线性降低。由此得到 O：H作用能为 0.095 eV
	15	水表皮质量密度[104]。经典热力学预测水的表皮密度变大，而衍射结果表明，25 ℃ 水的表皮 O-O 间距增大 5.9%，密度减小 15.6%。相比较，液态甲醇表皮 O-O 收缩 4.6%，密度增大 15%[114]
	16	水的表皮折射率[82]。水的表皮折射率(测试入射光波长 λ = 589.2 nm)高于块体
	17	液滴浮动与弹跳[86, 115]。水滴掉落水面并非立即融入，而是连续多次在水表皮上弹跳、变小，直至消融
	18	冰面超滑[116]。冰的表面具有超低摩擦系数。亲/疏水接触的润湿表面的滑性最大而亲/亲水接触则最小[117]
	19	过冷与过热[118, 119]。纳米水滴和纳米气泡在熔点“过热”及冰点“过冷”的程度与液滴尺寸或表面曲率相关。1.2 nm 的液滴在低于 172 K 的温度下才会结冰，单层水膜在 320 K 才会熔化
	20	冰水表皮的等同 H—O 声子振频[104]。25 ℃水表皮与-20 ℃的冰表皮的 H—O 振动共频，为 3 450 cm^{-1}，而体相冰、水以及气态单分子的相应振频分别为 3 150 cm^{-1}、3 200 cm^{-1}、3 650 cm^{-1}

续表

激励类型	序号	物性
杂质与异质配位	21	声子弛豫的同位素效应[86]。D取代H会使H—O振频从3 200 cm^{-1}红移至2 560 cm^{-1}
	22	水表皮的4S特性。水表皮具有与表面曲率正相关的超疏水、超流、超润滑、超固态特性[93]
	23	亲/疏水转变[86, 101]。水与疏水表面接触时中间存在5~10 Å的空气间隙。水滴的热稳定性和间隙与水滴表面曲率正相关
溶液与平板电场	24	霍夫梅斯特序列[120, 121]。盐以其阴、阳离子改变溶液表面张力和对蛋白质溶解的能力
	25	溶质诱导相变——临界压强、临界压力以及凝胶时间[122, 123]。溶质电荷或电场变化可调控冰水的融化和凝固温度
	26	阿姆斯壮效应——电致水桥[124]。两水杯在10^6 V/m电场作用下会在杯沿处形成可维持数小时的水桥
能量吸收、维持、输运与耗散	27	姆潘巴佯谬[125, 126]。热水速冷与牛顿冷却定律相悖
	28	辐射吸收[127]。水与环境交换热量和蒸汽，吸收电磁辐射和声音信号
	29	熔点/冰点的电磁调制[122,128]。水的冰点与熔点随电磁场强度变化。多场耦合作用效果可能相反，如盐溶液破损电致水桥和加速土壤润湿[129]
	30	岩石冻融热滞回线[130, 131]。在冷却和升温时，液-固相变的温度-时间曲线上呈现台阶滞后现象

水是常规溶剂。矿物质和维生素溶解后会在整个体内运输，如溶解的钠和钾离子对于神经网络功能调制必不可少。水可以溶解气体如空气中的氧气以满足水中生物对氧气的需求。水是血液的主要成分，它会溶解细胞排泄的废物二氧化碳，并经肺部呼出。水与油性化合物不互溶，所以细胞上存在含油性化合物成分的隔膜。人体内的许多蛋白质都含有油性部分，这部分倾向于折叠在一起，受到周围水分子的排斥。这在一定程度上导致了蛋白质种类及形状众多。而这些形状各异的蛋白质对于生命体的活性与功能至关重要。

1.4 挑战与机遇

尽管人们已经作出了很多努力，水科学研究进展仍远不及人意。美国物理学会主办的 *Reviews of Modern Physics* 在 2016 年 2 月发表的一篇文章重申，人们对水的研究最多，但知之最少；研究投入越多，手段越先进，认知越迷茫。常规的液体-固体相变理论对水失灵；先进的量子理论计算仅能符合部分实验观测结果。据美国化学学会在 2016 年 6 月集结了业界权威在 *Chemical Reviews* 发表的十几篇专述以及笔者近年对三次高登专题会议和几次其他相关会议观察，均有同感。关于冰水的研究现状可以归纳为一种现象伴随着多种互不妥协的理论争辩。此领域更是学派林立，学说专深。就某一专题达成共识，似乎尚需时日。人们梦寐以求的是如何用一个系统的理论统一冰水的所有的反常物性，以揭示其本质和运行规律。水科学研究进展缓慢主要有以下几个原因：

(1) 神秘不可认知论。菲利普 · 鲍尔 2014 年在《欧洲物理杂志》上指出[127]：虽然承认这一点的确很尴尬，但是没有也不可能有人真正懂得水。更糟糕的是，对水的研究投入最多，知之甚少。投入越多，问题也越多：新的技术更深层次探索着液态水结构，也引出了更多的谜题[132]。人们认为水是神的使者，只有虔诚地祈求上帝告知它的秘密。这难免使人望而生畏。

(2) 唯权威或传统是从论。我们既要尊重但又不唯权威或传统。在尊重 *Nature* 或 *Science* 发文或某权威理论的同时，我们应该独立思考细究、批判吸收、去伪存真以寻找科学规律和可控因素。任何理论或学说都有时间和认知的局限性。譬如，博奈尔-富勒-鲍林(1933)以及格罗特斯(Grotthuss，1806)在由鲍林 1931 年首次提出[105]氧的 sp^3 电子轨道杂化论之前提出了水中[133, 134]和酸溶液中[135, 136]的质子随机隧穿机制。因当时认知的局限而只能从表观 O ⋯ H ·· O 而无法从 H^+ 与其左右两侧氧离子的结合能差异[86, 137]的角度判定隧穿是否可行。

(3) 以偏概全，重表观轻本质和起因。在很多情形下，人们往往局限于采用某一特定方法处理特定条件下特定变量的精确求解，而忽略所有涉及的变量的关联。譬如，超微水滴在真空中和高空稀薄大气层的云雾的结冰，既有相对大气负压强，又有低温和分子低配位的同时介入，这 3 个变量的耦合导致表观的过冷和过热现象。理解奇异现象背后的本质以及决定本质的起因具有更大的挑战和乐趣。

(4) 液相非晶或多相结构不确定论。人们往往从直觉上认为液态即是非晶，至多是多晶。结构的失序和不确定妨碍对耦合作用的正确表述。将液态系统分解成稳态结构和动态涨落的叠加，而稳态作用势的正确表述是关键。只能通过实验测量和数值转换获得包含外场激励的作用势，从而诊断液态水的晶体和物相结构。

（5）分子电子运行规则的认知局限性。O：H—O 耦合氢键与分子内 H—O 强的共价键、分子间 O：H 弱的非键和 O … H ‥ O 近等非对称库仑作用混淆。在氧的 sp^3 电子轨道杂化被发现之前的 O … H ‥ O 库仑非对称作用认知局限是可以理解和接受的。然而，质子隧穿的局限已经束缚了研究的进展，而水分子间与分子内的作用及其耦合的恰当表述至关重要。作为水的基本结构和储能单元，O：H—O 键决定分子的堆垛形式和时空行为以及一切与尺度和能量有关的物理量。

对冰水研究可以归纳为以下几种可以互补且卓有成效的多尺度研究方法：

（1）经典连续介质论[132, 138-142]。这种方法是从单质固体和理想气体的统计热力学衍生而来的，从焓、熵、自由能的角度成功地处理了许多宏观物理量诸如介电性、表面应力、黏滞性、扩散系数、液/气相边界的描述。这种方法将外界激励作为可测宏观物理量的自变量，而它的局限性则忽略分子间的弱作用甚至是溶液中分子间的排斥作用。

（2）分子时空论[69, 143-146]。这种方法把水分子作为独立的可伸缩或刚性偶极子处理。分子动力学计算与超快光谱结合研究以分子作为基本单元的时空行为。获得的信息包括分子在某一位置的滞留时间、扩散系数、溶液黏滞度等。它的局限性在于如何考察分子间与分子内作用的耦合效果以及外场激励的介入方式。

（3）质子量子论[147-149]。与超低温、高真空、超低配位条件下的扫描隧道显微术结合，从头开始路径积分（PIMD）已经观察到质子的集体隧穿行为以及确定质子和量子效应对 H—O 零点振动能的贡献。实验上证明，至少在5 K温度下，氧的 sp 轨道杂化发生以及单个水分子保持四配位构型。质子的量子作用使 O：H—O 键的较长分段加长，而使短段缩短。

（4）O：H—O 键协同弛豫与非键电子极化论[86, 109, 150, 151]。这一理论关注 O：H—O 键的分段强度和比热的非对称以及耦合作用导致的分段受激协同弛豫和电子极化。将拉格朗日振动力学、分子动力学、密度泛函理论以及电子声子计量谱学技术相结合，不仅探测到氢键的受激协同弛豫以及水合转换动力学和热力学，而且可以把声子的丰度-刚度-寿命-序度的受激协同转换与液体的黏滞性、表面应力、相边界调制以及相变的临界温度和压强等联系起来。

融合经典介质论、分子时空论、质子量子论、氢键弛豫极化论，将逻辑分析、理论计算、实验测量相结合才可能有所突破。本书结合以上各种处理方法并重点从氢键协同弛豫的角度处理冰水受激异常行为与 O：H—O 键弛豫动力学的相关性。尽管其中一些难题如体相水分子的四配位结构似乎已接近正解，但更多重要问题如疏水壳层本质、过冷水的第二临界点等[100]依旧有待解答。然而，更为突出的是，水与水合作用的一些基本性质仍未澄清。现在看来，水所能展示的诸多行为可理解为水的多个侧面影像结果，而我们需要做到的是，综合所有的侧面像来还原水的完整图像，得到其核心的本征特性。譬如，液体相变、溶剂化和润湿等行为并非由单一水分子性质确定，而是多尺度多分子集体互动的结果，正确理解和表述分子内和分子间的作用及其耦合是根本。

液态水的认知难点在于氢键 O：H—O，即 H 键合的水分子结合能受第三分子或核量子效应调整的情况[152, 153]。因为 H 质子太轻，经典力学难以充分描述氢原子的位置分布、核隧穿效应、零点能以及核的量化运动等特性。孤对电子与质子的 O：H 的弱作用对整体能量贡献甚微(约 0.1 eV)[86]。H—O 键负责能量存储和释放，而 O：H 负责能量耗散[125, 154]。

根据 Ball 与 Eshel 的观点[127]，仅从局域作用来理解水的物性远远不够，必须从系统和全局的角度考虑水如何改变自身以适应环境。这样可以解释水的众多现象。人们对水的看法正处于转变中——从基于分子论侧重于个体行为或少量分子的方法向新的 O：H—O 氢键协同弛豫和电子极化的全局观念转变或成必然。这一转变认为水分子内和分子间能同时快速地响应外部的约束与激励，而不是彼此孤立。这一响应对存在于水中的物质，特别是对分子到活细胞等生物成分的功能具有深远影响。

鲍林认为[105]，化学键的属性是连接物质结构和性能的桥梁。那么，化学键中的相互作用和电子性能则为出发点[106]。对于常规物质，一条键的行为即可代表全部化学键的平均[155]；而对于冰水，氢键包含 O：H 非键和 H—O 极性共价键两部分。氢键分段受激协同弛豫及相应的电子钉扎与极化主导了冰与水异于常规物质的性能。

因此，破解水的各种谜团的首要任务是澄清冰水结构、O：H—O 氢键短程局域势及其在各种激励下的反常物性以及相互依赖关系。氢键受激如压力、低配位、热作用、磁激发、辐射等作用时，键长和能量发生弛豫，同时电荷钉扎、非键电子极化，以各自的方式导致冰水结构和物性变化[106]。

在建模过程中，应考虑分子间和分子内的相互作用及其耦合。由于水溶液的高灵敏性和强涨落特征，受激时的远程响应也需要考虑。在水这种强关联强涨落的体系中，应关注所有相关参数的统计平均值，而非某特殊量在特定时刻和位置瞬时量的精确度。理论预测、模拟计算、实验测量等多种方法的结合可以可靠地得到多种物性变化的自洽相关关系。为了有效应对这些难题，我们需要更新思维与处理方式。首先是要把水当作强关联强耦合和强涨落的单晶。用一条 O：H—O 氢键作为基本的结构和储能单元代表所有的氢键的行为。这种处理方法证明是充分有效的。

拓展博奈尔-富勒-鲍林[133, 134]的“冰规则”可以获得以一个水分子为中心而拓展的四面体配位结构，内含两个 H_2O 分子和 4 个等同的 O：H—O 键。这一结构统一了水分子尺寸、水分子间距、几何构型与质量密度[108]。O：H—O 键可以表述为非对称、超短程、可伸缩、可极化、具有记忆效应和自愈合的耦合振子对[86, 109, 156]。近邻氧离子的电子对间的库仑排斥以及 O：H 和 H—O 分段的比热差异主控了受激时 O：H—O 键长度和能量的协同弛豫[86]。

基于 O：H—O 键分段的协同弛豫及相关的电荷钉扎与非键电子极化的原理，我们探究了冰水在施加力场、温场、配位场、电场、磁场、水合以及多场耦合作用下所显示的反常物性。已经获得实验和数值解，并能够阐明和预测：

(1) 压力诱导质子对称化、复冰、熔化温度降低并预言冰点升高；

(2) 温驱四温段密度与声子频率振荡以及准固态的冷膨胀效应负责浮冰现象；

(3) 分子低配位诱导的弹性、疏水性、热稳定性、超低密度的超固态表皮，主导冰表面的润滑性、水表皮的疏水性和强韧性以及纳米液滴和纳米气泡的核-壳双相结构；

(4) 溶质的点电荷电场与平行电容器电场极化 O：H—O 键主导盐溶液的霍夫梅斯特序列和阿姆斯壮水桥；

(5) 磁场洛伦兹力增加运动水分子偶极子的平动和转动，磁化偶极子形成抗磁电流；

(6) O：H—O 键记忆效应实现长程能量吸收、传输、耗散，破解姆潘巴佯谬和结冰时晶格模式的扰动敏感性，等等。

常规实验表征方法各有优势并分别存在一定局限性。例如，中子或 X 射线衍射可探测 O-O 径向分布函数，但对于 O：H 和 H—O 分段的协同弛豫检测稍显不足。强 H—O 共价键的弛豫主导氧的所有能带电子结合能的偏移而 O：H非键的微弱贡献难以分辨。O 的 k-边吸收和发射光谱可探测 O 的 1 s 芯核与价带能级信息。在量子计算中，非对称的超短程作用以及强局域化和强极化成主导因素。伦敦色散力、偶极子与诱发偶极子之间的相互作用对冰与水的性能也起到一定作用。

综合密度泛函理论(DFT)和分子动力学(MD)计算、拉曼和红外光谱、X 射线光电子能谱(XPS)可阐释系列冰水的著名悬疑并能得到它们之间的关联。拉格朗日解析振子对运动可以构建 O：H—O 键受激协同弛豫时的非对称短程势能演化。O：H—O 键两段分工不同，H—O 共价键主导准固态的熔点、O 1s 结合能、高频声子频率，而 O：H 非键弛豫主导极化、黏弹性、表面应力和 O：H解离能。求解傅里叶流体热传导方程可阐明姆潘巴佯谬中的氢键能量的“存储—释放—传导—耗散”的规律。截至目前，大量的实验与计算证据证实了我们关于O：H—O键协同弛豫和非键电子极化理论和预测的完备性、正确性和可靠性，取得的进展令人鼓舞，但还有待进一步深入细化和优化。

1.5 内容概览

第1章简要概述了冰水的重要性、挑战性问题以及目前关于结构、相图、各种反常物性的研究现状。简要介绍了相关历史背景和已知的冰水结构模型。

第2章强调O的sp^3电子轨道杂化的重要意义。拓展鲍林的冰成键规则，得到含有两个H_2O分子和4个等同O：H—O键的高对称四面体原胞，以此统一了冰水的分子大小、分子间距、结构序度以及质量密度。

第3章阐释了O：H—O键的非对称强局域耦合振子对模型和原理。与以往氢键模型的差别在于它强调了其可伸缩性、极化性、超短程强耦合作用。明确O：H—O键的分段差异和O-O库仑斥力主导了水与冰区别于其他常规物质的奇异物性。首次提出氢键分段比热和单键热力学的概念和处理方法，以补偿经典热力学的局限。基于O：H—O键受激时的弛豫及极化响应，可以探测冰与水各种可测性能，如声子振频、电子钉扎和极化、反应活性、表皮应力、溶解度、热稳定性、黏弹性等。

第4章基于O：H—O键弛豫动力学分析了冰水相图。根据相边界的T_C-P_C斜率把相变分为4种类型。液/固和冰的Ⅶ/Ⅷ边界，负斜率表明H—O共价键弛豫主导，以此导出常温常压下H—O键能为3.97 eV。液/准固态相边界的数值重现表述了O：H键长对压力的依赖性。冰Ⅺ/$\mathrm{I_c}$相边界恒定T_C意味着此时O：H—O键对热激发弱响应。冰Ⅶ/Ⅷ-Ⅺ相边界P_C为常数，表明此时O：H和H—O分段受压发生全同长度弛豫。拉曼光谱探测的6条路径证实了关于各相和相边界上O：H—O键弛豫的预测。这样，可以从O：H—O键受激协同弛豫角度出发理解本来用经典热力学无法全部表述的冰水相图。

第5章展示了O：H—O键弛豫时非对称势能路径的演化，进一步证实了O：H—O键协同弛豫概念的正确性与适用性。同时也证明，拉格朗日耦合振动力学是目前研究O：H—O耦合氢键协同弛豫的最佳手段。将已知分段的长度和振动频率在外场作用下的变化转换成相应的力常数和结合能，从而定量表征O：H—O分段势能在受激条件下的演化路径。

第6章处理冰的受压行为。特别是1859年法拉第发现的复冰效应和O：H—O对称化。压致O：H键收缩，强化其声子，而H—O键伸长，声子软化。弱化的H—O键决定冰的熔化温度，所以复冰效应发生。复冰过程的再现证实O：H—O非键的形变和断裂的自愈合以及准固态相边界的受压色散，并且得到3.97 eV的体相H—O键能。

第 7 章关注全温度范围内的 O：H—O 键热致弛豫。O：H—O 键分段比热的差异以及特征振动频率与德拜温度的关系唯一地决定 O：H—O 键和冰水的热力学行为。比热曲线叠加导致两个交点将全温区划分为液相、准固态相、固相 I_{h+c} 和Ⅺ相 4 段，各段氢键分段的比热比值不同。比热较低的分段遵循常规的热胀冷缩，另一段则相反。所以，冰与水的质量密度在整个温度范围内发生振荡。这一机制与其他普通材料完全不同。在准固态阶段，冷致 H—O 收缩，O：H 非键伸长，O：H—O 键增长，密度降低，所以低密度的冰浮于水面。

第 8 章探讨了水分子低配位如团簇、水合层、水表皮、纳米气泡、超薄水膜等情况下的异常现象。特别值得注意的是，水分子低配位使 H—O 收缩，O：H膨胀，强极化诱导超固态并扩展准固态相边界。超固态具有弹性、疏水性、低密度、强热稳定性，使冰的表面超滑、水的表皮强韧性。纳米液滴和纳米气泡的大量低配位水分子导致的氢键弛豫拓展准固态相边界，使熔点升高，冰点降低。令人遗憾的是水分子低配位效应并没有引起学界足够的重视。

第 9 章从 O：H 软声子高弹性和偶极子静电排斥的角度将表皮超固态性质拓展到冰的自润滑和量子摩擦。超固态的低频高振幅 O：H 软声子的高弹自适应特性和 H—O 收缩导致的非键电子双重极化斥力主导冰表面的超润滑特性以及干/湿摩擦润滑剂中的量子摩擦效应。

第 10 章将超固态拓展至液体表皮，也同样适用于水滴的超疏水性、微通道的超流性以及固体 ^4He 的超固态情况。紫外辐射或等离子体溅射导致的超疏水与超亲水性能的转变证实了偶极子在超亲水/超疏水问题中的核心作用，也阐释了 Wenzel-Cassie-Baster 微观机制，即纳米结构强化能量钉扎而提高弹性，增强极化而增大排斥作用，故而实现增强超疏水/超亲水性能。基板材料的电荷的量子钉扎主导其亲水性，极化则主导疏水性。

第 11 章结合实验与傅里叶流体热传导数值解定量破解姆潘巴效应，阐释了 O：H—O 键记忆效应和水表皮超固态的关键作用。表皮超固态低密度直接增强表皮的热扩散系数而利于局部热传导性。H—O 键的释能速率与其初始变形和储能量正相关。姆潘巴效应只会发生在严格非绝热的“热源—冷库”系统中，能量沿 H—O 键的“存储—释放—传导—耗散”路径演变，对实验条件非常敏感。此效应普遍存在于含有氢键的系统中，并且逆过程原理上可行，即冷水升温快。

第 12 章讨论在盐与酸溶液中 O：H—O 键在离子电场下弛豫时受分子位置、溶质类型、溶质浓度和温度的影响。溶质离子提供点源短程电场，重排、拉伸、极化水分子以形成超固态水合层。重点关注局域的键刚度、分子涨落序度以及声子丰度的转变信息。离子的电致极化与分子低配位效果完全相同，只是离子效应贯穿整个溶液体系形成独立的水合团簇，而低配位只发生在表皮和缺陷处。

第 13 章探索 H—O 声子频率、寿命、溶液黏滞度和表皮应力间的相互依赖，这些构成了霍夫梅斯特序列的关键因素——盐离子调节表皮应力与溶液中的蛋白质溶解度。H—O 声子发生蓝移，寿命变长；黏度增高，分子运动能力却降低。酸水合引入 H↔H 反氢键导致点致脆而碱水合导致 O：⇔：O 超氢键点压缩。盐水合与低配位效果相同，产生超固态；酸水合与加热效果均破坏氢键网络结构的表皮应力；碱水合与加压效果相同，压伸局域 H—O 键。

第 14 章将盐离子效应拓展至溶液相变条件——临界压力、临界温度与凝胶时间。离子的电致极化会拓展准固态相边界，降低结冰温度，提高熔点温度。常温盐溶液的高压结冰证实高压恢复了盐致 O：H—O 键的变形后再先后进入冰的Ⅵ和Ⅶ相。附加压力的大小与溶质浓度和类型相关，遵循霍夫梅斯特序列。与溶盐种类变化效果不同，NaI 浓度增加体现溶质-溶质相互作用，由此可以分辨溶质间的作用形式。

第 15 章将溶质径向电场拓展到平行电场以及多源电场组合情况。电致极化诱导的准固态和表皮超固态主导阿姆斯壮浮动水桥的形成。因为溶质离子电场和电容电场的叠加作用而部分抵消，盐水溶液难以形成水桥，但加速土壤的润湿。土壤颗粒与溶质的反向电场会降低 O：H—O 键的电致极化效果从而降低溶剂的黏度——盐水较纯水更容易浸润土壤。

第 16 章在前述章节基础上进一步探讨了包括多场效应、液滴带电性、能量交换与吸收、声子弛豫的同位素效应、介电弛豫、负热膨胀、磁化、结晶、氢键受阻弛豫、液滴结冰以及含有孤对电子的其他氢键体系的普适特征。

第 17 章介绍了各种探测和分析方法的优缺点。利用 X 射线和中子衍射、电子光谱、声子光谱、量子计算，揭示了 O：H—O 键分段长度、能量、键角、H—O 寿命的弛豫特征以及体系的黏度、溶解度、热稳定性、表皮应力。从键长、键能与电子极化角度证明有效。

最后，第 18 章总结了水与冰的 60 条规则。系列进展皆证实 O：H—O 键分段受激协同弛豫和非键电子极化理论以及相应的数值和实验方法的有效性与可靠性。

在每一章中，我们皆从某一悬疑主题和需澄清的问题开始，随后介绍历史背景资料，再基于实验观察和数值计算得到定量解。

参 考 文 献

[1] Goncharuk V. V. Drinking Water: Physics, Chemistry and Biology. Springer, 2014.

[2] Zuo G. H., Hu J., Fang H. P. Effect of the ordered water on protein folding: An off-lattice go-like model study. Phys. Rev. E, 2009, 79 (3): 031925.

[3] Kulp J. L., Pompliano D. L., Guarnieri F. Diverse fragment clustering and water exclusion

identify protein hot spots. J. Am. Chem. Soc., 2011, 133 (28): 10740-10743.
[4] Twomey A., Less R., Kurata K., et al. In situ spectroscopic quantification of protein-ice interactions. J. Phys. Chem. B, 2013, 117 (26): 7889-7897.
[5] Ball P. Water: An enduring mystery. Nature, 2008, 452 (7185): 291-292.
[6] Stiopkin I. V., Weeraman C., Pieniazek P. A., et al. Hydrogen bonding at the water surface revealed by isotopic dilution spectroscopy. Nature, 2011, 474 (7350): 192-195.
[7] Marx D., Tuckerman M. E., Hutter J., et al. The nature of the hydrated excess proton in water. Nature, 1999, 397 (6720): 601-604.
[8] Yoshimura Y., Stewart S. T., Somayazulu M., et al. High-pressure X-ray diffraction and Raman spectroscopy of ice Ⅷ. J. Chem. Phys., 2006, 124 (2): 024502.
[9] Kang D., Dai J., Hou Y., et al. Structure and vibrational spectra of small water clusters from first principles simulations. J. Chem. Phys., 2010, 133 (1): 014302.
[10] Frenken J. W. M., Oosterkamp T. H. Microscopy: When mica and water meet. Nature, 2010, 464 (7285): 38-39.
[11] Headrick J. M., Diken E. G., Walters R. S., et al. Spectral signatures of hydrated proton vibrations in water clusters. Science, 2005, 308 (5729): 1765-1769.
[12] Gregory J. K., Clary D. C., Liu K., et al. The water dipole moment in water clusters. Science, 1997, 275 (5301): 814-817.
[13] Bjerrum N. Structure and properties of ice. Science, 1952, 115 (2989): 385-390.
[14] Soper A. K., Teixeira J., Head-Gordon T. Is ambient water inhomogeneous on the nanometer-length scale? Proc. Natl. Acad. Sci. U. S. A., 2010, 107 (12): E44-E44.
[15] Zha C. S., Hemley R. J., Gramsch S. A., et al. Optical study of H_2O ice to 120 GPa: Dielectric function, molecular polarizability, and equation of state. J. Chem. Phys., 2007, 126 (7): 074506.
[16] Bartels-Rausch T., Bergeron V., Cartwright J. H., et al. Ice structures, patterns, and processes: A view across the icefields. Rev. Mod. Phys., 2012, 84 (2): 885-944.
[17] Bakker R. J., Baumgartner M. Unexpected phase assemblages in inclusions with ternary H_2O-salt fluids at low temperatures. Cent. Eur. J. Geosci., 2012, 4 (2): 225-237.
[18] Bakker R. J. Raman spectra of fluid and crystal mixtures in the systems H_2O, H_2O-NaCl and H_2O-$MgCl_2$ at low temperatures: Applications to fluid-inclusion research. Can. Mineral., 2004, 42: 1283-1314.
[19] Smyth M., Kohanoff J. Excess electron localization in solvated DNA bases. Phys. Rev. Lett., 2011, 106 (23): 238108.
[20] Baaske P., Duhr S., Braun D. Melting curve analysis in a snapshot. Appl. Phys. Lett., 2007, 91 (13): 133901.
[21] Kuffel A., Zielkiewicz J. Why the solvation water around proteins is more dense than bulk water. J. Phys. Chem. B, 2012, 116(40): 12113-12124.
[22] Castellano C., Generosi J., Congiu A., et al. Glass transition temperature of water

confined in lipid membranes as determined by anelastic spectroscopy. Appl. Phys. Lett., 2006, 89 (23): 233905.

[23] Park J. H., Aluru N. R. Water film thickness-dependent conformation and diffusion of single-strand DNA on poly(ethylene glycol)-silane surface. Appl. Phys. Lett., 2010, 96 (12): 123703.

[24] Garczarek F., Gerwert K. Functional waters in intraprotein proton transfer monitored by FTIR difference spectroscopy. Nature, 2006, 439 (7072): 109-112.

[25] Ball P. Water as an active constituent in cell biology. Chem. Rev., 2008, 108 (1): 74-108.

[26] Shan Y. B., Kim E. T., Eastwood M. P., et al. How does a drug molecule find its target binding site? J. Am. Chem. Soc., 2011, 133 (24): 9181-9183.

[27] Ostmeyer J., Chakrapani S., Pan A. C., et al. Recovery from slow inactivation in K channels is controlled by water molecules. Nature, 2013, 501 (7465): 121-124.

[28] Malenkov G. Liquid water and ices: Understanding the structure and physical properties. J. Phys. : Condens. Mat., 2009, 21 (28): 283101.

[29] Lin C. K., Wu C. C., Wang Y. S., et al. Vibrational predissociation spectra and hydrogen-bond topologies of H+ (H_2O) (9-11). Phys. Chem. Chem. Phys., 2005, 7 (5): 938-944.

[30] Lenz A., Ojamae L. A theoretical study of water equilibria: The cluster distribution versus temperature and pressure for (H_2O)(n), n=1-60, and ice. J. Chem. Phys., 2009, 131 (13): 134302.

[31] Lill S. O. N. Application of dispersion-corrected density functional theory. J. Phys. Chem. A, 2009, 113 (38): 10321-10326.

[32] Steinmann S. N., Corminboeuf C. Comprehensive bench marking of a density-dependent dispersion correction. J. Chem. Theory Comput., 2011, 7 (11): 3567-3577.

[33] Kobayashi K., Koshino M., Suenaga K. Atomically resolved images of I(h) ice single crystals in the solid phase. Phys. Rev. Lett., 2011, 106 (20): 206101.

[34] Hermann A., Schwerdtfeger P. Blueshifting the onset of optical UV absorption for water under pressure. Phys. Rev. Lett., 2011, 106 (18): 187403.

[35] Chen W., Wu X. F., Car R. X-Ray absorption signatures of the molecular environment in water and ice. Phys. Rev. Lett., 2010, 105 (1): 017802.

[36] Wang Y., Liu H., Lv J., et al. High pressure partially ionic phase of water ice. Nat. Commun., 2011, 2: 563.

[37] Abu-Samha M., Borve K. J. Surface relaxation in water clusters: Evidence from theoretical analysis of the oxygen 1s photoelectron spectrum. J. Chem. Phys., 2008, 128 (15): 154710.

[38] Bjorneholm O., Federmann F., Kakar S., et al. Between vapor and ice: Free water clusters studied by core level spectroscopy. J. Chem. Phys., 1999, 111 (2): 546-550.

[39] Ohrwall G., Fink R. F., Tchaplyguine M., et al. The electronic structure of free water

clusters probed by Auger electron spectroscopy. J. Chem. Phys., 2005, 123 (5): 054310.

[40] Hirabayashi S., Yamada K. M. T. Infrared spectra and structure of water clusters trapped in argon and krypton matrices. J. Mol. Struct., 2006, 795 (1-3): 78-83.

[41] Andersson P., Steinbach C., Buck U. Vibrational spectroscopy of large water clusters of known size. Eur. Phys. J. D., 2003, 24 (1-3): 53-56.

[42] Maheshwary S., Patel N., Sathyamurthy N., et al. Structure and stability of water clusters $(H_2O)n$, n= 8-20: An ab initioinvestigation. J. Phys. Chem. A, 2001, 105: 10525-10537.

[43] Nilsson A., Pettersson L. G. M. Perspective on the structure of liquid water. Chem. Phys., 2011, 389 (1-3): 1-34.

[44] Clark G. N. I., Cappa C. D., Smith J. D., et al. The structure of ambient water. Mol. Phys., 2010, 108 (11): 1415-1433.

[45] Vega C., Abascal J. L. F., Conde M. M., et al. What ice can teach us about water interactions: A critical comparison of the performance of different water models. Faraday Discuss., 2009, 141: 251-276.

[46] Ludwig R. The importance of tetrahedrally coordinated molecules for the explanation of liquid water properties. ChemPhysChem, 2007, 8 (6): 938-943.

[47] Santra B., Michaelides A., Fuchs M., et al. On the accuracy of density-functional theory exchange-correlation functionals for H bonds in small water clusters. Ⅱ. The water hexamer and van der Waals interactions. J. Chem. Phys., 2008, 129 (19): 194111.

[48] Liu K., Cruzan J. D., Saykally R. J. Water clusters. Science, 1996, 271 (5251): 929-933.

[49] Buch V., Bauerecker S., Devlin J. P., et al. Solid water clusters in the size range of tens-thousands of H_2O: A combined computational/spectroscopic outlook. Int. Rev. Phys. Chem., 2004, 23 (3): 375-433.

[50] Cartwright J. H., Escribano B., Sainz-Diaz C. I. The mesoscale morphologies of ice films: Porous and biomorphic forms of ice under astrophysical conditions. Astrophys. J., 2008, 687 (2): 1406-1414.

[51] Li Y., Somorjai G. A. Surface premelting of ice. J. Phys. Chem. C, 2007, 111 (27): 9631-9637.

[52] Kietzig A. M., Hatzikiriakos S. G., Englezos P. Physics of ice friction. J. Appl. Phys., 2010, 107 (8): 081101.

[53] Sikka S. K., Sharma S. M. The hydrogen bond under pressure. Phase Transit., 2008, 81 (10): 907-934.

[54] Pruzan P., Chervin J. C., Wolanin E., et al. Phase diagram of ice in the Ⅶ-Ⅷ-Ⅹ domain. Vibrational and structural data for strongly compressed ice Ⅷ. J. Raman Spectrosc., 2003, 34 (7-8): 591-610.

[55] Davitt K., Rolley E., Caupin F., et al. Equation of state of water under negative pressure. J. Chem. Phys., 2010, 133 (17): 174507.

[56] Chaplin M. Theory versus experiment: What is the surface charge of water? Water, 2009, 1: 1-28.

[57] Shen Y. R., Ostroverkhov V. Sum-frequency vibrational spectroscopy on water interfaces: Polar orientation of water molecules at interfaces. Chem. Rev., 2006, 106 (4): 1140-1154.

[58] Faubel M., Siefermann K. R., Liu Y., et al. Ultrafast soft X-ray photoelectron spectroscopy at liquid water microjets. Acc. Chem. Res., 2011, 45 (1): 120-130.

[59] Morita A., Ishiyama T. Recent progress in theoretical analysis of vibrational sum frequency generation spectroscopy. Phys. Chem. Chem. Phys., 2008, 10 (38): 5801-5816.

[60] Skinner J. L., Pieniazek P. A., Gruenbaum S. M. Vibrational spectroscopy of water at interfaces. Acc. Chem. Res., 2012, 45 (1): 93-100.

[61] Bakker H. J.,Skinner J. L. Vibrational spectroscopy as a probe of structure and dynamics in liquid water. Chem. Rev., 2010, 110 (3): 1498-1517.

[62] Sun C. H., Liu L. M., Selloni A., et al. Titania-water interactions: A review of theoretical studies. J. Mater. Chem., 2010, 20 (46): 10319-10334.

[63] Henderson M. A. The interaction of water with solid surfaces: Fundamental aspects revisited. Surf. Sci. Rep., 2002, 46 (1-8): 5-308.

[64] Hodgson A., Haq S. Water adsorption and the wetting of metal surfaces. Surf. Sci. Rep., 2009, 64 (9): 381-451.

[65] Verdaguer A., Sacha G. M., Bluhm H., et al. Molecular structure of water at interfaces: Wetting at the nanometer scale. Chem. Rev., 2006, 106 (4): 1478-1510.

[66] Carrasco J., Hodgson A., Michaelides A. A molecular perspective of water at metal interfaces. Nat. Mat., 2012, 11 (8): 667-674.

[67] Kumagai T. Direct observation and control of hydrogen-bond dynamics using low-temperature scanning tunneling microscopy. Prog. Surf. Sci., 2015, 90 (3): 239-291.

[68] Marcus Y. Effect of ions on the structure of water: Structure making and breaking. Chem. Rev., 2009, 109 (3): 1346-1370.

[69] Sellberg J. A., Huang C., McQueen T. A., et al. Ultrafast X-ray probing of water structure below the homogeneous ice nucleation temperature. Nature, 2014, 510 (7505): 381-384.

[70] Skinner L. B., Huang C., Schlesinger D., et al. Benchmark oxygen-oxygen pair-distribution function of ambient water from X-ray diffraction measurements with a wide Q-range. J. Chem. Phys., 2013, 138 (7): 074506.

[71] Drechsel-Grau C., Marx D. Tunnelling in chiral water clusters: Protons in concert. Nat. Phys., 2015, 11 (3): 216-218.

[72] Meng X., Guo J., Peng J., et al. Direct visualization of concerted proton tunnelling in a water nanocluster. Nat. Phys., 2015, 11 (3): 235-239.

[73] Guo J., Meng X., Chen J., et al. Real-space imaging of interfacial water with submolecular resolution. Nat. Mat., 2014, 13(2): 184-189.

[74] Meibohm J., Schreck S., Wernet P. Temperature dependent soft X-ray absorption spectroscopy of liquids. Rev. Sci. Instrum., 2014, 85 (10): 103102.

[75] Bluhm H., Ogletree D. F., Fadley C. S., et al. The premelting of ice studied with photoelectron spectroscopy. J. Phys.: Condens. Mat., 2002, 14 (8): L227- L233.

[76] Wilson K. R., Rude B. S., Catalano T., et al. X-ray spectroscopy of liquid water microjets. J. Phys. Chem. B, 2001, 105 (17): 3346-3349.

[77] Shen Y. R. Basic theory of surface sum-frequency generation. J. Phys. Chem. C, 2012, 116: 15505-15509.

[78] Wren S. N., Donaldson D. J. Glancing-angle Raman spectroscopic probe for reaction kinetics at water surfaces. Phys. Chem. Chem. Phys., 2010, 12 (11): 2648-2654.

[79] Kahan T. F., Reid J. P., Donaldson D. J. Spectroscopic probes of the quasi-liquid layer on ice. J. Phys. Chem. A, 2007, 111 (43): 11006-11012.

[80] Zaera F. Probing liquid/solid interfaces at the molecular level. Chem. Rev., 2012, 112 (5): 2920-2986.

[81] Johnson C. M., Baldelli S. Vibrational sum frequency spectroscopy studies of the influence of solutes and phospholipids at vapor/water interfaces relevant to biological and environmental systems. Chem. Rev., 2014, 114 (17): 8416-8446.

[82] Chaplin M. Water structure and science[EB/OL]. http://www. lsbu. ac. uk/water/.

[83] Editor S. So much more to know. Science, 2005, 309 (5731): 78-102.

[84] Head-Gordon T., Hura G. Water structure from scattering experiments and simulation. Chem. Rev., 2002, 102 (8): 2651-2669.

[85] Baez J. Phase diagram of water. 2012 [EB/OL]. http://math. ucr. edu/home/baez/chemical/725px-Phase_diagram_of_water. svg. png.

[86] Huang Y., Zhang X., Ma Z., et al. Hydrogen-bond relaxation dynamics: Resolving mysteries of water ice. Coord. Chem. Rev., 2015, 285: 109-165.

[87] Kang D. D., Dai J., Sun H., et al. Quantum similation of thermally driven phase transition and O k-edge absorption of high-pressure ice. Sci. Rep., 2013, 3: 3272.

[88] Zhang X., Sun P., Huang Y., et al. Water's phase diagram: From the notion of thermodynamics to hydrogen-bond cooperativity. Prog. Solid State Chem., 2015, 43: 71-81.

[89] Kanno H., Miyata K. The location of the second critical point of water. Chem. Phys. Lett., 2006, 422 (4-6): 507-512.

[90] Holten V., Anisimov M. A. Entropy-driven liquid-liquid separation in supercooled water. Sci. Rep., 2012, 2: 713.

[91] Bartels-Rausch T. Chemistry: Ten things we need to know about ice and snow. Nature, 2013, 494 (7435): 27-29.

[92] Algara-Siller G., Lehtinen O., Wang F. C., et al. Square ice in graphene nanocapillaries. Nature, 2015, 519 (7544): 443-445.

[93]Sun C. Q., Sun Y., Ni Y. G., et al. Coulomb repulsion at the nanometer-sized contact: A force driving superhydrophobicity, superfluidity, superlubricity, and supersolidity. J. Phys. Chem. C, 2009, 113 (46): 20009-20019.

[94]Sun C. Q., Zhang X., Fu X., et al. Density and phonon-stiffness anomalies of water and ice in the full temperature range. J. Phys. Chem. Lett., 2013, 4: 3238-3244.

[95]Falenty A., Hansen T. C., Kuhs W. F. Formation and properties of ice XVI obtained by emptying a type sII clathrate hydrate. Nature, 2014, 516 (7530): 231-233.

[96]Sun C. Q., Zhang X., Zheng W. T. Hidden force opposing ice compression. Chem. Sci., 2012, 3: 1455-1460.

[97]Teixeira J. High-pressure physics: The double identity of ice X. Nature, 1998, 392 (6673): 232-233.

[98]Falenty A., Salamatin A., Kuhs W. Kinetics of CO_2-hydrate formation from ice powders: Data summary and modeling extended to low temperatures. J. Phys. Chem. C, 2013, 117 (16): 8443-8457.

[99]Wang Y., Ma Y. Perspective: Crystal structure prediction at high pressures. J. Chem. Phys., 2014, 140 (4): 040901.

[100]Poole P. H., Sciortino F., Essmann U., et al. Phase behaviour of metastable water. Nature, 1992, 360 (6402): 324-328.

[101]Pollack G. H. The Fourth Phase of Water: Beyond Solid, Liquid, and Vapor. Seattle: Ebner & Sons Publishers, 2013.

[102]Ojha L., Wilhelm M. B., Murchie S. L., et al. Spectral evidence for hydrated salts in recurring slope lineae on Mars. Nat. Geosci., 2015, 8(11): 829-832.

[103]Sun C. Q., Zhang X., Zhou J., et al. Density, elasticity, and stability anomalies of water molecules with fewer than four neighbors. J. Phys. Chem. Lett., 2013, 4: 2565-2570.

[104]Zhang X., Huang Y., Ma Z., et al. A common supersolid skin covering both water and ice. Phys. Chem. Chem. Phys., 2014, 16 (42): 22987-22994.

[105] Pauling L. The Nature of the Chemical Bond. 3rd ed. NY: Cornell University Press, 1960.

[106]Sun C. Q. Relaxation of the Chemical Bond. Heidelberg: Springer, 2014.

[107]Russo J., Tanaka H. Understanding water's anomalies with locally favoured structures. Nat. Commun., 2014, 5: 3556.

[108]Huang Y., Zhang X., Ma Z., et al. Size, separation, structural order, and mass density of molecules packing in water and ice. Sci. Rep., 2013, 3: 3005.

[109]Huang Y., Ma Z., Zhang X., et al. Hydrogen bond asymmetric local potentials in compressed ice. J. Phys. Chem. B, 2013, 117 (43): 13639-13645.

[110]Faraday M. Note on regelation. Proc. R. Soc. London, 1859, 10: 440-450.

[111]Yoshimura Y., Stewart S. T., Somayazulu M., et al. Convergent raman features in high density amorphous ice, ice VII, and ice VIII under pressure. J. Phys. Chem. B, 2011, 115

(14)：3756-3760.
[112] Holten V., Bertrand C., Anisimov M., et al. Thermodynamics of supercooled water. J. Chem. Phys., 2012, 136 (9)：094507.
[113] Xiong X. M., Chen L., Zuo W. L., et al. Imaginary part of the surface tension of water. Chin. Phys. Lett., 2014, 31 (7)：076801.
[114] Wilson K. R., Schaller R. D., Co D. T., et al. Surface relaxation in liquid water and methanol studied by X-ray absorption spectroscopy. J. Chem. Phys., 2002, 117 (16)：7738-7744.
[115] Trainoff S., Philips N. Water droplet dancing on water surfaces[EB/OL]. http://www.youtube.com/watch? v=pbGz1njqhxU.
[116] Rosenberg R. Why is ice slippery? Phys. Today, 2005, 58 (12)：50-54.
[117] Pawlak Z., Urbaniak W., Oloyede A. The relationship between friction and wettability in aqueous environment. Wear, 2011, 271 (9)：1745-1749.
[118] Zhang X., Sun P., Huang Y., et al. Water nanodroplet thermodynamics：Quasi-solid phase-boundary dispersivity. J. Phys. Chem. B, 2015, 119 (16)：5265-5269.
[119] Debenedetti P. G., Stanley H. E. Supercooled and glassy water. Phys. Today, 2003, 56 (6)：40-46.
[120] Hofmeister F. Concerning regularities in the protein-precipitating effects of salts and the relationship of these effects to the physiological behaviour of salts. Arch. Exp. Pathol. Pharmacol., 1888, 24：247-260.
[121] Zhang X., Yan T., Huang Y., et al. Mediating relaxation and polarization of hydrogen-bonds in water by NaCl salting and heating. Phys. Chem. Chem. Phys., 2014, 16 (45)：24666-24671.
[122] Mei F., Zhou X., Kou J., et al. A transition between bistable ice when coupling electric field and nanoconfinement. J. Chem. Phys., 2015, 142 (13)：134704.
[123] Ehre D., Lavert E., Lahav M., et al. Water freezes differently on positively and negatively charged surfaces of pyroelectric materials. Science, 2010, 327 (5966)：672-675.
[124] Armstrong W. G. Electrical phenomena. The newcastle literary and philosophical society. Electr. Eng., 1893, 10：154-155.
[125] Zhang X., Huang Y., Ma Z., et al. Hydrogen-bond memory and water-skin supersolidity resolving the Mpemba paradox. Phys. Chem. Chem. Phys., 2014, 16 (42)：22995-23002.
[126] Mpemba E. B., Osborne D. G. Cool? Phys. Educ., 1979, 14：410-413.
[127] Ball P., Ben-Jacob E. Water as the fabric of life. Eur. Phys. J. Spec. Top., 2014, 223 (5)：849-852.
[128] Qiu H., Guo W. Electromelting of confined monolayer ice. Phys. Rev. Lett., 2013, 110 (19)：195701.

[129] Yu Z., Li H., Liu X., et al. Influence of soil electric field on water movement in soil. Soil Till. Res., 2016, 155: 263-270.

[130] Shen Y. T. Private communications//Water Droplet Freezing, C. Q. Sun (Editor), 2014.

[131] 申艳军, 杨更社, 王铭. 冻融循环过程中岩石热传导规律试验及理论分析. 岩石力学与工程学报, 2016, 35 (12): 2417-2425.

[132] Amann-Winkel K., Böhmer R., Fujara F., et al. Colloquiu: Water's controversial glass transitions. Rev. Mod. Phys., 2016, 88 (1): 011002.

[133] Bernal J. D., Fowler R. H. A theory of water and ionic solution, with particular reference to hydrogen and hydroxyl ions. J. Chem. Phys., 1933, 1 (8): 515-548.

[134] Pauling L. The structure and entropy of ice and of other crystals with some randomness of atomic arrangement. J. Am. Chem. Soc., 1935, 57: 2680-2684.

[135] De Grotthuss C. J. T. Sur la Décomposition de l'eau et des corps qu'elle tient en dissolution à l'aide de l'électricité galvanique. Ann. Chim, 1806, 58: 54-74.

[136] Hassanali A., Giberti F., Cuny J., et al. Proton transfer through the water gossamer. Proc. Natl. Acad. Sci. U. S. A., 2013, 110 (34): 13723-13728.

[137] Harich S. A., Hwang D. W. H., Yang X., et al. Photodissociation of H_2O at 121. 6 nm: A state-to-state dynamical picture. J. Chem. Phys., 2000, 113 (22): 10073-10090.

[138] Wark K. Generalized Thermodynamic Relationships in the Thermodynamics. 5th ed. New York: McGraw-Hill, Inc., 1988.

[139] Alduchov O., Eskridge R. Improved magnus form approximation of saturation vapor pressure. J. Appl. Meteorol., 1997, 35(4): 601-609.

[140] Jones G., Dole M. The viscosity of aqueous solutions of strong electrolytes with special reference to barium chloride. J. Am. Chem. Soc., 1929, 51 (10): 2950-2964.

[141] Wynne K. The mayonnaise effect. J. Phys. Chem. Lett., 2017, 8 (24): 6189-6192.

[142] Araque J. C., Yadav S. K., Shadeck M., et al. How is diffusion of neutral and charged tracers related to the structure and dynamics of a room-temperature ionic liquid? Large deviations from Stokes-Einstein behavior explained. J. Phys. Chem. B, 2015, 119 (23): 7015-7029.

[143] Thämer M., De Marco L., Ramasesha K., et al. Ultrafast 2D IR spectroscopy of the excess proton in liquid water. Science, 2015, 350 (6256): 78-82.

[144] Branca C., Magazu S., Maisano G., et al. Anomalous translational diffusive processes in hydrogen-bonded systems investigated by ultrasonic technique, Raman scattering and NMR. Physica B, 2000, 291 (1): 180-189.

[145] Ren Z., Ivanova A. S., Couchot-Vore D., et al. Ultrafast structure and dynamics in ionic liquids: 2D-IR spectroscopy probes the molecular origin of viscosity. J. Phys. Chem. Lett., 2014, 5 (9): 1541-1546.

[146] Park S., Odelius M., Gaffney K. J. Ultrafast dynamics of hydrogen bond exchange in

aqueous ionic solutions. J. Phys. Chem. B, 2009, 113 (22): 7825-7835.

[147] Guo J., Li X. Z., Peng J., et al. Atomic-scale investigation of nuclear quantum effects of surface water: Experiments and theory. Prog. Surf. Sci., 2017, 92 (4): 203-239.

[148] Peng J., Guo J., Ma R., et al. Atomic-scale imaging of the dissolution of NaCl islands by water at low temperature. J. Phys.: Condens. Mat., 2017, 29 (10): 104001.

[149] Peng J., Guo J., Hapala P., et al. Weakly perturbative imaging of interfacial water with submolecular resolution by atomic force microscopy. Nat. Commun., 2018, 9: 122.

[150] Sun C. Q., Sun Y. The Attribute of Water: Single Notion, Multiple Myths. Springer-Verlag, 2016.

[151] Huang Y., Zhang X., Ma Z., et al. Potential paths for the hydrogen-bond relaxing with $(H_2O)_N$ cluster size. J. Phys. Chem. C, 2015, 119 (29): 16962-16971.

[152] Xantheas S. S. Cooperativity and hydrogen bonding network in water clusters. Chem. Phys., 2000, 258 (2): 225-231.

[153] Reed A. E., Curtiss L. A., Weinhold F. Intermolecular interactions from a natural bond orbital, donor-acceptor viewpoint. Chem. Rev., 1988, 88 (6): 899-926.

[154] Sun C. Q., Chen J., Gong Y., et al. (H, Li) Br and LiOH solvation bonding dynamics: Molecular nonbond interactions and solute extraordinary capabilities. J. Phys. Chem. B, 2018, 122 (3): 1228-1238.

[155] Sun C. Q. Thermo-mechanical behavior of low-dimensional systems: The local bond average approach. Prog. Mater Sci., 2009, 54 (2): 179-307.

[156] Zhang X., Huang Y., Ma Z., et al. From ice supperlubricity to quantum friction: Electronic repulsivity and phononic elasticity. Friction, 2015, 3 (4): 294-319.

第 2 章

冰水构序规则：禁戒与守恒

重点提示

- 氧原子的 sp^3 电子轨道杂化以及孤对电子产生是单分子四配位结构的物理基础
- 冰水的四配位结构及其质量密度决定分子体积和分子间距
- 分子间非键孤对电子和分子内成键电子的耦合作用决定冰水对外场的响应
- 质子和孤对电子数目以及氢键构型(O：H—O)守恒且限定分子空间取向规则

摘要

冰水的几何结构、质量密度(ρ)、分子体积(d_H)以及分子间距($d_{OO}=d_L+d_H$)四者密切关联。水分子的空间取向服从 $2N$ 数目和 O：H—O守恒定则，即使引入溶质，也只发生氢键分段长度和键角的弛豫和涨落；分子转动产生 H↔H 和 O：⇔：O 而失稳。理论预测、理论计算和实验测试证实：①冰水是超固态表皮包裹、高度有序、强关联、强涨落、四配位均相的理想“分子单晶”；②近邻氧原子电子对的库仑排斥主导外场作用下氢键分段的协同弛豫；③电场或低配位拉伸并极化 O：H—O 而生成超固态；④液/固相间存在具有冷致膨胀特征的准固(液)态，其相边界可调且温致 d_{OO} 长度在四温区内振荡；⑤压致 O：H—O 键分段长度对称，准固态相边界内敛。

2.1　悬疑组一：冰水的构序规则

2005 年，美国《科学》期刊在纪念创刊 125 周年特辑中指出：水的结构是人类未来面对的最具挑战性的 125 个科学问题之一(图 2.1)[1]。可见，对冰水的反常物性的研究十分重要和迫切。典型问题如下：

(1) 一个水分子有多少个确切最近邻？

(2) 水分子间与分子内是怎样相互作用的？

(3) 水是单相还是混相结构？是非晶、多晶、还是单晶？

(4) 冰水分子的体积、间距、几何构型及质量密度之间存在怎样的联系？

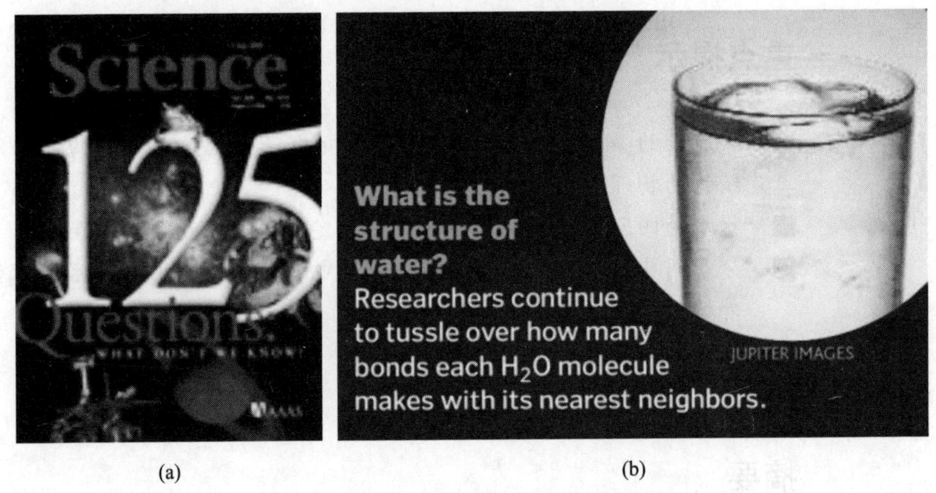

(a)　(b)

图 2.1　水的结构是未来面对的最具挑战性的 125 个科学问题之一[1]

2.2　释疑原理：分子取向、2*N* 与 O：H—O 构型守恒定则

水是超固态表皮包裹、高有序、强关联、强涨落、可流动的理想单晶[2]。它具有固定的熔点、沸点、冰点，高度透明，对外界微扰非常敏感。水分子中氧原子的 sp^3 电子轨道杂化形成的孤对电子和成键电子导致以氧原子为中心的准四面体配位形状，氧原子周围电子和能量分布呈原子尺度各向异性[3-5]，见图 2.2：

(1) 高电负性的 O 的 $2s^22p^4$(类似的有 N $2s^2p^3$ 和 F $2s^22p^5$)电子轨道与低电负性原子作用时发生 sp^3 轨道杂化而形成四配位结构(图 2.2a)，与近邻原子通过两个成键电子对(用符号“—”表示)和两个非键孤对电子（用“:”表示)作用：$2H^{\delta+}$ ： $O^{2\delta-}$—$2H^{\delta+}$($\delta<1$，为净电荷，取 $\delta=1$ 方便简化处理)。水分子自身为 V 形结构[6]。

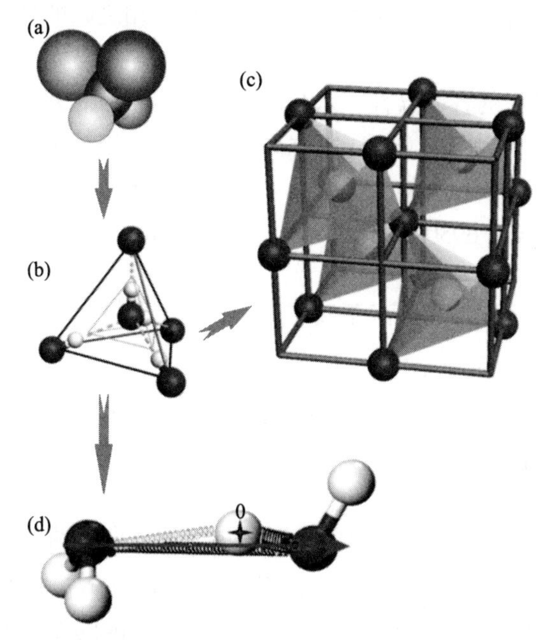

图 2.2 水分子的基本结构：(a) O 的 sp^3 电子轨道杂化和水的单分子；(b) 水分子的高对称原胞；(c) 多原胞堆垛的金刚石结构；(d) O：H—O 键非对称耦合振子对(参见书后彩图)

(a)中 O 原子 sp^3 轨道杂化形成准四面体配位结构，可与近邻 H 原子形成两个成键电子对(小黄球，两者键角小于 104.5°)以及两个非键电子对(蓝球，两者角度大于 109.5°)[6]。该配位经 C_{2v} 拓展形成(b)所示的 C_{3v} 均匀对称四面体配位原胞，包含两个水分子和 4 个定向的 O：H—O 键[(d)所示]。(b)结构空间堆垛形成(c)理想的金刚石结构。据此几何结构与质量密度关系可得到分子尺寸与分子间距[5]。由(b)可得水分子体系的基本拓扑结构和(d)韧性可极化的 O：H—O 键非对称耦合振子对。键角弛豫或扭曲可能使水分子构成如 2D 或者笼状的其他结构[10]，但 O：H—O 基本单元守恒。两氧原子上的成对小圆点表示成键和非键电子对，H^+ 视作 O：H 和 H—O 双段协同弛豫时的动态坐标系原点[5]

(2) 水分子自 5 K[7] 到气相温度甚至在极限高温高压(2 000 K 和 2 TPa)条件下，即使发生$(H_2O)_2 \Rightarrow OH_3^+ : OH^-$超离子态转变，依然保持准四面体配位构型和O：H—O关联作用[8]。其中，OH_3^+ 为水合氢离子，具有一对孤对电子的类 NH_3 结构；OH^-为氢氧根离子，具有 3 对孤对电子的类 HF 结构。

(3) 在 *N* 个水分子中，必定存在 2*N* 个 H^+质子和 2*N* 对孤对电子，O：H—O 构型唯一。称为水的 2*N* 和 O：H—O 构型守恒定则。水分子必须服从由守恒定则决定的空间取向规则，以避免由近邻 H^+和“：”的失配而引起 H↔H 和 O：⇔：O 的排斥发生，所以只容许涨落和弛豫而不允许大角度转动。O：H—

O 分段以及键角弯曲的协同弛豫和涨落主导冰水各相之间的转变和宏观可测物理性质[5,9]。

(4) 因原子尺度的各向异性，水分子在液相时难以相对稳定，所以具有强涨落特性，两水分子之间的 O：H 非键高频断续。基于统计平均，水分子的几何结构、基本长度参数与水的质量密度之间受到如下约束[5]：

$$\begin{cases} d_{OO}=d_L+d_H=2.6950\rho^{-1/3} & (\text{O–O 间距}) \\ d_L=\dfrac{2d_{L0}}{1+\exp[(d_H-d_{H0})/0.2428]} & (d_{H0}=1.0004,\ d_{L0}=1.6946) \end{cases} \tag{2.1}$$

式中，d_H 表示分子体积尺度，即 H—O 长度；d_L 为分子间距，即 O：H 长度。

2.3　历史溯源

1809 年，盖-吕萨克和亚历山大·冯·洪堡通过混合两份 H_2 和一份 O_2 得到了水蒸气，首次通过实验定义了水的基本组分 H_2O[11]。1902 年，彼得·德拜利用 X 射线衍射(XRD)测定了水分子间和水分子内的相互作用特征。在此基础上，人们提出了许多水分子结构模型，迄今仍具争议。表 2.1～表 2.3 列举了早期代表性人物和几种典型的分子结构模型，有兴趣的读者可以参考菲利普·鲍尔(Philip Ball)撰写的《水的传记》[12]。

表 2.1　水科学研究的代表性人物

肖像	简介
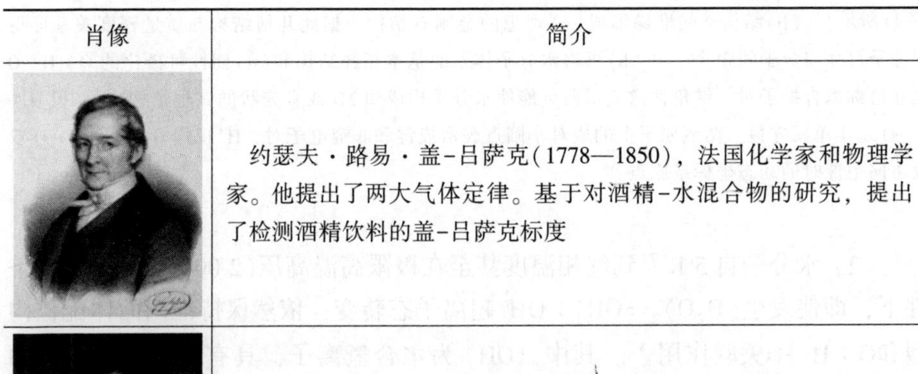	约瑟夫·路易·盖-吕萨克(1778—1850)，法国化学家和物理学家。他提出了两大气体定律。基于对酒精-水混合物的研究，提出了检测酒精饮料的盖-吕萨克标度
	亚历山大·冯·洪堡(1769—1859)，德国自然学家和探险家。他是古典自然地理学和生物地理学的代表性人物

续表

肖像	简介
	彼得·约瑟夫·威廉·德拜(1884—1966)，荷兰-美国物理学家和物理化学家。因他对分子结构和偶极矩的研究以及在X射线和气体中的电子衍射所作的贡献而被授予1936年的诺贝尔化学奖

2.3.1 水分子结构的经典模型

表2.2所示为几种水分子结构的典型模型。

表2.2 水分子结构的经典模型

模型	创立者
水分子成键规则	
博奈尔-富勒质子隧穿模型(图2.3a)：H_2O分子呈V形结构，键角$(104.5\pm1.5)^\circ$，$d_H=0.96$ Å，$d_{OO}=2.76$ Å。H^+以~1.5 THz的频率从一个分子跳跃至另一个分子，发生$(H_2O)_2 \leftrightarrow OH_3^{\delta+}:OH^{\delta-}$瞬态超离子转换	Ralph H. Fowler, John Desmond Bernal(1933)[13]
鲍林的质子"两进两出"失措模型(图2.3b)：每个O原子周围同时存在两个近邻H原子(与O原子形成典型的V形水分子，处于所谓的"两进"位置)和两个较远的H原子(即近邻水分子的H原子，处于所谓的"两出"位置)。H^+处于这两个位置上的概率等同。即使温度降低到零度，冰水仍有剩余熵代表本征随机性；水分子构型的数目或者熵会随着体系尺寸呈指数变化	Linus Pauling (1935)[14]
无失措-无隧穿的准四面体配位和O：H—O耦合氢键结构(图2.2)： (1) O的sp^3电子轨道杂化形成不同取向的氢键，普适于氧化反应；水分子仅为个例。 (2) O：H—O非对称强耦合，受激励发生非对称同向弛豫和随机涨落。 (3) H—O强键(4.0 eV)阻碍H^+的隧穿以及位置失措	孙长庆等(2013)[4,6]

续表

	模型	创立者
水分子结构模型		
团簇结构	流体冰晶：水的“偶极子海洋”中包含无数微小的“冰颗粒”。间隙水分子维持团簇的稳定存在和流动性	Wilhelm Röntgen (1891), Henry Armstrong (1920), Oleg Samoilov (1940) [15]
	闪动团簇：周围水分子增多至临界尺寸时形成团簇，而后又自发分散。整个聚散过程以 10^{10} ~ 10^{11} Hz 的频率反复发生	Henry S. Frank，Wen-Yang Wen(1957) [16]
	亚微米尺度相干域(百万分子)：域内分子间的键类似天线，从外部接收电磁能量，因此水分子可以释放电子，参与化学反应	Emilio del Giudice (2009) [17]
	两型混合团簇：团簇中的一种是壳状结构或有破缺，而另一种是规则立体结构。水分子在两结构间快速切换，在一定条件下，每类水分子平均数目守恒	Martin Chaplin[18]
	五元壳模型：水分子局部优化结构不仅可以发生壳层间过渡，也可在层内形成氢键链接的五元分子环。前者促进结晶，后者引起失措并抑制结晶	J. Russo，H. Tanaka (2014) [19]
两相结构	无序类冰团：无序结构包裹的内部有序链或环(约含 100 个分子)	Anders Nilsson，Lars Petterson (2004) [20,21]
	高/低密度混合相：水具有低密度和高密度两态，特别是过冷水。低密度相呈开放式配位结构，而高密度相结构紧凑。两相不停地彼此转换	Gene Stanley (1998) [22]
	多相混杂模型：多相水分子相互转换	Rustum Roy (2005) [23]
涨落单相	超固态表皮包裹的四配位均相强涨落单晶：表皮分子低配位诱导氢键弛豫降低质量密度 25% 而表皮分子几何构型维持不变	孙长庆等(2013) [24]
	弱涨落均匀配位：差别仅在于不同水分子可能形成不同形式的配位单元，或不同尺寸的环状结构。氢键的变形能力决定这种配位网络结构的局部差异	V. Petkov，Y. Ren，M. Suchomel (2012) [25]
	微变形均匀配位：大多数分子保持四配位结构，但有适度的微变形。也有氢键高度不对称，极弱且变形	T. D. Kuhne，R. Z. Khaliullin (2014) [26]

续表

	模型	创立者
涨落单相	类冰氢键结构：从总能角度分析近边 X 射线吸收谱，表明冰水具有相同的类冰几何结构(251~288 K)	J. D. Smith 等(2004)[27]
	长程有序配位结构：基于 X 射线吸收光谱，水的长程四配位均相结构也可拟合用双相结构模型表述的实验数据	T. Head-Gordon, M. E. Johnson (2006)[28]
水的表面与界面	第四相排斥区：水/亲水界面出现类胶状和 H_3O_2 层状滑移主导的区域	Gerald H. Pollack(2013)[29]
	毛细管聚合水：毛细管中形成的类胶状水	Boris Deryaguin (1960)[15]
	低配位主导的超固态相： (1) 分子低配位导致 H—O 键收缩刚化，而 O-O 排斥拉伸软化 O : H 非键；双重极化形成具有弹性、疏水性、低密度且热稳定的超固态相。 (2) 超固态表皮的几何结构和 O : H—O 键构型依然守恒，但分段长度弛豫。 (3) 纳米水滴和气泡实为位置分辨的核/壳两相结构	孙长庆等 (2015)[4]
准固态相	(1)具有冷膨胀特征的准固态存在于液态和固态之间； (2)相边界 258~277 K 对应密度极值点，靠近并建议定义为冰点和熔点； (3)准固态相边界受激励发生色散，引起过冷和过热	孙长庆等(2015)[4]

水分子结构研究的代表性人物如表 2.3 所示。

表 2.3 水分子结构研究的代表性人物

肖像	简介
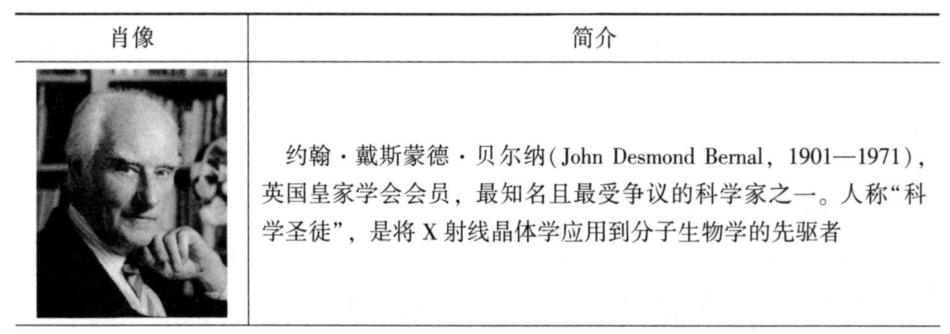	约翰·戴斯蒙德·贝尔纳(John Desmond Bernal, 1901—1971)，英国皇家学会会员，最知名且最受争议的科学家之一。人称“科学圣徒”，是将 X 射线晶体学应用到分子生物学的先驱者

续表

肖像	简介
	拉尔夫·霍华德·富勒(Ralph Howard Fowler，1889—1944)爵士，英国皇家学会会员，物理学家和天文学家。大英帝国勋章获得者。在统计物理学方面作出了重要贡献，提出了场致电子发射量子力学的富勒-诺德海姆方程
	莱纳斯·卡尔·鲍林(Linus Carl Pauling，1901—1994)，美国化学家，生物化学家，和平活动家和教育家，诺贝尔化学与和平奖获得者

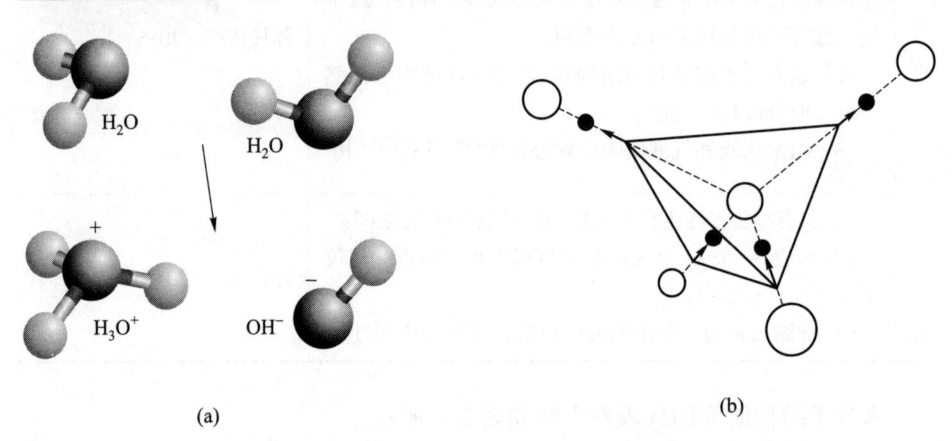

图 2.3 (a)博奈尔-富勒质子隧穿[16]与(b)鲍林的质子"两进两出"失措[14]等价的冰成键规则

(a)质子隧穿并以 1.5 THz 频率实现$(H_2O)_2 \leftrightarrow OH_3^+ : OH^-$超离子态往复转换。(b)实心小圆圈为 H 原子，空心圆圈为 O 原子。隧穿与失措效应发生时水分子四配位结构守恒

2.3.2 分子间的相互作用

为测量和计算水分子的结构，几代人付出了艰辛努力[30, 31]。因为氢键网络的复杂性、动态性与涨落性，这是一个非常艰难的任务。从理论角度来看，液态水结构以及异常行为的破解难点在于以下两个方面：

（1）氢键协同性表明，H 原子键连的两个水分子的结合能需考虑第三方分子与核量子效应的影响。

（2）核量子效应的发生源于氢质子太轻。经典力学难以准确描述其特征，如 H 原子位置的空间分布、核隧穿效应、零点能量以及核运动的定量描述。

在进行冰水结构优化时，刚性非极化模型 TIPnP(n：1～5)系列[32, 33]和极化模型[34]被广泛采用。例如，在 TIPnQ 模型中，采用气相水分子的 V 形结构，键长 $r_{OH}=0.9572$ Å 而键角 $\theta_{HOH}=104.52°$。图 2.4 所示的 TIP4Q/2005 模型[35]将水分子简化为单个(O^+-M^-)偶极子，H^+点电荷固定。用勒纳德-琼斯(L-J)势表示偶极子在块体水的“偶极子海洋”中的相互作用和受扰行为。

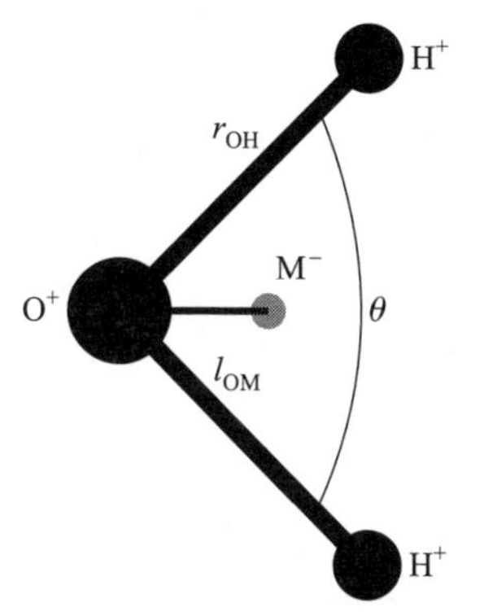

图 2.4　刚性非极化 TIP4Q/2005 水分子(O^+-M^-)偶极子模型[35]

O 原子上带正电荷 q_O，每个 H 原子带正电荷为 q_H，沿键角等分线上距 O 原子 l_{OM} 的 M 点有一负电荷 q_M。模型分子呈中性，$q_M=-(2q_H+q_O)$，q_H、q_O、l_{OM}、σ_{OO}和 ε_{OO}为待定独立参数，σ_{OO}和 ε_{OO}是 O-O 相互作用的 L-J 势参数

水的分子论将每个分子作为独立于其他分子的个体而只考虑它们之间的作用和相对运动，而忽略了因电荷钉扎和极化导致的分子内与分子间的耦合作用。这实际上无法捕捉冰水受激励时呈现的自适应性、协同性、自愈合以及敏感性。这些刚性非极化或可极化模型虽然可以解释冰水的一些异常行为，但结果仍有待商榷[35,36]。

Röntgen 等提出并已沿用多年的混相结构模型[37]认为水中至少存在两种特殊结构类型或结构域：一种是低密度类冰状结构，几乎完全是由氢键连接的水分子；一种是个别或低聚的高密度水分子域，仅有少数氢键。Robinson 等[38,39]研究了混相结构水在−30～100 ℃温度范围和 0.1～0.77 GPa 压力范围条件下的体积变化。水的多组分混合模型看似比较合理，但 Smith[40]和 Head-Gorden 等[28]对此提出质疑，认为这些模型的光谱学证据也同样可以应用长程四配位均相结构进行拟合解释，只是氢键强度有所变化。

尽管人们普遍认为，水是一种高度结构化的液体，但还没有测定及定量表述这种结构的方法。实验如 XRD 和中子衍射，主要用于确定液体分子结构，得到结构因子和经过傅里叶变换后的径向分布函数 $g(r) = f(r/\sigma)$，其中 r 是颗粒到中心的直线距离，σ 是颗粒直径。这些方法处理的结果显示，液体水与液体氩结构类似，即常说的非晶态液体[31]。实际上，水的结构概念所蕴含的信息比 $g(r)$ 呈现得更多，如分子靠近时的强排斥力。综合 $g_{OO}(r)$、$g_{OH}(r)$ 和 $g_{HH}(r)$ 三类径向分布函数，可为水分子结构提供更多有用的信息。

冰水的分子构序和尺度范围是争议的焦点之一。传统上，人们关注强相关联参数的独立瞬时精度，正因如此引发了无休止的质疑和争论。例如，近邻 O 原子间距（d_{OO}）可从 2.70 Å 变化至 3.00 Å[41-53]，单分子体积（d_H）范围在 0.970~1.001 Å 之间[54]。水分子配位数也可从 2 个[21]变至 4 个，甚至可能更高，如 4.3[55, 56]。液体水结构是均相或非均匀的高/低密度混相结构[20, 57, 58]，抑或是类冰山的链状结构[55]，还难有定论。

冰水的另一个重要且很容易测定的参数是质量密度 ρ，但也常常被忽视。实际上它可以统一冰水几何结构和长度尺寸。根据 O 原子 sp^3 电子轨道杂化的基本规则[6, 14]和 O：H—O 键协同性[24, 59, 60]，质量密度 ρ 随激励的变化可以作为确定冰水结构及尺寸的约束参量而无需任何假设与近似。

2.3.3　质子的量子隧穿与位置失措

根据博奈尔-富勒-鲍林的冰成键规则[13, 14]，氢键中 H^+ 质子的最低能量位置并不处于两近邻氧离子中间，而是在距离两近邻氧离子 H—O 键长度的两等同位置上以相同概率跳动。H^+ 质子以 1.5 THz 的频率通过完成 $(H_2O)_2 \to OH_3^{\delta+}：OH^{\delta-}$ 转变从一个水分子跳至另一个。该规则导致基态结构的质子位置失措：对于每个氧离子，必定在近邻处存在两个氢质子，在较远处存在两个氢质子，形成所谓的“两进两出”失措或质子隧穿效应，见图 2.3。

表观的“两进两出”失措从自由能和熵的宏观统计角度来说是有效的。因为分子在不停转动，可以统计观察到质子的来回跳跃行为。虽然涨落与质子失措或隧穿效应在各自尺度内可有效描述同一特征，但各自的机制完全不同。

但是，从 O：H—O 键协同弛豫理论观点来看，强 H—O 键和弱 O：H 非键的协同作用使 H_2O 分子只会发生转动和振动涨落，很难发生 H—O 断裂而实现 H^+ 质子的位置失措或隧穿[4]。只有 O：H 非键在亚皮秒周期或 THz 频率下不断离合。因为 H—O 共价键断裂至少需要 4.0 eV 的能量或利用 121.6 nm 的激光激发[21, 25, 61, 62]，这在常规条件甚至借助于催化剂的情况下都难以实现。所以，频繁交换水分子的孤对电子与另一水分子的 H^+ 质子，使 $(H_2O)_2$ 转变为 $OH_3^+：OH^-$，原理上并不可行。水的四面体配位结构和氢键始终保持稳定。只有在极高压(2 TPa)和极高温(2 000 K)条件下$(H_2O)_2 \rightarrow OH_3^+ : OH^-$离子态转变才可能发生[8]。

氧原子总是趋向于与4个近邻原子形成稳定的配位结构；但非等价的键角($\angle H—O—H \leqslant 104.5°$和$\angle H : O : H \geqslant 109.5°$)以及近邻氧原子间电子对的排斥力会使液相中水的配位结构持续发生O：H断续和角度弯曲，也即强涨落失稳[24, 59]。这种各向异性使得水能在高于其他液体(如氮气)临界点温度时仍保持液态。NH_3只能在195~240 K温度范围内保持液态，H_2O的液态温度范围则为273~373 K。

在处理这类强关联强涨落系统时，我们应该关注所有相关参量集合的统计平均，而非苛求某一特定参量在某一特定时间、特定位置、特定条件下的即时准确性[61]。应更多关注有明显意义、反应本质的物理量而将那些普遍存在的如长程作用、非线性效应等暂时简化为平均背景。

2.4 冰水的构序规则

2.4.1 质子和孤对数目2*N*守恒

高电负性元素A如C、N、O和F以及在元素周期表中邻近它们的原子，在与低电负性元素B如碱金属和过渡金属反应时，会通过sp轨道杂化形成4个定向轨道，通过共享电子对形成共价键或极性共价键，用"—"表示，或者通过孤对电子":"形成非共价键[6]：

$$A + 4B \longrightarrow (4-n)B^{\delta+} : A^{n\delta-}—nB^{\delta+} \quad (4-n\text{ 规则})$$

其中，孤对电子数量为$4-n$，n为A原子的化合价。AB化合物形成氢键A：B—A或极性共价键B—A—B，或两者共存。共价键B—A的共价性和净电荷δ值随成键原子间的电负性差变化。O原子($\eta_O = 3.5$)和H原子($\eta_H = 2.2$)的电负性差($\Delta\eta = 1.3$)决定H—O键的共价极性。HF的$\Delta\eta = 4.0-2.2 = 1.8$，这会形成理想的离子键。若$\Delta\eta = 0$，则对应理想的共价键。

甲烷(CH_4)、氨(NH_3)、水(H_2O)和氟化氢(HF)都具有类似的配位结构，但因各自的孤对电子数目不同，即$4-n=$ 0、1、2、3，各结构稍有差异。C、N、O、F化合物中同样存在氢键，形如N：B—O、F：B—O和N：B—F，此时孤对电子起决定性作用。因此，有机化合物甚至无机化合物中普遍存在由孤对电子主导的氢键官能团。

如果水中含有*N*个O原子且保持sp^3轨道杂化，那么就有2*N*个质子和2*N*对孤对电子，且保持2*N*守恒，与冰水相结构和外界激励无关。

2.4.2　成键电子和非键孤对电子

O、N 或 F 原子在反应过程中形成含有非键孤对电子“ : ”的四配位结构[6, 63]。N^{3-}或 F^{-}替换 O^{2-}，或元素 $B^{+/p}$替换 $H^{+/p}$形成类 O : H—O 键。非键孤对电子的强度会随周围环境和外部激励变化[64]。水分子在沸点时，O : H 非键断开[65]。这意味着在特定温度下，sp^3 轨道也可能退杂化。例如，超低能电子衍射(VLEED)探测到 O : Cu 非键在约 700 K 时发生断裂[66]。

Hoffmann 表示[67]，弱 O : H 非键无处不在，也正因如此平凡，人们往往忽略了它的非凡本质。在水中，它们影响全球地质与气候。在生物分子中，它们调节蛋白质折叠、信息传送，并维持 DNA 双螺旋结构。由于弱的相互作用，O : H 非键结合能 E_L 对哈密顿量及相关参量仅有微小贡献[68]，尤其是对经典热力学中的自由能而言，可忽略不计；然而，非键的局域化电子会在费米能级(E_F)附近增添电子能态，可用 STM/S 探测到[68]。这些非键电子既不遵循由薛定谔方程决定的常规色散关系，也不占据价带及以下的能态，但是它们的作用却至关重要。

拉曼和电子能量损失谱(EELS)检测到非键弱相互作用的能量在 50 ~ 90 meV范围[6]，非键中的孤对电子极化其邻近原子形成局域化偶极子，这是 CF_4 可以作为人工血液的抗凝剂以及氟化物具有超疏水性的原因。图 2.5 所示为 CF_4 的分子结构。中间的 C^{4+}离子被 4 个 F^{-}离子包围，每个 F^{-}有 3 对非键孤对电子。这 12 对孤对电子形成超疏水官能团，微弱地吸引和极化附近其他血液分子或原子，使它们在液体中游离难以停留在固定的位置。这种中心对称孤对电子群形成抗凝血功能。NF_5 和 SF_6 结构类似于 CF_4，分别具有 15 对和 18 对孤对电子，可能呈现与 CF_4 类似的性质。

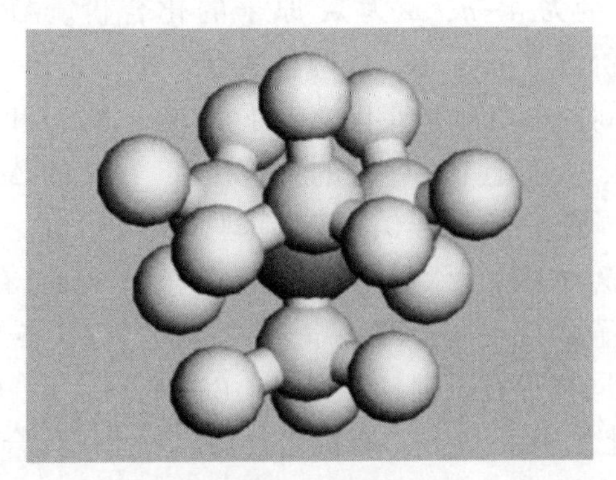

图 2.5　CF_4 中心对称孤对电子团可起抗凝血作用[68](参见书后彩图)

中心灰色原子为 C^{4+}；其近邻 4 个蓝色原子为 F^{-}；每个 F^{-} 近邻有 3 对黄色的孤对电子

孤对电子及其诱导的偶极子不仅形成生物和有机分子中重要的功能基团，它们也可在其他体系中起到重要作用，如形成拓扑绝缘体和高 T_C 超导性和载流子。紫外光照射或热激发能使 sp^3 轨道去杂化，湮灭孤对电子和偶极子，改变它们的特性。适当退火则可以恢复 sp^3 杂化轨道，重新形成非键孤对电子和反键偶极子。因此，电负性元素原子配位结构具有自愈合性乃其本征属性。

2.4.3 单分子的 C_{2v} 对称配位结构

O 原子从两个最近邻的金属或 H 原子中各先后获得一个电子，杂化其 sp 轨道，形成 4 个定向轨道[3]。无论在气相、液相或固相中，当氧与电负性较小的原子反应时，其 sp^3 轨道杂化过程都需经历 4 个步骤，STM 和 VLEED 测试已证实[6]。在 O—Cu(001)配位结构中，Cu—O—Cu 键角约 98°±5°，Cu：O：Cu 键角约 135° ± 5°，Cu—O 键长 1.63~1.75 Å，Cu：O 间距1.94~2.05 Å。Cu 表皮从表面 O 氛围中吸附 O 原子后，表皮 Cu—O 键长收缩，同时 Cu：O 非键膨胀。

对于 H_2O 分子，一个 O 原子与两个 H 原子分别共享一对电子而形成分子内的两个 H—O 极性共价键，键能约 4.0~5.4 eV[24,69]。O^{2-}余下的两个轨道则由孤对电子填充形成分子间的两个 O：H 非共价键，键能约 0.1 eV[70]，不足 H—O 共价键的 2.5%。H_2O 分子的中心 O 原子环绕电荷和能量分布呈各向异性，使水分子本身仅具有 C_{2v} 群对称性。强各向异性使水分子不停地快速运动。O 的 sp^3 轨道杂化发生范围非常广泛，从真空下 5 K 甚至更低[7]到常压下的汽化温度，均能发生。

2.4.4 $2H_2O$ 原胞：空间取向规则

水分子的配位构型在超高温和超高压下也保持稳定[8]。因 O：H 非键和键角的强涨落，水在从强有序的固态相向弱有序的液态相或无序非结晶态以及气态转变时，其平均分子体积和间距会发生改变。在冰Ⅷ相中，O-O 间距为 2.76 Å、H—O 共价键键长为 0.96 Å，而 4 ℃水的 O-O 长度为2.695 0 Å、H—O为 1.000 4 Å[5]。

水分子 C_{2v} 准配位结构可拓展成高 C_{3v} 群对称性的周期性四面体结构单元。这一 C_{3v} 对称的配位结构包含两个水分子和 4 个取向不同、可伸缩、可极化的 O：H—O键，如图 2.2c 和 d 所示。此即在统计意义上统一了水分子的长度尺寸和质量密度。氢键分段弛豫及相应的电子钉扎和极化主导着冰水的物性与表象。键角变形会形成不同的水分子几何构型，如笼状结构[10, 24, 60]，但 O：H—O 单元始终保持不变。

2.4.5　O：H—O 键构型守恒及质子隧穿能量禁戒

由图 2.2b 所示的水分子四配位结构可得到水分子整体堆垛和基本单元两层次的结构：图 2.2c 所示为水分子理想空间堆垛，图 2.2d 所示为 O：H—O 键单元，内含非对称、超短程和 O-O 耦合相互作用，可类比于耦合的弹簧振子对。O：H—O 键单元中，H^+质子为坐标原点，其电子与右边 O 原子作用形成分子内的 H—O 极性共价键，而左侧 O 原子上的孤对电子“:”极化 H—O 成键电子对而吸引 H^+质子，形成分子间的 O：H 非共价键。量子计算显示，O：H 非键中存在一定程度的非局域化电子[71, 72]。

因为 2N 守恒，O：H—O 键构型唯一且守恒，与冰水的相结构和所受激励无关。而 O：H—O 键的分段长度、O-O 库仑作用强度以及内角的可变性主导冰水物性和相结构的多变。水分子的空间取向要满足 O：H—O 键的守恒规则。每个水分子近邻的 4 个水分子中必须有两个以 H^+而另外两个以“:”指向这个水分子。任何涨落即使有额外的 H^+或“:”分别以 H_3O^+或 HO^-的四配位形式介入，都不能改变这个秩序。如果分子转动大于某个角度，近邻的质子和孤对电子失配，将导致 H↔H 和 O：⇔：O 排斥而失稳。所以，在冰水中分子间只有氢键分段拉伸和键角弯曲的振动弛豫，而不允许大角度转动。

此外，O：H—O 键分段能量的巨大差异（0.1～4.0 eV）禁止质子与其近邻“:”易位而在两近邻 O 离子间发生平移隧穿。由于集体转动造成表观跃迁隧穿应另当别论。氢质子在两个氧之间发生的“质子平移隧穿失措”[13, 69]使氢质子在两个氧原子间等价位置上以 THz 的频率等概率自发地往复运动，也即发生$(H_2O)_2$↔OH_3^+：OH^-的超离子态转变。事实上，H—O 结合很强，至少需要 4～5 eV 的能量或吸收 121.6 nm 波长的激光才能使其断裂[14]。计算研究表明[8]，$(H_2O)_2$↔OH_3^+：OH^-的超离子态转变只有在极端的 200 0 K 和 2 TPa 下才能发生。

水的 2N 质子和孤对电子数目以及氢键构型守恒与分子空间转动和质子平移隧穿禁戒规则决定了水的静态单晶和动态强涨落特征。确切地讲，水是由低配位分子组成的超固态表皮包裹的四配位具有核-壳结构的双相单晶，既不是非晶也不是多晶。氢键的 H—O 分段能量和长度的受激弛豫决定水的能量吸收和释放，而 O：H 的弛豫主导序度、涨落、扩散，甚至汽化及其能量耗散。

近邻 O 离子的电子对间的库仑斥力是主导氢键行为的灵魂，但一直被忽略。实际上，正是 O-O 库仑斥力赋予了氢键的强自适性和自愈合特性，以区别于常规物质对各种激励的响应。O：H 非键和 H—O 共价键在 O-O 库仑调制下发生同向不同幅的协同弛豫。表 2.4 列出了氢键和金刚石 C—C 键的性质比较。

表 2.4 氢键分段与金刚石 C—C 键的性质比较[60]

	d_x/Å	E_x/eV	ω_x/cm^{-1}	Θ_D/K	T_m/K	相互作用	主控性质
H—O (H)	1.00	3.97~5.10	> 3 000	> 3 000	~5 000	交换作用	T_C、O_{1s}、ω_H、E_H 等
O : H (L)	1.70	0.05~0.10	< 300	198	273	类范德瓦耳斯作用	P、Y、ω_L、E_L 等
O-O	—	—	—	—	—	库仑作用	ρ
C—C	1.54	1.84	1 331	2 230	3 800	交换作用	—

注：H—O 键键能 E_H 决定 H—O 解离能、O_{1s} 能级偏移、H—O 声子频率 ω_H、相变温度 T_C，汽化情况除外。O : H 非键键能 E_L 决定分子解离能、偶极矩 P、弹性模量 Y、O : H 非键声子频率 ω_L 等。

2.5 解析实验证据

2.5.1 分子团簇的扫描隧道图谱

图 2.6 所示为利用 STM/S 探测的 5 K 温度时沉积于 NaCl(001)晶面上的 H_2O 单体及四聚体的分子轨道图像和态密度分布 dI/dV 谱[7]。最高的占据分子轨道(HOMO)处于单体 E_F 之下，呈双瓣结构，中间存在节面；而最低的未占据分子轨道(LUMO)处于单体 E_F 之上，在 HOMO 双瓣结构上发展成卵圆形叶状。不同深度的 STS 光谱辨析了单体到四聚体横跨 E_F 的态密度(DOS)情况。

STM 图像证实[7]，在 5 K 或更低温度下 H_2O 单体中 O 原子发生 sp^3 轨道杂化，以及$(H_2O)_4$ 中存在分子间相互作用。根据化学键-能带-势垒关联理论[3,6]，位于 E_F 下方的 HOMO 对应于 O 原子孤对电子的占据能态，LUMO 对应于尚未被占据的反键偶极子电子能态。H_2O 单体的图像显示定向孤对电子指向表皮外侧。H^+离子只能与 O 共用成对电子，而 NaCl 基底中的 Cl^-仅与 H^+产生静电吸引作用。

图 2.7 所示为非接触式原子力显微镜表征的 Cu(111)表面组装的 8-羟基喹啉分子(8-hq)间氢键(仅指孤对电子)相互作用的实空间成像，解释了氢键网络、位置、取向和长度等问题[73]。单分子成像[7,73]在特定条件下考察分子特性确实有用，然而溶液或固体样品在三维氢键网络下包含不计其数的水分子，涉及环境或扰动作用。氢键作用在如上的网络体系中非常重要。因此，收集不同条件下理论、计算、测量的有关 O : H—O 极化、键长与键能的分段协同弛豫的信息并加以提炼非常重要。

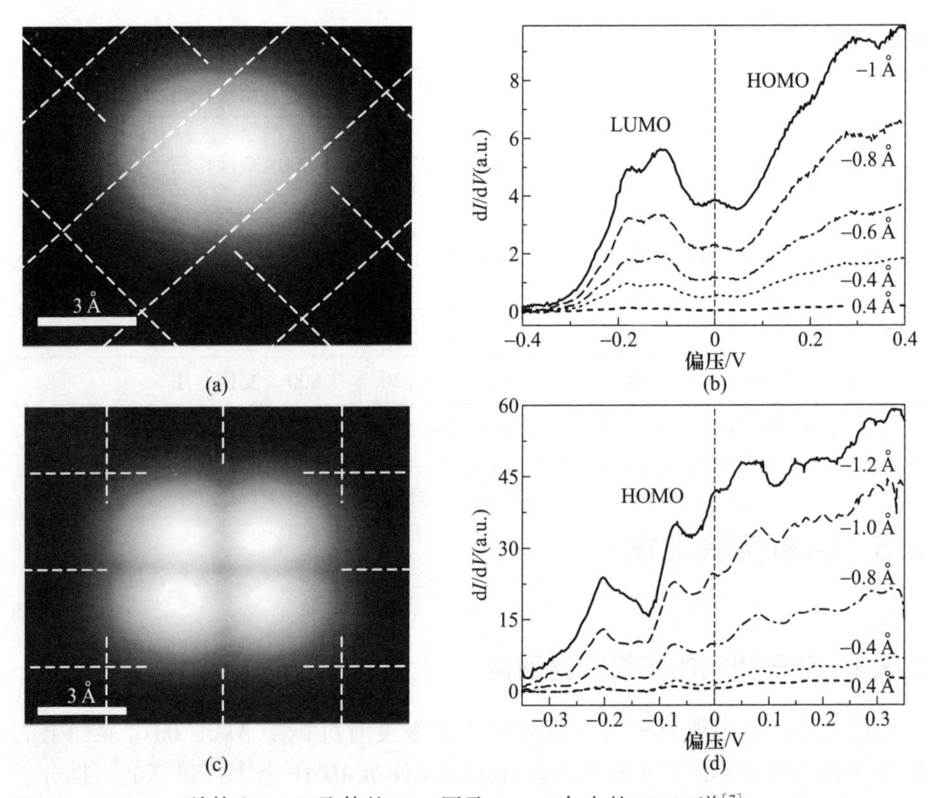

图 2.6　(a) H_2O 单体和(c)四聚体的 STM 图及(b，d)各自的 dI/dV 谱[7]

测试条件 T= 5 K，V=100 mV，I=100 pA，dI/dV 光谱在 50 pA 下从不同高度处获得。(a)与(c)中的网格表示 NaCl(001)基底的 Cl^- 晶格，LUMO(> E_F)和 HOMO(< E_F)表示轨道能态

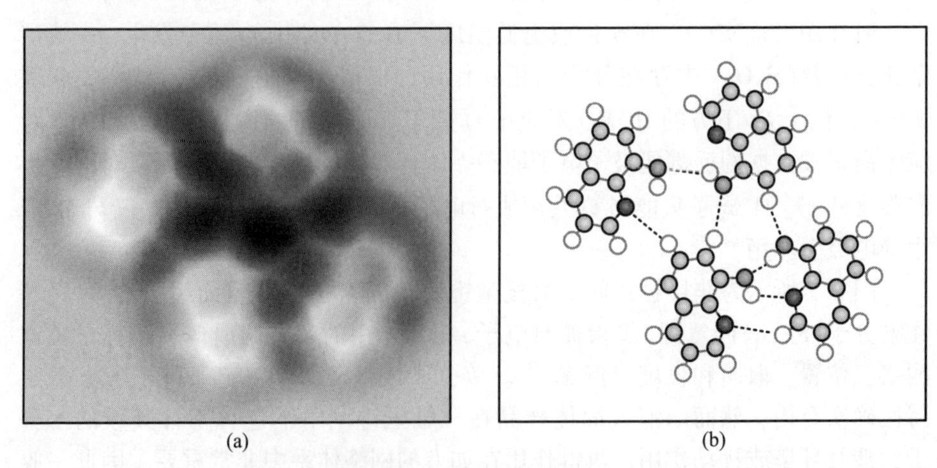

图 2.7　(a) Cu(111)表面 8-羟基喹啉(8-hq)氢键网络的 AFM 图像及(b)孤对电子弱非键相互作用[73](参见书后彩图)

2.5.2 质子的核量子效应

H 原子核质量很小，需要考虑其量子效应对氢键相互作用的影响。一般认为，热能是氢键形成和断裂的关键因素。室温条件下，量子效应可对氢键的经典相互作用进行修正。北京大学和华中科技大学研究团队将密度泛函理论(DFT)计算和扫描隧道显微技术(STM)结合，在高真空、低温、低配位和点电荷电场条件下观测到显著的氢核“非简谐零点运动”，对氢键分段长度和非键电子能态的理解有重要作用[74, 75]。实验结果表明(图 2.8)，氢键的量子成分可远大于室温下的热能，因此氢核的量子效应足以对水的结构和性质产生显著影响。进一步深入分析表明，氢核的量子效应弱化弱氢键、强化强氢键，这一物理图像对各种氢键体系具有相当的普适性。氢键核量子效应的发现除了有利于进一步解开水的结构、动力学以及宏观物性的奥秘之外，所有包含氢键的物质和有关氢键的领域都可以从这一全新角度去观察和思考。

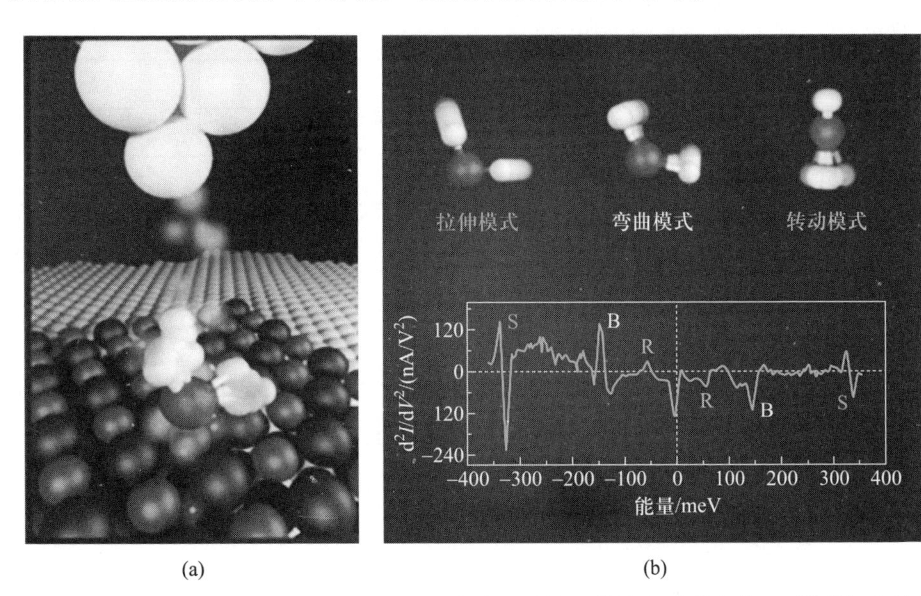

图 2.8 STM 探测的氢核量子效应 (a)以及水分子单体非弹性电子隧穿谱(b)[74, 75](参见书后彩图)

基于量子力学的不确定性原理，水分子中的氢离子呈现显著的零点振动。(b)图中可分辨 S、B 和 R 分别代表水分子的拉伸、弯曲和转动等振动模式，可用于灵敏探测氢核量子效应对氢键振动能的影响

2.5.3 质量密度-几何结构-分段键长的相关性

图 2.2c 所示的水分子堆垛结构中定义了每 a^3 体积的立方体中平均有一个水分子。已知 H_2O 分子中包含 8 个中子、10 个质子和 10 个电子，则一个水分

子的质量 $M=(10\times1.672\,621+8\times1.674\,927+10\times9.11\times10^{-4})\times10^{-27}$ kg。根据 4 ℃、常压下水的密度 $\rho=M/a^3=1$ g/cm³，则水分子的分子间距 d_L、O–O 间距 d_{OO}和质量密度 ρ 之间关系明确，即式(2.1)。

此外，根据变压条件下 $d_L(P)$ 和 $d_H(P)$ 的定量表示[59]，可得到 d_x 间的协同关系，进而建立 d_{OO}、d_L、d_H 和 ρ 之间的关联[5]。若 d_x 弛豫趋势与测量值结果一致，则图 2.2c 所示结构和导出的 d_x 协同性即可证实正确且唯一。表 2.5 列出了质量密度 ρ、分子尺寸 d_H、分子间距 d_L(或 d_{OO})以及图 2.2c 所示空间结构的晶格常数。给定的 5 个参数中，已知其一则知其余。例如，根据 4 ℃下的已知密度，则可知晶格常数 $a=6.222\,8$ Å；单层水膜 $a=7.3$ Å[76]，相应的 $d_{OO}=3.165$ Å，从而使 hcp 结构的 $\rho=0.617\,4$ g/cm³；单层膜层高 3.7 Å 对应于 $d_{OO}=3.205$ Å，$\rho=0.594\,6$ g/cm³。

表 2.5　冰水质量密度 ρ 对应的分子尺寸 d_H、分子间距 d_L(或 d_{OO})和空间堆垛结构的晶格常数 a

ρ/(g/cm³)	d_H/Å	d_L/Å	d_{OO}/Å	a/Å
1.0	1.000 4	1.694 6	2.695 0	6.222 8
0.95	0.981 3	1.761 2	2.742 5	6.332 5
0.90	0.961 2	1.831 2	2.792 4	6.447 6
0.85	0.939 3	1.906 8	2.846 1	6.571 7
0.70	0.857 7	2.178 7	3.036 4	7.011 0
0.65	0.822 1	2.290 2	3.112 3	7.186 4
0.60	0.779 2	2.417 3	3.196 5	7.380 7
0.55	0.724 3	2.566 2	3.290 5	7.597 8
0.50	0.645 7	2.751 0	3.396 7	7.843 2

2.5.4　水结构的唯一性和可调性

图 2.9a 为根据不同尺寸的水滴测量所得的密度 $\rho(T)$ 转换而成的 $d_{OO}(T)$ 结果[77, 78]。整合式(2.1)的两个式子，可得

$$d_L-2.562\,1\times\{1-0.005\,5\times\exp[(d_{OO}-d_L)/0.242\,8]\}=0 \quad (2.2)$$

即可在已知一个参数的情况下得到任意其他参数[5]。例如，O–O 间距为 2.80 Å[41]时，水分子的 $d_H=0.958\,1$ Å，$d_L=1.841\,9$ Å，$\rho=0.891\,7$ g/cm³。

图 2.9a 中，基于对 4.4 nm 与 1.4 nm 的水滴所测 $\rho(T)$ 分解得到的

$d_{OO}(T)$[77, 78]与实测结果吻合[43]。25 ℃测量的 d_{OO} 为 2.70 Å，16.8 ℃时的为 2.71 Å，与 4.4 nm 液滴导出的 d_{OO}值一致。证实了式(2.1)和水分子配位结构的可靠性，也证实了以下预测[60]：

(1) 液相($T > 277$ K)和固相($T< 202/242$ K)的 O：H 非键冷却缩短，H—O 共价键稍有增长，使质量密度呈不同幅度增大。

(2) 准固态相中，氢键分段弛豫相反，冷致 O：H 非键伸长而 H—O 共价键缩短，导致 O-O 伸长，密度降低。

(3) $T \leqslant 80$ K 时，d_x 几乎保持不变，因为此条件下氢键双段比热 $\eta_L \approx \eta_H \approx 0$[60]。

(4) 准固态相边界的临界高低温度值分别对应于熔点和凝固点。凝固点温度下，密度极低；而熔点温度处，密度最大。液滴尺寸变化会改变熔点和凝固点温度：凝固点温度从1.4 nm 时的 205 K 升高至 4.4 nm 时的 242 K，直至块体情况下的 258 K[60]；相反，熔点温度随液滴尺寸增大而降低[79]。

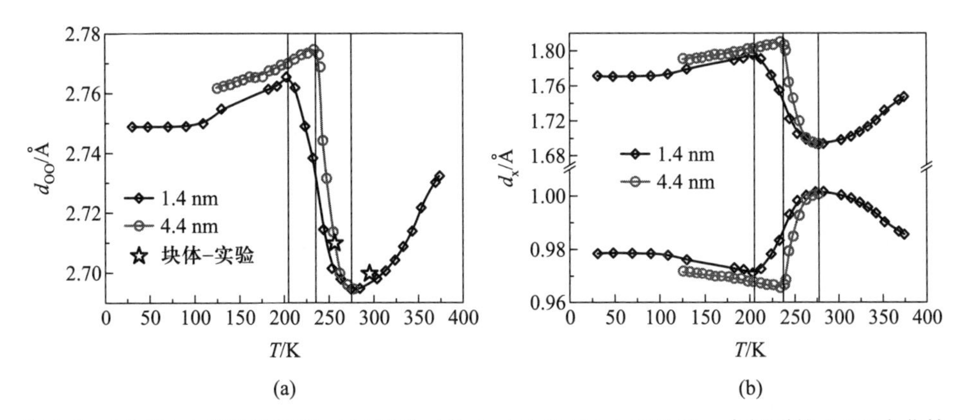

图 2.9 不同尺寸液滴的实测 $\rho(T)$ 转换成的 $d_{OO}(T)$ 结果(a)以及进一步得到的 $d_x(T)$ 变化情况(b)[5, 77, 78]

25 ℃和-16.8 ℃测量的 d_{OO} 符合(a)中的理论值[43]

图 2.10 证实了各种条件下得到的氢键分段长度和密度的规律性：冰受外压[80]、冰水冷却[77,78]以及水的表皮和单体分子[43,52]，符合 O：H—O 键基本单元和空间拓展情况下各几何参数(d_H、d_L、d_{OO}、ρ)定量关系的预期。图 2.10a所示的单位密度导出值 $d_H = 1.000\ 4$ Å 符合观测结果范围，即 0.970~1.001 Å[54]。单位密度时 $d_{OO} = 2.695\ 0$ Å，分子配位数少于 4 的表皮 d_{OO}值高于该理想值[21, 62, 81]。

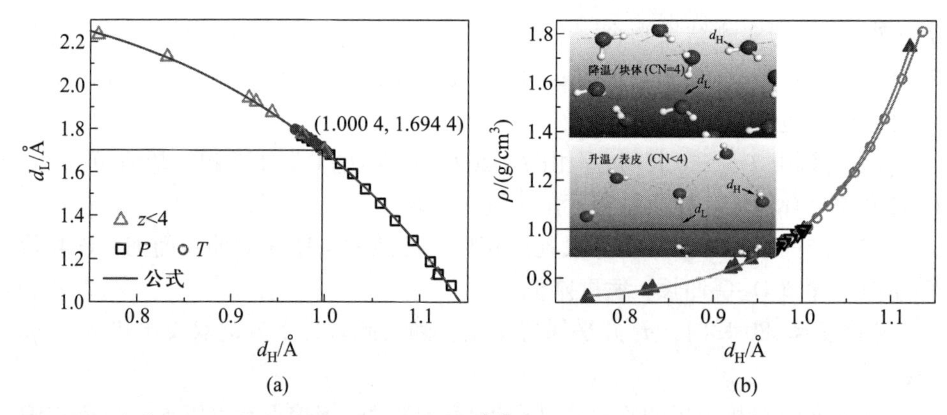

图 2.10　水分子(a) d_L-d_H 与(b)ρ-d_H 的关联[82]

(a)中的实验数据来自 3 种情况：(ⅰ)压缩冰(d_H > 1.00 Å)[80]，(ⅱ)冷却冰水(0.96 Å < d_H < 1.00 Å)[77, 78]，(ⅲ)水表皮和水单体(d_H< 1.00 Å)[41-43, 47-51]。ρ= 1 g/cm^3 时，d_H = 1.000 4 Å。d_H< 0.96 Å 时对应(b)中的表皮和团簇情况[24, 52, 53]。(b)中插图示意分子尺寸和间距随 CN 变化

2.6　小结

关于水分子结构和长度尺寸的系列理论预测和实验结果自洽证实：

(1) 氧的 sp^3 轨道杂化唯一地决定冰水是强涨落的四配位均相单晶。冰水遵从 2N 数目和作为基本结构和储能量单元的 O：H—O 键构型守恒。而 O：H—O键随分段长度、内角在激励下发生协同弛豫。

(2) 每个水分子的空间取向受 2N 数目和 O：H—O 构型守恒规则制约，而避免单个分子的大角度转动或 H↔H 和 O：⇔：O 强排斥的发生。

(3) 2H_2O 单胞的四配位几何构型和易于测量的质量密度定量地统一了冰水中的分子尺度间距。

(4) 用强关联强涨落的 O：H—O 键作为基本结构和储能单元以取代经典的质子隧穿和“两进两出”失措机制以及以水分子为基本结构单元的意义将会越来越明显。

(5) 我们应关注冰水相结构的结构序度、长度尺寸、质量密度等相关参数集合的统计平均结果，而非在特定条件下某一具体参数的即时准确性。

参 考 文 献

[1] Editor S. So Much more to know. Science, 2005, 309 (5731): 78-102.

[2] Sun C. Q., Sun Y. The Attribute of Water: Single Notion, Multiple Myths. Springer-

Verlag, 2016.
[3]Sun C. Q. Relaxation of the Chemical Bond. Heidelberg: Springer, 2014.
[4] Huang Y., Zhang X., Ma Z., et al. Hydrogen-bond relaxation dynamics: Resolving mysteries of water ice. Coord. Chem. Rev., 2015, 285: 109-165.
[5]Huang Y., Zhang X., Ma Z., et al. Size, separation, structural order, and mass density of molecules packing in water and ice. Sci. Rep., 2013, 3: 3005.
[6]Sun C. Q. Oxidation electronics: Bond-band-barrier correlation and its applications. Prog. Mater. Sci., 2003, 48 (6): 521-685.
[7]Guo J., Meng X., Chen J., et al. Real-space imaging of interfacial water with submolecular resolution. Nat. Mat., 2014, 13: 184-189.
[8]Wang Y., Liu H., Lv J., et al. High pressure partially ionic phase of water ice. Nat. Commun., 2011, 2: 563.
[9] Zhang X., Sun P., Huang Y., et al. Water's phase diagram: From the notion of thermodynamics to hydrogen-bond cooperativity. Prog. Solid State Chem., 2015, 43: 71-81.
[10]Falenty A., Hansen T. C., Kuhs W. F. Formation and properties of ice XVI obtained by emptying a type sII clathrate hydrate. Nature, 2014, 516 (7530): 231-233.
[11]Langford C. H., Beebe R. A. The development of chemical principles. New Jersey: Addison-Wesley, 1995.
[12]Ball P. The hidden structure of liquids. Nat. Mater., 2014, 13 (8): 758-759.
[13]Bernal J. D., Fowler R. H. A theory of water and ionic solution, with particular reference to hydrogen and hydroxyl ions. J. Chem. Phys., 1933, 1 (8): 515-548.
[14]Pauling L. The structure and entropy of ice and of other crystals with some randomness of atomic arrangement. J. Am. Chem. Soc., 1935, 57: 2680-2684.
[15]Ball P. Water: Water: An enduring mystery. Nature, 2008, 452 (7185): 291-292.
[16] Frank H. S., Wen W. -Y. Ion-solvent interaction. Structural aspects of ion-solvent interaction in aqueous solutions: A suggested picture of water structure. Discuss. Faraday Soc., 1957, 24: 133-140.
[17]Giudice E. D., Tedeschi A. Water and autocatalysis in living matter. Electromagn. Biol. Med., 2009, 28 (1): 46-52.
[18]Chaplin M. Water structure and science[EB/OL]. http: //www. lsbu. ac. uk/water/.
[19]Russo J., Tanaka H. Understanding water's anomalies with locally favoured structures. Nat. Commun., 2014, 5: 3556.
[20]Sellberg J. A., Huang C., McQueen T. A., et al. Ultrafast X-ray probing of water structure below the homogeneous ice nucleation temperature. Nature, 2014, 510 (7505): 381-384.
[21]Wernet P., Nordlund D., Bergmann U., et al. The structure of the first coordination shell in liquid water. Science, 2004, 304 (5673): 995-999.
[22]Mishima O., Stanley H. E. The relationship between liquid, supercooled and glassy water. Nature, 1998, 396 (6709): 329-335.

[23] Roy R., Tiller W. A., Bell I., et al. The structure of liquid water; novel insights from materials research; potential relevance to homeopathy. Mater. Res. Innov., 2005, 9 (4): 98-102.

[24] Sun C. Q., Zhang X., Zhou J., et al. Density, elasticity, and stability anomalies of water molecules with fewer than four neighbors. J. Phys. Chem. Lett., 2013, 4: 2565-2570.

[25] Petkov V., Ren Y., Suchomel M. Molecular arrangement in water: Random but not quite. J. Phys. Condens. Matter., 2012, 24 (15): 155102.

[26] Kuhne T. D., Khaliullin R. Z. Nature of the asymmetry in the hydrogen-bond networks of hexagonal ice and liquid water. J. Am. Chem. Soc., 2014, 136 (9): 3395-3399.

[27] Smith J. D., Cappa C. D., Wilson K. R., et al. Energetics of hydrogen bond network rearrangements in liquid water. Science, 2004, 306 (5697): 851-853.

[28] Head-Gordon T., Johnson M. E. Tetrahedral structure or chains for liquid water. Proc. Natl. Acad. Sci. USA., 2006, 103 (21): 7973-7977.

[29] Pollack G. H. The Fourth Phase of Water: Beyond Solid, Liquid, and Vapor. Seattle: Ebner & Sons Publishers, 2013.

[30] Fuchs E. C., Wexler A. D., Paulitsch-Fuchs A. H., et al. The armstrong experiment revisited. Eur. Phys. J-Spe. Top., 2014, 223 (5): 959-977.

[31] Marcus Y. Effect of ions on the structure of water: Structure making and breaking. Chem. Rev., 2009, 109 (3): 1346-1370.

[32] Vega C., Abascal J. L. F., Conde M. M., et al. What ice can teach us about water interactions: A critical comparison of the performance of different water models. Faraday Discuss., 2009, 141: 251-276.

[33] Molinero V., Moore E. B. Water modeled as an intermediate element between carbon and silicon. J. Phys. Chem. B, 2009, 113 (13): 4008-4016.

[34] Kiss P. T., Baranyai A. Density maximum and polarizable models of water. J. Chem. Phys., 2012, 137 (8): 084506.

[35] Alejandre J., Chapela G. A., Saint-Martin H., et al. A non-polarizable model of water that yields the dielectric constant and the density anomalies of the liquid: TIP4Q. Phys. Chem. Chem. Phys., 2011, 13: 19728-19740.

[36] Vega C., Abascal J. L. F. Simulating water with rigid non-polarizable models: A general perspective. Phys. Chem. Chem. Phys., 2011, 13 (44): 19663-19688.

[37] Röntgen W. K. Ueber die constitution des flüssigen wassers. Ann. Phys. U. Chim., 1892, 45: 91-97.

[38] Cho C. H., Urquidi J., Singh S., et al. Pressure effect on the density of water. J. Phys. Chem. A, 2002, 106 (33): 7557-7561.

[39] Vedamuthu M., Singh S., Robinson G. W. Properties of liquid water: Origin of the density anomalies. J. Phys. Chem., 1994, 98 (9): 2222-2230.

[40] Smith J. D., Cappa C. D., Wilson K. R., et al. Unified description of temperature-

dependent hydrogen-bond rearrangements in liquid water. Proc. Natl. Acad. Sci. USA., 2005, 102 (40): 14171-14174.

[41] Skinner L. B., Huang C., Schlesinger D., et al. Benchmark oxygen-oxygen pair-distribution function of ambient water from X-ray diffraction measurements with a wide Q-range. J. Chem. Phys., 2013, 138 (7): 074506.

[42] Wikfeldt K. T., Leetmaa M., Mace A., et al. Oxygen-oxygen correlations in liquid water: Addressing the discrepancy between diffraction and extended X-ray absorption fine-structure using a novel multiple-data set fitting technique. J. Chem. Phys., 2010, 132 (10): 104513.

[43] Bergmann U., Di Cicco A., Wernet P., et al. Nearest-neighbor oxygen distances in liquid water and ice observed by X-ray Raman based extended X-ray absorption fine structure. J. Chem. Phys., 2007, 127 (17): 174504.

[44] Morgan J., Warren B. E. X-ray analysis of the structure of water. J. Chem. Phys., 1938, 6 (11): 666-673.

[45] Naslund L. A., Edwards D. C., Wernet P., et al. X-ray absorption spectroscopy study of the hydrogen bond network in the bulk water of aqueous solutions. J. Phys. Chem. A, 2005, 109 (27): 5995-6002.

[46] Orgel L. The hydrogen bond. Rev. Mod. Phys., 1959, 31 (1): 100-102.

[47] Wilson K. R., Rude B. S., Catalano T., et al. X-ray spectroscopy of liquid water microjets. J. Phys. Chem. B, 2001, 105 (17): 3346-3349.

[48] Narten A., Thiessen W., Blum L. Atom pair distribution functions of liquid water at 25 ℃ from neutron diffraction. Science, 1982, 217 (4564): 1033-1034.

[49] Fu L., Bienenstock A., Brennan S. X-ray study of the structure of liquid water. J. Chem. Phys., 2009, 131 (23): 234702.

[50] Kuo J. L., Klein M. L., Kuhs W. F. The effect of proton disorder on the structure of ice-Ih: A theoretical study. J. Chem. Phys., 2005, 123 (13): 134505.

[51] Soper A. Joint structure refinement of X-ray and neutron diffraction data on disordered materials: Application to liquid water. J. Phys. Condens. Mat., 2007, 19 (33): 335206.

[52] Wilson K. R., Schaller R. D., Co D. T., et al. Surface relaxation in liquid water and methanol studied by X-ray absorption spectroscopy. J. Chem. Phys., 2002, 117 (16): 7738-7744.

[53] Liu K., Cruzan J. D., Saykally R. J. Water clusters. Science, 1996, 271 (5251): 929-933.

[54] Hakala M., Nygård K., Manninen S., et al. Intra- and intermolecular effects in the Compton profile of water. Phys. Rev. B, 2006, 73 (3): 035432.

[55] Soper A. K. Recent water myths. Pure Appl. Chem., 2010, 82 (10): 1855-1867.

[56] Skinner L. B., Benmore C. J., Neuefeind J. C., et al. The structure of water around the compressibility minimum. J. Chem. Phys., 2014, 141 (21): 214507.

[57] Soper A. K. Supercooled water continuous trend. Nat. Mater., 2014, 13 (7): 671-673.

[58] Paschek D., Ludwig R. Advancing into water's "No man's land": Two liquid states? Angew. Chem. Int. Edit., 2014, 53 (44): 11699-11701.

[59] Sun C. Q., Zhang X., Zheng W. T. Hidden force opposing ice compression. Chem. Sci., 2012, 3: 1455-1460.

[60] Sun C. Q., Zhang X., Fu X., et al. Density and phonon-stiffness anomalies of water and ice in the full temperature range. J. Phys. Chem. Lett., 2013, 4: 3238-3244.

[61] Kuhne T. D., Khaliullin R. Z. Electronic signature of the instantaneous asymmetry in the first coordination shell of liquid water. Nat. Commun., 2013, 4: 1450.

[62] Nilsson A., Huang C., Pettersson L. G. M. Fluctuations in ambient water. J. Mol. Liq., 2012, 176: 2-16.

[63] Zheng W. T., Sun C. Q. Electronic process of nitriding: Mechanism and applications. Prog. Solid State Chem., 2006, 34 (1): 1-20.

[64] Hus M., Urbic T. Strength of hydrogen bonds of water depends on local environment. J. Chem. Phys., 2012, 136 (14): 144305.

[65] Cross P. Q., Burnham J., Leighton P. A. The Raman spectrum and the structure of water. J. Am. Chem. Soc., 1937, 59: 1134-1147.

[66] Sun C. Q. Time-resolved VLEED from the O-Cu(001): Atomic processes of oxidation. Vacuum, 1997, 48 (6): 525-530.

[67] Hoffmann R. Little interactions mean a lot. Am. Sci., 2014, 102 (2): 94.

[68] Sun C. Q. Dominance of broken bonds and nonbonding electrons at the nanoscale. Nanoscale, 2010, 2 (10): 1930-1961.

[69] Harich S. A., Hwang D. W. H., Yang X., et al. Photodissociation of H_2O at 121. 6 nm: A state-to-state dynamical picture. J. Chem. Phys., 2000, 113 (22): 10073-10090.

[70] Zhao M., Zheng W. T., Li J. C., et al. Atomistic origin, temperature dependence, and responsibilities of surface energetics: An extended broken-bond rule. Phys. Rev. B, 2007, 75 (8): 085427.

[71] Wang B., Jiang W., Gao Y., et al. Energetics competition in centrally four-coordinated water clusters and Raman spectroscopic signature for hydrogen bonding. RSC Adv., 2017, 7 (19): 11680-11683.

[72] Zhang Z., Li D., Jiang W., et al. The electron density delocalization of hydrogen bond systems. Adv. Phys. X, 2018, 3 (1): 1428915.

[73] Zhang J., Chen P., Yuan B., et al. Real-space identification of intermolecular bonding with atomic force microscopy. Science, 2013, 342 (6158): 611-614.

[74] Guo J., Feng Y. X., Chen J., et al. Nuclear quantum effects of hydrogen bonds probed by tip-enhanced inelastic electron tunneling. Science, 2016, 352 (6283): 321-325.

[75] Li X. Z., Walker B., Michaelides A. Quantum nature of the hydrogen bond. Proc. Natl. Acad. Sci. USA., 2011, 108 (16): 6369-6373.

[76] Zhao G., Tan Q., Xiang L., et al. Structure and properties of water film adsorbed on mica surfaces. J. Chem. Phys., 2015, 143 (10): 104705.

[77] Mallamace F., Branca C., Broccio M., et al. The anomalous behavior of the density of water in the range $30\ \mathrm{K} < T < 373\ \mathrm{K}$. Proc. Natl. Acad. Sci. USA., 2007, 104 (47): 418387-418391.

[78] Erko M., Wallacher D., Hoell A., et al. Density minimum of confined water at low temperatures: A combined study by small-angle scattering of X-rays and neutrons. Phys. Chem. Chem. Phys., 2012, 14 (11): 3852-3858.

[79] Zhang X., Sun P., Huang Y., et al. Water nanodroplet thermodynamics: Quasi-solid phase-boundary dispersivity. J. Phys. Chem. B, 2015, 119 (16): 5265-5269.

[80] Yoshimura Y., Stewart S. T., Somayazulu M., et al. High-pressure X-ray diffraction and Raman spectroscopy of ice VIII. J. Chem. Phys., 2006, 124 (2): 024502.

[81] Huang C., Wikfeldt K. T., Tokushima T., et al. The inhomogeneous structure of water at ambient conditions. Proc. Natl. Acad. Sci. USA., 2009, 106 (36): 15214-15218.

[82] Huang Y., Ma Z., Zhang X., et al. Hydrogen bond asymmetric local potentials in compressed ice. J. Phys. Chem. B, 2013, 117 (43): 13639-13645.

第3章

氢键协同弛豫：非对称耦合振子对

重点提示

- 氢键(O：H—O)可近似为非对称、超短程、氧-氧斥力强耦合振子对
- 氧-氧强耦合和氢键的分段非对称性决定冰水对外场的受激响应
- 受激时两 O^{2-} 沿 O：H—O 连线相对 H 发生同向不同幅度位移，且伴有极化和分段刚度变化
- 氢键协同弛豫与非键电子极化决定水与冰的自适应性、自修复、高敏感及记忆特性。

摘要

氢键(O：H—O)是冰和水的基本结构和能量单元，不受冰水晶体结构和涨落波动的影响。因其非对称、超短程、强耦合特性，O：H—O 键分段键长度和刚度受激发生“主-从”方式的弛豫。若一段收缩变强而另一段变长软化。O：H 非键(~0.1 eV)的弛豫总是比 H—O 键(~4.0 eV)弛豫幅度大。氢键的非对称协同弛豫及相关的极化和键角弛豫主导着冰与水异于常规物质对化学、电场、力场、热场、辐射以及配位场等的激励响应。影响冰水研究进展的关键要害，如果存在的话，当属氢键的初始定义(O：H)和 O：H—O 中质子隧穿(质子与孤对电子易位)失措的失真以及 O-O 耦合作用的缺失。

3.1　悬疑组二：何为氢键？

传统上，人们把单个水分子处理成单个偶极子，各偶极子通过氢键链接在偶极子海洋中做无序或低序度的运动。图 3.1 所示为通常所指的氢键，即 O：II非键，也有人将水分子内的 H—O 极性共价键视为氢键。两者都仅考虑了电子的施与受，而忽略了近邻 O^{2-}离子间电子对的库仑排斥，也因此遗漏了 O：H 和H—O分段的耦合协同效应。所以，需要统一氢键的定义，以澄清下列问题的关键：

（1）氢键是链接近邻的水分子，还是链接近邻的 O^{2-}离子？

（2）O-O 间距(d_{OO})与 H—O (d_H)和 O：H (d_L)间的长度与振动频率的关联？

（3）分子间与分子内相互作用与冰水反常物性的关联？

（4）外部激励如何影响氢键分段的键长、键能乃至冰水性质？

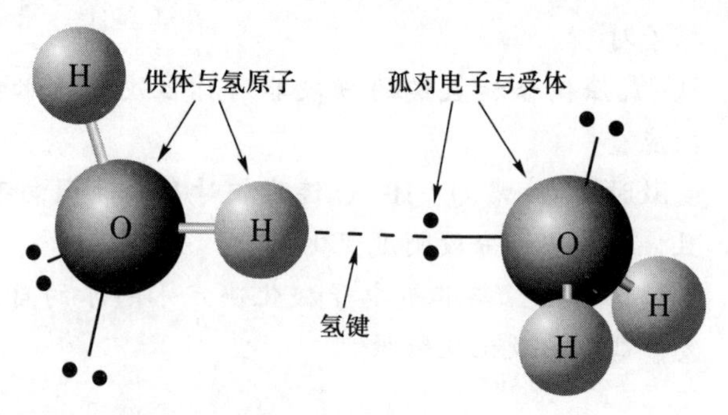

图 3.1　水分子间氢键的初始但被广泛应用的定义(O：H)
与供体(通常为 N、O 或 F)成键的 H 原子和受体(也常为 N、O 或 F)上的孤对电子相连形成。H 原子带正电，孤对受体带负电而相互吸引

3.2　释疑原理：氢键非对称耦合振子对

图 3.2 所示为 O：H—O 键的非对称超短程耦合振子对和三体短程作用势，特征如下[1]：

（1）O：H—O 键含 3 部分：分子内的 H—O 极性共价键、分子间的 O：H 非键以及 O-O 间的排斥耦合，三者缺一不可，更不是其一。

（2）O：H—O 键分段的“主-从”方式非对称协同弛豫和极化各有分工，决定可测物理量。

（3）O：H 和 H—O 的比热曲线叠加产生两个对应密度极值的交点，将冰水划分为液态、准固(液)态、固态 I_{h+c} 以及固态Ⅺ相四温区。

(4) 分子内和分子间的非对称超短程强耦合作用主导氢键的自适应、自愈合、高敏感以及记忆特性。

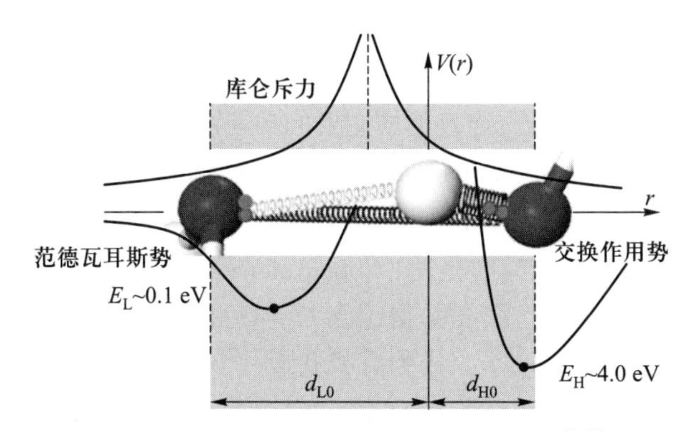

图 3.2 O：H—O 键非对称超短程耦合振子对和三体短程作用势[1-3](参见书后彩图)
坐标原点的 H 原子与右侧 O 原子形成 H—O 共价键，与左侧 O 原子的孤对电子作用形成 O：H 非键而无电荷交换或轨道交叠[1]。H—O 与 O：H 构成非对称、超短程、由 O-O 库仑排斥耦合的振子对。弹簧分别代表 O：H 非键的类范德瓦耳斯作用势、H—O 共价键的交换作用势以及 O-O 电子间的库仑作用势。O：H 作用源自左侧 O 原子的孤对电子和 H^+ 质子间的库仑引力以及偶极子间范德瓦耳斯作用的叠加，能量约为 0.1 eV；H—O 共价作用能量约为 4.0 eV。当越过任一边界时，作用势即可发生转换。受激时，两个 O^{2-} 离子沿氢键同向异幅移动。d_{L0} 和 d_{H0} 代表标准条件下 O：H和 H—O 的长度[4]

3.3 历史溯源

3.3.1 O：H 非键或氢键?

常规化学键分为共价键、离子键、金属键、范德瓦耳斯键，它们连接着原子、分子或离子。氢键即指一个 H 原子不对称地吸引两个原子，像桥梁一样连接着它们[5, 6]。传统认为，氢键是 O：H 非键间的强静电作用，而 H—O 是共价作用。基于静电作用特征，人们更接受氢键为弱的交互作用。随后，各种超强、强、中强、弱、极弱等不同形式的氢键被提出。强氢键已有广泛的定义与解释，而弱氢键虽然在结构化学和生物学领域中被提及，但在其命名和定义方面都存在差异和混淆，阻碍了水科学研究的进展。

O：H 非键在结构化学和生物化学中表现出非常独特的性质[5]。它的重要性在于对不同分子的协调作用，其功能体现在热力学和动力学两方面。氢键在生物分子的结构与功能中起到了重要作用。在超分子化学中，因为氢键稳定且具有方向性，所以能够调控和引导分子组装，且整个控制过程稳定性高，可重复性强，可延伸至整个结构。在结构生物学中，因为其能量介于范德瓦耳斯键和共价键之间，O：H 非键也极为重要。这一能量范围让 O：H 非键即使在常温下也能实现瞬态断续离合。这是生物体在室温发生反应的必要条件。在离子通道信号传递、调节，DNA 碱基配对、折叠以及蛋白质合成等过程中[7,8]。氢键(关键是其中的孤对电子)连接形成主要的功能团。

2001 年，Desiraju 和 Steiner[5] 出版“弱氢键”著作介绍了有关氢键的研究历史。“氢键”一词最先在 1902 年和 1910 年分别由 Werner[9] 和 Hantzsch[10] 提出(表 3.1)。Hantzsch 当时是用“Nebenvalenz（副价）”概念来描述氢键在氨盐中的行为。1913 年，Pfeiffer 得出含 C ═O 和 OH 基团的化合物与胺及氢氧化物还原反应的表达式[11]，成为有机化学中第一个关于氢键的研究报告。Moore 和 Winmill[12] 提出了“弱结合”这一术语，描述三甲基氢氧化胺与四甲基氢氧化胺间的弱作用属性。Latimer 和 Rodebush[13] 认为，一个水分子中的自由电子对能够施加足够大的作用力，将另一个水分子以电子对联系的氢原子拉拢过来，形成氢原子链接两个水分子的形式，氢核在其中即形成弱氢键。

表 3.1　氢键概念提出的代表人物

肖像	简介
	阿尔弗雷德·维尔纳(Alfred Werner，1866—1919)，瑞士化学家。1913 年因提出过渡金属复合物的八面体结构而获得诺贝尔化学奖。是现代配位化学的奠基人
	阿瑟·鲁道夫·汉栖(Arthur Rudolf Hantzsch，1857—1935)，德国化学家。以他的名字命名的 Hantzsch 吡咯合成是 β-酮酯与胺和 α-卤代酮合成取代吡咯的过程，在药物化学领域具有重要应用

3.3.2 鲍林的失措规则

1935年，鲍林首次使用“氢键”解释冰的剩余熵[14]。随后，1938年，Corey在对二酮哌嗪的研究中[15]以及1939年Albrecht与Corey对甘氨酸的研究中[16]均提到了氢键。而在1940年，Senti和Harker在研究乙酰胺的文章中表述为“N—H—O桥”[17]。1939年，鲍林在其《化学键的本质》专著中将“氢键”概念逐步推广[18]。

鲍林是第一个给出明确的氢键定义的人。他提出：在一定条件下，由于H原子被强作用力吸引至两个原子之间，而非仅关联至一个原子，因此H原子实际形如两原子之间的键。请注意，鲍林讲的是吸引，而未提及是否轨道交叠和共享电子，所以没有涉及氢与两侧的氧离子链接性质的差异以及近邻氧离子上电子对间的库仑排斥作用[2, 3]。氧的sp电子轨道杂化伴随孤对电子也许是鲍林提出氢键以后的事了。可以理解鲍林当时对“两进两出”失措的认知以及对现代进展的局限。

在X—H···Y结构中，H原子仅视为氢键中的一个位置点，而并非代表整个H···A部分。从这一角度，H原子称作“桥”似乎也比较合理。但是关于是否有必要用这种特殊结构来描述氢键相互作用，也经历了激烈争论。Desiraju和Steiner认为，如果接受H原子是作为X和Y原子之间的桥梁或黏接剂，那么这一氢键说法就是合适的。

鲍林的第二个核心思想认为氢键是静电作用。他表示，H原子，仅有1s轨道，故只能形成一个共价键，氢键很大程度上表现离子特性，并且仅可能在电负性高的离子间形成。氢键的静电属性以及H原子形成这种作用的独特能力，源于H和X原子之间孤对电子的分配概率，X电负性越强，H原子去屏蔽幅度越大，静电作用效果越显著。鲍林假定，仅当X和Y具有极强的电负性时，H原子才能去屏蔽，H和Y之间的静电引力足够以形成氢键相互作用。实际上，这意味着氢键即为X—H···Y内的相互作用，其中X和Y可以是任意电负性原子如N、O、F、Cl、Br和I[5]。近年研究证实[19]，这些原子与相对低电负性原子在反应时均发生sp电子轨道杂化而形成孤对电子，而且孤对电子数目遵从4-n规则，其中n是电负性元素的化合价。

1960年，Pimentel与McClella给出了更明确的氢键定义[20]：满足氢键的条件是H原子已经与另一原子成键。该定义并没有限定X和Y原子的性质而拓展了形成氢键的原子范围，把C—H、P—H、As—H基团以及π-受体等也纳入其中。由于H原子的单电子形成了共价键X—H，所以H质子总处于裸露或非屏蔽状态。这一情况的发生与X原子的属性并不相关。这是否意味着即使 X 原子上没有密集电子，X—H 基团也是潜在的氢键供体？

1991 年，Jeffrey 和 Saenger 提出[21]：“是否也可称 C—H···O ═C 相互作用为氢键？因为有充分理由怀疑 C 原子的电负性，甚至可能带正电荷”。若根据鲍林的定义，上述问题的答案是否定的；而根据 Pimentel 与 McClella 的定义，则是肯定的。后来，Steiner 和 Saenger 基于后一氢键定义给出了更为详细的量化的定义[22]，认为氢键是“任何 X—H···Y 相互作用，其中 H 带正电荷，Y 带负电荷(部分或完整的)，X 所带负电荷比 H 更多”。X 带正电荷的情况并没有排除。氢键的这一定义还不够完整，因为它仅强调了氢键的静电特征，当然对氢键中组元元素的限定也更为严格[5]。

鲍林关于氢键的两个核心思想都突出了键合强度这一概念，而 X—H···Y 静电作用似乎并非特别强。Desiraju 和 Steiner 认为[5]，虽然氢键的大多数性质依赖于其静电作用，但并非需要强静电作用才能保留这些特征。Pimenel 和 McClellan[20]认为氢键的定义应基于表象而非能量。2017—2018 年报道的量子计算结果[23, 24]显示，H：O 不仅限于静电吸引而且含有非局域化巡游电子的贡献。

3.3.3　国际标准定义

1997 年，国际理论与应用化学联合会(IUPAC)将氢键定义为[25]：“……与一相对呈电负性的原子相连的 H 原子再与另一个电负性原子连接形成的一种结构。这一结构主要显静电作用，并因 H 原子小尺寸促成的邻近偶极子或电荷间的可能相互作用而加强。两个电负性原子通常(但不一定)是周期表第一行的元素原子，即 N、O 或 F。氢键可能是分子间也可能是分子内的。除了涉及 F 原子的少数情况外，氢键的键能一般不超过 20~25 kJ/mol……”。

2005 年，Desiraju 建议 IUPAC 重新定义氢键为[6]：“X—H···Y—Z，3 个点也为键。X—H 为氢键供体。受体可能是原子或阴离子 Y，或分子片段或成键 Y—Z，Y 成键至 Z 上。特殊情况下，X 和 Y 可以相同，则 X—H 和 Y—H 两部分等价。任何情况下，受体都是富电子部分如 Y 中的孤对电子或 Y—Z 中的 π 键电子对，但不局限于此”。这里强调了孤对电子和 π 键电子对的富电子基元，无疑是个重大进步。不过，他认为氢键包含静电、色散、共价、极化作用等多重成分，而且仅限于 H···Y 部分。Desiraju 认为[6]，氢键既非弱共价键，也不是强范德瓦耳斯键，甚至不是超强定向偶极子间的相互作用。

3.4 解析实验证明

3.4.1 氢键的基本准则

3.4.1.1 氢键：X：B—Y 非对称超短程耦合振子对

笔者率先在研究氧在 Cu(001) 与其他金属和金刚石表面吸附[19]以及氮化物的力学、磁学和光电子发射等性能[26]中强调孤对电子“:”的关键作用以及能量特征[27]。在探讨冰水反常物性时，采用 O：H—O 氢键作为其基本结构和储能单元，考虑分子内与分子间非对称超短程作用以及 O-O 间的库仑排斥耦合[2, 3, 28]。暂时舍去所谓长程、色散、非线性等复杂情况，把它们作为平均背景处理。抓牢本质特征忽略共性表象并不影响结论。其中，“—”代表 O 与 H 的共用电子对，“:”代表 O 离子的孤对电子。O：H—O 键的特征就是非对称、超短程、强耦合振子对的相互作用。其中 O-O 间的库仑耦合是关键，故称之“水之魂”。

若要体现氢键中原子的带电属性，可将氢键表述为 X^-：$B^{+/p}$—Y^-的普适范式。冰水中的 O：H—O 氢键仅为众多氢键中的一个典型。氢键不仅由氢和电负性 X 和 Y 原子构成，还包含着非键孤对电子[27]或 π 键电子。$B^{+/p}$既是离子又是被孤对电子诱导的偶极子[19]。

范式氢键与冰水中的氢键的差异只是形式上的简单替换，$B^{+/p}$替换 $H^{+/p}$、Y^-或 X^-替换 O^{2-}。如果另一电负性原子如 C，取代一个氧离子形成 O^{2-}：$B^{+/p}$—C^{4-}，曾经被称为反氢键[27]，实际也是氢键范式的一种。氢键的形成仅取决于孤对电子，并非必须有 O 原子或 H 原子。虽然氢键范式非常普遍，但很少有这样的表述。H—Y 键本质是极性共价键，裸露的 H^+会极化和吸引近邻原子的非键电子而发生弱作用。

X^-：$B^{+/p}$—Y^-键中包含共价电子、非键孤对电子和反键偶极子。从能量角度来说，成键会降低系统能量以使系统更加稳定。形成反键偶极子则需要额外能量，这一过程似乎不可行，但成键和非键共同作用导致的极化仍可形成偶极子，其极化电子占据反键轨道[19]。理论上，相较于电负性元素的孤立原子来说，轨道杂化产生非键电子并不改变原有占据的电子轨道或体系的能量[29-31]。

图 3.3 表明在导体和半导体中，氢键形成时的能态关系。从能带结构来看，因为极化电子能量升高，反键态密度(DOS)的能量接近或高于费米能级。成键态密度(DOS)特征位于电负性元素初始占据态之下，而孤对非键电子的 DOS 则位于成键态和反键态之间。在电负性原子过量时，电负性原子与偶极子

电子形成新的还有待命名的键，偶极子电子会从高能反键态转变为低能成键态，以维持体系稳定。成键态和反键态形成时会产生正离子空穴，能量低于基体材料 B 的费米能级[32]，这也是化合物形成时由金属转变为半导体或半导体转变为绝缘体的原因。此外，反键偶极子态的能量与真空能级之间的差即为功函数[26]。

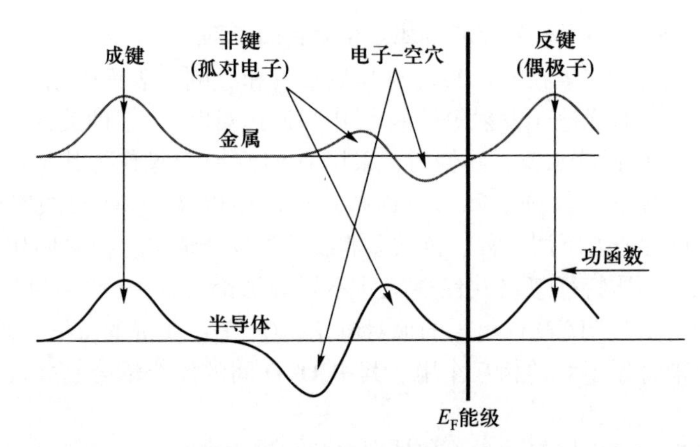

图 3.3　NB_3、B_2O 和 BF 四面体结构诱导的金属和半导体的四类 DOS 特征[33]

金属和半导体的价带 DOS 明显存在 4 个特征：成键($\ll E_F$)、孤对电子($<E_F$)、离子空穴($<E_F$)和反键偶极子($>E_F$)。靠近 E_F 的 3 个 DOS 特征往往被忽视，然而它们对化合物的性能却至关重要

在日常生活中，非键孤对电子和反键偶极子无处不在，所以显得太平常而被忽视。而这些相互作用对含电负性元素的物质体系的性质起到关键作用。一般来说，一个物质系统中包含了若干种化学键。如在石墨中，由于碳的 sp^2 轨道杂化，石墨[0001]层中由 π—π 相互作用的范德瓦耳斯键占主导，而石墨(0001)面则由强共价键主导。在石墨层内，共价键(1.42 Å)比其他金刚石的共价键(1.54 Å)更短更强。

3.4.1.2　局域化和强极化

图 3.4 所示为量子计算的冰-Ⅷ单胞内电子强局域化结果，网格线用作参考。与预期一样，成键和非键电子以红色标记，均集中在氧离子周围。这种强局域化电荷分布是引入 O-O 间库仑排斥的物理基础[1]。正是这一被忽视的库仑斥力调制着 O : H—O 键的弛豫动力学乃至冰与水的反常物性，实为“水之魂”。

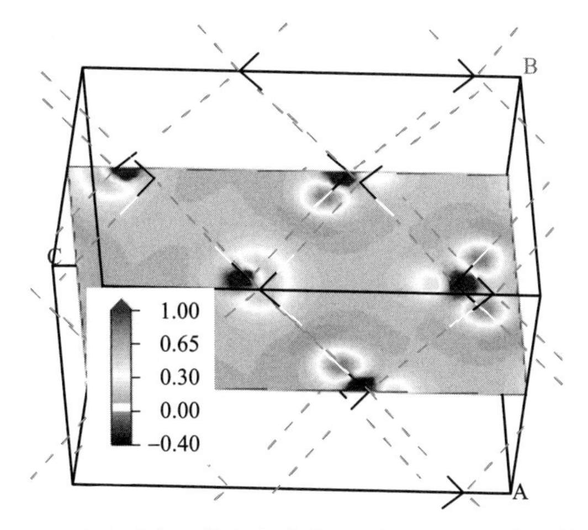

图 3.4 冰-Ⅷ晶胞的强局域化剩余电荷密度分布是引入 O-O 间库仑排斥耦合的基础[1](参见书后彩图)

剩余电荷密度指一个水分子与孤立 O 原子之间的电荷密度之差。正值区域(红色)对应于电荷净增，负值区域(蓝色)表示电荷损失

3.4.1.3 非对称、超短程、强耦合与质子隧穿禁忌

如图 3.2 所示[3, 28]，O：H—O 键可分成两部分：短而强的 H—O 极性共价键和长而弱的 O：H 非键。O：H 非键的类范德瓦耳斯作用除了伦敦和格森色散力(瞬间偶极子诱导力)外，还包括 O^{2-} 的孤对电子与 H^+ 质子的静电作用，所以非键相互作用比理想的纯偶极子-偶极子间的范德瓦耳斯作用稍强。但是细究或细分类范德瓦耳斯作用的组分的意义和必要性似乎不大。

H—O 键和 O：H 非键耦合作用很关键。表观上，H^+ 质子总是处于离一个 O^{2-} 离子近(图 3.2 中的右侧 O)，离另一个 O^{2-} 离子远(左侧)的状态。虽然从表观和统计学角度来说，H^+ 质子可能发生位置失措或者隧穿效应；但从能量角度来说，H—O 和 O：H 两段键能的显著差异禁戒质子在 O-O 连线上的两等价位置来回跳跃而发生失措。从电离 H_2O 制氢的难度就可以理解这一点。要断开 H—O 键至少需要 4.0 eV 的能量或 121.6 nm 波长的激光辐照[34, 35]。根据计算，这种 $(H_2O)_2 \Rightarrow H_3O^+ : OH^-$ 的超离子化转变仅在 2 000 K 高温和 2 TPa 高压下发生。所以，必须区分表观和本质的不同。当然，通过分子转动实现质子与孤对电子易位所需跨越的势垒较低，则另当别论[23, 36]。

下列标准函数可描述为 O：H—O 键振子对的非对称超短程强耦合作用势[4]：

$$
\begin{cases}
V_L(r_L) = V_{L0}\left[\left(\dfrac{d_{L0}}{r_L}\right)^{12} - 2\left(\dfrac{d_{L0}}{r_L}\right)^{6}\right] & (\text{O : H 范德瓦耳斯作用类型的 L-J 势}(V_{L0},\ d_{L0})) \\
V_H(r_H) = V_{H0}\left[e^{-2\alpha(r_H-d_{H0})} - 2e^{-\alpha(r_H-d_{H0})}\right] & (\text{H-O 莫尔斯势}(\alpha,\ V_{H0},\ d_{H0})) \\
V_C(r_C) = \dfrac{q_0^2}{4\pi\varepsilon_r\varepsilon_0 r_C} & (\text{O-O 库仑斥力}(q_0,\ \varepsilon_r))
\end{cases}
\quad (3.1)
$$

式中，V_{L0}(即 E_{L0})与 V_{H0}(即 E_{H0})分别指 O : H 非键和 H—O 共价键的势阱深度；r_x(x=L、H)是原子间距；$r_C = r_L + r_H$ 为近邻 O–O 间距；d_{x0} 指平衡状态下的氢键长度。参数 α 决定莫尔斯势的势阱宽度；q_0(约 0.6 e)指氧离子带电量；ε_r = 3.2 是冰的相对介电常数；$\varepsilon_0 = 8.85\times10^{-12}$ F/m 是真空介电常数。在外部激励下(如低配位)，q_0 和 ε_r 发生变化。将所有长程和质子作用处理为背景，并固定 H^+ 作为 O : H—O 结构的坐标原点。

选用莫尔斯势描述 H—O 共价键作用是因为它具有最少的可调参数，也足以表述该相互作用。O : H 非键不共享电荷，L-J 势可近似描述带有弱静电作用的 O : H 非键势能，当然也涵盖了 O : H 之间所有可能的相互作用包括色散、极化以及孤对电子与质子间的库仑引力。在考虑 O : H 非键和 H—O 共价键的相互作用时，我们应关注的是势能平衡位置所反映的键的长度和能量，实际在处理平衡状态问题时势能曲线的形状没有影响。当受激弛豫时，势能函数会从原来的平衡位置转换到新的位置，而不明显改变其函数曲线的形状[27]。

图 3.2 所示的相互作用势具有非对称性和超短程特性，仅在 O : H—O 键单元亦即图中阴影背底范围内有效，以实线标记。当到达区域边界或进入另一氢键分段时，原来势能消失并即刻转换，除背景平均外不容许任何程度的衰减过渡。因为 O : H 的能量在 0.1 eV 量级，仅为 H—O 键能的 3%。无论处于氢键体系的哪个位置，哪种势能形式，势能变化都遵从上述截断性特征。因此，在处理冰与水或含有孤对电子的体系时，考虑 O : H—O 键分段的非对称、超短程和强耦合作用至关重要。

3.4.2　氢键分段耦合的必要性

3.4.2.1　分段长度和键角及其分工

与传统上将氢键分为供体和受体的形式不同，O : H—O 键被分为 3 部分：O : H 非键、H—O 极性共价键和 O–O 排斥耦合。H—O 共价键长度也是代表水分子大小的尺度，O–O 为分子间距。O : H—O 键弛豫动力学主要通过 3 个变量描述：∠O : H—O 内角 θ、氢键分段键长 d_x。辅助参数 d_{OO} 整合了 d_H 和 d_L 长度，$d_{OO} = d_H + d_L$ 是沿氢键连线上的投影。键角的弛豫除了对质量密度和晶体几何形状有影响外，对其他物理性能影响并不大。在外界激励作用下，键长

d_x和键能E_x发生改变，并有明确的分工，进而影响冰水的物理性能，如声子频移、密度变化、T_C变化、O 1s 能量偏移、黏弹性变化等。氢键分段比热的差异及其叠加主导 O：H—O 键乃至冰水的热力学行为。另一方面，电子极化或去极化也会对冰水的物理性质产生影响，如与其他物质相互作用时，会影响化学反应、疏水性、辐射吸收率、水或水溶液的溶解度等。

3.4.2.2 氢键的坐标原点

在 O：H—O 结构单元中，如果将看似作高速无规则运动的 H^+质子作为坐标原点，那么所考察的是静态单晶结构而冻结动态涨落。量子计算可以将实测的 V-P 曲线分解成 d_H和 d_L，从而可以得到两个分段在受压时的关联弛豫。隐含压强 P 后还可以得到 d_H-d_L 的普适关系，为后续氢键物性研究奠定基础[28, 37]。由于键角对能量的贡献微弱，只需关注 H—O 与 O：H 分段键长和键能的关联弛豫即可。此外，各键角的弯曲有其各自的傅里叶变换特征频率，互不干涉。所以，将 X：H(B)—Y 氢键分成 3 部分，并以 H(或 B)作为坐标原点，对于简化氢键协同弛豫时键长和能量演化分析非常必要。

3.4.3 氢键的协同弛豫

3.4.3.1 局域键平均近似

傅里叶变换可以分解耦合波函数($\exp[i(kr-\omega t)]$)、实现正实空间与倒易(动量)空间以及时域与频域(能量)之间的互换。光谱技术根据这一原理将实空间和时域中收集的信息转换成倒空间的振动频率或能量特征峰。正如 XRD 收集和分类倒易空间中的不同衍射角度而转换成晶面的取向和层间距，而不考虑其分布数量和方式。一定的频谱峰值对应所有具有相同取向的晶面，不管它们处于样品的哪个位置。声子谱中的谱峰表示相同频率的振动，而无需明确它在试样的空间位置和取向。

基于傅里叶变换原理，我们可以用一条键来代表所涉及全部键的平均。所要做的只是研究这条单键的受激协同弛豫行为就足够了。这一局域键平均(LBA)近似的前提是，除非发生相变，所研究的样本中键的数量和属性保持不变[38]。因此，可以集中精力关注这条均化键的长度和振频的变化，即可实现目的。

图 3.5 所示为常规物质中的原子对势 $u(r)$。坐标(d, u)[即(d, E_b)]指平衡位置处的键长和键能，随外部激励变化，但 $u(r)$ 的形状并不变化。因此，外部作用导致的d、E_b变化即表明键弛豫发生，两者直接相关[27]。冰水与其他常规物质的区别在于：O：H—O 键包含两个非对称分段三体耦合作用势，而常规物质仅有一段两体作用势。

物体受到压强(P)和温度(T)等激励，势能平衡点代表的键长 d 和键能 E_b 会沿着某个特定约束函数移动而不改变势能函数本身的形状。例如，当压强增加时，这条均化键会变短变强而储能；受拉时情况相反[39]。键长与键能受激(P, T)弛豫表述如下[27]：

$$\begin{cases} d(P,\ T) = d_{\mathrm{b}}\left(1 + \int_{T_0}^{T}\alpha(t)\,\mathrm{d}t\right)\left(1 - \int_{P_0}^{P}\beta(p)\,\mathrm{d}p\right) \\ E(P,\ T) = E_{\mathrm{b}}\left(1 - \dfrac{\int_{T_0}^{T}\eta(t)\,\mathrm{d}t + \int_{V_0}^{V}p(v)\,\mathrm{d}v}{E_{\mathrm{b}}}\right) \end{cases} \tag{3.2}$$

式中，T_0和P_0指常温常压条件；$\alpha(t)$是热膨胀系数；$\beta=\dfrac{-\partial v}{(v\partial p)}$是压缩率($p<0$，受压)或延伸率($p>0$，受拉)；$v=sd$是键的体积($d$为键长，$s$为键的横截面积)；$\eta(t)$是均化键的德拜近似比热。德拜温度$\Theta_{\mathrm{D}}$决定$\eta(t)$曲线的饱和速率。$\eta(t)$从0 K到熔点温度$T_{\mathrm{m}}$区间的积分值对应于键能$E$[1]。传统教科书中从来没有考虑弛豫造成的势能曲线的滑移，也没有提及比热曲线的温度积分，而仅局限于在势能函数曲线固定的情形下的热振动或压致变形。

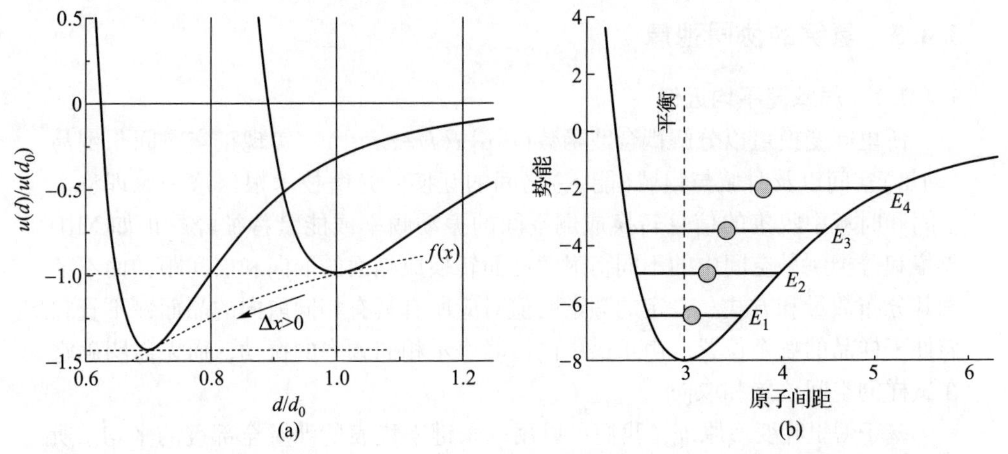

图3.5　常规物质中的长程、单势阱二体作用势的受激发弛豫[39]（a）势能曲线沿某约束函数滑移；（b）势能平衡点不变

压缩时，键变短变强；受拉时相反。势能极小点能量变化遵循$f(x=P)$路径。而（b）所示的传统势能，其平衡点并不随扰动改变

3.4.3.2　氢键弛豫的驱动力

与常规物质不同，O：H—O键在外界激励下，仅其中一段遵从常规定律，而另一段则会因O-O库仑斥力而发生与第一段完全相反的弛豫。在将其他水分子或质子作用的长程力和核量子效应作为背景时，图3.6给出了分解的O：H—O键内部作用力：

(1) 库仑势的一阶微分为近邻 O^{2-} 离子的电子对间的库仑斥力，$f_q=-\partial V_c(r)/\partial r>0$。这种非零作用力只是 O–O 间距和所带电量的函数。若引入酸、碱、盐、糖、蛋白质、生物分子或细胞，或者添加特殊离子，则可通过极化、排斥等改变电荷数量以及介电常数来调节库仑斥力 f_q。这种替换可用于改变 O：H解离能、O：H—O 键分段振频、水溶液的溶解度等[40-42]。

(2) 外部激励如压力、分子低配位、热激发、化学反应、电致极化等可提供驱动力 f_{dx}，驱使 O^{2-} 离子接近或远离坐标原点，导致分段长度和能量的协同弛豫。

(3) 变形恢复力 $f_{rx}=-\partial V_x(r)/\partial r$ 近似于相应 $V_x(r)$ 在平衡位置的一阶微分。f_{rx} 的方向总与 O^{2-} 离子位移方向相反。

(4) 各势函数的二阶导数也即在受激弛豫达到新的平衡点的曲率，对应各孤立分段的弹性力常数或振动频率 $k_x=(\mu\omega^2)_x$，计及 O–O 耦合后，则 $k_x+k_C=(\mu\omega^2)_x$[43, 44]。

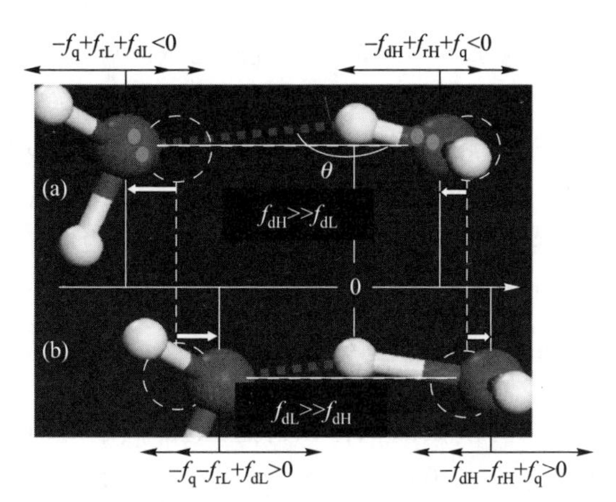

图 3.6 以 H^+ 质子为原点的 O：H—O 氢键的键弛豫驱动力[2, 3]（参见书后彩图）

氢键内部作用力包括库仑斥力 f_q、变形恢复力 f_{rx} 和外力 f_{dx}。因氢键分段的非对称性和 O–O 间的库仑斥力，外部激励会使两个 O^{2-} 离子同向不同幅移动。弱 O：H 非键始终比强 H—O 共价键弛豫幅度大。(a) 表示 O：H—O 键伸长的判据，如准固态冷却[2]、电致极化、分子低配位[3] 及张力作用等；(b) 表示 O：H—O 键收缩的判据，如受压[28]、液相和固相冷却[2]、碱溶液水合层等。当 f_{dx} 满足 $f_{dH}\gg f_{dL}$ 或 $f_{dH}\ll f_{dL}$ 时，弛豫朝特定方向发生

下列关系式定义了 O：H—O 键分段弛豫的主从关系以及受激励时 O–O 长度的变化（对照图 3.6）：

① 凝固、低配位、加盐等

$$\begin{cases}-f_q+f_{rL}+f_{dL}<0 & \text{(a)}\\ -f_{dH}+f_{rH}+f_q<0 & \text{(b)}\end{cases}$$

或 (a)+(b)

② 加压、液体和固体冷却等

$$\begin{cases}-f_q-f_{rL}+f_{dL}>0 & \text{(c)}\\ -f_{dH}-f_{rH}+f_q>0 & \text{(d)}\end{cases}$$

或 (c)+(d)

$$f_{rL}+f_{dL}-f_{dH}+f_{rH}<0 \quad \text{或} \quad f_{dH}>(f_{rL}+f_{dL}+f_{rH})$$

$$-f_{rL}+f_{dL}-f_{dH}-f_{rH}>0 \quad \text{或} \quad f_{dL}>(f_{rL}+f_{dL}+f_{rH})$$

$$\left.\begin{matrix} f_{dH}>(f_{dL}+f_{rL}+f_{rH}) \\ f_{dL}>(f_{dH}+f_{rL}+f_{rH}) \\ f_{dH}=f_{dL} \end{matrix}\right\} \Rightarrow \Delta d_{OO} \left\{\begin{matrix} > \\ < \\ = \end{matrix}\right\} 0 \tag{3.3}$$

O-O 间的库仑斥力和外界激励共同作用下，O：H—O 键分段发生“主-从”协同弛豫。氢键的一段是主，另一段则是从，两者角色在适当条件下可以互易。主动段受激励自发弛豫，经由库仑斥力驱动被动段发生同向位移；外界激励一旦消失，库仑耦合使变形得以恢复，这是氢键呈现超强自适应性和自恢复愈合性的原因。弛豫时，库仑斥力也极化非键和改变 O：H—O 键角。

若 $f_{dH} \gg f_{dL}$，则 H—O 共价键为主动段。但因共价键较强，弛豫幅度比较弱的从动段 O：H 要小得多，所以 O-O 实际间距受压时变短，液态水升温时变长，引起体积相应变化。若 $f_{dH} \ll f_{dL}$，主从段互易，弛豫结果相反。若 $f_{dH}=f_{dL}$，O-O 间距变化处于膨胀和收缩的转换过渡区域，对应于极值密度位置。

O-O 间的库仑斥力不仅影响 O：H—O 键弛豫，还会影响氧原子化学吸附成键动力学[27]。STM 和超低能电子衍射(VLEED)研究发现，O 原子吸附至 Cu(001)表面时，O^{2-}—Cu^{+} 共价键与 O^{2-}：Cu^{P} 非键发生类似 O：H—O 键分段的协同弛豫。在 Cu^{P}：O^{2-}—Cu^{+} 结构中，O^{2-}—Cu^{+} 间距收缩至 0.163 nm 时，Cu^{P}：O^{2-} 间距膨胀至 0.195 nm[19]。

3.4.4　氢键分段的力学响应差异

以 s_x 近似氢键分段的横截面积，在特定压强作用下，O：H 和 H—O 分段受力不同。分段受到的压力可表示为 $f_{dx} \approx P/s_x$(因压力使 O：H 变短，故 $f_{dL}-f_{dH}>0$)，则达到平衡时[28]

$$f_{dL}-f_{dH}=P\left(\frac{1}{s_L}-\frac{1}{s_H}\right)=(f_{rL}+f_{rH})>0 \quad \text{或} \quad s_H-s_L>s_H s_L>0 \tag{3.4}$$

所以，H—O 共价键的有效横截面积 s_H 大于 O：H 非键的 s_L，此外力常数 $k_H \gg k_L$，这就是为什么冰水受压弛豫时 O：H 为主动段且收缩幅度比 H—O 的大。受负压(即拉伸)时，弛豫方向逆转，幅度趋势一致[28]。

3.4.5　氢键分段对配位环境的响应

3.4.5.1　BOLS-NEP 理论

键弛豫-非键电子极化（BOLS-NEP）理论描述了均化键的键序、键长和键能之间的关系以及非键电子极化机制[27, 45]。低配位原子间的键自发变短变强对常规材料普适，也是空位缺陷、固液表面、不同尺度和维度的纳米结构显示奇异物性的原因。键收缩增大局域电子和能量密度，引起成键和芯电子的致密化和钉扎。这一自发过程与化学键的性质或相结构无关。此外，局域钉扎的电荷进一步极化孤对电子、悬键电子或导带边缘电子[32]。

BOLS-NEP 统一了吸附原子、缺陷、台阶边缘、晶界以及不同曲率的固体表面等低配位体系反常物性。不仅可解释块体性能，还可阐释材料纳米尺度反常现象，如尺寸效应引起的如催化性能、毒性、贵金属[46]氧化锌[47]的稀磁性等；锯齿形石墨烯边缘和石墨点缺陷处因极化产生的狄拉克-费米子[48]形成拓扑绝缘体载体。

BOLS 理论的数学表述为[45]

$$\begin{cases} C_z = \dfrac{d_z}{d_b} = \dfrac{2}{1 + \exp[(12 - z)/(8z)]} & (\text{键收缩系数}) \\ E_z = C_z^{-m} E_b & (\text{单键能}) \\ E_{B,z} = zE_z & (\text{原子结合能}) \end{cases} \tag{3.5}$$

式中，d_z与d_b为z配位和块体键长；C_z为键收缩系数；E_z与E_b为z配位和块体键能；$E_{B,z}$为z配位的原子结合能。m为键性质参数，关联了键长和键能，对于特定物质保持常量。

图 3.7 给出了多种物质的键长-配位关系[45]。拟合曲线与实测数据非常吻合，即得到式(3.5)所示的C_z函数。

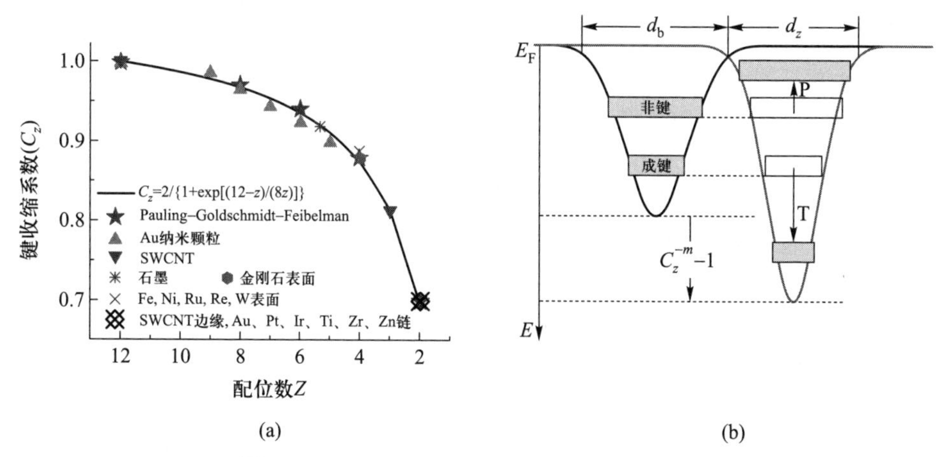

图 3.7　BOLS-NEP 理论[32]：(a)配位数减小，键长收缩，进而引起(b)芯电子钉扎与非键电子极化

低配位原子的键变短变强($d_z/d_b=C_z<1$，$E_z/E_b=C_z^{-m}>1$)，键收缩还提高成键电荷与结合能密度，加深势阱，使芯部和成键电子钉扎(P)，而致密钉扎的电子再进一步极化(P)非键电子而提升其能级。T 和 P 演变将引起物质晶格势能的屏蔽和劈裂以及所有能带的电荷分布变化，从而调整物体的哈密顿量。(a)中的离散点来自系列实验数据

3.4.5.2　低配位 H—O 共价键的自发收缩与双重极化

水分子的 sp^3 轨道杂化以及四配位构型保持不变，而其分子内共价键也遵循 BOLS 理论。然而，由于 O-O 库仑斥力耦合，O：H 和 H—O 分段不能同时遵从 BOLS-NEP 规律。在低配位时，H—O 共价键服从 BOLS 规律主控整个氢键的弛豫，H—O 自发收缩，O：H 伸长服从 NEP 双重极化。换言之，低配位使分子尺寸减小但水分子间距增大。

相应地，H—O 键拉伸振动频率由体相的 3 200 cm^{-1} 转到表皮的 3 450 cm^{-1}，而 O：H 非键拉伸由体相的 200 cm^{-1} 转到表皮的 75 cm^{-1}。这足以证明表皮或团簇水分子低配位引起氢键协同弛豫：H—O 键变短而强；O：H 非键变长而弱[49]。

低配位水分子的自发弛豫伴随非键电子的双重极化[1]。H—O 共价键的电荷和能量因收缩而局域致密，键能增强使 O 1s 芯能级和成键电子钉扎。一方面，H—O 成键电子致密化会极化自身的孤对电子；而另一方面，极化的孤对电子又会极化和排斥另一近邻 O 原子上的电子，导致双重极化。双重极化效应可解释冰水表皮由强极化主导的冰表面的高弹性、疏水性、黏滞性和光滑性。此外，极化会降低水分子的运动能力或涨落幅度，延长 H—O 声子寿命，同时提升水的宏观黏滞和弹性而降低分子扩散系数。

3.4.6　氢键分段比热：多温区分段响应

3.4.6.1　分段比热–振动频率–结合键能

物质的比热指物质温度提高 1 ℃时所需的总能量，常被认为是物质中所有化学键集体的宏观表象。考察整个试样中所有化学键对温度的响应，在实际问题中并不难实现。基于局域键平均近似，人们只需考虑代表整个物体平均单键的比热即可——块体的比热除以所有参与键的数目[38]。

对于常规材料，一条均化键可代表所有键即块体的热力学[50]。对于冰水，O：H—O 键由两强度非对称的分段耦合组成，所以必须采用两个以德拜近似表述的独立比热及它们的叠加。约束条件为各自的德拜温度 Θ_{Dx} 和比热曲线对温度的积分[38]。

比热曲线(图 3.8)有两个特征：德拜温度 Θ_{Dx} 和比热曲线对温度的积分[38]。固态比热曲线光滑连续。固相中，德拜温度 Θ_{Dx} 决定比热曲线达到饱和的速率。根据爱因斯坦关系，$k\Theta_{Dx} = \hbar\omega_x$，$\Theta_{Dx}$ 正比于分段特征振频 ω_x，其中 $\hbar$ 和 k 分别为普朗克常量和玻尔兹曼常量。分段比热曲线中 Θ_{Dx} 较低的分段会优先达到饱和。比热曲线对温度的积分正比于该段的键能 E_x。教科书中通常忽略了比热积分这一特点。在熔点温度 T_{mx} 处，原子或分子的振幅迅速增至其间距的 3%以上，外界环境和分子团簇尺寸的影响另计[51, 52]。H—O 的比热在整个温区甚至气相都不为零，而且随温度升高或配位数降低，此比热值逐渐增加，直至H—O断裂。O：H比热值变化趋势相反，在气相中可忽略不计。

基于上述分析，氢键分段比热曲线可表述为

$$\begin{cases}\dfrac{\Theta_{DL}}{\Theta_{DH}} \approx \dfrac{198}{\Theta_{DH}} \approx \dfrac{\omega_L}{\omega_H} \approx \dfrac{200}{3\ 200} \sim \dfrac{1}{16} \\ \dfrac{\int_0^{T_{mH}} \eta_H \mathrm{d}t}{\int_0^{T_{mL}} \eta_L \mathrm{d}t} \approx \dfrac{E_H}{E_L} \approx \dfrac{4.0}{0.1} \sim 40\end{cases} \tag{3.6}$$

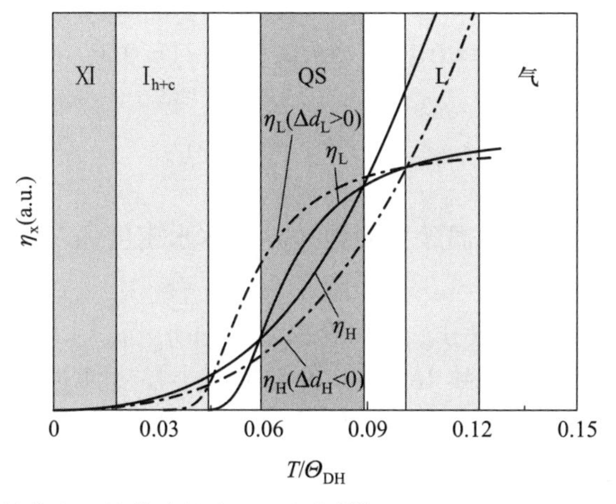

图3.8 O：H—O键分段比热曲线的全温区变化[40]

两条比热曲线相交形成两个密度极值临界温度，将除气相($\eta_L \approx 0$)外的其他温区划分为4个温段：液相L（$\eta_L/\eta_H < 1$）、准固相QS（$\eta_L/\eta_H > 1$）、固相I_{h+c}（$\eta_L/\eta_H < 1$）和XI相($\eta_L \approx \eta_H \approx 0$)。氢键分段弛豫按$\eta_L/\eta_H$比值以主从方式进行

基于水表面张力对温度依赖关系分析，得出Θ_{DL} = 198 K<273 K（T_{mL}），E_L=0.095 eV[53]。可得$\Theta_{DH} \approx 16\Theta_{DL} \approx$3 200 K。因此，O：H非键的比热可近似止于273 K，而H—O的止于$T \geqslant$ 3 200 K。通过模拟计算，重现了冰Ⅶ-Ⅷ相变的$T_C(P)$曲线，获得了液/准固态相变的临界温度T_{mL}，分析得到H—O共价键常压键能为3.97 eV。由此证实H—O键能约为O：H的40倍，与式(3.6)的预测一致。

3.4.6.2 冰水密度的四温区振荡

O：H—O键分段比热曲线的叠加产生两个交点，将整个液-固温度范围划为四区，各区比热比值η_L/η_H皆不相同(见图3.8)：液相L（η_L/η_H<1）、准固相QS（η_L/η_H>1）、固相I_{h+c}(η_L/η_H<1)和XI相($\eta_L \approx \eta_H \approx$ 0)。分段比热曲线的两交点对应于准固态相边界的两极值密度温度，靠近凝固冰点和熔点[4]。在

不同温区中，O：H—O 键分段协同弛豫的主从角色由 η_L/η_H 比值唯一地确定。

结果证实[52-54]，具有低比热值的分段主动弛豫，它不仅服从常规的热胀冷缩规则，而且其弛豫控制整个 O：H—O 键的长度的改变。而高比热值分段为被动反向弛豫段，冷胀热缩。四温区内 O-O 长度和质量密度$[\rho \propto (d_{OO})^{-3}]$的振荡可归纳为

$$\left.\begin{array}{lll} \text{QS} & (\eta_H < \eta_L): & f_{dH} > (f_{dL} + f_{rL} + f_{rH}) \\ \text{I, L} & (\eta_L < \eta_H): & f_{dL} > (f_{dH} + f_{rL} + f_{rH}) \\ \text{XI} & (\eta_L \cong \eta_H \cong 0): & \Delta\theta > 0;\ \Delta d_x = 0 \\ \text{QS 边界} & (\eta_L = \eta_H): & f_{dH} = f_{dL} \end{array}\right\} \Rightarrow \Delta d_{OO} \left\{\begin{array}{c} > \\ < \\ = \\ = \end{array}\right\} 0 \tag{3.7}$$

O：H—O 键和分段的温致协同弛豫导致冰水密度振荡[2]，与实验观测完全一致[54]。描述如下：

(1) 液相(L)和固相（I_{h+c}）在降温时，因 $\eta_L/\eta_H<1$，O：H 非键主动收缩，O-O 排斥被强化而导致 H—O 共价键反向小幅度伸长，$\Delta d_L<0$，$\Delta d_H>0$，$|\Delta d_L|>|\Delta d_H|$，所以，$\Delta d_{OO}<0$，故 O：H—O 键冷却收缩而增大水的密度。虽然液相和 I_{h+c} 固相看似服从常规的热胀冷缩规律，但其内在机制却截然不同。

(2) 在准固相中，因 $\eta_L/\eta_H>1$，主从角色互换，H—O 共价键冷致主动收缩，O：H 非键反向大幅度伸长，则 $\Delta d_H<0$，$\Delta d_L>0$，$|\Delta d_L|>|\Delta d_H|$，所以，$\Delta d_{OO}>0$，因此冰的体积膨胀，形成浮冰。∠O：H—O 内角受冷伸展额外附加 O-O 的间距。

(3) 在极低温度下的Ⅺ相中，η_L 和 η_H 趋近于零，氢键分段对温度皆发生近零响应，仅∠O：H—O 键角受冷伸展。

(4) 冰与水的极高热容源自 H—O 共价键而非 O：H 非键[55]。

3.4.6.3 过冷或过热

基于爱因斯坦关系，声子受激频移 $\Delta\omega_x$ 唯一地调节准固态相边界。分子低配位、拉力、电致极化造成 ω_H 蓝移和 ω_L 红移，调节各自的 Θ_{Dx}，使准固态相边界向外拓展。所以，具有大量低配位水分子的纳米液滴和纳米气泡，较之块体将熔点升高、凝固点降低[56]。电场或磁场等外场极化也有同样的效果。但冰受到持续或瞬态压强时会内敛准固态相边界，主导复冰现象[57]。冰的熔点在-95 MPa 时提升 6.5 ℃，在 210 MPa 时下降-22 ℃[58]。

实验证明，1.4 nm 的液滴，其凝固点温度从块体值 258 K 降至 205 K[4]。水表皮的熔点温度会从块体值 273 K 升至 310 K[49]。单层水膜的熔点更

高[59, 60]。这都是低配位造成准固态相边界漂移引起的。压力造成的 ω_x 和 Θ_{Dx} 弛豫效果与分子低配位和电致极化效果相反。但是，传统上通常将体相的 4 ℃ 作为密度极值点而 0 ℃ 为熔化参考点。它在外界激励下也会发生改变。所以，准固态相变界的激励调制是冰水热力学中一个至关重要的概念。

过冷(supercooling 或 undercooling)[61]，是将液体或气体温度降至其凝固点以下而不固化的过程。云中的小水滴即为过冷水，它屏蔽太阳对地面的辐射。过冷水对于蛋白质和细胞的保存以及防止天然气管道中水合物的形成也非常重要。过热则与此相反。过热通常是指熔化或沸腾在高于临界点发生。按照氢键协同弛豫的观点，过冷和过热应该相伴发生。

作为表观现象，过冷和过热常常与本征的凝固点和熔点的升降相混淆。溶液中，因带电溶质的极化作用，溶液在纯水的冰点之下降温才能凝固，即为凝固点下降，如纯水加盐可使凝固点降低。与其相伴的是熔点升高。

3.4.7 电磁激发和同位素效应

3.4.7.1 电极化：水桥与准固态相边界色散

在没有任何外场扰动的情况下，液态水分子的偶极子持续旋转进行位置构型优化。但施加电场可以使水分子偶极子重新排序、拉伸和极化。下式列出了几种类型的电场：

$$E(x)=\begin{cases}E_0 & \text{均场}\\ Ax^{-2} & \text{点电荷}\\ A\left[x^{-2}-(x-L)^{-2}\right] & \text{镜像电荷}\end{cases}\tag{3.8}$$

式中，$A=q/(4\pi\varepsilon_0)$，为常数。两平板电容器之间的均匀平行电场可造成阿姆斯壮效应[62]，即在两烧杯间施加 10^6 V/m 的直流或交流偏压，形成准固态水桥。电流流动时产生环绕电流的磁场，遵循右手定则。根据法拉第电磁感应定律，该磁场将产生另一电场，主要分布在水桥表面以阻碍电流流动，但很小，可以忽略。通过光学检测技术，可知水桥由表皮向内存在密度梯度(表面比核心低 7%)；中子散射测试证明水桥结构具有各向异性；偏振光散射还发现了光学双折射现象；拉曼光谱和红外测量发现 H—O 共价键的振动频率蓝移[63,64]。

式(3.8)中的另外两个分别表示阴阳离子构成的径向电场，如霍夫梅斯特效应涉及的糖或盐的情况[64,65]。水合离子可以调节水的表面张力和蛋白质的溶解度[66]。加入离子会降低水的凝固点温度，伴随着 ω_H 升高和 ω_L 降低[40]。

在外电场作用下，水分子的偶极子首先沿电场排列，形成头或尾指向离子中心的偶极子水合壳层。电场致使 O：H 非键伸长 H—O 收缩以拉伸偶极子，同时 O-O 库仑斥力降低，这与加热和低配位作用的效果相同。H—O 键振动频率刚化提高熔点温度 T_m，同时 O：H 非键声子软化降低凝固点温度 T_N[40]。

图 3.9a 说明在阴离子(−q)和阳离子(+q)构成的镜像电场中，偶极子重排、弛豫和极化的行为。偶极子行为对离子−偶极子间距的敏感程度更胜于单电荷电场。由于镜像电场并不均匀，O：H—O 键的弛豫和极化程度也存在位置差异。电场对氢键作用的辐射范围取决于离子对间距和电荷量。偶极子的内场可屏蔽离子场。由于 O：H 非键的弱相互作用，镜像电场造成的扰动具有长程性。

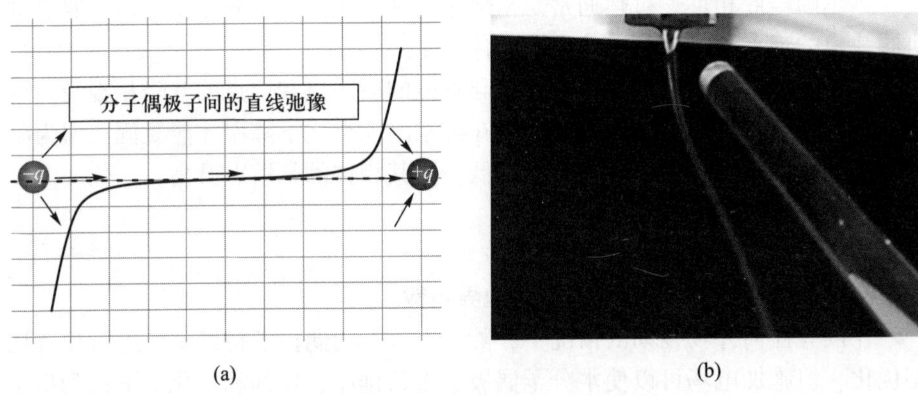

图 3.9　镜像电场下的 O：H—O 弛豫以及电场极化诱导水流弯曲

(a)分子偶极子(箭头表示)在离子或镜像电场中沿电场线重排，拉伸、极化 O：H—O 键。氢键弛豫和极化的程度随电场的强度发生变化。偶极子拉长造成 O：H 非键变长变弱、H—O 共价键变短变强，与分子低配位和液体加热效果相同[40]。(b)源自 https：//www. youtube. com/watch？ v=7b-w0oWttN0

我们可以用非常简单的方法来探测水分子的极化行为，如将气球或玻璃棒在头发上摩擦后靠近细水流，会发现水流偏离其初始路径朝向带电物体，如图 3.9b 所示。这证实，分子偶极子极化后会受到带电物体的静电吸引。玻璃棒电性与水流水分子的电偶极性始终相反[36]。

3.4.7.2　运动偶极子在洛伦兹电磁场中的行为：水的抗磁性

在电磁场中，运动电荷会受到洛伦兹力的作用，使其呈圆周运动

$$\begin{cases} \boldsymbol{F}=m\boldsymbol{a}=q(\boldsymbol{E}+\boldsymbol{v}\times\boldsymbol{B}) \\ F=\dfrac{mv^2}{R} \end{cases} \tag{3.9}$$

式中，$\boldsymbol{v}$ 为电荷运动速度；R 为圆周运动半径。同时，水分子偶极子会绕着沿磁场方向的轴进行转动。在非均匀电磁场中，水分子会同时进行水平运动和转动。在水分子平动和转动的过程中，O：H—O 键同样发生弛豫，只是没有电场中的强烈，但在一定程度上也可以影响声子振动频率和相变临界温度。

类似于带电体，磁体也可以使细水流沿垂直于磁场的方向稍微弯曲。强磁

性钕磁铁靠近水时，水显示抗磁性：磁体非常靠近时，水滴会偏离磁铁几毫米的距离。

3.4.7.3 能量吸收、辐射、传导与耗散

水可以吸收各种来源的能量，如生物电信号、声波、电磁辐射、偶极子旋转、声子振动、电子极化(基态转变至激发态)、键弛豫、键裂解等。由于极弱的 O：H 非键作用，液态水在外界激励下的反应呈现超短程性，但又表现出多米诺长程效果[1]。

O：H—O 键分段的非对称性以及 O–O 库仑耦合作用使冰水受扰时具备自适应性、协同性、自愈合性、敏感性和记忆性。正是由于记忆效应，水的降温散热速率正比于其原始储能，故发生热水速冻即姆潘巴效应[67]。纯水和污水的冰晶生长模式甚至会受到情感、意念和声音的影响[68]。亲水界面处的第四相区呈微米量级，可吸收各种能量及离散电荷，但排斥有机体[69]。

3.4.8 氢键的协同弛豫

3.4.8.1 分段长度的协同弛豫

以 k_x 为力常数，δd_x 为分段弛豫幅度，f_{rx} 为变形恢复力，在系统力平衡位置($f_{dH}=f_{dL}$)

$$f_{rH}+f_{rL}=k_H\delta d_H+k_L\delta d_L=0 \tag{3.10}$$

可得

$$\frac{k_L}{k_H}=-\frac{\delta d_H/\delta t}{\delta d_L/\delta t}=-\frac{\delta^2 d_H/\delta t^2}{\delta^2 d_L/\delta t^2} \tag{3.11}$$

表明 O：H 和 H—O 受激弛豫曲线的斜率和曲率反向且互成反比。其中，变量 t 表示激励诸如 T、P 或团簇 $[(H_2O)_N]$ 分子数 N 等。

图 3.10 的 MD 计算结果证实了在外界激励下 O：H—O 键协同弛豫的普适性和 O：H—O 协同弛豫理论的正确和必要性[70]。氢键分段 d_x–t 曲线的斜率和曲率的确呈非对称性与协同性，正如式(3.11)所预期，一段变短，则另一段变长；O：H 非键始终比 H—O 共价键弛豫幅度大。同一激励条件下的两条分段弛豫曲线要么以“面对面”(图 3.10a)要么以“背靠背”的方式变化(图 3.10b、c、d)，由其曲率决定。在压力作用(图 3.10a)和温度 $T>T_m$(图 3.10c)变化的条件下，O：H 非键为主动段，H—O 共价键从动；在 $T<T_m$ 准固态温区(图 3.10b)和分子低配位(图 3.10d)条件下，H—O 共价键为主动段。箭头标记主动段，指向该分段长度缩短方向，结合另一段的弛豫，可表示 O：H—O 氢键收缩或密度增大(图 3.10a、c)，以及氢键伸长或密度减小(图 3.10b、d)。

O–O 间距与分段键长和密度之间存在关系：$\rho\propto(d_{OO})^{-3}\propto(d_H+d_L)^{-3}$。$d_x$ 为分段在 O–O 方向上的投影。常压下，各相的键角 ∠O：H—O 始终大于

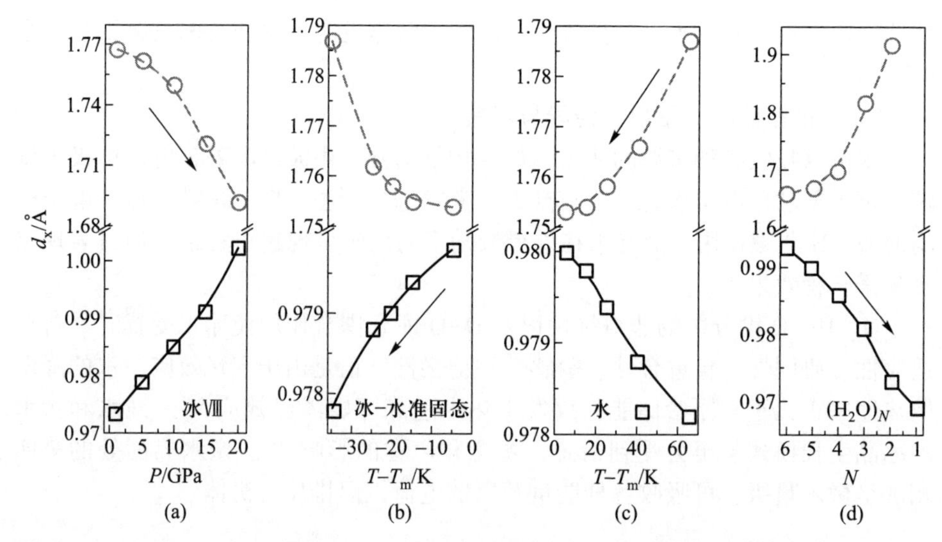

图 3.10　(a)受压、(b)准固态和(c)$T>T_m$条件下降温以及(d)团簇条件下，O：H—O 键的协同弛豫[1]

由于 O-O 间存在库仑斥力，无论什么类型的外界激励或处于何种相结构中，氢键分段任一段收缩，则另一段必定伸长。箭头指示主动段及弛豫方向。(a)和(c)中，d_{OO}间距缩短，箭头指向密度增大的方向；(b)和(d)中箭头指向密度减小的方向。所有过程皆可逆

160°[2]。160°和 180°角度差异引起的长度偏差仅 3%或更低[2]。相结构不同时，体积会发生变化。例如，冰Ⅶ相比冰 I_c相体积小但分子间距却大一些，因为前者是后者网络结构的双重组合。冰Ⅶ和Ⅷ相具有类似的网格结构，但晶体对称性不同[71]。冰Ⅶ/Ⅷ的相变为一级相变[4]。然而，这一结构变化引起体积改变对应的 O：H—O 键弛豫并不明显。

H—O 或 O：H 长度的精确测量并不常见，人们主要用中子或 X 射线衍射来测定 O-O 间距。不过，通过水分子中心四面体结构得到的 ρ、d_H、d_L和 d_{OO}关系，可因知其一必知其余[37]。

3.4.8.2　特征声子频率协同弛豫

图 3.11 所示为傅里叶变换红外吸收光谱(FTIR)、拉曼散射和中子散射[72]探测到的水在常温常压下的典型声子谱。中子散射比红外或拉曼获取的信息更为全面，因为后两者要受声子激发选择规则的限制。中子散射可以得到声子态密度分布的信息[73-75]。

氢键分段的伸缩或弯曲等振动模式各有特征频率(或能量)。峰值 $\omega_H \approx$ 3 450 cm^{-1}和 3 200 cm^{-1}的频率分别对应于水表皮和块体中 H—O 共价键的伸缩振动。$\omega_L \approx$75 cm^{-1}和 200 cm^{-1}分别对应水表皮和块体 O：H 非键的伸缩振动。$\omega_{B1} \approx$500~700 cm^{-1}对应∠O：H—O 弯曲振动模式。$\omega_{B2} \approx$1 600~1 750 cm^{-1}对

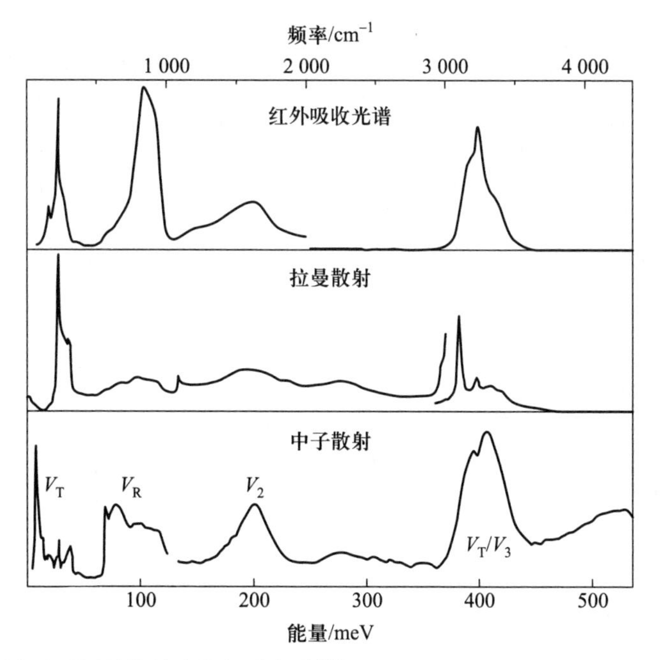

图 3.11 不同方法测量的块体水的振动光谱[72]

$\omega_L \approx 200\ cm^{-1}$和 75 cm^{-1}的峰分别对应块体水和表皮 O：H 非键的伸缩振动；$\omega_{B1} \approx 500 \sim 700\ cm^{-1}$对应∠O：H—O 弯曲振动；$\omega_{B2} \approx 1\ 600 \sim 1\ 750\ cm^{-1}$对应∠H—O—H 弯曲振动；块体水和水表皮 H—O 共价键伸缩振动的特征频率分别为 3 200 cm^{-1}和 3 450 cm^{-1}

应于∠H—O—H 弯曲振动模式。此外，表皮 H—O 悬键为 3 610 cm^{-1}，气相水分子的 $\omega_H \approx 3\ 650\ cm^{-1}$。∠O：H：O 弯曲模式对应振频约为 50 cm^{-1}(1.5 THz，对应博奈尔-富勒所指的质子隧穿频率[76])，两者在图 3.11 中并没有显示。低频的信号太弱，常被忽略。要从块体频谱信息中辨析表皮特征，可以采用差谱(differential phonon spectrometrics，DPS)技术[77, 78]，在谱峰面积(丰度)归一化后，用小角入射下获取的光谱减去大角入射收集的光谱[49]。

声子光谱可以通过傅里叶变换来实现实空间和能量空间的转换。因此，每个特征光谱都代表了具有相同振动模式的所有键，与它在实空间的位置或数量无关，也不受外界激励类型的影响。因库仑耦合作用，ω_L和 ω_H总是协同弛豫，其一红移则另一必定蓝移。

声子谱的检测需要特别注意测试条件。峰强低于 500 cm^{-1}的声子谱信号很弱，因为 O：H 非键的高敏感性，任何微扰即使是太阳光照射，都会产生频移[79]。同时检测高频 ω_H和低频 ω_L声子的协同弛豫光谱特性可有效地探究外界激励下 O：H—O 键的协同弛豫行为。图 3.12 和表 3.2 总结了分子团簇的振动模式及振动频率。

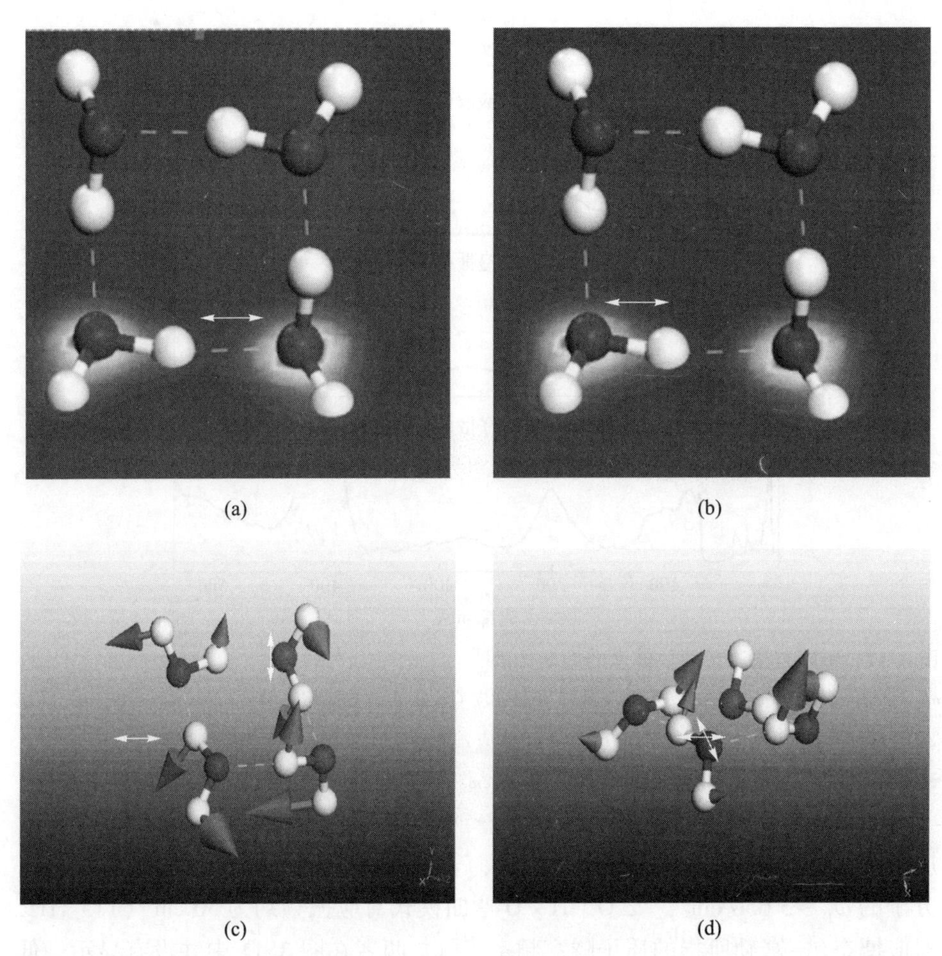

图 3.12　$(H_2O)_4$四聚体的振动模式：(a)O：H 伸缩，(b)H—O 伸缩，(c)O：H—O 弯曲以及(d)H—O—H 弯曲，特征频率列于表 3.2(参见书后彩图)

表 3.2　MD 计算的$(H_2O)_N$团簇不同振动模式振频与水表皮和块体测量值的比较

单位：cm^{-1}

	H_2O 单体	$(H_2O)_2$ 二聚体	$(H_2O)_3$ 三聚体	$(H_2O)_4$ 四聚体	$(H_2O)_5$ 五聚体	水表皮	块体
O：H 伸缩	—	184	251	229	198	75	180
∠O：H—O 弯曲	—	414	409	431	447	—	500
∠O—H—O 弯曲	—	1 638	1 644	1 654	1 646	1 600	1 600
H—O 伸缩	—	3 565	3 387	3 194	3 122	3 450	3 200
H—O 伸缩[50-52,55]	3 650	3 575	3 520	3 353	3 326		

3.5 小结

氢键应指 O：H—O 整体，由 H^+ 质子分别通过孤对电子和共价键与两个 O^{2-} 离子相连。最为关键的是通过 O-O 库仑斥力的极化和耦合。这一氢键模式既包含分子内又包含分子间的作用及它们的耦合。它不仅代表冰水中最为基本的结构和储能单元，还可以拓展到任何含有孤对电子的 X：B—Y 氢键或 π 键电子的 X · B—Y 的类氢键体系。在外界激励下，库仑斥力和分段差异使 O：H—O 键呈现出自适应性和协同性。一段变短变强，而另一段必定伸长变弱。氢键分段的比热差异定义了固相/准固相/液相的两个相边界和冰水的反常热力学性能。受到变温激励时，各分段的振频 ω_x 和德拜温度 Θ_{Dx} 均会发生变化，引起准固态相边界色散导致过冷和过热。由于氢键声子能量范围很宽且分段协同弛豫的传递，O：H—O 键会以长程多米诺方式吸收各种能量并传递形变和信息。

参考文献

[1] Huang Y., Zhang X., Ma Z., et al. Hydrogen-bond relaxation dynamics: Resolving mysteries of water ice. Coord. Chem. Rev., 2015, 285: 109-165.

[2] Sun C. Q., Zhang X., Fu X., et al. Density and phonon-stiffness anomalies of water and ice in the full temperature range. J. Phys. Chem. Lett., 2013, 4: 3238-3244.

[3] Sun C. Q., Zhang X., Zhou J., et al. Density, elasticity, and stability anomalies of water molecules with fewer than four neighbors. J. Phys. Chem. Lett., 2013, 4: 2565-2570.

[4] Wilson K. R., Schaller R. D., Co D. T., et al. Surface relaxation in liquid water and methanol studied by X-ray absorption spectroscopy. J. Chem. Phys., 2002, 117 (16): 7738-7744.

[5] Desiraju G. R., Steiner T. The Weak Hydrogen Bond: In Structural Chemistry and Biology. Oxford University Press, 2001.

[6] Desiraju G. R. A bond by any other name. Angew. Chem. Int. Ed., 2011, 50 (1): 52-59.

[7] Han W. G., Zhang C. T. A theory of nonlinear stretch vibrations of hydrogen-bonds. J. Phys.: Condens. Mat., 1991, 3 (1): 27-35.

[8] Crabtree R. H. Chemistry: A new type of hydrogen bond. Science, 1998, 282 (5396): 2000-2001.

[9] Werner A. Ueber haupt-und nebenvalenzen und die constitution der ammonium verbindungen. Justus Liebigs Ann. Chem., 1902, 322 (3): 261-296.

[10] Hantzsch A. Über die Isomerie - Gleichgewichte des acetessigesters und die sogen.

Isorrhopesis seiner salze. Ber. Dtsch. Chem. Ges., 1910, 43 (3): 3049-3076.
[11] Pfeiffer P., Fischer P., Kuntner J., et al. Zur theorie der farblacke, Ⅱ. Justus Liebigs Ann. Chem., 1913, 398 (2): 137-196.
[12] Moore T. S., Winmill T. F. The state of amines in aqueous solution. J. Chem. Soc., Dalton Trans., 1912, 101: 1635-1676.
[13] Latimer W. M., Rodebush W. H. Polarity and ionization from the standpoint of the Lewis theory of valence. J. Am. Chem. Soc., 1920, 42: 1419-1433.
[14] Pauling L. The structure and entropy of ice and of other crystals with some randomness of atomic arrangement. J. Am. Chem. Soc., 1935, 57: 2680-2684.
[15] Corey R. B. The crystal structure of diketopiperazine. J. Am. Chem. Soc., 1938, 60 (7): 1598-1604.
[16] Albrecht G., Corey R. B. The crystal structure of glycine. J. Am. Chem. Soc., 1939, 61 (5): 1087-1103.
[17] Senti F., Harker D. The crystal structure of rhombohedral acetamide. J. Am. Chem. Soc., 1940, 62 (8): 2008-2019.
[18] Pauling L. The Nature of the Chemical Bond. 3rd ed. NY: Cornell University Press, 1960.
[19] Sun C. Q. Oxidation electronics: Bond-band-barrier correlation and its applications. Prog. Mater. Sci., 2003, 48 (6): 521-685.
[20] Pimentel G. C., McClellan A. Hydrogen bonding. Annu. Rev. Phys. Chem., 1971, 22 (1): 347-385.
[21] Jeffrey G. A., Saenger W. Hydrogen Bonding in Biological Structures. Heidelberg: Springer-Verlag, 1991.
[22] Steiner T., Saenger W. Role of C—H···O hydrogen bonds in the coordination of water molecules. Analysis of neutron diffraction data. J. Am. Chem. Soc., 1993, 115 (11): 4540-4547.
[23] Zhang Z., Li D., Jiang W., et al. The electron density delocalization of hydrogen bond systems. Adv. Phys. X, 2018, 3 (1): 1428915.
[24] Wang B., Jiang W., Gao Y., et al. Energetics competition in centrally four-coordinated water clusters and Raman spectroscopic signature for hydrogen bonding. RSC Adv., 2017, 7 (19): 11680-11683.
[25] McNaught A. D., Wilkinson A. Compendium of Chemical Terminolo. Oxford: Blackwell Science Publications, 1997.
[26] Zheng W. T., Sun C. Q. Electronic process of nitriding: Mechanism and applications. Prog. Solid State Chem., 2006, 34 (1): 1-20.
[27] Sun C. Q. Relaxation of the Chemical Bond. Heidelberg: Springer, 2014.
[28] Sun C. Q., Zhang X., Zheng W. T. Hidden force opposing ice compression. Chem. Sci., 2012, 3: 1455-1460.
[29] Coey J., Sun H. Improved magnetic properties by treatment of iron-based rare earth

intermetallic compounds in anmonia. J. Magn. Magn. Mater., 1990, 87 (3): L251-L254.

[30] Atkins P. W. Physical Chemistry. 4th ed. Oxford University Press, 1990.

[31] Morrison S. R. The Chemical Physics of Surfaces. Springer, 1990.

[32] Sun C. Q., Bai C. L. A model of bonding between oxygen and metal surfaces. J. Phys. Chem. Solids, 1997, 58 (6): 903-912.

[33] Sun C. Q. Dominance of broken bonds and nonbonding electrons at the nanoscale. Nanoscale, 2010, 2 (10): 1930-1961.

[34] Harich S. A., Yang X., Hwang D. W., et al. Photodissociation of D_2O at 121. 6 nm: A state-to-state dynamical picture. J. Chem. Phys., 2001, 114 (18): 7830-7837.

[35] Harich S. A., Hwang D. W. H., Yang X., et al. Photodissociation of H_2O at 121. 6 nm: A state-to-state dynamical picture. J. Chem. Phys., 2000, 113 (22): 10073-10090.

[36] Meng X., Guo J., Peng J., et al. Direct visualization of concerted proton tunnelling in a water nanocluster. Nat. Phys., 2015, 11 (3): 235-239.

[37] Huang Y., Zhang X., Ma Z., et al. Size, separation, structural order, and mass density of molecules packing in water and ice. Sci. Rep., 2013, 3: 3005.

[38] Sun C. Q. Thermo-mechanical behavior of low-dimensional systems: The local bond average approach. Prog. Mater Sci., 2009, 54 (2): 179-307.

[39] Liu X. J., Bo M. L., Zhang X., et al. Coordination-resolved electron spectrometrics. Chem. Rev., 2015, 115 (14): 6746-6810.

[40] Zhang X., Yan T., Huang Y., et al. Mediating relaxation and polarization of hydrogen-bonds in water by NaCl salting and heating. Phys. Chem. Chem. Phys., 2014, 16 (45): 24666-24671.

[41] Sun C. Q., Chen J., Gong Y., et al. (H, Li) Br and LiOH solvation bonding dynamics: Molecular nonbond interactions and solute extraordinary capabilities. J. Phys. Chem. B, 2018, 122 (3): 1228-1238.

[42] Sun C. Q., Chen J., Yao C., et al. (Li, Na, K) OH hydration thermodynamics: Solution self-heating. Chem. Phys. Lett., 2018, 696: 139-143.

[43] Huang Y., Ma Z., Zhang X., et al. Hydrogen bond asymmetric local potentials in compressed ice. J. Phys. Chem. B, 2013, 117 (43): 13639-13645.

[44] Huang Y., Zhang X., Ma Z., et al. Potential paths for the hydrogen-bond relaxing with $(H_2O)_N$ cluster size. J. Phys. Chem. C, 2015, 119 (29): 16962-16971.

[45] Sun C. Q. Size dependence of nanostructures: Impact of bond order deficiency. Prog. Solid State Chem., 2007, 35 (1): 1-159.

[46] Roduner E. Size matters: Why nanomaterials are different. Chem. Soc. Rev., 2006, 35 (7): 583-592.

[47] Li J. W., Ma S. Z., Liu X. J., et al. ZnO meso-mechano-thermo physical chemistry. Chem. Rev., 2012, 112 (5): 2833-2852.

[48] Zheng W. T., Sun C. Q. Underneath the fascinations of carbon nanotubes and graphene

nanoribbons. Energ. Environ. Sci., 2011, 4 (3): 627-655.

[49] Zhang X., Huang Y., Ma Z., et al. A common supersolid skin covering both water and ice. Phys. Chem. Chem. Phys., 2014, 16 (42): 22987-22994.

[50] Gu M. X., Zhou Y. C., Sun C. Q. Local bond average for the thermally induced lattice expansion. J. Phys. Chem. B, 2008, 112 (27): 7992-7995.

[51] Omar M. A. Elementary Solid State Physics: Principles and Applications. New York: Addison-Wesley, 1993.

[52] Lindemann F. A. The calculation of molecular natural frequencies. Phys. Z., 1910, 11: 609-612.

[53] Zhao M., Zheng W. T., Li J. C., et al. Atomistic origin, temperature dependence, and responsibilities of surface energetics: An extended broken-bond rule. Phys. Rev. B, 2007, 75 (8): 085427.

[54] Mallamace F., Branca C., Broccio M., et al. The anomalous behavior of the density of water in the range 30 K <T < 373 K. Proc. Natl. Acad. Sci. USA., 2007, 104 (47): 18387-18391.

[55] Lishchuk S. V., Malomuzh N. P., Makhlaichuk P. V. Contribution of H-bond vibrations to heat capacity of water. Phys. Lett. A, 2011, 375 (27): 2656-2660.

[56] Zhang X., Sun P., Huang Y., et al. Water nanodroplet thermodynamics: Quasi-solid phase-boundary dispersivity. J. Phys. Chem. B, 2015, 119 (16): 5265-5269.

[57] Zhang X., Huang Y., Sun P., et al. Ice regelation: Hydrogen-bond extraordinary recoverability and water quasisolid-phase-boundary dispersivity. Sci. Rep., 2015, 5: 13655.

[58] Malenkov G. Liquid water and ices: Understanding the structure and physical properties. J. Phys.: Condens. Mat., 2009, 21 (28): 283101.

[59] Qiu H., Guo W. Electromelting of confined monolayer ice. Phys. Rev. Lett., 2013, 110 (19): 195701.

[60] Wang C., Lu H., Wang Z., et al. Stable liquid water droplet on a water monolayer formed at room temperature on ionic model substrates. Phys. Rev. Lett., 2009, 103 (13): 137801-137804.

[61] Debenedetti P. G., Stanley H. E. Supercooled and glassy water. Phys. Today, 2003, 56 (6): 40-46.

[62] Armstrong W. Electrical phenomena. The newcastle literary and philosophical society. Electr. Eng., 1893, 10: 154-155.

[63] Skinner L. B., Benmore C. J., Shyam B., et al. Structure of the floating water bridge and water in an electric field. Proc. Natl. Acad. Sci. USA., 2012, 109 (41): 16463-16468.

[64] Fuchs E. C., Woisetschlager J., Gatterer K., et al. The floating water bridge. J. Phys. D: Appl. Phys., 2007, 40 (19): 6112-6114.

[65] Hofmeister F. Concerning regularities in the protein-precipitating effects of salts and the

relationship of these effects to the physiological behaviour of salts. Arch. Exp. Pathol. Pharmacol., 1888, 24: 247-260.

[66] Lo Nostro P., Ninham B. W. Hofmeister phenomena: An update on ion specificity in biology. Chem. Rev., 2012, 112 (4): 2286-2322.

[67] Zhang X., Huang Y., Ma Z., et al. Hydrogen-bond memory and water-skin supersolidity resolving the Mpemba paradox. Phys. Chem. Chem. Phys., 2014, 16 (42): 22995-23002.

[68] Emoto M. The Healing Power of Water. Hay House, 2007.

[69] Pollack G. H. The Fourth Phase of Water: Beyond Solid, Liquid, and Vapor. Seattle: Ebner & Sons Publishers, 2013.

[70] Sun H. COMPASS: An ab initio force-field optimized for condensed-phase applications overview with details on alkane and benzene compounds. J. Phys. Chem. B, 1998, 102 (38): 7338-7364.

[71] Petrenko V. F., Whitworth R. W. Physics of ice. London: Oxford University Press, 1999.

[72] Aswani R., Li J. C. A new approach to pairwise potentials for water-water interactions. J. Mol. Liq., 2007, 134 (1-3): 120-128.

[73] Li J. Inelastic neutron scattering studies of hydrogen bonding in ices. J. Chem. Phys., 1996, 105 (16): 6733-6755.

[74] Kolesnikov A., Li J., Parker S., et al. Vibrational dynamics of amorphous ice. Phys. Rev. B, 1999, 59 (5): 3569.

[75] Li J., Ross D. Evidence for two kinds of hydrogen bond in ice. Nature, 1993, 365: 327-329.

[76] Bernal J. D., Fowler R. H. A theory of water and ionic solution, with particular reference to hydrogen and hydroxyl Ions. J. Chem. Phys., 1933, 1 (8): 515-548.

[77] Sun C. Q. Atomic scale purification of electron spectroscopic information. US: No. 9625397B2, 2017.

[78] 宫银燕，周勇，黄勇力，等. 受激氢键(O:H—O)分段长度和能量的声子计量谱学测定方法. 中国：ZL201510883495. 1，2018.

[79] Yokono T., Shimokawa S., Yokono M., et al. Infrared spectroscopic study of structural change of liquid water induced by sunlight irradiation. Water, 2009, 1: 29-34.

第 4 章

冰水相图：氢键弛豫表述

重点提示

- 冰水的 P-T 相图可用氢键弛豫表述并由拉曼光谱解析探测
- 相边界的 $\mathrm{d}T_C/\mathrm{d}P_C$ 斜率把各相边界分为四类
- 氢键的分段与键角弛豫主导边界的 $\mathrm{d}T_C/\mathrm{d}P_C$ 斜率
- 结构相变使 O-O 斥力和氢键长度在相边界发生突变

摘要

拉曼谱可沿以下 6 条路径直接扫描探测整个冰水相图的氢键受激弛豫动力学，不仅证实 O：H—O 协同弛豫机制的真实可靠性，而且实现冰水相图的氢键弛豫表述：①10 K、80 K、140 K 和298 K 恒温变压；②100 kPa 常压条件下从 350 K 降温至 80 K；③在 30 MPa恒压条件下从 253 K 升温至 753 K。按照相图各相边界的 $\mathrm{d}T_C/\mathrm{d}P_C$ 斜率，可将水和冰的相边界分为 4 类：①O：H 收缩主导正斜率，如气/液边界；②H—O 伸长主导负斜率，如Ⅶ/Ⅷ边界；③O：H—O零弛豫主导零斜率，如Ⅺ/ Ⅰ$_c$边界；④O：H—O 对称弛豫主导恒定 P_C，无限大斜率，如Ⅹ/(Ⅶ、Ⅷ)边界。

4.1　悬疑组三：相图与氢键弛豫关联

经典热力学方法采用熵、潜热、吉布斯自由能等概念，仅能描述气/液相边界的 T-P 关系，如克劳修斯-克拉佩龙方程[1]、马格纳斯公式[2]。关于冰水相图，还存在下列典型问题以待解决[3]：

(1) 相图与 O：H—O 成键动力学如何联系？

(2) 相边界上 O：H—O 氢键如何弛豫？

(3) 受压和加热条件下 O：H—O 氢键怎样变化？

(4) 相边界斜率的主导因素是什么？会给予我们哪些重要信息？

我们在第 1 章的冰水相图中基于拉曼光谱信息标注了几条重要路径：4 条垂直和 2 条水平粗线，将在下面讨论。

4.2　释疑原理：氢键受激弛豫动力学

图 1.1 表明冰水的相边界按斜率 dT_C/dP_C 的特征可分成 4 类。基于拉曼光谱特征获得的 6 条路径可揭示 O：H—O 氢键受激弛豫动力学，具体为：0.1 MPa、30 MPa 恒压变温和 10 K、80 K、140 K、298 K 的恒温变压路径。这些路径穿过几乎所有相及其相邻边界。相边界斜率可表述如下[3]：

$$T_C(P_C)=\begin{pmatrix}\delta(P_C)\\ \text{常数}\\ f_1(P_C)\\ f_2(P_C)\end{pmatrix}\Rightarrow\frac{dT_C(P_C)}{dp}\begin{cases}\cong\delta(P_C) & (\text{X}/(\text{XI},\ \text{VII},\ \text{VIII}))\\ \cong 0 & (\text{I}_c/\text{XI},\ \text{XV}/\text{VI},\ \text{等})\\ >0 & (\text{液}/(\text{气},\ \text{III},\ \text{IV},\ \text{V},\ \text{VII}))\\ <0 & (\text{VII}/\text{VIII},\ T_m,\ T_H)\end{cases}$$

由于 O：H—O 构型的唯一性[4]，所有相与相边界都存在氢键分段长度和键角的弛豫[5]。δ 函数在 $P=P_C$ 时取值为 1，否则为 0。不过在超高压(2 TPa)和超高温(2 000 K)条件下发生超离子相 OH_3^+：OH^- 转变的情况除外。常温或常压条件穿过了大部分相和相边界，所测拉曼数据呈现以下特征：

(1) 某个相中，O：H 和 H—O 双段发生协同弛豫，若其一变短变强，则另一段必会变长变弱，这是 O-O 库仑调制的必然结果。

(2) 穿过相边界时，由于∠O：H—O 键角和 O-O 库仑排斥因晶体结构变化，氢键分段也许会突然发生不规则弛豫。

(3) 键的伸长或缩短决定相边界斜率的取值，分段对称弛豫或零弛豫决定 $\delta(P_C)$ 或零斜率相边界。

(4) 特殊相的反常均匀凝固曲线(包括 Widom 线)是由分子低配位在低温

条件下与外压联合导致的结果。

4.3 历史溯源

关于冰水相图发展尤其是有关相边界的解析表述方面的记载很少，表4.1所示为冰水相图经典热力学研究的代表性人物。人们仅从经典热力学角度得到气/液两相界面的临界温度和临界压强关系。例如，克劳修斯-克拉佩龙方程描述大气状态下(接近标准温度、标准压强)水的状态[1]，马格纳斯公式近似饱和蒸汽压 P_s 与温度的关系[2]

$$\begin{cases} \dfrac{dP_s}{dT} = \dfrac{L_v(T)P_s}{R_vT^2} & \text{(克劳修斯 - 克拉佩龙方程)} \\ P_s(T) = 6.1094\exp\left(\dfrac{17.625T}{T+243.04}\right) & \text{(马格纳斯公式)} \end{cases} \tag{4.1}$$

式中，L_v 是汽化潜热；R_v 是气体常数。

鲍林指出[6]，化学键的属性决定物质的结构与性质。因此，键的弛豫和相应的电子结构的变化是调制物质结构与物性的唯一途径[7]。通常，外部激励如压强、温度、配位数、化学成分、电场、磁场等都能引起键的弛豫。键弛豫时键序、键长、键能以及随之的电子、声子等均会发生变化。基于鲍林[6]的键属性和笔者[7]的键弛豫理论，我们利用代表体系所有化学键的均化键对物性受激演化的物理本质进行了系列并深入的探索[8]。因此，从冰与水结构的平均O：H—O氢键出发，以其长度、能量和角度协同弛豫为视角，探究水受激反应时的变化，以澄清水分子自身和在约束或激励条件下与生物细胞等其他物质之间相互作用时所显示的各种物像的本征起因。

表4.1 冰水相图经典热力学研究的代表性人物

肖像	简介
	鲁道夫·尤利乌斯·埃马努埃尔·克劳修斯(1822—1888)，德国著名物理学家和数学家，热力学创始人之一。于1850年出版重要著作《热力学理论》，第一次描述了热力学第二定律的基本概念。1865年引出了熵的概念
	埃米尔·克拉佩龙(1799—1864)，法国工程师和物理学家，热力学的奠基人之一

4.4　解析实验证明：单键热力学

4.4.1　相变潜能的单键表述

原子结合能是一个原子所有配位键能的总和，它决定这个原子的热稳定性。如果该原子结合能比它在块体内时要高，那该原子局域相变的临界温度 T_C 会升高；反之，T_C 降低。一般而言，物体相变之前，键的数量和性质不会改变。但键长和键能会受配位环境、温度、压强、电磁辐射等外界激励的调控。因此，可以关注一条均化键以评估整个样品的热力学性能。利用局域键平均方法处理这一问题，可避开经典热力学的以表面应力、表面能、潜热以及熵等物理量表述的困境。更重要的是，在氢键系统中 O：H 弱作用对总能的贡献微乎其微，但正是这些弱作用或排斥作用主导氢键系统的行为[9]。

另一方面，外力会造成物体体积形变而储能，所有键的键长变短，键能增强。压强引起的储能可平均给所有的键，无需辨析实际各个键的具体贡献。我们集中关注的是单条均化键的弛豫，这也是电子-声子计量谱学的傅里叶变换的必然。虽然只得到了整个物体所有键的平均值，但是可以大大简化问题的分析。

采用单键体积的概念，压强储能遵循下列经典力学公式：

$$\int_{P_0}^{P_C} \mathrm{d}E = -\int_{V_0}^{V_C} p\mathrm{d}v = \int_{P_0}^{P_C} v \cdot \mathrm{d}p - \int_{P_0V_0}^{P_CV_C} \mathrm{d}(vp) \tag{4.2}$$

如果能量够高，相变即会发生，此时的温度和压强即为临界温度 T_C 和临界压强 P_C。对于水和冰，O：H—O 氢键包含两个分段，它们在压强作用下反向弛豫，即

$$\frac{\mathrm{d}d_L}{\mathrm{d}p} < 0, \qquad \frac{\mathrm{d}d_H}{\mathrm{d}p} > 0$$

其 T_C 和 P_C 应满足以下关系（$v_x = s_x d_x$）：

$$T_{xC} \propto \sum_{H,L} E_{xC} = \sum_{H,L} \left(E_{x0} - \int_{P_0}^{P_{xC}} p\mathrm{d}v_x \right) \tag{4.3}$$

式中，E_{x0} 是键能。图 4.1 所示的积分之和决定 ΔT_{xC} 的压致变化趋势

$$\frac{\Delta T_C(P_C)}{T_C(P_0)} = -\sum_{H,L} \frac{s_x \int_{P_0}^{P_C} p \frac{\mathrm{d}d_x}{\mathrm{d}p} \mathrm{d}p}{E_{x0}} \tag{4.4}$$

因此，T_C、P_C 以及压致 d_x 弛豫趋势决定冰水各相的弛豫和相变热力学特

性。图 4.1 也表述了压强作用下能量在 O：H 和 H—O 分段中的存储

$$-s_x p \mathrm{d}v_x = -s_x p \frac{\mathrm{d}d_x}{\mathrm{d}p}\mathrm{d}p = v_x \mathrm{d}p - \mathrm{d}(pv_x) \tag{4.5}$$

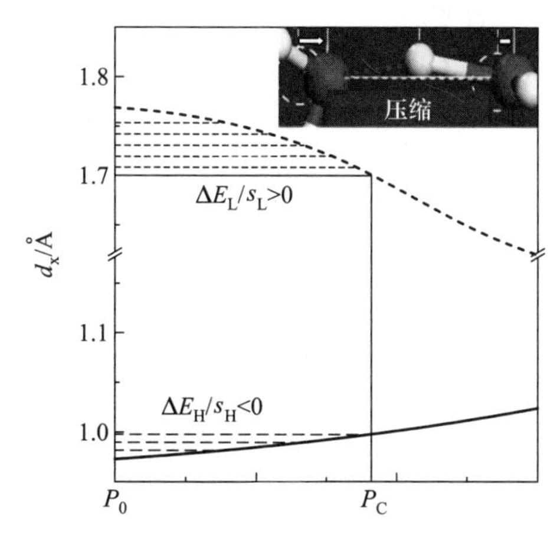

图 4.1 压强导致 O：H 非键存储而 H—O 释放能量

下部阴影面积 $\Delta E_H/s_H$ 为 H—O 键减少的能量，上部阴影区域 $\Delta E_L/s_L$ 为 O：H 非键增加的能量。$s_L \ll s_H$，是分段各自的横截面积(详见 4.3 节)。对于某特定相变，ΔE_H 或 ΔE_L 决定其相变 T_C-P_C 曲线形状

图 4.1 中两阴影面积表示氢键分段的能量得失情况。因为 O：H 收缩幅度比 H—O 键压伸长度大，且 $s_H \gg s_L$，所以，$\Delta E_L>0$，$\Delta E_H<0$，但其值 $\Delta E_L \ll -\Delta E_H$。一般来说，两分段能量变化总和决定水和冰的热力学性质，但是对于水和冰的某一具体阶段，其中之一起主导作用[3]。

4.4.2 氢键压致弛豫

拉曼频移 $\Delta\omega_x$ 与键的刚度平方根成正比，即 $\Delta\omega_x \propto \sqrt{E_x}/d_x \propto \sqrt{Y_x d_x}$。此外，分段键能 E_x 与键长 d_x 的某次方成反比。如果某一分段变短，其声子振频便会发生蓝移。

根据傅里叶变换原理，特征声子谱峰即代表所有同类型键的刚度平均。因此，拉曼声子谱可清晰地描述 O：H—O 键在冰水相图中的弛豫。下面列举了相图中 4 条恒温线的压致拉曼光谱数据。

4.4.2.1 10 K 恒温变压扫描拉曼谱

图 4.2 为 10 K 时测试的不同冰相的原位拉曼光谱[10]，结果表明：

(1) 在 Ⅺ、Ⅸ、Ⅱ、ⅩⅤ 相及它们的相边界中，ω_H 和 ω_L 在 1.4 GPa 及以下的压强作用下发生红移。双段同时发生的声子红移说明两者同时发生了压致膨胀，这是由这些相中的极化与键的弯曲造成的。压缩会增强极化效应[11]。

(2) 压强在从 1.4 GPa 增至 3.7 GPa 的过程中，ω_H继续红移而 ω_L开始蓝移，与O：H受压收缩而 H—O 伸长的预测相符。这一转变发生在XV/Ⅷ相及其边界上。

(3) 压强进入 3.7～5.0 GPa 区间时，两个分段的声子突然都发生蓝移，说明此阶段 O-O 库仑斥力变弱。

(4) 压强在 5.0～13.0 GPa 时，声子频率又突然变为 ω_H红移和 ω_L蓝移并持续。

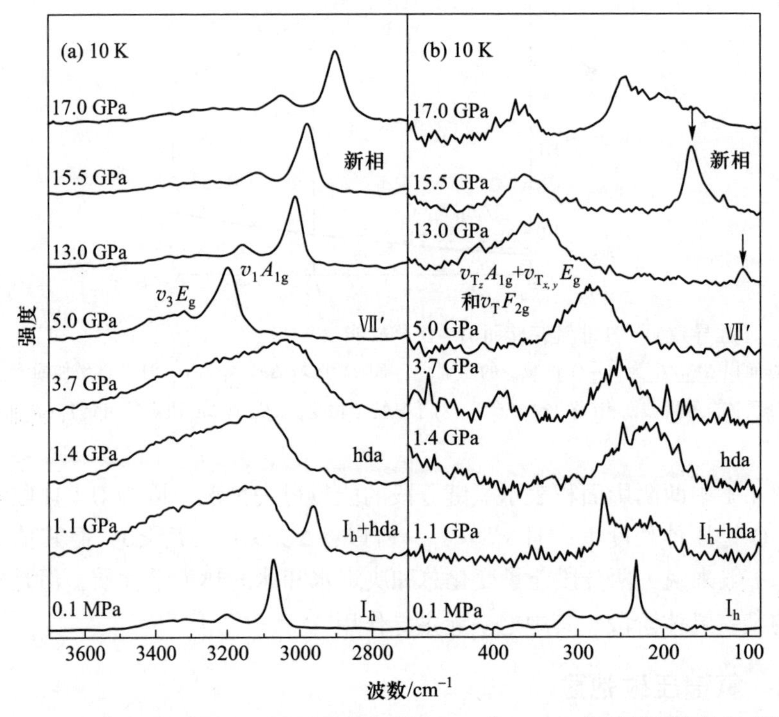

图 4.2　10 K 下冰 Ⅺ、Ⅸ、Ⅱ、XV 及Ⅷ相的(a) ω_H与(b) ω_L频移的原位拉曼光谱[10]

4.4.2.2　80 K 和 140 K 恒温变压扫描拉曼谱

图 4.3 为 80 K 和 140 K 两温度下测量的拉曼光谱[10]，表明：

(1) 温度为 80 K/140 K 时，压强高于 14.0 GPa/3.8 GPa 时，ω_H红移，ω_L蓝移，与预期结果相同。

(2) 常压增至 1.0 GPa/0.8 GPa 时，ω_L红移，ω_H蓝移，这与预期相反，原因尚不明确。

(3) 压强继续增至 5.0 GPa/3.3 GPa 时，ω_L与 ω_H同时发生蓝移。

(4) 温度为 80 K 的试样，压强从 5.0 GPa 增至 14 GPa 时 ω_H转变为红移，ω_L依旧蓝移；温度 140 K 的试样，压强从 3.3 GPa 增至 3.8 GPa 时，分段声子

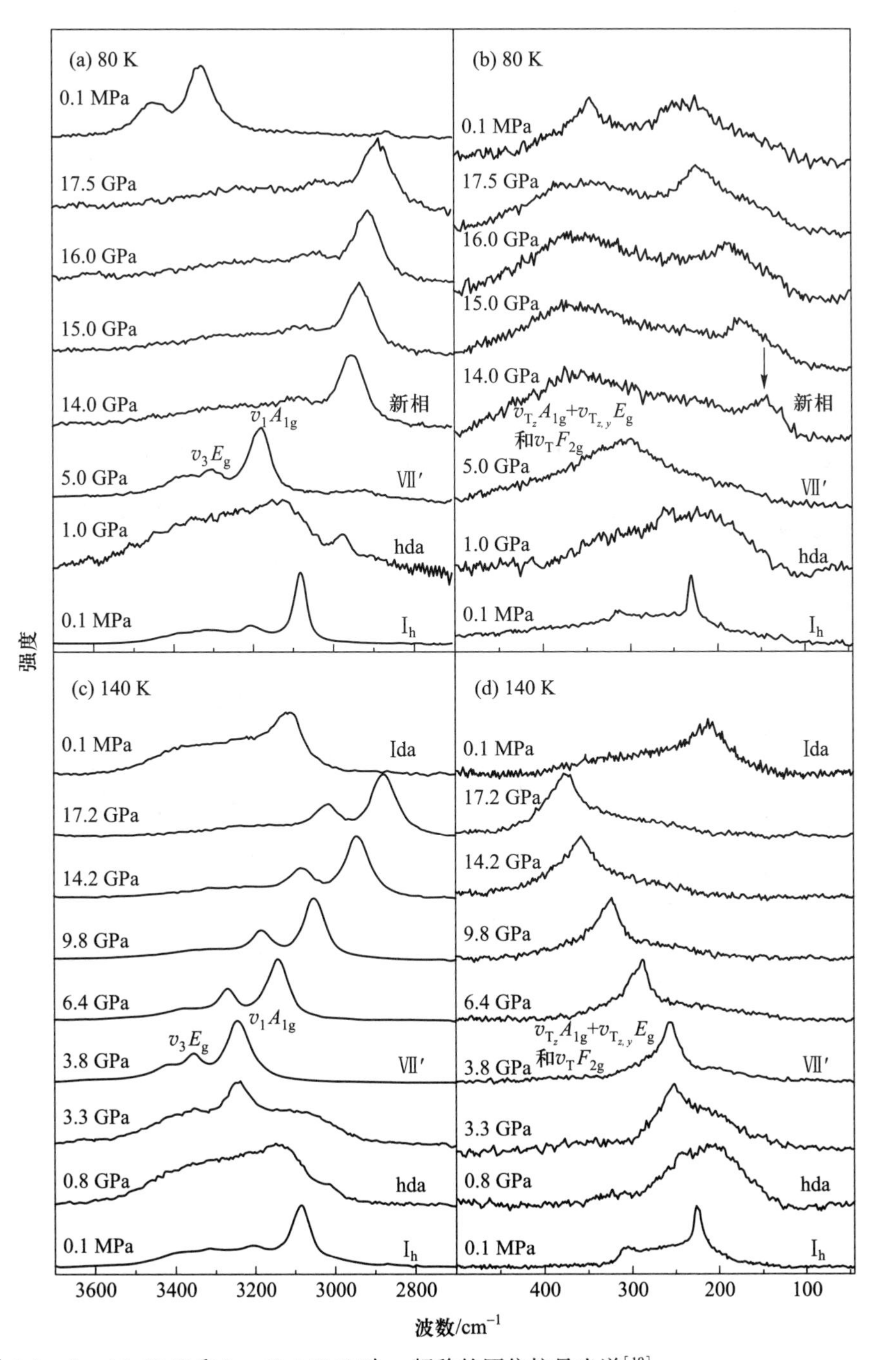

图 4.3 (a, b) 80 K 和(c, d) 140 K 时 ω_x 频移的原位拉曼光谱[10]

频率保持稳定。

4.4.2.3　298 K 恒温变压扫描拉曼谱

液态水室温受压时，首先转变为冰Ⅵ相，然后转变为冰Ⅶ相[12]。图 4.4 是在 298 K 时水在受压情况下的拉曼谱。每个分段谱学结果中含有两部分：位于 75 cm^{-1}和 3 450 cm^{-1}的表皮峰；位于 200 cm^{-1}和 3 200 cm^{-1}的体相峰[13]。3 450 cm^{-1}振频恒定表明，金刚石器皿内壁与水试样间呈疏水性接触，已经收缩的表皮 H—O 键不易被继续压缩。

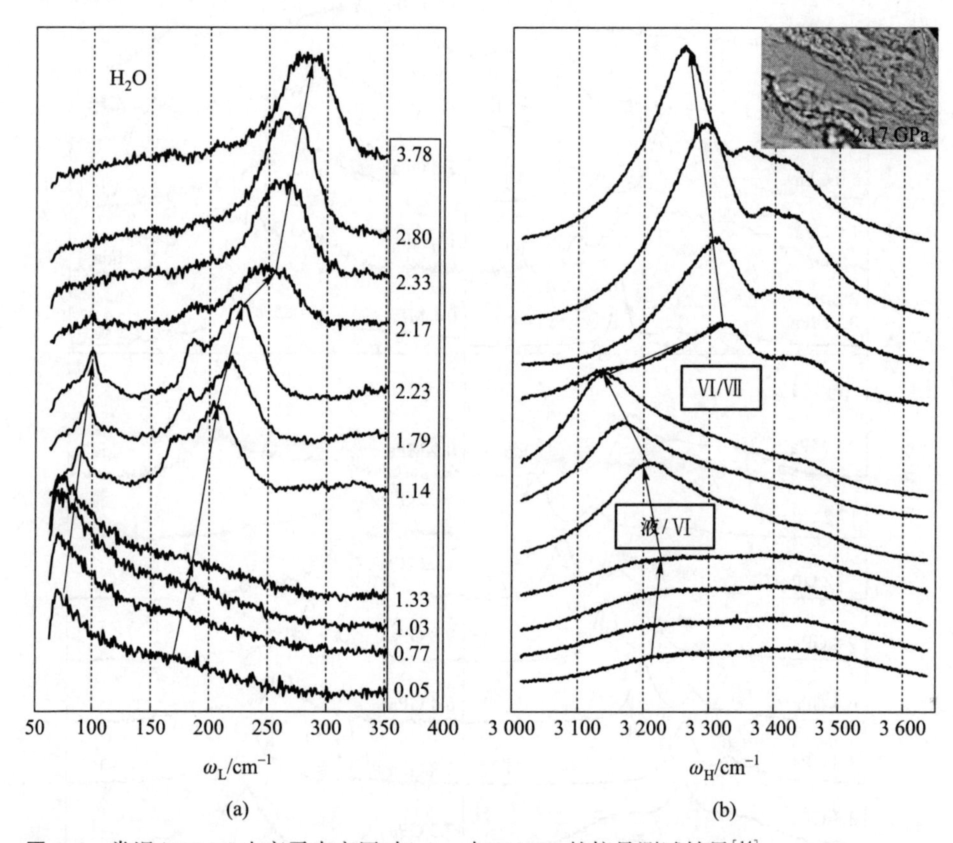

图 4.4　常温(298 K)去离子水变压时(a)ω_L与(b) ω_H的拉曼测试结果[14]

液/Ⅵ 相变(1.33 GPa 到 1.14 GPa)及Ⅵ/Ⅶ 相变(2.23 GPa 到 2.17 GPa)时压强会发生陡降。(b)中插图为冰在 2.17 GPa 下的光学图像。ω_L和 ω_H自发蓝移源自 O-O 库仑斥力的弱化

在冰的Ⅵ和Ⅶ相中，ω_L蓝移，ω_H红移，即表示 O : H 收缩，H—O 伸长。在液-Ⅵ相变过程中，压强从 1.33 GPa 突然降至 1.14 GPa，尽管此时水试样的体积是持续且缓慢减小的[11]。压强的突变表示晶体结构变化导致 O-O 间距增大，库仑排斥减弱，或是 O 上的电荷减少。此时尖锐谱峰的突然出现说明

低密度冰已经产生。在冰的VI-VII相边界上，压强从 2.23 GPa 降至 2.17 GPa，ω_H和 ω_L同时发生蓝移。ω_H频率从 3 150 cm^{-1}增大至 3 330 cm^{-1}，意味着 H—O 段发生自发收缩。相变时压强陡降以及 ω_x双双蓝移，表明 O：H 和 H—O 双段同时收缩，库仑斥力弱化，以及键角弛豫和可能的极化。

表 4.2 总结这 4 个温度下 O：H—O 的压致弛豫情况。当温度≤140 K 以及在XI、IX、II、XV和VIII相中，O：H—O 弛豫趋势与预期不同，需要我们细化拉曼测试时的压强变化步长，并佐以模拟计算以得到其中蕴含的更多信息。压强增量步长精度越高，方可获得更多的相及边界上 O：H—O 弛豫的细节，特别是在极端环境状态下的氢键行为。

表 4.2 不同的相与相边界处的 O：H—O 氢键弛豫[3, 10]

T/K		XI(o)	XI/IX	IX	IX/II	II	II/XV	XV	XV/VIII	VIII
10	$\Delta\omega_L$	< 0（直至 3.7 GPa）							> 0(17.0 GPa)	
	$\Delta\omega_H$	< 0							< 0	
		Ic	Ic/IX	IX	IX/II	II	II/XV	XV/VIII	VIII	
80	$\Delta\omega_L$	< 0（直至 5.0 GPa）							> 0(17.5 GPa)	
	$\Delta\omega_H$	> 0							< 0	
		Ic	Ic/IX	IX	IX/II	II	II/XV	XV/VIII	XV/VIII	VIII
140	$\Delta\omega_L$	< 0（直至 3.8 GPa）							> 0(17.2 GPa)	
	$\Delta\omega_H$	> 0							< 0	
		液体	L/VI	VI	VI/VII	VII	—			
P/GPa			1.33→1.14		2.23→2.17					
298	$\Delta\omega_L$	>0	≫0	>0	≫0	>0				
	$\Delta\omega_H$	<0	≫0	<0	≫0	<0				

注：极端条件下，相表现出反常 ω_L软化、ω_H硬化现象。液/VI以及VI/VII相边界 ω_L和 ω_H均发生蓝移，因为此时库仑排斥力弱化。O：H—O 分段键长和声子频率弛豫在符号上是相反的，键长伸长则声子振频减弱。

4.4.3 氢键热致弛豫

4.4.3.1 常压变温扫描拉曼谱：四温区相变及准固态

原则上，因库仑斥力的调制，ω_L和 ω_H频移应始终反向，其一发生蓝移，另一则红移，除了 4.2 节中指出的特殊结构相变外。声子协同弛豫帮助我们直观地理解氢键的受激协同弛豫和所发生的库仑调制。图 4.5 是液氮冷却下毫米尺度液态水在常压下从 298 K 降至 98 K 时的拉曼光谱。数据表明，室温下块体氢键分段的特征峰为 175 cm^{-1}和 3 200 cm^{-1}，而表皮为 75 cm^{-1}和3 450 cm^{-1}。在整个温区内 O：H—O 键长、振频和密度弛豫都符合氢键分段比热叠加的预期[15]。在 273 K 发生液态/准固态相变，然后在 258 K 发生准固态/固态相变。具体过程如下：

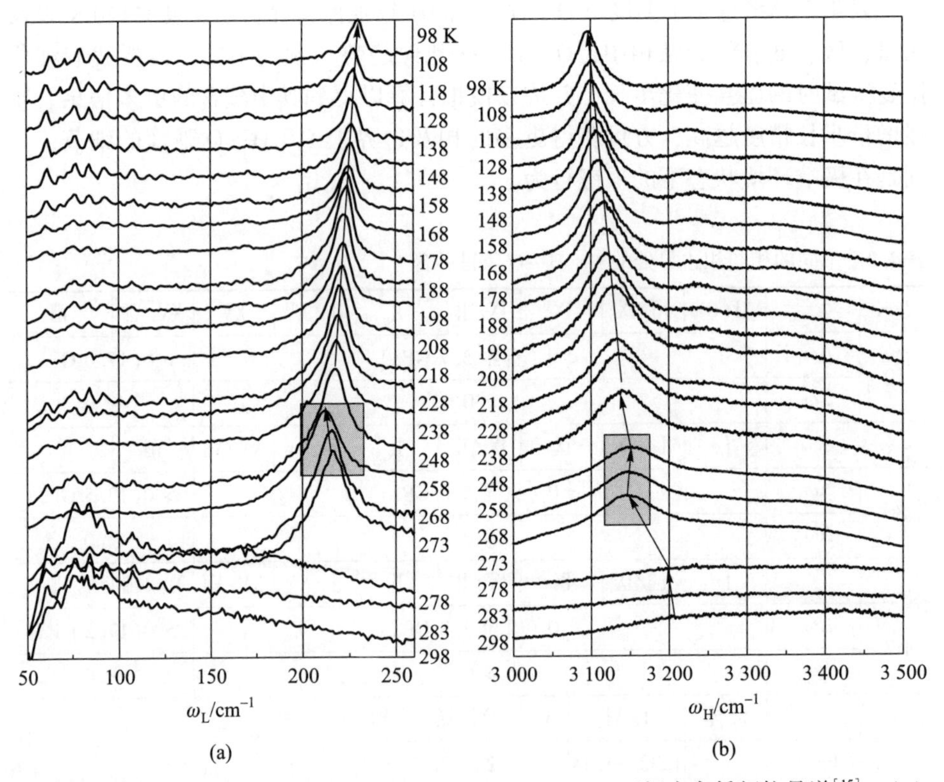

图 4.5 水在 T> 273 K，273 K≥ T ≥ 258 K 和 T<258 K 三区间内高低频拉曼谱[15]：(a) ω_L< 300 cm^{-1}，(b) ω_H> 3 000 cm^{-1}

变温路径跨越了相图中的液相、准固相(阴影部分)、冰 I_h和 I_c固相。氢键两段比热的差异决定了声子频率的振荡[4]

(1) 液相，T≥ 273 K 时，冷却使 ω_L硬化，频率从 175 cm^{-1}增至 220 cm^{-1}；ω_H软化，频率从 3 200 cm^{-1}降至 3 140 cm^{-1}。在 273 K 时，凝固现象发生。ω_x协同频移表明，液相冷却时，O：H 收缩硬化的同时 H—O 伸长软化，确认了在液相中由低比热系数的 O：H 冷却自发收缩主导 O：H—O 弛豫。

(2) 在 273 K ≥ T ≥ 258 K 的准固态相中，情况逆转。冷却使 ω_H 从 3 140 cm^{-1}蓝移至 3 150 cm^{-1}，而使 ω_L从 220 cm^{-1}红移至 215 cm^{-1}(见阴影区域)。这与报道的在 273 K 左右测得的 ω_H拉曼频移相符[16, 17]。ω_x的协同频移

体现了 O：H 和 H—O 分段在结冰过程中主从角色的转换，确认了低比热系数的 H—O 冷致收缩在准固态相中起主导作用，在此温区 O-O 增大，密度减低，是浮冰发生的不二原因[15]。

（3）在 $T\leqslant 258$ K 的固态 I_{h+c} 相中，O：H 与 H—O 双段的主从角色与液相相同，只是氢键弛豫速度有差异。从 258 K 冷却至 98 K 时，ω_L 从 215 cm^{-1} 增至 230 cm^{-1}；ω_H 从 3 150 cm^{-1} 降至 3 100 cm^{-1}。早期拉曼光谱测量表明，块体冰和 D_2O 液滴的 ω_L 随温升单调降低，在(260±10) K 范围有所波动[18]。约位于300 cm^{-1} 和 3 450 cm^{-1} 的伴峰随温度变化不明显；3 450 cm^{-1} 为冰水表皮超固态相的 ω_H 频率，对温度不敏感[19]。冷却过程中 ω_H 的软化与 8～150 nm 冰团簇的红外光谱测量结果一致[20]。当温度从 209 K 降至 30 K 时，ω_H 从 3 253 cm^{-1} 降至 3 218 cm^{-1}。

（4）图 4.6 表明，$T<60$ K 时，ω_H 和 ω_L 都几乎不变。Medcraft 等[21]利用红外光谱测量了温度在 4～190 K 范围内 ω_L 随温度与尺寸的变化情况。发现，$T>80$ K时，加热使 ω_L 软化；但在 60 K 以下时，ω_L 基本保持不变。这个结果证实，在Ⅺ相时，氢键双段的比热都极低($\eta_x\approx 0$)，分段长度、刚度和能量都不会随温度改变。

（5）整个温段的分段长度和刚度的改变与实验测量的冰水密度四温区振荡完全一致[22]。

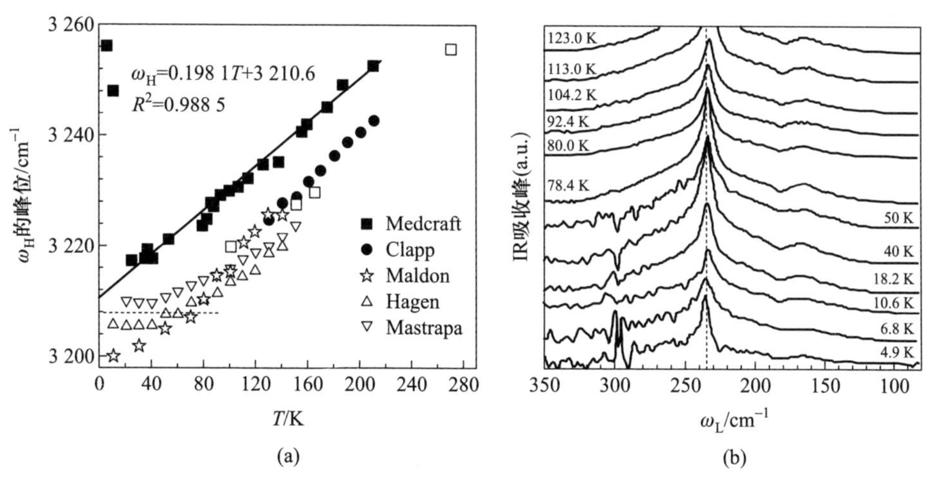

图 4.6 $T\leqslant 60$ 时，纳米液滴Ⅺ相中(a) ω_H 和 (b) ω_L 的非显著频移[20,21]

4.4.3.2 常压氢键超低温近零响应

图 4.6 是纳米液滴 ω_H 与 ω_L 随温度的频移情况[20, 21]。低于 80 K 时，ω_x 保

持不变，意味着XI相中键长和键能不随温度变化。这是因为在极低温度下，比热 $\eta_x \cong 0$，抑制了 O：H—O 长度和强度的变化[15]，仅因 O：H—O 内角增大体积有微弱的改变[4]。

4.4.3.3　常压汽化与过热液体

Cross 等[23]用红外吸收光谱测量了液态水在常压下加热时的 ω_H 频移。如图 4.7 所示，水分子的 ω_H 可经由两条途径从 3 350 cm^{-1} 单调增加至 3 650 cm^{-1}。对于过热液体，升温导致 ω_H 单调增加。但在液/气相边界，ω_H 从 3 450 cm^{-1} 骤增至3 650 cm^{-1}，然后保持气态恒定。结果证实，H—O 键受热收缩的同时 O：H非键膨胀[15]。气相中仅包含单体分子而不存在 O：H 作用。所以，气态分子内的 H—O 键是最短的，也是最强的。

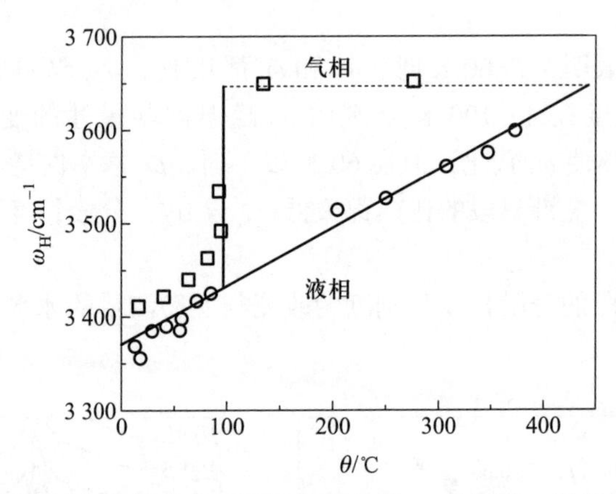

图 4.7　液态水常压及转变为气态水时的红外吸收峰 ω_H 的频移，以及过热水的红外吸收峰 ω_H 的频移[23]

4.4.3.4　30 MPa 恒压扫描拉曼谱

根据冰水相图，30 MPa 压强下，253~753 K 温度范围内的水持续为液态。图 4.8 是 Hu 等在上述条件下测量的 ω_H 拉曼光谱[24]。光谱中 3 200 cm^{-1} 对应体相水，3 450 cm^{-1} 对应表皮。块体的氢键尺寸为：H—O 键长 1.00 Å，O：H 键长 1.68 Å。表皮时 H—O 键长 0.95 Å，O：H 键长 1.90 Å[25]。表皮的分子低配位导致 H—O 自发收缩，而 O：H 则由 O-O 库仑调制伸长[13]。

随着温度升高，3 450 cm^{-1} 振频蓝移且强度增大，而 3 200 cm^{-1} 频率几乎不变但强度降低。从 3 450 cm^{-1} 升高到 3 620 cm^{-1} 的蓝移表明 H—O 键变得更短更强，与液态水常压加热情况相同[23]。单体 ω_H 值为 3 650 cm^{-1}，二聚体为 3 575 cm^{-1}。可以认为，在 30 MPa 下的液态水在 673 K 时变为二聚体，在 753 K变为单体。这完全是压致和升温的联合效果。

常压变温过程的拉曼谱探测了气相、液相、准固相、I_h 相、I_c 相和XI相

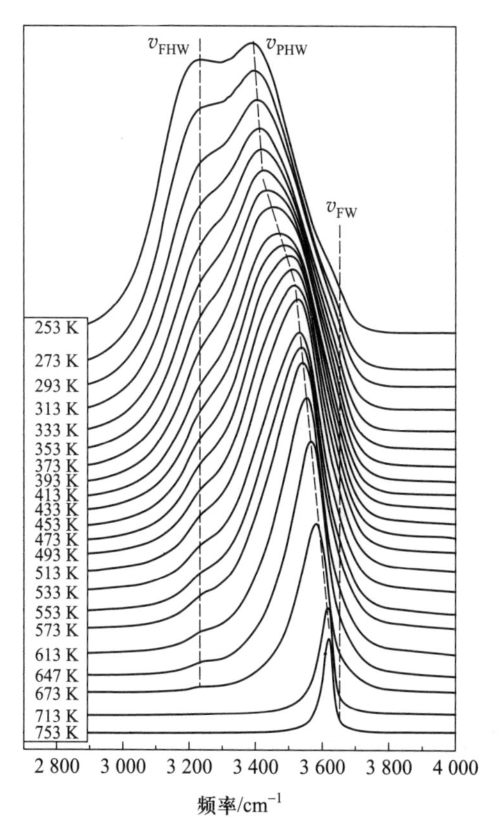

图 4.8 压强 30 MPa 时水自 253 K 升温至 753 K 过程中的拉曼光谱[24]

的声子与键长弛豫特征，与预测一致，详细情况在 4.3 节中已讨论。氢键双段比热 $\eta_x(\Theta_{Dx})$ 曲线叠加导致两个特殊温度，对应于水的极值密度，靠近准固态熔点和冰点，总结如表 4.3 所示。

表 4.3 O：H—O 氢键在 0.1 MPa 和 30 MPa 下的热致弛豫

P/MPa		XI	XI/ I_c	I_{h+c}	I_h/IV	IV(QS)	IV/液	液	液/气	气
0.1	$\Delta\omega_L$	≅0		< 0	≪0	>0	≪0	<0	≫0	=0
	$\Delta\omega_H$	≅0		>0	≫0	<0	≪0	>0	≪ 0	=0
η_x 比例	η_H/η_L	1		>1	1	<1	1	>1		
30	$\Delta\omega_L$	压强 30 MPa，温度 253～653K 的液相						<0		
	$\Delta\omega_H$							>0		

注：氢键协同弛豫与双段比热差异规则，导致了声子振频在整个温度范围内的弛豫与振荡[15]。

4.4.4　相边界：氢键的突变弛豫

4.4.4.1　解析表述

对于常规物质，T_C与其原子结合能成正比，即 $T_C \propto zE_z$。z 为有效原子配位数，E_z为配位原子之间的单键能[26]。然而，对于水分子，T_{Cx}与 E_x成正比。由于水分子被周围 4 个孤对电子包围而“孤立”，分子配位数对键长和键能有直接影响，但对 $T_{Cx} \propto E_x$无直接影响。

原则上，O：H 非键远比 H—O 共价键弱，前者伸缩幅度比后者要大。若 O：H非键收缩，则其振频和键能增加，而库仑调制 H—O 伸长，其振频和键能减小。然而，图 4.2 所示在某些特殊相，情况反转，O：H 受压反而伸长。

下式总结了基于氢键体积微分的 $T_C(P)$变化规律：

$$\frac{\Delta T_C(P_C)}{T_C(P_0)} = -\sum_{H,L} \frac{s_x \int_{P_{x0}}^{P_{xC}} p \frac{\mathrm{d}d_x}{\mathrm{d}p} \mathrm{d}p}{E_{x0}} = \begin{cases} > 0 & (\mathrm{d}d_x/\mathrm{d}p < 0) \\ < 0 & (\mathrm{d}d_x/\mathrm{d}p > 0) \\ \cong 0 & (\mathrm{d}d_x/\mathrm{d}p \cong 0) \\ \cong \delta(P_{xC}) & (\mathrm{d}d_H/\mathrm{d}p + \mathrm{d}d_L/\mathrm{d}p \cong 0) \end{cases} \tag{4.6}$$

式中，s_x是相应分段近似不变的横截面积；E_{x0}是常温常压下分段键能。键参数 d_L、d_H和内角 θ 决定各相 $T_C(P_C)$边界函数。

因为氢键网络几何结构的弛豫，O：H—O 分段长度和键强在相边界位置呈现跨边界时的突变。边界处，氢键网络弛豫会调制 O-O 库仑斥力，从而导致 ω_H反常频移，例如 298 K 的水从Ⅵ相向Ⅶ相转变时的情况。

4.4.4.2　H—O 键压致膨胀主导相边界：$\mathrm{d}T_C/\mathrm{d}P<0$

液/准固态相变和Ⅶ/Ⅷ相变时，$T_C(P_C)$呈负斜率，即

$$\begin{cases} \dfrac{\Delta T_C(P)}{T_C(P_0)} = -\sum_{H,L} \dfrac{s_x \int_{P_{x0}}^{P_{xC}} p \frac{\mathrm{d}d_x}{\mathrm{d}p} \mathrm{d}p}{E_{x0}} < 0 \\ \dfrac{\mathrm{d}d_x}{\mathrm{d}p} > 0 \end{cases} \tag{4.7}$$

基于已知的冰受压时的 $d_x(P)$曲线[11]，d_H受压必须伸长。因此，可以重现Ⅶ/Ⅷ相变时的 $T_C(P_C)$[27-29] 以及冰受压融化时的 $T_m(P_C)$（210 MPa 时，-22 ℃；-95 MPa 时，6.5 ℃）曲线，也即，复冰现象的原因[30-32]。

以 H 原子直径 0.106 nm 作为 H—O 键的直径，拟合Ⅶ/Ⅷ相变 $T_C(P_C)$结果即可得到 E_H=3.97 eV。事实上，沉积于 TiO_2 之上不足单层水膜的 H—O 解离能为 4.66 eV，而气相水分子 H—O 解离能为 5.10 eV，这些结果符合键能-

配位关系的趋势[33]，即三者配位数从高到低对应 H—O 键能 5.10 eV、4.66 eV 和 3.97 eV[13]。Ⅶ-Ⅷ相的 $T_C(P_C)$ 以及 $T_m(P_C)$ 的重现都证实，在这两种情况下 $d_x(P)$ 遵循相同的定量关系(图 4.9)。

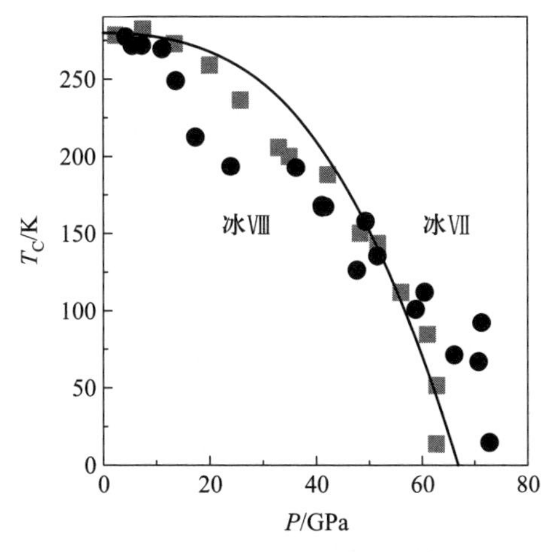

图 4.9 Ⅶ/Ⅷ相变 $T_C(P_C)$ 实测数据的理论重现，确定块体水与冰的 $E_H=3.97$ eV[11, 12]

4.4.4.3 O：H 非键压伸主导相边界之一：$dT_C/dP<0$

图 1.1 的插图显示了极限条件下均匀结冰的临界温度 T_H 和过冷液体(准固态)附近的 Widom 线，它们满足式(4.3)，但 $T_H(P_C)$ 由 $d_x=d_L$ 伸长弛豫主导，分析如下：

(1) 纳米液滴的 ω_H 硬化和 ω_L 软化改变了分段比热的德拜温度 Θ_{Dx}，从而拓宽了准固态相边界，即提高了 T_m，降低了 T_H[34]。

(2) 图 4.2 与相图中均显示，某些情况下，压强使 O：H 非键反常软化，Θ_{DL} 降低，使得临界温度 T_N 进一步降低。

(3) 压强增加到 200 MPa 前，上述两个情况均使得 T_N 降低。T_N 和 T_m 之间即为准固态，常称过冷态。这有助于理解 Widom 线的形状，因为它对应于极低密度的临界温度。不过，这一解释有待于声子光谱的进一步核实。

4.4.4.4 O：H 非键压缩主导相边界：$dT_C/dP>0$

液/气相变(沸点或露点)时 $T_C(P_C)$ 边界呈正斜率，满足

$$\begin{cases}\dfrac{\Delta T_C(P)}{T_C(P_0)}=-\sum_{H,L}\dfrac{s_x\int_{P_{x0}}^{P_{xC}}p\dfrac{dd_x}{dp}dp}{E_{x0}}>0\\[2ex]\dfrac{dd_x}{dp}<0\end{cases}\tag{4.8}$$

这一边界表明 O：H 非键压缩主导。若已知 $T_C(P_C)$，则可得到 $d_x(P)$ 关

系[32,33]。例如，图4.10a中，拟合液/气相变结果，得到

$$\frac{T_{\mathrm{C}}(\ln P)}{225.337}=1+0.067\,757\times\exp\left(\frac{\ln P}{5.105\,07}\right)=1+A\exp\left(\frac{\ln P}{B}\right)=1+AP^{1/B} \tag{4.9}$$

综合式(4.8)和式(4.9)，得

$$AP^{1/B}=-\frac{s_{\mathrm{L}}}{E_{\mathrm{L0}}}\int_{V_0}^{V}p\frac{\mathrm{d}d_{\mathrm{L}}}{\mathrm{d}p}\mathrm{d}p \tag{4.10}$$

导出$d_{\mathrm{L}}(P)$关系，即

$$d_{\mathrm{L}}(P)=d_{\mathrm{L}}(P_0,\ T_0)\exp\left(\frac{-\ln P}{1.243\,6}\right)=d_{\mathrm{L}}(P_0,\ T_0)\,P^{-0.8041\,2} \tag{4.11}$$

图4.10b是以0.1 MPa、373 K时的键长d_{L}为基准得到的液/气相边界中O：H键长随压强的变化趋势。$d_{\mathrm{L}}(P)$斜率确实为负。类似地，可以得到满足$\mathrm{d}T_{\mathrm{C}}/\mathrm{d}P>0$条件的其他相边界中O：H的压致变化趋势。

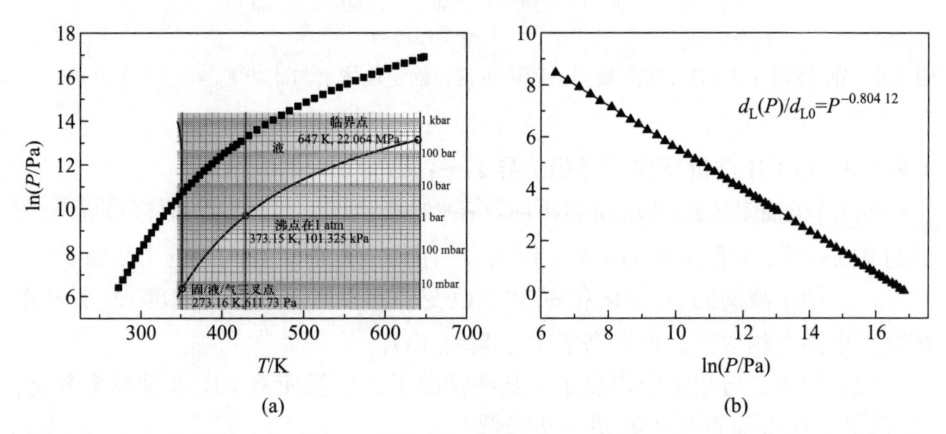

图4.10　通过(a)液/气相变$T_{\mathrm{C}}(P)$[35, 36]拟合得到(b)相变边界上$d_{\mathrm{L}}(P)$的压致变化趋势[3](参见书后彩图)

4.4.4.5　氢键对称压缩主导的相边界：$\mathrm{d}T_{\mathrm{C}}/\mathrm{d}P\cong 0$

在发生Ⅺ/Ⅰ$_{\mathrm{c}}$相变时，边界$T_{\mathrm{C}}(P_{\mathrm{C}})$斜率为零，意味着此时O：H、H—O或两者都不发生温致弛豫。有

$$\begin{cases}\dfrac{\Delta T_{\mathrm{C}}(P)}{T_{\mathrm{C}}(P_0)}=-\sum_{\mathrm{H,\ L}}\dfrac{s_{\mathrm{x}}\int_{P_{\mathrm{x0}}}^{P_{\mathrm{xC}}}p\dfrac{\mathrm{d}d_{\mathrm{x}}}{\mathrm{d}p}\mathrm{d}p}{E_{\mathrm{x0}}}=0\\ \dfrac{\mathrm{d}d_{\mathrm{x}}}{\mathrm{d}p}=0\end{cases} \tag{4.12}$$

在Ⅺ/Ⅰ$_c$相边界上，$T_C(P)\approx 70$ K，正位于氢键分段比热 $\eta_x\approx 0$ 的区域[15]。如前所述，此时 O：H 和 H—O 双段都不因压强变化而产生键长和键能的变化，仅因为∠O：H—O 键角改变，而主导了氢键弛豫[3]。

4.4.4.6 O：H—O 氢键对称形变主导条件：$\mathrm{d}T_C/\mathrm{d}P\cong\delta(P_C)$

在Ⅹ/(Ⅺ、Ⅻ、XⅢ)相边界都处于超高压强范围时，它们的 T_C 几乎恒定不受温度影响，所以

$$\begin{cases}\dfrac{\Delta T_C(P)}{T_C(P_0)}=-\sum_{\mathrm{H,L}}\dfrac{s_x\int_{P_{x0}}^{P_{xC}}p\dfrac{\mathrm{d}d_x}{\mathrm{d}p}\mathrm{d}p}{E_{x0}}=\delta(P_C)=\begin{cases}1, & P=P_C\\0, & \text{其他情况}\end{cases}\\ \dfrac{\mathrm{d}d_L}{E_{L0}\mathrm{d}p}+\dfrac{\mathrm{d}d_H}{E_{H0}\mathrm{d}p}=0\end{cases}\tag{4.13}$$

在这些相边界中，氢键分段都发生了微小长度弛豫，几何形状几乎不变[37]。图4.11所示为通过路径积分MD计算[38]以及红外与拉曼光谱测量[39-43]得到的Ⅹ/(Ⅶ、Ⅷ)相边界。冰Ⅹ相边界在60 GPa时随温度发生微小变化。加热时的 O：H 伸长与 H—O 收缩平衡了机械压强造成的 O：H—O 氢键弛豫[38, 44]。乃至60 GPa时，Ⅹ/(Ⅶ、Ⅷ)相边界中 O：H 和 H—O 键长相等，均为0.11 Å[11]。在高于临界压强60 GPa时，O：H 和 H—O 分段被同时微弱压缩，但键的性质没有发生变化[37, 45]。

表4.4总结了冰水相图中各相边界的 $T_C(P_C)$ 曲线斜率以及相应的氢键弛豫主导因素。

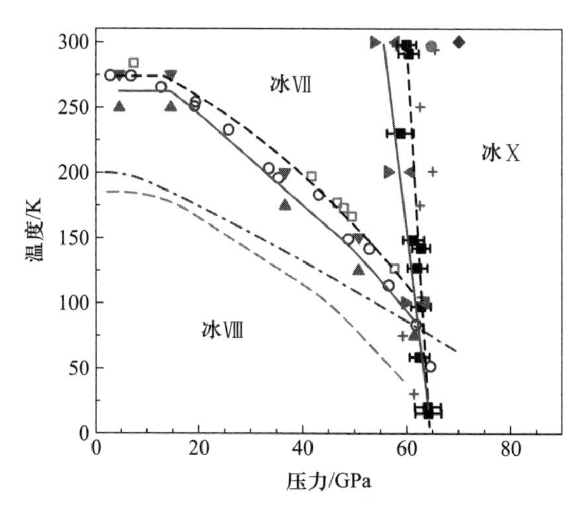

图4.11 MD计算与实验得到的冰Ⅶ、Ⅷ、Ⅹ相相图[38]

60 GPa下，冰Ⅹ相的边界随温度变化微小。图中的线为计算结果[38, 46]，散点为实验结果[39-43]

表 4.4　相边界斜率与相应的 O：H—O 氢键弛豫主导因素[3]

		边界类型	氢键弛豫起源
dT_C/dP	<0	Ⅶ/Ⅷ、Ⅸ/Ⅱ、Ⅱ/Ⅴ、$Ⅰ_h$/液	$\Delta d_H > 0$：H—O 伸长
		Widom 线、T_H(均匀凝固)	$\Delta d_L > 0$：O：H 伸长
	>0	Ⅱ/Ⅲ、液/(Ⅲ、Ⅳ、Ⅴ、Ⅶ)、液/气	$\Delta d_L < 0$：O：H 收缩
	=0	$Ⅰ_c$/Ⅺ，XV/Ⅴ等	$\Delta d_H = \Delta d_L = 0$ ($\eta_x \cong 0$)
	∞	Ⅹ/Ⅺ、Ⅹ/(Ⅶ、Ⅷ)、Ⅸ/(Ⅺ、$Ⅰ_c$、$Ⅰ_h$)、Ⅱ/XV/Ⅷ	$\Delta d_H = \Delta d_L < 0$ (O：H 和 H—O 等长)

4.5　小结

氢键的温致和压致弛豫行为可以表述冰水在各相中的行为，结合拉曼光谱实验测量，冰水各相及边界的变化规律可总结如下：

(1) 除极个别相边界外，所有相及相边界上压致 O：H 收缩和 H—O 伸长主导 O：H—O 氢键弛豫。反常氢键弛豫主要是由于晶体结构变化导致的耦合作用对氢键势能的库仑调制。

(2) O：H—O 分段比热差异主控了液相、准固相、$Ⅰ_h$相、$Ⅰ_c$相和Ⅺ相中的氢键热致弛豫和密度振荡。

(3) H—O 共价键弛豫决定Ⅶ/Ⅷ和液/准固态相边界的 $T_C(P)$ 负斜率。

(4) O：H 非键弛豫导致液/气相以及准固态/固态相边界 $T_C(P)$ 斜率为正。

(5) O：H—O 的近零比热主导 $Ⅰ_c$/Ⅺ边界处的零斜率(即 T_C 恒定)而 O：H—O对称压缩主导Ⅹ/(Ⅻ、XIII)边界处的无穷大斜率(即 P_C恒定)。

(6) 解析表述重现液/准固态负斜率的 $T_C(P)$ 曲线得到块体冰水的 H—O 结合能为 3.97 eV；通过液/气相变的 $T_C(P)$ 曲线可分析得到 $d_L(P)$ 变化表达式。

参 考 文 献

[1] Wark K. Generalized Thermodynamic Relationships in the Thermodynamics. 5th ed. New York：McGraw-Hill, Inc., 1988.

[2] Alduchov O., Eskridge R. Improved magnus' form approximation of saturation vapor pressure. J. Appl. Meteor., 1997, 35：601-609.

[3] Zhang X., Sun P., Huang Y., et al. Water's phase diagram：From the notion of thermodynamics to hydrogen-bond cooperativity. Prog. Solid State Chem., 2015, 43：71-81.

[4] Huang Y., Zhang X., Ma Z., et al. Hydrogen-bond relaxation dynamics: Resolving mysteries of water ice. Coord. Chem. Rev., 2015, 285: 109-165.

[5] Wang Y., Liu H., Lv J., et al. High pressure partially ionic phase of water ice. Nat. Commun., 2011, 2: 563.

[6] Pauling L. The Nature of the Chemical Bond. 3rd ed. NY: Cornell University Press, 1960.

[7] Sun C. Q. Relaxation of the Chemical Bond. Heidelberg: Springer, 2014.

[8] Sun C. Q. Thermo-mechanical behavior of low-dimensional systems: The local bond average approach. Prog. Mater Sci., 2009, 54 (2): 179-307.

[9] Sun C. Q., Sun Y. The Attribute of Water: Single Notion, Multiple Myths. Springer-Verlag, 2016.

[10] Yoshimura Y., Stewart S. T., Somayazulu M., et al. Convergent raman features in high density amorphous ice, ice Ⅶ, and ice Ⅷ under pressure. J. Phys. Chem. B, 2011, 115 (14): 3756-3760.

[11] Sun C. Q., Zhang X., Zheng W. T. Hidden force opposing ice compression. Chem. Sci., 2012, 3: 1455-1460.

[12] Chaplin M. Water structure and science [EB/OL]. http://www.lsbu.ac.uk/water/.

[13] Sun C. Q., Zhang X., Zhou J., et al. Density, elasticity, and stability anomalies of water molecules with fewer-than-four neighbors. J. Phys. Chem. Lett., 2013, 4: 2565-2570.

[14] Zhang X., Yan T., Zou B., et al. Mechano-freezing of the ambient water [EB/OL]. http://arxiv.org/abs/1310.1441.

[15] Sun C. Q., Zhang X., Fu X., et al. Density and phonon-stiffness anomalies of water and ice in the full temperature range. J. Phys. Chem. Lett., 2013, 4: 3238-3244.

[16] Durickovic I., Claverie R., Bourson P., et al. Water-ice phase transition probed by Raman spectroscopy. J. Raman Spectrosc., 2011, 42(6): 1408-1412.

[17] Xue X., He Z. Z., Liu J. Detection of water-ice phase transition based on Raman spectrum. J. Raman Spectrosc., 2013, 44 (7): 1045-1048.

[18] Johari G. P., Chew H. A. M., Sivakumar T. C. Effect of temperature and pressure on translational lattice vibrations and permittivity of ice. J. Chem. Phys., 1984, 80 (10): 5163.

[19] Kahan T. F., Reid J. P., Donaldson D. J. Spectroscopic probes of the quasi-liquid layer on ice. J. Phys. Chem. A, 2007, 111 (43): 11006-11012.

[20] Medcraft C., McNaughton D., Thompson C. D., et al. Water ice nanoparticles: Size and temperature effects on the mid-infrared spectrum. Phys. Chem. Chem. Phys., 2013, 15 (10): 3630-3639.

[21] Medcraft C., McNaughton D., Thompson C. D., et al. Size and temperature dependence in the far-Ir spectra of water ice particles. Astrophys. J., 2012, 758 (1): 1173-1188.

[22] Mallamace F., Branca C., Broccio M., et al. The anomalous behavior of the density of water in the range 30 K < T < 373K. Proc. Natl. Acad. Sci. U.S.A., 2007, 104 (47):

18387-18391.

[23] Cross P. C., Burnham J., Leighton P. A. The Raman spectrum and the structure of water. J. Am. Chem. Soc., 1937, 59: 1134-1147.

[24] Hu Q., Lü X., Lu W., et al. An extensive study on Raman spectra of water from 253 to 753 K at 300 MPa: A new insight into structure of water. J. Mol. Spectrosc., 2013, 292: 23-27.

[25] Zhang X., Huang Y., Ma Z., et al. A common supersolid skin covering both water and ice. Phys. Chem. Chem. Phys., 2014, 16 (42): 22987-22994.

[26] Sun C. Q. Size dependence of nanostructures: Impact of bond order deficiency. Prog. Solid State Chem., 2007, 35 (1): 1-159.

[27] Aoki K., Yamawaki H., Sakashita M. Observation of fano interference in high-pressure ice Ⅶ. Phys. Rev. Lett., 1996, 76 (5): 784-786.

[28] Song M., Yamawaki H., Fujihisa H., et al. Infrared absorption study of Fermi resonance and hydrogen-bond symmetrization of ice up to 141 GPa. Phys. Rev. B, 1999, 60 (18): 12644.

[29] Pruzan P., Chervin J. C., Wolanin E., et al. Phase diagram of ice in the Ⅶ-Ⅷ-X domain. Vibrational and structural data for strongly compressed ice Ⅷ. J. Raman Spectrosc., 2003, 34 (7-8): 591-610.

[30] Zhang X., Huang Y., Sun P., et al. Ice regelation: Hydrogen-bond extraordinary recoverability and water quasisolid-phase-boundary dispersivity. Sci. Rep., 2015, 5: 13655.

[31] Malenkov G. Liquid water and ices: Understanding the structure and physical properties. J. Phys. : Condens. Mat., 2009, 21 (28): 283101.

[32] Green J. L., Durben D. J., Wolf G. H., et al. Water and solutions at negative pressure: Raman spectroscopic study to -80 megapascals. Science, 1990, 249 (4969): 649-652.

[33] Harich S. A., Hwang D. W. H., Yang X., et al. Photo dissociation of H_2O at 121. 6 nm: A state-to-state dynamical picture. J. Chem. Phys., 2000, 113(22): 10073-10090.

[34] Zhang X., Sun P., Huang Y., et al. Water nanodroplet thermodynamics: Quasi-solid phase-boundary dispersivity. J. Phys. Chem. B, 2015, 119 (16): 5265-5269.

[35] Baez J. Phase diagram of water[EB/OL]. http://math. ucr. edu/home/baez/chemical/725px-Phase_diagram_of_water. svg. png.

[36] Chemical data[EB/OL]. http://chemlab. qdu. edu. cn/html/other/bhszqb. htm.

[37] Zhang X., Chen S., Li J. Hydrogen-bond potential for ice Ⅷ-X phase transition. Sci. Rep., 2016, 6: 37161.

[38] Kang D. D., Dai J., Sun H., et al. Quantum similation of thermally driven phase transition and O k-edge absorption of high-pressure ice. Sci. Rep., 2013, 3: 3272.

[39] Song M., Yamawaki H., Fujihisa H., et al. Infrared investigation on ice Ⅷ and the phase diagram of dense ices. Phys. Rev. B, 2003, 68 (1): 014106.

[40] Pruzan P., Chervin J. C., Canny B. Stability domain of the ice-Ⅷ proton-ordered phase at very high-pressure and low-temperature. J. Chem. Phys., 1993, 99 (12): 9842-9846.

[41] Goncharov A. F., Struzhkin V. V., Mao H. -k., et al. Raman Spectroscopy of dense H_2O and the transition to symmetric hydrogen bonds. Phys. Rev. Lett., 1999, 83 (10): 1998-2001.

[42] Aoki K., Yamawaki H., Sakashita M., et al. Infrared absorption study of the hydrogen-bond symmetrization in ice to 110 GPa. Phys. Rev. B, 1996, 54 (22): 15673-15677.

[43] Struzhkin V. V., Goncharov A. F., Hemley R. J., et al. Cascading Fermi resonances and the soft mode in dense ice. Phys. Rev. Lett., 1997, 78 (23): 4446-4449.

[44] Kang D. D., Dai J. Y., Yuan J. M. Changes of structure and dipole moment of water with temperature and pressure: A first principles study. J. Chem. Phys., 2011, 135 (2): 024505.

[45] Huang Y., Ma Z., Zhang X., et al. Hydrogen bond asymmetric local potentials in compressed ice. J. Phys. Chem. B, 2013, 117 (43): 13639-13645.

[46] Umemoto K., Wentzcovitch R. M., de Gironcoli S., et al. Order-disorder phase boundary between ice Ⅶ and Ⅷ obtained by first principles. Chem. Phys. Lett., 2010, 499 (4-6): 236-240.

第 5 章
氢键作用势：非对称超短程强耦合

重点提示

- 作为冰水的基本结构和储能单元，O：H—O 键构型守恒
- O：H—O 键可以近似为由 O-O 库仑斥力耦合的非对称振子对
- 拉格朗日解析将氢键的受激分段长度和振动频率转换为相应的力常数和键能
- O：H—O 键分段长度、振动频率、力常数、键能和密度相互关联，知其一而知其余

摘要

拉格朗日解析 O：H—O 键非对称耦合振子对，可把实验测得的氢键分段长度与振动频率转换成相应力常数与键能，进而得到氢键的受激弛豫势能路径。分子低配位缩短并增强 H—O 共价键，H—O键能由块体的 3.97 eV 增强到气态分子的 5.10 eV；相应地，O：H 键能从块体值 95 meV 降至二聚体的 35 meV。氢键压致弛豫与分子低配位效果相反，但两者极化趋势相同。这两种 O：H—O 伸长和压缩的势能路径具有普遍意义。

5.1　悬疑组四：氢键的势能函数

氢键内部的相互作用势是氢键体系响应外部刺激的关键。图 5.1 所示为典型的对称[1]与非对称[2]双势阱模型。它们能够描述博奈尔–富勒–鲍林的冰成键规则和质子隧穿效应[3, 4]。然而，关于氢键势能，还有下列问题急需解决：

(1) 氢键势能的作用程和对称性？

(2) 氢键势能受激演化规律？

(3) H^+质子如何发生“两进两出”隧穿失措？

(4) 如何定量标定氢键势能路径？

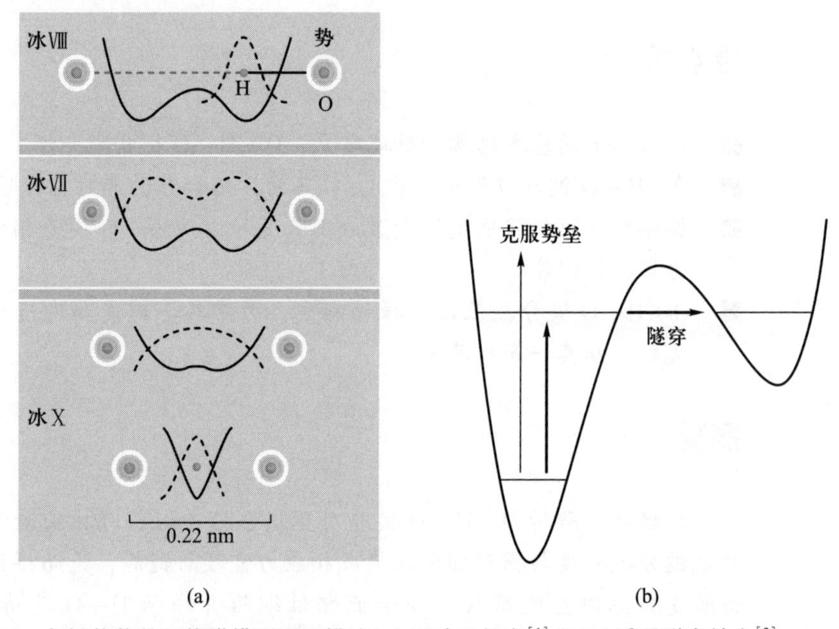

图 5.1　氢键势能的双势阱模型用以描述(a)压致Ⅹ相变[1]和(b)质子隧穿效应[2]

对称双阱势描述 H^+在相邻氧离子之间的两对等位置上往复跳跃。当 O：H 和 H—O 分段压缩至质子对称化(冰Ⅹ相)时，双势阱演变为单势阱。非对称双阱势中，H^+从当前势阱隧穿势垒进入另一势阱

图 5.1a 表明对称势中 H^+质子发生“两进两出”失措[4]。图 5.1b 则表示非对称势中两水分子间的 H^+质子随机隧穿[3]，H^+和一对孤对电子改变其原有位置，使 O 原子的孤对电子朝向 H—O 键而 H—O 键朝向另一近邻 O 原子的孤对电子，形成受压或瞬态的$(H_2O)_2 \leftrightarrow H_3O^+$：$OH^-$转换。然而，目前尚无合适的办法探测 O：H—O 键的势能形状，特别是受激弛豫时的势能路径。

5.2　释疑原理：非对称、超短程、强耦合 O：H—O 氢键

图 5.2 所示为拉格朗日解析得到的在受压[5]和低配位[6]状态下氢键弛豫的势能路径。求解时以各平衡状态下的氢键分段键长和振频(d_x , ω_x)为输入参量，固定 H^+ 质子为相对坐标系的原点。O：H—O 氢键弛豫有如下特征[7, 8]：

(1) O：H—O 的分段差异和 O-O 库仑排斥决定了分段势能及受激弛豫时的自适性与协同性。

(2) 机械压力、液态和固态冷却、准固态加热时通过 O：H 非键大幅收缩而 H—O 共价键伸长使 O：H—O 变短(图 5.2a)。

(3) 电致极化、分子低配位、液态和固态受热、准固态冷却或受拉等激励下 O：H—O 键长通过 O：H 非键大幅伸长以及 H—O 共价键小幅缩短而伸长(图 5.2b)。

(4) O：H—O 键收缩还会增大水分子尺寸(d_H)，减小水分子间距(d_L)，减弱 H—O 振频，而增强 O：H 频率。O：H—O 伸长时变化相反。

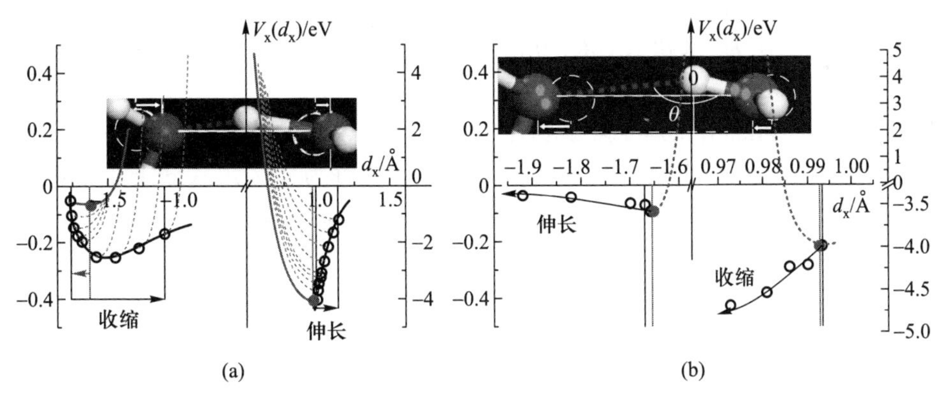

图 5.2　O：H—O 键(a)受压和(b)低配位状态下的势能路径(空心圆代表 O 原子)[5, 6](参见书后彩图)

(a)中从左至右对应的压强分别为 0 GPa、5 GPa、10 GPa、15 GPa、20 GPa、30 GPa、40 GPa、50 GPa 和 60 GPa[5]。(b)中水分子团簇的分子数从右至左分别为 6、5、4、3、2[6]。实心圆表示无 O-O 库仑作用时的平衡位置，$V'_x = 0$。(a)中最左侧和(b)中最右侧空心圆表示无外部激励但考虑库仑作用时的平衡位置点，$V'_x + V'_C = 0$。其他空心圆表示外部刺激变化时库仑调制的准平衡位置点，$V'_x + V'_C + f_{ex} = 0$。f_{ex} 为外部激励引起的非保守力，V'_x 为势能曲线梯度，V'_C 为库仑排斥势梯度

5.3 历史溯源

水分子内与分子间的相互作用的耦合主导冰水的几何结构以及在受激励时呈现的反常物理性能。准确描述氢键作用势不仅对氢键体系结构与物性的理解和计算至关重要，对于调控 O : H—O 键弛豫动力学也非常关键。然而，由于理论和实验方法的局限性，人们难以仅从实验[9]和量子计算[10]来判定氢键势能的真实情况。

1980年，Stillinger 指出[11]："需要建立关于水分子的完整理论，原因有二：首先，这种物质是我们星球表面的主要化学成分，在生命起源中不可或缺；其次，它可以是纯净的，也可以作为溶剂，但都展现出一系列奇特性质。近一个世纪来，物理学家试图回应这种需求，然而直到20世纪70年代才开始出现令人满意的水的分子理论"。

Stillinger 提及了从氢键或孤对电子非键合态的角度理解水分子间非共价相互作用的性质以及水分子结构方面的进展。他关注具有强氢键和近乎四面体特征的几个水分子局域团簇的自发构造和湮灭行为。提出了一种关于水结构的分子水平观点，认为"水和水溶液的所有性质最终可以应用分子间作用力予以解释"。

2004年，Finney 在其专著中撰写了《水？何以如此特别？》[12]，文中写道："尽管我们认同水的生物学重要性，但是并不理解为什么是水分子成为构建'生命大厦'的'合适'分子"。Finney 认为，水的反常性能(如其热力学响应函数中的密度最大值和奇点)不应该被视为"谜"，因为它们可以在水分子相互作用的基础上予以解释。他声称，"水的秘密的启发有助于我们更清楚地理解它在维持生命过程中起到的作用"。文章的焦点还涉及理解四配位结构在局域分子序度方面的主控作用以及水反常物性的核心因素。然而，Finney 认为上述理解"可能是水的分子水平生物适应性的附带结果"，强调"水的分子尺度的图像不足以全面理解水在生命起源中的真实角色"。

Soper 基于中子和 X 射线衍射测试提出软芯势的概念[13]，他认为许多经典的水势函数应该存在一个芯核，分子间距短时呈强排斥状态，形成实空间尖锐的峰值。Leetmaa 等[14]报道了这一势能模型与红外/拉曼和 X 射线吸收光谱结果相一致。然而，Leetmaa 声称基于此建立的计算模型得到的计算光谱整体重复性上仍不能令人满意，还没有一种水的作用势模型能与红外/拉曼声子、电子(X 射线吸收)光谱以及中子和 X 射线衍射测量结果完美吻合。

Soper 和 Leetmaa 还表示，只从衍射和红外/拉曼数据，既不能严格证明水的四面体结构，也不能确定水中氢键的作用势。与 MD 模拟的结构相比，满足衍射数据的四配位结构也不够完备[15]，这一说法似乎得到了计算模拟拟合过程的证实。*Discussion and Debate：Water Complexity—More than a Myth？*中曾评论，离散数据的完美拟合总是可以做到，但可能毫无物理意义[13]。

Chumaevskii 与 Rodnikova 指出[16]，水的拉曼光谱测试结果的多样性表明氢键网络的不均匀性，因为氢键网络中存在缺陷，可能引起双重或三重氢键分形，对应形成与 5 个水分子满配位氢键结构单元完全不同的构型。

1998年，Teixeira[1]提出氢键势能为对称的双势阱，H^+在两氧离子之间的对称势阱位置往复“失措”[4](图 5.1a)。在受压过程中，氧原子逐渐靠近，氢质子首先失措并逐渐运动至两氧原子的中心，形成对称结构并在 0.06 TPa 时合并成一个中心单势阱。在图 5.1b 所示的非对称氢键势阱中，H^+在两个水分子之间随机隧穿[3]。H^+与近邻氧的一对孤对电子易位而改变各自氢键分段的朝向，并不影响原有的 sp^3 构型。

2004年，Wernet 等提出另一种非对称氢键势能模型[17]，Soper 通过假设氢离子带电荷量不同来构造这种不对称势函数，并试图通过衍射实验进行验证，但未能成功[9]。随后 Wikfeldt[18]、Leetmaa[15]、Nilsson 与 Pettersson[19]、Kuhne 和 Khaliullin[20]也开展了类似的尝试。2015年，Kumagai[2]为解释低温 STM 测试结果提出氢键具有非对称双阱势，可以表述 Bernal 和 Fowler[3]提出的 $(H_2O)_2 \rightarrow H_3O^+ : OH^-$瞬态相变和质子的隧穿效应。如果由 $2H_2O$ 纯水到 $H_3O^+ : OH^-$超离子态的转变仅在 2 TPa 高压和 2 000 K 条件下才能实现[21]，那么图 5.2 所示的两个势阱模型严重失真。

然而，最先进的实验技术包括 X 射线/中子衍射、电子能谱以及红外/拉曼声子能谱，都难以直接确定氢键势能。笔者从完全不同的角度赋予氢键的作用势模型，计算模拟与实验测量证实 O：H—O 键具有非对称、超短程、强耦合特征[5]。考虑以 H^+为相对坐标系原点，O-O 库仑斥力调制 O：H—O 键分段弛豫，利用拉格朗日-拉普拉斯变换构建氢键分段键长、振频与各自力常数、键能之间的定量关系，即可定量表征氢键受激弛豫时的势能路径演化。

5.4 拉格朗日耦合振子对力学

5.4.1 耦合振子对的拉格朗日方程

O：H—O 键可处理为 H 原子链接的一对非对称耦合振子，H 原子为相对坐标原点[22]。$H_2O : H_2O$ 振子的约化质量为 $m_L = 18\times18/(18+18)m_0 = 9m_0$，H—O 振子的为 $m_H = 1\times16/(1+16)m_0 = 16/17m_0$，其中原子质量单位 $m_0 = 1.66\times10^{-27}$ kg。

O：H—O耦合振子对的运动服从[5]

$$\frac{\mathrm{d}}{\mathrm{d}t}\left[\frac{\partial L}{\partial(\mathrm{d}q_x/\mathrm{d}t)}\right]-\frac{\partial L}{\partial q_x}=Q_x \tag{5.1}$$

式中，$L=T-V$ 是拉格朗日函数；T 和 V 分别为总动能和总势能。Q_x是广义非保守外力，包括机械载荷、分子低配位、电场、热源、辐射等[8]。$q_x(t)$是广义变量，表示O：H和H—O两段中O原子的位置坐标 u_x。这里的 x=L 和 H，分别表示O：H键和H—O键。

氢键的总动能包含两部分

$$T=\frac{1}{2}\left[m_L\left(\frac{\mathrm{d}u_L}{\mathrm{d}t}\right)^2+m_H\left(\frac{\mathrm{d}u_H}{\mathrm{d}t}\right)^2\right] \tag{5.2}$$

氢键的总势能包含三部分

$$\begin{cases}V_L(u_L) & \text{(范德瓦耳斯势)}\\ V_H(u_H) & \text{(交换作用势)}\\ V_C(u_C)=V_C(u_H-u_L) & \text{(库仑作用势)}\end{cases}$$

式中，u_x与d_x分别表示分段位置坐标和键长。$d_{C0}=u_{H0}-u_{L0}$，为无库仑排斥时位于平衡位置的两近邻氧离子的间距。$d_C=u_H-u_L$，为存在库仑排斥时处于准平衡位置的两近邻氧离子的间距。$\Delta_x=u_x-u_{x0}$，为库仑斥力造成的位移。

氢键的势能采用简谐近似，忽略高阶项，泰勒展开为

$$\begin{aligned}V&=V_L(u_L)+V_H(u_H)+V_C(u_C)\\&=\sum_n\left[\frac{\mathrm{d}^nV_L}{n!\,\mathrm{d}r_L^n}\bigg|_{d_{L0}}(-u_L)^n+\frac{\mathrm{d}^nV_H}{n!\,\mathrm{d}r_H^n}\bigg|_{d_{H0}}(u_H)^n+\frac{\mathrm{d}^nV_C}{n!\,\mathrm{d}r_C^n}\bigg|_{d_C}(-u_C)^n\right]\\&\approx[V_L(u_{L0})+V_H(u_{H0})+V_C(u_C)]-V'_C\Delta u_C+\frac{1}{2}[k_L\Delta u_L^2+k_H\Delta u_H^2+k_C\Delta u_C^2]\end{aligned} \tag{5.3}$$

式中，$n=0$ 的项 $V_x(u_{x0})$指各部分键的势阱深度，通常用E_{x0}表示；Δu_x为振幅。值得注意的是，库仑势不存在平衡位置，所以库仑斥力始终大于零。对所有的势采用简谐近似，在其准平衡位置展开，获得的结果精度已经满足要求[5]。

对于L和H两部分，$n=1$ 的项值为零，指其理想平衡位置的力。不考虑库仑斥力时，$V'_x(u_{x0})=0$；考虑库仑斥力时，$V'_x(u_x)+V'_C(u_C)=0$；若存在外部非保守作用力f_z，则 $V'_x(u_x)+V'_C(u_C)+f_z=0$。$V'_C\neq0$，为库仑势 V_C 在其准平衡位置泰勒展开的一阶导数。$n=2$ 的项为势能函数的曲率，表示简谐振子的力常数，如 $k_x=V''=(\mathrm{d}^2V_x/\mathrm{d}u_x^2)|_{u_{x0}}$。$n\geqslant3$ 的高阶项影响很小，故而忽略。只需简谐近似就可获得势场的演化趋势和本征特性。

在O：H—O耦合振子中，库仑斥力会使两氧离子双双偏离其初始平衡位置

以维持三力协同平衡。偏离幅度计为Δ_x，原子间距变化为$d_x = d_{x0} + \Delta_x$。库仑斥力使分段势阱深度发生变化，由E_{x0}变为E_x。若存在外部非保守作用力，则两氧离子发生同向位移，且因分段强度差异，O：H 中氧离子的位移较 H—O 中的更大。

将式(5.2)和式(5.3)代入式(5.1)，可导出 O：H—O 耦合振子的拉格朗日方程

$$\begin{cases} m_L \dfrac{d^2 u_L}{dt^2} + (k_L + k_C) u_L - k_C u_H + k_C(\Delta_L - \Delta_H) - V'_C - f_z = 0 \\ m_H \dfrac{d^2 u_H}{dt^2} + (k_H + k_C) u_H - k_C u_L - k_C(\Delta_L - \Delta_H) + V'_C + f_z = 0 \end{cases} \tag{5.4}$$

利用拉普拉斯变换对这一方程解耦，再通过拉普拉斯逆变换即可得到方程的解。

5.4.2 拉普拉斯逆变换解析解

5.4.2.1 通解

应用拉普拉斯变换处理上述拉格朗日方程可得如下通解：

$$\begin{cases} u_L = \dfrac{A_L}{\omega_L} \sin \omega_L t + \dfrac{B_L}{\omega_H} \sin \omega_H t \\ u_H = \dfrac{A_H}{\omega_L} \sin \omega_L t + \dfrac{B_H}{\omega_H} \sin \omega_H t \end{cases} \tag{5.5}$$

式中，系数项表示振幅；ω_x 为 x 分段的振动角频率。通解表明 O：H 和 H—O 分段具有各自的伸缩振动固有频率。力常数k_x和频率ω_x之间存在如下关系：

$$k_{H,L} = 2\pi^2 \mu_{H,L} c^2 (\omega_L^2 + \omega_H^2) - k_C \pm \sqrt{[2\pi^2 \mu_{H,L} c^2 (\omega_L^2 - \omega_H^2)]^2 - \mu_{H,L} k_C^2 / \mu_{L,H}} \tag{5.6}$$

式中，c 为真空中的光速。若不考虑库仑排斥，耦合振子将退化为各自独立的$(H_2O:H_2O)$和 H—O 振子，各自的振动频率变为$\omega_x = (2\pi c)^{-1}\sqrt{k_x/\mu_x}$，与两体势函数泰勒展开的结果一致。

5.4.2.2 特解

若已知ω_x和库仑斥力力常数k_C，可通过计算得到 O：H—O 键两段在各自准平衡位置的力常数k_x、势阱深度E_{x0}以及键能E_x。力常数$k_C = q_0^2/(2\pi\varepsilon_r\varepsilon_0 d_C^3) = 0.17\ \mathrm{eV/Å^2}$，其中$\varepsilon_0$ 和ε_r分别为真空介电常数和块体冰的相对介电常数，取值分别为8.85×10^{-12} F/m 和 3.2。根据 DFT 计算优化，取$q_0 = 0.62$ e[23]。

计算表明[5]，k_x随各分段的振频ω_x变化，而$k_L(\omega_H)$和$k_H(\omega_L)$几乎为常数。因此，式(5.6)可简化为如下耦合振子表达式：

$$k_x = 4\pi^2 c^2 m_x \omega_x^2 - k_C \text{ 或 } \omega_x = (2\pi c)^{-1}\sqrt{\frac{k_x + k_C}{m_x}} \tag{5.7}$$

表 5.1 列出了以(d_x，ω_x)为输入量得到的氢键势能各导数项。平衡位置处，根据 $V'_x(u_{x0})=0$ 可得 E_{x0} 和 d_{x0}；根据 $V'_x(u_x)+V'_C(u_C)=0$ 可得 E_x。E_x 与 E_{x0} 的差值即为库仑斥力作功 E_C。类似地，$V''_x=k_x$，$V''_x+V''_C=k_x+k_C$。k_C 与 ω_x 已知即可确定 V''_x 及其他分段势能函数相关参数。

表 5.1　L-J 和莫尔斯势的各阶导数

各阶导数	O：H (L-J)势	H—O (莫尔斯)势	结果
$V'_x(u_{x0})=0$	—	—	E_{x0}
$V'_x(u_x)+V'_C(u_C)=0$	—	—	E_x、u_x
$V''_x=k_x(k_C,\ \omega_x)$	$72E_{L0}/d_{L0}^2$	$2\alpha^2E_{H0}$	α
V'''_x	$-1\ 512E_{L0}/d_{L0}^3$	$-6\alpha^3E_{H0}$	—

根据计算得 $k_L=2.39\ \text{eV/Å}^2$，$k_H=36.09\ \text{eV/Å}^2$，以及已知的 $E_H=3.97\ \text{eV}$，$E_L=0.095\ \text{eV}$[22]，可确定任意受激条件下 O：H—O 键势能及力场中的所有参数

$$\begin{cases}k_L=72E_{L0}/d_{L0}^2=2.39\ \text{eV/Å}^2\\k_H=2\alpha^2E_{H0}=36.09\ \text{eV/Å}^2\end{cases}$$

或

$$\begin{cases}E_{L0}=2.39\times1.654^2/72\ \text{eV}=0.091\ \text{eV}\\\alpha=(36.09/3.97/2)^{1/2}\ \text{Å}^{-1}=2.13\ \text{Å}^{-1}\end{cases}\tag{5.8}$$

基于已知的库仑势以及计算得到的 d_x 和 ω_x[8]，可以根据表 5.1 所列表达式定量计算氢键分段势函数的其他参数值。

E_L 随压强变化，如冰在零压时 E_L 为 0.05 eV，压强增大至 40 GPa 时，E_L 变为 0.25 eV，而压强增至 60 GPa 时又减小为 0.16 eV[5]。所以，E_x 随外部条件变化。计算过程中，根据冰Ⅶ-Ⅷ相变和冰融化阶段的 T_C-P 曲线拟合获得 $E_H=3.97$ eV，拟合水表皮应力随温度的变化趋势可获取 $E_L=0.095$ eV[22]。

5.5　氢键受激弛豫的势能路径

5.5.1　压致氢键弛豫

5.5.1.1　力常数与声子振频

若已知 ω_x 和 k_C，可计算得到氢键分段在各自平衡位置的力常数 k_x、势阱深度 E_{x0} 和键能 E_x。$k_C=q_0^2/(2\pi\varepsilon_r\varepsilon_0d_C^3)$，$q_0=0.62$ e，则零压下 $k_C=0.17\ \text{eV/Å}^2$。图 5.3

为 k_x 随 ω_x 的变化情况。随着 ω_L 增大，力常数 k_L 从 1.44 eV/Å^2 增大至5.70 eV/Å^2，与此同时，随着 ω_H 减小，力常数 k_H 从 42.51 eV/Å^2 减小至21.60 eV/Å^2。而 k_L 受 ω_H 影响非常微小，k_H 与 ω_L 彼此之间也几乎没有影响，即得式(5.7)。

根据常压下实验所测冰–Ⅷ中氢键的振动频率 $\omega_L = 237.42\ \text{cm}^{-1}$ 及 $\omega_H = 3\,326.14\ \text{cm}^{-1}$[24-26]，由式(5.6)可得 $k_L = 1.70$ eV/Å^2，$k_H = 38.22$ eV/Å^2。已知 $d_L = 0.176\,8$ nm，$d_H = 0.097\,5$ nm[7]，可知无库仑斥力作用时 O：H 和 H—O 双键理想的键长分别为 $d_{L0} = 0.162\,8$ nm，$d_{H0} = 0.096\,9$ nm。库仑斥力导致 O–O间距从 0.259 7 nm 增大至 0.273 3 nm，增幅为 0.013 6 nm。

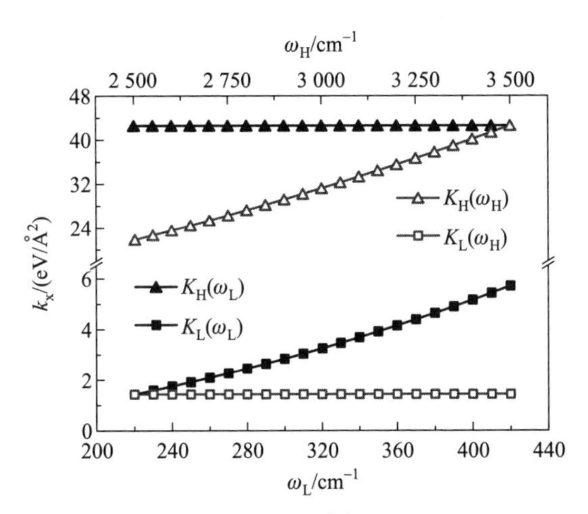

图 5.3　氢键分段力常数 k_x 与振动频率 ω_x 的关系[5]

库仑力常数 $k_C = 0.17$ eV/Å^2。力常数 $k_L(\omega_L)$ 和 $k(\omega_H)$ 在各自的频段远比相对的频段敏感。$k_L(\omega_H)$ 和 $k_H(\omega_L)$ 基本为常数

根据导出的 $k_L = 1.70$ eV/Å^2，$k_H = 38.22$ eV/Å^2，$E_{H0} = 3.97$ eV，可以得到范德瓦耳斯和莫耳斯势的所有参数，进而得到任意压强下的氢键力场

$$\begin{cases} k_L = 72E_{L0}/d_{L0}^2 = 1.70\ \text{eV/Å}^2 \\ k_H = 2\alpha^2 E_{H0} = 38.22\ \text{eV/Å}^2 \end{cases}$$

或

$$\begin{cases} E_{L0} = 1.70 \times 1.628^2/72\ \text{eV} = 0.062\ \text{eV} \\ \alpha = (38.22/3.97/2)^{1/2}\ \text{Å}^{-1} = 2.19\ \text{Å}^{-1} \end{cases} \tag{5.9}$$

5.5.1.2　分段长度–强度–键能的关联

MD 计算重现了冰受压时的 $V(P)$ 曲线[27]，分解可得到氢键各段长度的压致演化[7]。在 59 ~ 60 GPa 时得到 $d_L = d_H = 0.11$ nm，与实验测得的质子对称化

结果吻合[28, 29]，也证实了基于 MD 结果得到的 $d_x(P)$ 曲线真实反映了氢键分段的受压弛豫情况。式(5.10)与图 5.4a 和 b 分别为 $d_x(P)$ 曲线的数学表述以及分段受压振频演化[24-27]

$$\begin{bmatrix} d_H/0.9754 \\ d_L/1.7687 \\ \omega_H/3\,326.140 \\ \omega_L/237.422 \end{bmatrix} = \begin{bmatrix} 1 & 9.510\times10^{-2} & 0.2893 \\ 1 & -3.477\times10^{-2} & -1.0280 \\ 1 & -0.905 & 1.438 \\ 1 & 5.288 & -9.672 \end{bmatrix} \begin{bmatrix} P^0 \\ 10^{-2}P^1 \\ 10^{-4}P^2 \end{bmatrix} \tag{5.10}$$

库仑斥力的耦合作用使得氢键振子对的本征力常数发生变化。测得的 d_x、ω_x 及由已知的 m_x 和 k_C 确定的 k_x，可以确定各势函数中的其他参数。分析得到的力常数和结合能同样可以归一化为压强的函数

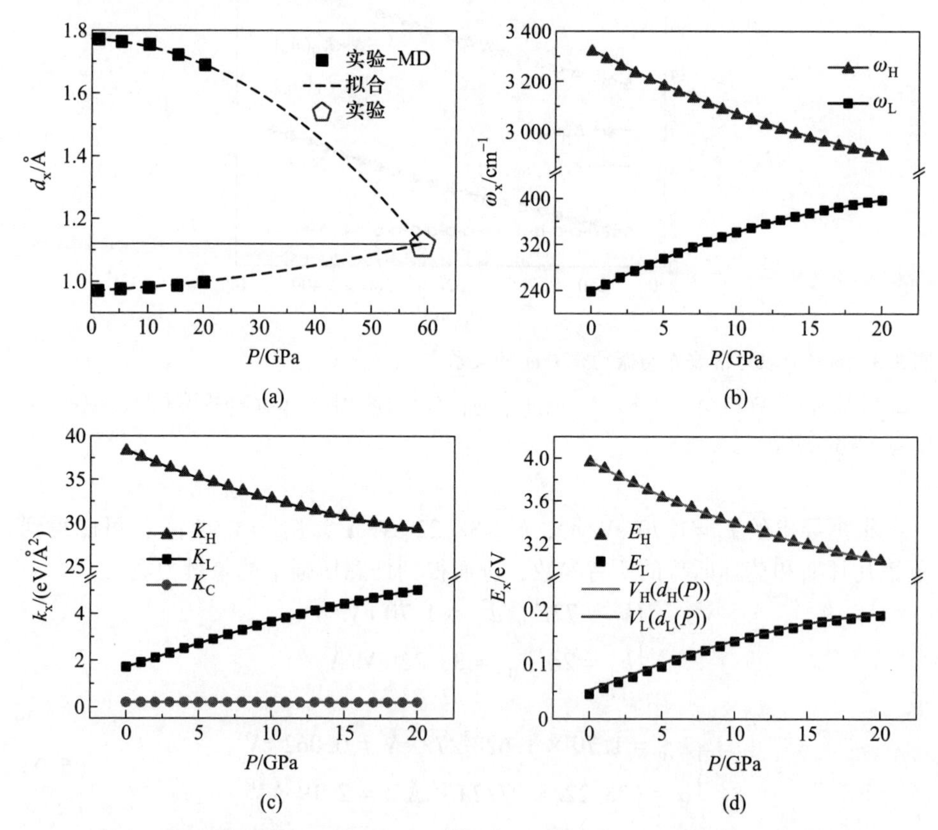

图 5.4　冰受压时氢键各段的(a)键长 $d_x(P)$[7, 27]、(b)振频 $\omega_x(P)$[24-27]、(c)力常数 $k_x(P)$ 及(d)键能 $E_x(P)$ 变化情况

$$\begin{bmatrix} k_H/38.223 \\ k_L/1.697 \\ E_H/3.970 \\ E_L/0.046 \end{bmatrix} = \begin{bmatrix} 1 & -1.784 & 3.113 \\ 1 & 13.045 & -15.258 \\ 1 & -1.784 & 3.124 \\ 1 & 25.789 & -49.206 \end{bmatrix} \begin{bmatrix} P^0 \\ 10^{-2}P^1 \\ 10^{-4}P^2 \end{bmatrix} \tag{5.11}$$

图5.4c表明随着氢键长度弛豫，长程库仑势的k_C几乎恒定。压力、斥力及氢键两段势函数的差异共同导致k_L的增大速率较k_H的减小速率更快。图5.4d表示压强从0 GPa增大到20 GPa时，库仑排斥导致O：H键变强，键能从0.046 eV增大到0.190 eV，而使H—O键变弱，键能从3.97 eV减小至3.04 eV。特别地，当压强增大到60 GPa时，k_L = 10.03 eV/Å^2，k_H = 11.16 eV/Å^2，两值比较接近，详见表5.2。

外推图5.4中的$d_x(P)$曲线在60 GPa压强处相交，与实验测量的氢键分段键长对称化结果一致[28]。图5.4d中简谐近似处理得到的散点数据与连续函数$V_x(d_x)$完全重合，证实所采用的简谐近似是完全可靠的。式(5.10)和式(5.11)给出了氢键势函数系列参数随压强演变的通用表述。在压强大于60 GPa时，O：H和H—O分段同时被微弱地压缩[30]。

表5.2 不同压强下O：H—O分段的键能E_x、力常数k_x及平衡点偏离位移Δ_x

P/GPa	$-E_L$/eV	$-E_H$/eV	k_L/(eV/Å^2)	k_H/(eV/Å^2)	$-\Delta_L/10^{-2}$ nm	$\Delta_H/10^{-4}$nm
0	0.046	3.97	1.70	38.22	1.41	6.25
5	0.098	3.64	2.70	35.09	0.78	6.03
10	0.141	3.39	3.66	32.60	0.51	5.70
15	0.173	3.19	4.47	30.69	0.36	5.26
20	0.190	3.04	5.04	29.32	0.27	4.72
30	0.247	2.63	7.21	25.31	0.14	3.85
40	0.250	2.13	8.61	20.49	0.08	3.16
50	0.216	1.65	9.54	15.85	0.05	2.71
60	0.160	1.16	10.03	11.16	0.04	3.35

注：$d_x(P)$和$\omega_x(P)$[7, 24-27]为计算输入量。

5.5.1.3 势能路径图谱

氢键受压时O：H非键收缩强化，H—O共价键伸长软化，O-O库仑斥力调制分段的协同弛豫，使O-O间距收缩直至分段对称化[7, 24-28, 31](图5.4)。压强从0 GPa增至20 GPa时，d_L缩短4.3%，从1.768 Å变为1.692 Å；d_H伸长

2.8%，从0.975 Å增至1.003 Å[7]。压强增大至60 GPa时，O：H收缩至与H—O等长，约1.11 Å，形成对称化的O：H—O氢键。虽然此时分段键长和力常数近乎相等，但两者的属性并未发生改变。这也说明0.06 TPa高压并不能在冰的第X相中对 sp^3 电子轨道去杂化。表5.2总结了图5.4中拉格朗日解析得到的氢键分段力常数与键能以及平衡点库仑调制偏离位移。至此，氢键分段的非对称、超短程、局域化势能即被定量标定，如图5.2a。氢键势能本身与外部激励类型和作用方式无任何关系，仅与长度变化有关。

图5.2a所示为氢键受压的势能路径演化。两氧离子初始都在库仑斥力的作用下朝外偏离各自的理想平衡位置。受压时，两者同时沿着O：H—O势能轨迹向右移动。H—O键中氧离子的初始本征平衡位置几乎与其实际的平衡位置重合，偏差量仅 6.25×10^{-4} nm。而O：H键，相应的位移偏差量为 1.41×10^{-2} nm，表明O：H比H—O弱得多。

外压、O-O库仑斥力以及氢键分段非对称相互作用共同驱动氧离子沿各自势能路径移动。O原子位移的幅度（H—O：10^{-4} nm，O：H：10^{-2} nm）满足简谐振动限制[32]，且幅值很小，难以简单通过实验手段分辨。各位移步叠加最终形成了冰受压的质子对称化结果。

5.5.2　配位分辨氢键弛豫

已知 $(H_2O)_6$ 团簇的 $\omega_L=218\ cm^{-1}$，$\omega_H=3\ 225\ cm^{-1}$[33]，结合 k_C，可由式(5.7)导出 $k_L=2.39\ eV/Å^2$，$k_H=36.09\ eV/Å^2$。已知 $d_L=1.659$ Å，$d_H=0.993$ Å，可以得到 $u_{L0}=-1.654$ Å，$u_{H0}=0.993$ Å。库仑调制使O-O间距从2.646 7 Å增大至2.652 0 Å，增加了0.005 3 Å。这些计算数据的精确程度依赖于模拟算法和实验探测技术的精度。不过，这些数据已给出分子低配位诱导的氢键弛豫趋势。

5.5.2.1　分段长度-强度-键能的关联

表5.3与图5.5a、b给出了DFT计算得到的 d_x 与 ω_x 随水分子数目变化的情况[8]。利用拉格朗日解析解，可以由 d_x 和 ω_x 得到分段力常数 k_x 与键能 E_x（表5.4和图5.5c、d），进而表征氢键弛豫过程的势能演化路径（图5.2b）。平衡位置处的势能数据遵循各自的势能曲线。我们应关注的是氢键受激时势能路径的弛豫演化，并非局限于某固定平衡点的精确行为。

但值得注意的是，虽然图5.2b所示势能演化确实由团簇尺寸变化引起，但其本征原因是O：H—O键弛豫伸长，实际上这一氢键弛豫行为并不局限于团簇尺寸减小，外加电场、拉力、固态和液态升温等都可以实现。所以，氢键势场弛豫的外因可能完全不同，但可能导致同样的势场演化路径。

表 5.3　DFT 计算的团簇氢键分段各物性参数随水分子数目的变化[8]

	单体	二聚物	三聚物	四聚物	五聚物	六聚物	块体[33]
N	1	2	3	4	5	6	I_h
d_H/Å	0.969	0.973	0.981	0.986	0.987	0.993	1.010
d_L/Å	—	1.917	1.817	1.697	1.668	1.659	1.742
θ/°	—	163.6	153.4	169.3	177.3	168.6	170.0
ω_L/cm^{-1}	—	184	198	229	251	260	—
ω_L/cm^{-1}	—	184	190	200	210	218	220
ω_H/cm^{-1}	3 732	3 565	3 387	3 194	3 122	3 091	—
ω_H/cm^{-1}	3 650	3 575	3 525	3 380	3 350	3 225	3 150
Θ_{DL}/K	—	167	171	180	189	196	198[34]
Θ_{DH}/K	3 650	3 575	3 525	3 380	3 350	3 225	3 150
T_N/K	—	94	110	180	188	246	258
T_m/K	—	322	318	291	289	273	273

注：实测熔点 T_m 与冰点 T_N：T_m = 325 K（单体）[35]、310 K（块体表皮）[23]；T_N = 242 K（4.4 nm 水滴）[36]、220 K（3.4 nm 水滴）[36]、205 K（1.4 nm 水滴）[37]、172 K（1.2nm 水滴）[38]、<120 K（1~18个水分子）[39]。

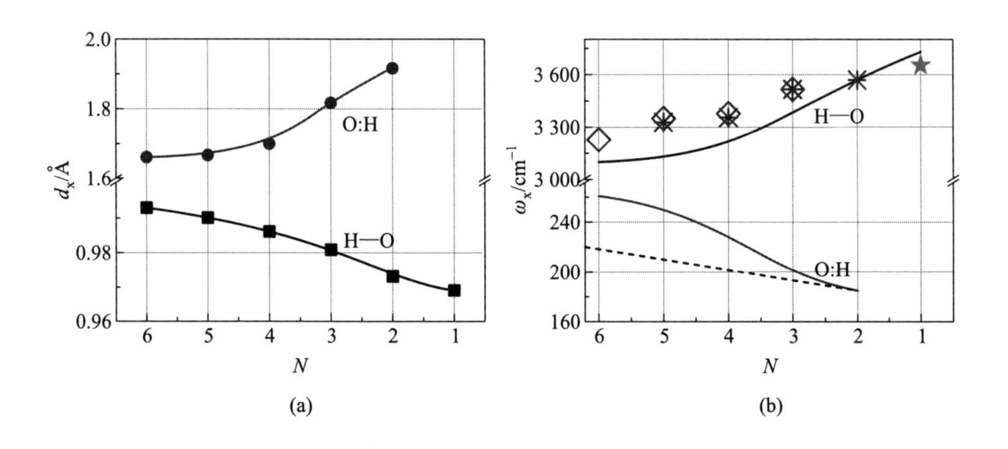

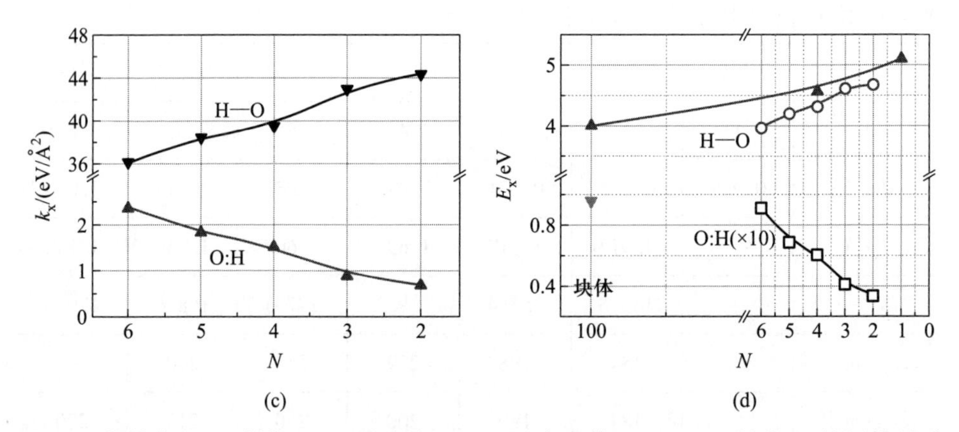

图 5.5 氢键分段(a)键长 d_x、(b)振频 ω_x、(c)力常数 k_x 以及(d)键能 E_x 的团簇尺寸效应[8]

(b)中的散点为实验结果[40-43]，虚线是依据实测块体水 $\omega_L=220\ cm^{-1}$ 以及 $N=2$ 时 ω_H 计算与实验值重合而修正的 $\omega_L(N)$ 曲线。(d)中实心三角形为实测的块体 $E_L(0.095\ eV)$[34]、块体 $E_H(3.97\ eV)$[23]、表皮 $E_H(4.66\ eV)$[22] 以及气态水分子 $E_H(5.10\ eV)$[44]

表 5.4 氢键分段势场参数随水分子数目的变化情况

N	E_L/meV	E_H/eV	$k_L/(eV/Å^2)$	$k_H/(eV/Å^2)$	$\Delta_L/(10^{-3}\ Å)$	$\Delta_H/(10^{-4}Å)$
6	90.70	3.97	2.39	36.09	4.53	2.99
5	69.39	4.20	1.81	38.39	5.95	2.80
4	66.13	4.23	1.67	39.01	6.34	2.71
3	40.54	4.62	0.90	42.99	10.84	2.26
2	34.60	4.68	0.69	44.35	13.23	2.05

MD 计算发现[23]，H—O 共价键块体值约 1.00 Å，表皮约 0.95 Å；而对应的 O : H 从~1.68 Å 伸长至 ~1.95 Å。氢键分段弛豫导致表皮 d_{OO} 伸长 6.8%、密度减小 13%。根据 $d_{OO}=2.965$ Å[45]，可得 $d_H=0.8406$ Å，$d_L=2.1126$ Å，密度为 0.75 g/cm^3。实验结果与拉格朗日解析结果相吻合，证实拉格朗日解析的氢键长度、质量密度以及分段势场的弛豫路径的准确性。

5.5.2.2 精度与可靠性

表 5.5 列出了水分子团簇氢键势能展开的 0 至 3 阶项。可以看出，无论是 O : H 还是 H—O 段，其高阶项对各自势能的影响都可忽略不计。所以，在各自平衡位置仅考虑简谐近似对于分析氢键弛豫本质及趋势已经足够。

表 5.5 水分子团簇氢键分段势能展开的各阶次项

N	E_x/eV					
	O：H 段 $V_L(r)$			H—O 段 $V_H(r)$		
	0 阶(10^{-3})	2 阶(10^{-5})	3 阶(10^{-6})	0 阶	2 阶(10^{-6})	3 阶(10^{-10})
6	90.73	2.45	0.47	3.97	1.62	0.10
5	69.42	3.20	0.80	4.19	1.51	9.03
4	66.16	3.35	0.88	4.25	1.43	8.27
3	40.59	5.27	2.21	4.65	1.10	5.29
2	34.66	6.02	2.93	4.79	0.94	4.09

5.5.2.3 势能路径图谱

图 5.2b 所示的团簇分子氢键势能路径演化情况，与图 5.5d 所示实验结果吻合。N=6 时，分段的氧离子均因 O–O 库仑斥力而偏离其初始平衡位置。当 N 从 6 减至 2 时，H—O 从 0.993 Å 收缩至 0.973 Å，键能从 3.97 eV 增大至 4.68 eV，符合水分子从块体(3.97 eV)向表皮(4.66 eV)乃至气态(5.10 eV)的变化趋势[44]；O：H 键从 1.659 Å 伸长至 1.917 Å，键能从 90.70 meV 降至 34.60 meV，其块体值为 95 meV[34]。这些数值的准确度取决于 DFT 的优化精度[8]。与氢键受压时势能路径的弛豫(图 5.2a)相比，低配位造成的弛豫趋势相反[5]。

5.6 密度-键长-振频-键能的普适关系

根据前面得到的氢键分段键长、振频、键能以及质量密度，可以建立四者之间的普适关系，以实现知其一皆知其余。图 5.6 表明了 ω_H 与 ω_L 之间的关系，在受压和低配位状态时，皆可表示为

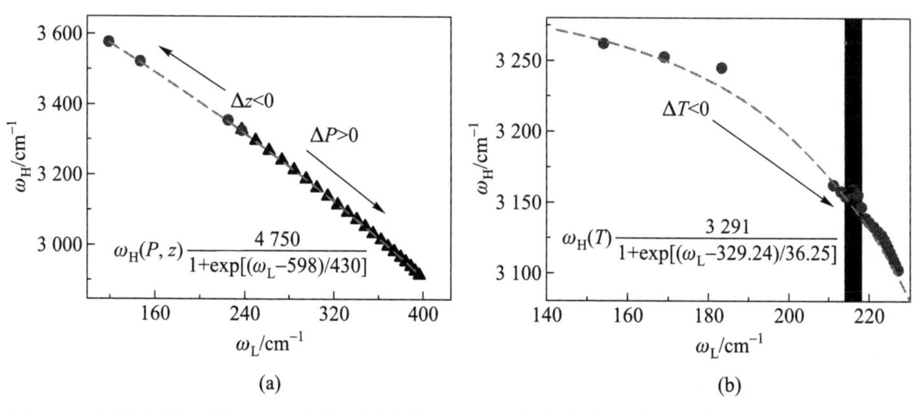

图 5.6 氢键分段振频在(a)受压和低配位以及(b)变温条件下的相互关系

$$\omega_H(P, z) = \frac{4\ 750}{1+\exp[(\omega_L-598)/430]}$$

图 5.7 关联了氢键分段键长之间以及分子间距 d_L 与质量密度 ρ 之间的弛豫关系，与实测的冰受压、冰与水降温以及水表皮和液滴状态的数据相匹配。图 5.8表明了氢键弛豫过程中 ω_x 和 E_x 随 d_H 的变化情况。根据上述分析，若已知氢键分段长度、振频、键能或密度其中之一，则可以推导其他各个参数。

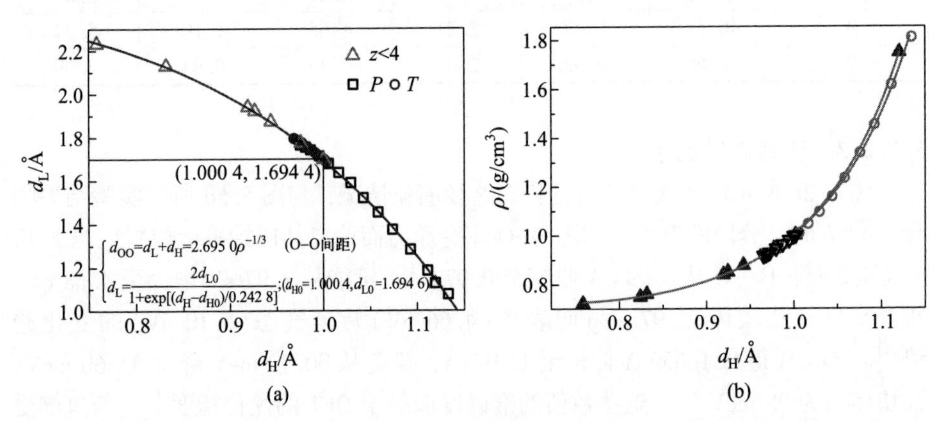

图 5.7　(a)分子间距 d_L(或 $d_{OO}=d_H+d_L$)，(b)质量密度 ρ 与水分子堆垛秩序随分子尺寸 d_H 的变化[46]

图中分析了 3 类数据：①冰受压(d_H>1.00 Å)[27]、②冰与水降温(0.96<d_H<1.00 Å)[36, 37]以及③液态水表皮和二聚物(d_H<1.00 Å)[32, 47-53]。根据单位密度导出的分子尺寸 d_H = 1.000 4 Å，处于实测数据 0.970~1.001 Å 的范围[54]。d_H 小于 0.96 Å 对应于水分子配位数小于 4 的超固态情况[8, 45, 55]。此时，水分子尺寸减小，而因库仑排斥使水分子间距增大[8]

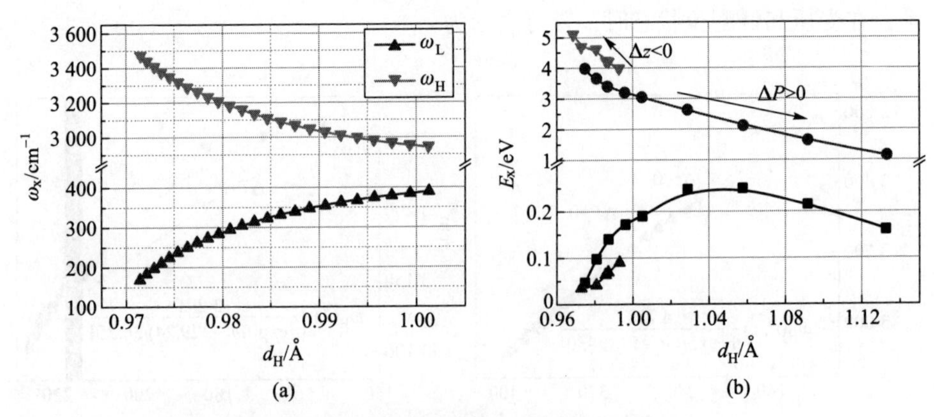

图 5.8　氢键分段(a)振频 ω_x 和(b)键能 E_x 与分子尺寸 d_H 的关系

(b)中低配位和变压两种条件下曲线并未重合，需要对拉格朗日解析用的数据进行修正

5.7 小结

综合拉格朗日力学、分子动力学以及拉曼光谱，可以根据实测的氢键分段键长和振频获得相应的力常数和键能，以此定量表征冰受压和降温以及其他受激情况下氢键局域势的演化轨迹。

O：H—O 键弛豫计算和实验结果的一致性证实非对称超短程作用力与库仑斥力在 O：H—O 键中的存在性与重要性。分子低配位和压强引起的氢键弛豫分析同样适用于包含成键与非键相互作用的其他体系的受激弛豫行为，只是精确度因具体情况而异。

参 考 文 献

[1] Teixeira J. High-pressure physics: The double identity of ice X. Nature, 1998, 392 (6673): 232-233.

[2] Kumagai T. Direct observation and control of hydrogen-bond dynamics using low-temperature scanning tunneling microscopy. Prog. Surf. Sci., 2015, 90 (3): 239-291.

[3] Bernal J. D., Fowler R. H. A theory of water and ionic solution, with particular reference to hydrogen and hydroxyl ions. J. Chem. Phys., 1933, 1 (8): 515-548.

[4] Pauling L. The structure and entropy of ice and of other crystals with some randomness of atomic arrangement. J. Am. Chem. Soc., 1935, 57: 2680-2684.

[5] Huang Y., Ma Z., Zhang X., et al. Hydrogen bond asymmetric local potentials in compressed ice. J. Phys. Chem. B, 2013, 117 (43): 13639-13645.

[6] Huang Y., Zhang X., Ma Z., et al. Potential paths for the hydrogen-bond relaxing with $(H_2O)_N$ cluster size. J. Phys. Chem. C, 2015, 119 (29): 16962-16971.

[7] Sun C. Q., Zhang X., Zheng W. T. Hidden force opposing ice compression. Chem. Sci., 2012, 3: 1455-1460.

[8] Sun C. Q., Zhang X., Zhou J., et al. Density, elasticity, and stability anomalies of water molecules with fewer-than-four neighbors. J. Phys. Chem. Lett., 2013, 4: 2565-2570.

[9] Soper A. K. An asymmetric model for water structure. J. Phys. : Condens. Mat., 2005, 17 (45): S 3273-S 3282.

[10] Korth M. Empirical hydrogen-bond potential functions: An old hat reconditioned. Chemphyschem, 2011, 12(17): 3131-3142.

[11] Stillinger F. H. Water revisited. Science, 1980, 209 (4455): 451-457.

[12] Finney J. L. Water? What's so special about it? Philos. T. R. Soc. B, 2004, 359 (1448): 1145-1165.

[13] Bruni F., Ricci M. A., Soper A. K. Obtaining distribution functions for water from

diffraction data. In Francesco Paolo Ricci: His Legacy and Future Perspectives of Neutron Scattering, by Nardone M., Ricci M. A., Bologna: Società Italiana diFisica, 2001.

[14] Leetmaa M., Ljungberg M., Ogasawara H., et al. Are recent water models obtained by fitting diffraction data consistent with infrared/Raman and X-ray absorption spectra? J. Chem. Phys., 2006, 125(24): 244510.

[15] Leetmaa M., Wikfeldt K. T., Ljungberg M. P., et al. Diffraction and IR/Raman data do not prove tetrahedral water. J. Chem. Phys., 2008, 129 (8): 084502.

[16] Chumaevskii N., Rodnikova M. Some peculiarities of liquid water structure. J. Mol. Liq., 2003, 106 (2-3): 167-177.

[17] Wernet P., Nordlund D., Bergmann U., et al. The structure of the first coordination shell in liquid water. Science, 2004, 304 (5673): 995-999.

[18] Wikfeldt K. T., Leetmaa M., Ljungberg M. P., et al. On the range of water structure models compatible with X-ray and neutron diffraction data. J. Phys. Chem. B, 2009, 113 (18): 6246-6255.

[19] Nilsson A., Pettersson L. G. M. Perspective on the structure of liquid water. Chem. Phys., 2011, 389 (1-3): 1-34.

[20] Kuhne T. D., Khaliullin R. Z. Electronic signature of the instantaneous asymmetry in the first coordination shell of liquid water. Nat. Commun., 2013, 4: 1450.

[21] Wang Y., Liu H., Lv J., et al. High pressure partially ionic phase of water ice. Nat. Commun., 2011, 2: 563.

[22] Huang Y., Zhang X., Ma Z., et al. Hydrogen-bond relaxation dynamics: Resolving mysteries of water ice. Coord. Chem. Rev., 2015, 285: 109-165.

[23] Zhang X., Huang Y., Ma Z., et al. A common supersolid skin covering both water and ice. Phys. Chem. Chem. Phys., 2014, 16 (42): 22987-22994.

[24] Pruzan P., Chervin J. C., Wolanin E., et al. Phase diagram of ice in the Ⅶ-Ⅷ-Ⅹ domain. Vibrational and structural data for strongly compressed ice Ⅷ. J. Raman Spectrosc., 2003, 34 (7-8): 591-610.

[25] Song M., Yamawaki H., Fujihisa H., et al. Infrared absorption study of Fermi resonance and hydrogen-bond symmetrization of ice up to 141 GPa. Phys. Rev. B, 1999, 60 (18): 12644.

[26] Yoshimura Y., Stewart S. T., Somayazulu M., et al. Convergent raman features in high density amorphous ice, ice Ⅶ, and ice Ⅷ under pressure. J. Phys. Chem. B, 2011, 115 (14): 3756-3760.

[27] Yoshimura Y., Stewart S. T., Somayazulu M., et al. High-pressure X-ray diffraction and Raman spectroscopy of ice Ⅷ. J. Chem. Phys., 2006, 124 (2): 024502.

[28] Benoit M., Marx D., Parrinello M. Tunnelling and zero-point motion in high-pressure ice. Nature, 1998, 392(6673): 258-261.

[29] Goncharov A. F., Struzhkin V. V., Mao H. -k., et al. Raman spectroscopy of dense H_2O and the transition to symmetric hydrogen bonds. Phys. Rev. Lett., 1999, 83 (10): 1998-2001.

[30] Zhang X., Chen S., Li J. Hydrogen-bond potential for ice Ⅷ-Ⅹ phase transition. Sci. Rep., 2016, 6: 37161.

[31] Loubeyre P., LeToullec R., Wolanin E., et al. Modulated phases and proton centring in ice observed by X-ray diffraction up to 170 GPa. Nature, 1999, 397 (6719): 503-506.

[32] Skinner L. B., Huang C., Schlesinger D., et al. Benchmark oxygen-oxygen pair-distribution function of ambient water from X-ray diffraction measurements with a wide Q-range. J. Chem. Phys., 2013, 138 (7): 074506.

[33] Sun C. Q., Zhang X., Fu X., et al. Density and phonon-stiffness anomalies of water and ice in the full temperature range. J. Phys. Chem. Lett., 2013, 4: 3238-3244.

[34] Zhao M., Zheng W. T., Li J. C., et al. Atomistic origin, temperature dependence, and responsibilities of surface energetics: An extended broken-bond rule. Phys. Rev. B, 2007, 75 (8): 085427.

[35] Qiu H., Guo W. Electromelting of confined monolayer ice. Phys. Rev. Lett., 2013, 110 (19): 195701.

[36] Erko M., Wallacher D., Hoell A., et al. Density minimum of confined water at low temperatures: A combined study by small-angle scattering of X-rays and neutrons. Phys. Chem. Chem. Phys., 2012, 14 (11): 3852-3858.

[37] Mallamace F., Branca C., Broccio M., et al. The anomalous behavior of the density of water in the range 30 K<T<373K. Proc. Natl. Acad. Sci. USA., 2007, 104 (47): 18387-18391.

[38] Alabarse F. G., Haines J., Cambon O., et al. Freezing of water confined at the nanoscale. Phys. Rev. Lett., 2012, 109 (3): 035701.

[39] Moro R., Rabinovitch R., Xia C., et al. Electric dipole moments of water clusters from a beam deflection measurement. Phys. Rev. Lett., 2006, 97 (12): 123401.

[40] Cross P. C., Burnham J., Leighton P. A. The Raman spectrum and the structure of water. J. Am. Chem. Soc., 1937, 59: 1134-1147.

[41] Sun Q. The Raman OH stretching bands of liquid water. Vib. Spectrosc., 2009, 51 (2): 213-217.

[42] Ceponkus J., Uvdal P., Nelander B. Water tetramer, pentamer, and hexamer in inert matrices. J. Phys. Chem. A, 2012, 116 (20): 4842-4850.

[43] Hirabayashi S., Yamada K. M. T. Infrared spectra and structure of water clusters trapped in argon and krypton matrices. J. Mol. Struct., 2006, 795 (1-3): 78-83.

[44] Harich S. A., Hwang D. W. H., Yang X., et al. Photodissociation of H_2O at 121.6 nm: A state-to-state dynamical picture. J. Chem. Phys., 2000, 113(22): 10073-10090.

[45] Wilson K. R., Schaller R. D., Co D. T., et al. Surface relaxation in liquid water and

methanol studied by X-ray absorption spectroscopy. J. Chem. Phys., 2002, 117 (16): 7738-7744.

[46] Huang Y., Zhang X., Ma Z., et al. Size, separation, structural order, and mass density of molecules packing in water and ice. Sci. Rep., 2013, 3: 3005.

[47] Bergmann U., Di Cicco A., Wernet P., et al. Nearest-neighbor oxygen distances in liquid water and ice observed by X-ray Raman based extended X-ray absorption fine structure. J. Chem. Phys., 2007, 127 (17): 174504.

[48] Wilson K. R., Rude B. S., Catalano T., et al. X-ray spectroscopy of liquid water microjets. J. Phys. Chem. B, 2001, 105 (17): 3346-3349.

[49] Narten A., Thiessen W., Blum L. Atom pair distribution functions of liquid water at 25 ℃ from neutron diffraction. Science, 1982, 217 (4564): 1033-1034.

[50] Fu L., Bienenstock A., Brennan S. X-ray study of the structure of liquid water. J. Chem. Phys., 2009, 131 (23): 234702.

[51] Kuo J. L., Klein M. L., Kuhs W. F. The effect of proton disorder on the structure of ice-Ⅰh: A theoretical study. J. Chem. Phys., 2005, 123(13): 134505.

[52] Soper A. Joint structure refinement of X-ray and neutron diffraction data on disordered materials: Application to liquid water. J. Phys. Condens. Mat., 2007, 19 (33): 335206.

[53] Wikfeldt K. T., Leetmaa M., Mace A., et al. Oxygen-oxygen correlations in liquid water: Addressing the discrepancy between diffraction and extended X-ray absorption fine-structure using a novel multiple-data set fitting technique. J. Chem. Phys., 2010, 132 (10): 104513.

[54] Hakala M., Nygård K., Manninen S., et al. Intra- and intermolecular effects in the Compton profile of water. Phys. Rev. B, 2006, 73(3): 035432.

[55] Liu K., Cruzan J. D., Saykally R. J. Water clusters. Science, 1996, 271 (5251): 929-933.

第 6 章

压致氢键对称：准固态相边界内敛

重点提示

- 压致 O：H 收缩与 H—O 键伸长导致 H 质子两侧长度对称化
- 压致 O：H—O 极化拓宽冰的禁带宽度和使冰呈现蓝色
- 特征声子频率弛豫调制准固态相边界，降低熔点，升高冰点
- O-O 耦合赋予 O：H—O 氢键对形变的恢复和 O：H 断裂的自愈合能力

摘要

冰水受压时呈现出诸如复冰的多种反常现象。复冰指冰受压融化而撤压重新凝固的现象。复冰现象说明 O 原子尽可能维持其 sp^3 电子轨道杂化属性，导致 O：H—O 键对自身形变以及准固态相边界的色散具有超强自恢复能力。压力使 O：H 非键变短变强，而 H—O 共价键变长变弱。这将直接作用于分段的德拜温度而导致准固态相边界向内收缩，从而提高冰点，降低熔点，撤压后形变完全恢复，复冰现象发生。解析液/准固态 $T_m(P)$ 曲线证实 H—O 共价键的键能 E_H 主导 T_m，而且体相水 H—O 键能为3. 97 eV。

6.1　悬疑组五：压致 O∶H—O 长度对称和复冰现象

冰水在受压时表现出许多反常物性，机理有待澄清：

（1）复冰，即冰受压时融化，撤压后又再次凝固的现象[1-4]，如图 6.1a 所示。

（2）水的熔点温度（T_m）在 210 MPa 时最多可降低-22 ℃，但在-95 MPa 时（即张力）可提高 6.5 ℃[5, 6]。

（3）压致 O∶H 非键收缩、声子蓝移，H—O 共价键变化相反，如图 6.1b 所示。在 60 GPa 时，H^+质子两侧间距对称化。

（4）受压时，冰的带隙扩大，蓝冰出现，密度极大值温度从 277 K 降至 270 K。

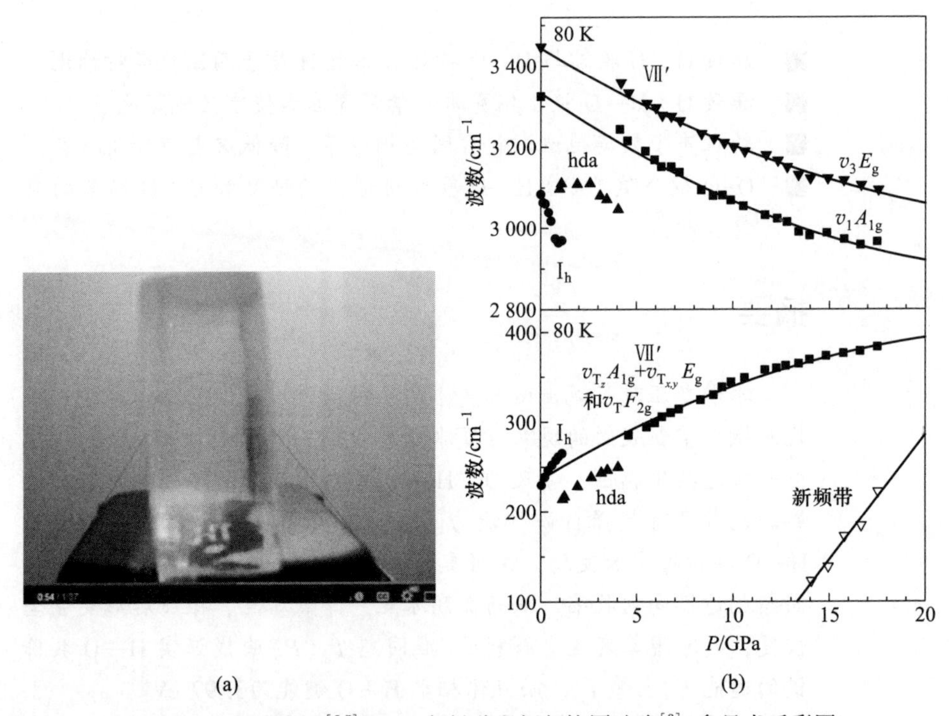

图 6.1　冰受压的（a）复冰实验[5-7]和（b）氢键分段振频协同弛豫[8]（参见书后彩图）

（a）中线切割冰块并不能切断。（b）中压强高于 5 GPa 时，O∶H（<400 cm^{-1}）和 H—O（>2 900 cm^{-1}）声子偏移趋势比较稳定；在低于 5 GPa 时，冰 I_h、Ⅸ、Ⅱ 相中的氢键弛豫稍显异常

6.2 释疑原理：压致氢键协同弛豫和准固态相边界内敛

图 6.1 和图 6.2 诠释了冰受压反常物像的内在机制[9, 10]：

(1) 氢键受压弛豫通过声子频移 $\Delta\omega_x$ 和各分段德拜温度变化，$\hbar\omega_x \cong k\Theta_{Dx}$[11]，调制准固态相边界，如图 6.2a 所示。

(2) 准固态相边界收缩降低其熔点温度 T_m，提升冰点温度 T_N[12]。

(3) H—O 共价键的键能主导熔点温度 T_m，如图 6.2b 所示[9]。

(4) O：H 非键断裂后，O 原子总寻求另一个原子结合维持其 sp^3 轨道杂化[13]，这赋予了 O：H—O 键在外界刺激消失后变形或断裂自行愈合的能力[14]。

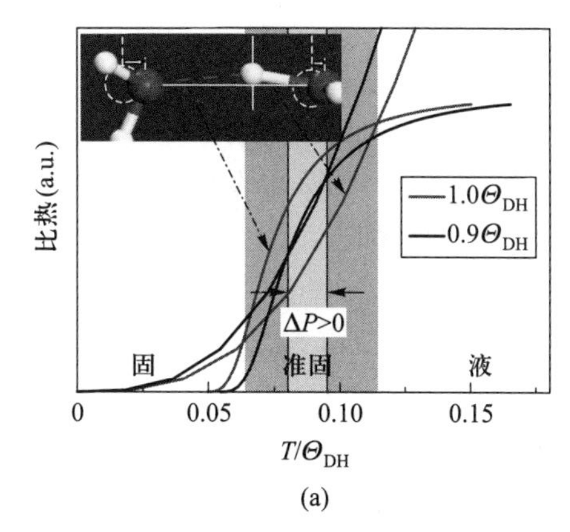

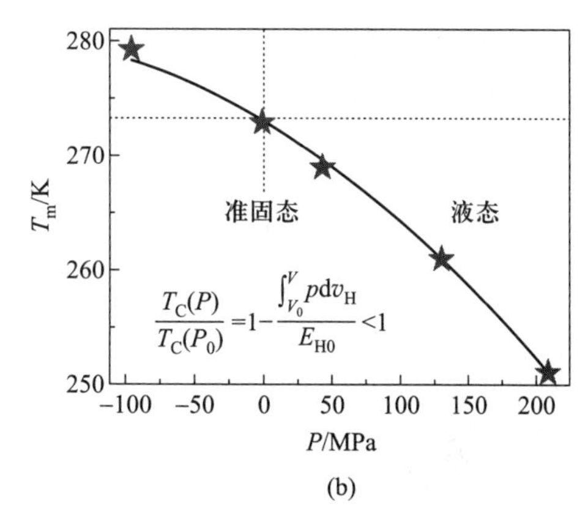

图 6.2 (a)压致准固态相边界收缩，降低熔点温度 T_m，提高冰点温度 T_N，(b)熔点温度随压强变化证实 H—O 共价键的自愈合能力[5, 6, 11]

6.3 历史溯源

6.3.1 复冰现象

19 世纪 50 年代，法拉第[4]、汤姆森[15]和福布斯[1, 2]先后发现了复冰现象。复冰，即在−10 ℃左右，冰受压融化，当压力撤销后再次结冰的现象。法拉第率先注意到[4]：“两块冰放在一起，轻轻一压就会形成一个整体；凝固可能在两块冰接触的任意点发生；但处于凝固点以下的冰不会。这种现象对干冰也不会发生”。

据记载[3, 15]：这种复冰现象是冰固有的性质。1857年，James Thomson 第一次提出压力会降低水的凝固点，并从理论上解释以及通过实验验证了这一现象。1861年，他第二次提出在冰上施加外力，冰具有融化的趋势，其本质是冰产生形态变化，而非简单的施于液体和固体上的力。施加在冰上的外力，形成作用于结构网格的应力，引起与线接触点处冰的融化趋势。冰融化成水，混合冰晶碎片和新的冰晶移动，以缓解压力。”

对于这一现象，普遍的解释为：冰片放在一起时，其接触面上有足够的压力引起融化，而当压应力消失后又再次凝固。

表 6.1 所示为早期研究复冰现象的代表人物。

表 6.1　早期研究复冰现象的代表人物

肖像	简介
 Michael Faraday AND THE ROYAL INSTITUTION THE GENIUS OF MAN AND PLACE	迈克尔·法拉第(Michael Faraday，1791—1867)，英国科学家，英国皇家学会会员。在电磁和电化学领域作出了许多贡献。发现了复冰现象。解释了冰为什么光滑？认为是冰的表面存在类液体，当两片冰相互接触受压时类液体融化[16]
	詹姆斯·大卫·福布斯(James David Forbes，1809—1868)，英国皇家学会会员，英国爱丁堡皇家学会会员，地质学会会员，苏格兰物理学家，冰川学家。在热和地震的传导方面作出了大量贡献
	詹姆斯·汤姆森(James Thomson，1822—1892)，工程师，物理学家。他的弟弟威廉·汤姆森(William Thomson)也成就非凡
	开尔文勋爵(Lord Kelvin，1824—1907)，即威廉·汤姆森(William Thomson)，英国数学家，物理学家，工程师。他利用数学分析电的相关性质，总结了热力学第一和第二定律。对跨大西洋电报项目作出了重大贡献，被维多利亚女王授予爵位

6.3.2 法拉第的表皮准液态说

自 19 世纪 50 年代法拉第、汤姆森和福布斯基于经典热力学理论和准液态表皮观点的基础上提出复冰的可能机制以来，人们对于复冰现象依然没有统一的认识[3, 4]。法拉第认为，有一层液态水皮包裹着冰。但液态水皮在两冰块之间不能维持而起到焊接剂的作用。

汤姆森受到复冰启示，发现相反的压力可以降低水的凝固点。两冰片受压接触时，即使压力微弱，也会使接触位置融化；若压力撤消，接触点再次凝固。福布斯并不认同这些观点。他认为，由于冰受压持续融化，冰的温度比冰上融化的水的温度更低，那么两片冰接触时其间的水就会凝固。

人们推测凝固点温度可以升高的物质有可能出现复冰现象，但温升机制和复冰现象仍然难解[12]。1859年，法拉第总结了复冰相关的大量实验[4]：“应用多种类型的盐进行尝试，将这些盐的常温饱和晶体利用螺旋压力机使之相互挤压，但均未成功。使用的盐类包括铅、氢氧化钾、苏打的硝酸盐；苏打、氧化镁、铜、锌的硫酸盐；明矾；硼砂铵氯化物；碳酸化钾的铁氰化物；苏打碳酸盐；醋酸铅；碳酸化钾和苏打的酒石酸盐等；这些结果只能说明只有水非常特别。复冰的物理成因似乎并非像设计现在这一系列实验时认为的那样。因此，3 种解释尚难以定论”。

然而，经历了长达一个半世纪的漫长辩论后，复冰的定量分析依旧未能完成。本章将利用 O：H—O 键受压协同弛豫理论给出定量的证据：氢键受压协同弛豫并因 O–O 耦合作用而自愈合。

6.3.3 压致质子隧穿与氢键分段长度对称弛豫

1972年，Holzapfel 提议[17]，在压力作用下，H 质子将位于两个 O^{2-} 之间，导致冰X从非对称变为对称相。1998年，Goncharov 等利用原位高压拉曼光谱证实了这一观点[18]。在压强约 60 GPa、温度 100 K 时，冰Ⅷ的 O：H—O 键质子实现对称化。O：H 非键和 H—O 共价键达到等长(0.11 nm)[19, 20]后，继续增大压强，并没有发现声子振频明显偏移。液态水在压强 60 GPa、温度 85 K 时也会发生质子对称化，液态 D_2O 在 70 GPa 和 300 K 下也会出现氢键分段对称[21]。压强诱导的质子对称化使 O^{2-} 之间的对称双势阱转变为中心单势阱(图 6.1)[22]，这可能源自“质子的量子隧穿效应”[19,23-25]，也可能由O：H—O中分子内与分子外的超常规短程作用主导形成[26]。

6.4 解析实验证明

6.4.1 氢键分段长度对称化

对于常规物质，压力会使其内含的所有化学键变短，所有的声子都硬化，如碳同素异构体[27]、氧化锌[28]、Ⅳ族[29]、Ⅲ-Ⅴ族[30]和Ⅱ-Ⅵ族[31]的化合物。而冰水却不然。压力使弱的 O：H 非键变短变强、强的 H—O 共价键变长变弱，前者缩短幅度远大于后者的伸长，最终质子位于两氧原子中间[9]，而并非质子的隧穿。

图 6.3a 给出了原位高压低温同步辐射 XRD 和拉曼测量的水(300 K)和冰(77 K)的 $V/V_0(P)$ 结果[32]。分子动力学计算将 $V/V_0(P)$ 结果分解成 d_x/d_{x0}-P 关系[9]，如图 6.3b 所示。当压强从 1 GPa 增至 20 GPa 时，压力使 O：H 非键从 1.767 Å 缩短至 1.692 Å，同时使 H—O 段从 0.974 Å 伸长至 1.003 Å[33-35]。将 d_x/d_{x0}-P 结果自 20 GPa 外推，得到氢键双段的交点，与实测X相58.6~59.0 GPa时氢键双段长度对称化的位置点精准重叠[18, 19, 32]，此时 O-O 间距为 2.20~2.21 Å[19]。计算与实验结果充分证明，O-O 间的库仑斥力调制着 O：H—O 键的协同弛豫。

质子对称化应为 O：H—O 键压致非对称弛豫的结果。如前所述，H—O 键的键能 3.97 eV 使 H^+ 质子的量子隧穿难以发生。因实测质子对称化[19]和 V/V_0-P 曲线[32]的约束，图 6.3b 所示的 d_x/d_{x0}-P 曲线代表了真实的氢键双段协同弛豫趋势，与测量手段、方法以及实验条件均不相关，在较大温度范围 77~300 K 内，d_L-d_H 的协同弛豫亦如图 6.3b 所示。表 6.2 为 DFT-MD 计算得到的氢键受压弛豫的性能演化情况。

表 6.2　DFT 与 MD 计算的冰受压时各种物性参数的变化[9]

P/GPa	DFT				MD		
	ρ/(g/cm^3)	d_H/Å	d_L/Å	E_G/eV	d_H/Å	d_L/Å	d_{OO}/Å
1	1.659	0.966	1.897	4.531	0.974	1.767	2.741
5	1.886	0.972	1.768	4.819	0.979	1.763	2.742
10	2.080	0.978	1.676	5.097	0.985	1.750	2.736
15	2.231	0.984	1.610	5.353	0.991	1.721	2.713
20	2.360	0.990	1.556	5.572	1.003	1.692	2.694
25	2.479	0.996	1.507	5.778	—	—	—

续表

P/GPa	DFT				MD		
	ρ/(g/cm^3)	d_H/Å	d_L/Å	E_G/eV	d_H/Å	d_L/Å	d_{OO}/Å
30	2.596	1.005	1.460	5.981			
35	2.699	1.014	1.419	6.157			
40	2.801	1.026	1.377	6.276			
45	2.900	1.041	1.334	6.375			
50	2.995	1.061	1.289	6.459			
55	3.084	1.090	1.237	6.524			
60	3.158	1.144	1.164	6.590			

根据图 6.3 的 V/V_0-P 和 $d_x/d_{x0}-P$ 结果，我们得到了氢键键长和体积随压力变化的定量表述(近似处理大气压 $P_0=10^{-4}$GPa 为零)

$$\begin{bmatrix} d_H/0.975 \\ d_L/1.768 \\ V/1.060 \end{bmatrix} = 1 + \begin{bmatrix} 9.510 & 2.893 \\ -3.477 & -10.280 \\ -238.000 & 47.000 \end{bmatrix} \begin{bmatrix} 10^{-4}P^1 \\ 10^{-5}P^2 \end{bmatrix} \tag{6.1}$$

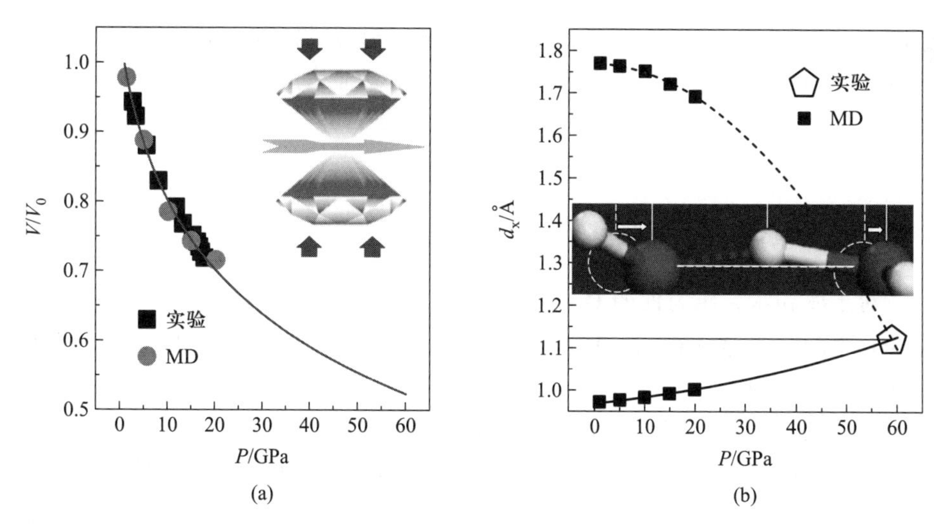

图 6.3 冰受压时(a)体积和(b)氢键分段长度的变化[9]

(a)中实心圆为 MD 计算结果[32]，重现了实心正方形的实测结果。插图为实验示意图[36]。实测质子对称化发生在 59 GPa，O-O 间距 2.20 Å[18, 19]。(b)中 d_L-d_H 协同变化关系在 77~300 K 温度范围内亦是如此，真实体现了氢键双段的弛豫情况，与实验条件和观测方法均无关因算法差异，DFT 和 MD 计算结果不重复，因此，更应关注物性的变化趋势和起因而非精确度。此外，第一性原理和量子蒙特卡罗计算表明[37]，当压力增加到 2 GPa 时，分子间 O：H 非键作用对晶格能的贡献增大(负值)，而分子内 H—O 共价键作用减小(正值)，见图 6.4。参比第 5 章所介绍的氢键的受压弛豫势能路径[38]，这一结果进一步证实，压力使 O：H 非键变短变强，使 H—O 共价键变长变弱。

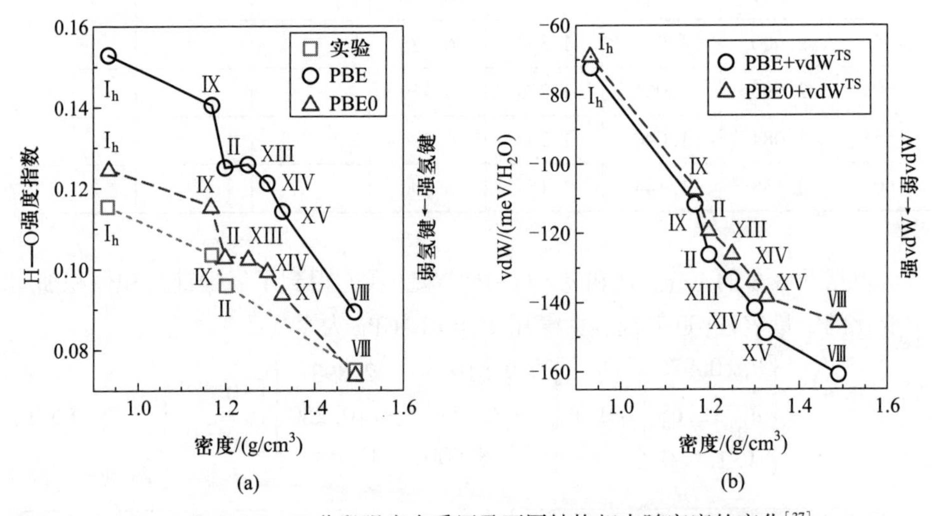

图 6.4 (a) H—O 和(b) O：H 分段强度在受压及不同结构相中随密度的变化[37]

(a)的纵坐标为 H—O 共价键强度指数：$[\omega_H(水)-\omega_H(冰)]/\omega_H(单分子)$。(b)的纵坐标为 O：H 非键能量。实验结果取自文献[39-41]。算法有差异，但总体趋势不变

6.4.2 压致声子协同频移

对于冰和水，压力使弱 O：H 声子(ω_L<300 cm^{-1})频率蓝移，但同时使强 H—O 声子(ω_H> 3 000 cm^{-1}) 红移[8, 32, 42-44]。压力会降低液态水的 ω_H，如图 6.1b 和图 6.5 所示[44]。

图 6.6a 为 MD 计算的冰Ⅷ相声子随压强的变化，与拉曼和红外光谱的实测(80 K)趋势吻合[32, 42, 43]。不考虑可能的相变和伴峰，压力实际使 ω_H 从 3 520 cm^{-1}降低至 3 320 cm^{-1}，使 ω_L从 120 cm^{-1}升高至 336 cm^{-1}。图 6.6b 对比了计算和实验得到的水[44]与冰[45] ω_x 压致偏移情况。结果证实，对于液态和固态的各种水结构形式，压力均使 O：H 非键变短变强，H—O 键变长变弱。

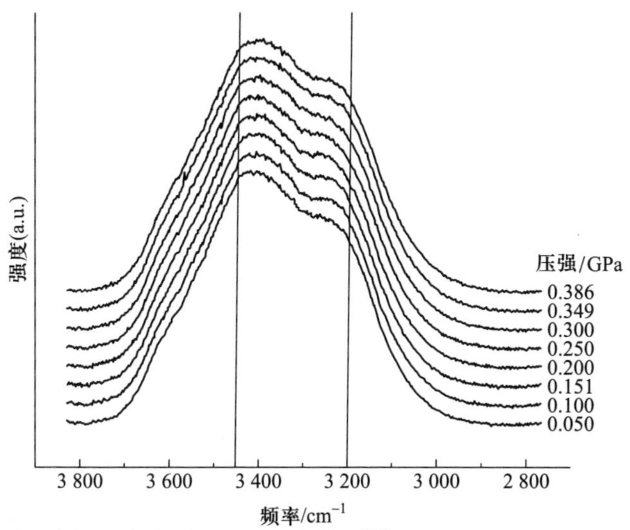

图 6.5 296 K 时，水的 ω_H 振频随压力的软化情况[44]

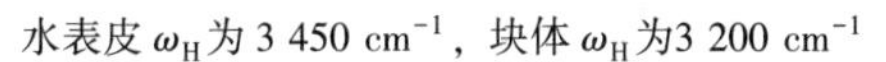
水表皮 ω_H 为 3 450 cm^{-1}，块体 ω_H 为3 200 cm^{-1}

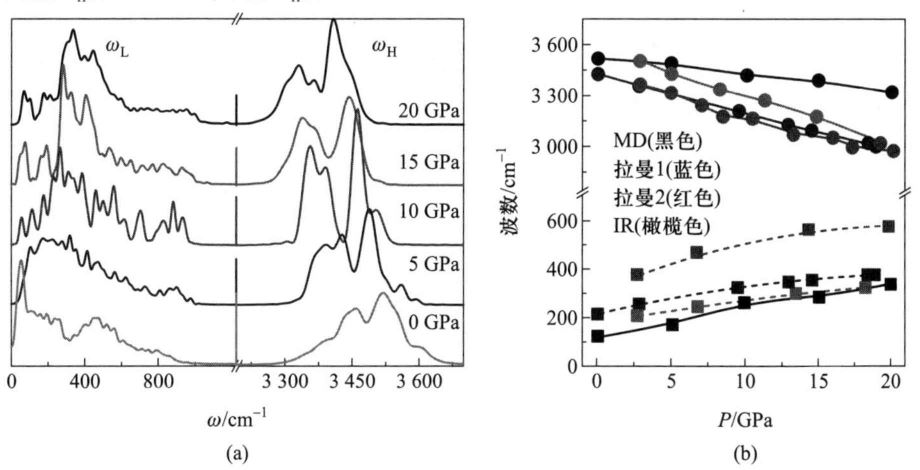

图 6.6 (a)MD 计算的 ω_x 压致弛豫，(b)80 K 冰Ⅷ相的 ω_x 压致频移的计算和实验结果对比[9](参见书后彩图)

6.4.3 准固态相边界色散

液态/准固态的 $T_C(P_C)$ 边界可由下式描述[10]：

$$\begin{cases} \dfrac{\Delta T_C(P)}{T_C(P_0)} = -\sum \dfrac{s_x \displaystyle\int_{P_0}^{P} p \dfrac{\mathrm{d}d_x}{\mathrm{d}p}\mathrm{d}p}{E_{x0}} < 0 \\ \mathrm{d}d_x/\mathrm{d}p > 0 \end{cases} \quad (6.2)$$

基于式(6.1)已知的 $d_x(P)$ 关系[9]可知，仅 d_H 符合压致伸长的规则。$T_m(P_C)$ 曲线的数值重现以及加压 210 MPa 使 T_m 降低 −22 ℃，−95 MPa 使 T_m 升高 6.5 ℃[5, 46]，并视 H 原子直径 0.106 nm 为 H—O 共价键直径[47]，导出 H—O 键能 E_H = 3.97 eV，同时也证实了 H—O 共价键决定液态/准固态转变的熔点温度 T_m。

6.4.4　氢键的自愈合特性

通常，物质受到外界刺激如施压和加热时，其均化键的长度 $d(T, P)$ 和能量 $E(T, P)$ 遵循其路径函数 $f(T, P)$ 发生变化[48]。例如，压力通过缩短硬化所有化学键来储存能量，当压力消失后很可能残留塑性变形。而拉力则是拉伸化学键来储能[49]。

然而，对于 O：H—O 键，储能机制截然不同。表 6.3 中显示，当压强升高至 40 GPa 时，E_L 从 0.046 eV 提升至 0.250 eV，而在 60 GPa 时能量降低至 0.16 eV，而此时 E_H 从 3.97 eV 降低至 1.16 eV。60 GPa 时 O：H 和 H—O 键长对称化，但 E_L 和 E_H 能量并不相同，表明质子对称化并未破坏 O 的 sp^3 电子轨道杂化。

与化学键常规储能模式不同，压力使 O：H—O 分段协同弛豫储能，键总能升高，如图 6.7 所示，且压力消失后 O：H—O 键自如恢复到初态而不发生任何塑性形变。因此，冰受压融化，撤压时又开始结冰。

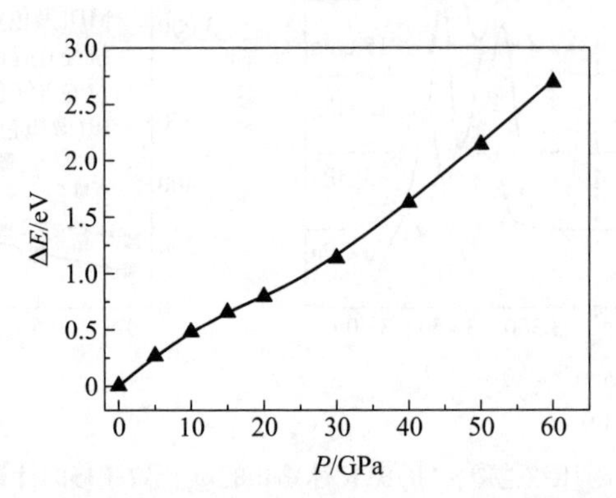

图 6.7　O：H—O 键受压持续储能，展示自恢复能力，也是复冰现象发生的原因[11]

表 6.3　O：H—O 键分段受压时的键能变化和准平衡态的总能改变

P/GPa	E_L/eV	E_H/eV	$E_{H+L}(P)-E_{H+L}(0)$
0	0.046	3.97	0
5	0.098	3.64	−0.278
10	0.141	3.39	−0.485
15	0.173	3.19	−0.653
20	0.190	3.04	−0.786

续表

P/GPa	E_L/eV	E_H/eV	$E_{H+L}(P)-E_{H+L}(0)$
30	0.247	2.63	-1.139
40	0.250	2.13	-1.636
50	0.216	1.65	-2.150
60	0.160	1.16	-2.696

6.4.5 复冰现象的物理机制

6.4.5.1 压致准固态相边界的内敛

解答复冰现象需要明确下列问题：

(1) 为什么由 E_H而非 E_L控制熔点温度 T_m?

(2) 为什么冰融化的最低限度是-22℃?

(3) 为什么压力消失后融化的冰会重新结冰?

首先，E_H与 ω_H主导准固态相边界的上限即熔点温度 T_m并不非孤立、直接的。而是通过振动频率 ω_x改变德拜温度 Θ_{Dx}[12]。氢键两分段的 η_x曲线交点对应于准固态相边界或者说极端密度的温度。高温边界对 η_H敏感而对 η_L不敏感，后者实际上已达到饱和。因此，E_H和 ω_H主导熔点温度 T_m。

其次，准固态相边界是可逆漂移的。基于 $\Theta_{DL}/\Theta_{DH}\approx\omega_L/\omega_H$ 关系[11]，压力($\Delta P>0$)/张力($\Delta P<0$)可通过调节 $\Theta_{Dx}\propto\omega_{Dx}$使准固态相边界收缩/拓展。压力会提高 ω_L频率，同时降低 ω_H声子频率，这将拉近交点温度，使熔点温度 T_m降低。而降压则会使其复原。根据图 6.7 的总能变化趋势可知，氢键弛豫的过程是可逆的。E_L不仅决定均匀物质的凝固点温度 T_N还决定沸点温度 T_V。一方面根据比热曲线的叠加情况，准固态上边界和下边界反向漂移。另一方面，如果要从块体水中取出一个水分子，必须断开 4 个 O：H 非键，常压下需 0.38 eV 的能量[50]。综上，是由 E_H决定熔点温度 T_m，尽管常压下熔点温度 T_m比沸点温度 T_V低。

这样，我们也可以理解为什么在压强 $-95\ \mathrm{MPa}\leqslant P\leqslant 210\ \mathrm{MPa}$、温度 $279.5\ \mathrm{K}\geqslant T\geqslant 252\ \mathrm{K}$ 的条件下会出现复冰现象。从图 6.2a 可见，如果压强高于临界压强 210 MPa，准固相会消失，液态直接生成冰Ⅲ、Ⅵ和Ⅴ相。在温度远低于 252 K 时，压力诱导的 O：H—O 氢键弛豫并不会导致复冰现象发生，拉曼光谱结果已予以印证[8]。

6.4.5.2 氢键的激励调制自愈合

水分子处于低配位状态时，H—O 共价键自发收缩，O：H 非键伸长。当两块正在融化的冰相互接触时，两者的表皮水分子易于形成氢键，倾向于恢复其原有的四配位状态[51]。一旦在外界刺激下 O∶H 非键断开，其 O 原子会寻找到其他原子成键，维持 sp^3 轨道杂化特性，这与金刚石氧化和金属的氧扩散腐蚀类似，当被氧极化的金属或 C 原子被剥离时，O 原子总是寻找新的伙伴重新成键[13]。因此，O∶H—O 键不发生任何塑性变形，自受压变形或解离状态自愈合。由于氢键内部电子对的排斥[52]，施压时会提高氢键总能(E_L+E_H)以存储能量。一旦压力消失或配位恢复，O∶H—O 键将弛豫恢复至其最初能态。

6.4.6　冰点、熔点、露点、沸点

如前所述，H—O 共价键主导熔点 T_m，O∶H 非键主导凝固点(即冰点)T_N 和露点与沸点温度 T_V。图 6.8 表明，压强降低，O∶H 段伸长，强度减弱；而 H—O 段则相反。因此，随着海拔升高，T_N 和 T_V 下降，T_m 上升。海拔 3 000 m 处的大气压仅为标压的 70%，沸点仅 87 ℃。当海拔升至 20 km 时(飞机正常飞行高度)，气压几乎为零，沸点降至 40 ℃，但此时熔点仅增加 0.007 2 ℃。当然，此时飞机内仓必须加压以维持内部压强。

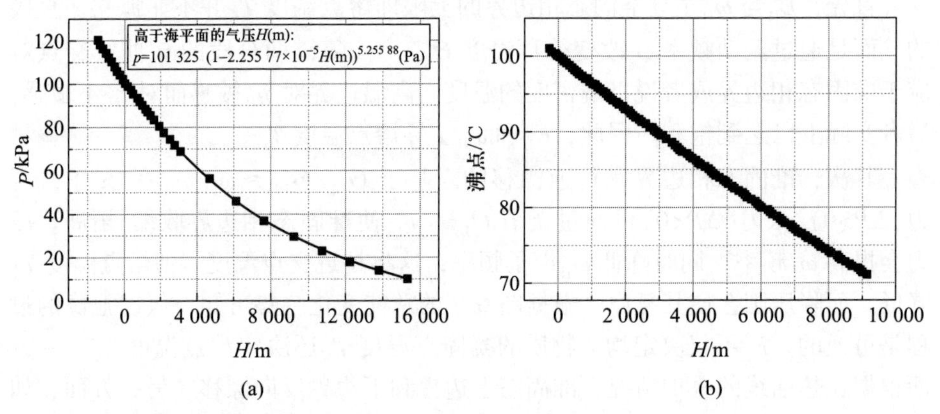

图 6.8　不同海拔下的(a)大气压强和(b)水的沸点值[10, 53]

熔点上升时，沸点和凝固点均下降；熔点上升越快，沸点和凝固点下降也越快

6.4.7　极化诱导带隙展宽

6.4.7.1　带隙展宽机制：压致极化

根据近自由电子近似[54]，由于电子-声子耦合作用[28, 55]，半导体带隙与其平均化键能成正比。外部压力使键变短变强，因此半导体的光学带隙受压展宽[28]。图 6.9 给出了 DFT 计算的冰Ⅷ相 DOS 特征随压强的变化情况。价带底从 1 GPa 时的-6.7 eV 深移至 60 GPa 的-9.2 eV，但其上端费米能级保持不变。导带从 1 GPa 时的 5.0~12.7 eV 偏移至 60 GPa 的 7.4~15.0 eV。压强升高，带隙继续扩张，从 4.5 eV 升高至 6.6 eV，如图 6.9b 所示。

压力致使冰的带隙展宽与常规物质趋势相同，但机制截然相反。压力使H—O共价键变弱，O：H非键变强，后者对带隙的扩张贡献相反[11]。压力作用下冰的带隙扩张也并非源自E_H的降低，而是因为未占据态的强极化。钉扎芯电子对孤对电子的极化引起费米能级E_F之上的DOS能级偏移，而费米能级E_F之下的价带DOS能级偏移则是由于氧成键态的钉扎效应[13, 56]。

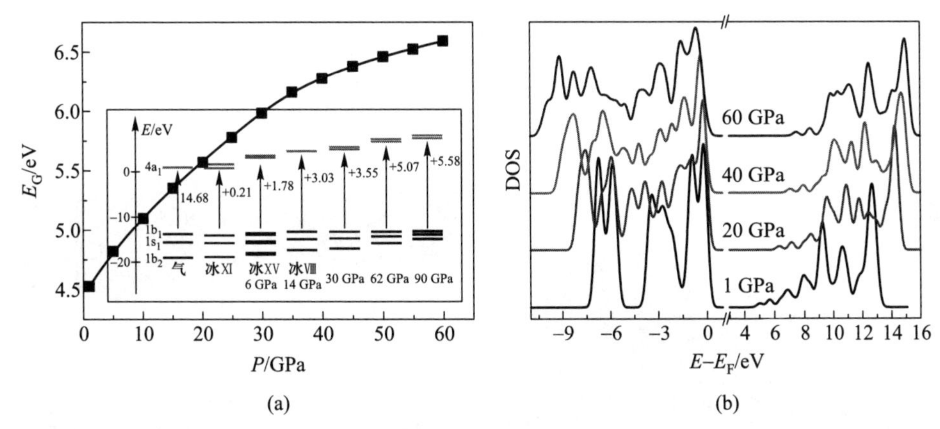

图 6.9 (a)冰Ⅷ相带隙受压展宽是因为(b)价带底DOS的钉扎和导带DOS的极化[9, 57]
价带顶的费米能级保持不变。(a)中插图表示水蒸气和水分子晶体结构中被占据和未占据能级。与气相相比，晶体带隙逐渐增大

图6.10为冰在不同压力下的紫外吸收光谱[57]。紫外吸收光谱始发端可表征带隙的变化。随着压强的增加，光谱始发端发生正向移动，相应地，冰变得

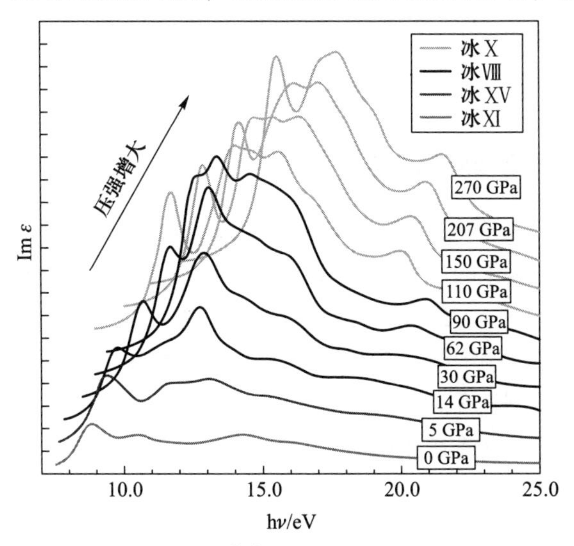

图 6.10 压强扩大了冰的吸收光谱边界[57]

更蓝、更透明。

6.4.7.2 压致色变:蓝色冰山

一般情况下,冰山呈白色,因为它们由雪堆积而成,可反射所有的可见光。但是,如果高压将雪花压实或海水结冰,则雪花间隙间的空气会消失,等同于反射面消失[56]。这样,来自太阳的长波光(红色和黄色)被冰吸收,而蓝光被散射,所以我们看到了蓝色冰山。当然,微生物或化学物质有时可以给冰山增添一些诸如绿色的色彩。消除了所有空气成分的水,结冰时也会获得上述效果。大块、远久冰山的底部更容易呈蓝色,当然,它们常常藏于水下。图6.11记录了南极冰山翻转看到的色泽变化。

(a)

(b)

图6.11 南极冰山的奇特色彩:(a)冰山底部翻转后,明显比上部更蓝;(b)白色与蓝色冰山的对比[58](参见书后彩图)

6.5 复冰实例

6.5.1 冰块的线切割而不断

图6.1a呈现了冰的线切割而不断裂实验。在冰块上环绕一根受力细线,细线受力逐渐在其融化的冰块中下移。而线穿过路径上融化的水又重新结冰。这就是复冰现象。所以,细线可以穿过整个冰块还依旧保持冰块的完整性。当然,冰的融化也有紧绷细线热传导的辅助贡献。相关的分子动力学计算表明,细线移动模式和切割速率取决于线的润湿性,疏水的粗线切冰速度较快[59]。由于导热系数差异,铜线切冰比尼龙渔线更快[60]。

6.5.2 冰川:江河源头

复冰引起冰川底部融化而活动,形成了诸多奇异景观[61]。冰川底部的复冰现象控制着河流源头。喜马拉雅山脉冰川是亚洲印度河、雅鲁藏布江和恒河的源头。冰川的重量使其底部有足够的压强以降低冰的熔点，使冰川融化并移动。在适当条件下，当气温低于冰点时[1,2]，融化的冰川水会从冰川底部向低海拔处流动，为河流之源，如图 6.12 所示。冰川底部受压融溶与细线割冰的机理本质上同源。O：H—O 键受压弛豫调制准固态相边界：熔点降低，冰点提升[62]。

图 6.12　冰川河流之源(参见书后彩图)
中国云南的梅里雪山，位于怒江、澜沧江和金沙江交界处

6.6　小结

压致 O：H—O 弛豫和极化主导其分段长度对称化、禁带展宽、复冰现象，并证明 O：H—O 键自愈合和准固态相边界的内敛的特征。具体而言：

(1) 压致 O：H 非键收缩变强，H—O 共价键膨胀变弱并实现质子对称。两者对晶体能量贡献相反。O：H 和 H—O 分段的受压协同弛豫互补降低了冰水的压缩率。

(2) 准固态相边界受压内敛，熔点降低，冰点上升，从而产生复冰现象。而负压作用相反。

(3) O：H 能量主导准固态的冰点和液态的沸点，而 H—O 能量主导准固态的熔点；准固态相边界的压致重合决定了复冰的极限压强为 220 MPa。

(4) 压致极化，而非 H—O 键能主导冰的禁带宽度。

(5) 理论再生 $T_m(P)$ 相变曲线得到体相水的 H—O 键能值为 3.97 eV。

附录　专题新闻：拂开冰的神秘面纱

源自《化学世界》，2012年 3 月 27 日。

来自新加坡和中国的科学家认为，冰在压力下的反常物性是由于共价键和非键孤对电子之间库仑斥力的存在。

水受压结冰的行为与其他物质在外压作用下的表现有很大差异。冰具有异常低的压缩性，而且施加压力是降低而非升高相转变温度。这些异常现象困惑了科学家多年，能有效地模拟出这些异常现象已是巨大的挑战。

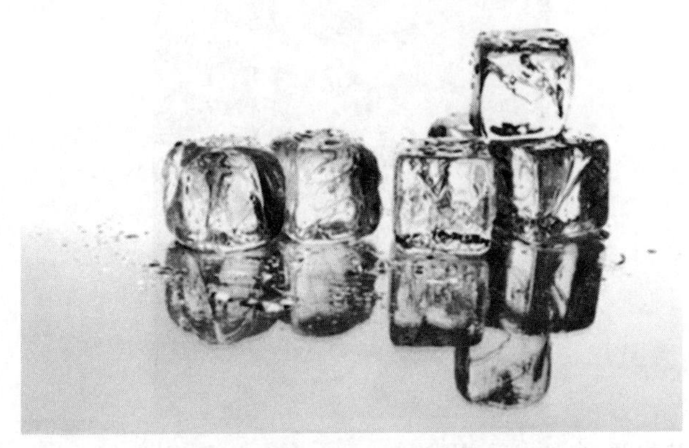

图 6.13　冰异常的低压缩性和施压降低而不是升高其相转变温度，这些都使科学家感到非常困惑(参见书后彩图)

目前，新加坡南洋理工大学的孙长庆教授和吉林大学、湘潭大学的合作者提出了一种全新的方法精确地模拟了这些特性。他们的工作对于理解冰与水异常行为的物理机制非常重要。

他们的模型的关键是将 O：H—O 键作为冰的基本结构单元。左边的 O 原子通过其上的孤对电子极化 H 原子附近的电子云形成非键。同时，H 原子与右边的 O 原子共用电子形成实键。

孙长庆教授提出的模型比常用的刚性非极化模型要更符合实际情况。Jose Abascal，西班牙马德里大学的冰水理论专家，认为“传统模型固定水分子结构，无法从根本上考虑分子几何构型的变化”，孙教授认为“刚性模型将水分子近似成两个点电荷，具有固定的键长和键角”。那实际上，“在外界刺激下，氢键键角、键长、键能以及相关的电子极化如何变化?”

孙长庆教授的研究成果表明，孤对电子和成键电子间存在斥力，导致

O：H非键变短的同时 O—H 实键变长。压力足够高时，非键和实键最终等长。实键键长键强变化会引起相关的系列物理现象。

孙长庆教授下一步将致力于揭开冰的其他异常现象，如冰的体积为什么增大?

参考文献

[1] Forbes J. D. Illustrations of the viscous theory of glacier motion. Part Ⅱ. An attempt to establish by observation the plasticity of glacier ice. Philos. T. R. Soc. B, 1846, 136: 157-175.

[2] Forbes J. D. Illustrations of the viscous theory of glacier motion. Part Ⅰ. Containing experiments on the flow of plastic bodies, and observations on the phenomena of lava streams. Philos. T. R. Soc. B, 1846, 136: 143-155.

[3] Thomson J. Note on professor Faraday's recent experiments on regelation. Proc. R. Soc. London, 1859, 10: 151-160.

[4] Faraday M. Note on regelation. Proc. R. Soc. London, 1859, 10: 440-450.

[5] Green J. L., Durben D. J., Wolf G. H., et al. Water and solutions at negative pressure: Raman spectroscopic study to −80 megapascals. Science, 1990, 249 (4969): 649-652.

[6] Chaplin M. Theory vversus experiment: What is the surface charge of water? Water, 2009, 1: 1-28.

[7] Does pressure melt ice? [EB/OL] https://www. youtube. com/watch? v=gM3zP72-rJE.

[8] Yoshimura Y., Stewart S. T., Somayazulu M., et al. Convergent Raman features in high density amorphous ice, ice Ⅶ, and ice Ⅷ under pressure. J. Phys. Chem. B, 2011, 115 (14): 3756-3760.

[9] Sun C. Q., Zhang X., Zheng W. T. Hidden force opposing ice compression. Chem. Sci., 2012, 3: 1455-1460.

[10] Zhang X., Sun P., Huang Y., et al. Water's phase diagram: From the notion of thermodynamics to hydrogen-bond cooperativity. Prog. Solid State Chem., 2015, 43: 71-81.

[11] Huang Y., Zhang X., Ma Z., et al. Hydrogen-bond relaxation dynamics: Resolving mysteries of water ice. Coord. Chem. Rev., 2015, 285: 109-165.

[12] Sun C. Q., Zhang X., Fu X., et al. Density and phonon-stiffness anomalies of water and ice in the full temperature range. J. Phys. Chem. Lett., 2013, 4: 3238-3244.

[13] Sun C. Q. Oxidation electronics: Bond-band-barrier correlation and its applications. Prog. Mater. Sci., 2003, 48 (6): 521-685.

[14] Sun C. Q. Relaxation of the Chemical Bond. Heidelberg: Springer, 2014.

[15] James T. B. Melting and regelation of ice. Nature, 1872, 5: 185.

[16] Thomas J. M. Michael Faraday and The Royal Institution: The Genius of Man and Place. Bristol: Adam Hilger, 1991.

[17] Holzapfel W. On the symmetry of the hydrogen bonds in ice Ⅶ. J. Chem. Phys., 1972, 56 (2): 712.

[18] Goncharov A. F., Struzhkin V. V., Mao H. K., et al. Raman spectroscopy of dense H_2O and the transition to symmetric hydrogen bonds. Phys. Rev. Lett., 1999, 83 (10): 1998-2001.

[19] Benoit M., Marx D., Parrinello M. Tunnelling and zero-point motion in high-pressure ice. Nature, 1998, 392(6673): 258-261.

[20] Loubeyre P., LeToullec R., Wolanin E., et al. Modulated phases and proton centring in ice observed by X-ray diffraction up to 170 GPa. Nature, 1999, 397 (6719): 503-506.

[21] Goncharov A. F., Struzhkin V. V., Somayazulu M. S., et al. Compression of ice to 210 gigapascals: Infrared evidence for a symmetric hydrogen-bonded phase. Science, 1996, 273(5272): 218-220.

[22] Teixeira J. High-pressure physics: The double identity of ice X. Nature, 1998, 392 (6673): 232-233.

[23] Ryzhkin I. A. "Symmetrical" phase and collective excitations in the proton system of ice. J. Exp. Theor. Phys., 1999, 88 (6): 1208-1211.

[24] Stillinger F. H., Schweizer K. S. Ice under compression-transition to symmetrical hydrogen-bonds. J. Phys. Chem., 1983, 87 (21): 4281-4288.

[25] Tian L. N., Kolesnikov A. I., Li J. C. Ab initio simulation of hydrogen bonding in ices under ultra-high pressure. J. Chem. Phys., 2012, 137 (20): 204507.

[26] Sun C. Q., Sun Y. The Attribute of Water: Single Notion, Multiple Myths. Springer-Verlag, 2016.

[27] Zheng W. T., Sun C. Q. Underneath the fascinations of carbon nanotubes and graphene nanoribbons. Energ. Environ. Sci., 2011, 4 (3): 627-655.

[28] Li J. W., Ma S. Z., Liu X. J., et al. ZnO meso-mechano-thermo physical chemistry. Chem. Rev., 2012, 112(5): 2833-2852.

[29] Gu M. X., Zhou Y. C., Pan L. K., et al. Temperature dependence of the elastic and vibronic behavior of Si, Ge, and diamond crystals. J. Appl. Phys., 2007, 102 (8): 083524.

[30] Gu M. X., Pan L. K., Yeung T. C. A., et al. Atomistic origin of the thermally driven softening of Raman optical phonons in group Ⅲ nitrides. J. Phys. Chem. C, 2007, 111 (36): 13606-13610.

[31] Yang C., Zhou Z. F., Li J. W., et al. Correlation between the band gap, elastic modulus, Raman shift and melting point of CdS, ZnS, and CdSe semiconductors and their size dependency. Nanoscale, 2012, 4: 1304-1307.

[32] Yoshimura Y., Stewart S. T., Somayazulu M., et al. High-pressure X-ray diffraction and

Raman spectroscopy of ice Ⅷ. J. Chem. Phys., 2006, 124 (2): 024502.

[33] Liu K., Cruzan J. D., Saykally R. J. Water clusters. Science, 1996, 271 (5251): 929-933.

[34] Ludwig R. Water: From clusters to the bulk. Angew. Chem. Int. Edit., 2001, 40 (10): 1808-1827.

[35] Kang D., Dai J., Hou Y., et al. Structure and vibrational spectra of small water clusters from first principles simulations. J. Chem. Phys., 2010, 133(1): 014302.

[36] Yan T., Li S., Wang K., et al. Pressure-induced phase transition in N–H···O hydrogen-bonded molecular crystal oxamide. J. Phys. Chem. B, 2012, 116 (32): 9796-9802.

[37] Santra B., Klimeš J., Alfè D., et al. Hydrogen bonds and van der Waals forces in ice at ambient and high pressures. Phys. Rev. Lett., 2011, 107 (18): 185701.

[38] Huang Y., Ma Z., Zhang X., et al. Hydrogen bond asymmetric local potentials in compressed ice. J. Phys. Chem. B, 2013, 117 (43): 13639-13645.

[39] Bertie J. E., Whalley E. Infrared spectra of ices Ⅱ, Ⅲ, and Ⅴ in the range 4000 to 350 cm^{-1}. J. Chem. Phys., 1964, 40 (6): 1646-1659.

[40] Wong P. T. T., Whalley E. Raman spectrum of ice Ⅷ. J. Chem. Phys., 1976, 64 (6): 2359-2366.

[41] Bertie J. E., Bates F. E. Mid-infrared spectra of deuterated ices at 10°K and interpretation of the OD stretching bands of ices Ⅱ and Ⅸ. J. Chem. Phys., 1977, 67 (4): 1511-1518.

[42] Song M., Yamawaki H., Fujihisa H., et al. Infrared absorption study of Fermi resonance and hydrogen-bond symmetrization of ice up to 141 GPa. Phys. Rev. B, 1999, 60 (18): 12644.

[43] Pruzan P., Chervin J. C., Wolanin E., et al. Phase diagram of ice in the Ⅶ-Ⅷ-Ⅹ domain. Vibrational and structural data for strongly compressed ice Ⅷ. J. Raman Spectrosc., 2003, 34 (7-8): 591-610.

[44] Okada T., Komatsu K., Kawamoto T., et al. Pressure response of Raman spectra of water and its implication to the change in hydrogen bond interaction. Spectrochim. Acta. A, 2005, 61(10): 2423-2427.

[45] Aoki K., Yamawaki H., Sakashita M. Observation of Fano interference in high-pressure ice Ⅶ. Phys. Rev. Lett., 1996, 76 (5): 784-786.

[46] Malenkov G. Liquid water and ices: Understanding the structure and physical properties. J. Phys.: Condens. Mat., 2009, 21 (28): 283101.

[47] Sun C. Q., Bai H. L., Tay B. K., et al. Dimension, strength, and chemical and thermal stability of a single C–C bond in carbon nanotubes. J. Phys. Chem. B, 2003, 107 (31): 7544-7546.

[48] Sun C. Q. Thermo-mechanical behavior of low-dimensional systems: The local bond average approach. Prog. Mater. Sci., 2009, 54 (2): 179-307.

[49] Liu X. J., Bo M. L., Zhang X., et al. Coordination-resolved electron spectrometrics.

Chem. Rev., 2015, 115 (14): 6746-6810.

[50] Zhao M., Zheng W. T., Li J. C., et al. Atomistic origin, temperature dependence, and responsibilities of surface energetics: An extended broken-bond rule. Phys. Rev. B, 2007, 75 (8): 085427.

[51] Sun C. Q., Zhang X., Zhou J., et al. Density, elasticity, and stability anomalies of water molecules with fewer-than-four neighbors. J. Phys. Chem. Lett., 2013, 4: 2565-2570.

[52] Zhang X., Huang Y., Sun P., et al. Ice regelation: Hydrogen-bond extraordinary recoverability and water quasisolid-phase-boundary dispersivity. Sci. Rep., 2015, 5: 13655.

[53] Cartwright J. H., Escribano B., Sainz-Diaz C. I. The mesoscale morphologies of ice films: Porous and biomorphic forms of ice under astrophysical conditions. Astrophys. J., 2008, 687 (2): 1406-1414.

[54] Sun C. Q., Chen T. P., Tay B. K., et al. An extended 'quantum confinement' theory: Surface-coordination imperfection modifies the entire band structure of a nanosolid. J. Phys. D Appl. Phys., 2001, 34 (24): 3470-3479.

[55] Pan L. K., Xu S. Q., Qin W., et al. Skin dominance of the dielectric-electronic-phononic-photonic attribute of nanostructured silicon. Surf. Sci. Rep., 2013, 68 (3-4): 418-455.

[56] Sun C. Q. Dominance of broken bonds and nonbonding electrons at the nanoscale. Nanoscale, 2010, 2(10): 1930-1961.

[57] Hermann A., Schwerdtfeger P. Blueshifting the onset of optical UV absorption for water under pressure. Phys. Rev. Lett., 2011, 106 (18): 187403.

[58] Luntz S., Cornell A. This is what the underside of an iceberg looks like [EB/OL]. http://www.iflscience.com/environment/underside-iceberg.

[59] Hynninen T., Heinonen V., Dias C. L., et al. Cutting ice: Nanowire regelation. Phys. Rev. Lett., 2010, 105 (8): 086102.

[60] Petely D. Our strange desire to find a landslide trigger [EB/OL]. http://ihrrblog.org/2013/11/08/ourstrange-desire-to-find-a-landslide-trigger/.

[61] Goddard J. D. The viscous drag on solids moving through solids. Aiche J., 2014, 60 (4): 1488-1498.

[62] Möhlmann D. T. Are nanometric films of liquid undercooled interfacial water bio-relevant? Cryobiology, 2009, 58 (3): 256-261.

第 7 章

温驱密度振荡：氢键分段比热与准固态

重点提示

- 氢键分段比热叠加唯一地定义液态、准固态、冰 I_{h+c} 和冰 XI 相四温区
- 比热较低的分段遵循常规热胀冷缩规律，而另一分段则因O-O排斥相反
- 液态和固态 I_{h+c} 相呈现正常的热胀冷缩；准固态反之而导致浮冰现象
- 表皮 H—O 悬键受热膨胀而表皮超固态热稳定性更高

摘要

氢键分段比热各异，它们的叠加决定水的热力学行为。德拜温度正比于声子的振频，而比热曲线的温度积分正比于分段键能。两比热的叠加将全温区分为液态、准固态、固态 I_{h+c} 和 XI 相四温区，各温区的比热比值决定氢键分段的温致弛豫。相对较低比热分段服从常规的热胀冷缩规则，而由于 O-O 库仑耦合，另一段则冷胀热缩。O：H 弛豫量永远大于 H—O。准固态冷膨胀导致浮冰发生。超固态表皮具有高热稳定性。

7.1　悬疑组六：浮冰与温驱四温段密度振荡

自 1611 年始，关于浮冰机制的争议一直持续至今，认识尚未统一。冰水受热激发产生许多悬疑，譬如：

(1) 浮冰[1]。氩气和氧气凝固时质量密度增加 12%，而水结冰时却下降 9%，浮于水上(图 7.1a)。

(2) 密度振荡[2]。密度在全温段 4 个相区内以不同幅度和斜率振荡。

(3) 块体冰水在 277 K 和 258 K 时达到密度极值，在 ~100 K 时，冰 $\mathrm{I_c}$ 相转变为Ⅺ相[3]。密度极值对应的临界温度会随外界条件如液滴尺寸和压力等发生变化[4,5]。

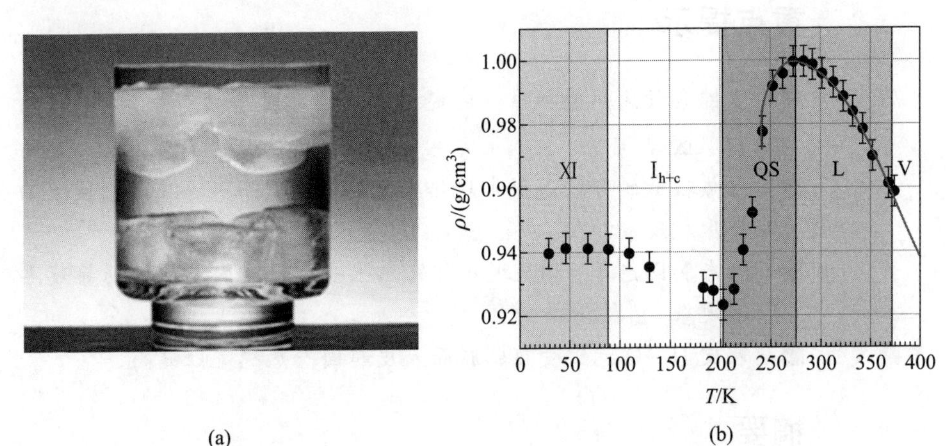

图 7.1　(a)浮冰[1]，(b)块体水($T \geqslant 273$ K)与纳米水滴(1.4 nm，$T<273$ K)[2]在四温区的密度振荡[3]

7.2　释疑原理：O：H—O 键分段比热差异

图 7.2 从 O：H—O 键分段比热差异以及分段长度和内角弛豫的角度，阐释了冰水热力学反常现象[6]：

(1) 图 7.2a 为 O：H 非键(x=L)和 H—O 共价键(x=H)的比热曲线 $\eta_x(T, \Theta_{Dx})$，两线交点将全温段划分为 η_L/η_H 比率各异的 4 个温区。

(2) 准固态出现在液/固态两相之间，降温会增大键角 θ(∠O：H—O)，不同温区增幅不同，进而引起 O-O 间距增加和密度降低(图 7.2b)。

(3) 在液相和 $\mathrm{I_{h+c}}$ 相中 $\eta_L/\eta_H<1$，O：H 键冷缩幅度超过 H—O 伸长，从而导致冰水以不同幅度冷却致密。

（4）在准固态温区 $\eta_L/\eta_H>1$，O：H—O 冷却膨胀使密度降低；Ⅺ相中 $\eta_L \approx \eta_H \approx 0$，分段键长呈现近零响应，只是键角 θ 因降温增大引起稍许体积膨胀。

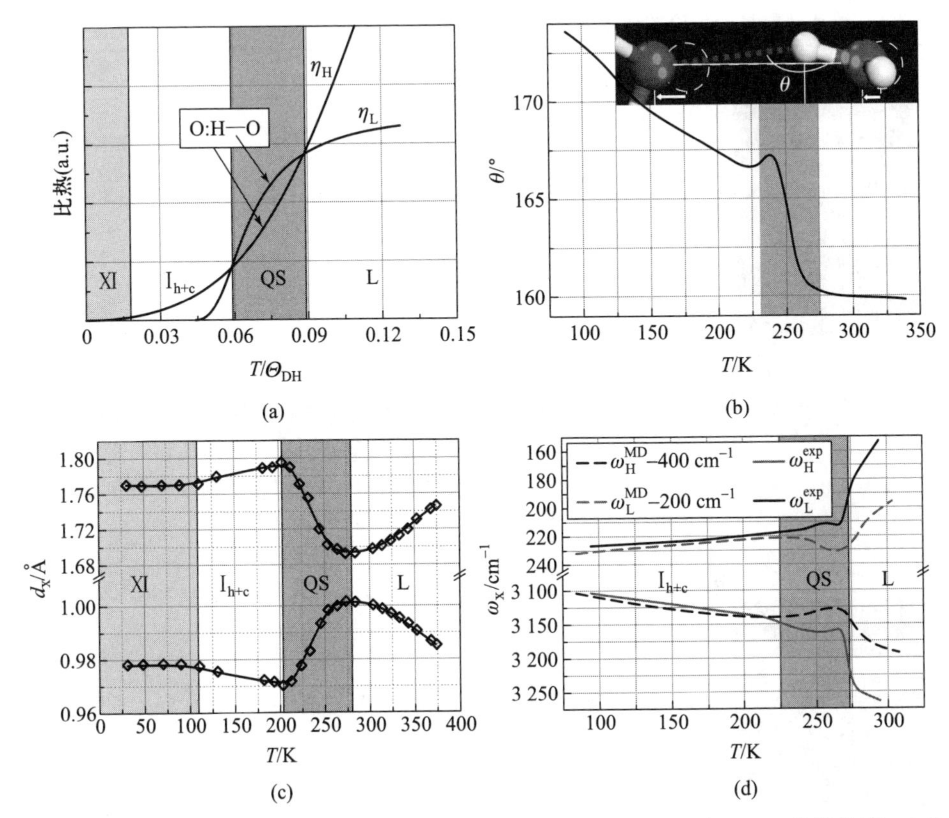

图 7.2 (a)四温区的氢键比热叠加及温致，(b)键角 θ，(c)H—O 和 O：H 分段长度，(d)振动频率的协同弛豫[6]

(a)中 O：H 和 H—O 比热曲线的交点确定了准固态的相边界。两比热曲线在不同区间的比率 η_L/η_H 决定 O：H 和 H—O 分段的“主-从”行为，即低比热段“主动”服从热胀冷缩规律，而另一分段则以不同速率反向“从动”弛豫。(b)中插图为准固态相分段冷致弛豫示意图。(c)中 O：H 和 H—O 弛豫行为考虑了键角 θ 的影响[7]。(d)中为增强计算和测量数据的重合度，对分段振频计算值分别予以 400 cm^{-1} 和 200 cm^{-1} 的补偿。实线为测量结果，虚线为计算结果

7.3 历史溯源

7.3.1 伽利略-哥伦布的世纪辩论

1611 年，伽利略与哥伦布在意大利佛罗伦萨就“冰为什么浮于水上?”面对

30 多位社会名流举行了为期 3 天的辩论。争论的焦点是物体的浮力、密度、形状还是表皮张力导致浮冰现象的发生[8]。浮冰现象早期争论的代表人物如表 7.1所示。

表 7.1　浮冰现象早期争论的代表人物

	简介
	伽利略 · 伽利雷(意大利比萨，1564—1642)，物理学家、数学家、工程师、天文学家和哲学家
 DISCORSO DI LODOVICO	卢多维科 · 德勒 · 哥伦布(意大利佛罗伦萨，1565—1616)，哲学家和诗人。因反对伽利略的理论而出名，起初他在天文学领域反对哥白尼体系(地球围绕太阳转)，其后在物理学领域研究流体静力学问题(浮力)
	阿基米德(意大利锡拉库扎，公元前 287—前 212)，希腊数学家、物理学家、工程师、发明家和天文学家

哥伦布认为，冰是水的固态形式，比水更致密，浮力“只是与物体的形状有关”，“与密度无关”。他举乌木球为例演示：若把乌木球体置于水中会下沉，其薄片则漂浮于水面上。球状和薄片乌木密度一样，因此哥伦布认为浮力的大小与密度无关而只与物体的形状有关。

对于哥伦布的论点，伽利略有不同看法，认为物体形状并不会影响该物体是否下沉或漂浮，真正原因其实是密度。伽利略的主要论据是阿基米德的密度理论即水中物体所受浮力等于它排开的同体积水的重量。冰的密度小于液态水，故始终浮在水上。冰是固体的一个特例，其密度比相应液体小，但不知为什么。

然而，伽利略忽略了表皮张力。它取决于物体与液体表皮接触面积的大小，能够阻止液面上物体的下沉。以纸片为例：如果将它平放于水面则浮起，若竖放则下沉。前者所受表皮张力较后者大。因此，一定程度上，物体的形状

(或表皮接触面积)关系到它是否下沉或上浮。

这场争辩一直持续到会议结束也没得到一致结果。会后，哥伦布和伽利略整理了此次争辩的纪要及一些参数，出版了杂记《物体在水中的沉浮》(1612)、《伽利略论点的辩护》(1612)和《关于伽利略论点的思考》(哥伦布，1613)。基于亚里士多德原理，哥伦布与格拉齐亚双双反对伽利略的论点。1615 年，伽利略发表论著回应两者对其水面浮物观点的驳斥。

为纪念此次辩论 400 周年，20 多位业界学者再次汇聚原地举行了为期一周的讨论，主要探讨水研究中迄今未解决的一些难题。会后，Ninham 与 Nostro 编辑出版了关于此次会议的文集[9]。相隔 400 年的这两次水的集会有着诸多相似之处：活动持续时间长，对相关实验细节或理论讨论热烈。然而，回顾 4 个世纪以来关于水的研究情况，第一次辩论对水科学家甚至所有科学家来说实际是很好的警示——傲慢的态度对科学研究是双刃剑。

400 年后，水仍旧存在诸多悬而未决的问题。人们对水的结构与异常动力学本质的认知依旧迷茫。迄今为止，还没有一个模型能够在整个冰水相图范围内重现冰水在受到激励时所显示的各种性能。2005 年，《科学》期刊在纪念创刊 125 周年之际将“水的结构”列为人类亟需解决的 125 个难题之一。2014 年 10 月 13 日—11 月 7 日，在瑞典首都斯德哥尔摩的北欧理论物理研究所举行了一场关于水的为期 4 周的专题讨论会。这次会议由 Lars Pettersson、Anders Nilsson 和 Richard Henchman 组织，召集了数百名实验科学家和理论学家一起探索有效的实验手段和理论模型，以统一对水的结构与物性的认知。该计划的主要目的是明确水异常行为的临界因素，这需要考虑新的模型以使整个温区内理论预测与实验测量一致。此外，也期待新的模型以描述因离子水合、疏水界面、微纳尺度等作用对水的微扰。

7.3.2 持续争辩焦点

目前关于水的密度异常机制主要集中于固态密度的变化，而液态和固态冷却致密的“常规”现象背后的本征机制少有注意。对于过冷水冷胀结冰现象，主要有以下的可能机制：

(1) 混相机制认为[2,10-16]，随机分布的“类冰”纳米碎片或低密度环/链状液体(LDL)与高密度四配位结构液体(HDL)之间的竞争决定了过冷液体的体积膨胀[12,17]。冷却提高了 LDL 相的比重，从而使冰漂浮于水上。多体电子结构和非局域范德瓦耳斯相互作用可能是体积膨胀的主要原因[18]。

(2) 单一均相机制认为[19-23]，水具有单一的均匀、三维、四配位的热涨落结构[23,24]。但 O : H—O 键长冷却膨胀和键角弛豫的确切方式不明。

(3) 线性相关模型认为[25]，冰水的局域密度随键长和键角均匀改变。

Matsumoto通过改变键长、键角以及拓扑结构来模拟氢键网络体积的改变。他提议，热致O：H伸长主导热膨胀，而键角变形主导热收缩，而拓扑结构对体积变化几乎没有影响。因此，O：H—O键角与O：H键长的弛豫决定冰水的反常密度变化。

(4) 两类O：H非键模型认为[26,27]，冰水中存在两种比例约为2：1且强弱不一的O：H非键(可能源于表皮弱O：H和块体的强O：H非键[28])。通过引入这两种O：H非键，Tu和Fang[27]解释了许多，特别是过冷态的反常热力学行为，并且发现强与弱O：H非键间的交换强化了液态水结构的切换。

(5) O：H—O键的分段比热差异、温致协同弛豫以及准固态冷膨胀等，这些首次提出的概念及理论也是本章介绍的重点[6]。

7.3.3 思维拓展

当前的O：H—O键协同弛豫理论以及氢键的分段比热假说能够获得关于冰水密度异常[29-32]的定量解：

(1) 氢键协同弛豫和分段比热叠加是关键；

(2) 温致O：H—O分段的长度和刚度的协同弛豫主导冰水热力学行为；

(3) 液态与固态中“常规”的冷却致密化实际是一种反常行为；

(4) 准固相是冷膨胀而XI相为近零膨胀。

7.4 解析实验证明

7.4.1 浮力定律和密度差异

浮冰遵循阿基米德原理。完全或者部分浸没的物体($V+\Delta V$)在液体中受到的向上浮力(B)等于被物体取代的液体重量$Vg\rho$。ΔV是未浸没部分的物体体积。漂浮物体的合力f可表示为

$$
\begin{aligned}
f = B - Mg &= [V\rho_{液} - (V + \Delta V)\rho_{物}]g \\
&= V\rho_{液}\, g\left[1 - \frac{(V + \Delta V)\rho_{物}}{V\rho_{液}}\right] \geqslant 0 \qquad (7.1)
\end{aligned}
$$

式中

$$
\frac{\rho_{液} - \rho_{物}}{\rho_{物}} = \frac{\Delta\rho}{\rho_{物}} = \frac{\Delta V}{V} \qquad (7.2)
$$

即物体密度小于液体密度时$\Delta\rho = \rho_{液} - \rho_{物} > 0$。由此可知，冰的密度小于水的密度而浮于水面上。

一个有趣的问题是 1 kg 的木块能否浮在 1 kg 水上？

若忽略表皮张力，并假设水与木块之间有最大的平面接触面积，则浮力满足如下关系：

$$B = \rho_w h_w = x\rho_l h_l = \rho_w (h_l + h_{up})$$

式中，x 是木材和水之间的重量比；$h_w = h_l + h_{up}$ 是木块的高度；h_l 为液体的深度；h_{up} 为浸入液体的木块高度。

综合式(7.1)与式(7.2)可得

$$x = \frac{\rho_w}{\rho_l}\left(1 + \frac{h_{up}}{h_l}\right) = \frac{\rho_w}{\rho_l}\left(1 + \frac{\rho_l - \rho_w}{\rho_w}\right) \equiv 1$$

因此，1 kg 水在不考虑接触面积或木块密度的情况下只能漂浮同等重量的木块。

7.4.2 准固态氢键反常弛豫

准固态存在于纯水的液态和固态I_h相之间，温度范围为 258～277 K[3]，呈凝胶状或黏稠状。图 7.3 是波士顿哥伦比亚广播公司于 2015 年 2 月拍摄的准固态冰浪，呈果冻状，里面有许多冰块。美国东部楠塔基特岛的一位摄影师也拍摄到了类似的冻结状波浪。此时的海水温度大约-25 ℃，但海水并没有完全冻结。

图 7.3 距美国马萨诸塞州岛 30 mile(约 50 km)南部科德角的楠塔基特，低温(-25 ℃)下呈果冻状的准固态雪浪[33](参见书后彩图)

7.4.3 氢键弛豫与分子的涨落序度

7.4.3.1 键长与质量密度的关联

图 7.4a 为 MD 计算的水分子运动轨迹快照。水分子 MD 运动视频也表明[6]，在300 K下的整个记录时段内水分子始终保持 V 形结构不变。液相O：H 非键中的 H 和 O 双方相互吸引，但因 O-O 的库仑斥力，两者始终保持一定距离。但 O：H 非键相互作用的强涨落与高频开合，使整个 H—O—H 的 V 形结

构像钟摆一样持续摆动。而实际上，这一过程中伴随着键角 θ 和非键键长 d_L 的强涨落，但一直维持着单个水分子的四配位结构[34]，即使是 5 K 温度下，氧的 sp^3 电子轨道杂化也可形成并保持稳定[35]。笔者认为，MD 提供的图像可能有些夸张，涨落的幅度或许要小很多。

图 7.4b 是 MD 计算的 O-O 间距随温度的变化情况，与图 7.1b 中密度测量结果保持吻合。结果表明，在冷却过程中，比热较低的主动段缩短(图 7.4c 中以箭头标示)必伴随着从动段伸长。在液态和固态 $\mathrm{I_h}$ 和 $\mathrm{I_c}$ 相中，O：H 非键 η_L 较低，其收缩幅度大于 H—O 键的伸长，因此 O-O 长度变短。所以水的液态和固态表观上服从常规冷缩规律。然而，它与常规的冷缩机制完全不同，它是通过 O：H—O 分段一缩一伸的协同弛豫实现的[36]。

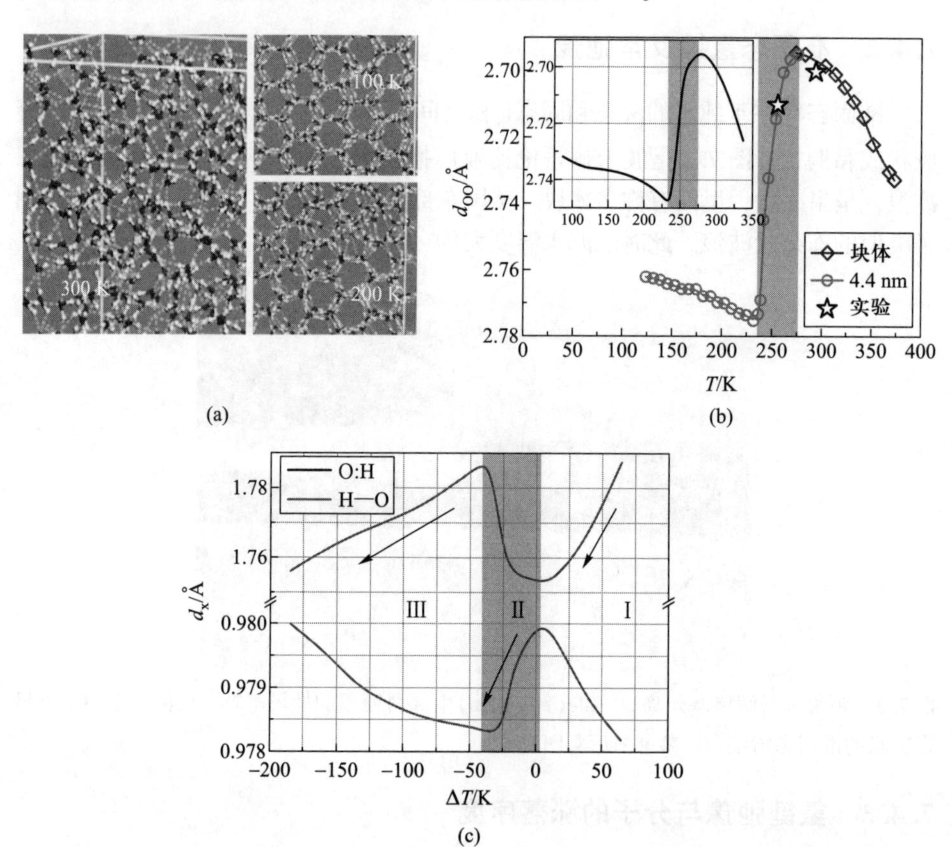

图 7.4　(a) MD 计算的水分子运动轨迹快照[6]，(b) O-O 间距随温度变化的实验测量[5]与计算(插图)结果，(c)氢键分段键长 d_x 的协同弛豫(参见书后彩图)

(a)中温度升高，水分子的结构序度降低，但因强劲的 H—O 共价键(3.97 eV/键)，水分子在 300 K 时仍保持 V 形结构[3]。(b)中计算与测量的 O-O 间距振荡与冰水密度温驱变化趋势一致，除 202～258 K 的相变温度区间外[2]。25 ℃和−16.8 ℃时 d_{OO} 值的计算与测量值一致[37]

与此相反，准固态中主从分段角色互换。H—O 键因 η_H较低主动冷收缩，且缩幅小于 O：H 非键的伸长，使 O-O 间距净增长，导致密度减少。低于 80 K 时 d_x计算结果恒定，无明显变化，对应Ⅺ相。

图 7.2b 中冷致键角 θ 扩张使体积在不同温区以不同的速度膨胀。在液相中，θ 均值为 160°但涨落较大，而 O：H 与 H—O 键的冷致收缩与膨胀是引起密度变化的主要因素。在准固相降温时，键角 θ 从 160°增大至 167°，使氢键最大伸长率达 1.75%，体积膨胀 5%。由于键角拉伸导致的体积膨胀与氢键的冷致伸长叠加，实测密度减小 9%。

在 I_h和 I_c相中，冷致键角 θ 从 167°增至 174°，导致体积增大 2.76%，密度减小，部分补偿了长度弛豫，实测密度为 96%。这是为什么固相比液相密度增加率要低的原因。Ⅺ相的冷致键角扩张导致 O-O 间距略有增大，因 $\eta_x \approx 0$，其 d_x和 E_x保持不变。所以在 80 K 以下观测到的密度略有下降[38,39]，而 ω_L(d_L和 E_L)稳定[40,41]。因此，键角拉伸仅对密度有影响，对其他物理性能如相变温度 T_C、O 1s 芯能级偏移 E_{1s}、声子频率 ω_x等没有明显影响。

图 7.4b 的 O-O 间距随温度的演变与整个温区密度演变趋势(图 7.1b[2])一致。冰的 O-O 间距总是比水的大，因此冰浮于水上。温致 O：H—O 分段协同弛豫的观点并不涉及高低密度混相结构。因此，全温区的密度振荡源自氢键分段比热差异及键角变化引起的分段协同弛豫。

O-O 间距、密度和分段键长关系可描述为：$\rho \propto (d_{OO})^{-3} \propto (d_H+d_L)^{-3}$。$d_x$为氢键分段在 O-O 连线上的投影，与键角 θ 无关。在所有相中，$\theta > 160°$[6]。160°与 180°键角差引起的长度偏差仅 3%，甚至更低[6]。

结构不同时，体积变化还可能有其他诱因。例如，压力越高，冰Ⅶ比冰 I_c体积更小，分子间距更大，因为前者是后者的双重网络结构。冰Ⅶ和Ⅷ拥有类似的结构网络，但晶体对称性不同[42]。结构差异引起的体积变化对氢键弛豫有明显影响，这也是冰水高压异常现象的起因。

7.4.3.2 温致拉曼振频弛豫

常规材料受热时所有的键都会伸长弱化而导致声子软化[43-50]，而图 7.5 中所示的液态水和冰的 ω_H声子热致硬化蓝移[30,31,51-59]。但在准固相中，如图 7.5a和 b 所示，冷致 ω_H蓝移，H—O 键长收缩，开始温度在-1.5~0 ℃之间[6,54]。但图 7.5c 和 d 所示的 34.6~90.0 ℃的过冷液滴以及-10~10 ℃的体相过冷水中却没有发现 ω_H冷致蓝移现象，这是因为温度测量步长设置较大而丢失了信息。可见，细化探测步骤非常重要。液体 D_2O 也和液体 H_2O 一样在整个液相区同步发生热致 ω_H硬化和 ω_L软化。前者由 O：D—O 键主导，因约化质量增大，其特征峰在 2 500 cm^{-1}左右[60,61]。

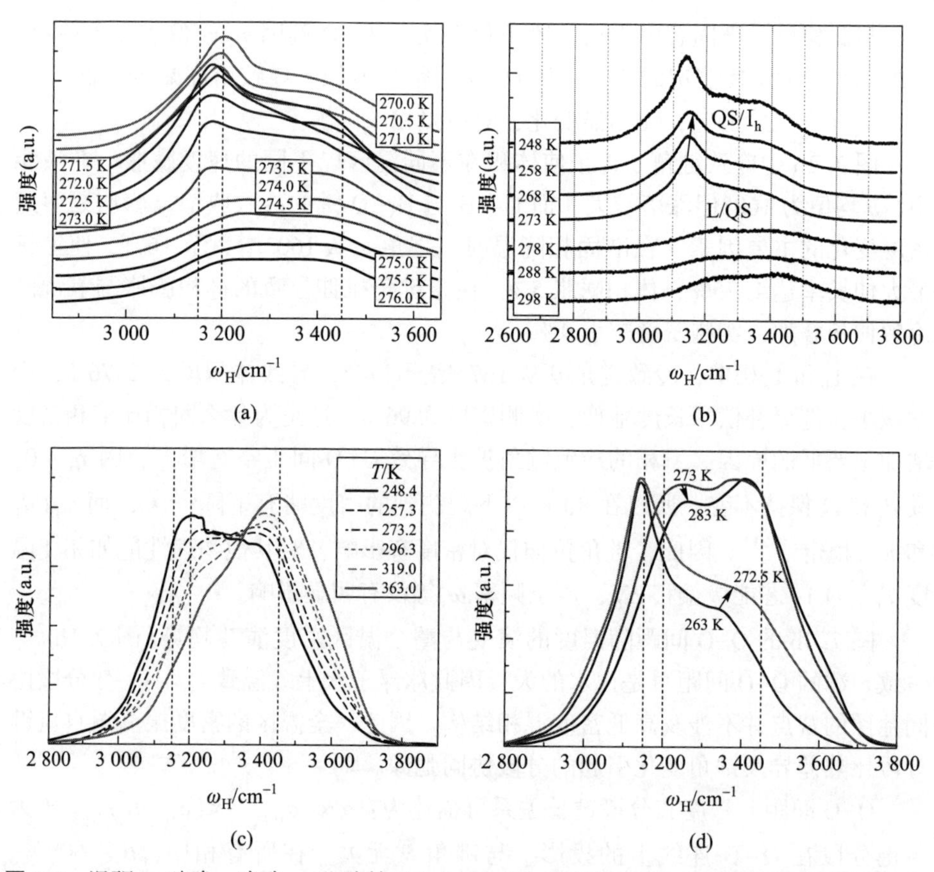

图 7.5　温驱 ω_H 弛豫：冷致 ω_H 蓝移始于(a) 271.5 K 和(b) 273 K，表明液态-准固态相变点，(c)块体水和(d)过冷液滴拉曼频率测量中没有发现 ω_H 的冷致蓝移[6,54,60,62]

图 7.6 所示为变温时的全频拉曼光谱。插图为 H—O 键谱峰分解得到的 3 个分峰分别对应于块体、表皮和 H—O 悬键的特征振动频率[63]。温度从278 K 升至 368 K 的过程中，高频 H—O 振频蓝移。因为低比热值导致的 O : H 非键热致膨胀造成 H—O 键收缩硬化。

7.4.3.3　准固态的冷膨胀

图 7.5a 和 b 表明准固态 ω_H 发生冷致蓝移。图 7.7 为微米尺度水滴的结构因子 $S(q)$，进一步证实 H—O 键的冷致收缩。抛开可能的两相结构，过冷态的两个 $S(q)$ 特征峰随温度发生反向移动[65]。$S(q)$ 与特征长度(d_L，d_H)成反比。d_L 和 d_H 的变化表明，冷致长键变长而短键变短，这与准固态中 O : H 非键和 H—O 键的冷致弛豫趋势完全一致。降温缩短了较短的 H—O 键，拉长了较长的 O : H 非键[6]。结果令人感叹、鼓舞。

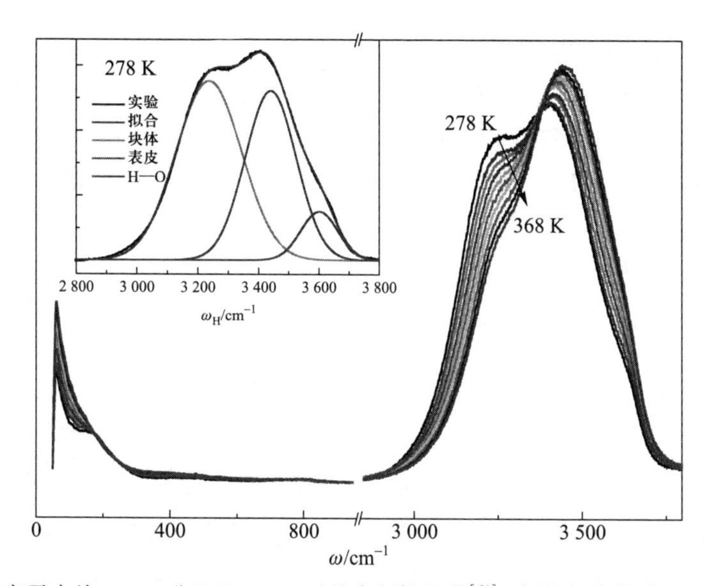

图 7.6 去离子水从 278 K 升温至 368 K 时的全频拉曼谱[64](参见书后彩图)

H—O 振频谱峰分解为体相(3 200 cm^{-1})、表皮(3 450 cm^{-1})以及 H—O 悬键(3 610 cm^{-1})3 个分峰

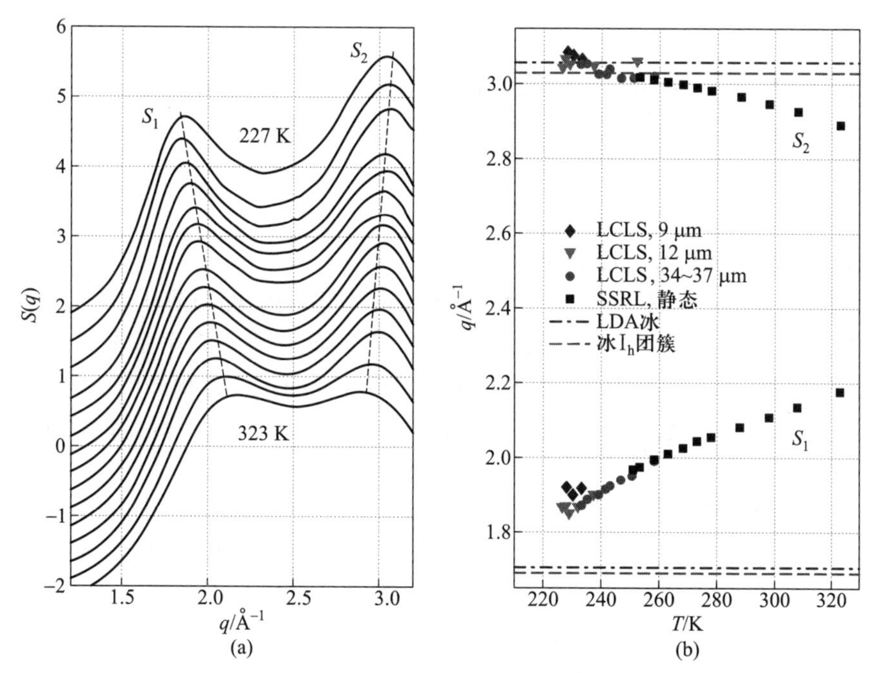

图 7.7 相干 X 射线散射得到的微米尺度水滴的结构因子 $S(q)$[65]：(a) $S(q)$ 劈裂成 S_1 和 S_2 而且(b)两者随温度变化发生反向移动

(a)中温度自下而上分别为：323 K、293 K、273 K、268 K、263 K、258 K、253 K、251 K、247 K、243 K、239 K、232 K、229 K、227 K。(b)冷致 $S_1(q)$ 和 $S_2(q)$ 峰移说明长键变长而短键变短($q \propto d^{-1}$)

7.4.3.4　I_{h+c}固相的冷收缩

图7.8是MD计算的H_2O功率谱随温度变化的情况[6]。计算结果呈现了冰、水的相变过渡以及准固态的存在。在260 K时开始的高频峰分裂表明，水在260~200 K温区内开始向冰转变。正如预期，在液态和固态中，ω_L降温硬化，同时ω_H软化，证实冰水冷却致密化。图7.8b阴影区表示准固态区域，冷致ω_H蓝移、ω_L红移。

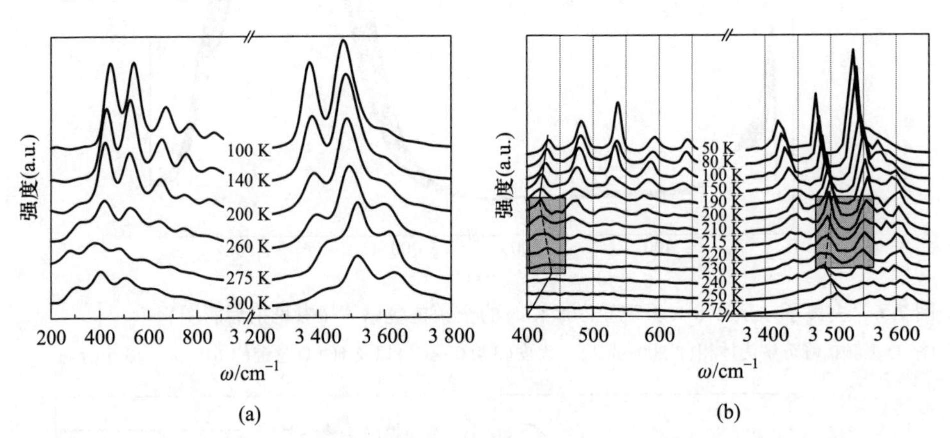

图7.8　不同算法得到的H_2O功率谱随温度的变化情况[6]：(a)260 K时高频峰的分裂表明260~200 K时水向冰过渡，(b)阴影表示的准固态区声子弛豫情况与实验测试结果一致，冷致ω_H蓝移、ω_L红移

7.4.3.5　Ⅺ相的近零温度响应

图7.9展示了100 K及以下冰Ⅺ相中晶胞体积随温度的演化情况。当$d\rho/dT>0$时，冰Ⅺ相只发生了细微的冷致膨胀[39]，而ω_x声子频率基本保持不变，如图7.2d所示。ω_x恒定和体积细微膨胀的情况证明了理论预测的氢键分段的近零比热所致的近零温度响应。体积的细微膨胀也只是源自键角的冷致拉伸结果。

上述情况同样适用于笼形结构ⅩⅥ相的冷致膨胀[28]。ⅩⅥ相(中空结构)密度为0.81 g/cm^3，在温度低于55 K时因低配位影响体积有轻微膨胀。低配位使笼形结构在结构上更稳定，且比实心结构的水合物具有更大的晶格常数。因此，ⅩⅥ相具有低配位引起的超固态和Ⅺ相结构氢键分段近零弛豫双重特征，而且形变温度在55 K，低于体相的100 K。

Ⅺ和ⅩⅥ相的冷致体积膨胀现象一致证实，在极低温度下，两种结构中H—O键和O：H非键因$\eta_L\approx\eta_H\approx0$，均未发生冷致弛豫，而是键角∠O：H—O呈冷致拉伸倾向[7]。

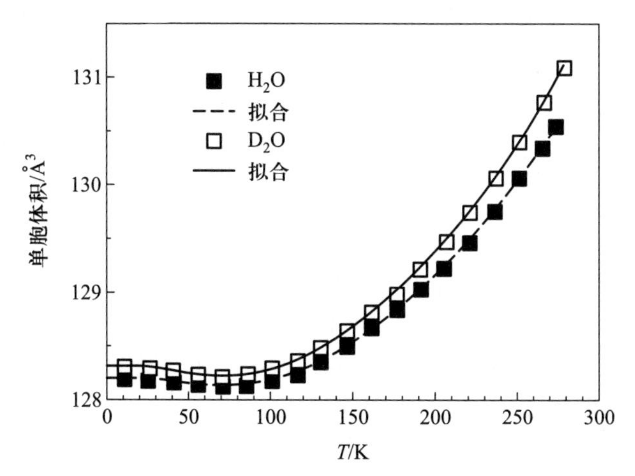

图 7.9　H_2O 和 D_2O 的XI相低温($T \leqslant 100$ K)下的细微冷致膨胀以及I_{h+c}相的冷致收缩[5,39]

7.4.4　空间位置分辨氢键弛豫

图 7.10 为氢键分段受热频移的差谱[63,66]。差谱(differential phonon spectrometrics，DPS)是一种非常有用且十分简便的光谱分析方法，可便捷地从复合振动谱中提取出氢键的丰度和刚度的受激转变。将样本的特征峰光谱与参考谱均扣除背景并进行面积归一化后，再用样本光谱减去参考谱获得差谱。在x轴之上和之下的面积对称，是声子或氢键数目从常规水转移到受激态的丰度。

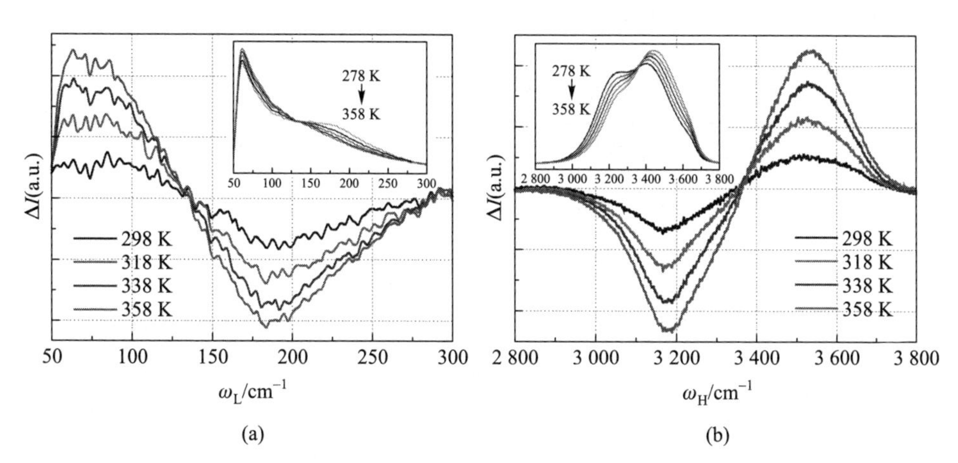

图 7.10　去离子水 ω_x 的 DPS 结果，加热使液相的(a)ω_L从 190 cm^{-1}软化至 75 cm^{-1}，(b)ω_H从 3 180 cm^{-1}硬化至 3 550 cm^{-1}(参见书后彩图)

加热致使水的 ω_H 从 3 180 cm^{-1} 蓝移至 3 550 cm^{-1}，亦即 H—O 键收缩、声子硬化；而 O：H 非键 ω_L 从 190 cm^{-1} 红移至 75 cm^{-1}。声子振频演变是氢键键长和键能受激变化的响应。不同的激励可能有相同的效果[3]，但不能混为一谈。

图 7.11 是对 278 K 和 368 K 水的 ω_H 谱段分解后解谱得到的 3 个高斯分峰各自的受激频移[64]：块体 ω_H 从 3 239 cm^{-1} 蓝移至 3 287 cm^{-1}；表皮 ω_H 从 3 443 cm^{-1} 蓝移至 3 456 cm^{-1}；H—O 悬键从 3 604 cm^{-1} 红移至 3 589 cm^{-1}。表 7.2列举了其他温度下各 ω_H 组分的频移。结果显示，表皮的短 H—O 键受热较体相的 H—O 键难于继续变短，而 H—O 悬键因欠缺 O-O 耦合作用受热膨胀。所以，已经收缩的 H—O 键在受激时表示出相对高的稳定性。

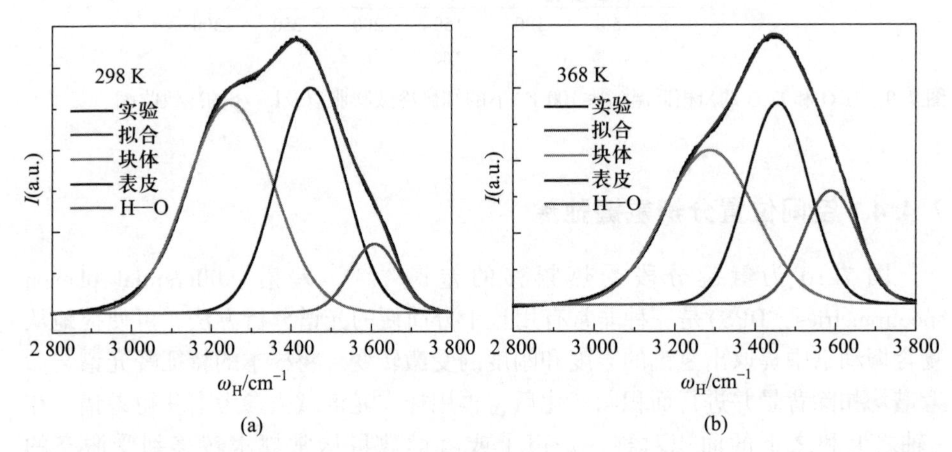

图 7.11　(a)298 K 和(b)368 K 下纯水 ω_H 谱段的高斯解谱(拟合度 $R^2 \geqslant 0.999\,8$)显示悬键从 3 604 cm^{-1} 红移到 3 588 cm^{-1}，但涨落丰度增加(参见书后彩图)

表 7.2　不同温度下纯水 ω_H 的高斯解谱[64]

	T/K	块体	表皮	H—O 悬键	说明
ω_H/cm^{-1}（键的刚度）	278	3 239	3 443	3 604	加热和低配位均使 ω_H 硬化、H—O 键缩短，只是程度不同[6,28] 加热使 H—O 悬键的 ω_H 软化——O-O耦合作用缺失及热涨落效果 H—O 键的声子寿命与 ω_H 成正比[67]
	298	3 248	3 449	3 608	
	318	3 264	3 455	3 603	
	338	3 279	3 459	3 600	
	358	3 284	3 457	3 592	
	368	3 287	3 456	3 589	

续表

	T/K	块体	表皮	H—O 悬键	说明
半高宽/cm^{-1}（涨落序度）	278	215	169	122	加热会增大块体水分子的涨落序度，而分子低配位则反之
	298	217	171	119	
	318	225	163	125	
	338	231	161	127	
	358	227	156	135	
	368	226	155	138	
峰积分（a. u.）（声子丰度）	278	0.53	0.39	0.08	低配位和加热均使块体和表皮的声子丰度降低，只是幅度不同 加热增大了 H—O 悬键 ω_H 的声子丰度——热涨落效果
	298	0.49	0.42	0.09	
	318	0.49	0.39	0.11	
	338	0.48	0.38	0.13	
	358	0.44	0.38	0.17	
	368	0.43	0.38	0.19	

将各温度下的拉曼谱各组分峰减去 278 K 的参考谱(图 7.6 插图)可以进一步分析空间位置分辨的氢键弛豫行为，如图 7.12 所示。单个组分的 DPS 在横坐标上下面积并不对称，而所有 DPS 曲线总和在横坐标上下的面积才相等。如果进行单组分谱峰面积归一化则失去它的物理意义。除 H—O 悬键失去 O-O 耦合作用而些许发生受热红移外，其他两组分均发生热致蓝移。表皮 ω_H 偏移速率比块体慢。表皮和块体 H—O 组分的丰度净增是因为加热导致H—O键收缩，而 H—O 悬键的声子红移则是因为热涨落和 O-O 耦合欠缺。

表皮和块体的 ω_H 热致硬化符合预期，H—O 键受热收缩，声子硬化，O：H非键伸长，声子软化。H—O 悬键的 ω_H 软化表明升温和 O-O 耦合消失使其稍有伸长和软化。这是因为热涨落增加了 H—O 悬键暴露于表皮外而降低局部库仑耦合的概率，表皮外的 H—O 悬键因库仑作用的减弱而稍微拉伸软化。H—O 悬键 ω_H 的这一细小变化在介电光谱测量和 MD 计算中也得到证实，这也说明了加热并不会改变表皮 H—O 悬键的键序，但会改变其键长和强度。表皮组分因处于超固态，比之其他组分而言，热稳定性更强[64]。图 7.12 所示同一温度下所有组分 DPS 曲线的面积总和归零。

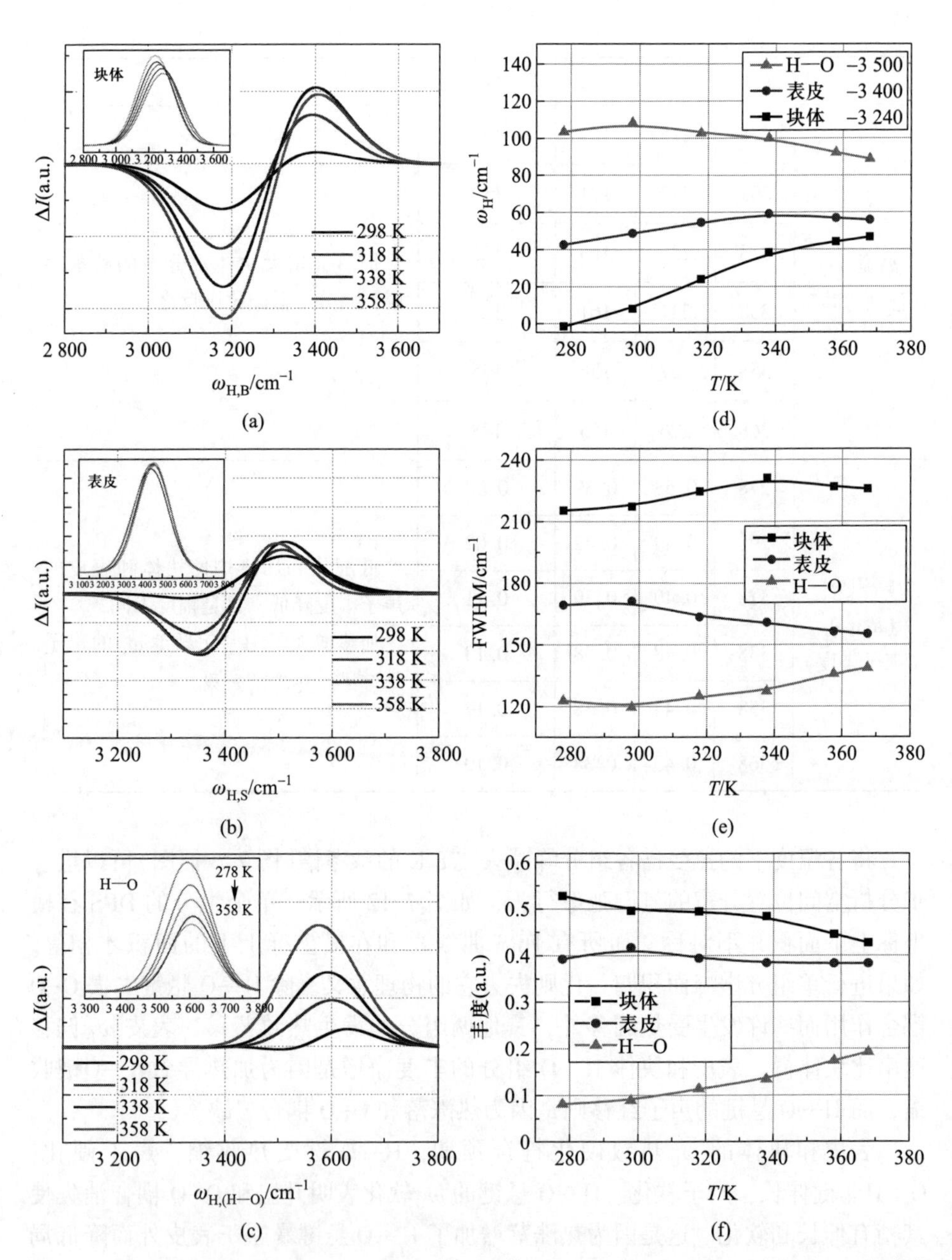

图 7.12　分子空间位置分辨的 DPS 结果：(a)块体、(b)表皮和(c)H—O 悬键的 ω_H 热弛豫及其(d)刚度、(e)半高宽和(f)声子丰度的热致演化[64](参见书后彩图)

7.4.5 ΔE_{1s}与$\Delta\omega_H$的关联

X 射线光电子能谱(XPS)测量显示水分子的 O 1s 芯能级偏移(基于孤立 O 原子)正比于 H—O 键能(4.0 eV)[68]。O：H 非键键能(0.10 eV)贡献小到忽略不计。图 7.13 所示 NEXAFS 和 XES 的测试结果显示情况比较复杂，O 1s 芯能级和上部占据或未占据态均发生偏移，程度和方式不尽相同[68]。除了从非晶向晶体转变，水的不同相受热时，O 1s 芯能级均向深层能级偏移[69,70]。这种趋势与常规材料相反。

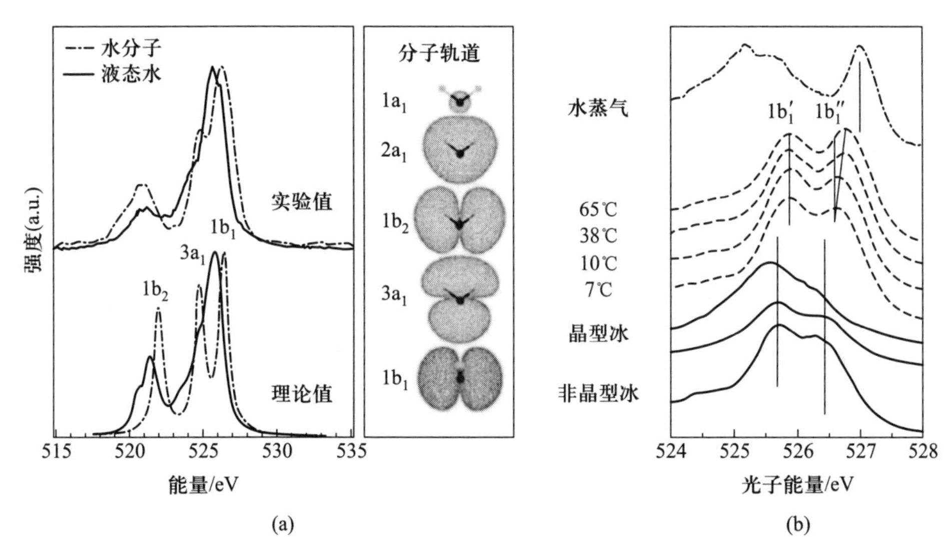

图 7.13 (a)液态水和水分子 O 1s 芯能级以及(b)不同温度下水蒸气、液态水、水的非晶和晶体的 O 1s 芯能级[69,70]

(b)中 $1b_1$峰分裂为 $1b'_1$(~525.5 eV)和 $1b''_1$(~526.5 eV)两部分，对应于块体(3 200 cm^{-1})和表皮(3 450 cm^{-1})ω_H，在晶型冰时表现为热致钉扎/硬化，而非晶型冰情况下则为热致软化

因水的混相结构观点，O 1s 能级的热钉扎机制备受争议，因为混相结构中存在有序和无序两种氢键网络[17,71]。O 1s 能级偏移实际上与 H—O 声子频移$\Delta\omega_H$存在下列关系[3]：

$$(d_H\Delta\omega_H)^2 \cong \Delta E_{1s}$$

当样本受到激励时，ΔE_{1s}和$\Delta\omega_H$两者总是以不同速率同向偏移。因此，水的 $1b''_1$ 相当于 3 450 cm^{-1}的表皮 ω_H，$1b'_1$相当于 3 200 cm^{-1}的块体 ω_H(见图 7.13)。热致 H—O 键收缩硬化，所以 O 1s 能级加深，ω_H蓝移。而冰从非晶向晶体结构转变时，其趋势相反，如图 7.14 所示[72]。ΔE_{1s}将经历热振荡，只是在超高真空下测量非常困难。

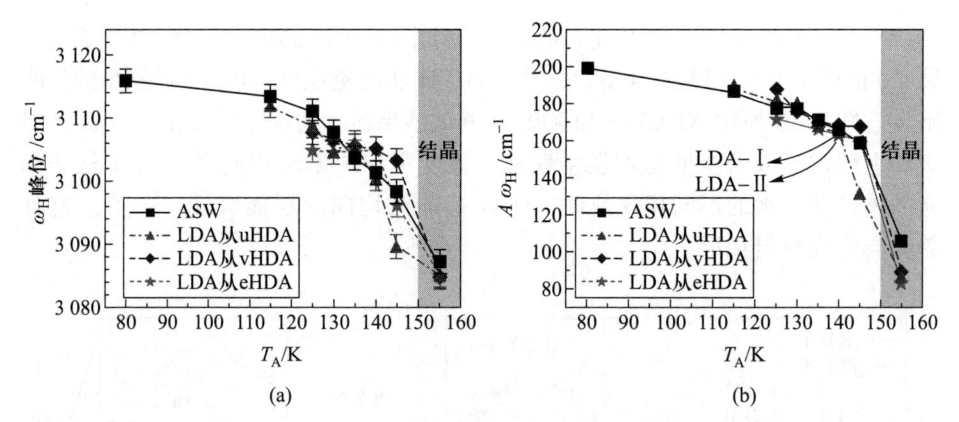

图 7.14　高密度非晶冰(HDA)、低密度非晶冰(LDA)以及非晶固态水(ASW)热致晶化时的(a)ω_H红移及其(b)丰度降低[72]

7.4.6　温致非晶态声子谱的逆弛豫

低密度非晶冰从 80 K 升温至 155 K 时，H—O 键振频 ω_H从 3 120 cm^{-1}降至3 080 cm^{-1}软化[72]，与晶体冰 ω_H热致硬化情况相反。氢键热弛豫提升了非晶态的结构序度，使O-O平均间距变短，H—O 变长。

这种与晶态相比的逆行为的原因是非晶结构中随机分布的各种缺陷以及失序。缺陷处的低配位水分子 H—O 键自发收缩[28]。退火可消除缺陷，从而恢复缩短的 H—O 键，导致 ω_H红移。因此，非晶冰 ω_H的退火软化符合 BOLS 和 O：H—O键协同性弛豫理论的预期[3]。

7.5　常见范例

7.5.1　寒带两栖动物的生存

大部分液体，从固态融化成液态时体积膨胀，而水不同。水是结冰时体积膨胀，冰融成水时体积收缩。所以，冰的密度比水低而浮于水上。置于冷空气中的其他液体会降温随即下沉，迫使更多的液体上升并通过与冷空气接触而冷却。最终，所有液体都将会冷却凝固，自底向上，直至完全冻结。但水不同，水温低的部分密度也低，处于上层，而温度稍高的部分处于其下，因此阻隔了温水与冷空气的热量传递，从而使水温保持恒定。

如若水结冰时是体积收缩而非膨胀，可以想象会发生什么。冰会沉入海底，扰乱寒流，使欧洲变得更为温暖适合居住。大片水域如北美五大湖泊将完全冻结，鱼类将无处生存。图 7.15 所示为冰雪中生活的两种典型动物。若不再有浮冰，鲸鱼不再有畅游的海洋；冰下也不会有温暖水流保护着的鱼群，北极熊也不再有鲜美食物。若水像其他液体一样，降温即会最终完全冻结，那将对整个地球的生态系统造成非常严重的后果。

(a)

(b)

图 7.15 生活在冰天雪地中的两种动物

浮冰保护动物在冬季生存和繁殖。游泳健将北极熊也要靠浮冰往来沿海陆地并捕食

7.5.2 岩石冻融温滞回线：三相区氢键受阻弛豫

岩石的冻融损伤是寒区岩石力学关注的核心问题。岩石在冻融过程中，温度变化曲线上竟然出现了一个“平台”，而非连续降温过程。在升温循环中，“平台”的延迟时间尺度由升温过程的 1.6 h 变成降温过程的 0.9 h。多次循环后岩石结构失稳[73]。

图 7.16 显示了水浸泡达到饱和时圆柱状人造岩石样本在中心、1/2 半径和边缘 3 个不同部位的温度-时间回线。曲线呈现三温(相)区的不同弛豫机制[74]。冻融过程中 H—O 键的弛豫主导能量交换而 O：H 能量变化由于太少可被忽略。根据氢键受温变化规律[6]，在高于 0 ℃的温区，液态冷却，此温区 O：H收缩而 H—O 键膨胀放热；在 0～-5 ℃温区，准固态冷却，H—O 收缩吸热(O：H 膨胀)；在低于-5 ℃的温区，固态冷却，H—O 膨胀释能(O：H 收缩)。由于冻融过程中准固态受冷膨胀受到岩石内部本征压力的阻碍，准固态的相边界由纯水的 4 ℃和-15 ℃[6]压缩至 0 ℃和-5 ℃，也即复冰现象[75]。

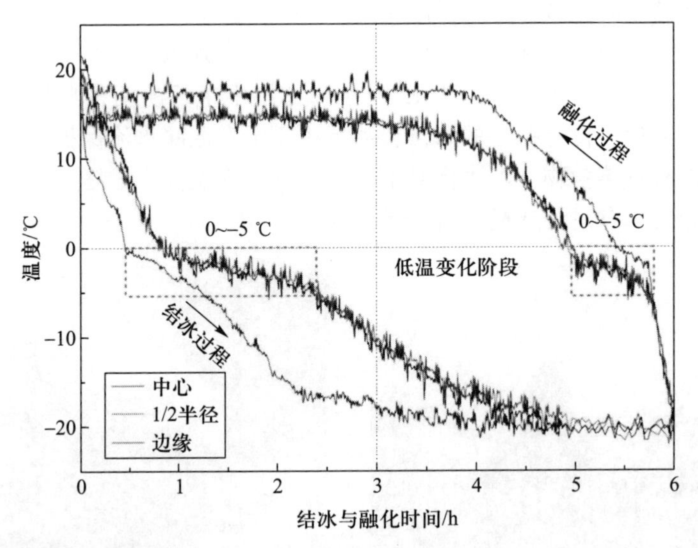

图 7.16　岩石冻融温滞回线[73]（参见书后彩图）

水浸饱和的圆柱状人造岩石样本的中心、1/2 半径和边缘 3 个不同部位的氢键三温（相）区弛豫：液态、准固态、固态。平台对应准固态氢键受阻膨胀[6]

7.5.3　岩石风化：冷胀融化

中国圣人老子曾经说过：“天下莫柔弱于水，而攻坚强者莫之能胜，以其无以易之”。岩石侵蚀乃自然现象。图 7.17 为天然侵蚀的岩石风貌。秋季的雨水通过岩石气孔渗入内部，到冬季时凝结成冰[76]，冰的体积膨胀使孔径扩大，从而展现破石之势。随着春夏季的到来，冰发生融化，裂缝残存下来。长此以往即形成各种岩石侵蚀风貌。

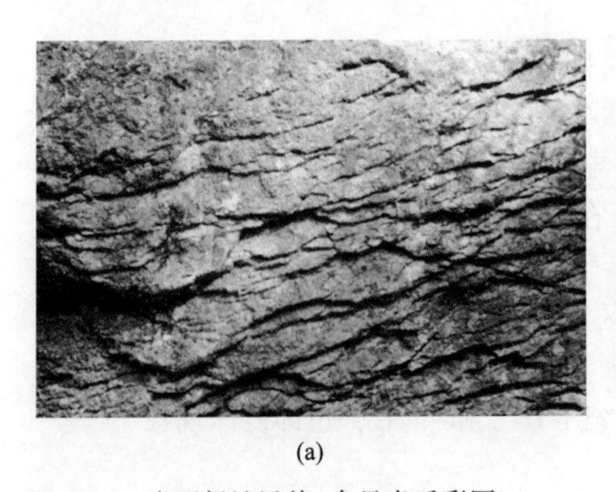

(a)

(b)

图 7.17　岩石侵蚀风貌（参见书后彩图）

侵蚀是地球自然磨损的一种方式。类似的过程还有岩石的风化、分解或溶解。它们一起造就了各种奇观，譬如中国甘肃张掖的多彩山谷、美国犹他州布莱斯峡谷壮观的岩石塔森林。侵蚀过程是将岩石或土壤一部分一部分地从一个地方移至另一个地方。再坚硬的岩石也难以抵挡侵蚀。大多数侵蚀是由水、风或冰引起。它们携带岩土或土壤移动，当风或水流速度变慢或冰融化时，这些携带物就会沉积在一个全新的地方，不断积聚形成了肥沃的土地。河流三角洲即是由河岸、河床侵蚀携带的沉积物形成。

7.5.4 农田冬灌：冻致膨胀

冬季进行农田灌溉具有许多优点，可维持营养、使土壤肥化保墒[77]。雪的水分子随着灌溉渗入土地，在低温下冻结。水结冰时会使周围土壤体积膨胀。当冰融化蒸发后，土壤就会变得松动、柔软并富含营养丰富的水分，如图7.18所示。农田冬灌对开春植物的生长大有裨益。

图 7.18 农田冬灌(参见书后彩图)

7.5.5 全球变暖：冰川融化

全球气候变暖主要源自碳的污染。长远来看，冰的融化将会导致全球海平面平均上升约1.3 m[78]。按照目前的碳排放速度，保守估计，碳污染导致全球温度成倍增加，将造成海平面以每年超过3 mm的速度上升。以这样的速度，海平面上升至最高水平只需几百年，而非几千年。这一速度对人类来说压力巨大，海平面的上升无处不在地威胁着人们的生命财产安全，特别是沿海地带的城市恐被淹没。

一个世纪以来，化石燃料的燃烧和其他人类活动已经向大气中释放了大量的温室气体。这些排放已经导致地球表皮温度上升，而海洋吸收了其中约 80% 的热量。持续的全球气候变化和海平面上升主要与以下 3 个因素有关：

（1）海水的热膨胀：当水受热时会膨胀。20 世纪海平面的上升一半源自温暖海洋海水的膨胀。

（2）极地冰川的融化：超大冰块形成冰川和极地冰川。冰川每年夏天都会自然地融化一部分。到了冬季，蒸发的海水又形成雪，降落下来，一般足以平衡夏季冰的融化。然而，全球变暖导致持续较高温度，使夏季冰融化量增大，且升温推迟冬季，提早春季，使降雪量又减小。平衡被打破，导致海水获得净增，海平面上升。

（3）格陵兰和南极西部冰层融化：与冰川一样，全球变暖导致格陵兰岛和南极洲覆盖冰川加速融化。融水自上而下渗入格陵兰岛和南极西部冰盖之下，使冰流更快地流入大海。此外，升高的海水温度造成大量南极洲向外延伸的冰山从冰面之下融化、变脆，直至折断。

海平面的上升，即使是微小增加，也可能会对沿海栖息地造成毁灭性的影响。当海水到达更深的内陆时，它会导致破坏性侵蚀、湿地洪水、地下水和农田土壤污染，鱼类、鸟类和植物都会失去栖息地。风暴袭击大陆时，升高的海平面意味着更大、更强的风暴潮，其力量可以摧毁一切。数亿人生活的地域将越来越容易受到洪水威胁（图 7.19），最终将迫使他们放弃自己的家园而异地安置。

(a)

(b)

图 7.19　全球变暖导致冰川融化以及沿海城市濒危（威尼斯）（参见书后彩图）

20 世纪 90 年代初，世界各地海平面就以每年 3.5 mm 的速度上升。这使得许多沿海城市如威尼斯，甚至整个格陵兰岛都有被海洋吞没的危险[79]

7.6 小结

氢键分段比热差异和 O-O 库仑排斥唯一地决定了质量密度、分段键长、声子振频等的温致四温区振荡趋势。预测与实验结果一致证明氢键耦合双振子模型的正确。总结如下：

（1）比热相对较低的分段服从常规热胀冷缩规律并主导 O：H—O 弛豫，而另一段从动反向弛豫。键角∠O：H—O 的冷致拉伸对准固态的冷致膨胀有贡献，除质量密度外，键角弛豫对其他物理性能没有直接影响。

（2）液相和固相中，O：H 非键自发收缩幅度大于 H—O 键的伸长，所以冰水呈现冷却致密化。但与常规材料的机制截然不同，后者一般只涉单一化学键的变化。

（3）准固态中，H—O 键自发收缩的幅度小于 O：H 非键的拉伸，导致凝固时体积膨胀。T<100 K 时，O：H—O 键角拉伸造成密度稍有降低，而氢键键长和键能几乎不变。

（4）冰的 O-O 间距大于水，因此浮于水上。

（5）空间位置分辨 DPS 结果证实，表皮和块体的 H—O 键均发生热致收缩，但 H—O 悬键则因 O-O 耦合弱化发生热致膨胀。表皮收缩 H—O 键显示较高热稳定性。

参考文献

[1] Perlman H. Ice is less dense than water[EB/OL]. http://water.usgs.gov/edu/density.html.

[2] Mallamace F., Branca C., Broccio M., et al. The anomalous behavior of the density of water in the range 30 K<T<373 K. Proc. Natl. Acad. Sci. U. S. A., 2007, 104 (47): 18387-18391.

[3] Huang Y., Zhang X., Ma Z., et al. Hydrogen-bond relaxation dynamics: Resolving mysteries of water ice. Coord. Chem. Rev., 2015, 285: 109-165.

[4] Medcraft C., McNaughton D., Thompson C. D., et al. Water ice nanoparticles: Size and temperature effects on the mid-infrared spectrum. Phys. Chem. Chem. Phys., 2013, 15 (10): 3630-3639.

[5] Erko M., Wallacher D., Hoell A., et al. Density minimum of confined water at low temperatures: A combined study by small-angle scattering of X-rays and neutrons. Phys. Chem. Chem. Phys., 2012, 14 (11): 3852-3858.

[6] Sun C. Q., Zhang X., Fu X., et al. Density and phonon-stiffness anomalies of water and ice

in the full temperature range. J. Phys. Chem. Lett., 2013, 4: 3238-3244.
[7] Huang Y., Zhang X., Ma Z., et al. Size, separation, structural order, and mass density of molecules packing in water and ice. Sci. Rep., 2013, 3: 3005.
[8] Everts S. Galileo on ice. Chem. Eng. News, 2013, 91 (34): 28-29.
[9] Nostro P. L., Ninham B. W. Aqua Incognita: Why Ice Floats on Water and Galileo 400 Years on. Brisbane: Connor Court Publishing Pty Ltd, 2014.
[10] Stone A. J. Water from first principles. Science, 2007, 315 (5816): 1228-1229.
[11] Stokely K., Mazza M. G., Stanley H. E., et al. Effect of hydrogen bond cooperativity on the behavior of water. Proc. Natl. Acad. Sci. U. S. A., 2010, 107 (4): 1301-1306.
[12] Huang C., Wikfeldt K. T., Tokushima T., et al. The inhomogeneous structure of water at ambient conditions. Proc. Natl. Acad. Sci. U. S. A., 2009, 106 (36): 15214-15218.
[13] Mallamace F., Broccio M., Corsaro C., et al. Evidence of the existence of the low-density liquid phase in supercooled, confined water. Proc. Natl. Acad. Sci. U. S. A., 2007, 104 (2): 424-428.
[14] Mishima O., Stanley H. E. The relationship between liquid, supercooled and glassy water. Nature, 1998, 396 (6709): 329-335.
[15] Moore E. B., Molinero V. Structural transformation in supercooled water controls the crystallization rate of ice. Nature, 2011, 479 (7374): 506-508.
[16] Molinero V., Moore E. B. Water modeled as an intermediate element between carbon and silicon. J. Phys. Chem. B, 2009, 113 (13): 4008-4016.
[17] Wernet P., Nordlund D., Bergmann U., et al. The structure of the first coordination shell in liquid water. Science, 2004, 304 (5673): 995-999.
[18] Nilsson A., Huang C., Pettersson L. G. M. Fluctuations in ambient water. J. Mol. Liq., 2012, 176: 2-16.
[19] Clark G. N. I., Cappa C. D., Smith J. D., et al. The structure of ambient water. Mol. Phys., 2010, 108 (11): 1415-1433.
[20] Soper A. K., Teixeira J., Head-Gordon T. Is ambient water inhomogeneous on the nanometer-length scale? Proc. Natl. Acad. Sci. U. S. A., 2010, 107 (12): E44.
[21] Head-Gordon T., Johnson M. E. Tetrahedral structure or chains for liquid water. Proc. Natl. Acad. Sci. U. S. A., 2006, 103 (21): 7973-7977.
[22] Clark G. N., Hura G. L., Teixeira J., et al. Small-angle scattering and the structure of ambient liquid water. Proc. Natl. Acad. Sci. U. S. A., 2010, 107 (32): 14003-14007.
[23] Petkov V., Ren Y., Suchomel M. Molecular arrangement in water: Random but not quite. J. Phys. Condens. Mat., 2012, 24 (15): 155102.
[24] English N. J., Tse J. S. Density fluctuations in liquid water. Phys. Rev. Lett., 2011, 106 (3): 037801.
[25] Matsumoto M. Why does water expand when it cools? Phys. Rev. Lett., 2009, 103 (1): 017801.

[26] Li J. C., Kolesnikov A. I. Neutron spectroscopic investigation of dynamics of water ice. J. Mol. Liq., 2002, 100 (1): 1-39.

[27] Tu Y. S., Fang H. P. Anomalies of liquid water at low temperature due to two types of hydrogen bonds. Phys. Rev. E, 2009, 79 (1): 016707.

[28] Sun C. Q., Zhang X., Zhou J., et al. Density, elasticity, and stability anomalies of water molecules with fewer-than-four neighbors. J. Phys. Chem. Lett., 2013, 4: 2565-2570.

[29] Yoshimura Y., Stewart S. T., Somayazulu M., et al. High-pressure X-ray diffraction and Raman spectroscopy of ice Ⅷ. J. Chem. Phys., 2006, 124 (2): 024502.

[30] Yoshimura Y., Stewart S. T., Somayazulu M., et al. Convergent Raman features in high density amorphous ice, ice Ⅶ, and ice Ⅷ under pressure. J. Phys. Chem. B, 2011, 115 (14): 3756-3760.

[31] Yoshimura Y., Stewart S. T., Mao H. K., et al. In situ Raman spectroscopy of low-temperature/high-pressure transformations of H_2O. J. Chem. Phys., 2007, 126 (17): 174505.

[32] Song M., Yamawaki H., Fujihisa H., et al. Infrared investigation on ice Ⅷ and the phase diagram of dense ices. Phys. Rev. B, 2003, 68 (1): 014106.

[33] Nimerfroh J. News: Nearly frozen waves captured on camera by nantucket photographer[EB/OL]. CBC Boston. http://boston.cbslocal.com/2015/02/26/nearly-frozen-waves-captured-on-camera-by-nantucket-photographer/2015.

[34] Kuhne T. D., Khaliullin R. Z. Electronic signature of the instantaneous asymmetry in the first coordination shell of liquid water. Nat. Commun., 2013, 4: 1450.

[35] Guo J., Meng X., Chen J., et al. Real-space imaging of interfacial water with submolecular resolution. Nat. Mat., 2014, 13: 184-189.

[36] Gu M. X., Zhou Y. C., Sun C. Q. Local bond average for the thermally induced lattice expansion. J. Phys. Chem. B, 2008, 112 (27): 7992-7995.

[37] Bergmann U., Di Cicco A., Wernet P., et al. Nearest-neighbor oxygen distances in liquid water and ice observed by X-ray Raman based extended X-ray absorption fine structure. J. Chem. Phys., 2007, 127 (17): 174504.

[38] Falenty A., Hansen T. C., Kuhs W. F. Formation and properties of ice ⅩⅥ obtained by emptying a type sII clathrate hydrate. Nature, 2014, 516 (7530): 231-233.

[39] Rottger K., Endriss A., Ihringer J., et al. Lattice-constants and thermal-expansion of H_2O and D_2O Ice ih between 10 and 265 K. Acta Crystallogr. B, 1994, 50: 644-648.

[40] Johari G. P., Chew H. A. M., Sivakumar T. C. Effect of temperature and pressure on translational lattice vibrations and permittivity of ice. J. Chem. Phys., 1984, 80 (10): 5163.

[41] Medcraft C., McNaughton D., Thompson C. D., et al. Size and temperature dependence in the far-Ir spectra of water ice particles. Astrophys. J., 2012, 758 (1): 17.

[42] Ryzhkin I. A., Petrenko V. F. Physical mechanisms responsible for ice adhesion. J. Phys.

Chem. B, 1997, 101 (32): 6267-6270.

[43] Calizo I., Balandin A. A., Bao W., et al. Temperature dependence of the Raman spectra of graphene and graphene multilayers. Nano Lett., 2007, 7 (9): 2645-2649.

[44] Yang X. X., Li J. W., Zhou Z. F., et al. Raman spectroscopic determination of the length, strength, compressibility, Debye temperature, elasticity, and force constant of the C-C bond in graphene. Nanoscale, 2012, 4 (2): 502-510.

[45] Zhou H. Q., Qiu C. Y., Yang H. C., et al. Raman spectra and temperature-dependent Raman scattering of carbon nanoscrolls. Chem. Phys. Lett., 2011, 501 (4-6): 475-479.

[46] Yang X. X., Li J. W., Zhou Z. F., et al. Frequency response of graphene phonons to heating and compression. Appl. Phys. Lett., 2011, 99 (13): 133108.

[47] Li J. W., Yang L. W., Zhou Z. F., et al. Mechanically stiffened and thermally softened raman modes of ZnO crystal. J. Phys. Chem. B, 2010, 114 (4): 1648-1651.

[48] Gu M. X., Zhou Y. C., Pan L. K., et al. Temperature dependence of the elastic and vibronic behavior of Si, Ge, and diamond crystals. J. Appl. Phys., 2007, 102 (8): 083524.

[49] Gu M. X., Pan L. K., Yeung T. C. A., et al. Atomistic origin of the thermally driven softening of Raman optical phonons in group Ⅲ nitrides. J. Phys. Chem. C, 2007, 111 (36): 13606-13610.

[50] Gu M. X., Pan L. K., Tay B. K., et al. Atomistic origin and temperature dependence of Raman optical redshift in nanostructures: A broken bond rule. J. Raman Spectrosc., 2007, 38 (6): 780-788.

[51] Cross P. C., Burnham J., Leighton P. A. The Raman spectrum and the structure of water. J. Am. Chem. Soc., 1937, 59: 1134-1147.

[52] Smith J. D., Cappa C. D., Wilson K. R., et al. Unified description of temperature-dependent hydrogen-bond rearrangements in liquid water. Proc. Natl. Acad. Sci. U. S. A., 2005, 102 (40): 14171-14174.

[53] Paesani F. Temperature-dependent infrared spectroscopy of water from a first-principles approach. J. Phys. Chem. A, 2011, 115 (25): 6861-6871.

[54] Paolantoni M., Lago N. F., Alberti M., et al. Tetrahedral ordering in water: Raman profiles and their temperature dependence. J. Phys. Chem. A, 2009, 113 (52): 15100-15105.

[55] Smyth M., Kohanoff J. Excess electron localization in solvated DNA bases. Phys. Rev. Lett., 2011, 106 (23): 238108.

[56] Marechal Y. Infrared-spectra of water. Ⅰ. Effect of temperature and of H/D isotopic dilusion. J. Chem. Phys., 1991, 95 (8): 5565-5573.

[57] Walrafen G. E. Raman spectral studies of the effects of temperature on water structure. J. Chem. Phys., 1967, 47 (1): 114-126.

[58] Durickovic I., Claverie R., Bourson P., et al. Water-ice phase transition probed by Raman

spectroscopy. J. Raman Spectrosc., 2011, 42 (6): 1408-1412.

[59] Furic K., Volovsek V. Water ice at low temperatures and pressures: New Raman results. J. Mol. Struct., 2010, 976 (1-3): 174-180.

[60] Suzuki H., Matsuzaki Y., Muraoka A., et al. Raman spectroscopy of optically levitated supercooled water droplet. J. Chem. Phys., 2012, 136 (23): 234508.

[61] Marechal Y. The molecular structure of liquid water delivered by absorption spectroscopy in the whole IR region completed with thermodynamics data. J. Mole. Struct., 2011, 1004 (1-3): 146-155.

[62] Xue X., He Z. Z., Liu J. Detection of water-ice phase transition based on Raman spectrum. J. Raman Spectrosc., 2013, 44 (7): 1045-1048.

[63] Sun C. Q. Atomic scale purification of electron spectroscopic information. US: No. 9625397B2, 2017.

[64] Zhou Y., Zhong Y., Gong Y., et al. Unprecedented thermal stability of water supersolid skin. J. Mol. Liq., 2016, 220: 865-869.

[65] Sellberg J. A., Huang C., McQueen T. A., et al. Ultrafast X-ray probing of water structure below the homogeneous ice nucleation temperature. Nature, 2014, 510 (7505): 381-384.

[66] 宫银燕，周勇，黄勇力，等. 受激氢键(O:H—O)分段长度和能量的声子计量谱学测定方法. 中国：ZL201510883495. 1, 2018.

[67] Van der Post S. T., Hsieh C. S., Okuno M., et al. Strong frequency dependence of vibrational relaxation in bulk and surface water reveals sub-picosecond structural heterogeneity. Nat. Commun., 2015, 6: 8384.

[68] Liu X. J., Bo M. L., Zhang X., et al. Coordination-resolved electron spectrometrics. Chem. Rev., 2015, 115 (14): 6746-6810.

[69] Tokushima T., Harada Y., Takahashi O., et al. High resolution X-ray emission spectroscopy of liquid water: The observation of two structural motifs. Chem. Phys. Lett., 2008, 460 (4-6): 387-400.

[70] Guo J. H., Luo Y., Augustsson A., et al. X-Ray emission spectroscopy of hydrogen bonding and electronic structure of liquid water. Phys. Rev. Lett., 2002, 89 (13): 137402.

[71] Nilsson A., Pettersson L. G. M. Perspective on the structure of liquid water. Chem. Phys., 2011, 389 (1-3): 1-34.

[72] Shephard J. J., Evans J. S. O., Salzmann C. G. Structural relaxation of low-density amorphous ice upon thermal annealing. J. Phys. Chem. Lett., 2013: 3672-3676.

[73] 申艳军，杨更社，王铭. 冻融循环过程中岩石热传导规律试验及理论分析. 岩石力学与工程学报，2016, 35 (12): 2417-2425.

[74] Shen Y. T. Private Communications. In Water Droplet Freezing. C. Q. Sun (Editor), 2014.

[75] Zhang X., Huang Y., Sun P., et al. Ice regelation: Hydrogen-bond extraordinary

recoverability and water quasisolid-phase-boundary dispersivity. Sci. Rep., 2015, 5: 13655.

[76] Lister C. On the penetration of water into hot rock. Geophys. J. Int., 1974, 39 (3): 465-509.

[77] Van der Paauw F. Effect of winter rainfall on the amount of nitrogen available to crops. Plant. Soil, 1962, 16 (3): 361-380.

[78] Winkelmann R., Levermann A., Martin M. A., et al. Increased future ice discharge from Antarctica owing to higher snowfall. Nature, 2012, 492 (7428): 239-242.

[79] Pattero A. Sea level rise: National geographic [EB/OL]. http://ocean.nationalgeographic.com/ocean/critical-issues-sea-level-rise/.

第 8 章

低配位超固态：团簇与超微气泡

重点提示

- 水分子低配位使 H—O 键收缩强化、O : H 非键伸长弱化，并伴随非键电子双重极化
- O : H—O 声子协同弛豫拓展准固态相边界，提高 T_m，降低 T_N，导致“过冷过热”
- 水分子低配位导致的超固态主导气泡、团簇、水合壳层以及水表皮的奇异性能
- 超固态具有疏水、低摩擦、低密度、类冰、高黏弹和H—O声子长寿命的特点

摘要

分子或原子低配位是一个关键但一直被忽略的自由度。它通过局域键长的收缩和电荷的钉扎或极化唯一地决定低配位体系有别于大块物体的物理化学性能。低配位水分子的 H—O 共价键自发收缩强化，O-O 库仑排斥伸长并极化 O : H 非键。所以低配位水分子体积变小，间距变大，对外界激励的敏感性较低。不仅如此，H—O 收缩提高局域电荷密度和钉扎，加深 O 1s 芯能级，同时，极化 O 原子的孤对电子。O : H—O 协同弛豫导致高频声子蓝移，低频声子红移，拓展准固态相边界——熔点升高、冰点降低。极化导致超固态——高弹、疏水、自润滑、低密度、热稳定等特征。

8.1　悬疑组七：低配位体系的超常物性

水分子低配位是指少于 4 个最近邻的水分子。水分子低配位情形发生在 O：H—O氢键网络终端，如水和冰的表皮、分子团簇、超薄水膜、雪花、云、雾、超微气泡以及水蒸气等情况，如图 8.1 示例。处于水和冰块体内部的水分子均为四配位[1-6]。低配位这一自由度诱发了迥异于满配位时的诸多奇异现象[4, 7-15]：

（1）为什么水表皮和水滴的密度低，且具有高弹性、韧性和热稳定性？

（2）冰表皮超润滑是否因为冰表面覆有一层液态水润滑剂？

（3）水的表皮呈弹性、疏水性和韧性，是否其上覆盖一层冰？

（4）为什么超微水滴和气泡寿命长，机械性能强，并出现“过冷”和“过热”？

(a)

(b)

图 8.1　水分子低配位的典型实例：(a)冰表皮，(b)云、雾与雪(参见书后彩图)

作为常被忽略的变量，水分子低配位实际诱发了诸多冰水的奇特现象，列举部分如下：

（1）液滴尺寸减小使 O-O 平均间距增大，如图 8.2 所示。

（2）团簇减小引起 H—O 声子蓝移、O：H 声子红移、O 1s 芯能级加深。

（3）团簇尺寸减小，分子偶极矩增加，水滴表层高度疏水；热稳定性高，呈现“过冷”和“过热”现象。

（4）超微气泡寿命长、机械强度高、热稳定性好。

（5）冰水的表皮疏水、高弹、韧性、低密度、低摩擦，分子运动速度慢。受限水在微通道中流动更快。

（6）低配位水分子声子寿命更长，从块体值 200 fs 延长至 700 fs。

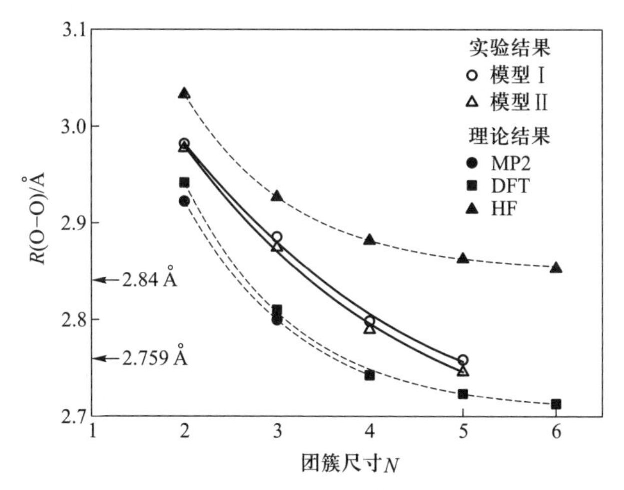

图 8.2 $(H_2O)_N$的 O–O 间距随分子团簇尺寸的变化[7]

8.2 释疑原理：氢键自发弛豫与电子极化

低配位水分子与块体内部的分子行为差异原理如下[6, 16, 17]（如图 8.3 所示）：

（1）低配位导致 H—O 键收缩，使其声子频率 ω_H、德拜温度 Θ_{DH}、O 1s 芯能级偏移ΔE_{1s}以及 H 原子解离能 E_H均发生正向偏移。

（2）与之同时，O：H 非键伸长，使其声子频率 ω_L、德拜温度 Θ_{DL}、分子解离能 E_L均减小。沸点和冰点降低。

（3）O：H—O 的伸长与双重极化导致形成具有疏水性、黏弹性、排斥性、低密度、H—O 声子长寿命等特征的超固态。

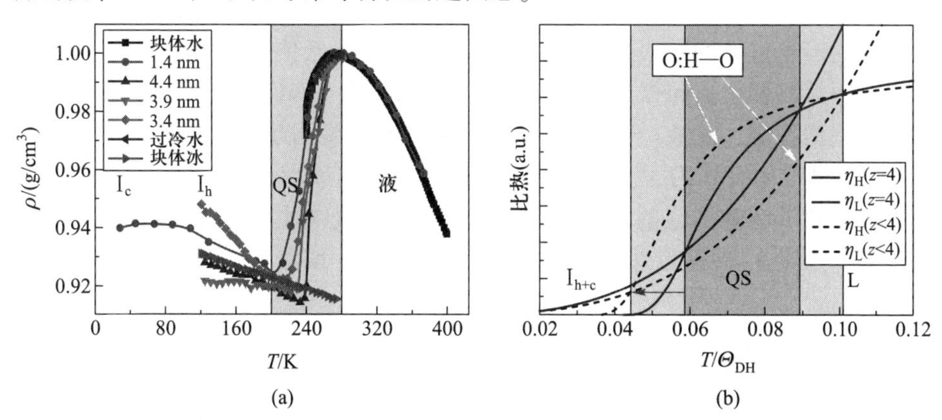

图 8.3 (a)T_N随液滴尺寸的变化[18-22] 以及(b)分子低配位引起的准固态边界拓展[23]（参见书后彩图）

(4) 声子协同弛豫拓展了准固态边界，提高熔点 T_m，降低冰点 T_N。

8.3　分子低配位的奇异效应：纳米液滴与气泡

8.3.1　超微气泡的形成与性能

8.3.1.1　形成、寿命、强度与稳定性

超微气泡在近年来引起了大量的关注，因为它展示良好的机械强度、长生命周期、高溶气特性、高热稳定性[24]。相比于肉眼可见的气泡，超微气泡可以维持数月而不破裂。原子力显微镜揭示，在水表皮上的超微气泡保持着动态平衡。宏观气泡的生命只能以微秒计，而超微气泡有着可以达到几天的溶解周期[25]。超微气泡也具有很大的接触角以及很高的表面张力。Oh 等曾利用气-液分散系统发生器在汽油中制备了氢超微气泡，平均粒径(159±32) nm，浓度(11.25±2.77)×10^8 mL^{-1}，放置 121 天后变化仍不明显[26]，其原因一是气泡表皮带负电，二是气泡内部饱和气压高。在汽油燃料中制造氢超微气泡可以提高发动机效率和排放性能[26]。超微气泡应用领域广泛，如诊疗辅助、药物输运、水的处理、生物医学工程、有毒化合物降解、水的消毒以及固体或者薄膜表面清洁/去污[27-29]。

图 8.4 呈现了气泡尺寸不同时的性能差异[30]。因为超微气泡内外表皮分子处于低配位状态，表皮 O：H—O 键服从键弛豫-非电子极化(BOLS-NEP)规则。这将导致气泡中水分子扩散能力降低，并保持气泡在高内压下的力学平衡。条件合适时，超微气泡可自由形成并能长时间保持稳定，如图 8.5 所示。

充满气体的超微气泡也可在各种固体表面形成[29, 31, 32]，如图 8.6 所示。这是因为溶解气体的异质形核。在水中通入可溶解气体如氩气、氢气、氮气、氧气和甲烷均能生成超微气泡[26]。原子力显微镜(AFM)研究表明，疏水表面的超微气泡稳定，且液/气界面上气体不可渗透，说明超微气泡表面具有高扩散阻力。理论研究认为[25]，超微气泡团的协同效应以及超微气泡的钉扎接触线共同导致了超微气泡的缓慢溶解，以使超微气泡能稳定数小时甚至长达数天，而非预期的微秒量级。超微气泡比经典理论预测的接触角更大，寿命更长。

Chan 等研究了表面超微气泡、聚合物液滴以及疏水颗粒的三相接触线的移动行为[32]。对于聚合物液滴，接触线快速跳跃；对于疏水颗粒，接触线钉扎；而对于表面超微气泡，一旦与接触线相融则气泡迅速收缩[31]。超微气泡的反常行为超越了经典气-水界面的理论，或这样的气泡根本不会存在，因为它们曲率半径小，气泡内的拉普拉斯压力高，这会促使气体扩散穿过界面而使

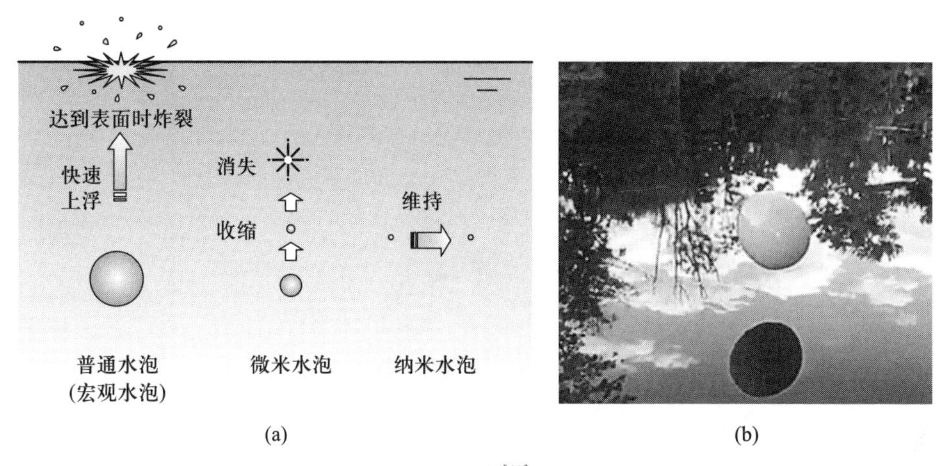

图 8.4　(a)宏观、微观以及纳观尺度水泡的寿命[30]，(b)充烟气泡在水面弹跳多次后溶于水

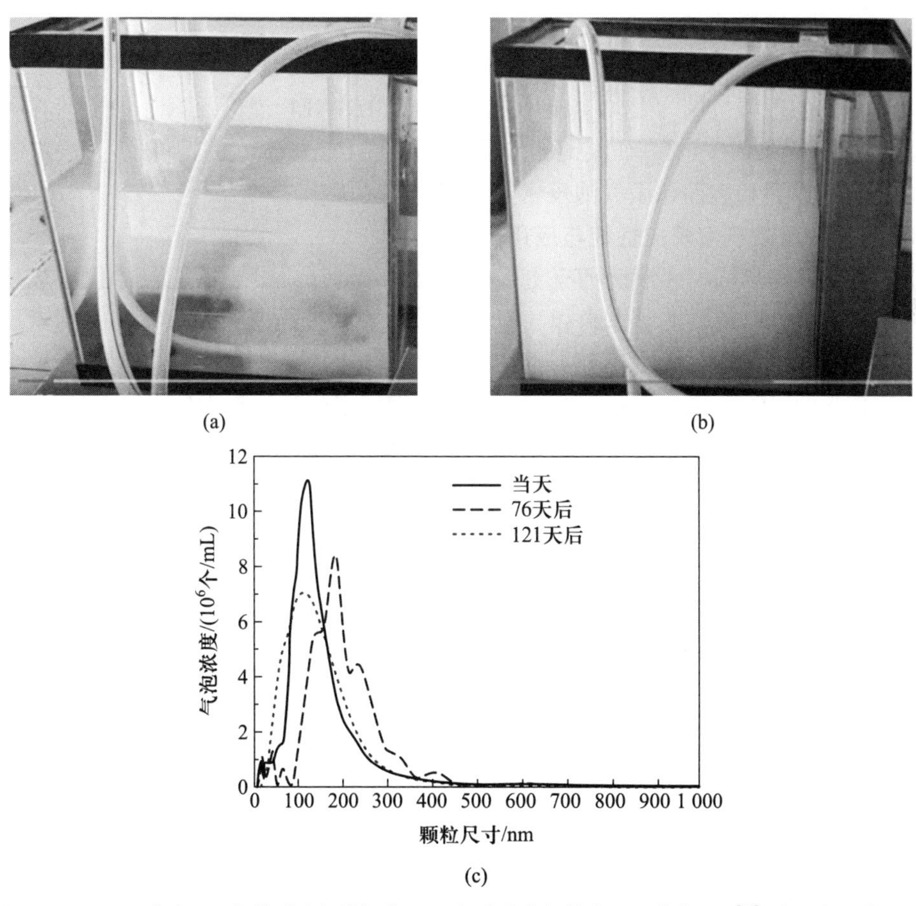

图 8.5　(a~b)水中通入气体形成超微气泡，(c)气泡寿命与其表观尺寸成反比[26](参见书后彩图)

图 8.6　疏水表面超微气泡的 AFM 形貌[24]（参见书后彩图）

气泡立即溶解[33]。然而，超微气泡却呈现出意料之外的稳定性，这超出了经典热力学的理解范围[34]。O：H—O 氢键的 BOLS-NEP 理论预测、量子计算和实验分析澄清了 O：H—O 氢键的本征行为主导了超微气泡的性能[23]。表皮超固态决定界面和表面超微气泡反常热力稳定性[23]。

8.3.1.2　超微气泡表皮性能与应用

超微气泡比同尺寸液滴拥有更多的低配位水分子。分子低配位不仅形成超固态，而且可以拓展主导水滴和气泡热力学行为的准固态边界，特别在纳米尺度[23]。分子低配位体系具有特异的物理、化学和生物学效应[35]，因为低配位会引起反常的化学键-电子-声子行为。超微气泡比之毫米气泡不仅寿命长[25]，而且难以破坏，热稳定性更好[36]。纳米水滴和超微气泡因表皮低配位水分子而遵循 T_m 升高、T_N 降低的趋势。液滴尺寸减小提高 $\Theta_{DH}(\omega_H)$、拉伸 $\eta_H(T)$ 曲线，同时降低 $\Theta_{DL}(\omega_L)$ 且压缩 $\eta_L(T)$ 曲线，即拓展了密度极值对应的临界温度。

内含与体内的气泡可视为液滴的反转，具有负曲率。肥皂泡空心球含有内外两层表皮，均处于超固态，且在整个液壳中占有的体积分数比普通液滴大得多。因此，这种孤立气泡的超固态特征——弹性、疏水性、低密度等更为明显，使气泡机械性能更强、热稳定性更好[37]。气泡表皮的强极化阻止了气体穿越表皮进行扩散。超固态认为疏水液滴表面形成了高度有序的类冰性水合壳。

体相水内部为四配位单相涨落结构，表皮呈低密度超固态。根据小角 X 射线衍射测试和 TIP4P/2005 力场计算，常压下，温度为 7 ℃、25 ℃和 66 ℃时，表皮厚度约为 0.04～0.12 nm[38]。表皮中至少含有两层低配位水分子层，其分子几何构型与块体情况相同，但长度随配位数减少而变化，且尺寸越小改变越大。表皮表面还存在 H—O 悬键，比表皮 H—O 键更短、更硬，特征声子频率大约 3 650 cm^{-1}。水滴或气泡尺寸够小时，表皮和内芯的体积相当，此时小液滴或气泡形成低密度表皮和高密度内芯的双相结构。因此，大尺度水滴单相主导，而小尺度水滴则为核–壳双相结构。

8.3.2 表观过冷和过热的本质

8.3.2.1 T_m与T_N的低配位调控

超微水滴和气泡不仅在熔化时经历“过热”，在凝固时还经历“过冷”。后者形成第二临界点即均匀形核温度 T_N。受限于疏水毛细管中的水滴[39, 40]或沉积在石墨、二氧化硅和某些金属表面的超薄水膜[9, 41-48]在室温下均表现为类冰准固态。空气/水界面和疏水界面处的水分子行为形同，两者均处于低配位状态。图 8.3a 表明，冰水的全温段密度的 3 个拐点[6]随水滴尺寸[19, 20]或低配位水分子数目[49]变化，具体情况如下：

(1) 最大密度(ρ_M)对应的温度(接近熔化温度 T_m)为 277 K，单层水膜时为 315 K[18]。液/准固态转变温度在块体水时为 273 K[18]，而水表皮时为 310 K[37]。MD 计算结果显示单层冰在 325 K 时熔化[50]。

(2) 最小密度(ρ_m)对应的温度(接近结冰温度 T_N)在块体水时为 258 K[18]，4.4 nm 水滴时为 242 K，3.4 nm 时为 220 K[19]，1.4 nm 时为 205 K[20]，1.2 nm时为 172 K[21]。分子数目小于 18 的团簇，其冰点低于 120 K[22]。

(3) 第二高密度(XI/ I_c相边界)的转变温度对于块体为 100 K，而XVI相笼状结构则为 55 K[49]。

(4) 密度极值转变温度随液滴尺寸变化，并由此引起“结冰时过冷”与“熔化时过热”的情形[51]。

对于弯曲表皮或分子低配位状况，熔点升高更为明显。和频振动(SFG)光谱显示，疏水性接触(如表皮弯曲的水滴)的最外两个水分子层内的水分子排列比平整的水/空气界面处序度更高[52]。分子低配位环境的微小变化对低配位水分子的性能可以产生非常大的影响。

8.3.2.2 准固态相边界调制：过冷与过热

人们可以通过将微型液滴喷入真空中制造超低温过冷水[53]。最低温度可达 228~230 K(约-45 ℃)[54, 55]。液滴越小，能够维持液态的最低温度就越低，结晶的可能性也越低。通过减小液滴体积，更多液体可以暴露在真空中，产生特殊的真空降温现象。通常认为，降低压力可使表面粒子迅速蒸发，从而带走液滴热量，实现快速降温。降压导致逆复冰现象，H—O 键收缩吸热，熔点升高，冰点和沸点降低。但测定液滴温度非常困难。用激光脉冲来测定分析水滴离开喷嘴前后的直径变化，再根据模型转化可测量液滴在真空中移动和蒸发时的温度。

过冷是将液体或气体温度降至其凝固点以下而不固化的过程[51]。一旦过冷水受到干扰，它很快就会变成冰，如图 8.7 所示。云中的小水滴即为过冷水，它可屏蔽太阳能量辐射。过冷水对于蛋白质和细胞的保存以及防止天然气管道中水合物的形成也非常重要。过冷水一旦受到微扰，如把过冷水从瓶中倒出，即刻结冰。而过热则相反，一旦过热水中加入食糖，将发生爆炸。这些微扰可以调制准固态的 T_m和 T_N。微弱的瞬态冲量可以提供压强而使准固态相边界内敛，导致这些现象。

液滴尺寸调制准固态相边界拓展主导表观的所谓熔化“过热”和凝固“过冷”。T_m和 T_N的变化是 O：H—O 氢键长度和能量弛豫的本质。溶质或液滴尺寸减小而在其相应纯液体冰点之下冷却结冰，意味着冰点降低。譬如，纯水中加入氯化钠就会降低水的冰点。此时，盐离子的局域电场会聚集、拉伸并极化水分子，使 H—O 收缩、O：H 伸长，从而提高 T_m，降低 T_N，拓展准固态边界。所以，T_m升高和 T_N降低属内秉行为，而“过热”和 “过冷”属表观行为。

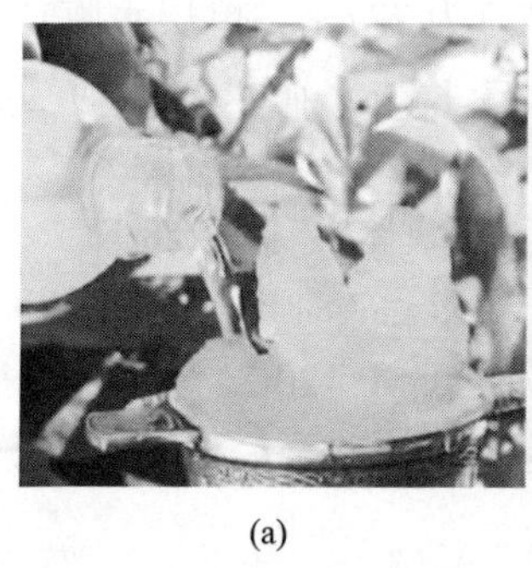
(a)
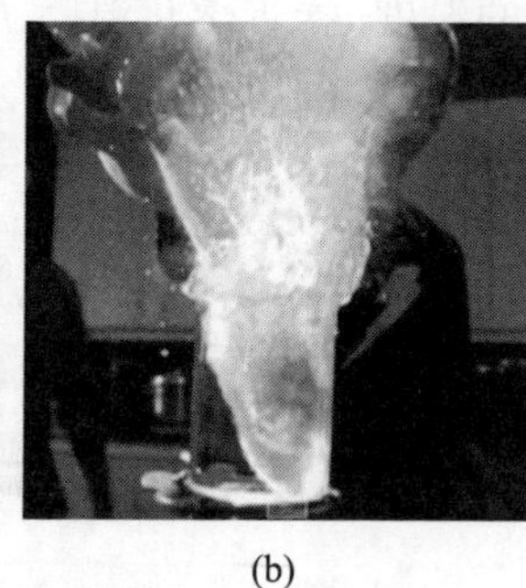
(b)

(c)

图 8.7　(a)受弱冲击扰动等效于压强提升冰点而导致过冷水结冰[56]，(b)加糖可以同时降低冰点和熔点[57]而导致过热水爆炸，(c)胶状超固态水滴停留在疏水基底上(参见书后彩图)

8.3.3　低配位极化表皮超固态

8.3.3.1　超微水滴的黏滞流动

Kim 等利用非接触式 AFM 检测了纳米水柱的力学性能[58]。他们观察到，弛豫时间 τ 与水滴的曲面曲率相关，随其增大而增加，直至曲面破裂，参见图 8.8a。曲面形成和破裂耗时 τ 的增大与曲面曲率增强的准固态响应相关，类似于受限纳米水的表现。水柱越长越细，准固态响应越强，表明：

（1）由于准固态相边界拓展，曲面表皮比体内水的准固态性更强；

（2）表皮水分子流动性降低，使水曲面的稳定性增强。

Khan 等也进行了类似测试，利用 AFM 表征了其针尖下受压的有限水分子层的力学性能和弛豫时间[59]。水分子层达到一定厚度后，水膜发生转变，从准固态的黏性转变为固态的弹性[60]。Tan 等利用超快红外光谱技术检测了受限于1.7~ 4.0 nm结构中的水分子运动情况，并与块体水和盐溶液进行了比较[61]。发现受限水的运动能力比块体水差很多，且声子寿命与尺寸相关。两者相比，声子寿命正比于盐离子水合和分子低配位引起的极化程度和纳米结构的边界反射。后者限定振动热能的耗散[62]。

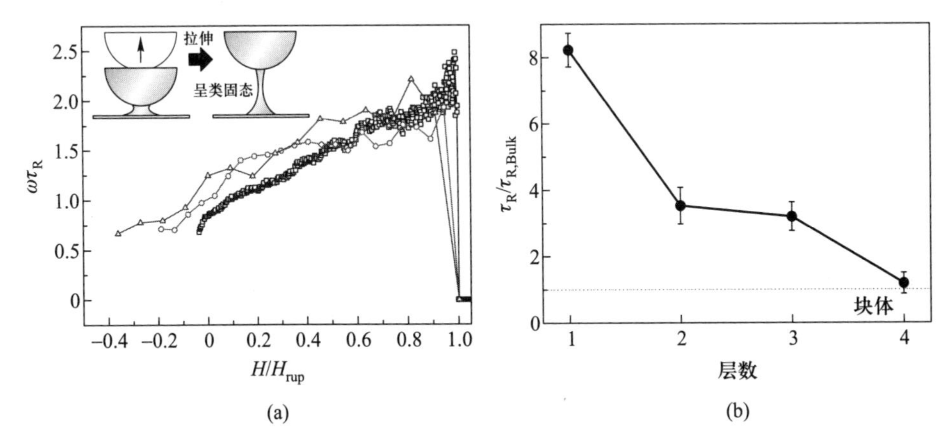

图 8.8 (a)水曲面的超固态延长分子弛豫时间，(b)AFM探测的水膜厚度对分子弛豫时间的影响[58]

AFM针尖振荡频率恒定时，其下水分子运动能力减弱可增长弛豫时间 τ_R。H/H_{rup}是归一化的水滴高度，H_{rup}是水滴断裂时的高度

8.3.3.2 黏性、弹性与刚性

图8.9为Antognozzi等利用AFM探测的水膜黏滞力、弹力、剪切黏度和剪切刚度以及水膜弛豫时间随水膜厚度的变化情况[63]。这与前述实验结果及理论预期吻合，进一步证实了低配位水分子的超固态特性。

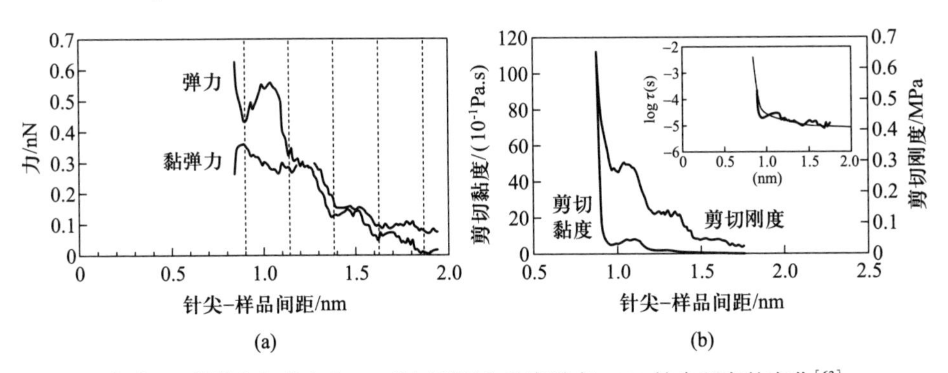

图 8.9 水膜(a)黏滞力与弹力和(b)剪切刚度和黏度随离AFM针尖距离的变化[63]

插图为力学性能的弛豫时间

8.3.4　准固态相边界拓展与内敛

常规物质熔化时单原子所需热量正比于其结合能（$E_C = zE_z$）。固体体积减小时，具有低配位的表皮原子比重增大，固体的 T_m 亦即降低[64]。图 8.3 中所示体相水存在两个临界温度：273 K 时液体转变为准固态，即为熔点 T_m；258 K 时准固态转变为固态，即为冰点 T_N[18]。而传统相图中并没有涉及准固态。不妨把这两个密度极值点拓展为准固态的熔点和冰点，因为一是在温致密度变化曲线上仅存在这两个相变拐点；二是在 4 ℃时水的黏滞性最高。

何以液滴尺寸会影响其 T_m 和 T_N 呢？从爱因斯坦的振动频率与德拜比热关系推测，由于低配位导致的 O：H—O 键的声子协同弛豫同步升高 Θ_{DH} 而降低 Θ_{DL}，准固态边界向外拓展。O：H 的比热 η_L 会迅速饱和而 η_H 延缓饱和。所以，T_m 升高，T_N 降低，如图 8.3b 所示。基于 $\Theta_{Dx} \approx \omega_x$（$\Theta_{DL} = 198$ K，$\Theta_{DH} = 3\ 200$ K）关系以及后文（表 8.1）中的数据，我们可以预计二聚体氢键分段的德拜温度[18]：$\Theta_{DL} = 198$（块体值）/260（块体振动频率计算值）×195（团簇振动频率计算值）K≈149 K，$\Theta_{DH} = 3\ 200/3\ 200 \times 3\ 550\ \text{K} = 3\ 550$ K。基于已知块体参数 $\Theta_{DL} = 198$ K，$T_m = 273$ K，$T_N = 258$ K，以及团簇氢键分段振动频率和键能 ω_x 和 E_x，我们可以预测团簇的 Θ_{Dx}、T_m 和 T_N[64]

$$\begin{cases} \Theta_{Dx} \propto \omega_x \\ T_{N,\ m} \propto E_{L,\ H} \end{cases} \tag{8.1}$$

数值计算重现了 $T_m(P)$ 结果[24]，证实 T_m 与 E_H、T_N 与 E_L 成正比。实测的块体振动频率和二聚体振动频率对 $\omega_L(N)$ 结果进行修正后，可以减小计算误差，提高团簇 Θ_{DL} 的预测准确度[18]。

8.4　解析实验证明

8.4.1　BOLS-NEP 理论拓展

金属、合金、半导体、绝缘体、纳米结构的表皮相较于各自的块体均发生键收缩现象[64]。第一层间距相对于块体层间距收缩了 12%±2%。对于纳米结构，由表皮原子位置开始发生径向朝内的键长和键能弛豫直至块体值[65, 66]。对于一维原子链和二维单层原子薄带如石墨烯等的边缘，键收缩幅度高达 30%[64, 67]。原子低配位引起的键收缩及相关的量子钉扎和非键电子极化主导了吸附原子、缺陷及形状各异的纳米结构等低配位体系的异常行为，譬如物性的尺寸效应以及块体从未呈现的新奇特性[68]。原子低配位引起的局域键收缩和相关的能量变化遵循 BOLS 理论[64, 68]。原子低配位可引起某结构第 i 层原子有效配位数 z_i、键长 d_i、电荷密度 n_i、能量密度(正比于弹性模量 B_i)以及势阱深度 E_i 的关联变化[68]。

然而，作为一个重要的自由度[6]，分子低配位对体系结构和物理性质的影响常被忽视[64]。根据 BOLS-NEP 理论[6]，分子低配位导致 H—O 键收缩、O：H非键伸长以及伴随的电子极化主导水合层、超微气泡、纳米水滴、受限疏水液滴、冰/水表皮、分子团簇等低配位水体系的相关奇特现象[17]。譬如冰在分布有不同孔径的多孔玻璃中的熔化现象[69]：受限水仅部分结冰，其与孔壁之间存在液态水界面层，厚度为 0.5 nm。

低配位水分子之间的 O：H—O 氢键也遵循 BOLS 理论。但由于孤对电子"："对单一水分子屏蔽以及 O-O 库仑斥力，使得 O：H 与 H—O 分段不能同时满足 BOLS 规则。如图 2.2d 所示，O：H—O 氢键的 O：H 与 H—O 双段非对称，低配位会引起较强的 H—O 键自发收缩，视为"主动段"；同时，O：H 因库仑排斥而伸长、软化，伴随双极化过程，视为"从动段"。

8.4.2 $(H_2O)_N$ 团簇

表 8.1 和图 8.10 为 DFT 计算的 $(H_2O)_N$ 最优结构的键长、键角和键能[17]。团簇结构设计有以下几种：二聚体($N=2$)、环状($N=3\sim5$)、空心笼($N=6\sim10$)、固态实心团簇($N=12\sim20$)。$N=6$ 的情况又派生了结合能相近的书形、棱柱和笼形结构[13]。O：H—O 氢键单元存在于任何一种构型，只是分段长度和键角各异(160°～177°)。H_2O 分子的有效配位数随团簇结构发生变化。即使水分子数目 N 相等，有效配位数也随链、环、笼、固体簇等构型不同。因此，O：H—O 氢键构型守恒下各异的分段长度及键角是区别几何结构的关键特征。

表 8.1 DFT 计算的 $(H_2O)_N$ 团簇氢键性能参数[17]

参数	单体	二聚体	三聚体	四聚体	五聚体	六聚体	块体[18]
N	1	2	3	4	5	6	I_h
d_H/Å	0.969	0.973	0.981	0.986	0.987	0.993	1.010
d_L/Å	—	1.917	1.817	1.697	1.668	1.659	1.742
θ/°	—	163.6	153.4	169.3	177.3	168.6	170.0
ω_L/cm^{-1}	—	184	190	200	210	218	220
ω_H/cm^{-1} [50-52,55]	3 650	3 575	3 525	3 380	3 350	3 225	3 150
Θ_{DL}/K	—	167	171	180	189	196	198[70]

续表

参数	单体	二聚体	三聚体	四聚体	五聚体	六聚体	块体[18]
Θ_{DH}/K	3 650	3 575	3 525	3 380	3 350	3 225	3 150
E_L/meV	—	34. 60	40. 54	66. 13	69. 39	90. 70	95
E_H/eV	5. 10	4. 68	4. 62	4. 23	4. 20	3. 97	3. 97
T_m/K	—	322	318	291	289	273	273
T_N/K	—	94	110	180	188	246	258

注：T_m = 325 K(单体)[50]、310 K(块体表皮)[37]；T_N = 242 K(4. 4 nm 的液滴)[19]、220 K(3. 4 nm的液滴)[19]、205 K(1. 4 nm 的液滴)[20]、172 K(1. 2 nm 的液滴)[21]以及<120 K(分子数 1~18 时)[22]

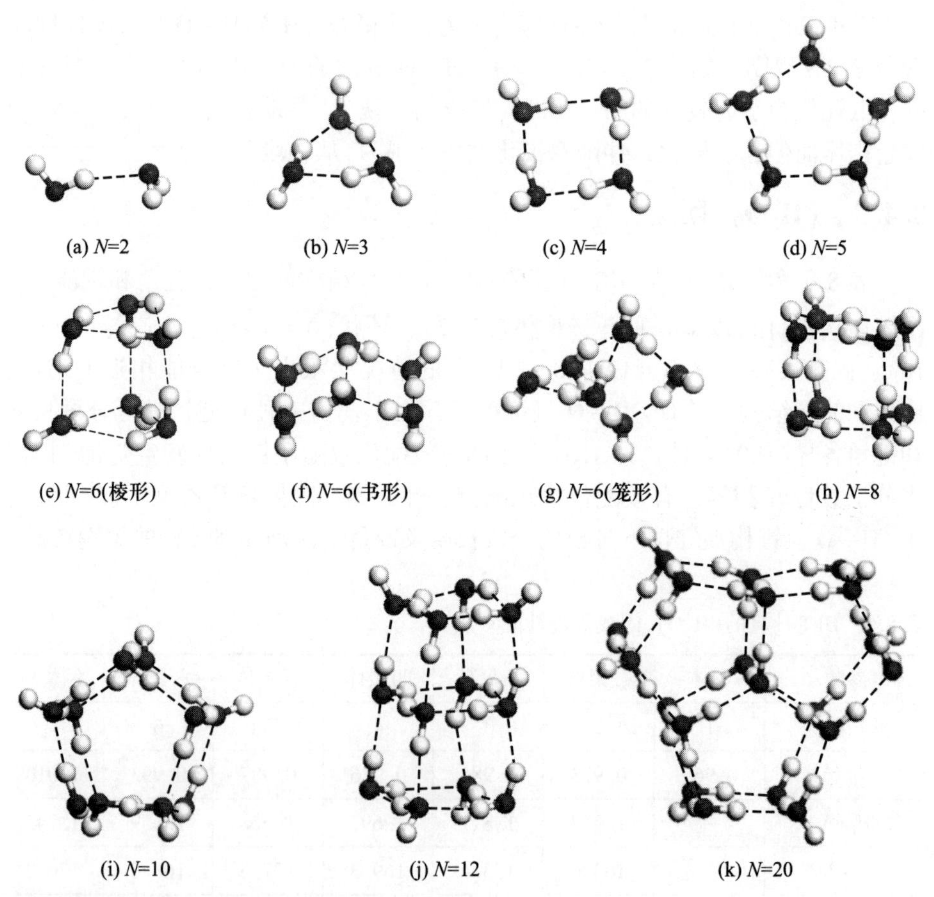

图 8. 10　DFT 优化的$(H_2O)_N$团簇结构：二聚体(N=2)、环(N=3~5)、笼(N=6~10)、固体簇(N=12~20)[13, 17]。N=6 时派生了结合能相近的 3 种结构

8.4.2.1 O：H—O 键分段长度和质量密度

X 射线吸收光谱表明水表皮的 O–O 距离增大了 5.9%，达到 2.965 Å，而液态甲醇的表皮 O–O 则收缩 4.6%[71]，使得两者表皮张力(实为压力)呈现不同数值，前者为 72 mN/m，后者为 22 mN/m。二聚体水的 O–O 间距约为 3.00 Å,而块体 O–O 值因测试条件有异，范围为 2.70 ~ 2.85 Å[72, 73]。4 ℃时 O–O的理想长度为 2.695 0 Å[74]。

分子动力学计算揭示，孔径分别为 5.1 nm 和 2.8 nm 的 TiO_2孔隙中受限水体积分别比块体情况膨胀了 4%和 7.5%[75]。含有 1 000 个分子的水滴内部 d_H 为 0.973 2 Å，而表皮收缩为 0.965 9 Å[76]。X 射线散射、中子反射和 SFG 光谱研究认为[77]，疏水表面水的边界层含有一层密度仅为 0.4 g/cm^{3}的耗尽层，其中约 25% ~ 30% 的水分子带有 H—O 悬键。密度 0.4 g/cm^3 对应着 d_{OO} = 3.66 Å，与气相 d_{OO}相同。

图 8.11a 和表 8.1 为利用 PW 和 OBS 两种不同算法计算得到的$(H_2O)_N$团簇的氢键分段弛豫情况[17]。根据 OBS 计算，N 从 24(接近块体)减少到 2 时，H—O 键长从 0.101 nm 收缩至 0.097 nm，同时 O：H 键从 0.158 nm 伸长至0.185 nm，增幅 17%。O：H—O 分段协同弛豫使 O–O 间距增大 13%，使二聚体密度降低 30%。图 8.11 表明当 N 从 20 减小到 3 时，O–O 间距增大 8%，与 25 ℃水表皮的结果 5.9%相近[71]。由于维度变化，O：H—O 键长弛豫并非随 N 单调变化。之后我们将重点讨论 $N≤6$ 时的氢键长度单调变化的情况且不失普遍性。

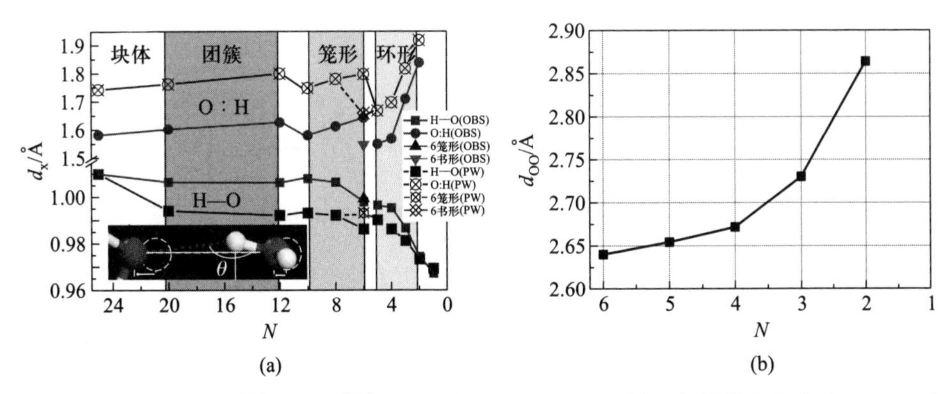

图 8.11 (a)利用 PW[78] 和 OBS[79] 方法计算所得$(H_2O)_N$团簇的氢键分段长度和(b)d_{OO}随团簇尺寸的变化[17]

N=6 时派生了结合能等同的书形、棱柱和笼形结构。d_x的非单调变化源自有效配位数和团簇几何构型的变化

BOLS 理论预测与实验和数值计算结果相一致[3, 4, 17]，证实：

(1) H—O 键的伸缩总是伴随着 O：H 缩伸，与算法无关。结果符合 O：H—O 氢键分段协同弛豫的预期：一段收缩，另一段必定因 O-O 库仑排斥而伸长。

(2) d_x的非单调变化源自不同几何构型$(H_2O)_N$团簇的有效配位数，不仅只是随分子数目 N 变化。水分子数相同时，环状的有效配位数比笼状结构的小。

(3) 分子低配位增加 E_H，降低 E_L。

(4) 由算法引起的结果差异表明，我们更应关注计算结果的物理根源和变化趋势，而非固执于结果的准确性。数值计算与实验观察是验证理论预测的手段。

8.4.2.2　H—O 键的电荷致密与能量钉扎

与常规材料类似，水分子低配位可使 H—O 键范围力局域电荷致密化[11, 12, 80-83]、能量钉扎[10, 80, 84, 85]以及非键电子极化[82]。图 8.12a 表明，水内部、表皮以及汽化水分子的 O 1s 能级逐渐加深，从 536.6 eV 移至 538.1 eV 再到 539.9 eV[86-88]。O 1s能量深移直接源于 H—O 键能增强，而 O：H 非键的贡献仅3%，可以忽略不计。可是，低配位降低决定材料热稳定性的原子结合能，它由单键能 E_z和有效配位数 z 的乘积 zE_z确定。$(H_2O)_N$团簇解离成$(H_2O)_{N-1}+H_2O$ 时所需能量随 N 减少而增加，但当团簇为三聚体时，这一解离能反而急剧减小(图 8.12b)[89]，与常规材料不同。

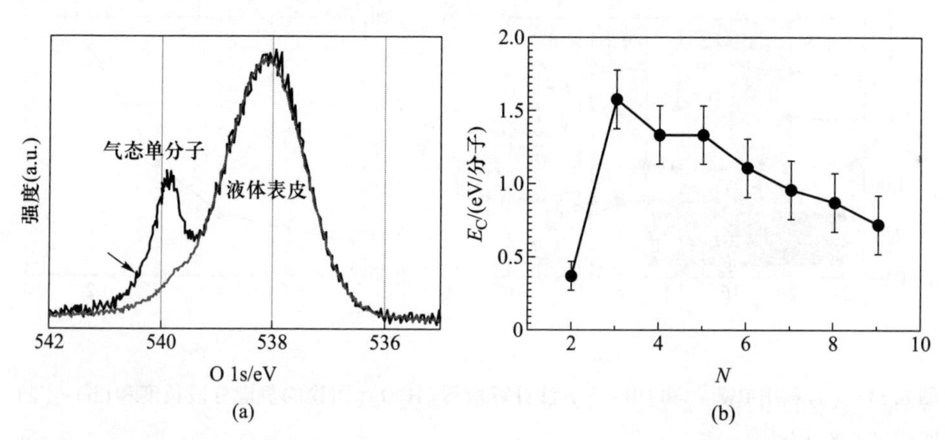

图 8.12　(a)液态水表皮和气态时的 O 1s XPS 能谱[88]，(b)$(H_2O)_N$团簇解离成$(H_2O)_{N-1}+H_2O$ 所需的能量[89]

水表皮的 O 1s 能级为 538.1 eV，变为气态时加深为 539.9 eV。(b)中能量单位 0.02 eV/分子 = 1 kJ/mol

图 8.13 比较了水处于不同形态时的近边 X 射线吸收精细结构(NEXAFS)光谱[90]。图中 535.0 eV、536.8 eV 和 540.9 eV 3 个峰位对应于块体、表皮和 H—O 悬键。NEXAFS 的能量守恒机制与 X 射线光电子能谱(XPS)不同，前者涉及价带 2p 和 O 1s 芯能级两者的偏移，而 XPS 只涉及 O 1s 能级。H—O 键的能量弛豫不同程度地影响所有能级的偏移。所以，XPS 的 O 1s 能级分析会更简单直观。

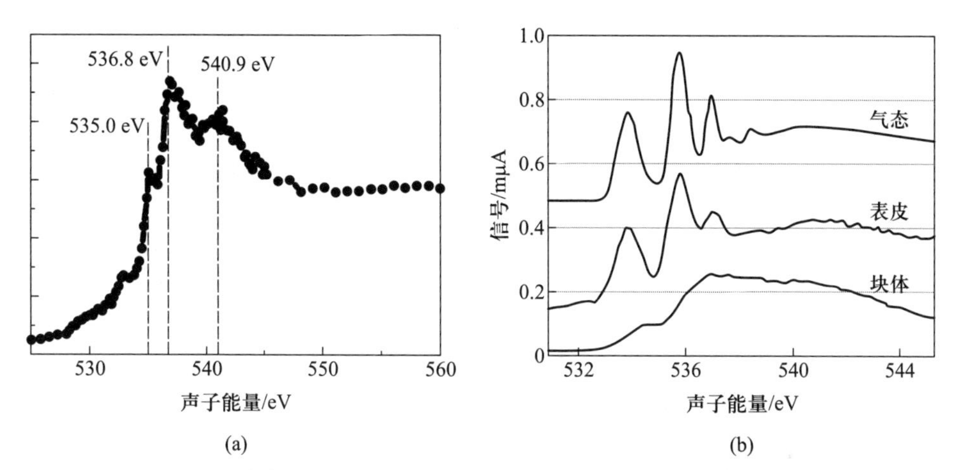

图 8.13 (a)超微气泡[90]、(b)水蒸气、水表皮和块体水[73]的 NEXAFS 结果

8.4.2.3 非键电子双重极化

分子配位数减少时，非键电子会发生双重极化[6]。首先，H—O 键收缩加深 H—O 势阱，使成键电子和 O 1s 芯轨道电子钉扎并致密而极化它的孤对电子。冰表皮的 DFT 计算表明[37]，氧离子净电荷从体内的 -0.616 e 增至 -0.652 e。氧离子电荷的增加进一步增强 O-O 排斥，发生第二次极化。这种双极化行为可以提高价带能量，如图 8.14d 所示。

分子低配位引起的表皮极化现象可通过超快射流紫外光电子能谱(UPS)检测[82]。图 8.14 表明水表皮和体内电子束缚能(相当于功函数)分别为1.6 eV和 3.3 eV。随着团簇水分子数目的减少，表皮和体内电子束缚能逐渐减小直至为零[91-93]。相比于液体内部，表皮水合电子寿命更长，超过 100 ps。

分子低配位增强非键电子的极化[17]，提高黏滞度，降低表皮水分子的运动能力。表皮形成的偶极子可使纳米液滴通过静电斥力与其他物质产生疏水作用，而无需交换电子或形成化学键[94]。团簇尺寸或分子配位数进一步减小会增强这种双极化效应，呈现图 8.14c 中所示的电子束缚能尺寸效应。平整和弯曲表皮上形成的电子偶极子会增强这一双极化，产生排斥力，这就是水滴疏水和冰表面光滑的原因。令人惊奇的是，水的纳米化(<25 nm)可以有效地消毒

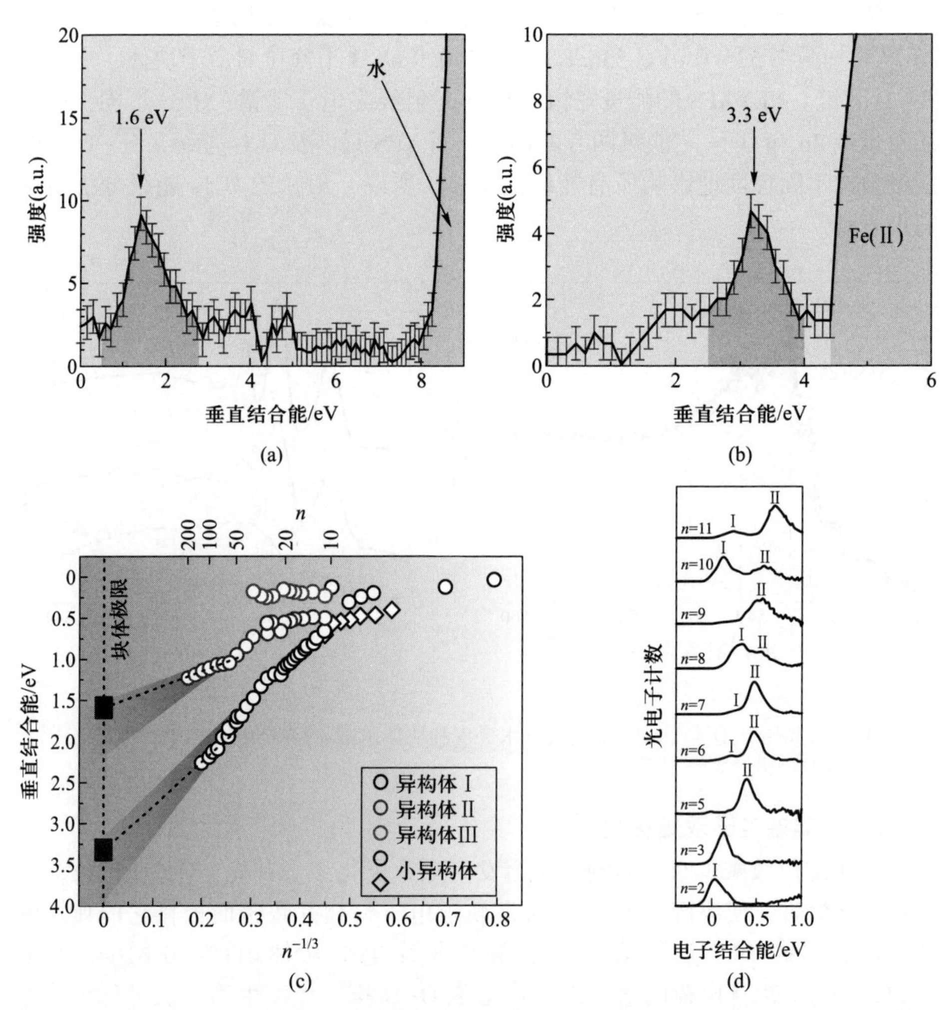

图 8.14　分子低配位会造成水合电子束缚能改变[6]：(a)水表皮时为 1.6 eV，(b)水内部为 3.3 eV，两者(c，d)随团簇水分子数目减小而减小，直至为零[82]

和杀死食源性致病菌[95]。这种效果源于原子低配位的非键电子双重极化[6]。

8.4.2.4　氢键分段声子的协同弛豫

通常，对于常规材料，近邻原子减少会软化其声子的集体振动模而强化二聚体振动模，如金刚石、硅、石墨烯[96]、TiO_2[97]等。然而，水分子低配位会使其硬声子 ω_H 变得更硬[98, 99]。块体水的 ω_H 为 3 200 cm^{-1}，冰和水的表皮为 3 450 cm^{-1}[100]，而气态水则约为 3 650 cm^{-1}[101-104]。当$(H_2O)_N$团簇分子数目从 6 减小到 1 时，ω_H 从 3 200 cm^{-1} 增至 3 650 cm^{-1}，如图 8.15a 所示[101, 105, 106]。因为界面作用[106]，封装于 Kr 和 Ar 基体中的水，其 ω_H 会少移 5~10 cm^{-1}。大分

子团簇中同样存在 ω_H 的尺寸效应[103]，如图 8.15b 所示。当 N 从 475 降至 85 时，ω_H 从块体特征值 3 200 cm^{-1} 蓝移至 3 450 cm^{-1} 的表皮特征值[107]。高频 3 700 cm^{-1} 对应于的 H—O 悬键振动，或许会在表皮中发生电荷交换[14, 108]。

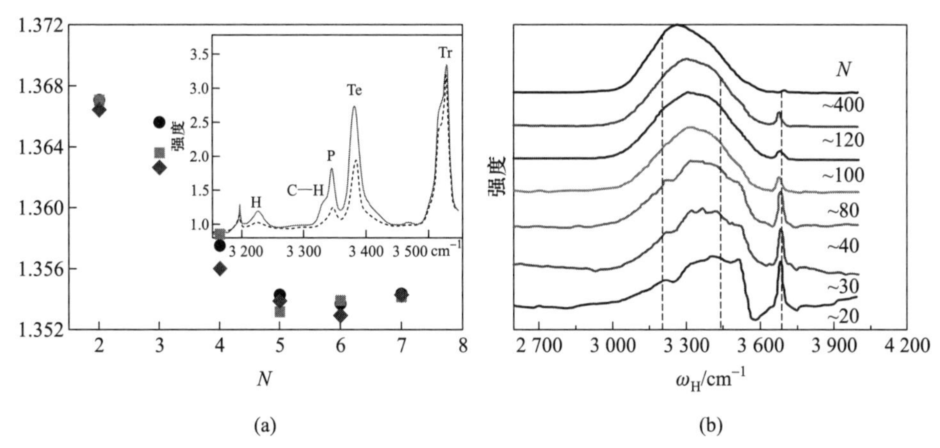

图 8.15 $(H_2O)_N$ 团簇 ω_H 振动频率的尺寸效应：(a) $N\leqslant 7$，(b) 大分子团簇[101, 103]

(a) 中振动频率为 ω_H/ω_D 无量纲形式。$N=2$ 对应于二聚体[109]，$N=3$ 及插图中的“Tr”指三聚体[110]，$N=4$ 及“Te”指四聚体，$N=5$ 及“P”指五聚体，$N=6$ 及“C—H”指环状六聚体，$N=7$ 及“H”指笼形六聚体。圆形散点对应于 He 基质封装水，正方形对应 Ar 基质封装水，棱形对应 p—H_2。(a) 中插图显示了小团簇的 ω_H 峰。(b) 中表明团簇尺寸减小，H—O 键增强，而 H—O 悬键频率几乎不受影响，为3 700 cm^{-1}

图 8.16 为冰 I_h 相的 $(H_2O)_N$ 团簇振动频率计算结果。N 减少至二聚体时，ω_H 从 3 100 cm^{-1} 增大至 3 650 cm^{-1}，同时 ω_L 从 250 cm^{-1} 减小至 170 cm^{-1}。∠O：H—O 弯曲模 $\omega_{B1}\approx 400\sim 1\ 000$ cm^{-1} 稍有降低，∠H—O—H 振动模 $\omega_{B2}\approx$ 1 600 cm^{-1} 保持不变[111]。

8.4.2.5 氢键分段结合能

基于已知的 H—O ($x=H$) 与 O：H ($x=L$) 分段键长和声子频率 (d_x, ω_x)[17]，对 O：H—O 非对称耦合双振子体系进行拉格朗日解析，可以获得分段力常数和键能，最终呈现团簇尺寸引起的氢键势能路径演化[16]。库仑斥力与分子低配位协同作用，不仅减小了分子尺寸、增强了分子内作用能，同时增大了分子间距，减弱了分子间的非键强度。H—O 键能从块体值 3.97 eV[37] 增加至表皮值 4.66 eV[6] 和气态 H_2O 和 D_2O 单分子值 5.10 eV[112, 113]。$N=6$ 时 E_L 接近块体值 0.095 eV[70]。O：H—O 氢键总能净增值几乎与配位数呈线性关系，如图 8.17a 所示，这在复冰现象中起重要作用[16]。当水分子配位数逐渐增加时，O：H—O 氢键长度和能量又恢复至块体水平。

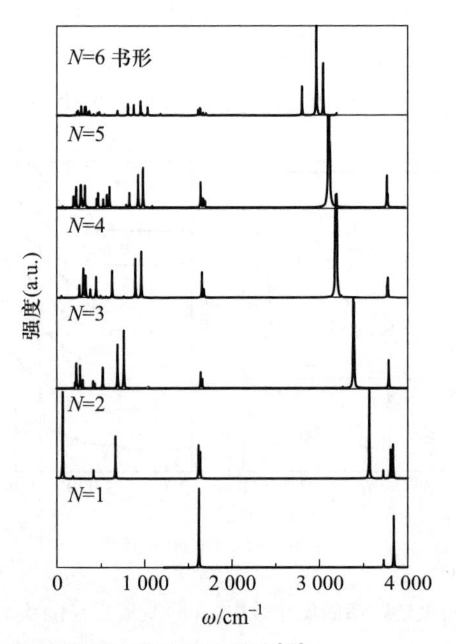

图 8.16　$(H_2O)_N$团簇 ω_x 振动频率弛豫的尺寸效应[17]

峰位 200 cm^{-1}对应于 O：H 拉伸模，峰位 500 cm^{-1}对应于∠O：H—O 弯曲模，峰位 600 cm^{-1}对应于∠O—H—O 弯曲模，峰位>3 000 cm^{-1}对应于 H—O 拉伸模

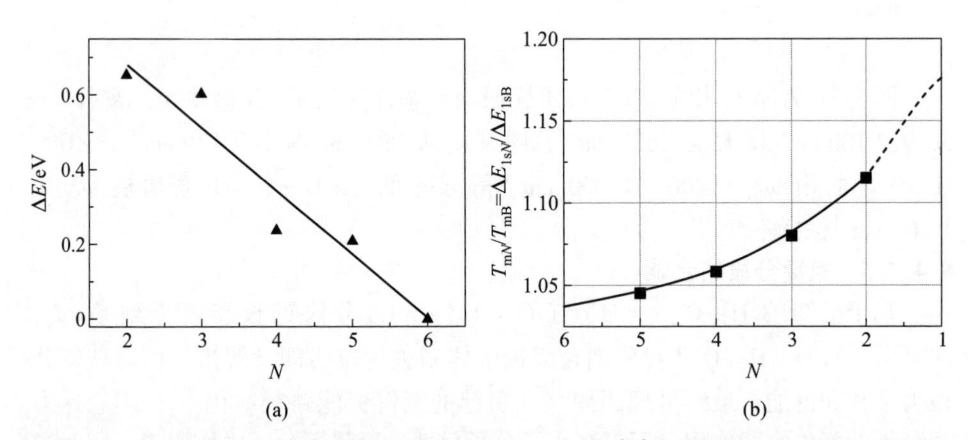

图 8.17　(a)O：H—O 氢键总能净增量$\Delta E(=\Delta E_L+\Delta E_H>0)$[16]和(b)熔点 T_{mN}与 O 1s 芯能级偏移随团簇尺寸的变化

(b)中结果基于 DFT 计算所得 d_{HN}/d_{HB} 值和 $T_{mN}/T_{mB}=\Delta E_{1sN}/\Delta E_{1sB}=E_{HN}/E_{HB}=(d_{HN}/d_{HB})^{-m}$，对于共价键，$m$ 取 4

图 8.17b 所示为 T_m与 O 1s 芯能级偏移ΔE_{1s}随团簇尺寸的变化。两者均与

H—O 键能成比例

$$\frac{T_{mN}}{T_{mB}}=\frac{\Delta E_{1sN}}{\Delta E_{1sB}}=\frac{E_{HN}}{E_{HB}}=\left(\frac{d_{HN}}{d_{HB}}\right)^{-4} \tag{8.2}$$

式中，下标 B 代表块体情况。当 N 逐渐减小至 2 时，T_m 从 273 K 增加至 305 K,增幅 12%。这就是为什么超薄水膜[9, 41, 43-47]或封装在疏水纳米孔中的水滴[39, 40]室温下呈类冰特性。O 1s 的芯能级预测偏移($C_z^{-4}-1$)与实际一致。如团簇尺寸从 N=200 减少至 40 直至变成自由水分子时，O 1s 芯能级从538.2 eV 变为 538.6 eV，最终达到 539.8 eV[86, 114]。

8.4.3 冰水表皮

8.4.3.1 氢键长度的差异

一般而言，对于 fcc 固态金属的平整表皮，键序降低可使低配位原子之间的键收缩 12%，键能提升 45%，并使原子结合能降低 62%，如 Au 和 Cu[64]。键能提高使表皮弹性增大 67%，而使局域熔点降低 62%[12]。但对于水和冰，分子低配位使 H—O 键缩短硬化，O：H 非键则会因 O-O 间的库仑排斥而伸长软化。AFM 观察已证实 O：H 非键弛豫过程中并未发生电子交换[115]。

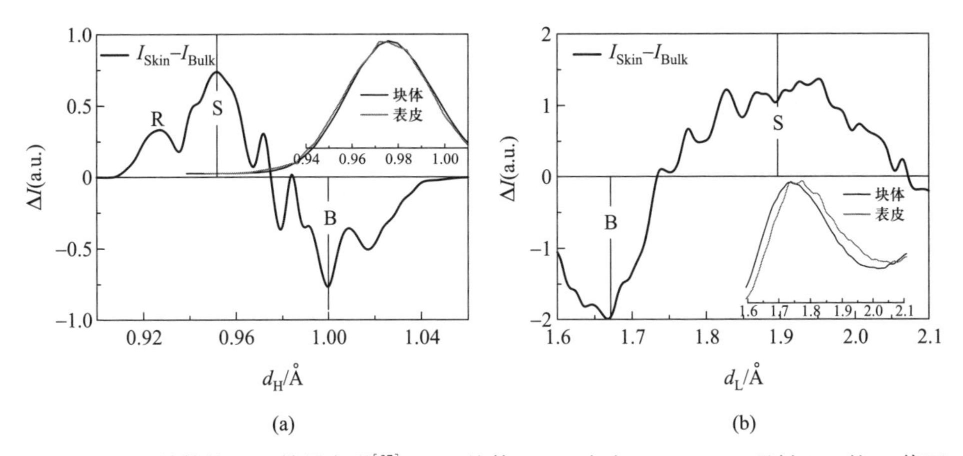

图 8.18 MD 计算的 DLS 结果表明[37]：(a)块体(B)、表皮(S)、H—O 悬键(R)的 d_H 值逐步收缩，从 1.00 Å 至 0.95 Å 再到 0.93 Å，同时(b) d_L 值从块体(B)1.68 Å 伸长至 1.90 Å
插图为有无表皮情况时单胞中氢键分段长度谱

图 8.18 为 MD 计算的冰的 d_x 差谱图(differential length spectra，DLS)[37]。从计入表皮的单胞水分子体系(360 个水分子)的键长分布谱中减去不计表皮情况的键长分布谱，即可得表皮键长的 DLS。表皮的存在使得 DLS 谱中的 X 轴上方存在表皮特征长度的增量峰(S)，而 X 轴的下方则表示块体特征长度的负增量峰(B)。表皮 d_H 为 0.95 Å，而块体值为 1.00 Å，相应的 d_L 表皮值为

1.90 Å，其块体值仅为 1.68 Å。根据 $\rho \propto d_{OO}^{-3}$ 关系，可以得到此时 O-O 伸长了 6.3%[=(0.95 +1.90)/(1.0+ 1.68)-1]，密度降低为块体值的 82%。d_H = 0.93 Å 的峰对应于低配位 H—O 悬键，振动频率约为 3 650 cm^{-1}[17]。4 ℃时氢键的标准长度为：d_H = 1.000 4 Å，d_L = 1.694 6 Å。

根据冰水分子的质量密度-几何结构-分段长度关联性[74]，已知液态水表皮 d_{OO} 为 2.965 Å 后，可得到 d_H = 0.840 6 Å，d_L = 2.112 6 Å，对应质量密度为 0.75 g/cm^3[37]。相比之下，根据图 8.18 的结果可以导出密度为 0.82 g/cm^3。两种情况的表皮密度比块体冰的 0.92 g/cm^3 或 4 ℃块体水的 1 g/cm^3 都要低，比准液态非晶表皮的 1.16 g/cm^3 更低[116]。

8.4.3.2　冰水表皮 H—O 键共振频

图 8.19 与图 8.20 所示为计算或测量的冰水 ω_x 的拉曼声子差谱[100]。差谱(differential phonon spectrometrics，DPS)波峰和波谷分别代表表皮和块体特征。因为 MD 中高估了分子内和分子间的相互作用，其 DPS 计算需要适当修正[18]。结果与预期相同，从块体到表皮，多个组分的 ω_L 均发生红移，ω_H 发生蓝移。ω_H 蓝移由表皮 H—O 键(S)和 H—O 悬键(R)的刚化造成。O-O 排斥与极化造成 ω_L 红移。极化先后屏蔽、劈裂分子内作用势，产生一个新的 ω_H 峰(P)，其频率比块体波谷(B)更低，此新峰曾经被认为是第二类 O：H 非键。

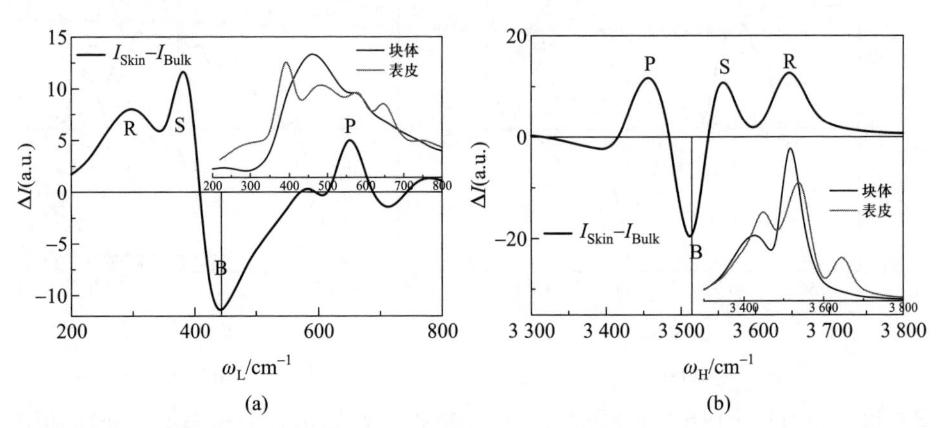

图 8.19　MD 计算的 200 K 下冰(a)ω_L 和与(b)ω_H 的 DPS 结果[37]

两者的插图为原始计算声子振动分布谱。S 对应表皮 H—O 键，R 对应 H—O 悬键，P 指极化效果

令人震惊的是，图 8.20 的 DPS 实验结果表明，25 ℃水表皮与-15 ℃及-20 ℃冰表皮具有相同的 ω_H 值 3 450 cm^{-1}。根据关系 $\omega_H \propto (E_H/d_H^2)^{1/2}$，说明两种表皮的 H—O 键能和长度全等。声子丰度随冰和水中散射情况而改变。极化程度差异会使冰表皮与水表皮的 ω_L 发生偏离，这也与实验结果相符。表

皮 ω_H的刚化与 DFT-MD 计算结果吻合，液态水表皮 ω_H从 3 250 cm^{-1}(表皮厚度为7 Å)变为3 500 cm^{-1}(2 Å)[117]。综上，既非冰表皮包裹水，也非水表皮包裹冰。而冰水表皮共享超固态表皮的说法更为确切。在超固态表皮中，分子尺度小，分子间距增大，O：H 振频低，振幅大，强极化，主导冰表面的润滑程度。

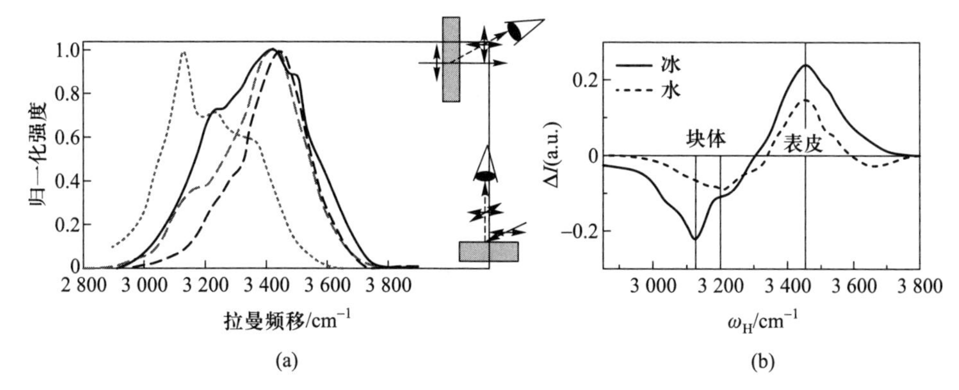

图 8.20 (a)从 87°(接近高频峰)和 0°采集的水(25 ℃，蓝色线条)与冰(−20 ℃和−15 ℃，红色线条)的 ω_H拉曼光谱[100]及(b)两种角度数据的 DPS 结果(参见书后彩图)

差谱的丰度(积分面积)显示液态与固态的超固态厚度比约为 9/4[37]

8.4.4 超微气泡

理论研究认为超微气泡的稳定性是因为水表面与超微气泡的三相接触线的钉扎效应遏制了气体的扩散。根据经典的“空气-水”界面理论，气泡里面的拉普拉斯压力随其曲率半径增高。气泡内气体的有限耗散使超微气泡很快溶解[33]。人们提出并形成了众多的理论试图解释超微气泡特性的机理，例如刚化气泡模型[118]、颗粒间隙模型[119]、表面静电负压[120]以及多体作用[121]等。然而，超微气泡的长寿命与高机械强度仍是一个谜。气泡的稳定性和力学性能完全超出了经典热力学的描述[34, 122]。

从低配位导致的超固态特性的角度可以充分理解气泡所显示的特性[67, 123]。水分子的空间位置分辨配位数服从 $Z_{团簇} < Z_{气泡外表面} < Z_{表面} < Z_{气泡内表面} < Z_{体相} = 4$。而且，$Z_{团簇}$反比于颗粒的曲率。二聚体的配位数最小仅为 1。在空心气泡负曲率内表面仅小于体相。这些低配位水分子和 O：H—O 键服从 BOLS-NEP 规则[123]。

密度泛函紧束缚(DFTB)计算采用图 8.21 所示的包含 64 个整齐排列的水分子体系，移走 3 个水分子即形成一个中空的气泡或空腔而降低周围的水分子的配位数目[123]。通过几何结构优化可以得到 Hessian 矩阵，得出振动光谱和

O：H—O 键的分段长度。室温常压拉曼测量(150±50) nm 尺寸范围的气泡得到空间分辨的O：H—O键分段振动频率[124]。

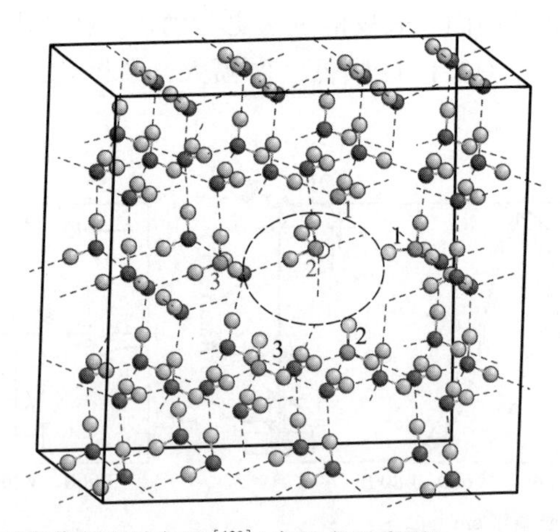

图 8.21　含有 3 个分子空位的空腔气泡[123](参见书后彩图)

橙色和黄色分别表示悬挂的氧离子和氢质子。H—O 键分为两类：H—O 悬键与悬挂水分子的另一条 H—O 键

8.4.4.1　O：H—O 分键长度弛豫

表 8.2 列出了空间分辨 O：H 与 H—O 键的弛豫。在气泡内表皮的 3 个悬挂 H—O 键的平均长度是 0.965 3 Å，比标准值低 1.97%。朝向水内侧的 H—O 键收缩了 0.61%。同时，在表面上的 6 个 O：H 键平均增长了 6.12%。具有悬挂 H—O 键的水分子的内侧 O：H 非键也拉长了 3.09%。这些计算结果证实了气泡表面的 H—O 键确实变短而 O：H 非键变长。与水表面的 MD 计算结果相比较(参见图 8.18)[37]，负曲率的气泡表面同样有 H—O 与 O：H 共同弛豫的趋势。

表 8.2　空间位置分辨 O：H—O 分段长度[123]

	d_x/Å	$\Delta\varepsilon$ /%
体相 H—O 键	0.984 8	0
水表皮 H—O 键[37]	0.950 1	−3.53
H—O 悬键	0.965 3	−1.97
低配位 O 的 H—O 键	0.978 7	−0.61
体相 O：H 非键	1.768	0
水表皮 O：H(DFT)	1.901	7.52
低配位 O 的 O：H 非键	1.829	6.12
低配位 O 内侧 O：H 非键	1.823	3.09

8.4.4.2 O：H—O 分键刚度弛豫

图 8.22 为 DFTB 得到的 H—O (ω_H)与 O：H (ω_L)振动差谱。气泡的 ω_H峰位于波数 3 440 cm^{-1}、3 520 cm^{-1}、3 760 cm^{-1} 以及3 900 cm^{-1}左右。其中，3 900 cm^{-1}和 3 760 cm^{-1} 是水表面 H—O 键的非对称伸缩振动模式，而 3 520 cm^{-1}和3 440 cm^{-1}对应的为对称伸缩振动模式。在 210 cm^{-1}处的 ω_L峰对应气泡表面的 O：H 伸缩振动，420 cm^{-1}的峰对应∠O：H—O 弯曲模式。结果表明，分子的低配位使气泡表面的 ω_H变硬，使 ω_L变软。

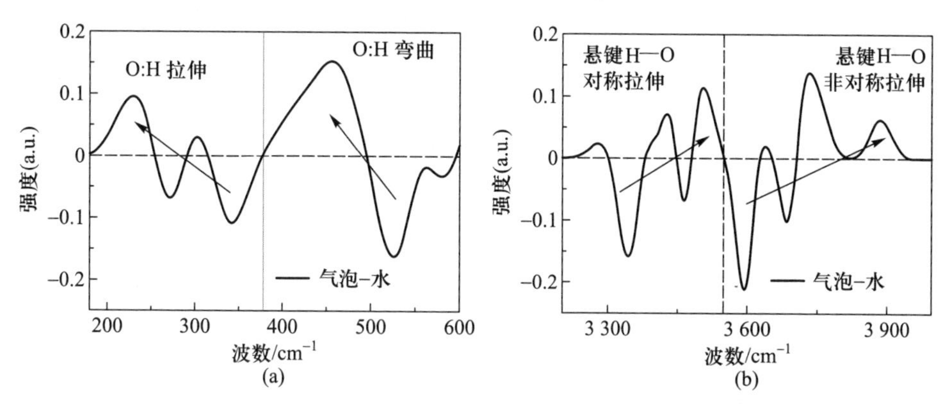

图 8.22 (a)超微气泡的计算声子 ω_H(3 200~4 000 cm^{-1})、ω_L(150~600 cm^{-1})以及∠O：H—O 弯曲模式差谱[123]

8.4.4.3 拉曼 ω_H和 ω_L声子谱

图 8.23 显示拉曼差谱的 4 个频域，分别为 O：H 和 H—O 的体相和表皮相。因为 $Z_{表面} < Z_{气泡内表面} < Z_{体相}$，气泡的 ω_L与 ω_H值介于体相和表皮相之间。气泡的 ω_L从体相的 170 cm^{-1}降为 65 cm^{-1}，ω_H从 3 250 cm^{-1}升到 3 500 cm^{-1}。

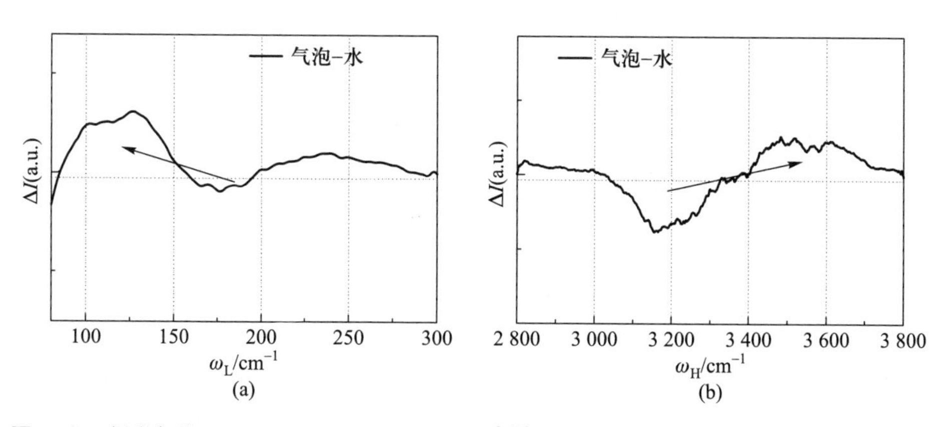

图 8.23 超微气泡(a)O：H 和(b)H—O 的 DPS[123]

图 8.24为 ω_L 和 ω_H DPS 的时间演变。除分段的丰度略有弱化，ω_x 的刚度在放置 49 天后依然保持稳定[6]。

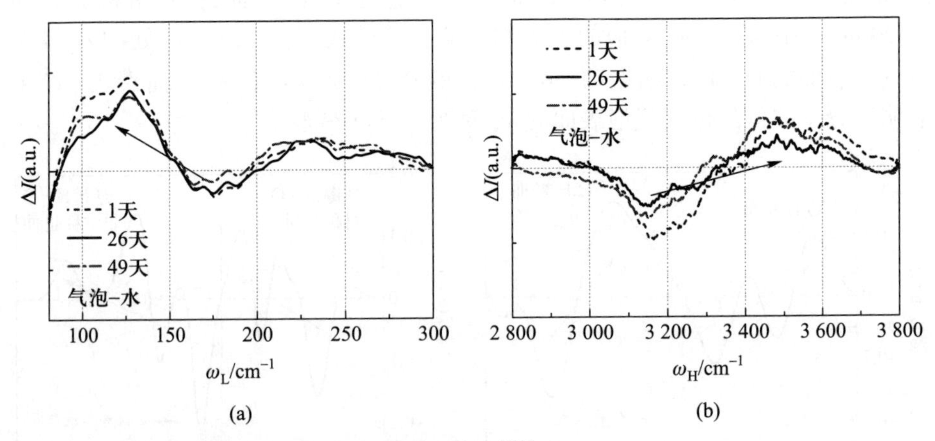

图 8.24　(a)O：H 和(b)H—O 的 DPS 时间演变[123]

量子计算和拉曼测量结果自洽证明，负曲率的超微气泡低配位分子服从 BOLS-NEP 理论关于超固态的预期。类推，负曲率表面气泡的超固态拓展了准固态相边界，提升熔点，降低冰点。强极化提高气泡的机械性能并延长它的寿命。

8.5　准固态与超固态的差异

液滴尺寸减小时，低配位水分子数目增加，表皮水分子的有效配位数减小。前者决定表皮物性的量，后者为物性的本质起源。尺寸减小，$\omega_H(\Theta_{DH})$ 增大、$\omega_L(\Theta_{DL})$ 减小。$\Theta_{Dx}(\omega_x)$ 的弛豫调整了氢键分段的比热，最终改变极限密度对应的临界温度或者说准固态相边界——低冰点与高熔点。因此，纳米液滴和超微气泡均表现出“过热”和“过冷”现象，其程度取决于液滴尺寸。

值得注意的是，分子低配位不仅拓展了准固态相边界，还形成了表皮的疏水性、低摩擦、低密度、黏弹性以及超固态；准固态源自氢键分段比热差异，而超固态则是低配位效应，两者截然不同。准固态边界在受到外力、电场等外部刺激时也会发生拓展。超固态对液滴大小和表皮曲率非常敏感，在整个温度区间内都可呈现。

液态水受冷向固态转化时，准固态呈负热膨胀。超固态呈极化特征，密度很小。两者都呈胶状、具有黏弹性。准固态冷却、液态和固态加热均可使

H—O键收缩，但液体加热会使 O：H—O 键退极化。双重极化是超固态的核心，而负热膨胀则是准固态的根本。

准固态和超固态属性共同形成了反常的第二临界点即冰点 T_H、Widom 线，并引起 ω_H与 ω_L的同步压缩软化，其本质机制还有待进一步验证。这些特征可以阐释水滴在“无人区”温度范围的热力学行为，此时水滴结构为均匀单相结构或非均匀的高、低密度混合相[125-127]。准固态边界的尺寸效应会导致均匀形核临界温度下降，而熔化温度升高。

8.6 小结

分子低配位引起的 O：H—O 氢键协同弛豫及双重极化行为主导水合层、雪花、液态水表皮等配位数少于常规数值 4 时的低配位水分子尺度、键能、声子频率及热力学行为。这一概念也阐释了 O-O 拉伸、O 1s 电子致密化与钉扎、表皮电子极化、高频声子硬化、类冰性及疏水性等异常行为。逻辑推理、数值计算和实验观察证实如下结论[6, 17, 23]：

（1）分子低配位不仅拓展准固态相边界而且形成超疏水、低密度以及低摩擦的超固态相。两种反常相的相互增强使微纳尺度的冰水呈现更为奇异的性质。

（2）H—O 键收缩增强芯电子和成键电子密度，进而极化 O 原子上的非键电子孤对。双重极化使得水表皮具备疏水性、黏弹性和低摩擦性。

（3）H—O 键的强化增强了 O 1s 芯能级偏移，引起 H—O 声子蓝移，提高水分子团簇、表皮和超薄水膜的熔点。

（4）水分子低配位诱发 O：H—O 氢键弛豫，形成具有超弹性、疏水性、强热稳定性和低密度的超固态相，从而决定了 O：H—O 氢键网络边缘或纳米水滴水分子的反常行为。

（5）水滴、气泡等低配位水分子体系中，H—O 键收缩引起熔点升高，O：H非键伸长使得冰点降低。纳米水滴与超微气泡的 H—O 弛豫时间比块体情况更长。

参考文献

[1] Kuhne T. D., Khaliullin R. Z. Electronic signature of the instantaneous asymmetry in the first coordination shell of liquid water. Nat. Commun., 2013, 4: 1450.

[2] Petkov V., Ren Y., Suchomel M. Molecular arrangement in water: Random but not quite. J. Phys. Condens. Mat., 2012, 24(15): 155102.

[3] Keutsch F. N., Saykally R. J. Water clusters: Untangling the mysteries of the liquid, one molecule at a time. Proc. Natl. Acad. Sci. USA., 2001, 98(19): 10533-10540.

[4] Gregory J. K., Clary D. C., Liu K., et al. The water dipole moment in water clusters. Science, 1997, 275(5301): 814-817.

[5] Li F. Y., Liu Y., Wang L., et al. Improved stability of water clusters (H_2O)(30-48): A Monte Carlo search coupled with DFT computations. Theor. Chem. Acc., 2012, 131(3): 1163.

[6] Huang Y., Zhang X., Ma Z., et al. Hydrogen-bond relaxation dynamics: Resolving mysteries of water ice. Coord. Chem. Rev., 2015, 285: 109-165.

[7] Liu K., Cruzan J. D., Saykally R. J. Water clusters. Science, 1996, 271(5251): 929-933.

[8] Ludwig R. Water: From clusters to the bulk. Angew. Chem. Int. Edit., 2001, 40(10): 1808-1827.

[9] Michaelides A., Morgenstern K. Ice nanoclusters at hydrophobic metal surfaces. Nat. Mat., 2007, 6(8): 597-601.

[10] Turi L., Sheu W. S., Rossky P. J. Characterization of excess electrons in water-cluster anions by quantum simulations. Science, 2005, 309(5736): 914-917.

[11] Verlet J. R. R., Bragg A. E., Kammrath A., et al. Observation of large water-cluster anions with surface-bound excess electrons. Science, 2005, 307(5706): 93-96.

[12] Hammer N. I., Shin J. W., Headrick J. M., et al. How do small water clusters bind an excess electron? Science, 2004, 306(5696): 675-679.

[13] Perez C., Muckle M. T., Zaleski D. P., et al. Structures of cage, prism, and book isomers of water hexamer from broadband rotational spectroscopy. Science, 2012, 336(6083): 897-901.

[14] Ishiyama T., Takahashi H., Morita A. Origin of vibrational spectroscopic response at ice surface. J. Phys. Chem. Lett., 2012, 3: 3001-3006.

[15] Li F. Y., Wang L., Zhao J. J., et al. What is the best density functional to describe water clusters: Evaluation of widely used density functionals with various basis sets for (H_2O)(n)(n=1-10). Theor. Chem. Acc., 2011, 130(2-3): 341-352.

[16] Huang Y., Zhang X., Ma Z., et al. Potential paths for the hydrogen-bond relaxing with $(H_2O)_N$ cluster size. J. Phys. Chem. C, 2015, 119(29): 16962-16971.

[17] Sun C. Q., Zhang X., Zhou J., et al. Density, elasticity, and stability anomalies of water molecules with fewer-than-four neighbors. J. Phys. Chem. Lett., 2013, 4: 2565-2570.

[18] Sun C. Q., Zhang X., Fu X., et al. Density and phonon-stiffness anomalies of water and ice in the full temperature range. J. Phys. Chem. Lett., 2013, 4: 3238-3244.

[19] Erko M., Wallacher D., Hoell A., et al. Density minimum of confined water at low temperatures: A combined study by small-angle scattering of X-rays and neutrons. Phys. Chem. Chem. Phys., 2012, 14(11): 3852-3858.

[20] Mallamace F., Branca C., Broccio M., et al. The anomalous behavior of the density of water in the range 30 K $<$ T $<$ 373 K. Proc. Natl. Acad. Sci. USA., 2007, 104(47):

18387-18391.
[21] Alabarse F. G., Haines J., Cambon O., et al. Freezing of water confined at the nanoscale. Phys. Rev. Lett., 2012, 109(3): 035701.
[22] Moro R., Rabinovitch R., Xia C., et al. Electric dipole moments of water clusters from a beam deflection measurement. Phys. Rev. Lett., 2006, 97(12): 123401.
[23] Zhang X., Sun P., Huang Y., et al. Water nanodroplet thermodynamics: Quasi-solid phase-boundary dispersivity. J. Phys. Chem. B, 2015, 119(16): 5265-5269.
[24] Wang S., Liu M., Dong Y. Understanding the stability of surface nanobubbles. J. Phys. Condens. Mat., 2013, 25(18): 184007.
[25] Weijs J. H., Lohse D. Why surface nanobubbles live for hours. Phys. Rev. Lett., 2013, 110(5): 054501.
[26] Oh S. H., Han J. G., Kim J. M. Long-term stability of hydrogen nanobubble fuel. Fuel, 2015, 158: 399-404.
[27] Agarwal A., Ng W. J., Liu Y. Principle and applications of microbubble and nanobubble technology for water treatment. Chemosphere, 2011, 84(9): 1175-1180.
[28] Ebina K., Shi K., Hirao M., et al. Oxygen and air nanobubble water solution promote the growth of plants, fishes, and mice. Plos One, 2013, 8(6): e65339.
[29] Zhang X., Lohse D. Perspectives on surface nanobubbles. Biomicrofluidics, 2014, 8(4): 041301.
[30] Takahashi M. Base and technological application of micro-bubble and nano-bubble. Mater. Integr., 2009, 22: 2-19.
[31] Liu Y., Zhang X. A unified mechanism for the stability of surface nanobubbles: Contact line pinning and supersaturation. J. Chem. Phys., 2014, 141(13): 134702.
[32] Chan C. U., Chen L. Q., Arora M., et al. Collapse of surface nanobubbles. Phys. Rev. Lett., 2015, 114(11): 114505.
[33] Craig V. S. J. Very small bubbles at surfaces-the nanobubble puzzle. Soft Matter, 2011, 7(1): 40-48.
[34] Ball P. Nanobubbles are not a superficial matter. ChemPhysChem, 2012, 13(8): 2173-2177.
[35] Chaplin M. Water structure and science[EB/OL]. http://www. lsbu. ac. uk/water/.
[36] Tyrrell J. W., Attard P. Images of nanobubbles on hydrophobic surfaces and their interactions. Phys. Rev. Lett., 2001, 87(17): 176104.
[37] Zhang X., Huang Y., Ma Z., et al. A common supersolid skin covering both water and ice. Phys. Chem, Chem. Phys., 2014, 16(42): 22987-22994.
[38] Huang C., Wikfeldt K. T., Nordlund D., et al. Wide-angle X-ray diffraction and molecular dynamics study of medium-range order in ambient and hot water. Phys. Chem, Chem. Phys., 2011, 13(44): 19997-20007.
[39] Lakhanpal M. L., Puri B. R. Boiling point of capilary-condensed water. Nature, 1953,

172(4385): 917-917.
[40] Li L., Kazoe Y., Mawatari K., et al. Viscosity and wetting property of water confined in extended nanospace simultaneously measured from highly-pressurized meniscus motion. J. Phys. Chem. Lett., 2012: 2447-2452.
[41] Xu K., Cao P. G., Heath J. R. Graphene visualizes the first water adlayers on mica at ambient conditions. Science, 2010, 329(5996): 1188-1191.
[42] Xu D., Liechti K. M., Ravi-Chandar K. Mechanical probing of icelike water monolayers. Langmuir, 2009, 25(22): 12870-12873.
[43] Miranda P. B., Xu L., Shen Y. R., et al. Icelike water monolayer adsorbed on mica at room temperature. Phys. Rev. Lett., 1998, 81(26): 5876-5879.
[44] McBride F., Darling G. R., Pussi K., et al. Tailoring the structure of water at a metal surface: A structural analysis of the water bilayer formed on an alloy template. Phys. Rev. Lett., 2011, 106(22): 226101.
[45] Hodgson A., Haq S. Water adsorption and the wetting of metal surfaces. Surf. Sci. Rep., 2009, 64(9): 381-451.
[46] Meng S., Wang E. G., Gao S. W. Water adsorption on metal surfaces: A general picture from density functional theory studies. Phys. Rev. B, 2004, 69(19): 195404.
[47] Wang C., Lu H., Wang Z., et al. Stable liquid water droplet on a water monolayer formed at room temperature on ionic model substrates. Phys. Rev. Lett., 2009, 103(13): 137801-137804.
[48] Johnston J. C., Kastelowitz N., Molinero V. Liquid to quasicrystal transition in bilayer water. J. Chem. Phys., 2010, 133(15): 283101.
[49] Falenty A., Hansen T. C., Kuhs W. F. Formation and properties of ice XVI obtained by emptying a type s II clathrate hydrate. Nature, 2014, 516(7530): 231-233.
[50] Qiu H., Guo W. Electromelting of confined monolayer ice. Phys. Rev. Lett., 2013, 110(19): 195701.
[51] Debenedetti P. G., Stanley H. E. Supercooled and glassy water. Phys. Today, 2003, 56(6): 40-46.
[52] Strazdaite S., Versluis J., Backus E. H., et al. Enhanced ordering of water at hydrophobic surfaces. J. Chem. Phys., 2014, 140(5): 054711.
[53] Gallo P., Stanley H. E. Supercooled water reveals its secrets. Science, 2017, 358(6370): 1543-1544.
[54] Kim K. H., Späh A., Pathak H., et al. Maxima in the thermodynamic response and correlation functions of deeply supercooled water. Science, 2017, 358(6370): 1589-1593.
[55] Goy C., Potenza M. A., Dedera S., et al. Shrinking of rapidly evaporating water microdroplets reveals their extreme supercooling. Phys. Rev. Lett., 2018, 120(1): 015501.
[56] Bittman E. Supercooling water[EB/OL]. http://eisforexplore.blogspot.sg/2014/05/supercooling-water.html.

[57]Ni C., Gong Y., Liu X., et al. The anti-frozen attribute of sugar solutions. J. Mol. Liq., 2017, 247: 337-344.

[58]Kim J., Won D., Sung B., et al. Observation of universal solidification in the elongated water nanomeniscus. J. Phys. Chem. Lett., 2014: 737-742.

[59]Khan S. H., Matei G., Patil S., et al. Dynamic solidification in nanoconfined water films. Phys. Rev. Lett., 2010, 105(10): 106101.

[60]Zhao G., Tan Q., Xiang L., et al. Structure and properties of water film adsorbed on mica surfaces. J. Chem. Phys., 2015, 143(10): 104705.

[61]Tan H. S., Piletic I. R., Riter R. E., et al. Dynamics of water confined on a nanometer length scale in reverse micelles: Ultrafast infrared vibrational echo spectroscopy. Phys. Rev. Lett., 2005, 94(5): 057405.

[62] Sun C. D-O phonon aboundace-lifetinme-stiffness cooperative relaxation upon NaBr solvation and confinement. Phys. Chem. Chem. Phys., 2018, Communicated.

[63]Antognozzi M., Humphris A. D. L., Miles M. J. Observation of molecular layering in a confined water film and study of the layers viscoelastic properties. Appl. Phys. Lett., 2001, 78(3): 300.

[64]Sun C. Q. Relaxation of the Chemical Bond. Heidelberg: Springer, 2014.

[65]Huang W. J., Sun R., Tao J., et al. Coordination-dependent surface atomic contraction in nanocrystals revealed by coherent diffraction. Nat. Mat., 2008, 7(4): 308-313.

[66]Ma D. D. D., Lee C. S., Au F. C. K., et al. Small-diameter silicon nanowire surfaces. Science, 2003, 299(5614): 1874-1877.

[67]Liu X. J., Bo M. L., Zhang X., et al. Coordination-resolved electron spectrometrics. Chem. Rev., 2015, 115(14): 6746-6810.

[68]Sun C. Q. Size dependence of nanostructures: Impact of bond order deficiency. Prog. Solid State Chem., 2007, 35(1): 1-159.

[69]Rault J., Neffati R., Judeinstein P. Melting of ice in porous glass: Why water and solvents confined in small pores do not crystallize? Eur. Phys. J. B, 2003, 36(4): 627-637.

[70]Zhao M., Zheng W. T., Li J. C., et al. Atomistic origin, temperature dependence, and responsibilities of surface energetics: An extended broken-bond rule. Phys. Rev. B, 2007, 75(8): 085427.

[71]Wilson K. R., Schaller R. D., Co D. T., et al. Surface relaxation in liquid water and methanol studied by X-ray absorption spectroscopy. J. Chem. Phys., 2002, 117(16): 7738-7744.

[72]Bergmann U., Di Cicco A., Wernet P., et al. Nearest-neighbor oxygen distances in liquid water and ice observed by X-ray Raman based extended X-ray absorption fine structure. J. Chem. Phys., 2007, 127(17): 174504.

[73]Wilson K. R., Rude B. S., Catalano T., et al. X-ray spectroscopy of liquid water microjets. J. Phys. Chem. B, 2001, 105(17): 3346-3349.

[74] Huang Y., Zhang X., Ma Z., et al. Size, separation, structural order, and mass density of molecules packing in water and ice. Sci. Rep., 2013, 3: 3005.
[75] Solveyra E. G., de la Llave E., Molinero V., et al. Structure, dynamics, and phase behavior of water in TiO_2 nanopores. J. Phys. Chem. C, 2013, 117(7): 3330-3342.
[76] Townsend R. M., Rice S. A. Molecular dynamics studies of the liquid-vapor interface of water. J. Chem. Phys., 1991, 94(3): 2207-2218.
[77] Tarasevich Y. I. State and structure of water in vicinity of hydrophobic surfaces. Colloid J., 2011, 73(2): 257-266.
[78] Perdew J. P., Wang Y. Accurate and simple analytic representation of the electron-gas correlation-energy. Phys. Rev. B, 1992, 45(23): 13244-13249.
[79] Ortmann F., Bechstedt F., Schmidt W. G. Semiempirical van der Waals correction to the density functional description of solids and molecular structures. Phys. Rev. B, 2006, 73(20): 205101.
[80] Marsalek O., Uhlig F., Frigato T., et al. Dynamics of electron localization in warm versus cold water clusters. Phys. Rev. Lett., 2010, 105(4): 043002.
[81] Liu S., Luo J., Xie G., et al. Effect of surface charge on water film nanoconfined between hydrophilic solid surfaces. J. Appl. Phys., 2009, 105(12): 124301-124304.
[82] Siefermann K. R., Liu Y., Lugovoy E., et al. Binding energies, lifetimes and implications of bulk and interface solvated electrons in water. Nat. Chem., 2010, 2: 274-279.
[83] Paik D. H., Lee I. R., Yang D. S., et al. Electrons in finite-sized water cavities: Hydration dynamics observed in real time. Science, 2004, 306(5696): 672-675.
[84] Vacha R., Marsalek O., Willard A. P., et al. Charge transfer between water molecules as the possible origin of the observed charging at the surface of pure water. J. Phys. Chem. Lett., 2012, 3(1): 107-111.
[85] Baletto F., Cavazzoni C., Scandolo S. Surface trapped excess electrons on ice. Phys. Rev. Lett., 2005, 95(17): 176801.
[86] Abu-Samha M., Borve K. J., Winkler M., et al. The local structure of small water clusters: Imprints on the core-level photoelectron spectrum. J. Phys. B, 2009, 42(5): 055201.
[87] Nishizawa K., Kurahashi N., Sekiguchi K., et al. High-resolution soft X-ray photoelectron spectroscopy of liquid water. Phys. Chem. Chem. Phys., 2011, 13: 413-417.
[88] Winter B., Aziz E. F., Hergenhahn U., et al. Hydrogen bonds in liquid water studied by photoelectron spectroscopy. J. Chem. Phys., 2007, 126(12): 124504.
[89] Belau L., Wilson K. R., Leone S. R., et al. Vacuum ultraviolet(VUV) photoionization of small water clusters. J. Phys. Chem. A, 2007, 111(40): 10075-10083.
[90] Zhang L. J., Wang J., Luo Y., et al. A novel water layer structure inside nanobubbles at room temperature. Nucl. Sci. Tech., 2014, 25: 060503
[91] Kim J., Becker I., Cheshnovsky O., et al. Photoelectron spectroscopy of the 'missing'

hydrated electron clusters(H_2O)-n, n=3, 5, 8 and 9: Isomers and continuity with the dominant clusters n=6, 7 and ≥11. Chem. Phys. Lett., 1998, 297(1-2): 90-96.

[92] Coe J. V., Williams S. M., Bowen K. H. Photoelectron spectra of hydrated electron clusters vs. cluster size: Connecting to bulk. Int. Rev. Phys. Chem., 2008, 27(1): 27-51.

[93] Kammrath A., Griffin G., Neumark D., et al. Photoelectron spectroscopy of large(water) n-(n=50-200) clusters at 4.7 eV. J. Chem. Phys., 2006, 125(7): 076101.

[94] Silvera Batista C. A., Larson R. G., Kotov N. A. Nonadditivity of nanoparticle interactions. Science, 2015, 350(6257): 1242477.

[95] Pyrgiotakis G., Vasanthakumar A., Gao Y., et al. Inactivation of foodborne microorganisms using engineered water nanostructures(EWNS). Environ. Sci. Technol., 2015, 49(6): 3737-3745.

[96] Yang X. X., Li J. W., Zhou Z. F., et al. Raman spectroscopic determination of the length, strength, compressibility, Debye temperature, elasticity, and force constant of the C–C bond in graphene. Nanoscale, 2012, 4(2): 502-510.

[97] Liu X. J., Pan L. K., Sun Z., et al. Strain engineering of the elasticity and the Raman shift of nanostructured TiO_2. J. Appl. Phys., 2011, 110(4): 044322.

[98] Buck U., Huisken F. Infrared spectroscopy of size-selected water and methanol clusters. Chem. Rev., 2000, 100(11): 3863-3890.

[99] Otto K. E., Xue Z., Zielke P., et al. The Raman spectrum of isolated water clusters. Phys. Chem. Chem. Phys., 2014, 16(21): 9849-9858.

[100] Kahan T. F., Reid J. P., Donaldson D. J. Spectroscopic probes of the quasi-liquid layer on ice. J. Phys. Chem. A, 2007, 111(43): 11006-11012.

[101] Ceponkus J., Uvdal P., Nelander B. Water tetramer, pentamer, and hexamer in inert matrices. J. Phys. Chem. A, 2012, 116(20): 4842-4850.

[102] Shen Y. R., Ostroverkhov V. Sum-frequency vibrational spectroscopy on water interfaces: Polar orientation of water molecules at interfaces. Chem. Rev., 2006, 106(4): 1140-1154.

[103] Buch V., Bauerecker S., Devlin J. P., et al. Solid water clusters in the size range of tens-thousands of H_2O: A combined computational/spectroscopic outlook. Int. Rev. Phys. Chem., 2004, 23(3): 375-433.

[104] Cross P. C., Burnham J., Leighton P. A. The Raman spectrum and the structure of water. J. Am. Chem. Soc., 1937, 59: 1134-1147.

[105] Sun Q. The Raman OH stretching bands of liquid water. Vib. Spectrosc., 2009, 51(2): 213-217.

[106] Hirabayashi S., Yamada K. M. T. Infrared spectra and structure of water clusters trapped in argon and krypton matrices. J. Mol. Struct., 2006, 795(1-3): 78-83.

[107] Pradzynski C. C., Forck R. M., Zeuch T., et al. A fully size-resolved perspective on the

crystallization of water clusters. Science, 2012, 337(6101): 1529-1532.
[108] Wei X., Miranda P., Shen Y. Surface vibrational spectroscopic study of surface melting of ice. Phys. Rev. Lett., 2001, 86(8): 1554-1557.
[109] Ceponkus J., Uvdal P., Nelander B. Intermolecular vibrations of different isotopologs of the water dimer: Experiments and density functional theory calculations. J. Chem. Phys., 2008, 129(19): 194306.
[110] Ceponkus J., Uvdal P., Nelander B. On the structure of the matrix isolated water trimer. J. Chem. Phys., 2011, 134(6): 064309.
[111] Deshmukh S. A., Sankaranarayanan S. K., Mancini D. C. Vibrational spectra of proximal water in a thermo-sensitive polymer undergoing conformational transition across the lower critical solution temperature. J. Phys. Chem. B, 2012, 116(18): 5501-5515.
[112] Maksyutenko P., Rizzo T. R., Boyarkin O. V. A direct measurement of the dissociation energy of water. J. Chem. Phys., 2006, 125(18): 181101.
[113] Harich S. A., Hwang D. W. H., Yang X., et al. Photodissociation of H_2O at 121. 6 nm: A state-to-state dynamical picture. J. Chem. Phys., 2000, 113(22): 10073-10090.
[114] Bjorneholm O., Federmann F., Kakar S., et al. Between vapor and ice: Free water clusters studied by core level spectroscopy. J. Chem. Phys., 1999, 111(2): 546-550.
[115] Zhang J., Chen P., Yuan B., et al. Real-space identification of intermolecular bonding with atomic force microscopy. Science, 2013, 342(6158): 611-614.
[116] Engemann S., Reichert H., Dosch H., et al. Interfacial melting of ice in contact with SiO_2. Phys. Rev. Lett., 2004, 92(20): 205701.
[117] Sulpizi M., Salanne M., Sprik M., et al. Vibrational sum frequency generation spectroscopy of the water liquid–vapor interface from density functional theory-based molecular dynamics simulations. J. Phys. Chem. Lett., 2012, 4(1): 83-87.
[118] Azmin M., Mohamedi G., Edirisinghe M., et al. Dissolution of coated microbubbles: The effect of nanoparticles and surfactant concentration. Mater. Sci. Eng., C, 2012, 32(8): 2654-2658.
[119] Strasberg M. Onset of ultrasonic cavitation in tap water. J. Acoust. Soc. Am., 1959, 31(2): 163-176.
[120] Duval E., Adichtchev S., Sirotkin S., et al. Long-lived submicrometric bubbles in very diluted alkali halide water solutions. Phys. Chem. Chem. Phys., 2012, 14(12): 4125-4132.
[121] Weijs J. H., Seddon J. R. T., Lohse D. Diffusive shielding stabilizes bulk nanobubble clusters. ChemPhysChem, 2012, 13(8): 2197-2204.
[122] Yount D. E. Skins of varying permeability: A stabilization mechanism for gas cavitation nuclei. J. Acoust. Soc. Am., 1979, 65(6): 1429-1439.
[123] Zhang X., Liu X., Zhong Y., et al. Nanobubble skin supersolidity. Langmuir, 2016, 32(43): 11321-11327.

[124] Thomas F., Gotthard S., Marcus E., et al. Atomistic simulations of complex materials: Ground-state and excited-state properties. J. Phys. Condens. Mat., 2002, 14(11): 3015.

[125] Soper A. K. Supercooled water continuous trends. Nat. Mater., 2014, 13(7): 671-673.

[126] Sellberg J. A., Huang C., McQueen T. A., et al. Ultrafast X-ray probing of water structure below the homogeneous ice nucleation temperature. Nature, 2014, 510(7505): 381-384.

[127] Paschek D., Ludwig R. Advancing into water's "No man's land": Two liquid states? Angew. Chem. Int. Edit., 2014, 53(44): 11699-16701.

第 9 章
超润滑与量子摩擦：软声子弹性与静电斥力

重点提示

- 低配位诱导的强极化排斥和 O：H 软声子高弹性决定冰水表皮的超固态特性
- 表皮超固态主导接触界面的自润滑、超流和疏水性能
- O：H 软声子共振和复冰现象提升冰–冰接触界面的摩擦系数
- 压融和摩擦生热不足以产生超固态润滑表皮

摘要

超固态表皮的氢键–电子–声子自适应特性，也即非键电子极化和软声子弹性主导冰表皮的超润滑、干摩擦时的自润滑以及水表皮的润滑性。此外，溶质离子的电致极化也增强了液态润滑剂的润滑性能。非键的振动形成了低频率、高振幅、强自适应性的软声子。分子低配位缩短共价键并使局域电荷致密，进而极化非键电子产生局域化的偶极子。局域钉扎的偶极子间具有排斥力，产生类似磁悬浮列车和气垫船的效果。

9.1　悬疑组八：超润滑与量子摩擦

超润滑是指两个接触物体相互运动时不粘连、无摩擦的现象。冬季，冰雪使各种表面变得光滑，为冬季奥林匹克运动会和多种冬季户外娱乐活动提供了平台(图 9.1)。-22 ℃和2 000 bar(200 MPa)大气压力下冰的表面光滑性最佳。然而，冰雪带来欢乐的同时，也蕴藏着巨大安全隐患。如果你是司机，那就得万分小心，冰雪会使驾驶变得异常危险。自 1895 年迈克尔 · 法拉第[1]提出准液态表皮主导冰的润滑性假设以来，冰的润滑性产生的真正原因一直悬而未决。以下列举了 4 种主要争议观点：

(1) 压融作用产生的准液态层在冰的表面提供润滑剂[2,3]；

(2) 摩擦生热融冰产生液态层作为润滑剂[4]；

(3) 分子低配位形成垂直表面的高振幅准液态表皮[5]；

(4) 低频高振幅声子的弹性效果[6]。

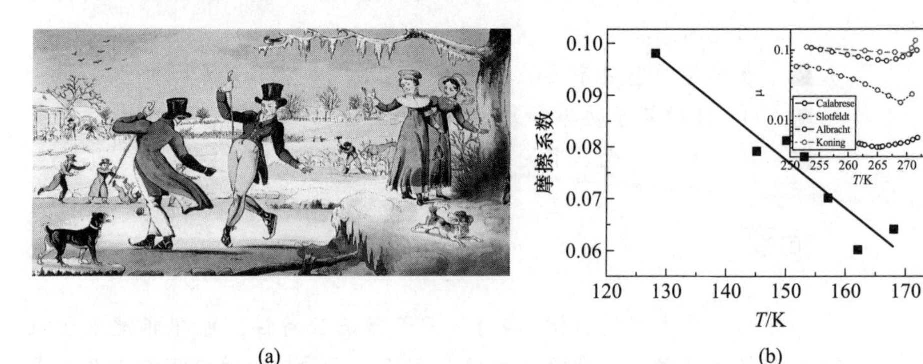

图 9.1　(a)19 世纪 20 年代早期的滑冰场景，(b)10^{-10} Pa 真空状态下圆形冰盘与其上铁块间的摩擦系数随温度线性变化[6]

(b)中插图是准固态相区(258~273 K)[7]在不同状态下的摩擦系数[8]

9.2　释疑原理：软声子弹性和偶极子静电排斥

冰被一层具有弹性、极化、低密度以及热稳定性的超固态表皮包裹[8]。如图 9.2 所示，正是这一层具有特殊性质的表皮造成了冰表面的超润滑现象：

(1) 冰表面的分子呈低配位状态，低配位会缩短 H—O 键使其声子硬化，同时，经由 O-O 间库仑斥力的调制，O：H 非键伸长且声子软化。

(2) H—O 键的收缩和声子硬化使冰的熔点从 273 K 提升到 310 K，而

H—O声子频率也从 3 200 cm^{-1}增高至 3 450 cm^{-1}；H—O 缩短协同 O：H 伸长导致 O–O 伸长，使质量密度从 1.0 g/cm^3 降至 0.75 g/cm^3。

(3) O：H 非键的伸长和声子软化以及 O 原子上孤对电子造成的双重极化提高了冰表皮的黏滞性和疏水性。

(4) 局域钉扎的偶极子之间的库仑斥力和表皮 O：H 声子弹性降低使接触点的摩擦力减小，从而使冰表面光滑，这与磁悬浮列车和气垫船(图 9.3)的原理相同。

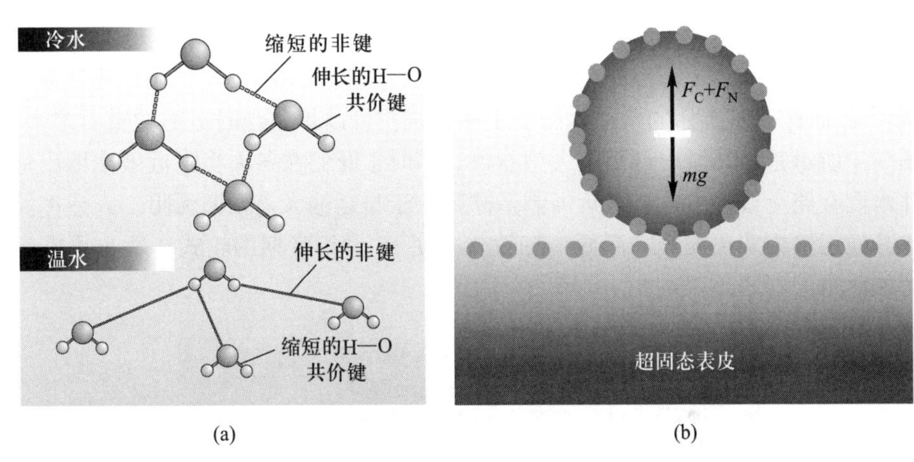

图 9.2 冰的超润滑性源自超固态表皮的弹性库仑斥力：(a) 表皮水分子低配位减小水分子尺寸，增大水分子间距，O：H 非键软化、振频降低、振幅增大[9]，(b) 软化的 O：H 非键如弹簧般与粒子表皮偶极子连接，不仅使其漂浮于上，还容易使自身恢复形变，赋予了超固态表皮的弹性和光滑性特征

(b)中箭头表示各作用力，且 $F_N+F_C-mg=0$，F_N、F_C 和 mg 分别是法向力、库仑悬浮力和物体重力。实心小圆表示与表皮 O：H 弹簧及粒子周边相连的偶极子。任何物体表皮都会受 BOLS 量子钉扎和自发极化支配[10]，尤其是纳米尺度物体[11]

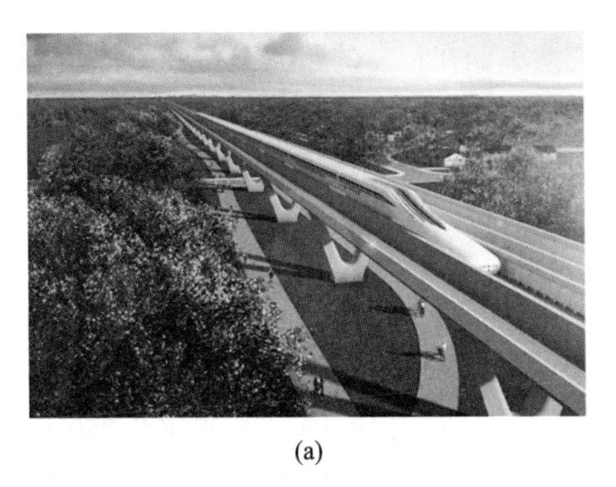

(a)

(b)

图 9.3 磁悬浮列车与气垫船因磁力和空气喷射的无接触斥力形成无摩擦运动

9.3 历史溯源

9.3.1 冰的超润滑奇观

史上关于冰上滑行运输的首个记录来自斯堪的纳维亚山脉。约公元前7 000年，欧洲东部、中部和西部覆盖了大量冰川，尤其是丹麦、挪威、瑞典和芬兰。公元前 2 400 年，有人利用雪橇来搬运埃及雕刻品等重物[8]。15 世纪的中国，建筑师们利用人造冰路将几百吨重的大石块运至 70 km 之外用以建造紫禁城[12]，而这一座雄伟的皇宫含有上千栋建筑，可以想象当时运输的重石之多。图 9.4 所示是紫禁城中最重的大型石雕。当时工匠们在冬天将附近破冰取出的井水倒在路上或沿着人造大运河制造冰路，于是运输大道畅通无阻。人造冰路比其他运输方式更安全、简便、有效。即使 16 世纪晚期的轮式车辆也不能运送如此重的石块。

图 9.4　北京紫禁城中最重的大型石雕，原石重量超过 300 t

冰的低摩擦系数既有利又有害。如机动车辆在积雪的路面上行驶、冰川活动、北部海域货物的运输、海洋工程建筑和破冰船的设计以及各种冰上的体育运动，都涉及冰的低润滑效果。冬天路面以及鞋底需要更高的摩擦系数以避免事故。冰上运输和海洋工程建筑需要低摩擦材料设计，还需要考虑运行和维护消耗，例如一艘破冰船，70%的能耗用于克服冰的摩擦。

此外，摩擦及其造成的影响对于可持续发展和生存质量以及对经济的影响都至关重要。据估计，在发达国家，摩擦学(研究摩擦、润滑和磨损的学科)的发展与应用可节省高达 1.6%的年国民生产总值，仅美国就可节省 2 250 亿美元[13]。因此，澄清冰的摩擦机制对于优化冰上行为、节省能耗和资金消耗等都具有重要意义。

9.3.1.1 摩擦的主导因素

1785年，查利·奥古斯丁·库仑(Charles Augustin Coulomb)研究了摩擦阻力的5个主要因素：接触材料及其表层性质、接触面积、正压力、接触时长以及在真空和各种温湿度下的摩擦行为[8]。当然，除此之外，表面粗糙度、润湿性、滑动速度以及热导率也会影响冰的摩擦行为。摩擦研究的代表性人物如表9.1所示。

表9.1 摩擦研究的代表性人物

肖像	简介
	查利·奥古斯丁·库仑(1736—1806)，法国物理学家。他发展了库仑定律，定义了静电吸引力和排斥力以及摩擦力。他还研究了多种影响摩擦系数的因素
	罗伯特·福尔肯·斯科特(1868—1912)，英国皇家海军上尉，探险家，领导了两次南极科考。他指出，在-30 ℃温度下滑雪非常轻松，但在-46 ℃时，雪的表面会像沙子一样
	弗兰克 ·飞利浦·鲍登(1903—1968)，澳大利亚物理学家，皇家学会会员。他提出摩擦生热机制来解释冰的润滑性。1956年，为表彰他在摩擦相关研究中作出的杰出贡献，被授予英帝国二等勋位爵士和英国皇家学会的拉姆福德勋章

9.3.1.2 冰-金属滑动摩擦系数

图9.1b表示在10^{-10} Pa真空状态下，冰盘与置于其上的钢块间的摩擦系数在冰固相状态时随温度呈线性变化[6]；而在准固态状态(插图)时[8]，摩擦系数与钢块温度相关性小[7]。海上浮冰之间的动摩擦系数随温度变化很大，从-20 ℃时的0.05可变化至-2 ℃时的0.5[14]。这意味着在不同温度和相结构状态下，冰的本征行为与其O：H—O氢键不同状况的受激弛豫行为息息相关。

9.3.1.3　冰-冰界面摩擦

人们预计冰与冰之间的滑动摩擦系数应该会更低，但实际测试结果相反。冰与冰之间的摩擦系数会受到多种因素影响，如压力、温度以及滑动速度等。Sukhorukov 和 Loset 研究了海冰自身摩擦系数的影响因素，设计了滑动速度 6~105 mm/s、温度在-2 ℃和-20 ℃、载荷 300~2 000 N 等系列组合实验，还考虑了海冰之间海水的存在与否以及冰的晶粒取向[14]。实验结果表明，无论滑动表面是否存在海水，海冰之间的动摩擦系数都会从 0.05(-20 ℃) 增至 0.5(-2 ℃)。在天然冰表面滑动时，摩擦系数与速度无关。根据现有的冰摩擦模型[8]，若接触面变得更为光滑，动摩擦系数则开始受速度影响。

Kennedy 等提出[15]，在温度为-40~-3 ℃和压强为 0.007~1.0 MPa 范围内，冰之间的摩擦系数 μ 随滑动速度改变。速度为 5×10^{-7} m/s 时，$\mu=0.58$；速度增至 5×10^{-2} m/s 时，μ 降低为 0.03。一般来说，μ 随速度和温度的增加而减小，压力和晶粒尺寸对其影响不大。在较高温度下(如-3 ℃、-10 ℃)，淡水冰和盐水冰的摩擦系数基本一致；但温度较低时，盐水冰的摩擦系数会降低，原因尚且未知。不过，最新结果表明，盐溶液中的离子极化作用可明显减小摩擦[16]。

Schulson 与 Fortt 测量了-175~-10 ℃温度范围、压力≤ 98 kPa 时淡水多晶冰之间相互缓慢滑动(5×10^{-8}~1×10^{-3} m/s)的摩擦系数[17]。在较高温度(≥-50 ℃)时，动摩擦系数从 0.15 提高到 0.76，表明低速($<10^{-4}$ m/s)增强摩擦、高速减弱摩擦。中等温度(-140~-100 ℃)时，滑动摩擦系数与速度没有明显相关性。然而，在较低温度(≤-175 ℃)时，动摩擦系数的变化表明，在低速和高速状态下，动摩擦系数均有适当增大；但在中速区间，动摩擦系数几乎不变。

9.3.2　准液态表皮润滑剂假说

1850 年，法拉第在 0 ℃的水中挤压两立方形冰块，它们最终融合在一起。法拉第认为，冰块间压融形成的液态层或准液态层不仅充当黏合剂而且可以作为润滑剂[1]。这一准液态层主导复冰现象[18]和冰的低摩擦系数。自此，科学家们对于冰为什么光滑这一看似简单的问题一直争论不休。直观来说，液体是流动的，而固体是刚的、硬的。冰为何光滑这个问题等同于液态或准液态层是怎样第一时间在冰表面产生而减少固体之间的摩擦。对于室内行走的人和开车在外的司机而言，洒在厨房地板上的水和覆盖在马路上的雨水或冰一样危险。为了使固体光滑，液体必须依附在固体表面，这样溜冰鞋方可在冰面上顺利滑动。所以，法拉第关于准液态表皮的构想被认为是真正的革命，虽然产生机理有待明确[18]。

如果冰的温度远低于熔点，那液体薄层是如何出现并维持的呢？劳伦斯大学的化学教授 Rosenberg 于 2005 年在 *Physics Today* 上发表文章[19]，从受压融化[2]、摩擦生热[4]以及表面预融[19]等观点来论述“冰为什么光滑”的研究历史与进展。

9.3.2.1 受压融化假说

1850 年，James Thomson 首先提出受压融化，即在冰表面施加压力可在其上形成液态润滑层[2]。同年，其兄 William Thomson 和 Later Lord Kevin 以实验验证了这一说法[3]。James Thomason 计算得出，施加 46.6 MPa 的压力可使冰的熔点降低至-3.5 ℃。然而，他无法解释冰球运动员和花样滑冰运动员为何在低于-3.5 ℃的冰面上依然能够自如滑翔，毕竟在这个温度下并不会发生受压融化。而实际上，即使在-30 ℃的温度下，滑冰同样可以进行。那滑冰者为何能在如此低的温度下滑行？运动员自身的体重并不足以压融冰以形成液态水薄层。因此，压融作用无法解释为什么不踩冰刀而穿上平底布鞋也能在冰上自如滑行。

花样滑冰的最佳温度是-5.5 ℃，冰球运动的最佳温度是-9 ℃。花样滑冰的速度较慢，需要柔软的冰面；而冰球运动员滑行的速度更快，需要更加坚硬的冰面。在-30 ℃这样寒冷的气温下滑冰也是可以进行的，人们可以在市场上买到雪蜡来应对如此低的温度。罗伯特·福尔肯·斯科特在 1910 年最后一次南极探险之后提出[19]：尽管在-46 ℃时雪的表面如同沙子一样，但在-30 ℃下滑冰还是很容易进行。令人感到意外的是，受压融化几乎没有相关论据支持，但这种假说依然在约一个世纪的时间里占据主导地位，而且作为冰润滑特性的主要解释出现在许多教科书中。

复冰的发生首先得在冰上产生液态润滑层，但这一条件仅靠滑冰者的体重难以实现。此外，复冰不能解释为何能在低于极限温度-22 ℃之下滑冰。若估算滑冰鞋与冰的接触面积为 150×10^{-6} m^2(宽 1 mm，长 150 mm)，滑冰者体重 500 N，则施加的压强为 3.3 MPa。即使每增大一个大气压(0.1 MPa)可使冰的熔点降低 0.007 2 ℃，重 500 N 的滑冰者也只会使熔点下降 0.24 ℃（图 9.5）。因此，滑冰者仅靠体重融冰，压力严重不足。

(a)

(b)

图 9.5 (a)滑冰者的体重仅能将冰的熔点降低 0.24 ℃，不足以形成冰面润滑液，(b)企鹅仅仅站立就已难保持平衡，冰面足够光滑

9.3.2.2　摩擦生热假说

Bowden 和 Hughes[4]在 1939 年提出了关于冰表面光滑的另一种机制——摩擦生热。无论何时，两个物体相对滑动摩擦时都会产生热量。如果你搓手，手就会发热。当滑冰鞋在冰表面上移动时，滑冰鞋和冰之间的摩擦会产生热量以融化最外层的冰。Bowden 和 Hughes 在瑞士一个研究站进行了相关实验。他们利用固态 CO_2和液态空气将温度保持在低于-3 ℃的状态，用木头和金属在冰表面摩擦，测试了融化的冰面上静态和动态摩擦效应。他们根据实验推断摩擦生热是冰融化的原因。尽管摩擦生热也许可以解释运动过程中冰面上为何是光滑的，但是无法解释企鹅为什么仅站立在冰面上也难以保持平衡而滑倒，如图 9.5 所示。

9.3.3　准液态表皮的形成机制

9.3.3.1　表面优先融化

法拉第认为单一冰块表面存在液态水膜，而将两冰块相接时，液态层结冰。液态层可作为冰块表面润滑剂和冰块黏合剂。但法拉第无法解释为什么没有压致融化或摩擦生热作用时液态层的存在[1]。1949 年，Gurney[5]提出冰表面分子因缺少其他分子覆盖(低配位)而不稳定，它们会向固体内部迁移直至表面趋于稳定，这就促使表面液相形成。若表面有大量原子发生了迁移，会像大多数物质发生的表面熔点降低一样，冰的表面优先融化(即预融)[5]。此时冰的表面张力比相应过冷液体表面的更大。这一张力在数值上等于表面自由能。如果突然降温至原子停止迁移的温度，冰表面液体就会凝固，此时的张力与稍高温度下热平衡时的相当。这一解释首次提到了表皮和分子低配位效应，但是需要定量的证据。

9.3.3.2　软声子和净余电子

Krim 认为[13,20]，从原子角度来说，界面原子晶格振动和电子电荷在摩擦中起重要作用。当某个表面逐渐靠近另一表面时，两个表面的原子会形成声子波。转化为声子的机械能的大小取决于滑动物体的固有特性。此时的物体就像乐器一样，仅能在某些特殊频率下振动，所以机械能的消耗取决于实际频率。如果某表面原子的“弹奏”行为与另一表面某原子的频率发生共鸣，那么摩擦就会发生；但若是与另一表面任何频率均无共鸣，则产生声波，相对运动无阻。

另一方面，共鸣振幅越小，摩擦越大。对于绝缘表面，附着其上的异性电荷的吸引形成摩擦，就好比在头发上摩擦后的气球能粘在墙壁上一样。1989 年，Krim 和同事发现 Au 晶体表面干燥时，其上 Kr 薄膜的摩擦系数较低；而增加液膜后摩擦系数提高了 5 倍[20]。在接触表面加上电场也能提升其摩擦系数[21]。这一提法可以解释冰-冰的高摩擦系数而不能解释发生共振的声子属性。

9.3.3.3 表面预融的电子衍射

自20世纪60年代始，人们在各种条件下应用多种实验方法研究冰的表面预融现象以确定预融温度范围以及准液态层厚度。1969年，Orem与Adamson发现，杂质吸附可以促进冰的表面融化[22]。冰上物理吸附的单体烃蒸气可使冰表面产生类液态层。−35 ℃的冰表面上吸附正己烷也可形成类液态层。20世纪90年代诺贝尔化学奖得主Molina和其同事指出，极地平流层云中吸附的盐酸造成了类似冰上的类液层，这一类液层对臭氧层的破坏起到了一定作用[23]。

Kvlividze等应用核磁共振(nuclear magnetic resonance，NMR)光谱测量研究了冰表面液态层的形成并发现[24]：在低于熔点的温度出现了一个窄吸收线，并非类似于周期性固体的宽吸收线。0~20 ℃时的表面分子转动频率比块体冰高5个数量级，约是液态水分子旋转频率的1/25。分子自扩散系数也比块体冰大约两个量级。1977年，Golecki与Jaccard利用质子背散射测量发现，表面O原子的振动振幅大约是块体值的3.3倍，并预计非晶层厚度是NMR测量预测值的10倍左右[25]。与NMR不同，质子背散射需在高真空环境下进行，这与表面融化通常发生于有限蒸气压的情况明显不同。环境蒸气压下分子的行为会受到影响。

1987年，Furukawa利用X射线衍射(XRD)分析表明，冰表面分子间距比体内小，比液态水稍小[26]。但是，Saykally[27]等的X射线吸收光谱表明水表皮O–O间距为2.965 Å，而块体值为2.70 Å[8]。20世纪90年代中期，Dosch等发现，在−13.5~0 ℃温度范围内，也正是笔者观察到的准固态温区[7]，不同冰晶体表面都存在类液态层[28]。在远低于表面熔点温度时，表层分子位置长程有序而转动无序；达到表面熔点温度时，转动无序层上形成一完全无序层。

1996年，Somorjai等利用低能电子衍射(LEED)实验证实了冰表面确实存在准液态层[29]。与XRD类似，LEED也是利用电子行为来确定晶体表层结构。他们通过观察冰表面电子的发射行为，认为高速振动的氧离子使得冰的表面光滑。这些“类液态”水分子不会发生水平迁移，只会上下振动。若原子从一侧移动到另一侧，发生水平迁移，则表层会实际成为液态层，这通常要在温度高于0 ℃时才会发生。

9.3.3.4 AFM针尖在类液态层的滑动和划痕摩擦

1998年，Döppenschmidt与Butt利用原子力显微镜(AFM)在高于−35 ℃温度下测量了冰表面类液层的厚度[30]。如图9.6所示，一旦AFM的悬臂探针触碰到柔软的类液态表层，毛细接触力会使针尖立即跳至与固态冰接触。不同温度下，类液态层的极限厚度不同：−0.7 ℃时为70 nm，−1 ℃时为32 nm，而

-10 ℃时为 11 nm。这一系列结果表明，表面融化大约发生于-33 ℃。类液态层的厚度与温度约呈 $d \propto -\log\Delta T$ 的关系，ΔT 为熔点与测量温度之差。类液态层毛细力将 AFM 探针拽至冰面，并以此推断出冰的表层呈液态。

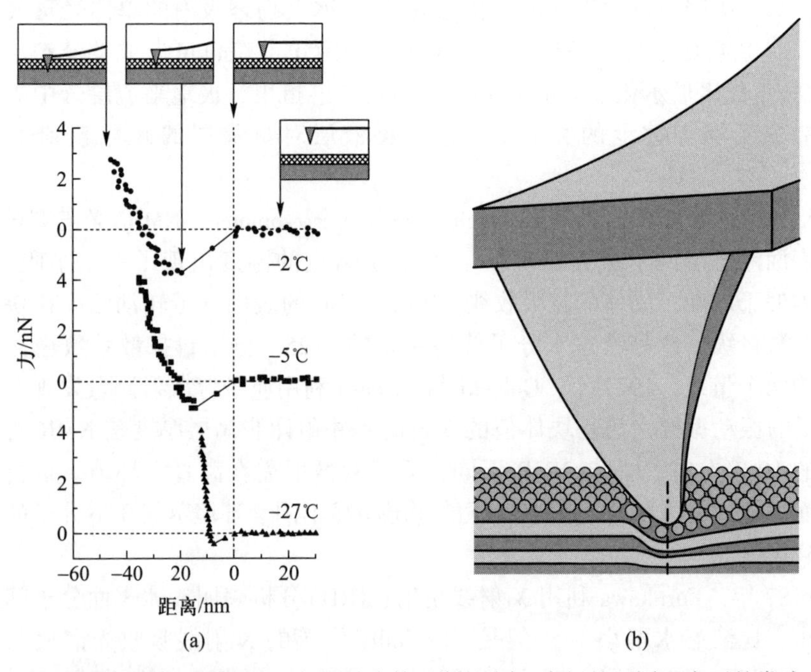

图 9.6　原子划痕摩擦(塑性形变)与滑动摩擦(弹性形变)表征的不同温度下的类液态层厚度[30]：(a) 接触力随深度的变化曲线，(b) 基于-2 ℃的力-深度曲线假定的探针位置示意图(a)中横坐标零点位置指示类液态层表面

9.3.3.5　冰与 SiO_2 界面准液态层的 X 射线衍射

2004 年，Engemann 等利用 X 射线对冰与非晶 SiO_2 界面进行检测，得到了在-25~0 ℃温度范围内的界面准液态层厚度与密度，如图 9.7 所示[31]。他们推断，界面准液态表皮是“高密度的非晶冰”，从熔点液态水的密度值 1.00 g/cm^{3}变化至-17 ℃的 1.16 g/cm^3。准液态层的厚度遵循以下关系：

$$L(T) = (0.84 \pm 0.02)\ln\frac{17 \pm 3}{T_m - T}(\text{nm})$$

表明准液态表皮是造成-17 ℃及以上温度下冰超润滑的主要因素。事实上，表皮的质量密度在标准状态下仅为 0.75 g/cm^3[32]。

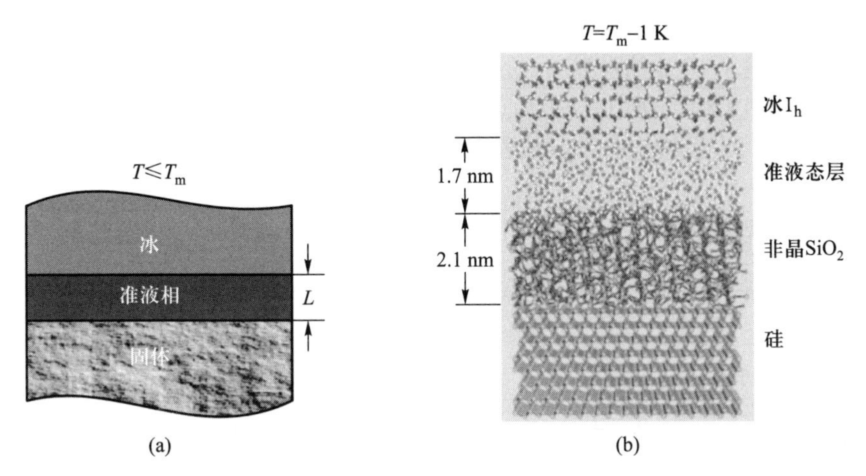

图 9.7 $T \geqslant T_m - 17$ K 时，冰与非晶 SiO_2 界面间形成的高密度准液态表皮及其厚度随温度的变化[31]（参见书后彩图）

9.3.4 低配位体系超固态

2013 年，我们基于量子计算和电子–声子光谱结果证实了从低配位水分子氢键弛豫和非键电子极化的角度提出的表皮超固态假定[8,33]。分子低配位不仅拓展了准固态边界，还形成了与温度弱相关的超固态表皮。冰水表皮分子低配位作用形成高弹性、低密度、强极化、低摩擦的超固态相，而非高密度相。非键电子导致的弹性库仑–悬浮机制不仅是冰表面光滑性、水疏水性的本征因素，也主导着石墨、氮化物、氧化物和氟化物等固体的低摩擦特征[33]。疏水基质与冰水之间也存在超固态表皮，如 SiO_2 和水或冰之间[31]。此外，它们之间还存在一层厚度为0.5~1.0 nm 的空气间隙[34]。

9.4 解析实验证明

9.4.1 低配位 H—O 键收缩与能量钉扎

表 9.2 给出了 DFT 计算的水表皮和体内 Mulliken 电荷的聚集情况。表皮 O 的净电荷为 −0.652 e，块体时为 −0.616 e。相应单分子的净电荷从块体的 +0.022 e转变至表皮的−0.024 e，印证了 H—O 收缩钉扎 O 1s 芯电子引起的孤对电子第一轮极化[32]。水分子低配位引起的芯电子局域致密钉扎对非键电子进一步产生双重极化[35]。

表皮 H—O 键能 $E_H(N)$、键长 d_H、相变温度 T_C、O 原子 1s 能级 $E_{1s}(0)$ 遵

循下列公式：

$$\frac{\Delta E_{1s}(N)}{\Delta E_{1s}(\infty)}=\frac{E_{1s}(N)-E_{1s}(0)}{E_{1s}(\infty)-E_{1s}(0)}=\frac{E_{H}(N)}{E_{H}(\infty)}=\frac{T_{C}(N)}{T_{C}(\infty)}=\left(\frac{d_{H}}{d_{H0}}\right)^{-m} \tag{9.1}$$

式中，m 为待定键性质参数，代表能量随长度变化的规律。

表 9.2 DFT 获得的冰表皮与块体电荷信息及基于式(9.1)导出的部分物理参数值(负号代表电荷增量)

	表皮	块体	$(H_2O)_1$	O 原子
q_O	-0.652	-0.616	—	—
q_H	0.314	0.319	—	—
q_{H_2O}	-0.024	0.022	—	—
E_{1s}(eV)[8]	538.1	536.6	539.7	525.71
E_H(eV)	4.52/4.66	3.97 [36]	5.10 [37]	—
T_m(K)	311/320	273	—	—

根据表 9.2 所列的部分导出物理量[38]，可以推导出表皮的 $E_H=3.97\times(538.1-525.71)/(536.6-525.71)=4.517$ eV，与 TiO_2 表面不完整单层水膜的水分子 H—O 键能 4.66 eV 相近[37]。波长 267 nm 的激光可破坏液体中的 H—O 键[35]，在所谓的界面区内显现 270 nm 的紫外吸收峰[39]。解离超固态和块体 H—O 键需提供 267~270 nm 波长的光能，即对应于 4.64~4.59 eV 的能量。而水表皮和 TiO_2 表面欠满水膜水分子的ΔE_H 偏差值约为 0.14 eV，后者水分子低配位程度更显著。且水膜与疏水 TiO_2之间存在 0.5~1.0 nm 厚的气隙，故水分子和 TiO_2表面间的相互作用较弱[39]。已知$(d_H, E_H)_{表皮}=(0.84\ Å, 4.52\ eV)$，$(d_H, E_H)_{块体}=(1.0\ Å, 3.97\ eV)$，$E_H(1)=5.10$ eV(气态)，可得键性质参量为 $m=0.744$，$d_H(1)=0.714$ Å。但此时估算的 H—O 键 m 值并非一定为常数。

9.4.2 表皮 H—O 键的超常热稳定性

一般而言，原子低配位会降低原子结合能，所以也会降低相变临界温度。$T_C\propto zE_z$，z 是原子配位数，E_z是单键能。相变包括液-固、液-气、铁磁、铁电、超导转变等[10]。表皮熔点 $T_{m,s}$ 变化取决于化学键的性质，$T_{m,s}/T_{m,b}=z_s/z_b C_z^{-m}$，键收缩系数 $C_z=2\{1+\exp[(z-12)/(8z)]\}^{-1}$，$m$ 为键性质参数。基于 BOLS 理论，表皮 $T_{m,s}$分别为块体金属（$m=1$）和块体硅（$m=4.88$）的 40% 和 62%。以 fcc 结构为基准，最外层有效原子配位数为 4，块体情况为 12[38]。

然而，水分子周围孤对电子将屏蔽每个水分子而显“孤立性”。水分子的 T_C取决于相变性质，只与 E_H或 E_L正相关。例如，E_L主导沸点和冰点的 T_C，这两个过程对应 O：H 非键的松弛或断裂[40]。而 E_H主导 T_m。这种主导作用主要是通过调制各自比热曲线及其准固态相边界实现。基于式(9.1)可以估算

$$\frac{T_C(表皮)}{T_C(\infty)}=\frac{T_m(表皮)}{273}=\frac{E_H(表皮)}{E_H(块体)}=\frac{4.59\ \pm 0.07}{3.97}$$

可得表皮熔点在(315±5)K 范围内。因此，水表皮室温下形如胶体、333 K 时蒸发就不足为奇了[41]。

9.4.3 极化诱导的静电排斥和弹性

表皮水分子的极化可提升表皮排斥性和弹性。高弹性与高密度的表皮偶极子对于接触界面的超疏水和超润滑现象至关重要[42]。根据键弛豫-非键电子极化(BOLS-NEP)理论[10]，局域能量致密化会使表皮刚化，致密钉扎的成键电荷会极化非键电子，这一双重过程中形成钉扎表面偶极子[33]。表皮负电荷的净增和非键电子极化形成静电排斥力以实现冰的润滑。

表 9.3 列出了 MD 计算的表面张力 γ、表面/体内黏度 η_s/η_v随冰原子层厚度的变化。它们都随层数减少而增加。5 层时，O：H—O 氢键协同弛豫及相关的电子钉扎与极化增强表面张力达 73.6 mN/m，接近 25 ℃水表皮测量值为 72 mN/m。一般而言，水的黏性在 T_m左右达到最大[43]。

表 9.3 表面张力 γ 和黏度 η 的层数效应

层数	γ /(mN/m)	η_s/(10^{-2}mN · s/m^2)	η_v/(10^{-2}mN · s/m^2)
15	31.5	0.007	0.027
8	55.2	0.012	0.029
5	73.6	0.019	0.032

图 9.8 所示证实 24 ℃时 AFM 钨探针与水化云母片间存在库仑斥力[44]，有效湿度范围为相对湿度(relative humidity，RH) 20%~45%。这一排斥力相应于弹性模量 6.7 GPa。在 25% RH、25 ℃下，石墨表面也能形成单层冰[45]。这些实验现象以及相关的计算结果证实了具有排斥性的超固态表皮的存在。

9.4.4 软声子和量子摩擦

2012 年，人们首次提出“超固态”源于^{4}He 畴壁间的剪切弹性和互斥

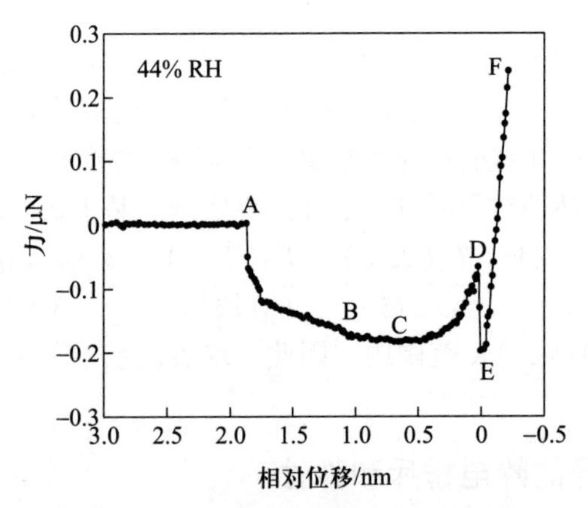

图 9.8　在 44% RH 湿度时云母基体和钨探针间的正应力图像[44]

A 点表示水分子形核凝结开始，B 和 C 表示探针与基体间完整水桥的形成过程，D 为探针与基底接触之前的最大引力位置，E 点作用力突然下降，F 表示探针与基底接触时的排斥力

性[8,33]。^{4}He 的超固态使各畴之间发生无摩擦无能量损耗的相对接触运动。借助超低温^{4}He 固体的超流特性可以有助于理解冰水表皮超固态行为。冰水表皮超固相呈弹性、疏水性、极化性、低密度和高热稳定性，由致密钉扎成键电子和双重极化作用形成[8,32,35,46-48]。近邻水分子越少，超固态特征越明显。

9.4.4.1　O：H 软声子的振动频率和振幅

基于 BOLS-NEP 理论[49]，水分子相邻 O 原子间电子对的库仑排斥调制 H—O 与 O：H 协同弛豫，前者收缩硬化，后者则伸长软化。表皮水分子的 H—O键振动更快，而(H_2O)：(H_2O)振动则变缓。双重极化会增加表皮氧离子的局域电荷密度，又进一步经由库仑斥力调制氢键弛豫。这些都得到 MD 和 DFT 计算的验证。H—O 键从块体值 1.0 Å 收缩至表皮 0.95 Å 甚至悬键 0.93 Å，同时 O：H 从 1.65 Å 膨胀至 1.90 Å。O：H 声子频率从块体的 450 cm^{-1}频移至表皮的 400 cm^{-1}，以及 H—O 悬键邻近时的 300 cm^{-1}；而 H—O 声子从 3 500 cm^{-1}频移至表皮的 3 550 cm^{-1}和悬键的 3 650 cm^{-1}。

基于分子势能曲线曲率对应的受力平衡关系[10]，振子振幅与频率可描述为

$$\mu\,(\omega x)^{2} = \left(\left.\frac{\partial^2 u(r)}{\partial r^2}\right|_{r=d}\right)x^2 = 常数$$

表皮或悬键的氢键分段振幅与块体不同

$$\frac{x_{表}}{x_{块}} = \frac{\omega_{块}}{\omega_{表}} \cong \begin{cases} 200/100 = 2 & (表皮\ O:H) \\ 3\,200/3\,450 = 64/69 & (表皮\ H—O) \end{cases}$$

估算的 $x_{表}$与质子背散射测量结果吻合，表皮 O 原子的振幅约是其块体值的 3.3 倍[25]。因此，除强极化外，表皮 O：H 振子的大振幅和低振频也促进了冰表面的光滑性。如图 9.2a 所示，受压时，软弹簧更易变形也更易恢复。如果

压力非常大，O∶H 非键被破坏，摩擦系数会急剧增加。

9.4.4.2 冰与冰之间的高摩擦系数

如图 9.1b 所示，钢块在冰上的动摩擦系数在 0.01~0.1 之间。出乎意料，在-40~-3 ℃温度范围内以及 0.007~1.0 MPa 正压力下，冰块间的摩擦系数随滑动速度存在明显差异，0.05 m/s 时为 0.03，速度降慢至 5×10^{-7} m/s 时增至 0.58[15]。对于冰之间反常的高摩擦系数可以理解如下：

(1) 温度高于-22 ℃时，接触时会发生复冰现象。如法拉第所述，两片冰块在 0 ℃水中受较小压力即可融合[1]。

(2) 低配位水分子倾向于恢复其原来的配位状态，保持 O 原子的 sp^3成键结构[8]。

(3) 两片冰块接触时，两部分的 O∶H 声子发生共振耦合。高振幅低振频的 O∶H 振子对滑动产生阻碍作用，低速滑动会增加软声子的共振效应[20]。

(4) 然而，海冰在纯冰上的摩擦系数较低，因为溶质离子电致极化 O∶H 声子，降低其振频，弱化了海冰与纯冰界面的声子共振，有效降低了摩擦系数。

9.4.4.3 不同温区摩擦系数的差异

图 9.9 展示了固态和准固态氢键受冷弛豫趋势。基于此，可解释这两个温区摩擦系数为何存在差异：

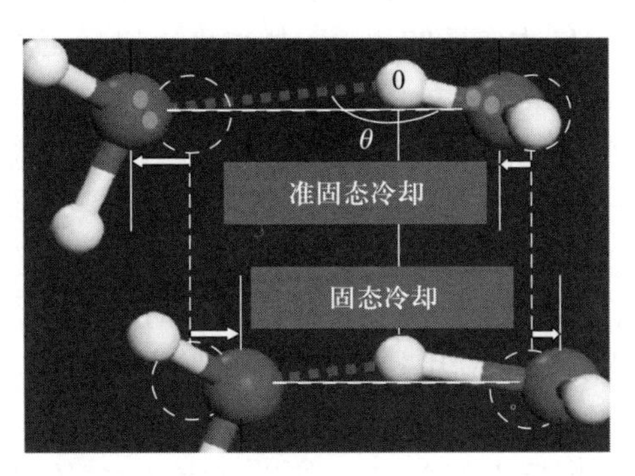

图 9.9 O∶H—O 氢键在固态(T<258 K)和准固态(258≤T≤277 K)中的弛豫[7](参见书后彩图)
O∶H 非键在准固态中伸长弱化，振频降低，振幅增大，降低了摩擦系数；而在固态中，O∶H 冷却收缩，振频升高，振幅减小，提高了摩擦系数[49]

(1) 在 258~273 K 温区的准固态中，比热 $\eta_H/\eta_L<1$，故在冷却过程中，H—O 键自发收缩，O∶H 非键从动伸长软化，其声子振频降低，振幅增大，冰的光滑性得到提升，摩擦系数减小。

(2) 而在低于 258 K 的固相中，$\eta_H/\eta_L>1$，O∶H 非键冷却收缩，其振频升高，振幅减小，从而增加了冰的摩擦系数。且随着冷却过程的继续，这一趋势也继续增强。

9.4.4.4　原子尺度显微摩擦：划痕或滑动

一般情况下，因 O：H 软振子在原子尺度形变的高弹性，物体在冰上滑动时摩擦系数应较低。然而，图 9.6 表明，温度范围-40～-20 ℃内，AFM 划痕式的动摩擦系数却比较高，为 0.6，与宏观实验中测得的静摩擦系数一致[50]。AFM 探针探入表皮几个纳米厚度后会使表皮 O：H 非键断裂，对划痕过程产生高黏性阻力。因发生了塑性变形，探针并非进行超润滑的表面滑动，而是经历蠕变和黏性阻力过程。所以，使用 AFM 测量原子尺度摩擦系数时需要特别注意。

9.5　固态接触近零摩擦：电悬浮与超弹性

9.5.1　^{4}He 超固态：高弹性和静电排斥性

He 是所有元素中惰性最强的，而且原子间的相互作用很弱。只有在极高压力和极端低温条件下它才会凝固。如果在绝对零度下减少压力至 2.5 MPa，原子位置的量子涨落会变得非常大，使固体形成“量子液体”。完美晶体是理想存在的，晶格中总会因为失去原子而形成一些空位。1969 年，Andreev 与 Lifshitz 提出，零度下 He 大幅度的量子起伏也许可以稳定固体空位中的稀有气体[51]。普通的^{4}He 同位素是玻色子(自旋为零)，因此固体 ^{4}He 中的空位也被认为是玻色子。空位会凝成一种奇特结构相，称为玻色-爱因斯坦凝聚态，弥漫于整个固体。这一“超固相”与超流态(无滞流体)具有同量形变，但剪切模量不为零(固体的典型特征)。图 9.10 示意了固体^{4}He 的超固态。处于边界仅 1%的低配位^{4}He 原子可使^{4}He 产生无摩擦扭转运动。

超固态描述了量子晶体固态和超流态性能的共存。2004 年，Kim 和 Chan[53,54]在测量环绕扭力杆的圆柱盒子振荡共振周期时发现了这一现象。盒子中含有固体^{4}He，温度低于 100 mK。如果有质量 1%的 He 停止随盒子运动，振荡频率就会增加。为了进行^{4}He 超固态实验，他们在一根硬杆上悬挂一个圆盘并使之振荡。通过测量振荡频率探究固体^{4}He 的行为是否与超固态(正常接触下具有高剪切弹性和排斥性)类似。正常物质因为原子紧密相连，它们振荡时会一起旋转。而在装有超固态物质的振动圆盘中，许多原子会发生旋转，但有一部分原子不会，这些原子会像超流体一样无摩擦地穿过晶格，然后保持静止。这会减少圆盘质量，使其振动更快。

同样的方法用于探测液体无黏性的超流态情形，盒中液体保持静止而外壁则在转动。在低于 200 mK 的温度下，^{4}He 晶体扭转振子分解成多个分段，呈

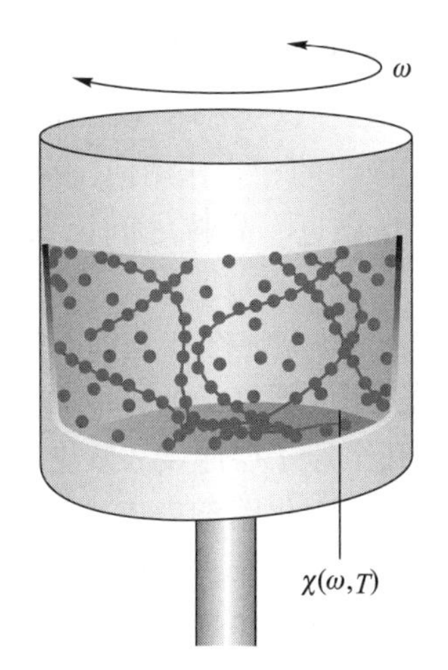

图 9.10　2 K 及以下温度的^{4}He 超固态[52]

多个^{4}He 原子连成盘状形成扭转振子，如图中线条所示

现超流特性，进行无黏性的无摩擦运动[8]；此时的^{4}He 固体比预期要硬，所以承受剪应力时会产生弹性反应。因此，^{4}He 分段运动时既有超弹性也有超流性，这就是超固态。

^{4}He 超固态结构比普通固体更具有弹性，无摩擦[55]。^{4}He 的超流性常被描述为玻色-爱因斯坦凝聚态或量子统计现象。所有粒子都自发占据最低能态。尽管低配位晶体缺陷被认为是超固态的关键，但在实空间中的设想仍处于初期阶段[56]。^{4}He 固体的超流性与量子缺陷有关，比如尺寸 1 nm 左右的原子空位[8]；而超固态则是与结构无序度有关[57]，比如位错、晶界等区域，这些位置富集低配位的原子。Pollet 认为[58]，在位错或晶界处，局域应力各向异性，足以使空位能变化至零，利于超流态的空位移动。^{4}He 固体缺陷网络中若有缺陷相连通，则物质能从一侧无摩擦地流向另一侧。另一方面，结构无序引起的强化可以源自同位素杂质(如，低浓度时的^{3}He 原子)钉扎位错。

超声波和扭转振子研究证实，固体氦的振荡周期下降可部分归因于其剪切模量的增强[56]。Kim 与 Chan 构造的维克玻璃盘扭转实验单元中不可避免地含有少量固体块体，而在新近设计的固体氦样维克玻璃扭转单元中则完全避开了固体剪切模量强化效应[56]。

Anderson 认为[56]，晶体缺陷增强了空位附近的局域密度(应指质量和能量密度[59])。观察结果可以用空位的纯 Gross-Pitaevskii(PG)超流体来描述，转变温度为 50 mK，晶体缺陷使局域密度提升。密度的提升会使结果受到影响。因而在^{4}He 晶体超固态中，可以提升局域质量密度的位错和缺陷扮演着重要角色，只是尚不清晰[60]。

^{4}He 分子间的键很容易被破坏，在液–气相转移的临界温度 4.2 K 下的相转移需要的能量大约为 1/3 000 eV，这远小于 O：H 范德瓦耳斯键的能量（~0.1 eV）。没有电荷转移的原子间极弱的相互作用使^{4}He 原子或晶粒的黏性更低，就好像有封闭电子层的硬球相互靠近。晶粒之间无黏性的相互作用会降低摩擦系数。

冰的光滑性也为了解^{4}He 晶体超流态和超固态提供了一种可行的机理。钉扎在弹性晶粒表面上的电单级子或偶极子的排斥力能解释这些问题。断键诱导的局域应变和量子钉扎导致几个原子层厚度表皮上的电荷和能量的致密化。能量致密化与弹性的提升相应，可刚化固态表皮，使^{4}He 分段在剪切应力作用下呈弹性反应。致密钉扎电子之间的排斥力使运动变得更容易。^{4}He 晶体缺少非键电子。所以断键不仅是初始结构破坏的中心，还通过电荷和能量钉扎来为钉扎位错提供位置，所观察到的超流态和超固态都归因于此。^{4}He 的超固态行为使原子改变了晶体块体结构的配位数缺陷[61]，低配位原子诱导了局域量子钉扎和极化。^{4}He 片段超固态的晶格收缩如预期发生，只是收缩的程度很微小[62]。

9.5.2　固–固界面超润滑：极化与弹性

人们发现了许多关于无摩擦运动的神奇现象。如碳纳米管（CNTs）同芯微轴承的超低摩擦系数、高真空干燥纳米接触的超润滑现象[8]。图 9.11a 所示为在 CNTs 末端施予常压，管内水流速度与管径成反比[63]，超出了传统流体理论预测值。透射电子显微镜（TEM）测试结果显示，在多壁碳纳米管中，内壁可相对于外壁无摩擦反复滑动，即所有周期都不存在损耗，如图 9.11b 所示。表

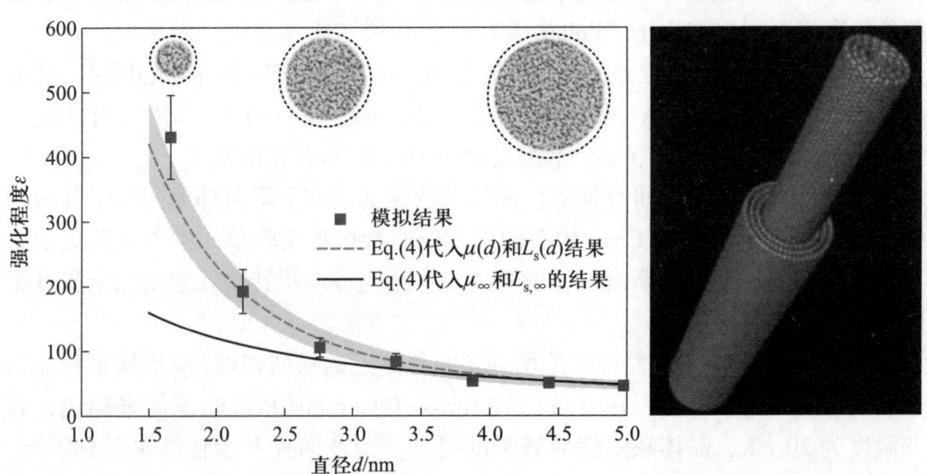

图 9.11　(a) 碳纳米管中液体超流性随管径的变化[63]以及(b)多壁碳纳米管的超低摩擦[64]

面能计算结果表明，将芯部纳米管缩回外管的力仅为 9 nN，远低于将芯管拉回壳层的范德瓦耳斯力。多壁碳纳米管外层移动主要由处于管壁末端缺陷位置的高局域损耗造成。多壁碳纳米管层之间存在超低摩擦，这一特征可以应用到分子纳米技术如分子轴承的设计。

9.5.3 量子摩擦：静电极性和同位素效应

滑动过程中伴随有热声子和电子激发(电子-空穴对的产生)，因此，量子摩擦是能量损耗的动力学过程($E=f_r s$，f_r是摩擦力，s 是滑动距离)[65]。当探针在平面上滑动或外加压力低于阈值时，将发生超低摩擦，而这个阈值与针尖的表面势场和接触材料的刚度有关[8]。

对比氢化和氘化单晶金刚石和硅表面，氢化表面具有比$^2H^+$钝化表面更高的摩擦系数，如图 9.12 所示。由于被吸附物可能具有尺寸效应，因此，：$^2H^+$的额外中子会起到一定作用但尚未明确[65]。实际上，同位素吸附可增大振子

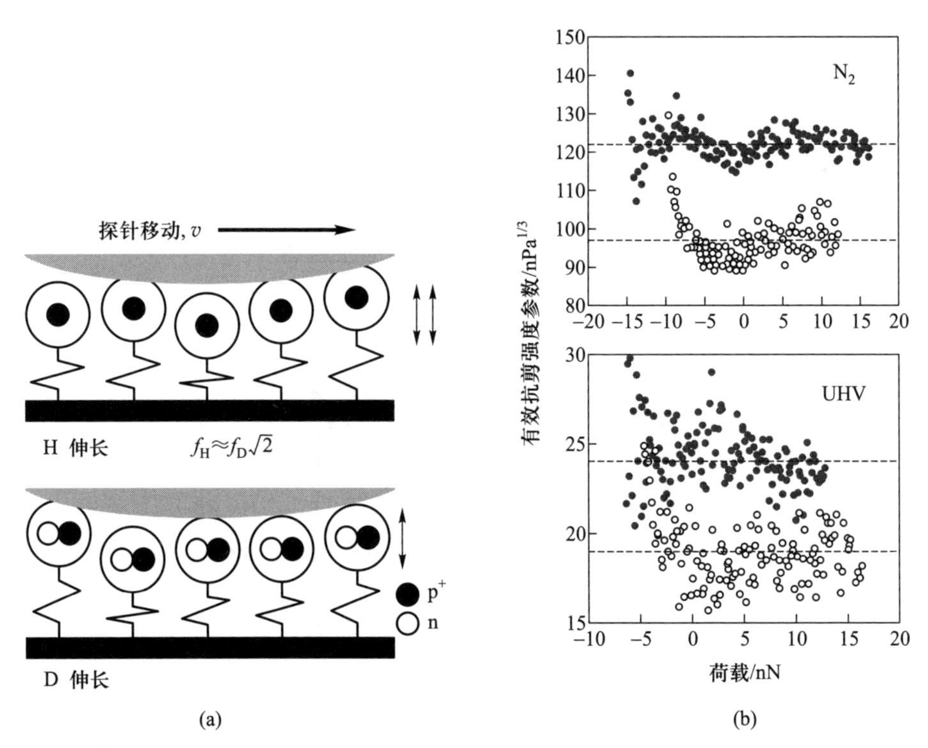

图 9.12 (a) 摩擦界面示意图，(b) 在 N_2 和真空条件下测得的 H—C 与 D—C 键剪切强度[65]

(a)中吸附物振动会消耗移动探针的动能，消耗程度取决于吸附物的频率与质量。(b)的结果表明，H—C 键(实心圆)的剪切强度比 D—C 键(空心圆)的大

的约化质量，使基底吸附物的振动频率降低 $2^{-1/2}$ 而降低摩擦系数[49]。若是将探针置于添加有氘的冰上滑行时，则会与冰-冰相对滑动情况相反。因为探针与基底的声子不再发生共振耦合，其摩擦系数(或者 O：D 非键剪切强度)会比冰-冰摩擦系数低。

Park 等发现硅衬底的载流子种类和浓度影响其摩擦力[66]。AFM 的 TiN 涂覆针尖在不同类型 Si 衬底上滑动的摩擦力本质不同，如图 9.13 所示。在硅基底上用 p 和 n 条纹表示电荷的损耗和聚集区域，不同区域对摩擦的贡献不同。p 区积累了空穴(正电荷)，施加在 p 区的正偏压导致 p 区的摩擦力相对于 n 区的有大幅度增加。在负偏压下，n 和 p 区域的摩擦力并不改变。实验结果证实[8]，正电荷(H^+)针尖或基底(电子空穴)间的吸引电场会导致摩擦力增大[21]，排斥电场会降低摩擦系数。

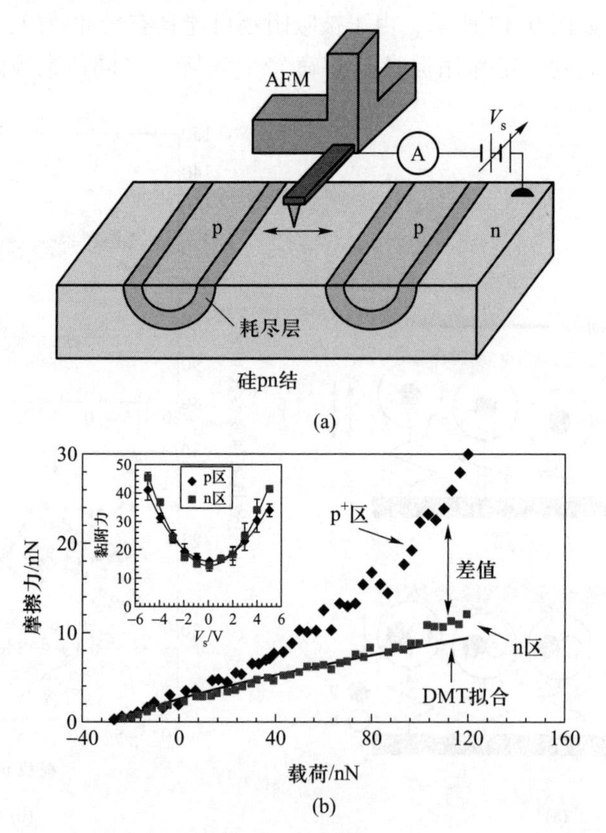

图 9.13　(a) AFM 测量硅 p-n 结的示意图，(b) 偏压+4 V 时，样品表面摩擦力随负载的变化情况[66]

应用经典的普朗特-汤姆森(PT)模型[67,68]及其延伸模型，包括热活化、表面褶皱的时空变化和多接触效应等，可以解释超润滑现象[69]。研究进展表明，摩擦力与接触点起化学作用的原子数目呈线性关系[70]。根据一维 PT 模型，当滑块在衬底上滑动时，滑动原子处于衬底表面原子的周期电势场中，此原子承受的净力是周期电势梯度引起的每个原子瞬间摩擦力即单原子尺度量子摩擦的总和。

9.5.4 非冰固态表皮极化主导的自润滑

多壁碳纳米管内外壁的无摩擦相对滑动和微通道中液流的超润滑可归结于弹性界面的库仑排斥机制。在壁数有限的多壁碳纳米管中，发生了键收缩，特别是开口端附近的键进一步收缩[71]。所有碳纳米管壁都会发生 σ 键电子致密化和 π 键电子极化。致密钉扎和局域极化的同性电荷之间存在排斥力，能大幅度减小摩擦力。除此之外，碳纳米管末端致密电荷的静电力也一定程度上促进了管壁回缩和振荡。纳米接触时表皮的电荷钉扎导致的饱和势垒也提供了接触物之间的排斥力。

氮化物、氧化物和氟化物的表皮和冰水类似。图 9.14 说明了这些超润滑性化合物的成键规则。这些化合物之间的区别是电负性原子的孤对电子数目不同，对称性和几何取向不同。孤对电子和低配位分子是冰表面光滑程度的关键。N 与固体 B 表皮反应易于形成 C_{3v} 对称性，如 fcc(111) 和 hcp(0001) 晶面[72]。N 原子位于顶端两原子层之间，孤对电子直接进入基底。因此，表面由尺寸变小的 B^{+} 和富含电子饱和成键的 N^{3-} 核构成的网络覆盖。因此，外层表

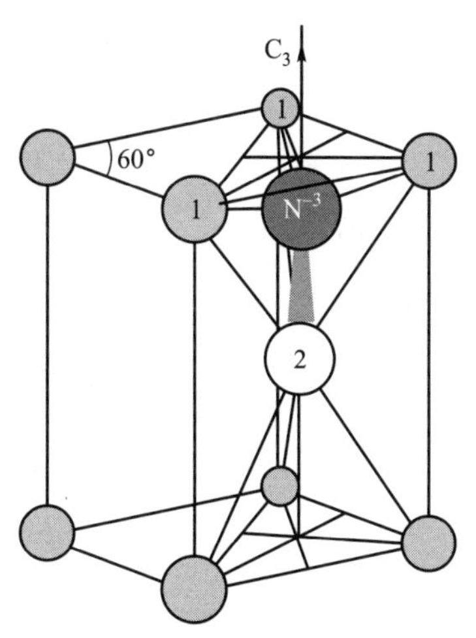

图 9.14 NB_4 氮化物的准四面体结构[73]

标记为 1 的离子为中心 N 受体贡献电子，N 的 sp 轨道杂化产生非键孤对电子(标记为 2)。N 能诱导 4 个态密度特征(详见图 3.3)。隔层软化的“:”声子使顶层呈自适应性和弹性，而层内化学键使顶层更强、更硬

皮逐渐显现化学惰性，变得更强、更硬。饱和成键的电子比中性主体原子上的电子更加稳定。而软声子使表面呈现自适应性和弹性。

电负性原子在与其他正电性原子反应时，sp^3 杂化轨道会产生孤对电子，而这些孤对电子极化近邻原子形成偶极子。价带上存在 4 个附加特性。非键孤对电子主导声子低振频和高振幅，局域反键偶极子主导表面排斥。

图 9.14 原胞所示由金属 B^+ 离子网络造成的表层具有较高的面内应力，决定氮化物表层的硬度。另一方面，表面 B^+ 网络主要通过非键孤对电子与次层 N^{3-} 相连。相比于金属键（~1.0 eV）或离子键（2~3 eV），非键相互作用非常弱（~0.1 eV）且振动幅度大。在临界荷载范围内，弱孤对电子相互作用使物体表面呈高弹性；若载荷达到临界值，层间弱相互作用会被破坏。因此，面内强度主导氮化物的硬度，高达 20 GPa，而层间的弱作用主导氮化物的高弹性和自润滑性。这一机理同样适用于石墨，因为弱π非键相互作用沿［0001］方向。

TiCrN 表面压痕实验和 CN 与 TiN 表面的滑动摩擦测试结果证实了上述预测。图 9.15a 为 GaAlN 和 a-C 的压痕测试结果，临界载荷为 0.7 mN。前者的硬度和弹性回复力均比后者高[74]。降低压痕载荷，也得到同样的结果。图 9.15b 为针尖在圆盘上滑动的摩擦测试结果。摩擦系数突然增加处对应于临界荷载。在此载荷下，氮化物的层间孤对电子作用被破坏。虽然多晶金刚石薄膜的摩擦系数比氮化物薄膜更高，但其摩擦系数不存在明显跃变。非晶碳薄膜中的非键电子比氮化物薄膜的少，所以在相同载荷下，前者的弹性更低。所以，是非键相互作用提升了氮化物表面的弹性。氮化物表面自然形成的高弹性和高

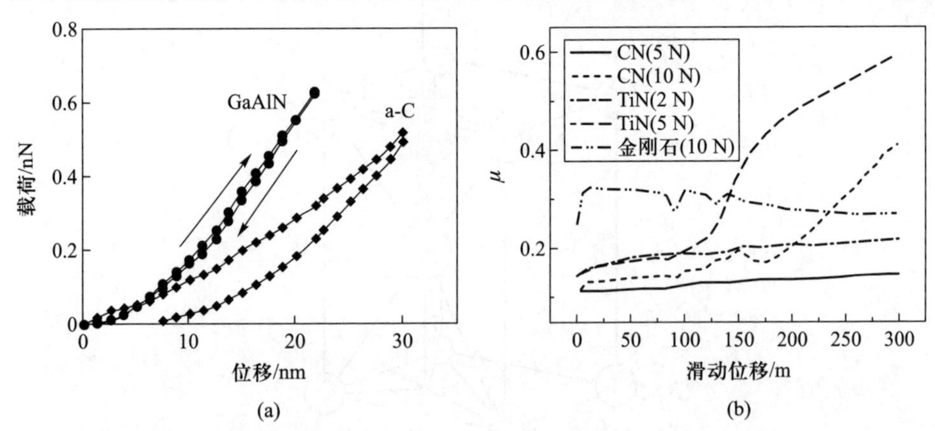

图 9.15　孤对电子主导固体润滑性能[74]：(a) 最大载荷相同时，$GaAlN/Al_2O_3$ 比 a-C 表现出更高的硬度和更好的弹性回复能力，(b) 不同载荷下氮化物与金刚石的滑动摩擦系数

若降低实验温度，可能会减少氮化物的摩擦系数。(b) 中的摩擦系数突然增加，说明存在临界荷载，此载荷下非键孤对电子作用被破坏

硬度造就了它的润滑性，可广泛应用于摩擦学领域。

冰表面的光滑机理与金属氮化物[8]和氧化物[75]的表皮自润滑性类似，都是孤对电子起主导作用。TiCrN、GaAlN 和 α-Al_2O_3表皮在临界荷载(如氮化碳，<5 N)下的纳米压痕中表现出 100%的弹性回复。

图 9.16 所示的 Ti—O 和 Ti—N 吸附物的选区光电子能谱(ZPS)图像可证明上述假说。如图 9.15 所预期，化学吸附与清洁表面的差谱证实氧化物和氮化物具有相同的价带态密度特征。图 9.17 的拉曼光谱进一步证实氧化物和氮化物中孤对电子的存在，特征频率在 1 000 cm^{-1}以下。然而，碳和碳化物表面并没有显示出这样的特性。氧化物的孤对电子特征比氮化物的强，这是因为两者的孤对电子数量不同。

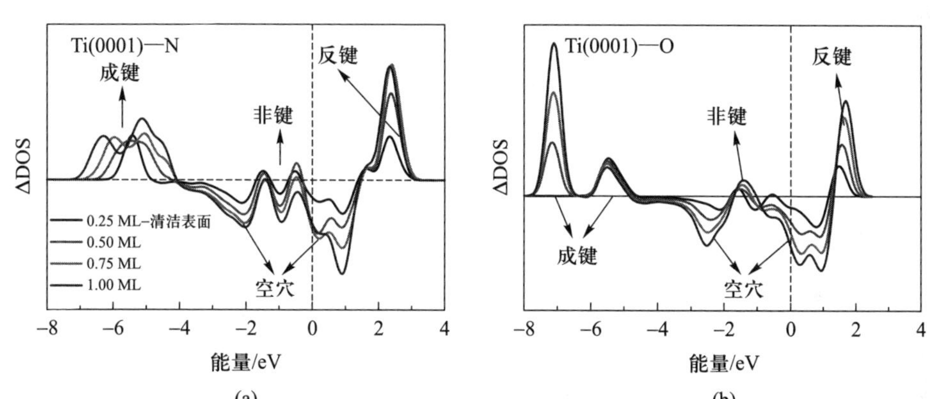

图 9.16 (a)Ti(0001)—N 和 (b)Ti(0001)—O 吸附在不同吸附原子层数情况下的 ZPS 结果(参见书后彩图)

两幅图均揭示了 4 个价带 DOS 特征：反键、非键、成键和空穴

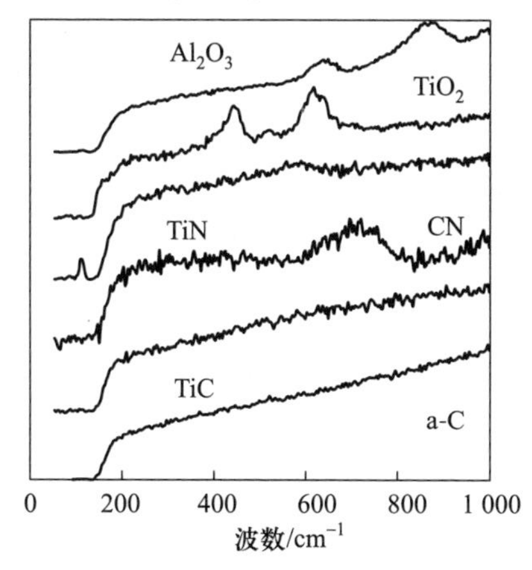

图 9.17 氧化物和氮化物中的低频拉曼谱显示非键孤对电子特征，而碳化物中没有[74]

孤对电子数量遵循 4-n 规则，所以氧化物的低频峰强于氮化物

9.6　液态润滑剂

为了降低摩擦系数，人们经常使用润滑物，比如石墨和硫化物粉末。很少有人考虑酸和酒精溶液，而清华大学的同仁一直关注着这种溶液润滑剂的机理。下面介绍两种包含酸和酒精的润滑剂。这些润滑剂摩擦系数极低，超润滑性很好。从 O：H—O 氢键弛豫角度分析，是因为接触表面上过多的 H^+ 造成 O：H—O氢键电致极化以及分子低配位诱导表皮超固态，共同提升溶液的润滑作用。如果从纳米尺度，从扩散、氢键协同弛豫、相变等角度对亲水/疏水表面的流动摩擦动力学进行考虑，或许可以深入了解这些润滑剂的作用机理[76]。

9.6.1　酸溶液：H↔H 反氢键

磷酸溶液润滑剂表现出超润滑特性[77]，在短暂磨合后，稳定摩擦系数约为0.004，如图9.18所示。在摩擦滑动过程中，氢离子与摩擦表面经由化学反应成键。当磷酸与水分子形成稳定的氢键网络时，即呈现出超润滑性[78]。磷的阴离子的非键孤对电子极化以及水合氢离子 H_3O^+间的 H↔H 排斥造成酸溶液的超润滑性[79]。离子电场的电致极化会重排、拉伸、极化 O：H—O 氢键，增强超固态特征。此外，摩擦表面的薄层溶液水分子的低配位状态也进一步增强了表皮超固态。两者均可提升酸溶液的超润滑性。这一分析同样适用于含盐

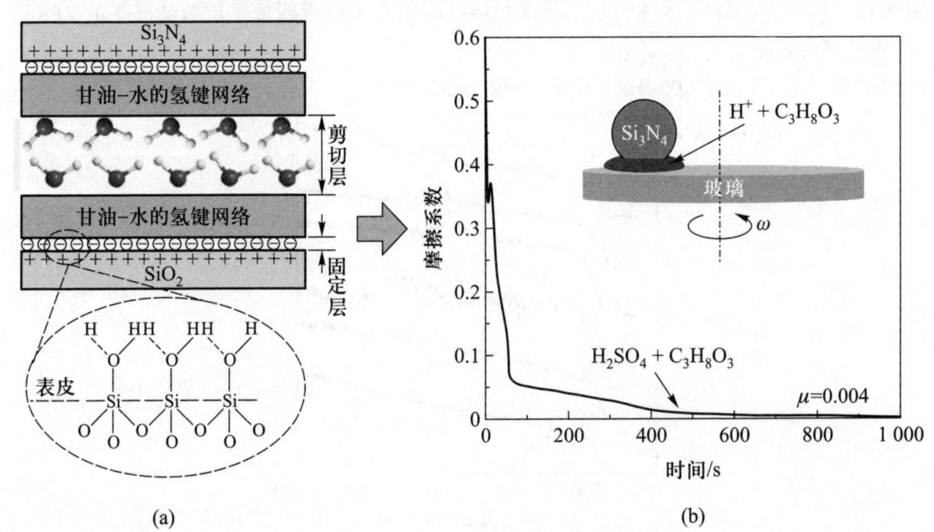

图 9.18　酸溶液摩擦实验的装置原理图及其摩擦系数测试结果，稳定摩擦系数值低至0.004[80]

的冰[15]。

若在 SiO_2 微粒和硅晶片之间加入纯水或 LiCl、NaCl、CsCl 溶液作为润滑剂，其摩擦力发生改变。图 9.19 表明离子越小，水合程度越高，其润滑性能也越好。一般而言，摩擦力随着溶质浓度增加而下降。基于 O：H—O 氢键协同弛豫机制可以预测，离子的电致极化会使 ω_H 声子蓝移，与拉曼测量结果一致。同时还证实，不同离子的极化能力遵循 $Na^+>K^+>Rb^+>Cs^+$，且块体 ω_H 频移比表皮更为明显[81]，因为氢键和声子弛豫在整个溶液中都会发生。H—O 共价键收缩的同时，O—O 库仑作用会调制 O：H 键伸长。软化的 ω_L 声子会降低摩擦系数。关于酸和盐的水溶液行为将在第 12~14 章详述。

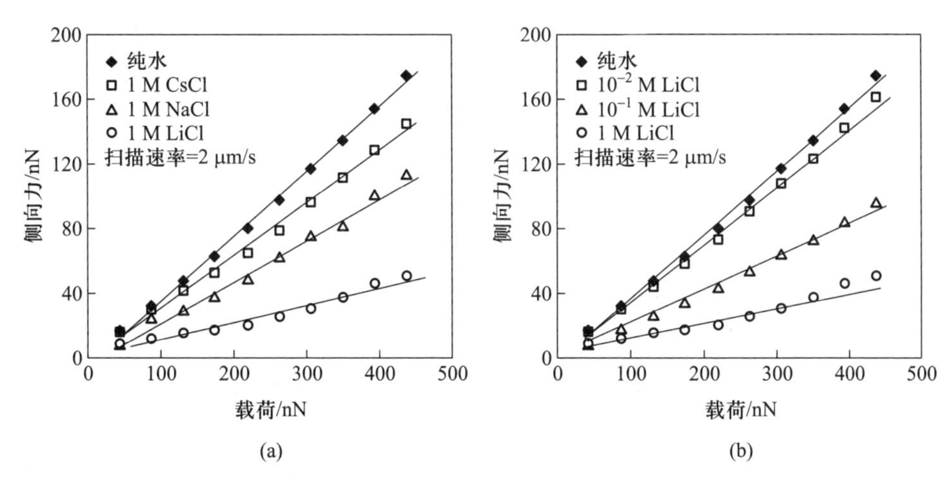

图 9.19 6.8 μm 的 SiO_2 颗粒在表面带有(a)不同润滑溶液以及(b)浓度改变的 LiCl 溶液的硅晶片上滑动时的横向力[82]

9.6.2 甘油和酒精：分子间作用

甘油，也即丙醇，是提升氢键网络润滑的有效媒介。Ma 等发现甘油-硼酸混合物可引起超润滑行为[83]。在接触区域，吸附的甘油-硼酸和水合层共同极化水分子，从而起到润滑作用。添加甘油能提升多种酸溶液的超润滑性，非常有意义[80]，其超低的摩擦系数与甘油浓度和酸的 pH 密切相关。

此外，与甘油同族的多羟基物质也可用于提升润滑剂的超润滑性[84]。多羟基醇氢键网络与正电荷表面水分子之间形成的水合层起到湿润滑作用。丙醇水溶液中含有多余的 H^+，与酸的水合效果相同，产生 H↔H 反氢键[85]。

为了解 O：H 非键的声子弹性和湿润滑剂的静电排斥，我们根据水溶液中甘油的体积分数来检测声子频移。图 9.20 比较了水、甘油及其混合物的红外吸收光谱和拉曼光谱的全频谱[86]。甘油除与水一样在 3 250 cm^{-1} 和 3 450 cm^{-1}

处存在特征峰，还存在低于 3 000 cm^{-1} 的系列特征频率。甘油的添加降低了 H—O 的特征频率强度。在第 12 章中对甘油、乙醇、甲醇与酸、碱、盐的弛豫动力学进行了详细比较。图 9.21 中甘油浓度变化时，氢键双段声子频移差谱结果表明：

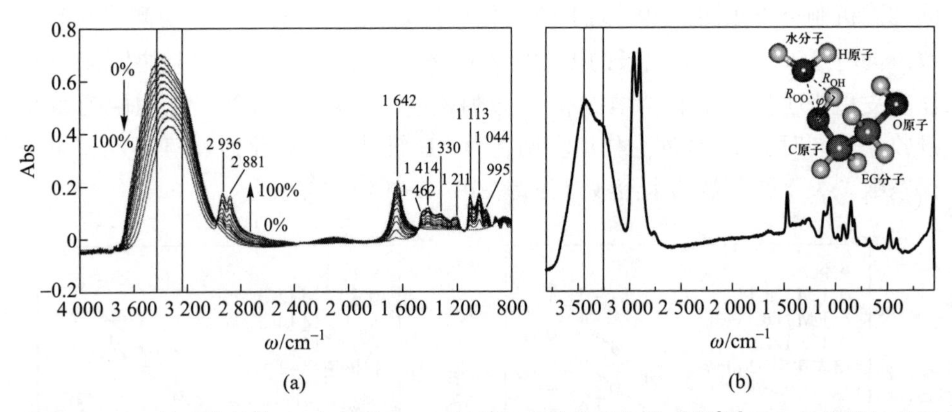

图 9.20　(a) 甘油体积从 0%变化至 100%的甘油/水溶液的红外光谱[86]和(b) 纯甘油的拉曼光谱[86,88]

(b) 中插图为乙二醇-水的氢键结构

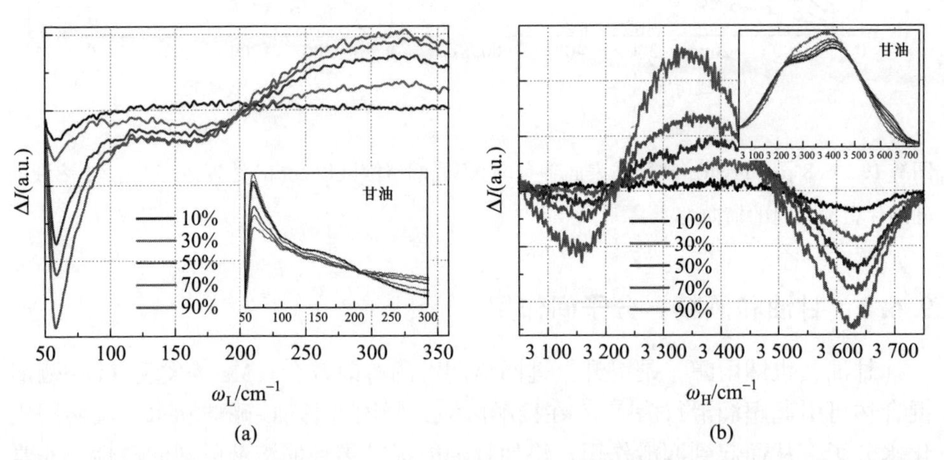

图 9.21　甘油体积变化时氢键(a) O：H 和(b) H—O 双段伸缩振动的差谱结果(参见书后彩图)

插图为原谱结果

(1) O：H 声子频率 ω_L 在表皮时为 60 cm^{-1}，块体时为 175 cm^{-1}，再到 325 cm^{-1}，说明 O：H 非键经历了长度收缩和极化，即后面章节讨论的 O：↔：O 量子点压缩作用。

(2) H—O 声子 ω_H 从悬键的 3 620 cm^{-1} 降至 3 330 cm^{-1}，因为 O-O 库仑斥

力驱使 H—O 键伸长。峰值 3 200 cm^{-1} 和 3 450 cm^{-1} 对应于纯水块体和表皮情况。

(3) ω_H峰变窄说明溶液黏滞度提升，这将降低分子的流动性。

(4) ω_L蓝移和 ω_H红移实际会收缩准固态相边界，提高凝固点，降低熔点。

(5) 添加甘油的作用与加盐[87]相反，使 ω_H硬化、ω_L软化，ω_L峰变窄、接触角增大。

9.7　小结

分子低配位诱导的 O：H—O 氢键协同弛豫和非键电子强极化主导形成冰表皮具有高润滑特性的超固态。理论预测和实验结果的一致性证实了如下超润滑规则：

(1) 低配位 O：H—O 键的协同弛豫导致具有弹性、疏水性、热稳定性以及低密度的超固态相。

(2) 氢键的双重极化行为主导冰表面的静电排斥，局域钉扎的 O：H 低频高幅软声子提供强形变回复力。

(3) 软声子的低频高振幅和偶极子的静电排斥是超润滑的核心。

(4) 上述分析普适于固体 ^4He 和微通道的超流特性，也适用于氮化物和氧化物的自润滑性能。

(5) 接触界面的静电吸引和声子共振耦合提升原子尺度量子摩擦系数。

附录　专题新闻：冰为何如此光滑?

——《新科学家(New Scientist)》，Gilead Amit，2015 年 9 月 2 日[89]

人们普遍认为冰被液态润滑层包裹，但润滑层的形成机理尚不清楚。最新理论认为，超固态表皮的静电排斥力主导冰的超润滑性。

对于众多物理学家而言，可能数量上并不少于花样滑冰运动员，掌握冰的本质非常困难。目前大都认为冰具有低摩擦性，是因为其表面上覆盖有一层液态水薄膜。因此，脚踏薄金属刀片的滑冰者能在溜冰场上平稳滑行，而在木地板上无法行进。而对于液态层如何形成，一直十分棘手。一个多世纪的研究使我们逐渐接近正解。

这一系列研究始于 1850 年 6 月，迈克尔·法拉第在伦敦皇家学会告诉听众，怎样将两片冰压成一块。他将此归因于可迅速凝结的水膜的形成。多年以来，人们一直认为液态水层的出现是由于受到压力。而法拉第认为，实际上，

即使一高于平均重量的人单脚立于冰上，所产生的压力还是太小，不能解释观察到的融化现象。“数学计算无法解决这个问题。”

与之截然不同，日本札幌北海道大学的左崎教授认为主要原因是摩擦生热，刀在冰上的运动很容易产生足够的热量以使冰融化。

事情还远未结束。新加坡南洋理工大学的孙长庆教授有不同见解。他认为，站上冰面的时候就已经很滑了，摩擦并不是事情的全貌。他说：“摩擦生热和压融机制都被排除在外。”

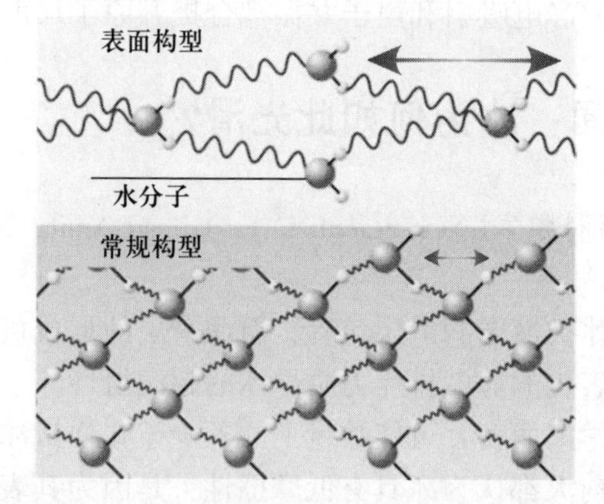

孙教授认为，从根本上说，冰表面的光滑层是覆盖的液态层这一假设存在缺陷。因为表面水分子之间的弱键是拉伸的，他认为这一层更适合称为“超固态表皮”，不像液态水，键不会发生断裂。他也认为，键伸长最终造成表面及其上任何接触物质之间的静电排斥。

他类比了磁悬浮列车的电磁力效应以及气垫船船底的空气压力。如果他是对的，超固态表皮模型可以解释层间的诸多性质，包括超低摩擦性。孙教授相信：“问题已经解决。”

冰相关领域的多数说法都没有得到共识。左崎教授更愿意称之为准液态，他在2013年第一次直接得到了这一层的观察结果。他认为它对应于温度上升时的固/液过渡阶段。

对于左崎教授来说，明确 H_2O 的形成还有一定距离。对于涉及类似冰上滑动的问题时，他认为，“事实比我们预期的更为复杂。”

参考文献

[1] Faraday M. Note on regelation. Proc. R. Soc. London, 1859, 10: 440-450.

[2] Thomson J. Note on professor Faraday's recent experiments on regelation. Proc. R. Soc. London, 1859, 10: 151-160.

[3] James T. B. Melting and regelation of ice. Nature, 1872, 5: 185.

[4] Bowden F., Hughes T. The mechanism of sliding on ice and snow. Proc. Roy. Soc. London A, 1939, 172 (949): 280-298.

[5] Gurney C. Surface forces in liquids and solids. Proc. Roy. Soc. London A, 1949, 62 (358): 639-655.

[6] Liang H., Martin J. M., Mogne T. L. Experimental investigation of friction on low-temperature ice. Acta Mater., 2003, 51 (9): 2639-2646.

[7] Sun C. Q., Zhang X., Fu X., et al. Density and phonon-stiffness anomalies of water and ice in the full temperature range. J. Phys. Chem. Lett., 2013, 4: 3238-3244.

[8] Kietzig A. M., Hatzikiriakos S. G., Englezos P. Physics of ice friction. J. Appl. Phys., 2010, 107 (8): 081101.

[9] Sun C. Q., Zhang X., Zhou J., et al. Density, elasticity, and stability anomalies of water molecules with fewer-than-four neighbors. J. Phys. Chem. Lett., 2013, 4: 2565-2570.

[10] Sun C. Q. Relaxation of the Chemical Bond. Heidelberg: Springer, 2014.

[11] Silvera Batista C. A., Larson R. G., Kotov N. A. Nonadditivity of nanoparticle interactions. Science, 2015, 350 (6257): 1242477.

[12] Li J., Chen H., Stone H. A. Ice lubrication for moving heavy stones to the Forbidden City in 15th-and 16th-century China. Proc. Natl. Acad. Sci. USA., 2013, 100 (50): 20023-20027.

[13] Krim J. Friction and energy dissipation mechanisms in adsorbed molecules and molecularly thin films. Adv. Phys., 2012, 61 (3): 155-323.

[14] Sukhorukov S., Loset S. Friction of sea ice on sea ice. Cold Reg. Sci. Technol., 2013, 94: 1-12.

[15] Kennedy F., Schulson E., Jones D. The friction of ice on ice at low sliding velocities. Philos. Mag. A, 2000, 80 (5): 1093-1110.

[16] Sun C. Q., Chen J., Gong Y., et al. (H, Li) Br and LiOH solvation bonding dynamics: Molecular nonbond interactions and solute extraordinary capabilities. J. Phys. Chem. B, 2018, 122 (3): 1228-1238.

[17] Schulson E. M., Fortt A. L. Friction of ice on ice. J. Geophys. Res. Sol. Ea., 2012, 117: B12204.

[18] Zhang X., Huang Y., Sun P., et al. Ice Regelation: Hydrogen-bond extraordinary recoverability and water quasisolid-phase-boundary dispersivity. Sci. Rep., 2015, 5: 13655.

[19] Rosenberg R. Why is ice slippery? Phys. Today, 2005, 58 (12): 50.

[20] Krim J. Friction at the atomic scale. Sci. Am., 1996, 275 (4): 74-80.

[21] Strelcov E., Kumar R., Bocharova V., et al. Nanoscale lubrication of ionic surfaces controlled via a strong electric field. Sci. Rep., 2015, 5: 8049.

[22] Orem M. W., Adamson A. W. Physical adsorption of vapor on ice: Ⅱ. n-alkanes. J. Colloid Interf. Sci., 1969, 31 (2): 278-286.

[23] Molina M. J. Heterogeneous chemistry on polar stratospheric clouds. Atmos. Environ. Part A., 1991, 25 (11): 2535-2537.

[24] Kvlividze V. I., Kiselev V. F., Kurzaev A. B., et al. The mobile water phase on ice surfaces. Surf. Sci., 1974, 44 (1): 60-68.

[25] Golecki I., Jaccard C. The surface of ice near 0 ℃ studied by 100 keV proton channeling. Phys. Lett. A, 1977, 63 (3): 374-376.

[26] Furukawa Y., Yamamoto M., Kuroda T. Ellipsometric study of the transition layer on the surface of an ice crystal. J. Cryst. Growth, 1987, 82 (4): 665-677.

[27] Wilson K. R., Schaller R. D., Co D. T., et al. Surface relaxation in liquid water and methanol studied by X-ray absorption spectroscopy. J. Chem. Phys., 2002, 117 (16): 7738-7744.

[28] Dosch H., Lied A., Bilgram J. H. Glancing-angle X-ray scattering studies of the premelting of ice surfaces. Surf. Sci., 1995, 327 (1-2): 145-164.

[29] Li Y., Somorjai G. A. Surface premelting of ice. J. Phys. Chem. C, 2007, 111 (27): 9631-9637.

[30] Döppenschmidt A., Butt H. J. Measuring the thickness of the liquid-like layer on ice surfaces with atomic force microscopy. Langmuir, 2000, 16 (16): 6709-6714.

[31] Engemann S., Reichert H., Dosch H., et al. Interfacial melting of ice in contact with SiO_2. Phys. Rev. Lett., 2004, 92 (20): 205701.

[32] Zhang X., Huang Y., Ma Z., et al. A common supersolid skin covering both water and ice. Phys. Chem. Chem. Phys., 2014, 16 (42): 22987-22994.

[33] Sun C. Q., Sun Y., Ni Y. G., et al. Coulomb repulsion at the nanometer-sized contact: A force driving superhydrophobicity, superfluidity, superlubricity, and supersolidity. J. Phys. Chem. C, 2009, 113 (46): 20009-20019.

[34] Uysal A., Chu M., Stripe B., et al. What X rays can tell us about the interfacial profile of

water near hydrophobic surfaces. Phys. Rev. B, 2013, 88 (3): 035431.

[35] Siefermann K. R., Liu Y., Lugovoy E., et al. Binding energies, lifetimes and implications of bulk and interface solvated electrons in water. Nat. Chem., 2010, 2: 274-279.

[36] Huang Y., Zhang X., Ma Z., et al. Size, separation, structural order, and mass density of molecules packing in water and ice. Sci. Rep., 2013, 3: 3005.

[37] Harich S. A., Hwang D. W. H., Yang X., et al. Photodissociation of H_2O at 121. 6 nm: A state-to-state dynamical picture. J. Chem. Phys., 2000, 113 (22): 10073-10090.

[38] Sun C. Q. Size dependence of nanostructures: Impact of bond order deficiency. Prog. Solid State Chem., 2007, 35 (1): 1-159.

[39] Pollack G. H. The Fourth Phase of Water: Beyond Solid, Liquid, and Vapor. Seattle: Ebner & Sons Publishers, 2013.

[40] Zhang X., Sun P., Huang Y., et al. Water nanodroplet thermodynamics: Quasi-solid phase-boundary dispersivity. J. Phys. Chem. B, 2015, 119 (16): 5265-5269.

[41] James M., Darwish T. A., Ciampi S., et al. Nanoscale condensation of water on self-assembled monolayers. Soft Matter, 2011, 7 (11): 5309-5318.

[42] Li J., Li Y. X., Yu X., et al. Local bond average for the thermally driven elastic softening of solid specimens. J. Phys. D: Appl. Phys., 2009, 42 (4): 045406.

[43] Holmes M. J., Parker N. G., Povey M. J. W. Temperature dependence of bulk viscosity in water using acoustic spectroscopy. J. Phys. : Conf. Ser., 2011, 269: 012011.

[44] Xu D., Liechti K. M., Ravi-Chandar K. Mechanical probing of icelike water monolayers. Langmuir, 2009, 25 (22): 12870-12873.

[45] Jinesh K. B., Frenken J. W. M. Experimental evidence for ice formation at room temperature. Phys. Rev. Lett., 2008, 101 (3): 036101.

[46] Qiu H., Guo W. Electromelting of confined monolayer ice. Phys. Rev. Lett., 2013, 110 (19): 195701.

[47] Kahan T. F., Reid J. P., Donaldson D. J. Spectroscopic probes of the quasi-liquid layer on ice. J. Phys. Chem. A, 2007, 111 (43): 11006-11012.

[48] Ishiyama T., Takahashi H., Morita A. Origin of vibrational spectroscopic response at ice surface. J. Phys. Chem. Lett., 2012, 3: 3001-3006.

[49] Huang Y., Zhang X., Ma Z., et al. Hydrogen-bond relaxation dynamics: Resolving mysteries of water ice. Coord. Chem. Rev., 2015, 285: 109-165.

[50] Bluhm H., Inoue T., Salmeron M. Friction of ice measured using lateral force microscopy. Phys. Rev. B, 2000, 61 (11): 7760.

[51] Andreev A., Lifshits I. Quantum theory of defects in crystals. Zhur Eksper Teoret Fiziki, 1969, 56 (6): 2057-2068.

[52] Schindler T. L. A possible new form of ‘supersolid’ matter national science foundation news[EB/OL], 2005. http://www. nsf. gov/news/news_videos. jsp? org=NSF&cntn_id =100323&preview=false&media_id=51151.

[53] Kim E., Chan M. H. Observation of superflow in solid helium. Science, 2004, 305 (5692): 1941-1944.

[54] Kim E., Chan M. H. W. Probable observation of a supersolid helium phase. Nature, 2004, 427 (6971): 225-227.

[55] Balibar S. Supersolid helium: Stiffer but flowing. Nat. Phys., 2009, 5 (8): 534-535.

[56] Anderson P. W. A gross-pitaevskii treatment for supersolid helium. Science, 2009, 324: 631-632.

[57] Sasaki S., Ishiguro R., Caupin F., et al. Superfluidity of grain boundaries and supersolid behavior. Science, 2006, 313 (5790): 1098-1100.

[58] Pollet L., Boninsegni M., Kuklov A. B., et al. Local stress and superfluid properties of solid ^{4}He. Phys. Rev. Lett., 2008, 101 (9): 097202.

[59] Sun C. Q. Thermo-mechanical behavior of low-dimensional systems: The local bond average approach. Prog. Mater. Sci., 2009, 54 (2): 179-307.

[60] Saunders J. A glassy state of supersolid helium. Science, 2009, 324: 601-602.

[61] Dorsey A. T., Huse D. A. Condensed-matter physics: Shear madness. Nature, 2007, 450 (7171): 800-801.

[62] Balibar S., Caupin F. Supersolidity and disorder. J. Phys. : Condens. Mat., 2008, 20 (17): 173201.

[63] Thomas J. A., McGaughey A. J. H. Reassessing fast water transport through carbon nanotubes. Nano Lett., 2008, 8 (9): 2788-2793.

[64] Cumings J., Zettl A. Low-friction nanoscale linear bearing realized from multiwall carbon nanotubes. Science, 2000, 289 (5479): 602-604.

[65] Cannara R. J., Brukman M. J., Cimatu K., et al. Nanoscale friction varied by isotopic shifting of surface vibrational frequencies. Science, 2007, 318 (5851): 780-783.

[66] Park J. Y., Ogletree D. F., Thiel P. A., et al. Electronic control of friction in silicon pn junctions. Science, 2006, 313 (5784): 186-186.

[67] Tomlinson G. A. CVI. A molecular theory of friction. Lond. Edinburgh Dublin Philos. Mag. J. Sci., 1929, 7 (46): 905-939.

[68] Prandtl L. Mind model of the kinetic theory of solid bodies. Z. Angew. Math. Me., 1928, 8: 85-106.

[69] Socoliuc A., Bennewitz R., Gnecco E., et al. Transition from stick-slip to continuous sliding in atomic friction: Entering a new regime of ultralow friction. Phys. Rev. Lett., 2004, 92 (13): 134301.

[70] Mo Y. F., Turner K. T., Szlufarska I. Friction laws at the nanoscale. Nature, 2009, 457 (7233): 1116-1119.

[71] Sun C. Q., Bai H. L., Tay B. K., et al. Dimension, strength, and chemical and thermal stability of a single C−C bond in carbon nanotubes. J. Phys. Chem. B, 2003, 107 (31): 7544-7546.

[72] Zheng W. T., Sun C. Q. Electronic process of nitriding: Mechanism and applications. Prog. Solid State Chem., 2006, 34 (1): 1-20.

[73] Sun C. Q. A model of bonding and band-forming for oxides and nitrides. Appl. Phys. Lett., 1998, 72 (14): 1706-1708.

[74] Sun C. Q., Tay B. K., Lau S. P., et al. Bond contraction and lone pair interaction at nitride surfaces. J. Appl. Phys., 2001, 90 (5): 2615-2617.

[75] Lu C., Mai Y. W., Tam P. L., et al. Nanoindentation-induced elastic-plastic transition and size effect in alpha-Al_2O_3(0001). Philos. Mag. Lett., 2007, 87 (6): 409-415.

[76] 赵亚溥. 表面与界面物理力学. 北京: 科学出版社, 2012.

[77] Li J., Zhang C., Luo J. Superlubricity behavior with phosphoric acid-water network induced by rubbing. Langmuir, 2011, 27 (15): 9413-9417.

[78] Li J., Zhang C., Sun L., et al. Tribochemistry and superlubricity induced by hydrogen ions. Langmuir, 2012, 28 (45): 15816-15823.

[79] Zhang X., Zhou Y., Gong Y., et al. Resolving H(Cl, Br, I) capabilities of transforming solution hydrogen-bond and surface-stress. Chem. Phys. Lett., 2017, 678: 233-240.

[80] Li J., Zhang C., Ma L., et al. Superlubricity achieved with mixtures of acids and glycerol. Langmuir, 2012, 29 (1): 271-275.

[81] Sun C. Q., Sun Y. The Attribute of Water: Single Notion, Multiple Myths. Springer-Verlag, 2016.

[82] Donose B. C., Vakarelski I. U., Higashitani K. Silica surfaces lubrication by hydrated cations adsorption from electrolyte solutions. Langmuir, 2005, 21 (5): 1834-1839.

[83] Ma Z. Z., Zhang C. H., Luo J. Bin., et al. Superlubricity of a mixed aqueous solution. Chin. Phys. Lett., 2011, 28 (5): 056201.

[84] Li J., Zhang C., Luo J. Superlubricity achieved with mixtures of polyhydroxy alcohols and acids. Langmuir, 2013, 29 (17): 5239-5245.

[85] Gong Y., Xu Y., Zhou Y., et al. Hydrogen bond network relaxation resolved by alcohol hydration (methanol, ethanol, and glycerol). J. Raman Spectrosc., 2017, 48 (3): 393-398.

[86] Kataoka Y., Kitadai N., Hisatomi O., et al. Nature of hydrogen bonding of water molecules in aqueous solutions of glycerol by attenuated total reflection (ATR) infrared spectroscopy. Appl. Spectmsc., 2011, 65 (4): 436-441.

[87] Zhang X., Yan T., Huang Y., et al. Mediating relaxation and polarization of hydrogen-bonds in water by NaCl salting and heating. Phys. Chem. Chem. Phys., 2014, 16 (45): 24666-24671.

[88] Zhou Y., Zhong Y., Gong Y., et al. Unprecedented thermal stability of water supersolid skin. J. Mol. Liq., 2016, 220: 865-869.

[89] Amit G. Why is ice slippery? New Sci., 2015, 227(3037): 38.

第 10 章

水表皮超固态：疏水与弹性

重点提示

■ 低配位水分子间氢键的弛豫和极化导致冰水表皮共享超固态
■ 超固态的表现特征是低密度、疏水、高应力、高弹性、高热稳定性
■ 表皮超固态特性随水滴曲率增大而强化，随加热退极化而弱化
■ 与水滴表面曲率正相关的热稳定性证实了低配位超固态属性

摘要

实验测量、数值计算和理论预测均证实水(25 ℃)和冰(−15~−20 ℃)表皮共享超固态且两者的 H—O 键振动共频为 3 450 cm^{-1}。在冰/水表皮的 O：H—O 氢键中，分子低配位效应和 O-O 库仑斥力同时使 H—O 键收缩、O：H 非键伸长，伴随非键电子双重极化。这一弛豫-极化过程使水表皮的分子偶极矩增大，弹性、黏度、热稳定性等提高，表皮密度减小 25%，引起水表皮的超疏水、超弹性和微孔通道的超流以及高热扩散等现象。

10.1　悬疑组九：水表皮的超常应力和热稳定性

水的表皮应力和弹性不同寻常，如图 10.1 所示。人们常常疑问：

（1）为什么水表皮张力大，但加热会使其减小？

（2）为什么纳米液滴表面曲率更大时，水表皮的弹性和疏水性更强、密度更小、热稳定性更高？

（3）为什么有些界面是超疏水的，而有些是超亲水的？

（4）冰水表面究竟是水包裹着冰，还是冰包裹着水？

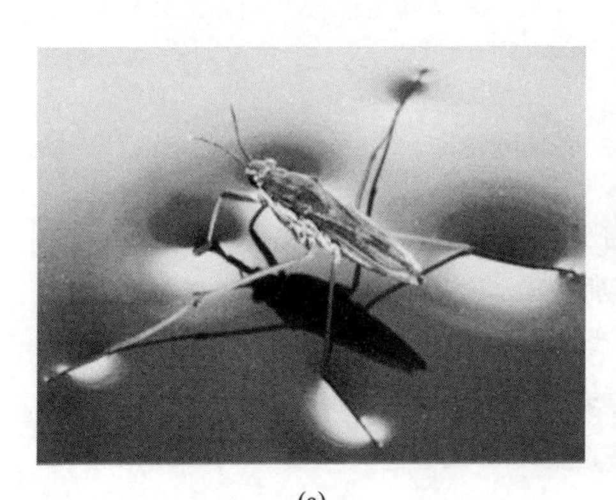

(a)

(b)

图 10.1　行走于水面的水黾以及困于水滴的蚂蚁[1]

10.2　释疑原理：表皮超固态

表皮水分子低配位效应和 O：H—O 中相邻氧原子间的库仑斥力导致氢键协同弛豫，共同决定了涉及水表皮的各种超常物性。如图 10.2 所示，O：H—O氢键弛豫和特征拉曼声子的频移证实[2]：

（1）相邻氧原子间的排斥和极化使表皮低配位水分子体积（d_H，即H—O键长）减小，分子间距（d_L，即 O：H 长度）增大。因此，表皮密度减少了 25%[3]。

（2）H—O 共价键振频（ω_H）增大，声子硬化且寿命延长，熔点（T_m）升高，O 1s 能级（E_{1s}）蓝移，原子结合能（E_H）增大；O：H 非键振频（ω_L）减小，声子软化，沸点（T_V）和冰点（T_N）降低，分子离解能（E_L）减小[4]。

（3）相邻 O-O 间的排斥和极化，使表皮低配位水分子受到“分子间的斥力

(压应力)”而非“拉伸(拉应力)”[5]。

(4) 水表皮的极化效应产生类压应力而非拉应力的作用，提高疏水性、黏弹性、排斥性和热稳定性，使得表皮呈现超固态特性[2]。

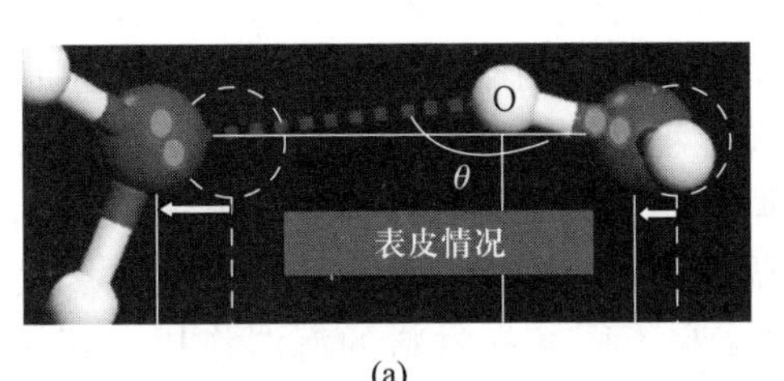

(a)

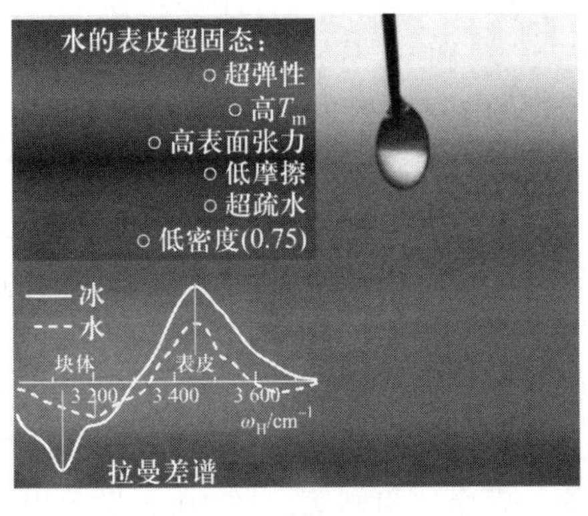

(b)

图 10.2 (a) 水表皮分子低配位效应致使 H—O 键变短、变强，O : H 非键变长、变弱，并伴随双极化过程，使表皮呈现超固态特性[2]并拓展准固态相边界[6]；(b) 拉曼差分声子谱证实水和冰表皮具有等同的 H—O 频移(ω_H= 3 450 cm^{-1})，而两者块体水的 H—O 频移则不相同(25 ℃块体水，ω_H=3 200 cm^{-1}；−15 ℃的块体冰，ω_H= 3 150 cm^{-1}[3])

(b) 中的小水滴可以在水面上连续跳跃，直至最终消失[7]，佐证了水滴和水面表皮都具有弹性和疏水性

10.3 历史溯源

10.3.1 水表皮的应力

10.3.1.1 表皮应力

水的表皮应力非常大[8]。用中性的应力取代张应力或压应力来表述水表皮的力学性能是适宜的。水黾之类的小昆虫可以灵活自如地在水面停立、迅速滑动。停在水面的水黾的中、后腿可承受数十倍于它自身的重量，而仅使水面产生微小的凹陷[9]。尽管回形针或硬币的密度比水大很多，但只要我们小心地将其放在水面上便可漂浮。这些都归因于：①它们的重量小于水表皮张力；② 其与水表皮的接触点是疏水的。然而，一旦水的表面受到扰动，影响了表皮张力，回形针或硬币将迅速下沉。水表皮呈现的超常疏水性和强韧性都源于其超固态水分子层[10, 11]。

在我们的生活中，表皮张力意义重大。它促使种子产生芒刺进而盘绕和伸展以掩护自身，也能使水生蕨类植物在被淹时仍能获得空气以维持生存，还能促使漂浮于空气的微小液滴中的病原体远距离传播[12]。

10.3.1.2　亲水和疏水

液-固间的相互作用涉及 3 个界面：固-液、液-气和固-气界面。一般用 γ_{SG}、γ_{SL}和 γ_{LG}分别描述固/气、固/液和液/气界面张力。将液滴滴到一个平滑均匀的固体表面时，会形成所谓的三相交界线。该交界线可沿固体表面移动，导致润湿现象。

润湿现象表明液体与固体表面的接触能力，由两者分子间相互作用所致。润湿度由与界面结合力和液滴内聚力平衡的力来确定。润湿过程发生在气、液和固态三相交界处。若不考虑润湿程度，平滑均匀固体表面的液滴形状大致呈近半球状。在表面工程中，调控材料的润湿性是一个非常关键的问题。在日常生活、工业生产中涉及润湿的例子有很多，比如吸附、清洁、润滑、喷涂、印刷等。图 10.3 显示出水滴和不同基板材料的润湿作用。其接触角与基板材料种类有关。因此，我们可以通过制造不同的基板材料来调控界面的润湿性。

图 10.3　水滴在不同基板上呈现的亲疏水性[13]，且粗糙表面能使亲水材料更亲水，疏水材料更疏水[14]

在突起部位上，原子低配位效应引起成键电子的量子钉扎和致密化，进一步促使非键电子(若存在)发生极化作用，从而产生了高弹性和强极化的表皮，这决定了基板材料的超疏水性。如果没有非键电子，表皮将是亲水的

10.3.1.3　杨氏方程

1804 年，托马斯 · 杨(Thomas Young)最先运用毛细现象来解释表皮张力。他观察到固/液界面的接触角总是保持恒定，并演示了毛细现象。通过

分析液滴的受力平衡，他提出了润湿现象的描述公式，详见图 10.4[15]。γ 为每种界面的表皮张力，表示形成单位面积界面所需的能量，也可以理解 γ 为液滴受到的某种力。当液滴静止时，3 个界面的表皮张力沿 X 轴合力平衡[16]。

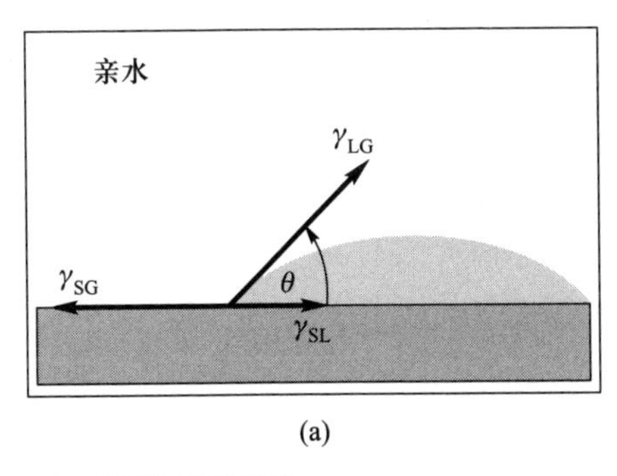

(a)

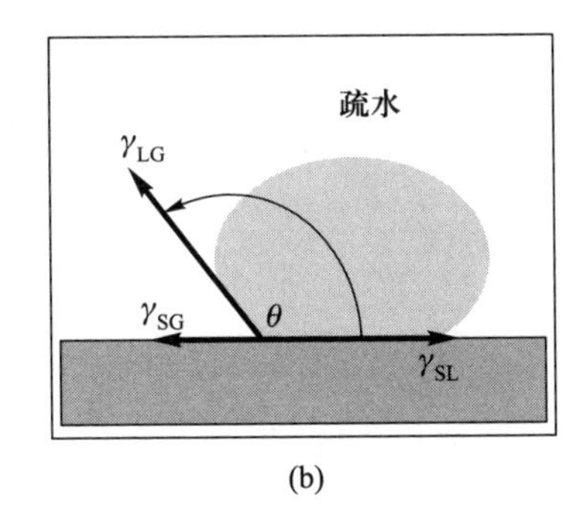

(b)

图 10.4 杨氏方程图解

(a)润湿程度大，液滴在表面的接触角 θ 很小；(b)接触角大。根据受力平衡，可以推导杨氏方程为：$\cos\theta = (\gamma_{SG}-\gamma_{SL})/\gamma_{LG}$[17]

杨氏方程描述了平滑均匀固体表面上液滴接触角与各表皮张力之间的函数关系。接触角大小取决于能量最低态。若液/气表皮张力小于固/气表皮张力（$\gamma_{LG}<\gamma_{SG}$），那么液/固界面将增大，从而使 γ_{SL} 减小。液滴在表面铺展直至完全润湿，此时接触角为 0°。液滴在固体表面的形状随比值 γ_{LG}/γ_{SG} 变化。若接触角 $0°<\theta<90°$，这一表面亲水；若 $\theta \geqslant 90°$，则疏水。在空气中，不同物质的表面张力差异很大。

10.3.1.4 杨-拉普拉斯-高斯方程

1805 年，皮埃尔·西蒙·拉普拉斯(Pierre-Simon Laplace)发现毛细管中液体凹面的半径对毛细现象有重大影响。他引入非线性偏微分方程来描述表面张力作用下两种静流体(如水与空气)界面处的毛细管压力差。这是拉普拉斯对杨氏方程作出的进一步数学描述，因此命名为杨-拉普拉斯方程。这一方程使压力差与毛细管表面或内壁的形状联系起来，对研究毛细现象非常关键。1830 年，高斯综合两位的研究，进一步推导出了微分方程和边界条件。故有时也称这个方程为杨-拉普拉斯-高斯方程。杨-拉普拉斯-高斯方程中的毛细管液柱升降示意图如图 10.5 所示。表 10.1 所示为表面张力研究的代表人物。

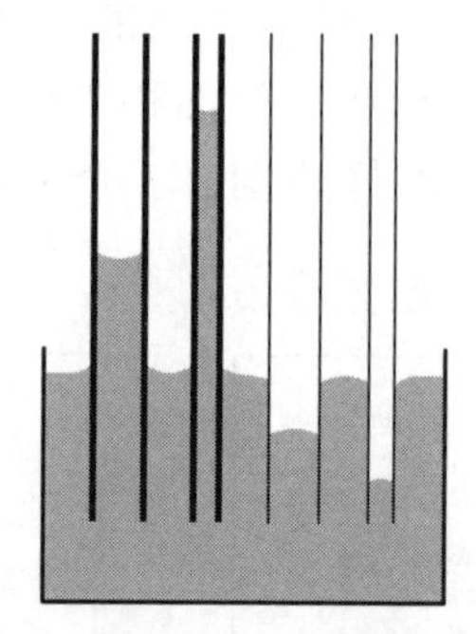

图 10.5　杨-拉普拉斯-高斯方程中的毛细管液柱升降示意图

粗线表示亲水($\theta < 90°$)；细线表示疏水($\theta > 90°$)。两种情况下，液柱高度与毛细管管径大小负相关

表 10.1　表面张力研究的代表人物

肖像	简介
	托马斯·杨(Thomas Young，1773—1829)，英国人，医生、博学家。他为数学、光学、固体力学、动物学、语言学、音乐、考古学等领域的发展都作出了重要贡献。1804 年，他提出了表面张力，对毛细现象进行了定性解释
	皮埃尔·西蒙·拉普拉斯(Pierre-Simon Laplace，1749—1827)，法国学者，在数学、统计学、物理学和天文学等领域颇有建树。拉普拉斯在杨氏方程的基础上提出了毛细现象理论和杨-拉普拉斯方程
	约翰·卡尔·弗里德里希·高斯(Johann Carl Friedrich Gauss，1770—1855)，德国数学家、物理学家和天文学家。对数字理论、代数、统计学、分析学、微分几何、矩阵理论、测量学、地球物理学、力学、光学、静电学、天文学等领域的发展和进步都有卓越贡献

10.3.1.5　杨-杜普雷方程

19 世纪末，刘易斯·杜普雷(Lewis Dupré)结合热力学效应进一步研究了杨氏方程，并提出杨-杜普雷方程。该方程表明 γ_{SG} 和 γ_{SL} 均不能大于其余两个

表面能之和。这种限制条件下不能预测完全润湿($\gamma_{SG} > \gamma_{SL} + \gamma_{LG}$)和完全不润湿($\gamma_{SL} > \gamma_{SG} + \gamma_{LG}$)的情况。这两种情况下，杨-杜普雷方程无解，说明完全润湿或完全不润湿时，0°和180°间的任何接触角都不能使其稳定存在。扩散系数 S 可以用来衡量润湿的程度，$S = \gamma_{SG} - (\gamma_{SL} + \gamma_{LG})$。当 $S > 0$ 时，表示完全润湿；$S < 0$，则部分湿润。下式归纳了这几种表面张力方程：

$$\begin{cases} \cos\theta = \dfrac{\gamma_{SG} - \gamma_{SL}}{\gamma_{LG}} & \text{(Young, 1804)} \\ \Delta p = \rho g h - \gamma\left(\dfrac{1}{R_1} + \dfrac{1}{R_2}\right) & \text{(Young - Laplace - Guss, 1830)} \\ S = \gamma_{LG}(\cos\theta - 1) & \text{(Young - Dupré, 1890)} \end{cases}$$

式中，Δp 表示流体界面处的压力差；γ 是表面张力；R_1 和 R_2 表示曲率半径。

10.3.2 关注焦点

^{4}He 固体具有超疏水、超流、超润滑以及超固态特性，简称为 4S (superhydrophobicity，superfluidity，superlubricity，supersolidity)特性。这类物体不润湿，运动时无摩擦。除 ^{4}He 固体外，水的表皮同样具备 4S 特性。以下为探讨 4S 机制的主要理论：

(1) Young-Laplace-Gauss-Dupré 理论[16]，从表皮应力和界面能量角度考虑。

(2) Wenzel-Cassie-Baxter 定律[18, 19]，从表皮粗糙度角度考虑。

(3) 双电层(electrical double layer，EDL)设计[20]，探究超流特性。

(4) Prandtl-Tomlinson (PT)理论[21, 22]，考虑原子势斜率与多触点效应[23]的叠加，探究量子摩擦。

(5) BOLS-NEP 理论[2, 24]，从 4S 接触界面的声子弹性和电子排斥角度考虑。

图 10.6 阐释了 Wenzel-Cassie-Baxter 定律。Wenzel 认为水会渗入粗糙表皮的凹槽中，提高表皮润湿度。但纳米尺度的粗糙化会使疏水表皮更疏水，亲水表皮更亲水。Cassie-Baxter 则认为水滴并不会渗入表皮的凹槽，而是位于凹槽之上，使气泡困于其中。因此，接触角增大，使表皮具有超疏水性。

自然界中发现的许多超疏水材料都满足 Wenzel-Cassie-Baxter 定律[19]，这意味着通过表面粗糙度加工可调节表皮接触角。譬如，液体可以轻松地滑过带有微型凹槽或凸柱的粗糙表面[25]。这种设计表面可以显著减少流体系统的阻力，使水的滑行长度比光滑表面长得多。结合 Cassie-Baxter 定律和热力学基础，可设计出可调的超疏水表皮，并可通过改变微柱或凹槽的宽度和间距来控制水滴的运动方向[26, 27]。梯度调节微柱刚度，可实现微柱上液滴的定向运动[28]。

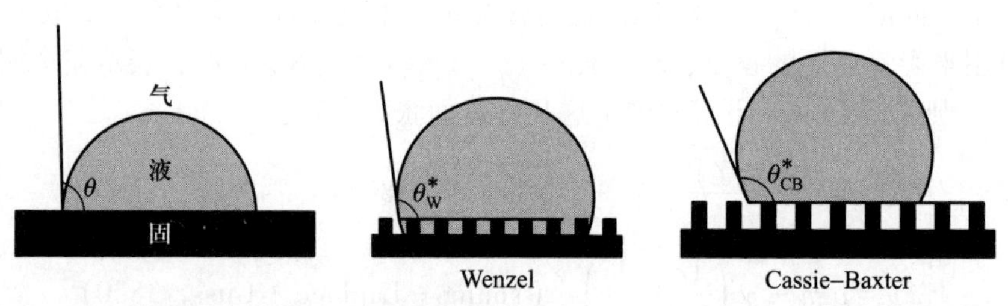

图 10.6　光滑和粗糙表面水滴接触角的变化

Wenzel 认为水滴会渗入粗糙表面的凹槽而 Cassie–Baxter 则认为不会，且气泡困于其中[19]。BOLS–NEP 理论阐释了 Wenzel–Cassie–Baxter 定律，认为这是原子/分子低配位引起的局域致密化、电荷钉扎和极化造成的[2, 24]

水黾可静立于水面上，并能承受高于自身体重十几倍的负荷，且支撑的中腿和后腿仅使水面凹陷而不会刺穿[9]。这说明水黾腿的表皮具有疏水性。实际上，水黾腿表皮确有一层"生物蜡"。人们在金属丝上涂蜡制成仿真水黾腿，与真实水黾腿作对比实验[29]，结果表明真腿通过调整其 3 个关节的自适应变形能力呈现出较仿真腿更高的承重能力，具备更强的超疏水性。

目前，关联接触角与粗糙度和界面能的方程或定律并没有涉及化学键的性质、弛豫和极化以及接触界面的电子结构。此外，表皮应力和界面能量的经典理论，常涉及形成单位面积表皮和界面的耗损[30]。事实上，局部能量密度、表皮和界面区域原子结合能以及相关的电子行为、致密性、局限性、钉扎性、极化，对界面和表皮性质的影响至关重要[31]。值得注意，利用能量束辐射可造成材料疏水–亲水性质的转换，这一功能超出了上述所有定律或方程的诠释范围。

10.3.3　亲疏水界面的人工调制

固–液之间的结合力使水滴展开以润湿表皮，而水滴内聚力，实为表皮应力，使之形成球状以避免与表皮接触。我们研究了水与聚合物、化合物、金属 3 种不同类型的表皮间的接触情况，详述如下：

(1) 聚氯乙烯和聚四氟乙烯等聚合物，其表面与之上的水滴间主要存在范德瓦耳斯键。这些键相较于水滴中的氢键更弱，故水滴倾向于自身键合而非与聚合物表皮成键，使水滴呈珠状，几乎不润湿表皮。

(2) 含 N、O、F 元素的化合物含有孤对电子，能对相邻原子产生极化作用。所以，极化形成的排斥力使界面呈现疏水性，只有在人为去除表皮偶极子后方可展现亲水性。

（3）Pt 和 Co 等外层 s 空轨道金属具有亲水性，因这些金属表皮电荷的能量向深层能级移动，也即量子钉扎；不过，Rh、Au、W、Ag 等外层 s 空轨道半满的金属呈现极化作用，显疏水性[31]。点缺陷或表皮粗糙化均可增强这种钉扎和极化效果，从而提高这些金属表皮的亲/疏水性能。

10.3.4　亲疏水调制与接触角测量

水的表皮应力和接触角可通过多种方法实现调控：

（1）热激发。通常温度升高，表皮应力会下降。两者近乎呈线性关系。在临界温度时，表皮应力趋于零。

（2）表皮粗糙化。调整表皮凹槽的尺寸可调控水滴渗入凹槽与否。如之前所述，表皮的精细加工结合水滴的低配位效应可强化表皮的亲/疏水性能。

（3）电润湿。在表皮上施加电位差时，静电力会向下拉动液滴覆盖表皮，从而降低接触角。

（4）化学修饰。固体表皮的化学修饰亦可引起其表皮应力的变化。譬如，调整极性可使表皮亲水基团调节水滴接触角。若在水中加盐，极化能力增强，接触角增大[32]。

要了解几何形状和物质类型引起的接触角变化，不仅需要考虑液-固之间的作用，还应分析各组分表皮内分子/原子间的作用以及电荷的轨道占据情况[31]。

10.4　解析实验证明

10.4.1　局域键长-声子频率-结合能

实验测量和数值模拟结果表明[3, 33]，较之水的内部，表层 O-O 间距伸长 5.9%~6.4%，甲醇表皮 O-O 缩短 4.6%；4 ℃ 水的表皮密度降低了16%~17%。O-O 间距的弛豫差异造成了水和液体甲醇表皮应力的差值，前者为 72 mN/m，后者为 22 mN/m。曾有文献记载，水表皮的密度最小可低至 0.4 g/cm^3（对应于 d_{OO} = 3.66 Å）[34, 35]。

与普通材料相同，低配位状态的水分子同样诱发电荷致密化[36-41]、结合能钉扎[37, 42-44]、非键电子极化[39]。从水的内部到表皮再到水的气体单质，水分子的 O 1s 能级顺序为 536.6 eV、538.1 eV、539.7 eV[45, 46]；H—O键能顺序为 3.97 eV [47]、4.52 eV、5.10 eV[48]。

DFT 计算表明，在表皮和块体水中存在 Mulliken 电荷累积[3]。块体水分子中 O 原子的净电荷量为-0.616 e，而表皮情况时为-0.652 e。块体水分子的净电荷量为+0.022 e，而表皮时为-0.024 e。电荷局域化和钉扎将极化非键电子。利用超快液体喷射真空紫外光电子能谱探测到块体水的非键电子结合能为3.3 eV，而表皮时降为1.6 eV。非键电子结合能可视为功函数和表皮极化的综合表现，会随着分子团簇尺寸的减小而进一步减小[3, 39]。

分子低配位使水的ω_H声子蓝移[49, 50]。块体水的ω_H值为3 200 cm^{-1}，水和冰表皮的ω_H值均为3 450 cm^{-1}（图10.2插图）[51]，而气态分子的ω_H值为3 650 cm^{-1}[52-55]。DFT-MD计算也得到液态水ω_H约为3 250 cm^{-1}，表皮为3 500 cm^{-1}[56]。

基于水分子的四面体配位结构以及H—O和O：H双段的弛豫规律[4]，以4 ℃时H—O和O：H双段长度$d_{H0}=1.000\,4$ Å、$d_{L0}=1.694\,6$ Å为参考，可得到分子尺寸d_H、分子间距d_{OO}以及质量密度ρ之间的关系[47]

$$\begin{cases} d_{OO} = 2.695\,0\rho^{-1/3} \\ \dfrac{d_L}{d_{L0}} = \dfrac{2}{1+\exp[(d_H - d_{H0})/0.242\,8]} \end{cases} \tag{10.1}$$

以液态水表面测量得到的d_{OO}值2.965 Å[33]代入，可得出$d_H = 0.840\,6$ Å，$d_L = 2.112\,6$ Å，表皮质量密度$\rho = 0.75$ g/cm^3，低于块体冰的0.92 g/cm^3，这是分子低配位诱导所致。表10.2汇总了水、80 K和253 K的冰以及水蒸气的声子频率ω_x、键长d_x、键能E_x的实验信息。

表10.2 基于实验测量分析的冰/水表皮超固态信息（ω_x、d_x、ρ）

	水（298 K）		冰（253 K）	冰（80 K）	水蒸气
	块体	表皮	块体	块体	二聚物
ω_H/cm^{-1}	3 200[51]	3 450[51]	3 125[51]	3 090[57]	3 650[53]
ω_L/cm^{-1}[57]	220	~180[4]	210	235	0
d_{OO}/Å[47]	2.700[58]	2.965[33]	2.771	2.751	2.980[33]
d_H/Å[47]	0.998 1	0.840 6	0.967 6	0.977 1	0.803 0
d_L/Å[47]	1.696 9	2.112 6	1.803 4	1.773 9	≥2.177 0
ρ/(g/cm^3)[47]	0.994 5	0.750 9	0.92[59]	0.94[59]	≤0.739 6

10.4.2 疏水性：静电排斥与软声子弹性

水表皮的极化作用可强化其排斥力和黏弹性。界面上，高黏弹性和高密度的表皮偶极子是接触面疏水性和润湿性的基础[60]。根据键弛豫-非键电子极化(BOLS-NEP)理论[31]，局域能量致密化可以强化表皮，致密和强钉扎的成键电子极化非键电子而形成偶极子[14]。液体表皮因低配位效应始终带负电。若固体表皮以强钉扎为主，呈正电性的表皮会吸引液体中的孤对电子使表皮呈亲水性；若极化主导，则呈负电性的表皮排斥孤对电子展现疏水性。

若表皮分子层数减少，其表皮应力 γ、黏度 η_s 和 η_v 会增加[3]。表皮分子层数从 15 层减少到 5 层时，表皮应力从 31.5 mN/m 增至 73.6 mN/m，这是氢键协同弛豫、电子钉扎和极化共同作用的结果。25 ℃水的表皮应力为 72 mN/m。而表皮的黏度 η_s 从 0.7×10^{-4} mN · s/m^2 增至 1.99×10^{-4} mN · s/m^2。块体 η_v 仅微小变化，从 0.027 mN · s/m^2 增至 0.032 mN · s/m^2。通常，当温度接近 T_m 时，水的黏度达到最大值[61]。

负电荷增加和非键电子极化可增强 O-O 间的静电排斥力，使冰表皮变滑，使水表皮呈疏水性。在温度 24 °C、相对湿度(RH) 20%~45%的条件下，水云母和钨之间的弹性模量为 6.7 GPa，证实云母与钨之间存在排斥力[62]。在湿度为 25%RH，温度为 25 ℃时，石墨表面能形成单层的冰[63]。这些实验及数值计算结果均能证实超固态表皮排斥力的存在。

综上所述，水和冰的表皮呈超固态，即具有超弹性[51]、超疏水性[64, 65]、强极化[39, 66]、热稳定[67]、电荷致密钉扎[42, 45, 46, 68]和超低密度[33]等特征。近邻水分子数越少，水分子尺寸越小，分子间距越大，则超固态越强。超固态表皮使冰变滑，使水表皮具有疏水性和强韧性。

10.4.3 表皮曲率分辨 T_m 和 T_N

10.4.3.1 凝固与熔化

较之平整水表皮，弯曲的水表皮中存在的低配位水分子更多，而且外层水分子的有效配位数更低，以致疏水纳米孔[69]或点缺陷[70, 71]中水滴的热力学性质更为稳定。和频振动(SFG)光谱测量表明，疏水接触面上的水分子排列更加有序[72]。MD 模拟证实，在结冰过程中，水分子始终保持有序并从次外层而非最外层开始结冰[70]，最外层的冰点比次外层低。

此外，结冰时为保持四面体配位结构网络而形成的拓扑缺陷可以提高局域熔点和降低冰点。这些缺陷含有约 50 个分子，其 H—O 声子寿命惊人地长[71]。这些结果证实低配位水分子超、准固态热稳定性好，正如 BOLS-NEP 理论预测，冰水表面[70]或缺陷周围[71]存在一层超固态，既不是水包冰也不是冰包水。

图 10.7a 体现了基片种类及温度对水滴接触角的影响[73]。温度较高时，液滴曲率提高其表皮的熔点 T_m，水滴会在基片表面铺开，直至接触角趋近零。

氢键的弛豫拓宽了水的准固态相边界，使熔点升高、冰点降低。图 10.7b 展示了-4 ℃时 Ag 金属表面上水滴的液/准固态相变过程。粗糙 Ag 面上水滴的接触角、曲率均大于其在光滑 Ag 面的，前者相变时间比后者长 68 s[74]。与光滑表皮相比，粗糙表皮上的水滴相变费时更多。

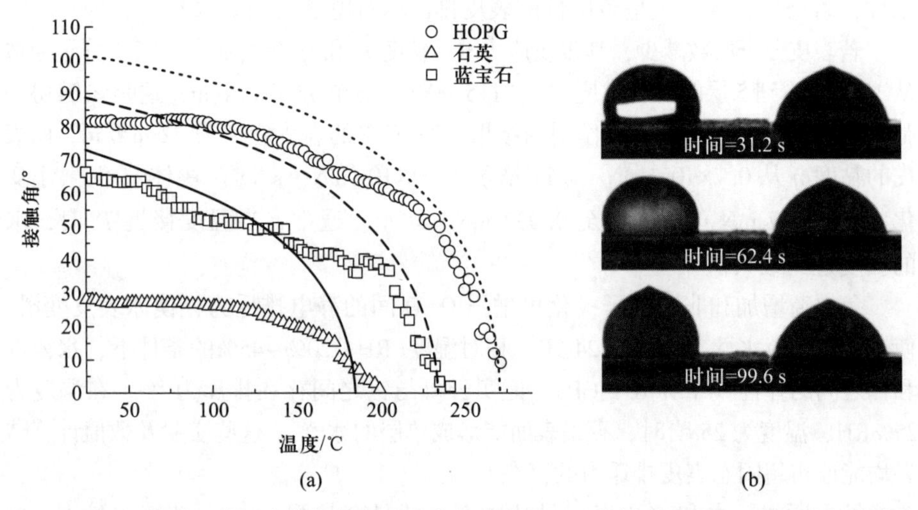

图 10.7　(a) 各种基片上水滴接触角随温度的变化，(b) 粗糙和光滑 Ag 表面上的水滴在-4 ℃时的结冰过程[73, 74]。高曲率表皮 T_m 较高，所以较难发生液/准固态相变

Chen 等[75]研究了一系列不同粗糙度和表面能的溶胶-凝胶涂层上 10 mL 水滴的结冰形核温度，发现低温下的润湿模式与液滴结冰行为有重要关联。防冰层(即疏水表面)上水滴的结冰温度比非防冰层(即亲水表面)上低 6.9 ℃。通常，冰的形核位置处于基片-水滴-空气三相接触线上。

10.4.3.2　冰钉奇观：晶体生长

如图 10.8 所示，雪或冰的尖峰称为冰钉，有的高达 5 m。这些在高海拔的冰川上常见，如安第斯山脉。那里空气干燥，太阳光可以把冰直接汽化成水蒸气而无需事先融化，此即升华。光滑平直雪面对阳光反射作用更强，不易融化。弯曲雪面聚焦太阳光并加速凹陷部分升华。久而久之，形成了这些冰钉森林。像是披着白盖头列队行走的僧侣，也称之为“忏悔者”。从微观尺度来看，外观相似的冰钉可帮助太阳能电池表面最大程度地吸收太阳光。在温度为-10~-20 ℃的范围，湿度为 70% RH，又有大量光照时，冰峰尖端生长较快[62]。

基于 O : H—O 氢键协同弛豫理论对不同曲率的表皮的冰点、熔点和升华(沸)点的调制，可以理解为什么冰钉尖端更为稳定。相比常规材料，原子低配位降低局部熔点，T_m正比于单原子结合能，$T_m \propto zE_z$。因此，纳米材料熔点

图 10.8 冰钉奇观[76, 77]
高海拔上的冰川在 70% 相对湿度、−10 ~ −20 ℃温度和阳光照射的条件下自然形成冰钉，可高达 5 m

低。形成冰峰需要合适的温度、压强、湿度、光照，这些刺激会调制 O : H—O 氢键固有弛豫。高海拔低压强和分子低配位相互增强使 H—O 收缩，所以尖峰熔点温度升高；而凹处反之，所以凹处的冰优先融化，进而逐步形成冰峰。

10.4.4 表皮超固态：弹性和疏水性

10.4.4.1 疏水界面的空气间隙层

SFG 光谱和 MD 计算表明，在室温下，水的最外两层水分子呈"冰状"排序[78]。所以，室温下超薄水膜呈现类冰的特性，具有疏水性[11, 64]。常压下，温度分别为 7 ℃、25 ℃和 66 ℃时，水的有序表皮厚度为 0.04 ~ 0.12 nm[79]。

Uysal 等[80]利用 X 射线镜面反射分析发现水与疏水基体之间存在厚度为 0.5 ~ 1.0 nm 的空气间隙。这一间隙厚度会随着接触角、液滴曲率增大。高曲率减少水分子的有效配位数而增强超固态特性。

介孔 SiO_2 纳米通道的润湿行为研究表明[81]，水与疏水壁之间存在一厚度约 0.6 nm 的低密度水蒸气层。X 射线反射结果也揭示，H_2O/SiO_2界面上 3.8 Å 厚度的水表皮的密度为 0.71 g/cm^3，水与 SiO_2间的疏水间隙也是 0.6 nm[82]。

图 10.2b 显示[7]，水滴连续且反复弹跳，表明水表皮具有弹性和疏水性。理论计算和实验结果均一致证实室温下的单层水膜呈现超固态，具有疏水性(图 10.9)，可防止水滴润湿[64, 65]。

10.4.4.2 T_m的升高与 T_V的降低

如图 10.9 所示，室温下，亲水性羧基封端单层膜上生成的水膜呈类冰性，水膜厚度随温度和时间变化。在 50 ~ 65 ℃临界温度之间，超薄水膜保留其疏水性和热稳定性[64, 65]。H—O 键决定熔点，O : H 非键决定结冰和汽化温度。65 ℃时，水膜厚度开始减小，表明超薄水膜的汽化温度已从 100 ℃降低至

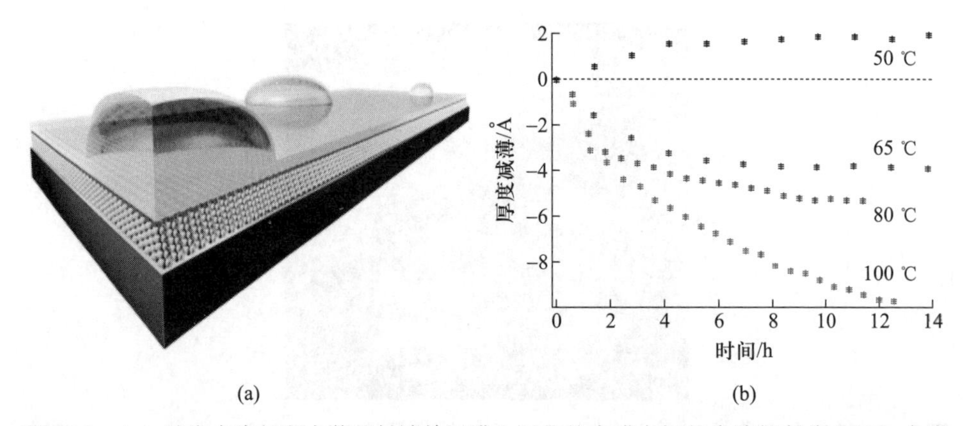

图 10.9　(a) 纳米水滴与亲水羧基封端单层膜上沉积的水膜之间的类冰性行为，(b) 水膜厚度随时间和温度的变化情况，表明室温下超薄水膜层的疏水性和准固态热稳定性[64, 65]（参见书后彩图）

(b) 中数据表明水膜的熔点介于 50～65 ℃之间，汽化发生在 65 ℃左右。熔点增加时汽化温度降低。厚度增加意味着持续的结冰

65 ℃，此时的熔点已升高至 50 ℃及以上。

James 及其合作者利用原子力显微镜(AFM)、X 射线衍射(XRD)和中子反射技术观测表明，干燥的自组装单层膜以及传统接触角法认定的疏水膜上几乎都存在一层水[65]。常压下，水在亲水表皮上会形成一个致密的亚纳米表层。模式 AFM 测量表明，纳米水滴约覆盖总表皮的 2%，随着时间变化，纳米水滴数量减少，且水滴尺寸变大。在室温、高真空(～10^3 Pa)条件下，很难从这些单层膜上除去吸附的水滴；常压下，升温至 65 ℃以上，水滴开始汽化。

有人认为亲水表皮上水的润湿行为类似铂金属表皮的浸润。铂表皮的亲水性源自电荷量子钉扎，铷表皮的疏水性源于电荷极化[31]。水合作用可在亲水表皮上形成一层疏水层，使表皮由亲水转变为疏水性[64, 83]。水合与干燥的转换对表皮几何结构(如表皮凹或凸)十分敏感，与氢键网络的键弛豫行为密切相关。

综上所述，H—O 键能决定熔点，O：H 非键键能决定汽化和结冰温度。James 及其合作者[65]的发现证实了超薄水膜室温下具备疏水性和准固态相边界拓展而实现的热稳定性[64]。与块体水相比，超薄水膜的熔点更高，汽化温度降低。

10.4.4.3　液滴弹跳

水滴可在固体表皮跳动[84]，不受基片的温度和材质(如−79 ℃的 CO_2、22 ℃超疏水表皮、300 ℃铝金属板)的影响，如图 10.10 所示。这一现象归因于不同的机理，如高温基板的莱顿弗罗斯特(Leidenfrost)效应(最早报道于 1756 年)[85]、室温的超疏水性(20 世纪 50 年代末提出)[86]和低温 CO_2 基体凝华效应(低温下由气态直接转变为固态)。

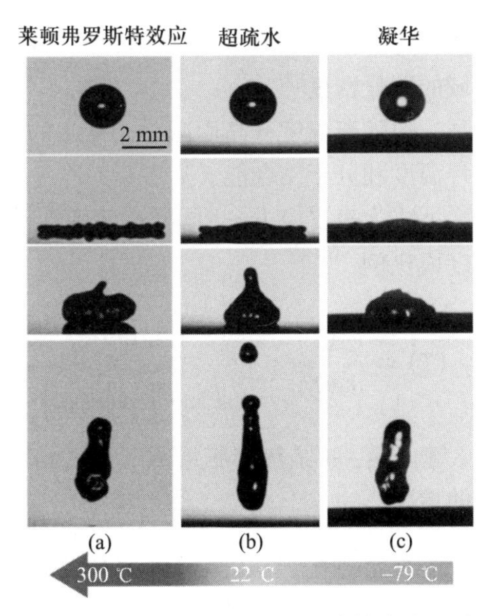

图 10.10　水滴落在(a) 300 ℃ Al 片、(b) 22 ℃超疏水性表皮以及(c)-79 ℃固体 CO_2上的行为(参见书后彩图)

(a)中所示为莱顿弗罗斯特效应，由水滴之下汽化层引起；(b)体现超疏水性，由分子低配位诱导基片量子钉扎和极化引起[88]；(c)展示凝华效应，由接触界面的凝霜引起[84]

莱顿弗罗斯特效应产生的条件是基片温度须高于水滴熔点，保证滴落的水滴快速在液体-基片界面上形成汽化层。汽化层厚度通常在 10~100 μm 范围，既充当缓冲垫也可作为绝热层，使水滴自由浮动并逐渐蒸发。压力极低时，因水滴下表面蒸发，水滴在疏水表面上不停跳跃[87]。

在超疏水表皮上，由于气-液-固复合界面的存在，水滴和基片之间仅局部接触；界面处的气泡使水滴湿润性下降。通常，润湿面积小于总表皮面积的 20%。因液滴和基片之间较低的毛细作用，水滴易在表皮上移动。分子低配位效应是低接触面积和气泡生成的原因。分子低配位使共价键自发收缩，电荷局域致密化，钉扎并极化非键电子，产生排斥力，导致基片的超疏水性。

水滴能在-79 ℃的 CO_2基片上发生跳动是因为此时基片表皮凝华成霜，阻止了液滴与 CO_2的接触[84]。

10.4.5　温控表皮应力：德拜温度与 O：H 结合能

与传统认知相异，表面能是表皮区域单位体积能量的增加或一定厚度表皮中离散原子的剩余结合能主导表皮性能[30]，而不是形成表面时损失的能量。从量纲分析的角度讲，固体的弹性和屈服强度正比于局域能量密度，$Y_z \propto E_z/d_z^3$；而相变临界温度体现热稳定性，正比于单原子结合能，$T_{Cz} \propto zE_z$。所以，表皮应力也正比于表皮区域的能量密度[30]。

水的表皮应力很高，但随着温度升高而减小。从水的表皮应力对温度的依赖关系中可以得到德拜温度和分子结合能，后者指一个分子与其周围所有近邻原子成键键能的总和。下式为表皮应力 γ_s(同样适于弹性模量 Y)随温度的变化关系，与局域能量密度成比例[30]

$$\gamma_s(T) \propto \frac{E_s(T)}{d^3(T)} = \frac{E_s(0) - \int_0^T \eta(t)\,dt}{d^3\left(1 + \int_0^T \alpha(t)\,dt\right)^3} \tag{10.2}$$

式中，η 是德拜近似单键比热；α 是热膨胀系数。下式给出了表皮应力与块体情况比值随温度变化的情况[30]：

$$\frac{\gamma_s(T)}{\gamma_s(0)} \cong \left(1 + \int_0^T \alpha_s(t)\,dt\right)^{-3} \times \begin{cases} 1 - \dfrac{\int_0^T \eta_s(t/\theta_D)\,dt}{E_s(0)} & (T \leqslant \theta_{DL}) \\ 1 - \dfrac{\eta_s T}{E_s(0)} & (T > \theta_{DL}) \end{cases} \tag{10.3}$$

图 10.11 给出了表皮应力随温度的变化情况。将已知的块体水热膨胀系数 α = 0.162 mJ/(m^2·K)代入式(10.3)，可得到单个水分子的结合能 $E_s(0) = 4E_L$ = 0.38 eV/mol 和德拜温度 Θ_{DL} = 198 K[30]，与 150~191 K 温度范围内冰的氦散射测量得到的 Θ_{DL} 值(185±10) K 相当[89]。所以，每一条 O：H 非键的结合能是 0.38/4 eV = 0.095 eV。

10.4.6　H—O 键的振动频率及其声子寿命

时间分辨红外和 SFG 光谱可获得水在受激如加盐或电场等情况下 H—O 键的声子寿命信息。图 10.12 为 H—O 振动衰减曲线随激发频率的变化情况以及块体 H_2O 的 SFG 光谱[90]。利用红外泵浦/探测光谱，探测水中激发窄频红外脉冲时的振动行为，结合界面红外泵浦/SFG 探测空气/水界面的振动信息。

图 10.13 记录了块体和表皮水 H—O 声子弛豫时间随激发频率的变化情况。与理论预测一致，表皮 H—O 声子寿命比块体的长，证实表皮具有超固态——强极化造成表皮小分子的弱活性。实验结果显示振动弛豫时间与块体和表皮水 H—O 伸缩振动频率强相关。当频率从 3 100 cm^{-1}增大至 3 700 cm^{-1}时，块体水 H—O 振动弛豫时间从 250 fs 增至 550 fs，表皮的这种声子寿命对考察频率的依赖性更为明显。

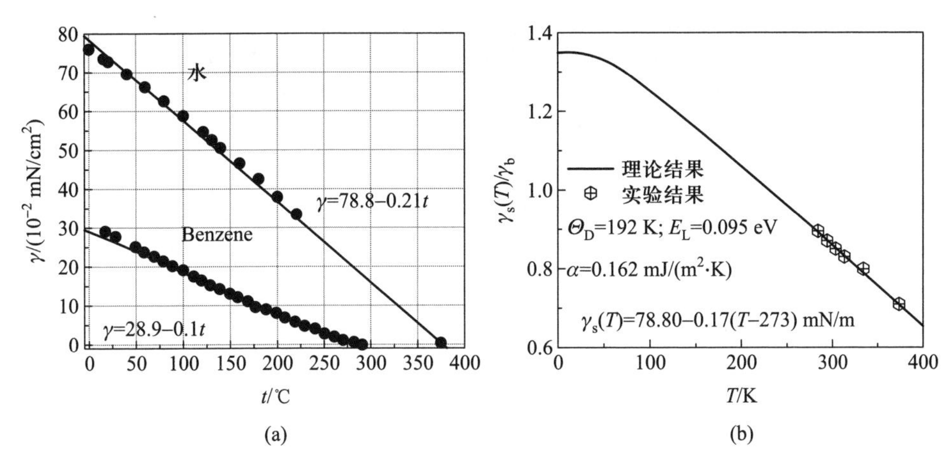

图 10.11 (a) 水和苯的表皮应力与温度的关系，(b) 拟合水的 $\gamma_s(T)$ 数据，可预测德拜温度 $\Theta_{DL}=198$ K，表皮分子结合能 $E_s(0)=0.38$ eV[7]，并以此获得表皮 O：H 非键解离能 $E_L=E_b(0)/4=0.095$ eV[30]

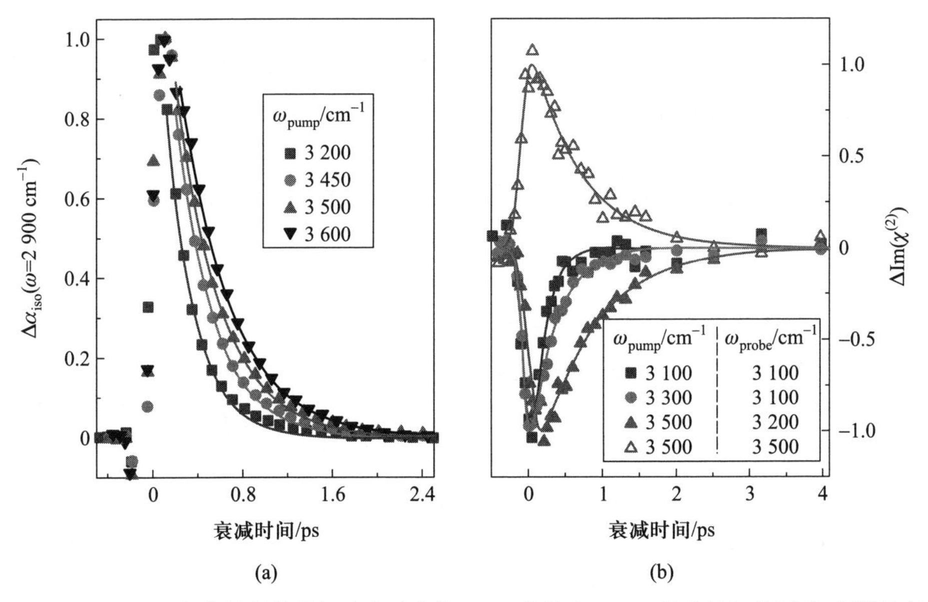

图 10.12 H—O 共价键的伸缩振动衰减曲线：(a) 块体水 H—O 共价键红外泵浦/探测的归一化结果，(b) 红外泵浦/HD-SFG 探测的界面水分子运动信息[90]

SFG 探测频率设置在热信号可忽略的范围内

声子寿命是分子的时空动力学行为的反映。基于氢键的协同性，H—O 振

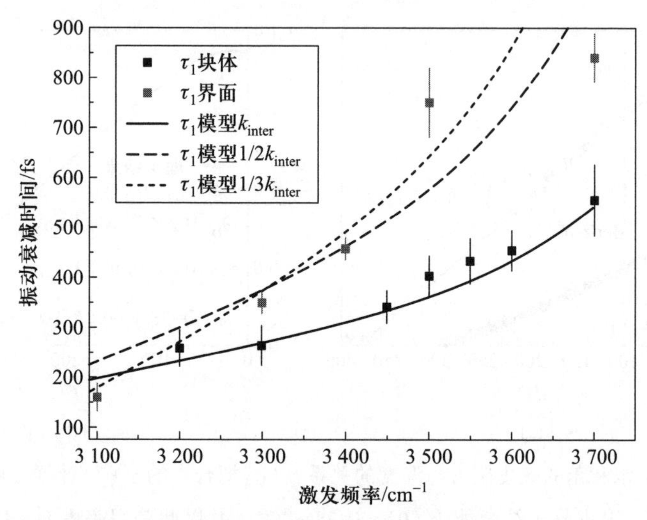

图 10.13　块体和表皮水振动弛豫时间随激发频率的变化[90]

约 3 700 cm^{-1}处的浅色方块对应 H—O 自由悬键的弛豫时间，各曲线为基于不同模型计算所得

动频率越高，弛豫时间越长，液体黏滞性更高，涨落更小。振动谱的峰宽取决于声子振频的涨落扰动，因此，可将一振动谱峰分解成离散的谱线，获取O：H—O氢键各组成部分的信息。所以，块体及表皮水的水分子结构并不均一。各光谱特征仅取决于水分子结构，与外部因素的刺激无关。表皮水分子的低配位状态诱发其超固态特性，从而降低了水分子的扩散和转动能力。

10.4.7　超固态表皮的刚度

Zhao 及其合作者[91]发明了一种表皮力测试装置，可测试不同湿度下，附着在云母片上的水膜单层表皮的刚度。他们确认，第一层水膜呈冰状，晶格常数与冰相似；具有很高的承载力，可承受 4 MPa 的压力；较小压力下即可表现出蠕变行为，展示氢键特征。吸附水膜内挨近第一膜层的水层，其水分子呈液状，可在外载作用下自由流动。

图 10.14 为云母片间排斥力随间距的变化情况。以 10 nm/s 的恒定速度驱动底部云母片向顶部云母片移动。因云母片之间的相互作用较弱，片间距过大时，作用力可忽略不计，此区间标记为Ⅰ。片间距逐渐减小，在 D = 170 Å 处急剧缩小到 18 Å，范德瓦耳斯引力开始起作用。片间距从 16 Å 减小至 12 Å 时，可检测到云母片间的排斥力，此区间标记为Ⅱ。片间距为 12 Å 时，排斥力经历微小波动，直到间距减小为 9 Å。排斥力-片间距的曲线变化表明这两个阶段均有单层厚度(3~4 Å)的水被挤出间隙[92]。

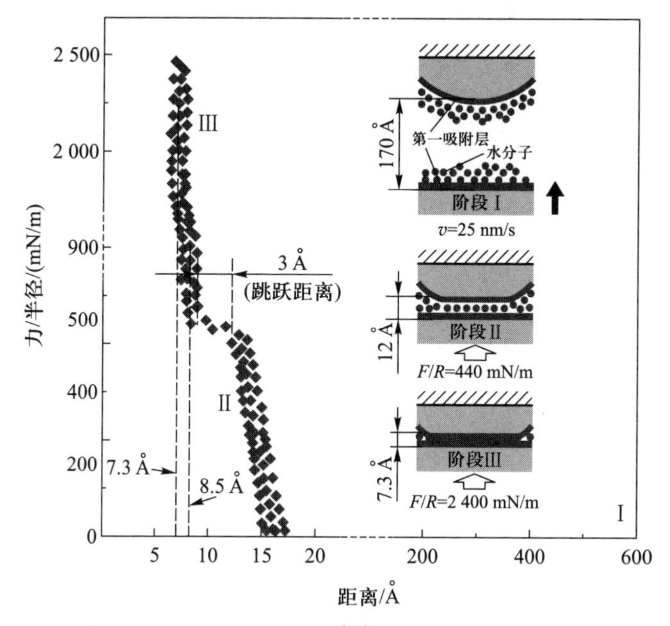

图 10.14 云母片间作用力与间距之间的关系[91]

云母片在 298 K、相对湿度 80%的条件下静置 10 h，其上会附着水膜。两云母片间距为 7.3 Å 时，排斥力达到最大值 2 400 mN/m(相当于 4.0 MPa)

片间距厚度从 12 Å 降到 8.5 Å 和 7.3 Å 时，归一化排斥力(F/R)从 440 mN/m急剧增加至 900 mN/m (~1.6 MPa)和 2 400 mN/m (~4.0 MPa)。R 是探测部分的半径。$D < 9$ Å 时，吸附水膜具有很高的承载能力，水膜内的水分子类似固态水分子，不易流动。$D = 7.3$ Å 时，d_{OO}、d_L、d_H分别为 3.165 Å、2.369 2 Å、0.795 8 Å；ρ 为 0.617 4 g/cm^3。

这些结果证实，吸附在基底上的水膜具有超固态性质，刚性高，流动性和水溶性较低，法向承载能力强(> 4 MPa)，水分子尺寸小、间距大，质量密度低。

10.5 超疏水、超润滑、超流性和超固态

10.5.1 4S 的共性

液-固或固-固的纳米尺度接触存在超疏水、超润滑、超流性和超固态(4S)特性。4 种特性都具有化学无黏附性、弹性和运动无摩擦这些共同特征。关于 4S 特性虽然已有广泛研究，但其蕴含的物理机制仍不清楚。BOLS-NEP 理论发展了能量和电子机制，认为固定于液滴超固态表皮的偶极子主导的库仑

斥力以及O：H软声子的高弹性是4S共性的物理基础[14, 93]。

4S现象源于摩擦力($f_r = \mu N$，μ为摩擦系数，N为正压力)的减小。减小的摩擦力会减弱摩擦作用或减弱声子和电子的激发程度。令人惊奇的是，所有4S现象共有无黏附性和运动无摩擦特征，故而有效接触压力降低、摩擦系数减小。水和基片表皮均需疏水，才能保证超疏水行为的发生。

流体在一个或多个维度低于100 nm的物体中受限或附近流动时，会引发超流现象[94]，这绝不可能在大尺度下发生。与宏观流体相比，纳米流体具有更高的热导率和物质传输效率[95]。两者的差别在于纳米流体具有更高的比表面积，且比表面积随流体和通道尺寸的减少而增加。纳米通道的高比表面积会造成表皮电荷传输，离子间距增大，如双电层(EDL)理论所述[20]。EDL通道可作为场效应晶体管，检测无标记的化学和生物物种。当EDL厚度减小时，纳米通道传输可能会产生溶质分离和其他新现象。

另外，加压会加速水在纳米通道，如碳纳米管(CNTs)中的流动，且流速比传统流体理论预测值要高得多[96]。相同压力下，通道越细，流速越快[97]。高流速表示液滴与管壁之间几乎无摩擦[98, 99]。MD计算表明[100]，水在CNTs中流动时，管两端会产生几毫伏的恒定电压，这源于管中水分子偶极子链和载流子之间的相互作用，也可能正因于此形成了管中反常的无摩擦流动现象。

虽然晶体缺陷已被确认为^{4}He固体具有超固态特征的关键因素，但缺陷与超弹性和超流性之间的相关性仍有待建立。因此，要获得4S特性起源的一致性理解，还需深入探究接触界面的另一表皮的化学属性。

水表皮的能量局域致密化使其变硬，致密钉扎的电荷进一步极化非键电子，进而产生表皮偶极子。此外，F、O、N或C与固体原子反应时发生sp轨道杂化，产生非键孤对电子或未成对的s轨道边缘电子，进而诱导产生指向表皮外法向的偶极子。因此，相接触的两个带负电表皮，其间的库仑斥力不仅可降低两者之间的有效作用力和摩擦力，也可防止两表皮间的电荷交换。类似磁悬浮，库仑斥力驱动产生了4S现象。

10.5.2　BOLS-NEP转换机制

BOLS-NEP理论给出了水[3]和常规固体[101]表皮超固态的定义，详见表10.3。非键电子的存在与否是辨别固体表皮亲水还是疏水的标准。对于所有固体的表皮，原子低配位均使其中的化学键自发收缩、成键电子钉扎，但有无可以被极化的非键电子主导固体表皮的极化为主还是钉扎为主的特性。极化疏水钉扎亲水。水表皮超固态和固体表皮疏水性，缺一不可，协作产生4S现象。

BOLS-NEP理论可以阐明固体表面亲疏水性的转变以及表面粗糙度对亲疏水性的强化的原因。紫外线或等离子辐射均可去除表皮的偶极子，进而消除表皮的疏水能力。而延时老化作用则可恢复表皮偶极子，使表皮重获疏水能力。若固体表皮设计成纳米级粗糙度，则可减小表皮原子的有效配位数，从而增强量子钉扎和非键电子极化，以强化固体表皮原有的疏水或亲水性能，这是 Wenzel 模型的微观机理。

表 10.3　水的表皮超固态及常规固体亲疏水性的 BOLS-NEP 定义

	水	常规固体	
	疏水	疏水	亲水
键长(Δd)	$\Delta d_H < 0$；$\Delta d_L > 0$	<0	
键能(ΔE)	$\Delta E_H > 0$；$\Delta E_L < 0$	>0	
质量密度($\Delta\rho$)	<0	>0	
熔点(即原子结合能，ΔT_m)	>0	<0	
弹性模量(即局域能量密度，ΔY)	>0		
量子钉扎(即能级偏移，ΔE_{1s})	>0		
非键电子极化(ΔP)	>0		0

注：利用紫外线和等离子体辐射可以暂时消除非键电子极化，导致亲水-疏水性能转变。

4S 现象仅与表面的作用力矢量有关而与能量标量无关，由表皮的弹性和电子排斥决定。表面能的经典定义，即将固体剖分为两部分时新增单位表面积所需的能量，需要补充完善。表皮区域能量密度增量或单个原子的剩余结合能才具有实际意义。能量密度决定弹性而结合能决定热稳定性[102]。

图 10.15a 为 BOLS 理论预测的表皮曲率(K^{-1})对其电荷密度、弹性和最外层势阱深度的影响。弹性与结合能密度有关，势阱深度与键能成正比[101]。体平均物理量的表征可参照 ZnO 弹性模量[30]和纳米结构芯能级偏移[103]的尺寸效应。图 10.15b 中，水滴和管壁表皮带同种电荷，相互排斥，不仅使水滴表皮具有高弹性，而且具有电排斥力——压应力。表皮存在偶极子时，液滴失去黏性变得光滑。这与“磁悬浮列车”和“气垫船”的运行原理类似。

超疏水现象可以从表面化学和电荷密度强化等角度予以解释。一表面微结构呈正弦形的基板，若基板上液滴下方的气泡与大气相通，则只有在基板本身疏水的情况下，才能呈现超疏水性。这些微结构的几何参数对润湿性能有很大的影响。与超流性类似，液滴和材料表皮在超疏水性能下必定存在极化或孤对

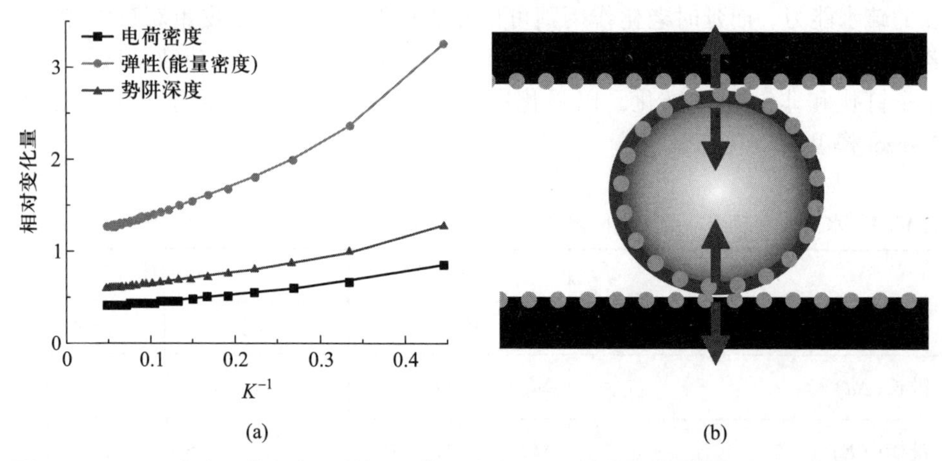

图 10.15　(a) 表皮电荷密度、弹性(即能量密度)以及最外层势阱深度随表皮曲率(K^{-1})变化的理论预测曲线，(b) 表皮呈超固态的水滴流经纳米通道时，受到静电排斥作用液滴越小，表皮超固态越强[101]

电子。带电表皮会排斥周围的带电粒子如水分子，形成超疏水性。紫外辐射可去除表皮极化电荷而黑暗条件下可恢复表皮偶极子，这与贵金属团簇表面磁性和纳米氧化物的稀磁性类似[104, 105]。

BOLS-NEP 理论[88]从表皮极化的角度综合了 Wenzel 和 Cassie-Baxter 模型。表皮曲率增大时，原子低配位程度越发明显，钉扎和极化效应也相应增强，Wenzel 效应产生。如果表皮本身是疏水的，则粗糙化后的表皮表面水滴下方会形成气泡，呈疏水性；若表皮本身是亲水的，则将不会产生气泡，呈亲水性。分子低配位引起的局域钉扎是普遍存在的，而极化则是有条件的。Pt、Co 和石墨表皮以钉扎为主，而 Cu、Ag、Au、Rh、W、Mo 和石墨点缺陷则以极化为主；大多数氧化物、氮化物、氟化物表皮和缺陷因非键电子对的存在而以极化为主导[31]。

关于 4S 现象的探讨，除了已有模型中在能量和几何方面的考虑外，还应分析高弹性和排斥力的来源。由于接触表面间仅在两个原子的空隙内，化学和电荷特性均已发生改变，仅从表皮粗糙度、气泡以及表面能的角度考虑 4S 现象已有所欠缺[106]。特别地，紫外辐照和随后暗化处理引起的疏水-亲水循环效应已超出了经典 Cassie 原理和 PT 机制的范围。此外，烷烃、油、脂肪、蜡和多脂等有机物的超疏水性与表皮粗糙程度毫无关系。

10.5.3　亲水-疏水性的转变

图 10.3 表明超疏水材料很难被水润湿，其表皮与水的接触角通常大于

150°。超疏水材料在自清洁涂料、微流体和生物相容性材料等方面有许多潜在应用，引起了人们的广泛关注。许多物理化学过程如吸附、润滑、黏附、扩散、摩擦等，也与材料表皮的浸润性密切相关[107, 108]。以 C、N、O 或 F 为主要元素的脂肪和有机物如烷烃、油、脂、蜡等都是典型的疏水材料。

10.5.3.1 紫外辐射

当疏水固体表皮受到紫外辐照时，表皮可实现超疏水与超亲水之间的可逆转变[109]，因为辐照在表皮内产生了电子-空穴对[110]。但利用紫外辐射产生亲水性后，将固体置于黑暗中一段时间，亲水性会再次消失。这是表皮偶极子的变化引起的，还可以通过热激发、高压等方式予以调节。

紫外辐射的激发能量约为 3.0 eV，可以破坏化学键、电离表皮原子，从而使疏水表皮转变为亲水的。Ar^+离子溅射处理同样可以使表皮单极子或偶极子暂时消失而实现疏水-亲水转变。除去极化电子，4S 特性就会消失；老化处理样品，会使表皮电荷重新出现，再现 4S 特征。紫外辐射可逆化亲-疏水性能的现象与贵金属团簇表皮磁性和纳米氧化物稀磁性相似[104, 105, 111]。图 10.16 和图 10.17 分别描述了 ZnO[112]和石墨烯[113]表面的疏水-亲水转变。

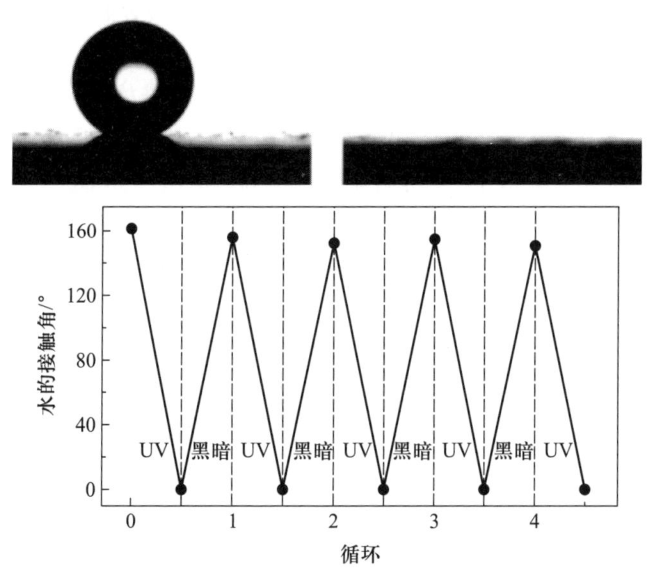

图 10.16 沉积在阵列 ZnO 纳米棒薄膜表面的纳米水滴在 365 nm 紫外光照射 2 h 前(左上)和后(右上)的形状以及相应的接触角变化，表明超疏水-超亲水的紫外光照可逆转变[112]

样品老化恢复了 sp^3轨道杂化和表皮偶极子。表面偏压达一定程度时也可能引起钉扎电荷的耗尽，不过还需进一步验证。由于受压时声子和电子的激发将引起能量耗散，因此在干摩擦过程中，若压力过大，可克服库仑排斥效应。

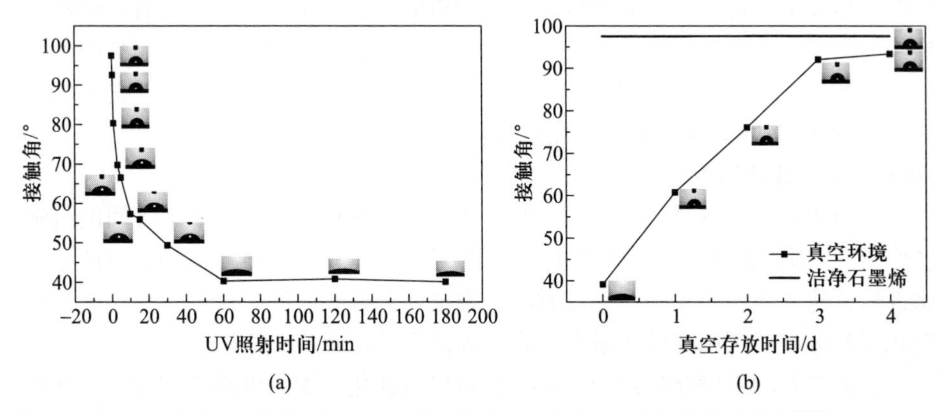

图 10.17　石墨烯在(a)紫外光照和(b)真空状态下疏水性-亲水性的转换特性[113]

另一方面，由于界面接触物质电负性明显不同，化学键会在特殊条件譬如加热、加压或加电场时形成，从而界面黏结。

10.5.3.2　等离子体溅射

若水分子直接与基板表面原子成键或水分子和基板表面原子之间发生交换作用，则基板表皮亲水。亲水性会受晶体生长、晶格匹配[114]和化学条件[115]影响。封装于亲水纳米微孔[116, 117]或处在亲水性拓扑结构[118]中时，水分子表现出疏水行为，其熔化温度低于块状熔点。

硅板间的水在 1.7 MPa 压力条件下可保持高润滑性[119]，此时 H_2O/SiO_2之间存在空气间隙，且超固态水表皮的特征频率 ω_H约为 3 450 cm^{-1}，如图 10.18 所示。若通过水蒸气等离子体表面处理除去极化表皮，不仅可提高始于 0.4 MPa 的界面剪切黏性，而且使表皮特性频率从 3 450 cm^{-1}恢复至块体值 3 200 cm^{-1}[119]。这些结果表明，SiO_2与水的界面是疏水的，但 SiO_2表皮因等离子体表面处理清除了其上的极化电子，从而使界面转变为亲水的。

Wenzel-Cassie-Baster 定律对于上述 ZnO[112]、石墨烯[113]和 SiO_2的疏水-亲水转变仅给出了唯象的描述。若从 BOLS-NEP 理论角度，我们可以对疏水以及疏水-亲水转变有新的认识。水超固态表皮和带极化电荷的基体表皮之间的库仑静电斥力引起了 4S 现象。液-固之间的空气间隙也是形成于界面的库仑斥力。对于疏水和亲水性质，我们可通过紫外照射或等离子表面处理以形成或清除表皮极化电子来实现调控。

10.5.4　微通道：电偶极层的形成

10.5.4.1　BOLS-NEP 理论拓展

理论预测，微通道越小，流体流速越快[97, 120]。这是因为弯曲的碳纳米管

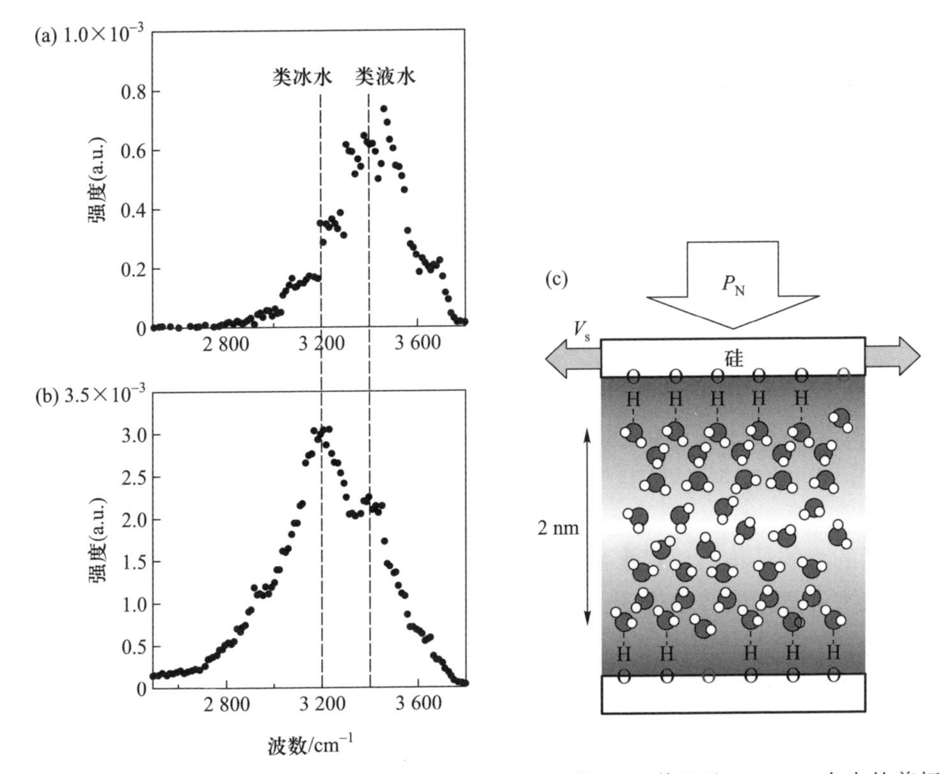

图 10.18 SiO_2在等离子体处理(a)前、(b)后表面水的 SFG 谱以及(c) SiO_2表皮的剪切黏性[119]

等离子体表面处理除去了 SiO_2表皮的偶极子，使表皮由疏水转变为亲水，相应的特征频率 ω_H 从超固态状态的 3 450 cm^{-1}转变为块体的 3 200 cm^{-1}。SiO_2表皮疏水时保持恒定的剪切黏性(1.7 MPa)，在表皮转换为亲水后自 0.4 MPa 开始逐渐随压力增大

或微通道环壁增强了疏水表皮与超固态水滴之间的相互作用，也因此，在磁场中水滴沿碳纳米管流动的速度呈指数增加，比经典流体理论预测的快得多[96]。

一个或多个维度低于 100 nm 时，纳米结构内部或附近的液体传输会发生超流现象，而在块体内部则不存在[94]。较之宏观流体，纳米流体热导率和质导率更高[95]。图 10.19 所示为 EDL 理论，解释了纳米通道高的比表面积使表皮电荷得以传输，从而使离子分离。

图 10.15b 也表明，基于 BOLS-NEP 理论，双电层确实能在微通道中形成。原子/分子低配位诱导通道表面和流体表皮的非键电子产生极化，从而提供静电斥力以阻止界面接触。此外，流体表皮的超固态使流体在通道中无摩擦流动。

10.5.4.2　微通道中的超固态流体

水与疏水界面的基本结构对生物和胶体系统非常重要。氢键弛豫使邻近疏

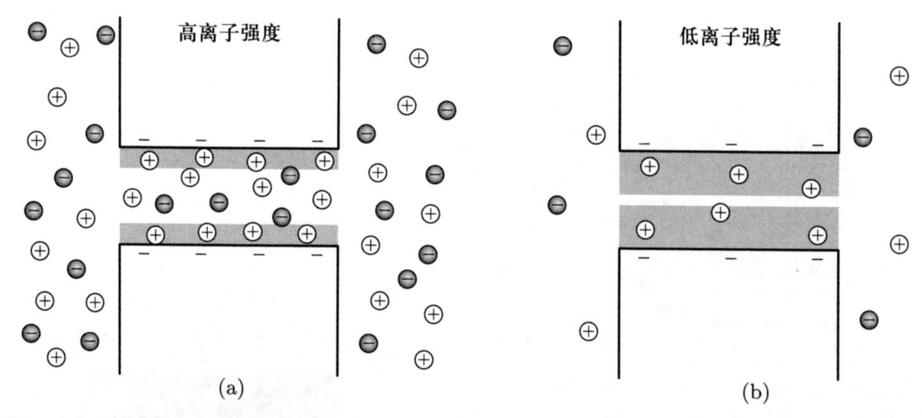

图 10.19　高离子强度时，双电层(EDL，灰色阴影部分)较薄，正负离子均可通过纳米通道；低离子强度时，双电层厚度增加，仅能让反离子选择性地通过纳米通道[94]

水表面的水的结构与块状水截然不同；特别地，因通道流体超固态表皮的偶极子与疏水通道间的静电排斥，在流体和通道之间产生一空气间隙层。

Helmy 等[81]利用水的孔度计法研究了水注入疏水性纳米通道后发生的行为，如图 10.20 所示。实验表明，水流和疏水通道表皮间存在厚度为 0.6 nm 的薄蒸气层(低密度)，因此经典(宏观)理论无法描述纳米尺度下的润湿行为。

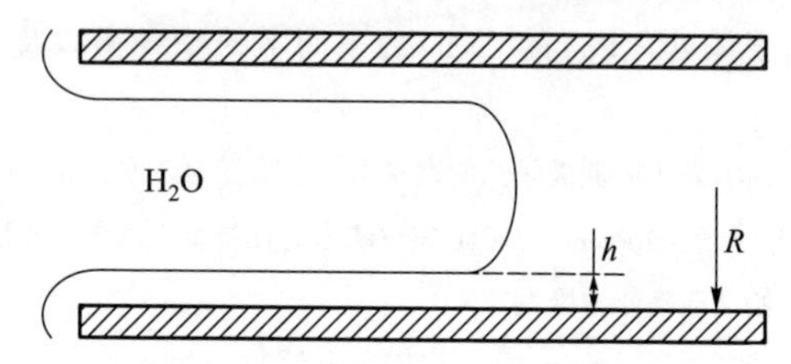

图 10.20　疏水通道中的水(非润湿液体)与纳米通道壁被厚度为 0.6 nm 的低密度蒸气膜(润湿液体)隔离[81]

10.6　小结

分子低配位诱导氢键弛豫，及伴随的电荷钉扎和非键电子双极化，引起了液态水表皮超固态的超常行为。数值计算和实验结果的一致性证实：

(1) 分子低配位诱导的氢键弛豫及双极化导致形成具有弹性、疏水性、热稳定以及低密度特征的表皮超固态，从而引起水分子在氢键网络边缘或纳米液滴的超常行为。

（2）水分子团簇、水表皮或超薄水膜，其 H—O 键收缩使电荷致密化，引起芯电子和成键电子钉扎；H—O 键收缩增强，导致 O 1 s 能级、高频声子频率以及熔点也增强。

（3）水和基体两者的超固态表皮有无极化决定 4S 现象的发生与否。

（4）清除或恢复基体表皮的偶极子可调控亲水-疏水性能的转变。

参 考 文 献

[1] Daily Mail Reporter, Water way to go: The unlucky ant trapped in a raindrop grave. Dalymail [EB/OL], 2011, http://www. dailymail. co. uk/news/article-1371416/Photographer-Adam-Gormley-captures-ant-trapped-raindrop. html.

[2] Huang Y., Zhang X., Ma Z., et al. Hydrogen-bond relaxation dynamics: Resolving mysteries of water ice. Coord. Chem. Rev., 2015, 285: 109-165.

[3] Zhang X., Huang Y., Ma Z., et al. A common supersolid skin covering both water and ice. Phys. Chem. Chem. Phys., 2014, 16 (42): 22987-22994.

[4] Sun C. Q., Zhang X., Zhou J., et al. Density, elasticity, and stability anomalies of water molecules with fewer-than-four neighbors. J. Phys. Chem. Lett., 2013, 4: 2565-2570.

[5] Huang Y., Zhang X., Ma Z., et al. Potential paths for the hydrogen-bond relaxing with $(H_2O)_N$ cluster size. J. Phys. Chem. C, 2015, 119 (29): 16962-16971.

[6] Zhang X., Sun P., Huang Y., et al. Water nanodroplet thermodynamics: Quasi-solid phase-boundary dispersivity. J. Phys. Chem. B, 2015, 119 (16): 5265-5269.

[7] Cooper J., Dooley R. IAPWS release on surface tension of ordinary water substance. International Association for the Properties of Water and Steam (IAPWS), Charlotte, NC, 1994.

[8] Sophocleous M. Understanding and explaining surface tension and capillarity: An introduction to fundamental physics for water professionals. Hydrogeol. J., 2010, 18 (4): 811-821.

[9] Gao X. F., Jiang L. Biophysics: Water-repellent legs of water striders. Nature, 2004, 432 (7013): 36.

[10] Miranda P. B., Xu L., Shen Y. R., et al. Icelike water monolayer adsorbed on mica at room temperature. Phys. Rev. Lett., 1998, 81 (26): 5876-5879.

[11] Michaelides A., Morgenstern K. Ice nanoclusters at hydrophobic metal surfaces. Nat. Mat., 2007, 6 (8): 597-601.

[12] Pennisi E. Water's tough skin. Science, 2014, 343 (6176): 1194-1197.

[13] Martines E., Seunarine K., Morgan H., et al. Superhydrophobicity and superhydrophilicity of regular nanopatterns. Nano Lett., 2005, 5 (10): 2097-2103.

[14] Sun C. Q., Sun Y., Ni Y. G., et al. Coulomb repulsion at the nanometer-sized contact: A

force driving superhydrophobicity, superfluidity, superlubricity, and supersolidity. J. Phys. Chem. C, 2009, 113 (46): 20009-20019.

[15] Young T. An essay on the cohesion of fluids. Philos. Trans. R. Soc. London, 1805: 65-87.

[16] Adam N. K. Use of the term 'Young's equation' for contact angles. Nature, 1957, 180: 809-810.

[17] Mugele F., Baret J. C. Electrowetting: From basics to applications. J. Phys.: Condens. Mat., 2005, 17 (28): R705.

[18] Whyman G., Bormashenko E., Stein T. The rigorous derivation of Young, Cassie-Baxter and Wenzel equations and the analysis of the contact angle hysteresis phenomenon. Chem. Phys. Lett., 2008, 450 (4-6): 355-359.

[19] Cassie A. B. D., Baxter S. Wettability of porous surfaces. Trans. Faraday Soc., 1944, 40: 546-550.

[20] Baldessari F. Electrokinetics in nanochannel: Part Ⅰ. Electric double layer overlap and channel-to-well equilibrium. J. Colloid Inter. Sci., 2008, 325 (2): 526-538.

[21] Prandtl L. Mind model of the kinetic theory of solid bodies. Z. Angew. Math. Me., 1928, 8: 85-106.

[22] Tomlinson G. A. Molecular cohesion. Philos. Mag., 1928, 6 (37): 695.

[23] Socoliuc A., Bennewitz R., Gnecco E., et al. Transition from stick-slip to continuous sliding in atomic friction: Entering a new regime of ultralow friction. Phys. Rev. Lett., 2004, 92 (13): 134301.

[24] Sun C. Q. Relaxation of the Chemical Bond. Heidelberg: Springer, 2014.

[25] Lee C., Choi C. H., Kim C. J. Structured surfaces for a giant liquid slip. Phys. Rev. Lett., 2008, 101 (6): 064501.

[26] Fang G. P., Li W., Wang X. F., et al. Droplet motion on designed microtextured superhydrophobic surfaces with tunable wettability. Langmuir, 2008, 24 (20): 11651-11660.

[27] Li W., Fang G. P., Lij Y. F., et al. Anisotropic wetting behavior arising from superhydrophobic surfaces: Parallel grooved structure. J. Phys. Chem. B, 2008, 112 (24): 7234-7243.

[28] Zheng X. P., Zhao H. P., Gao L. T., et al. Elasticity-driven droplet movement on a microbeam with gradient stiffness: A biomimetic self-propelling mechanism. J. Colloid Inter. Sci., 2008, 323 (1): 133-140.

[29] Zheng Q. S., Yu Y., Feng X. Q. The role of adaptive-deformation of water strider leg in its walking on water. J. Adhes. Sci. Technol., 2009, 23 (3): 493-501.

[30] Zhao M., Zheng W. T., Li J. C., et al. Atomistic origin, temperature dependence, and responsibilities of surface energetics: An extended broken-bond rule. Phys. Rev. B, 2007, 75 (8): 085427.

[31] Liu X. J., Bo M. L., Zhang X., et al. Coordination-resolved electron spectrometrics.

Chem. Rev., 2015, 115 (14): 6746-6810.

[32] Zhang X., Yan T., Huang Y., et al. Mediating relaxation and polarization of hydrogen-bonds in water by NaCl salting and heating. Phys. Chem. Chem. Phys., 2014, 16 (45): 24666-24671.

[33] Wilson K. R., Schaller R. D., Co D. T., et al. Surface relaxation in liquid water and methanol studied by X-ray absorption spectroscopy. J. Chem. Phys., 2002, 117 (16): 7738-7744.

[34] Tarasevich Y. I. State and structure of water in vicinity of hydrophobic surfaces. Colloid J., 2011, 73 (2): 257-266.

[35] Chai B. H., Yoo H., Pollack G. H. Effect of radiant energy on near-surface water. J. Phys. Chem. B, 2009, 113 (42): 13953-13958.

[36] Hammer N. I., Shin J. W., Headrick J. M., et al. How do small water clusters bind an excess electron? Science, 2004, 306 (5696): 675-679.

[37] Marsalek O., Uhlig F., Frigato T., et al. Dynamics of electron localization in warm versus cold water clusters. Phys. Rev. Lett., 2010, 105 (4): 043002.

[38] Liu S., Luo J., Xie G., et al. Effect of surface charge on water film nanoconfined between hydrophilic solid surfaces. J. Appl. Phys., 2009, 105 (12): 124301-124304.

[39] Siefermann K. R., Liu Y., Lugovoy E., et al. Binding energies, lifetimes and implications of bulk and interface solvated electrons in water. Nat. Chem., 2010, 2: 274-279.

[40] Paik D. H., Lee I. R., Yang D. S., et al. Electrons in finite-sized water cavities: Hydration dynamics observed in real time. Science, 2004, 306 (5696): 672-675.

[41] Verlet J. R. R., Bragg A. E., Kammrath A., et al. Observation of large water-cluster anions with surface-bound excess electrons. Science, 2005, 307 (5706): 93-96.

[42] Vacha R., Marsalek O., Willard A. P., et al. Charge transfer between water molecules as the possible origin of the observed charging at the surface of pure water. J. Phys. Chem. Lett., 2012, 3 (1): 107-111.

[43] Baletto F., Cavazzoni C., Scandolo S. Surface trapped excess electrons on ice. Phys. Rev. Lett., 2005, 95 (17): 176801.

[44] Turi L., Sheu W. S., Rossky P. J. Characterization of excess electrons in water-cluster anions by quantum simulations. Science, 2005, 309 (5736): 914-917.

[45] Abu-Samha M., Borve K. J., Winkler M., et al. The local structure of small water clusters: Imprints on the core-level photoelectron spectrum. J. Phys. B, 2009, 42 (5): 055201.

[46] Nishizawa K., Kurahashi N., Sekiguchi K., et al. High-resolution soft X-ray photoelectron spectroscopy of liquid water. Phys. Chem. Chem. Phys., 2011, 13: 413-417.

[47] Huang Y., Zhang X., Ma Z., et al. Size, separation, structural order, and mass density of molecules packing in water and ice. Sci. Rep., 2013, 3: 3005.

[48] Harich S. A., Hwang D. W. H., Yang X., et al. Photodissociation of H_2O at 121. 6 nm: A state-to-state dynamical picture. J. Chem. Phys., 2000, 113 (22): 10073-10090.

[49] Buck U., Huisken F. Infrared spectroscopy of size-selected water and methanol clusters. Chem. Rev., 2000, 100 (11): 3863-3890.

[50] Otto K. E., Xue Z., Zielke P., et al. The Raman spectrum of isolated water clusters. Phys. Chem. Chem. Phys., 2014, 16 (21): 9849-9858.

[51] Kahan T. F., Reid J. P., Donaldson D. J. Spectroscopic probes of the quasi-liquid layer on ice. J. Phys. Chem. A, 2007, 111 (43): 11006-11012.

[52] Ceponkus J., Uvdal P., Nelander B. Water tetramer, pentamer, and hexamer in inert matrices. J. Phys. Chem. A, 2012, 116 (20): 4842-4850.

[53] Shen Y. R., Ostroverkhov V. Sum-frequency vibrational spectroscopy on water interfaces: Polar orientation of water molecules at interfaces. Chem. Rev., 2006, 106 (4): 1140-1154.

[54] Buch V., Bauerecker S., Devlin J. P., et al. Solid water clusters in the size range of tens-thousands of H_2O: A combined computational/spectroscopic outlook. Int. Rev. Phys. Chem., 2004, 23 (3): 375-433.

[55] Cross P. C., Burnham J., Leighton P. A. The Raman spectrum and the structure of water. J. Am. Chem. Soc., 1937, 59: 1134-1147.

[56] Sulpizi M., Salanne M., Sprik M., et al. Vibrational sum frequency generation spectroscopy of the water liquid-vapor interface from density functional theory-based molecular dynamics simulations. J. Phys. Chem. Lett., 2012, 4 (1): 83-87.

[57] Sun C. Q., Zhang X., Fu X., et al. Density and phonon-stiffness anomalies of water and ice in the full temperature range. J. Phys. Chem. Lett., 2013, 4: 3238-3244.

[58] Bergmann U., Di Cicco A., Wernet P., et al. Nearest-neighbor oxygen distances in liquid water and ice observed by X-ray Raman based extended X-ray absorption fine structure. J. Chem. Phys., 2007, 127 (17): 174504.

[59] Mallamace F., Broccio M., Corsaro C., et al. Evidence of the existence of the low-density liquid phase in supercooled, confined water. Proc. Natl. Acad. Sci. USA., 2007, 104 (2): 424-428.

[60] Li J., Li Y. X., Yu X., et al. Local bond average for the thermally driven elastic softening of solid specimens. J. Phys. D: Appl. Phys., 2009, 42 (4): 045406.

[61] Holmes M. J., Parker N. G., Povey M. J. W. Temperature dependence of bulk viscosity in water using acoustic spectroscopy. J. Phys. : Conf. Ser., 2011, 269: 012011.

[62] Xu D., Liechti K. M., Ravi-Chandar K. Mechanical probing of icelike water monolayers. Langmuir, 2009, 25 (22): 12870-12873.

[63] Jinesh K. B., Frenken J. W. M. Experimental evidence for ice formation at room temperature. Phys. Rev. Lett., 2008, 101 (3): 036101.

[64] Wang C., Lu H., Wang Z., et al. Stable liquid water droplet on a water monolayer formed

at room temperature on ionic model substrates. Phys. Rev. Lett., 2009, 103 (13): 137801-137804.

[65] James M., Darwish T. A., Ciampi S., et al. Nanoscale condensation of water on self-assembled monolayers. Soft Matter, 2011, 7 (11): 5309-5318.

[66] Ishiyama T., Takahashi H., Morita A. Origin of vibrational spectroscopic response at ice surface. J. Phys. Chem. Lett., 2012, 3: 3001-3006.

[67] Qiu H., Guo W. Electromelting of confined monolayer ice. Phys. Rev. Lett., 2013, 110 (19): 195701.

[68] Winter B., Aziz E. F., Hergenhahn U., et al. Hydrogen bonds in liquid water studied by photoelectron spectroscopy. J. Chem. Phys., 2007, 126 (12): 124504.

[69] Li L., Kazoe Y., Mawatari K., et al. Viscosity and wetting property of water confined in extended nanospace simultaneously measured from highly-pressurized meniscus motion. J. Phys. Chem. Lett., 2012, 3(17): 2447-2452.

[70] Vrbka L., Jungwirth P. Homogeneous freezing of water starts in the subsurface. J. Phys. Chem. B, 2006, 110 (37): 18126-18129.

[71] Donadio D., Raiteri P., Parrinello M. Topological defects and bulk melting of hexagonal ice. J. Phys. Chem. B, 2005, 109 (12): 5421-5424.

[72] Strazdaite S., Versluis J., Backus E. H., et al. Enhanced ordering of water at hydrophobic surfaces. J. Chem. Phys., 2014, 140 (5): 054711.

[73] Friedman S. R., Khalil M., Taborek P. Wetting transition in water. Phys. Rev. Lett., 2013, 111 (22): 226101.

[74] Singh D. P., Singh J. P. Delayed freezing of water droplet on silver nanocolumnar thin film. Appl. Phys. Lett., 2013, 102 (24): 243112.

[75] Fu Q. T., Liu E. J., Wilson P., et al. Ice nucleation behaviour on sol-gel coatings with different surface energy and roughness. Phys. Chem. Chem. Phys., 2015, 17 (33): 21492-21500.

[76] Corripio J. Spiked ice. Edinburgh, Scotland, 2001.

[77] Bergeron V., Berger C., Betterton M. Controlled irradiative formation of penitentes. Phys. Rev. Lett., 2006, 96 (9): 098502.

[78] Fan Y. B., Chen X., Yang L. J., et al. On the structure of water at the aqueous/air interface. J. Phys. Chem. B, 2009, 113 (34): 11672-11679.

[79] Huang C., Wikfeldt K. T., Nordlund D., et al. Wide-angle X-ray diffraction and molecular dynamics study of medium-range order in ambient and hot water. Phys. Chem. Chem. Phys., 2011, 13 (44): 19997-20007.

[80] Uysal A., Chu M., Stripe B., et al. What x rays can tell us about the interfacial profile of water near hydrophobic surfaces. Phys. Rev. B, 2013, 88 (3): 035431.

[81] Helmy R., Kazakevich Y., Ni C. Y., et al. Wetting in hydrophobic nanochannels: A challenge of classical capillarity. J. Am. Chem. Soc., 2005, 127 (36): 12446-12447.

[82] Mezger M., Reichert H., Schoder S., et al. High-resolution in situ X-ray study of the hydrophobic gap at the water-octadecyl-trichlorosilane interface. Proc. Natl. Acad. Sci. USA, 2006, 103 (49): 18401-18404.

[83] Limmer D. T., Willard A. P., Madden P., et al. Hydration of metal surfaces can be dynamically heterogeneous and hydrophobic. Proc. Natl. Acad. Sci. USA., 2013, 110 (11): 4200-4205.

[84] Antonini C., Bernagozzi I., Jung S., et al. Water drops dancing on ice: How sublimation leads to drop rebound. Phys. Rev. Lett., 2013, 111 (1): 014501.

[85] Leidenfrost J. G. De Aquae Communis Nonnullis Qualitatibus Tractatus. Duisburg, 1756.

[86] Richard D., Clanet C., Quere D. Surface phenomena: Contact time of a bouncing drop. Nature, 2002, 417 (6891): 811.

[87] Schutzius T. M., Jung S., Maitra T., et al. Spontaneous droplet trampolining on rigid superhydrophobic surfaces. Nature, 2015, 527 (7576): 82-85.

[88] Sun C. Q. Dominance of broken bonds and nonbonding electrons at the nanoscale. Nanoscale, 2010, 2 (10): 1930-1961.

[89] Suter M. T., Andersson P. U., Pettersson J. B. Surface properties of water ice at 150-191 K studied by elastic helium scattering. J. Chem. Phys., 2006, 125 (17): 174704.

[90] Van der Post S. T., Hsieh C. S., Okuno M., et al. Strong frequency dependence of vibrational relaxation in bulk and surface water reveals sub-picosecond structural heterogeneity. Nat. Commun., 2015, 6: 8384.

[91] Zhao G., Tan Q., Xiang L., et al. Structure and properties of water film adsorbed on mica surfaces. J. Chem. Phys., 2015, 143 (10): 104705.

[92] Israelachvili J. N., Pashley R. M. Molecular layering of water at surfaces and origin of repulsive hydration forces. Nature, 1983, 306 (5940): 249-250.

[93] Zhang X., Huang Y., Ma Z., et al. From ice supperlubricity to quantum friction: Electronic repulsivity and phononic elasticity. Friction, 2015, 3 (4): 294-319.

[94] Schoch R. B., Han J. Y., Renaud P. Transport phenomena in nanofluidics. Rev. Mod. Phys., 2008, 80 (3): 839-883.

[95] Wong K. F. V., Kurma T. Transport properties of alumina nanofluids. Nanotechnology, 2008, 19(34): 345702.

[96] Thomas J. A., McGaughey A. J. H. Reassessing fast water transport through carbon nanotubes. Nano Lett., 2008, 8 (9): 2788-2793.

[97] Whitby M., Cagnon L., Thanou M., et al. Enhanced fluid flow through nanoscale carbon pipes. Nano Lett., 2008, 8 (9): 2632-2637.

[98] Majumder M., Chopra N., Andrews R., et al. Nanoscale hydrodynamics: Enhanced flow in carbon nanotubes. Nature, 2005, 438 (7064): 44.

[99] Park H. G., Jung Y. Carbon nanofluidics of rapid water transport for energy applications. Chem. Soc. Rev., 2014, 45(16): 565-576.

[100] Yuan Q. Z., Zhao Y. P. Hydroelectric voltage generation based on water-filled single-walled carbon nanotubes. J. Am. Chem. Soc., 2009, 131 (18): 6374-6376.

[101] Sun C. Q. Thermo-mechanical behavior of low-dimensional systems: The local bond average approach. Prog. Mater. Sci., 2009, 54 (2): 179-307.

[102] Zhao M. W., Zhang R. Q., Xia Y. Y., et al. Faceted silicon nanotubes: Structure, energetic, and passivation effects. J. Phys. Chem. C, 2007, 111 (3): 1234-1238.

[103] Sun C. Q. Surface and nanosolid core-level shift: Impact of atomic coordination-number imperfection. Phys. Rev. B, 2004, 69 (4): 045105.

[104] Roduner E. Size matters: Why nanomaterials are different. Chem. Soc. Rev., 2006, 35 (7): 583-592.

[105] Coey J. M. D. Dilute magnetic oxides. Curr. Opin. Solid State Mater. Sci., 2006, 10 (2): 83-92.

[106] Matsui F., Matsushita T., Kato Y., et al. Atomic-layer resolved magnetic and electronic structure analysis of Ni thin film on a Cu(001) surface by diffraction spectroscopy. Phys. Rev. Lett., 2008, 100 (20): 207201.

[107] Li W., Amirfazli A. Superhydrophobic surfaces: Adhesive strongly to water? Adv. Mater., 2007, 19 (21): 3421-3422.

[108] Li X. M., Reinhoudt D., Crego-Calama M. What do we need for a superhydrophobic surface? A review on the recent progress in the preparation of superhydrophobic surfaces. Chem. Soc. Rev., 2007, 36 (8): 1350-1368.

[109] Caputo G., Cingolani R., Cozzoli P. D., et al. Wettability conversion of colloidal TiO_2 nanocrystal thin films with UV-switchable hydrophilicity. Phys. Chem. Chem. Phys., 2009, 11: 3692-3700.

[110] Sun R. D., Nakajima A., Fujishima A., et al. Photoinduced surface wettability conversion of ZnO and TiO_2 thin films. J. Phys. Chem. B, 2001, 105 (10): 1984-1990.

[111] Liu X., Bauer M., Bertagnolli H., et al. Structure and magnetization of small monodisperse platinum clusters. Phys. Rev. Lett., 2006, 97 (25): 253401.

[112] Feng X., Feng L., Jin M., et al. Reversible super-hydrophobicity to super-hydrophilicity transition of aligned ZnO nanorod films. J. Am. Chem. Soc., 2004, 126 (1): 62-63.

[113] Xu Z., Ao Z., Chu D., et al. Reversible hydrophobic to hydrophilic transition in graphene via water splitting induced by UV irradiation. Sci. Rep., 2014, 4: 6450.

[114] Zhu C., Li H., Huang Y., et al. Microscopic insight into surface wetting: Relations between interfacial water structure and the underlying lattice constant. Phys. Rev. Lett., 2013, 110 (12): 126101.

[115] Liu J., Wang C., Guo P., et al. Linear relationship between water wetting behavior and microscopic interactions of super-hydrophilic surfaces. J. Chem. Phys., 2013, 139 (23): 234703.

[116] Alabarse F. G., Haines J., Cambon O., et al. Freezing of water confined at the

nanoscale. Phys. Rev. Lett., 2012, 109 (3): 035701.

[117] Moore E. B., de la Llave E., Welke K., et al. Freezing, melting and structure of ice in a hydrophilic nanopore. Phys. Chem. Chem. Phys., 2010, 12 (16): 4124-4134.

[118] Yuan Q., Zhao Y. P. Topology-dominated dynamic wetting of the precursor chain in a hydrophilic interior corner. Proc. Roy. Soc. London A, 2011, 468 (2138): 310-322.

[119] Kasuya M., Hino M., Yamada H., et al. Characterization of water confined between silica surfaces using the resonance shear measurement. J. Phys. Chem. C, 2013, 117 (26): 13540-13546.

[120] Qin X. C., Yuan Q. Z., Zhao Y. P., et al. Measurement of the rate of water translocation through carbon nanotubes. Nano Lett., 2011, 11 (5): 2173-2177.

第 11 章

热水速冷：氢键记忆与表皮超固态

重点提示

- 姆潘巴效应集合了 H—O 能量的“存储—释放—传导—耗散”的动力学过程
- 氢键的记忆效应使之释放能量的速率与初始存储状态或初始形变程度正相关
- 表皮超固态增强了水的局域热扩散，利于能量向外传导
- 非绝热“热源—冷库”界面利于热能耗散，而与对流、蒸发、过冷和杂质等弱相关

摘要

傅里叶流体热传导方程的有限元数值解证实了水的表皮超固态。超固态的高热扩散利于热能向外传导。实验结果揭示氢键的记忆效应使之释放能量的速率正比于初始能量存储状态。对常规材料而言，吸收热量时，材料中的所有键伸长变软。但水加热时表现不同，O：H键受热伸长，但 H—O 键因 O 原子间库仑作用调制压缩进而存储能量。冷却时，氢键释放能量，犹如释放一个被压缩的耦合弹簧振子，与氢键初始形变程度有关。姆潘巴效应与热源、表皮热扩散和冷库温度密切相关，只有在高度非绝热的“热源—路径—冷库”循环系统内才能发生，它集成了能量“释放—传导—耗散”的动力学全过程，弛豫时间随液体样品初始温度升高而指数下降。姆潘巴效应仅发生在含有孤对电子的氢键系统中，而且逆过程理论上可行。

11.1　悬疑组十：为什么热水比冷水降温快？

姆潘巴效应[1-5]是关于相同体积的热水和冷水在经过相同的冷却环境后呈现出热水比冷水结冰快的现象。图 11.1 所示为傅里叶热传导方程数值解重现实验观测的插图结果[6]，液体温度 θ（θ_i，t）及表皮-块体温差 $\Delta\theta$（θ_i，t）随初始温度 θ_i和时间 t 变化的曲线。结果表明：

（1）结冰之前，液体温度 θ 随冷却时间 t 呈指数下降。随着初始温度降低，弛豫时间 τ 增加，与 θ_i呈负相关；

（2）在整个降温过程中，表皮水一直比块体水温度高，且热水的表皮温度更高；

（3）由于水对环境和实验条件高度敏感，因此重复实验结果有一定难度；

（4）尽管存在大量臆想的直观解释，但仍然缺乏关于实验测试的定量性重现结果。

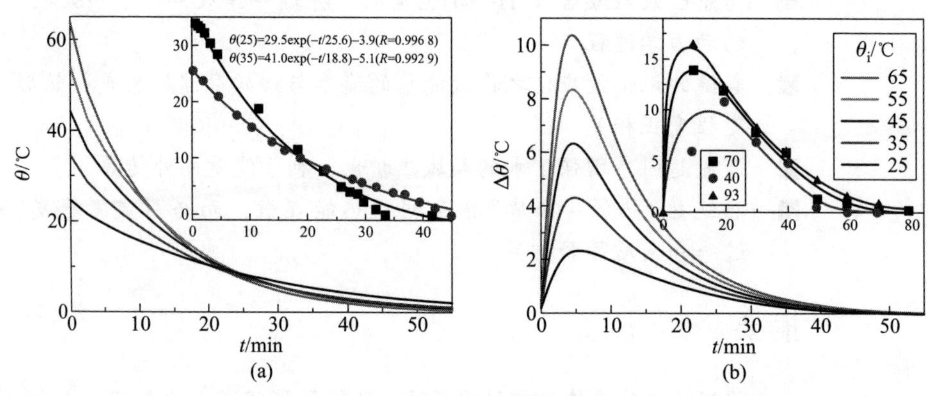

图 11.1　冷却时，(a)水温 θ（θ_i，t）[6]和(b)表皮-块体温差 $\Delta\theta$（θ_i，t）随初始温度 θ_i和时间 t 变化的数值计算曲线[7]（参见书后彩图）

图(a)中的插图为 30 mL 去离子水在敞口或磁力搅拌情况下自 θ_i = 25 ℃和 35 ℃冷却结冰过程中的温度变化

11.2　释疑原理：氢键的记忆效应和表皮超固态

图 11.1 中的数值重现及 O：H—O 记忆效应的实验证据表明[7-9]（图 11.2）：

（1）姆潘巴效应集成了 O：H—O 键在“热源—路径—冷库”循环系统内有关 H—O 能量“存储—释放—传导—耗散”的完整动力学过程[10]；

（2）氢键记忆效应使之释放能量的速率与初始能量存储状态相关，这源于氢键分段的非对称性及 O-O 间的库仑排斥；

(3) 水的表皮超固态和加热经由密度减小增强了局域热扩散，有利于能量向外传导[8]；

(4) 姆潘巴效应只能在严格非绝热的“热源—冷库”系统和含有孤对电子的热源中发生。

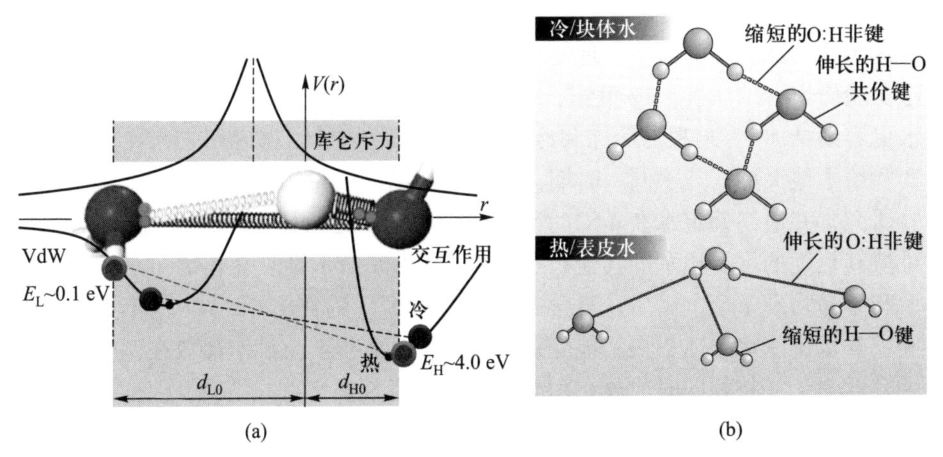

图 11.2 (a) O：H—O 非对称性和短程作用势示意图，(b) 加热和分子低配位引起的 O：H—O结构变化[7](参见书后彩图)

(a)中所示作用势包括 O：H 非键的范德瓦耳斯作用(E_L ~ 0. 1 eV)、H—O 共价键的交互作用(E_H ~ 4.0 eV)以及 O-O 间的库仑排斥作用[11]。加热和分子低配位效应使两个 O 原子以中心氢质子为中心朝相同方向偏离原来的位置，但偏移量不同。氧离子沿着 O：H—O 键的势场曲线从较热的态(红色虚线连接红色小球，标记为“热”)向较冷的态(蓝线虚线连接蓝色小球，标记为“冷”)移动。(b)图表明，加热和分子低配位效应使分子尺寸(d_H)减小而分子间距增加，因而水的密度降低

11.3 历史溯源

11.3.1 姆潘巴佯谬

1963 年，坦桑尼亚一位名叫姆潘巴的中学生在制作冰淇淋时发现热水比冷水结冰更快的现象，以其名字命名，称这一现象为姆潘巴现象或效应。从经验上来看，热水必须先变成冷水方可结冰，冷水结冰所需时间应更短。热水比冷水结冰快的现象似乎存疑。1701 年发表的牛顿冷却定律表明，物质冷却速率正比于物质与其所在环境的温度差。姆潘巴现象难以被观察到且不遵循牛顿冷却定律在热力学中的规律，$dQ/dt=-kdT/dx$，所以这种现象常被称为姆潘巴佯谬。实际上公元前 350 年，亚里士多德已经注意到这一效应，但迄今为止，姆潘巴效应的物理起源仍然成谜。

11.3.1.1　历史记载

姆潘巴佯谬吸引了众多智者的讨论和探索(表 11.1)。亚里士多德(公元前 384—前 322)、乔瓦尼·马拉蒂 (1420—1483)、弗朗西斯·培根 (1561—1626)、笛卡儿(1596—1650)等都先后宣称热水确实比冷水结冰快。公元前 350 年，亚里士多德在其著作《气象学》(*Meteorologica*)中写道[1]："将水预热，有助于其结冰，因为这一处理使它冷却得更快了"，但是他的想法遭受到中世纪实验研究者的质疑。17 世纪，弗朗西斯·培根指出，"水稍微加热后，比冷水更容易结冰"。培根对冷冻和冷藏技术有浓厚兴趣，据说用雪来冷藏鸡肉的实验给了他灵感。几乎同一时期，笛卡儿对结冰现象的过程做了非常细致的实验研究，并最终确定水在 4 ℃时密度达到最大。他的研究结果使他对"长时间维持其热度的水要比水的其他状态结冰更快"深信不疑。乔瓦尼·马拉蒂为意大利著名物理学家、医生、哲学家和占星学家。约在 1461 年，他率先实验证实了热水比冷水结冰更快。他分别将 4 oz① 冷水和 4 oz 沸水盛放在两个相似的小容器中，并将其同时放置在寒冷的屋外，发现沸水首先结冰。但他并没有解释这一现象是如何发生的。

表 11.1　姆潘巴佯谬研究的代表性人物

肖像	简介
ARISTOTLE	亚里士多德(公元前 384—前 322)，希腊哲学家、科学家。公元前 350 年，他首次声称热水比冷水更快结冰
	弗朗西斯·培根(1561—1626)，英国著名哲学家、政治家、科学家、法学家、演说家、作家。他表示"水稍微加热后，会比冷水更快结冰"

① 1 oz = 28.349 52 g，本书同。

续表

肖像	简介
	勒奈·笛卡儿(1596—1650)，法国哲学家、数学家和作家。从1637年开始他一直试图破解热水更快结冰的现象。他曾表示“经验显示，放在火上烧一段时间的水，比其他水更快结冰”

如今，人们常利用姆潘巴效应来加速冰块制作，例如先将水在阳光下升温，然后冷冻。图11.3所示为人们在−25 ℃的低温下喷洒热水，以实现人工降雪或生成雾状冰晶[12]。

图11.3 将沸水或热水泼到寒冷的外界环境中可实现人工降雪或生雾[12]

11.3.1.2 姆潘巴实验

1963年的一天，在非洲热带地区坦桑尼亚的一所中学里，一群学生想做冰冻食品解暑。一个名叫埃拉斯托·姆潘巴的学生在热牛奶里加了糖，准备等它凉后放进冰箱里做冰淇淋。但他想到，如果等热牛奶凉后放入冰箱，那么别的同学将会把冰箱占满，于是他将热牛奶放进了冰箱。过了不久，他打开冰箱一看，令人惊奇的是，自己的那杯热牛奶已经变成了一杯可口的冰淇淋，而其他同学用冷水做的冰淇淋还没有结冰。当他告知老师和同学后，受到了很多冷嘲热讽。

实际上，当姆潘巴学习了牛顿冷却定律后，继续问老师为什么热牛奶更先结冰时，老师回答说：“我只能说，这是你的物理，而不是普遍的物理。”所幸的是，姆潘巴并没有放弃，他继续进一步实验。当物理学教授奥斯本(Osborne)访问他的学校时，姆潘巴抓住机会向教授请教他的实验发现。奥斯本教授说他想不到任何解释，但他迟些会尝试做这个实验，并鼓励他，“随意评判什么可能或不可能是很危险的”。回到自己的实验室后，奥斯本重复出了实验结果，证实了姆潘巴所言现象的真实性。图 11.4 所示为姆潘巴与奥斯本教授的合影。

图 11.4　姆潘巴(左)与奥斯本教授(右，1932—2014) 出席某伦敦会议时的合影

姆潘巴和奥斯本先在 100 mL 的烧杯中加入 70 mL 不同温度的水，然后将其包裹聚苯乙烯泡沫置于冰箱中。他们记录了开始结冰的时间，初始温度为 25 ℃的样品比 90 ℃的样品结冰时间明显要长很多。他们还排除了诸如蒸发损失液体体积和溶解气体等重要影响因素。他们认为，实验中大部分的热量损失源自液体表皮[2]。1969 年，奥斯本和姆潘巴将研究结果发表在《物理教育》(*Physics Education*)上[2]。巧合的是，同一年，凯尔 (Kell) 博士在《美国物理期刊》(*American Journal of Physics*)上也报道了同样的现象[13]。

这些报道证实了姆潘巴现象的客观存在。凯尔曾打趣地说，“不要用热水清洗汽车，因为它比冷水结冰更快，此外，溜冰场也应该用热水制冰，因为热水结冰更快”。姆潘巴表示，坦桑尼亚的冰淇淋制造商们已经改变了冰淇淋的制作过程，趁原料还是热的时候就把它们放进冰箱，因为这样能做得更快。1969 年，姆潘巴的故事被刊登在《新科学家》(*New Scientist*)期刊后，掀起了人们讨论食品冷藏和热水管更易结冰等奇闻异事的热潮。

很多科学家很难接受这样一个看起来有悖常理的现象。更令人沮丧的是，相同的实验现象并不能时时重复。事实上，没有人确切知道这个实验究竟该如何进行。虽然姆潘巴效应客观存在，但并没有统一的解释。Jeng 认为[4]，第一次听到这一现象时，与外行相比，科学家们更可能持怀疑态度。

11.3.1.3　后续探索

许多科学家开始研究姆潘巴效应，但仍没有取得一致性的结论。1977 年，Walker 在《美国科学家》(*Scientific American*)上报道了他的发现[14]。他们观察了烧杯中的水从不同初始温度冷却至 0 ℃ 所需的时间。这些实验结果为澄清姆潘巴效应起了一定作用。而且，Walker 可以重复出大多数实验结果，尽管有一些存在较大偏差。

Jeng 表示[4]："两杯水可以有很多参数来进行对比，将仅初始温度不同而其他参数完全一样的两杯水降温，发现热水比冷水结冰快。"但是，太多因素影响水的结冰速率，常见的如水的体积、纯度，装水的容器大小和形状，以及冷库的温度等。这似乎暗示实验研究者将面临着重大挑战。原则上来说，要验证热水比冷水结冰快的现象，仅仅只考虑诸多实验变量中的质量、溶解气体及制冷方法 3 个变量是不能让人完全接受的。

尽管对于姆潘巴效应众说纷纭。普林斯顿大学的物理学家和水相变专家 Debenedetti 仍乐于相信姆潘巴效应是真实存在的。他说："我觉得没有理由怀疑姆潘巴效应，因为在某些情况下，热水确实比冷水结冰快。"

这些争议使姆潘巴效应仍然令人费解。Knight 认为试图澄清姆潘巴效应需要我们付出太多的努力而得到的回报却很小，因此他选择放弃继续研究。但是 Jeng 对此却表现得非常乐观。他说："尽管姆潘巴效应很复杂，但实验可以由大学生和高中生来完成，只要他们计划周全，认真实施。实验人员应该考虑加热水的方式和温度计的类型，以及实验环境等关键的细节信息。另外，水处于空冷库的中间位置，还是夹在像冷比萨或冰淇淋一样的冰冷物体之间，产生的结果是完全不同的。"

Brownridge 是纽约州立大学的辐射安全官员。他研究姆潘巴效应已有 10 余年，设计并实施了 20 多个实验来研究所有可能的影响因素。他认为过冷可能是导致姆潘巴效应产生的最关键因素[15, 16]。

2006 年，Philip Ball 总结了姆潘巴效应的历史并在《物理世界》(*Physics World*) 中声明[17]："即使姆潘巴效应是客观存在的，然而现有的解释仍然不足以说明或者说具有启发性。"他认为研究这一现象需要控制大量的初始实验条件(包括水的初始温度和纯度，溶解气体和杂质，容器的大小和形状，以及冷库的温度等)，并需要使用特殊的方法来建立这些因素与结冰时间的关系。实际上，氢键的受激弛豫[18,19]也可能是重要的一环。所有这些影响因素都可能决定姆潘巴效应是否能够发生。如此多的变量或许可以解释为什么姆潘巴效应至今仍然还无法达到一致性理解的原因。

11.3.1.4　英国皇家化学学会的竞答

2012 年，英国皇家化学学会举办了一场比赛，征文解释姆潘巴效应。这场比赛有超过 22 000 人参加，最终由姆潘巴本人宣布供职于萨格勒布大学化学系实验室的 Nikola Bregović 获胜[6]。他认为对流和过冷是姆潘巴效应发生的关键因素，并提供了定性解释："只有当冷水处于过冷状态，或者说冷水的成核温度比热水低几度时，热水才会比冷水先结冰。加热水的过程可能会降低、提高，也可能并不改变水的自发结冰温度"。他还说道："这个结论是基于我和前人的数据综合分析所得。另一方面，对流也增加了温水结冰的概率。因此，综合过冷和对流效应可以给出更完整的解释。事实上，直到今天，姆潘巴效应仍然没有完全解决。它意味着该效应背后还蕴含着一些更根本的问题，使我依然没有料想到为什么水在相同的条件下表现出截然不同的行为。这一效应再一次以它的神奇魔力引起了我们的注意。”

2012 年 8 月，奥斯本强调“针对学校同事的疑问，通过实验发现，放在冰箱内聚苯乙烯泡沫上的两个耐热烧杯中的样本，热水比冷水结冰快。因此，我们认为是对流作用产生了持续的热流。”值得注意的是：

（1）两个系统同时降温，热水可能先结冰。但是我们并没有去寻找冰，而是测量了样本中热电偶读数显示为 0 ℃所需的时间。

（2）降温至开始结冰所费时间随初始温度变化的曲线表明，26 ℃的水所需时间最长，60 ℃的水所需时间为 90 ℃水的两倍。

（3）靠近容器上端和底部的热电偶读数显示出温度梯度。由于对流效应，与冷水相比，热水的上端更热而底部更冷。

（4）水面上如果铺上一层油膜，结冰时间将延后数小时。这表明，油膜阻止了大部分热量的耗散。

（5）蒸发对体积变化影响很小。水降温至 0 ℃进而结冰所产生的汽化潜热在整个冷却过程中所占比例不足 30%。

（6）为排除溶解气体的影响，实验中使用的是沸水。在降温过程中，没有记录冰箱温度。环境温度较低可能会增加上层水的热耗散率，导致对流加快，使结冰时间不同。

（7）各情况下的影响机制可能不一样。例如，结合姆潘巴最初发现的现象，如果冰或者霜融化，容器与冰箱发生热接触，那么降温会使热水结冰加快。

11.3.2　唯象解释

11.3.2.1　经典臆断

下列假设都曾被用于解释姆潘巴效应：

（1）蒸发[20]。温度较高的水会由于蒸发减少水的体积。另外，蒸发过程吸热，温度较高的水蒸发会使其温度进一步降低。普林斯顿大学的 Debenedetti 教授赞同这一观点。但是，这一因素不足以完全决定姆潘巴效应的产生。若装有热水和冷水的两个容器都敞开，相比于冷水，热水的快速蒸发将使其体积减小，进而能比冷水更快结冰。Debenedetti 教授认为这一实验很容易操作。但实验发现，从 75 ℃冷却至 40 ℃时，质量损失仅 1.5%或更少[7]。

（2）对流[21-23]。温度梯度会使液体内部发生热对流。4 ℃（约 39 °F）以下，水的密度减小，倾向于抑制对流；热水的密度更低会进一步抑制对流作用，这或许有助于保持更快的初始冷却速率。温水的对流作用明显，会加速冰核的扩散。然而，数值计算结果表明，对流对两条不同初始温度的 $\theta(\theta_i, t)$ 弛豫曲线的交点温度几乎没有影响[7]。

(3) 结霜[4,16]。结霜能隔绝热耗散。低温的水往往上面先结冰，抑制热耗散和对流；而正因为对流，热水一般从底部或容器壁处开始结冰。然而，是否这一因素导致了姆潘巴效应也颇具争议。

(4) 溶质[24]。水中溶有的少量碳酸钙、碳酸镁等对姆潘巴效应有影响。验证实验可以用去离子水，探究溶质是否起到作用。

(5) 热导率。降温时，装有热水的容器首先要融化容器底上的一层霜，这层霜是隔热的，之后容器才能直接与温度更低的冷源接触。因此，更好的热导率使水结冰更快。

(6) 溶解气体[4]。与热水相比，冷水溶解的气体更多。溶解的气体改变了水的性质，这一因素也得到了一些实验结果的支持，但缺乏理论解释。一般认为，热水溶解气体比冷水要少，这意味着实验两个样本除了初始温度不同，它们的组分也是“不同”的。Debenedetti 教授认为，微小气泡可以为冰晶成形提供成核点。但是根据这一观点，应该是冷水更容易结冰，与姆潘巴效应相冲突。Debenedetti 表示，非极性分子的溶解度并不严格随温度变化，如氮气或甲烷，所以有可能在一定的温度范围内，热水中溶解的气体更多。对于这一因素，我们可以在实验中对样本进行完全脱气处理。其他可溶性杂质的影响可能更难探测，但我们可以利用油-水乳浊液体系，将水变成小液滴以减小体积排除杂质。

(7) 过冷[16, 17, 23]。相同的低温环境下，冷水的过冷度比热水大，所以冷水结冰比热水慢。但如果水中存在凝结核，水就会迅速结冰，过冷的影响减弱。另外，结冰也存在一定的概率，因为需要大量的水分子团聚在一起形成冰晶中心，然后朝外不断生长结冰。实际温度比理论结晶温度越低，就越容易结冰。物体在相转变时，真正的相变温度在理论相变温度之下，由于过冷现象，相变往往需要一段时间。液体中的任何杂质如灰尘等，会增加成核速率，抑制过冷现象。

1995 年，任职于哥廷根马克思普朗克研究所流体动力学实验室的德国物理学家 David Auerbach 研究了过冷现象对姆潘巴效应的影响[25]。在自发结冰发生前，所有样品都处于过冷温度，温度范围 $-6 \sim -18$ ℃。实验中观察到的结冰时间与诸多随机变量有关，只有部分实验能观察到热水结冰更快的情况。他的发现让事情变得更加复杂。他发现热水比冷水结冰的初始温度高，因此认为热水先结冰。但是冷水达到过冷态需要的时间更少，似乎会“更快”结冰。然而，早前已有报告指出：热水的过冷度比冷水大。1948 年，美国国家标准局(US National Bureau of Standards)的 Noah Dorsey 教授指出，加热可以除去杂质，而这些杂质在结冰时能充当凝结核。

11.3.2.2　近期进展

迄今为止，人们似乎仍不清楚这个有违直觉现象背后的确切机制，甚至不确定姆潘巴效应是否真的存在，因为相关实验极难完全重复。两组学者在 2017 年提出了新的机制试图解释其他简单系统中出现这类不寻常现象的可能原因。以色列魏茨曼科学院的奥伦·拉兹(Oren Raz)、芝加哥大学的卢志悦认为，姆潘巴效应不是水特有的，而应该也存在于其他系统中[13]。他们提出逆姆潘巴效应理论[13]：在特定条件下，温度较低的系统会比温度较高的系统升温快。西班牙学者提出悬浮颗粒体系理论模型[14]：姆潘巴效应也可能发生在由悬浮在液体中的球状物组成的颗粒流体中。2017 年的一项分子动力学模拟显示[15]，姆潘巴效应可能与水中氢键(O：H)的性质有关。温度较高时，氢键断裂；随着温度降低，水分子先形成很多孤立的氢键碎片，这些碎片再重排成冰的晶体结构，结冰过程由此开始。冷水必须先打破这些氢键才能开始结冰过程，因此热水比冷水先结冰。加州理工学院的化学家威廉·戈达德(William Goddard)解释说[16]，水的温度越低，结构越接近于晶体。他还针对类似的机制进行了分子模拟，结果显示，水的温度越低，结构和晶体结构相差越大。

遗憾的是，这些解释都不足以说服那些持怀疑态度的科学家。同时，实验室中尝试再现姆潘巴效应也没有定论。科罗拉多州博尔德美国国家大气研究中心研究冰体的查尔斯·奈特(Charles Knight)向《物理世界》(*Physics World*)描述了自己在-15 ℃的房间里静待制冰格里的水结冰的过程。尽管他尽了最大的努力使各制冰格的状况尽可能一致，但一些制冰格不到 15 min 就已开始结冰，另外一些却花费一个多小时。几乎一样的实验条件却导致实验结果相差很大，这是姆潘巴实验的典型特征。北卡罗来纳大学夏洛特分校长期研究姆潘巴效应的物理学家格雷戈·格比尔(Greg Gbur)表示，“在我看来，如果姆潘巴效应真的存在，那么它取决于人们还无法很好控制的因素”，“其他很多因素都可能有影响，两个看似一样的样本之间存在的细微差别，并非温度。情况变化非常迅速时，各种内部动态情况都可能影响结果”。

伦敦帝国理工学院的亨利·伯里奇(Henry Burridge)否认这一现象的存在。他和同事测量了冷水和热水冷却到 0 ℃，也就是通常情况下水结冰的温度所需要的时间。伯里奇称，他们在实验中没有观察到证明姆潘巴效应存在的任何证据[17]。英国马丁·查普林(Martiin Chaplin)在他的水专题网站上多次与伯里奇交锋，反驳他的轻易否定。

拉兹和卢志悦从“马尔科夫”系统如何弛豫到平衡状态的角度考虑这个问题。马尔科夫系统是指物体与不受该物体影响的热浴环境耦合在一起的系统。例如处在空气中的热咖啡，咖啡变凉时，空气基本上不发生变化，但如果把热咖啡放进冰箱，冰箱就会受到影响，这就成了一个非马尔科夫系统。他们的理论框架将重点放在另一个不依赖某个具体定义的参数上。该框架将冷却过程当作一种失衡。当一个系统的基本属性不随时间变化时，称其处于平衡状态。然而，很多自然现象，从地震和湍流到急速冷却或气候变化，都发生在远离平衡态的开放系统中。理解这种非平衡现象需要的远不止 3 个参数。平衡状态下，容器里分子的平均行为在每个点上大多都一样；而在非平衡状态下，每个点上的温度和密度都可能不同。这正是非平衡系统在研究上极具挑战性的原因。

他们研究了一个处于平衡状态的基础系统，例如冰箱的内部，以及两个初始温度不同但都比基础系统温度较高的系统。在冷却过程中，这两个系统会向着平衡状态弛豫。在这些条件下，较热的那个系统的温度变化快于较冷的系统，本质上就是通过较短的“路径”达到平衡状态，也就是冷却得更快。因此，桌上的热咖啡变凉的过程符合牛顿冷却定律，而放在冰箱里的咖啡的变冷过程却有所不同，因为咖啡会和冰箱进行一种类似于“淬火”的相互作用。

拉兹和卢志悦在模拟中探讨的其实是逆姆潘巴效应。他们发现，通过设置参数产生逆热效应较为容易。直到对调模型，才创造出了一个更具普适性的类姆潘巴效应。为了确保这种“赶超”现象不仅局限于特定模型，他们将其扩大到更复杂的系统中。这一系统名为伊辛模型(Ising model)，在物理学中广泛用于模拟各种相变，例如铁磁体、蛋白质折叠以及神经网络和鸟群的动力学等。

伊辛模型常被描述成一个二维晶格。以磁性材料为例，网格中的每一个点上都有一个粒子。每个粒子只能处于两种状态中的一种：自旋“向上”或自旋“向下”。这些自旋倾向于和相邻的自旋保持平行，以降低整个系统的能量。实际上，如果把铁磁材料的温度降到临界点即“居里温度”以下，这些自旋会自行调整，直到所有的自旋都沿一个方向，形成一种平衡状态，成为一块铁磁体。

如果让两个非磁性系统处在居里温度以上，并将它们和一个在居里温度以下的低温热浴耦合起来，就能观察到类姆潘巴效应。系统冷却时，自旋会发生翻转，这样它们就能保持平行排列，并将多余的能量释放到热浴中。如果“热”系统先于“冷”系统磁化，你看到的就是类姆潘巴效应。此外，如果自旋从热浴获取能量并发生反平行翻转，你看到的就是逆姆潘巴效应。

拉兹和卢志悦其实还研究了反铁磁物质(非铁磁体)。在这些物质中，自旋趋向于反平行排列，但原理是一样的。此外，严格说来他们并没有观察到相变，因为研究的并不是二维系统，而是一条有 15 个自旋的一维伊辛链。在这个伊辛链中，每个自旋都只与最近邻相互作用。“不需要相变就能看到这个效应”，拉兹说，“只要看到净余磁化强度(staggered magnetization)——相邻自旋之间的磁化强度之差——发生交叉就够了，即初始温度较高的系统净余磁化强度较低，却先于初始温度较低的系统变大”。

持怀疑态度的伯里奇称这项研究是“一个有趣的理论，但并没有证明可在任何实际情况下观察到这种效应”。两位作者在论文的引言中承认了这一点。这些模型非常简单，证明了一个概括性的验证原理。拉兹和卢志悦还没有把他们的理论应用到水上。水是一个非常复杂的系统，很难模拟。

然而，格比尔依然认为，这个新的理论框架可能会改变姆潘巴效应研究的“游戏规则”，“在此之前，从来没有量化研究表明热的东西可能会比冷的东西更快结冰或到达平衡温度”。戈达德称它是“简明的阐述和新颖的数学分析”，但他承认自己对该理论最终能否解释水的姆潘巴效应持怀疑态度。在这一理论的启发下，另一些人在颗粒材料领域展开了相关研究。

奥伦·拉兹和卢志悦有关姆潘巴效应的模型启发了西班牙埃斯特雷马杜拉大学的科研人员，他们设计出的理论模型表明，悬浮在液体中的球形颗粒组成的颗粒流体中会发生姆潘巴效应。这一模型的关键在于，颗粒流体中的颗粒是坚硬的无弹性球体，因此在发生碰撞时，粒子通过热损耗以外的机制损失能量。“热粒子”的碰撞频率高于“冷粒子”，当前者的初始能量损失足够大时，其冷却的速度便可超过后者。

11.3.3　氢键分段协同弛豫论

任何回避氢键的受激弛豫行为而讨论水的反常物性，都难免有偷懒臆断之嫌。从水的 O : H—O 受激协同弛豫角度考虑姆潘巴效应该是必然的。根据傅里叶流体热传导方程的定量数值求解结果，我们理解姆潘巴效应是集成氢键(O : H—O)在“热源—路径—冷库”循环系统内有关能量“存储—释放—传导—耗散”的完整的动力学过程[26]。忽略任何一个环节都是无效的。

2012 年，笔者从氢键协同弛豫的角度出发，在分子尺度上考虑了姆潘巴效应[7]。论文初稿上传至 *ArXiv Physics*[9]，引起了广泛关注与讨论。美国的《时代》、《今日物理》、《物理编辑特选》，英国的《每日电邮》、《新科学家》、《化学世界》、《自然 · 化学》，德国的《化学观察》，以及中国的《参考消息》等媒体争相刊载和报道。

笔者引入表皮低密度超固态效应和适当边界条件，采用有限元方法求解傅里叶流体热传导方程，重复出了姆潘巴和 Nikola 的实验结果，并根据实验结果推导出 H—O 键在不同起始温度下冷致收缩的线速度。笔者认为，姆潘巴效应集成了氢键在“热源—路径—冷库”循环系统内有关能量“存储—释放—传导—耗散”的动力学全过程。从本质上来说，能量释放和传导与氢键在热激发和低配位状态下的弛豫动力学相关，而能量耗散则与外部因素有关[7, 11]。尤其是，不能把能量的“存储—释放—传导—耗散”动力学过程的任何一环割裂开来，因为任何单一部分的弛豫时间与水分子的短暂寿命并没有太大联系[18]。研究结果发表在 2014 年 10 月的 *Physical Chemistry Chemical Physics* 期刊上[7]。

值得注意的是，在姆潘巴效应中，氢键释放能量的弛豫时间是低阶的，而且弛豫时间与初始温度和实验条件密切相关[7]。另一方面，声子寿命 τ 反比于声子频率 v，可表示为

$$\tau_L = v_L^{-1} = (2\pi c\omega_L)^{-1} \sim 3\ \text{ns}(200\ \text{cm}^{-1})$$

$$\tau_H = v_H^{-1} = (2\pi c\omega_H)^{-1} \sim 50\ \text{ns}(3\ 000\ \text{cm}^{-1})$$

超快红外光谱测得 H—O 共价键分段的声子弛豫时间介于 200~800 fs 之间[19]。因此，氢键能量释放的弛豫时间与短暂的分子寿命或声子寿命是不同的。

11.4 数值解：表皮超固态

11.4.1 傅里叶流体热传导方程

图 11.5 是有限元求解两壁绝热、一端开口的一维管道中流体热传导问题的示意图[7]。管道中水的初始温度为 θ_i，沿 X 轴方向划分了块体水(B)和表皮水(S)两个区域。水管道为热源，初始温度为 θ_i，外界为冷库，冷库温度为 θ_f。

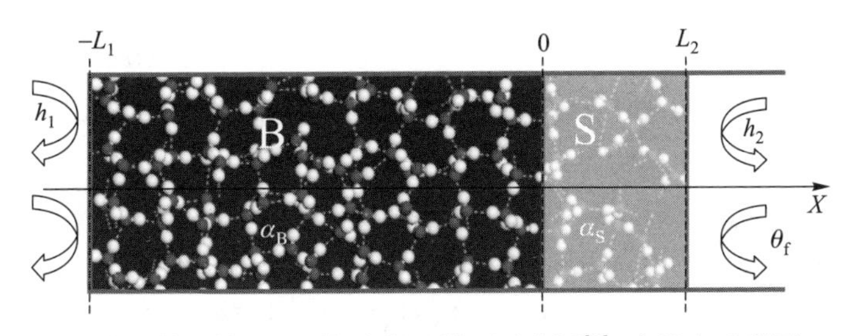

图 11.5 一维管道中流体热传导问题的有限元模型示意图[7]（参见书后彩图）

管道两壁绝热、一端开口。水的初始温度为 θ_i，外界温度为 θ_f。沿 X 轴方向，管道中的水分成块体水[B，($-L_1 = -9$ mm，0)]和表皮水[S，(0，$L_2 = 1$ mm)]，两部分的扩散系数分别为 α_B 和 α_S，密度分别为 $\rho_B = 1\ \text{g/cm}^3$ 和 $\rho_S = 0.75\ \text{g/cm}^3$[18,19]。$h_j$(左端 $j=1$，右端 $j=2$)代表与外界的热交换系数

傅里叶流体热扩散方程以及初始和边界条件如下：

$$\frac{\partial\theta(x)}{\partial t} = \nabla\cdot(\alpha(\theta(x),\ x)\nabla\theta(x)) - v\cdot\nabla\theta(x)$$

$$\begin{cases} \alpha(\theta,\ x) = \dfrac{\kappa_B(\theta,\ x)}{\rho_B(\theta,\ x)C_{pB}(\theta,\ x)} \times \begin{cases} 1 & (\text{块体}) \\ \approx \rho_B/\rho_S(=4/3) & (\text{表皮}) \end{cases} \\ v_S = v_B = 10^{-4}\ \text{m/s} \end{cases}$$

$$\begin{cases} \theta = \theta_i & (t=0) \\ \theta(0^-) = \theta(0^+);\ \kappa_B\theta_x(0^-) = \kappa_S\theta_x(0^+) & (x=0) \\ h_i(\theta_f - \theta) \pm \kappa_i\theta_x = 0 & (x = -L_1;\ L_2) \end{cases} \tag{11.1}$$

式中的一阶项是对流项，二阶项是热扩散项。α 是热扩散系数，v 是温度梯度所致的对流速度。热扩散系数由 3 个量决定：热导率 $\kappa(\theta)$、比热 $C_p(\theta)$ 和密度 $\rho(\theta)$。图 11.6 是它们随温度变化的曲线。因表皮超固态[18]的作用，表皮热扩散系数比块体的大，$\alpha_S(\theta) \approx 4/3\alpha_B(\theta)$；4 ℃时表皮密度为 0.75 g/cm³，仅为块体密度的 3/4。表皮超固态作用会修正 $\kappa(\theta)/C_p(\theta)$ 值，尽管具体方式未知，所以 $\alpha_S(\theta)$ 是多次优化的结果。

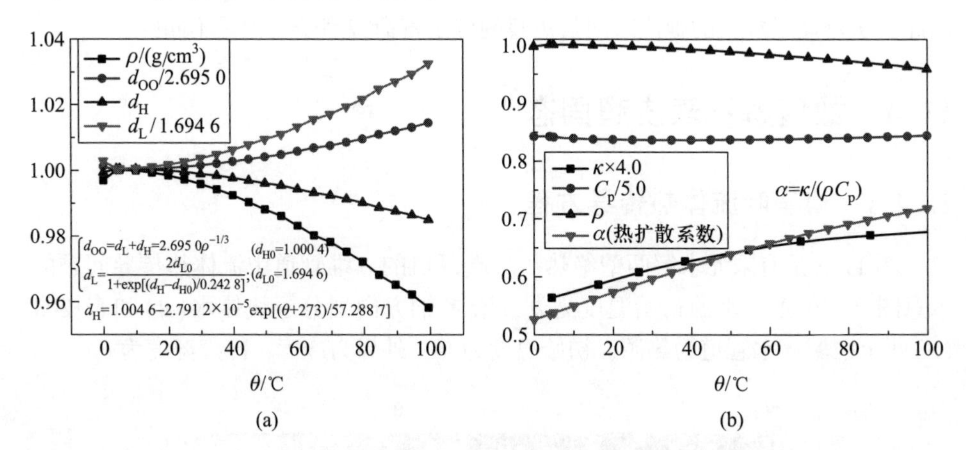

图 11.6　(a)水的密度、氢键分段键长、O–O 间距以及(b)热传导系数、比热、热扩散系数随温度变化的曲线[19]

采用的边界条件要求体系的温度和热通量(单位时间内通过单位面积的热量)在块体/表皮界面上($x=0$)连续，热通量为热导系数 κ 与温度梯度 $\theta_x=\partial\theta/\partial x$ 的乘积；$t>0$ 时，两端的交换热通量$h(\theta_f-\theta)$均守恒。对流速度 v 设为 $v_S=v_B=10^{-4}$m/s 或 0 m/s。在热源的两端点，与外界冷库的热交换系数(通过热耗散) h_j与热传导系数 κ 呈线性关系[20]，所以取标准值 $h_1/\kappa_B = h_2/\kappa_S = 30$ W/(m² · K)[21]。h_2/κ_S项包含边界的热反射。$h_2/h_1>1$ 表明，表皮热辐射效应导致表皮与外界冷库热交换较快。

11.4.2　对流、扩散和辐射

除了考虑傅里叶流体热传导方程中的热扩散系数和对流速度，图 11.7 和图 11.8 还体现了块体/表皮的长度比、热扩散系数比、外界热交换系数比以及外界环境温度对姆潘巴效应的影响，结果表明：

(1) 两始温不同的热弛豫曲线存在交点与否是姆潘巴效应发生与否的判据，且姆潘巴效应只出现在表皮超固态存在($\alpha_S/\alpha_B>1$)的情况。

(2) 对流速度是次要影响因素。考虑热对流只能区分表皮和块体的微小温度差异，对交点温度的影响几乎可以忽略不计。

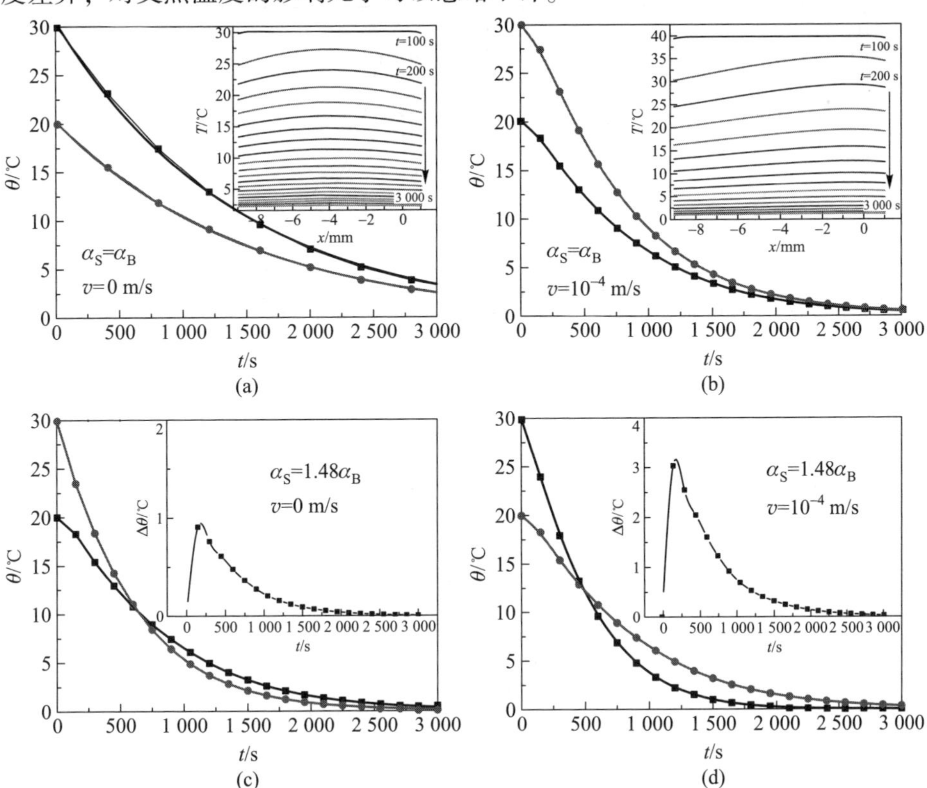

图 11.7　不同条件下获取的 $x=0$ 位置的热弛豫曲线[7]：(a) $\alpha_S/\alpha_B=1, v_S=v_B=0$；(b) $\alpha_S/\alpha_B=1, v_S=v_B=10^{-4}$ m/s；(c) $\alpha_S/\alpha_B=1.48, v_S=v_B=0$；(d) $\alpha_S/\alpha_B=1.48, v_S=v_B=10^{-4}$ m/s

$\alpha_S/\alpha_B=1$ 时不存在表皮超固态，$\alpha_S/\alpha_B=1.48$ 时存在表皮超固态；$v_S=v_B=0$ 时，没有热对流，$v_S=v_B=10^{-4}$ m/s 时存在热对流。两条热弛豫曲线存在交点与否是姆潘巴效应发生与否的直接判据，热对流几乎没有影响。(a)和(b)中的插图所示为管道温度场随时间的变化，(c)和(d)中的插图说明对流只是稍微增加了 $\Delta\theta$ 和交点温度。若改变冰箱内管道的放置方式，$\Delta\theta$ 会因重力和管道内水温引起的密度差异而发生改变

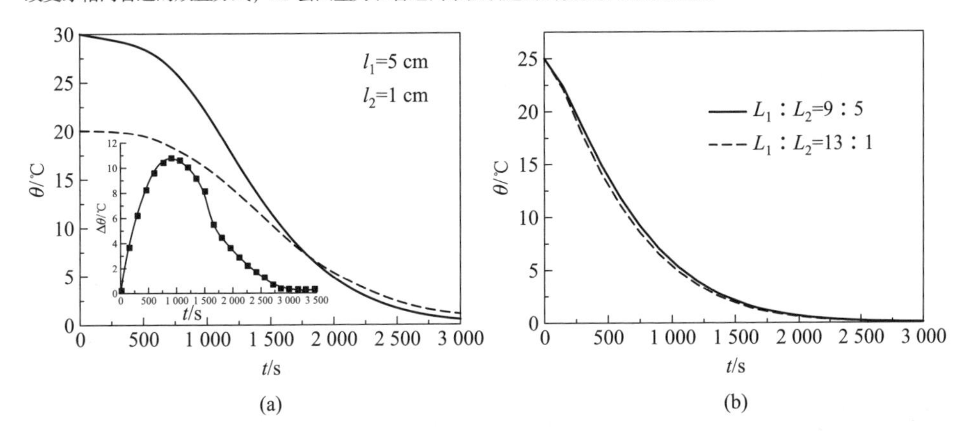

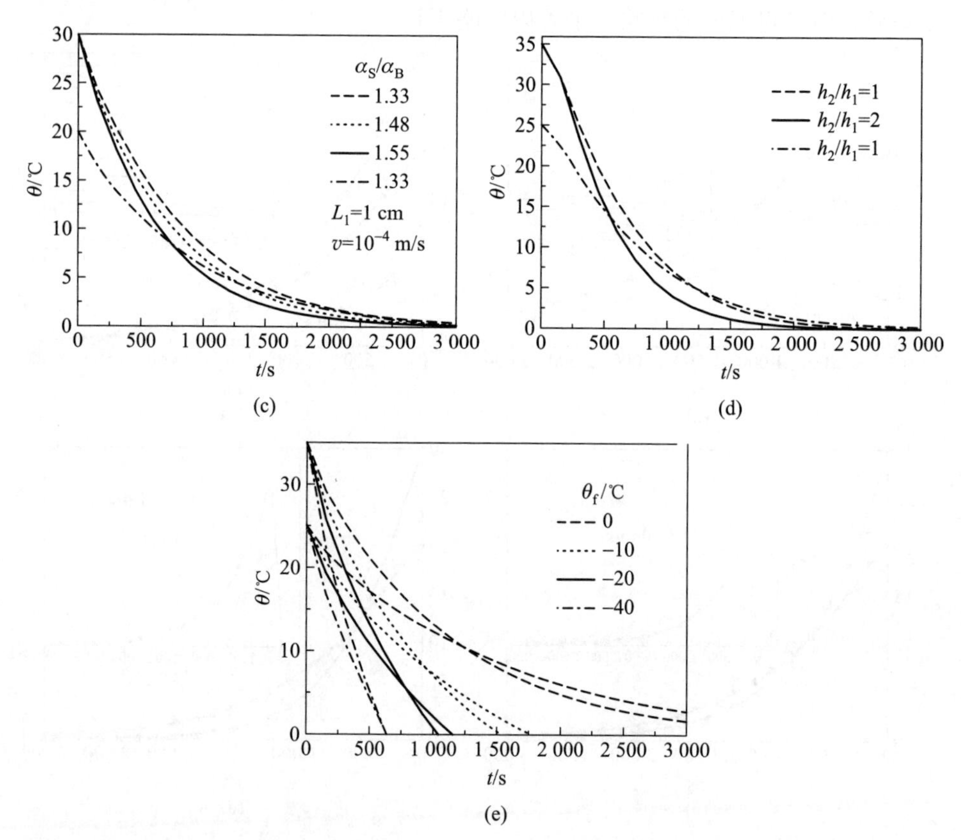

图 11.8　姆潘巴效应的敏感因素分析[7]：(a)水的体积，(b)块体/表皮长度比(L_1：L_2)，(c)热扩散系数比(α_S/α_B)，(d)热交换系数比(h_2/h_1)以及和外界温度(θ_f)

体积膨胀(从 1 cm 到 5 cm)会延长达到交点温度的时间，降低外界温度则缩短这一时间。L_1：L_2 比对弛豫曲线毫无影响。增大 α_S/α_B 和 h_2/h_1 可促进姆潘巴效应出现。若无特殊说明，敏感度的检测是以 $\alpha_S/\alpha_B = 1.48$，$v_S = v_B = 10^{-4}$ m/s，$\theta_f = 0$ ℃，$L_1 = 10$ mm，$L_2 = 1$ mm，$h_1/\kappa_B = h_2/\kappa_S = 30$ W/(m^2 · K)条件为基础实施的

(3) 姆潘巴效应的发生对样品体积、热扩散系数比 α_S/α_B、热交换系数比 h_2/h_1 以及外界温度 θ_f 等非常敏感。

(4) 块体和表皮区域的长度比 (L_1：L_2) 和热对流对结果影响不明显。

L_1：L_2 对计算结果几乎没有影响，说明分子低配位效应具有长程影响。因为热耗散是非绝热过程，如果样品体积很大，很可能观察不到姆潘巴效应。毫无疑问，在相同的初始条件和环境下，一滴水 (约 1 mL) 比一杯水(约 200 mL)结冰更快。另外，表皮与外界的热交换系数更大($h_2/h_1 > 1$)，促进姆潘巴效应的发生。由此可见，姆潘巴效应的实现条件确实严苛，这也是为什么姆潘巴效应难以观察到的原因。图 11.1 实现了优化条件下姆潘巴效应的数值重现。

11.5 实验解：O：H—O 氢键的记忆效应

11.5.1 O：H—O 的弛豫线速率：热动量

热弛豫曲线 $\theta(\theta_{\mathrm{i}}, t)$（图 11.1a）的表达式如下[6]：

$$\begin{cases} \mathrm{d}\theta = -\tau_i^{-1}\theta \mathrm{d}t & \text{（衰减方程）} \\ \tau_i^{-1} = \sum_j \tau_{ji}^{-1} & \text{（弛豫时间）} \end{cases} \tag{11.2}$$

弛豫时间（τ_i）是冷却结冰过程中所有可能的热耗散过程的弛豫时间（τ_{ji}）的总和。

综合实测的温度弛豫曲线 $\theta(\theta_{\mathrm{i}}, t)$（图 11.1a 的插图）和 H—O 键长随温度的变化曲线 $d_{\mathrm{H}}(\theta)$（图 11.9a），可证实氢键具有记忆效应，且无需任何假设或近似。氢键记忆效应是指它释放能量的速率与初始能量存储状态或初始变形程度正相关。因 O：H 非键和 H—O 键的协同性，它们的长度和能量的弛豫速率容易获得。以 H—O 键的弛豫速率为已知量，初始能量存储量可近似为 $E_{\mathrm{x}} = k_{\mathrm{x}}(\Delta d_{\mathrm{x}})^2/2$。我们关注弛豫过程中 $d_{\mathrm{H}}(\theta)$ 和 $\theta(\theta_{\mathrm{i}}, t)$ 衰减曲线的瞬时速率

$$\begin{cases} \theta(\theta_{\mathrm{i}}, t) = \theta_{\mathrm{i}} \exp\dfrac{-t}{\tau_i} + \theta_0 \\ \dfrac{\mathrm{d}\theta}{\mathrm{d}t} = -\tau_i^{-1}\theta \end{cases} \tag{11.3}$$

以及

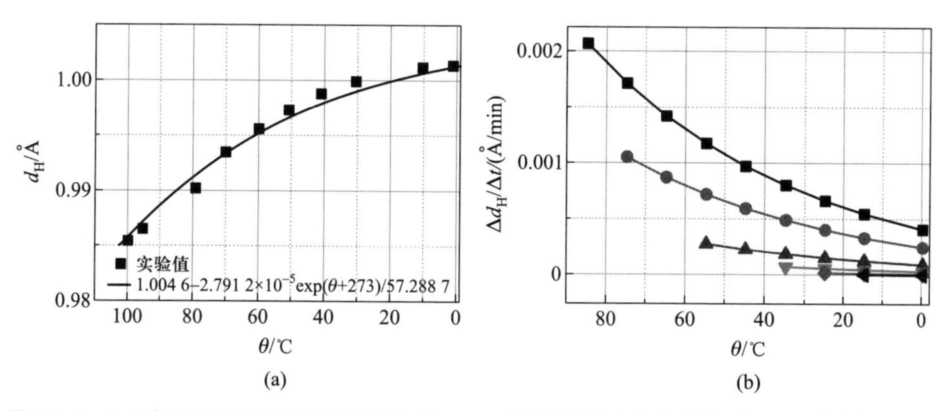

图 11.9 （a）实测（散点）和模拟（实线）的 H—O 键长随温度变化的情况，（b）依赖于初始温度的 H—O 键弛豫速率随温度变化的曲线[7]

$$
\begin{cases}
d_{\mathrm{H}}(\theta)=1.0046-2.7912\times10^{-5}\exp\dfrac{\theta+273}{57.2887}\\
\dfrac{\mathrm{d}(d_{\mathrm{H}}(\theta))}{\mathrm{d}\theta}=\dfrac{\Delta(d_{\mathrm{H}}(\theta))}{57.2887}
\end{cases}
\tag{11.4}
$$

式中，$\Delta[d_{\mathrm{H}}(\theta)]=-2.7912\times10^{-5}\exp[(\theta+273)/57.2887]$。

结合两斜率立即可得到 $d_{\mathrm{H}}(\theta)$ 冷却时的弛豫速率

$$
\frac{\mathrm{d}(d_{\mathrm{H}}(\theta))}{\mathrm{d}t}=\frac{\mathrm{d}(d_{\mathrm{H}}(\theta))}{\mathrm{d}\theta}\frac{\mathrm{d}\theta}{\mathrm{d}t}=-\tau_i^{-1}\theta\frac{\Delta(d_{\mathrm{H}}(\theta))}{57.2887}
\tag{11.5}
$$

图 11.9b 所示为 H—O 键弛豫速率随初始温度的变化情况，证实了氢键记忆效应确实存在。降温过程中经过同样的温度点时，初始温度更高使长度更短的 H—O 键更具活性，温降速率更快。

11.5.2　弛豫时间与初始能量存储状态

求解衰减方程[式(11.5)]可以得到弛豫时间 $\tau_i(t_i,\theta_{\mathrm{i}},\theta_{\mathrm{f}})$ 的表达式

$$
\tau_i=-t_i\left(\ln\frac{\theta_{\mathrm{f}}+b_{\mathrm{i}}}{\theta_{\mathrm{i}}+b_{\mathrm{i}}}\right)^{-1}
\tag{11.6}
$$

式中需满足 $\theta_{\mathrm{f}}+b_{\mathrm{i}}\geqslant0$，基于图 11.1a 中的数据拟合，取 $b_{\mathrm{i}}=5$。图 11.10a 所示为以 t_i、θ_{i} 和 θ_{f} 为已知量(散点)得到的弛豫时间 τ_i(实线)。随着初始温度增高，τ_i 呈指数减少[22]。例如，78 ℃的水结冰需要 40 min，弛豫时间为 15 min；18 ℃的水结冰则要 100 min，弛豫时间达 75 min。τ_i 也会随初始存储能量增加或初始振频变大呈指数减少[22]，如图 11.10b 所示。

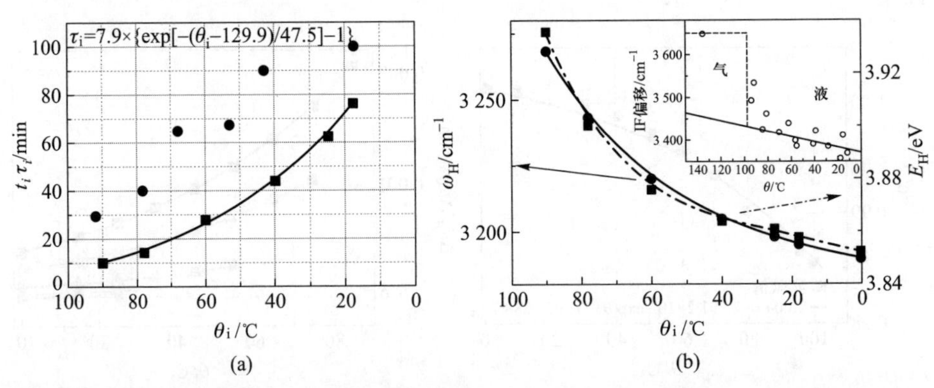

图 11.10　(a) 冷却时间 t_i(实心圆圈)、弛豫时间 τ_i(实线)以及(b) H—O 键的初始能量 E_{H}(实线)和振动频率 ω_{H}(虚线)随初始温度 θ_{i} 的变化[22]

(b)中插图所示为随温度变化的 ω_{H} 声子频移曲线

11.6 能量“存储—释放—传导—耗散”循环动力学

11.6.1 热源与路径：能量释放和传导

图 11.2a 表明了热循环过程中水的 O：H—O 氢键的协同弛豫行为。在 O：H 非键作用势、H—O 交换作用势和 O-O 库仑作用的协同作用下，加热驱使氢键中的两个 O 原子沿着各自的势能路径偏离初始位置[23]。

一般来说，常规材料吸热时，其中的所有键伸长变软存储能量。但是对于水，由于氢键中 O 原子间的库仑耦合作用，加热时 O：H 键伸长的同时 H—O 键收缩存储能量。冷却时，氢键释放能量，犹如释放一个被压缩的耦合弹簧振子，与氢键初始形变程度有关。O：H—O 氢键的能量存储和释放主要经由 H—O 弛豫实现，因 O：H 非键的键能 E_L(~0.1 eV) 仅为 H—O 键能 E_H(~4.0 eV)的 2.5%[18]。事实上，液态水受热收缩储能，冷却则相反。

11.6.2 热源—冷库系统：能量的非绝热耗散

在热源和冷库界面上，只有水温迅速从 θ_i 降至 θ_f，姆潘巴效应才会发生[7]。计算结果表明，样品的体积变化对姆潘巴效应发生的交点温度有显著影响(图 11.8a)。体积较大的液体会因妨碍散热而导致姆潘巴效应不能发生。Brownridge 等证实[16]，热源和冷库之间任何空间温度的衰减都会影响我们观察

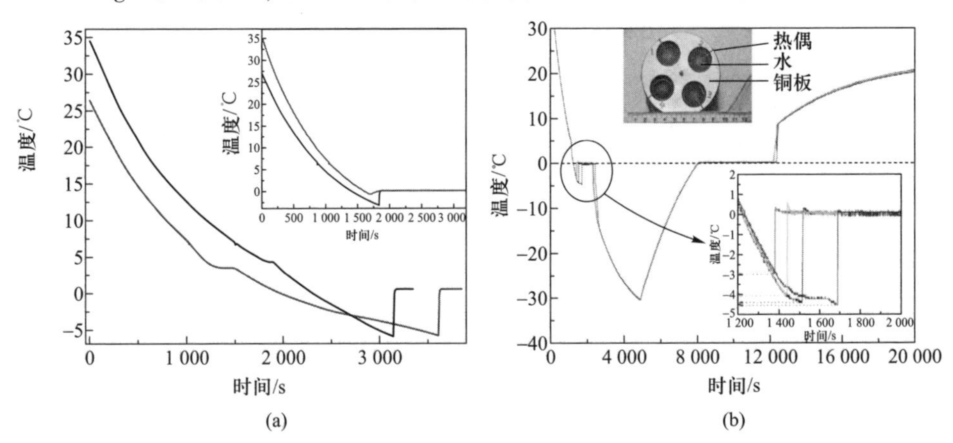

图 11.11 (a)置入冰箱的 30 mL 去离子水未搅拌时冷却结冰的温度-时间曲线，(b)置于铜制容器中同条件冷却的 4 组硬水样品的温度-时间曲线[15](参见书后彩图)

(a)中插图为去离子水在磁力搅拌后的温度-时间曲线，以作对比[6]

到姆潘巴现象，如将管腔密封，用油膜覆盖，从冷库中将液体真空分离出来，在铜板上做一些小腔，或者通过多个冷库给冰箱降温等。在完全相同条件下设计和完成实验可以减少人为因素造成的影响，如热辐射、热源和冷库的体积比、开口面积、容器材料等。图 11.11 所示为不同条件下获得的水温随时间的变化曲线，表明氢键弛豫对外界刺激非常敏感。姆潘巴效应发生的条件非常苛刻，这也说明了为什么姆潘巴效难以观察到。

11.6.3　其他释疑方案：过冷、杂质与蒸发

水的表皮、单层水膜、疏水材料表面或管腔内的水滴，其水分子配位数均少于 4。因此，低配位效应会引起这些情况下准固态相边界的拓展，导致熔点升高、冰点降低。我们可近似认为，H—O 键能 E_H与熔点正相关而 O : H 键能 E_L与冰点正相关[23]。相变温度升高/降低与过热/过冷过程非同一概念。过冷现象与初始较热时的 O : H 键相关，它可在降温时提高 O : H—O 氢键的弛豫速率。冷水没有过冷现象，因为此时 O : H 非键相对较硬，其德拜温度 Θ_{DL}相对升高。所以，冷水中氢键的记忆效应更弱，它释放能量的速率更慢。

溶液中存在的离子或杂质[27,28]能取代氢键中的 O 原子或 H 原子，改变氢键结构中的离子电量和体积，从而改变氢键中的库仑作用[29]。加热和加盐都能使 H—O 伸缩振频发生蓝移，削弱库仑作用[30-32]。人们预测离子或杂质可能提高能量释放的速率，但姆潘巴效应的实验观察表明，温度是其唯一变量。另外，蒸发效应[3]会造成质量损失，但这对 O : H—O 氢键的弛豫速率并没有影响。极小温差下的质量损失是可以忽略的。

11.7　小结

关于姆潘巴效应，理论预测、数值模拟和实验测试结果的一致性证实了以下结论：

（1）姆潘巴效应中氢键(O : H—O)在“热源—路径—冷库”循环系统内有关 H—O 能量“存储—释放—传导—耗散”的动力学过程是一个不可分割的整体。

（2）O : H—O 氢键的记忆效应从本质上决定了其能量释放的速率。初始能量以 H—O 键热收缩形式存储。热水中的 H—O 键比冷水的更短。氢键的记忆效应使它释放能量的速率与初始能量存储状态或初始变形程度正相关。

（3）高温强化了水的表皮超固态，从而增强了表皮热扩散，此时 $\alpha_S/\alpha_B \geqslant \rho_B/\rho_S = 4/3$。仅调节对流这一单一因素并不能调控姆潘巴效应的出现。

（4）姆潘巴现象发生在严格非绝热的“热源—冷库”系统中，以保证热能耗散。液体体积、外界温度、表皮热扩散系数等都能明显改变姆潘巴效应的交

点温度。

(5) 姆潘巴效应发生时，H—O 键的特征弛豫时间随初始温度升高或初始存储能量增加而呈指数衰减。

(6) 姆潘巴效应是 O：H—O 键的本质特征。只有 H—O 键受热收缩，才能实现“加热储能”，且只有低配位 O：H—O 膨胀才能实现“表皮低密度高热扩散”的功能。

(7) 姆潘巴逆效应对于氢键系统在原理上是可行的，但实验条件或更苛刻。

(8) 任何回避 O：H—O 键的受激协同弛豫对冰水的反常物性的论断，都难免有臆断的嫌疑。

附录 专题新闻：科学家解释热水为什么比冷水结冰快

本章的研究进展曾被 *ArXiv Editor Picks*、*Times*、*The Telegraph*、*Daily Mail*、*Physics Today*、*IOP News*、*AIN News*、*Sing Chow Daily* 等媒体刊载报道并引起广泛关注。下面是 *The Telegraph* 在 2015 年报道的内容。

新加坡的科学家们声称已经解开了这一谜题。

自亚里士多德时代起，热水为什么比冷水结冰更快这一现象一直让世界上的科学家们困惑不已。目前一物理学家小组声称已经解开了这一世纪难题。

这个现象名为姆潘巴效应。它是指水与大多数其他液体不同，它从较热的状态变成固体要比从室温状态下变成固体的时间更短。科学家们就此现象的发生已提出了十几种理论，但没有一种能够给予合理的解释。目前新加坡南洋理工大学的物理学家们提出了他们认为合理的一种解释。

科学家们表示水分子之间存在罕见的相互作用。每一个水分子通过“氢键”与周围的水分子相连。正是它产生了水的表面张力，同时导致它与其他液体相比具有更高的沸点。南洋理工大学的孙长庆教授和张希博士认为氢键还决定了水分子能够存储和释放的能量。他们认为能量释放的速率与水的初始状态有关，他们计算出热水结冰时释放能量的速率更快。孙长庆教授表示：“水释放能量的过程和速率，与能量源的初始状态有关。”

姆潘巴效应是以一位名叫艾拉斯托·姆潘巴(Erasto Mpemba)的坦桑尼亚学生命名的。他观察到热的冰淇淋混合物比冷的冰淇淋混合物结冰更快。他在 1969 年与坦桑尼亚达累斯萨拉姆大学学院的一名物理学教授一起发表的文章中表示，在相似的容器中，相同量的沸水和冷水以不同速率结冰，热水结冰更快。

在此之前也有科学家描述了相似的观测，例如亚里士多德，弗朗西斯·培根和勒奈·笛卡儿。这种效应可能帮助我们解决一些实际问题，例如冬天是否应该使用沸水解冻汽车挡风玻璃上的冰霜，以及热水管子是否比冷水管更容易冻结。

有人否认这种效应的存在，他们认为这实际上是一种实验程序的人工制品。但有些人表示精心控制实验条件会产生这样的现象。另一种理论表明热水会释放水里溶解的气体，从而使它变得更黏。

去年，英国皇家化学学会发布公告悬赏 1 000 英镑，奖励给任何能够解释姆潘巴现象工作原理的个人或团体。今年早期，克罗地亚萨格勒布大学的化学研究助理尼古拉·布勒格维克(Nikola Bregović)被宣布为该奖的得主。他利用实验室的烧杯进行了相关实验。研究结果表明，对流效应可能是该现象的“幕后推手”。布勒格维克表示热水中的对流导致它冷却速度更快。

孙长庆教授和张希博士试图从分子水平来阐释这一效应。上周，他们在期刊《科学报告》上发表文章解释了水分子在结冰时如何自我排列。他们在《化学物理》上上传了另一篇文章解释姆潘巴现象。他们认为水分子中的氢键和连接氢氧原子的更强的共价键之间的相互作用是导致这种效应的主要原因。

一般来说，当液体被加热时，原子之间的共价键会拉伸并存储能量。科学家认为在水中，氢键产生了另一种罕见的效应，导致加热时共价键会缩短而存储能量。这导致了与较冷状态所存储能量相比，较热状态的共价键会以指数形式释放能量，因此热水会更快地失去更多能量。

孙长庆教授表示：“加热会缩短并硬化 H—O 共价键，从而存储能量。倘若放在冰箱里冷却，H—O 共价键会以指数速率释放能量，从而产生姆潘巴现象。”

英国皇家化学学会总共收到了 22 000 多个针对姆潘巴现象的回复。尽管这一竞赛已经结束，他们仍持续收到不同理论的解释。作为评审最佳解决方案的专家小组的一员，英国帝国理工学院的布列戈维奇先生说道：“这个小而简单的分子让我们都惊讶不已，它略微施展了点魔法就激起了我们浓厚的兴趣。”帮助评审这一竞赛的伦敦帝国理工学院的埃涅阿斯·维纳补充：“最新的文章证明了即使是看起来非常简单的现象，潜心钻研也会揭示其中的更多复杂性，而这一切都是值得的。我们希望这能够激励更多年轻人进行科学研究。”与姆潘巴一起发表文章描述姆潘巴效应的坦桑尼亚达累斯萨拉姆大学的丹尼斯·奥斯本说道：“好几个不同的机制可能导致或者共同导致了姆潘巴效应。作者们描述的 H—O 共价键特性可能是其中的原因之一。”

参 考 文 献

[1] Aristotle. Meteorology[EB/OL]. http：//classics. mit. edu/Aristotle/meteorology. 1. i. html.

[2] Mpemba E. B., Osborne D. G. Cool? Phys. Educ., 1979, 14：410-413.

[3] Auerbach D. Supercooling and the Mpemba effect：When hot-water freezes quicker than cold. Am. J. Phys., 1995, 63 (10)：882-885.

[4] Jeng M. The Mpemba effect：When can hot water freeze faster than cold? Am. J. Phys., 2006, 74 (6)：514.

[5] Knight C. A. The Mpemba effect：The freezing times of hot and cold water. Am. J. Phys., 1996, 64 (5)：524.

[6] Bregović N. Mpemba effect from a viewpoint of an experimental physical chemist[EB/OL]. 2012. http：//www. rsc. org/images/nikola-bregovic-entry_tcm18-225169. pdf.

[7] Zhang X., Huang Y., Ma Z., et al. Hydrogen-bond memory and water-skin supersolidity resolving the Mpemba paradox. Phys. Chem. Chem. Phys., 2014, 16 (42)：22995-23002.

[8] Zhang X., Huang Y., Ma Z., et al. A common supersolid skin covering both water and ice. Phys. Chem. Chem. Phys., 2014, 16 (42)：22987-22994.

[9] Zhang X., Huang Y., Ma Z., et al. O:H—O bond anomalous relaxation resolving Mpemba paradox[EB/OL]. 2013. http：//arxiv. org/abs/1310. 6514.

[10] Sun C. Q. Behind the Mpemba paradox. Temperature, 2015, 2 (1)：38-39.

[11] Huang Y., Zhang X., Ma Z., et al. Hydrogen-bond relaxation dynamics：Resolving mysteries of water ice. Coord. Chem. Rev., 2015, 285：109-165.

[12] Turning boiling or hot water into snow at −13 °F (−25 ℃)[EB/OL]. http：//www. geeksaresexy. net/2013/01/23/turning-boiling-or-hot-water-into-snow-at-13f-25c-video/.

[13] Lu Z., Raz O. Nonequilibrium thermodynamics of the Markovian Mpemba effect and its inverse. Proc. Natl. Acad. Sci. U. S. A., 2017, 114 (20)：5083-5088.

[14] Lasanta A., Reyes F. V., Prados A., et al. When the hotter cools more quickly：Mpemba effect in granular fluids. Phys. Rev. Lett., 2017, 119 (14)：148001.

[15] Tao Y., Zou W., Jia J., et al. Different ways of hydrogen bonding in water：Why does warm water freeze faster than cold water? J. Chem. Theory Comput., 2016, 13 (1)：55-76.

[16] Jin J., Goddard Iii W. A. Mechanisms underlying the Mpemba effect in water from molecular dynamics simulations. J. Phys. Chem. C, 2015, 119：2622-2629.

[17] Burridge H. C., Linden P. F. Questioning the Mpemba effect：Hot water does not cool

more quickly than cold. Sci. Rep., 2016, 6: 37665.

[18] Sun C. Q., Zhang X., Zhou J., et al. Density, elasticity, and stability anomalies of water molecules with fewer-than-four neighbors. J. Phys. Chem. Lett., 2013, 4: 2565-2570.

[19] Huang Y., Zhang X., Ma Z., et al. Size, separation, structural order, and mass density of molecules packing in water and ice. Sci. Rep., 2013, 3: 3005.

[20] Welty J. R., Wicks C. E., Wilson R. E., et al. Fundamentals of Momentum, Heat and Mass transfer. John Wiley & Sons, 2007.

[21] Water thermal properties: The engineering toolbox [EB/OL]. http: //www.engineeringtoolbox. com/water-thermal-properties-d_162. html.

[22] Cross P. C., Burnham J., Leighton P. A. The Raman spectrum and the structure of water. J. Am. Chem. Soc., 1937, 59: 1134-1147.

[23] Sun C. Q., Zhang X., Zheng W. T. Hidden force opposing ice compression. Chem. Sci., 2012, 3: 1455-1460.

[24] Katz J. I. When hot water freezes before cold. Am. J. Phys., 2009, 77(1): 27-29.

[25] Auerbach D. Supercooling and the Mpemba effect: When hot water freezes quicker than cold. Am. J. Phys. 1995, 63(10): 882-885.

[26] Kier L. B., Cheng C. K. Effect of initial temperature on water aggregation at a cold surface. Chem. Biodivers., 2013, 10(1): 138-143.

[27] Freeman M. Cooler still. Phys. Educ., 1979, 14: 417-421.

[28] Wojciechowski B. Freezing of aqueous solutions containing gases. Cryst. Res. Technol., 1988, 23: 843-848.

[29] Smith J. D., Saykally R. J., Geissler P. L. The effects of dissolved halide anions on hydrogen bonding in liquid water. J. Am. Chem. Soc., 2007, 129: 13847-13856.

[30] Sun Q. Raman spectroscopic study of the effects of dissolved NaCl on water structure. Vib. Spectrosc., 2012, 62: 110-114.

[31] Park S., Fayer M. D. Hydrogen bond dynamics in aqueous NaBr solutions. Proc. Natl. Acad. Sci. U. S. A., 2007, 104(43): 16731-16738.

[32] Zhang X., Yan T., Huang Y., et al. Mediating relaxation and polarization of hydrogen-bonds in water by NaCl salting and heating. Phys. Chem. Chem. Phys., 2014, 16(45): 24666-24671.

第12章

酸碱盐水合动力学：反氢键与超氢键

重点提示

- 溶酸产生的额外 H^+ 与水分子结合形成水合氢离子 H_3O^+ 并形成 H↔H 反氢键点断裂源
- 溶碱产生 OH^- 额外孤对电子并形成 O：⇔：O 超氢键点压缩源，其效果远强于宏观加压
- 溶盐电解的 Y^+ 和 X^- 离子极化并拉伸氢键而产生水合团簇超固态，其效果与低配位相同
- 超固态 H—O 声子丰度-刚度-寿命增强，提升表面应力、溶液黏度并拓展准固态相边界

摘要

拉曼与红外声子计量谱和接触角测量揭示了反氢键、超氢键和离子电场极化氢键分别适于描述路易斯酸碱盐溶液中氢键网络的弛豫。酸和碱溶液中由于 H^+ 和 OH^- 的介入，破坏了水的2N守恒规则，分别产生额外的一对 H^+ 和孤对电子并以 H↔H 反氢键和O：⇔：O超氢键形式存在。H↔H 反氢键形成点断裂源，O：⇔：O 超氢键为点压缩源，Y^+ 和 X^- 以点极化源的形式存在并破坏氢键网络平衡。阴阳离子形成点电荷电场积聚极化水合层中的水分子偶极子。氢键电致极化调节声子频率并拓展准固态相边界——冰点降低、熔点升高。增加溶液黏度、表皮张力、H—O 声子寿命，但降低分子涨落序度，抑制水合层中的分子运动和扩散。离子电场强度与分子位置、溶液浓度和种类有关。离子水合层与水的表皮性质相同，具有更为稳定的超固态结构。

12.1　悬疑组十一：酸碱盐水溶液的功能与机理

加盐能够改变溶液的表面张力，促使蛋白质溶解或析出等，这对于许多生物化学过程非常重要[1]。1888 年，出生于捷克的科学家弗朗兹·霍夫梅斯特(Franz Hofmeister)发现了一个有关蛋白质变性剂的规律[2]，根据它们对蛋白质变性能力进行排序，后来称之为霍夫梅斯特序列(图 12.1)[3]。尽管科学家们已经对霍夫梅斯特序列开展了大量而深入的研究，但主导其发生作用的机理仍然没有统一的结论。同样，酸和碱的水解也带来新奇的特性。要澄清酸碱盐水合溶液的机理，需要解决以下关键问题：

(1) 离子、质子和孤对电子以何种方式存在于液体中？

(2) 酸碱盐溶液中的溶质与溶剂以及溶质与溶质是如何相互作用的？

(3) 水合对溶液的表皮张力和溶解度有什么影响？

(4) 离子浓度和种类会使氢键分段键长和键能怎样演化？

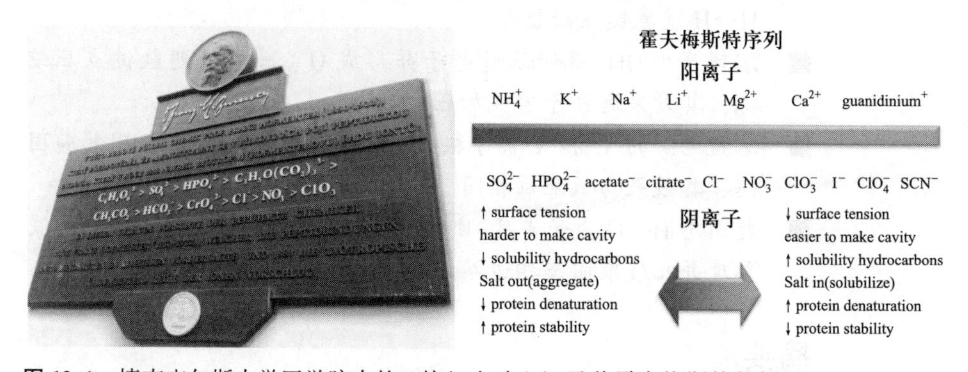

图 12.1　捷克查尔斯大学医学院内的一块纪念碑上记录着霍夫梅斯特教授(1850—1922)曾在这里从事科学研究工作[4]，他预测了蛋白质中的氨基酸是通过肽键连接的。1888 年，他提出有关蛋白质变性剂的霍夫梅斯特序列[3](参见书后彩图)

12.2　释疑原理：水合氢键的弛豫与极化

下列原理有助于我们理解酸碱盐的水合效应：

(1) 酸碱盐溶水后分别产生 H_3O^+、OH^- 及 X^- 和 Y^+ 离子，并直接作用于氢键网络；

(2) X^- 和 Y^+ 离子各自形成电荷中心，其径向电场极化并拉伸近邻水分子形成超固态水合层(图 12.2)，与分子低配位效果类似；

(3) H_3O^+ 与其近邻某个 H_2O 作用产生 H↔H 反氢键点断裂源，与升温效果类似(图 12.3)；

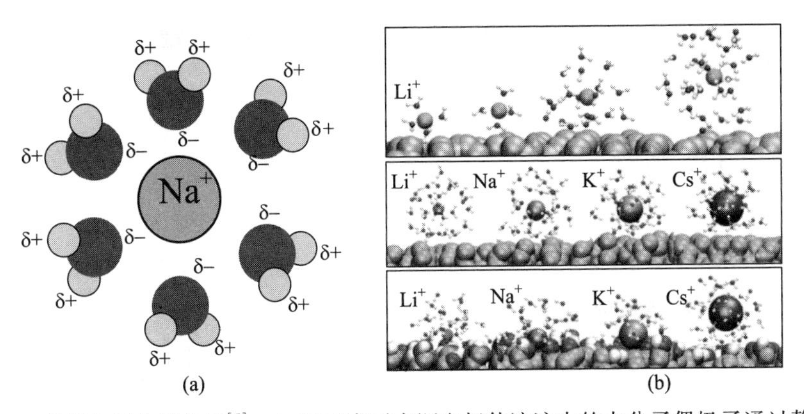

图 12.2 离子点源电场作用[5]：(a) Na^+离子点源电场使溶液中的水分子偶极子通过静电引力和 O–O 库仑斥力作用改变取向并团簇成水合层而被拉伸；(b) 以离子为中心的水分子团簇与蛋白质表面的亲/疏水作用(参见书后彩图)

离子浓度、种类以及离子半径、电负性、电荷量等因素决定构成水合层的水分子数目

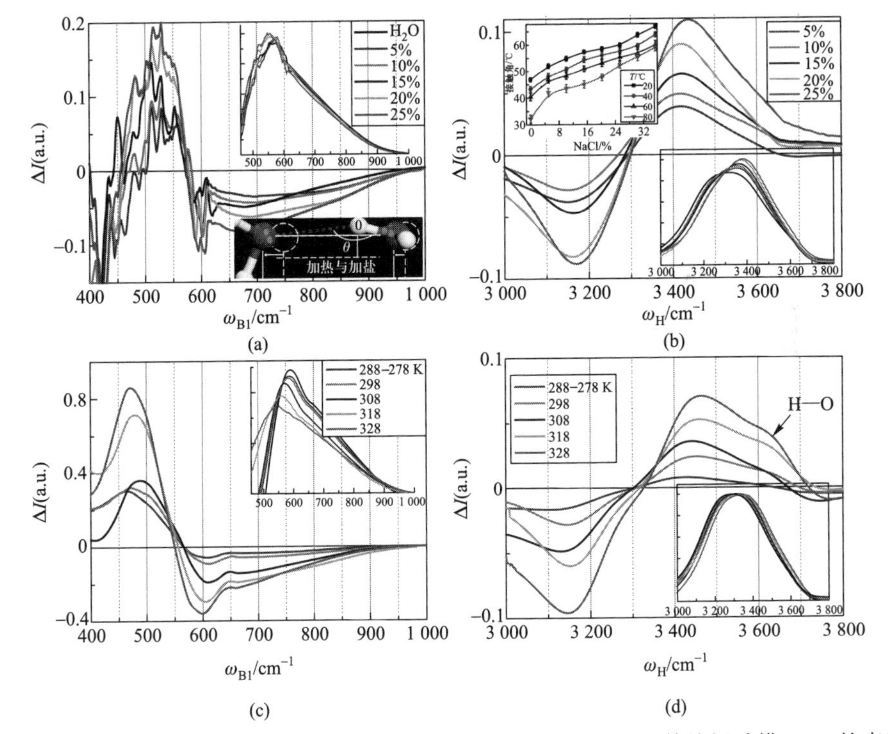

图 12.3 (a，c) 氢键∠O：H—O 弯曲振动模(ω_{B1})和(b，d) H—O 伸缩振动模(ω_H)的声子频率分别随(a，b) NaCl 浓度(wt.%)和(c，d)温度变化的红外差谱[6](参见书后彩图)

278 K 去离子水的红外光谱为参考光谱。(a)中插图为加热与加盐时 O：H—O 氢键协同弛豫的理论模型。(b)中插图是 NaCl 溶液接触角(宏观上体现氢键的极化程度)随浓度和温度的变化曲线。ω_H 和 ω_{B1} 的半高宽与溶液中分子涨落序度以及极化程度相关，此外，ω_H 的弛豫时间与溶液黏滞系数相关。对溶液加热会使∠O：H—O 弯曲声子变软，而加盐与之相反。另外，加盐使溶液中的水分子排列更加有序，因此其红外吸收率更低

(4) OH^-与其近邻某个 H_2O 作用产生 O：⇔：O 超氢键点压缩源，与机械压力效果类似。

12.3　历史溯源

12.3.1　酸碱水解

12.3.1.1　路易斯水解理论

酸碱水解是我们日常生活和化学科学领域中非常重要的问题，几乎无处不在。1923 年，吉尔伯特·牛顿·路易斯(Gilbert N. Lewis)基于共用电子对提出了酸碱水解理论[7]。路易斯酸是指从其他原子得到一对电子形成新键的物质，路易斯碱是指通过提供一对电子给其他原子从而形成新键的物质。表 12.1 给出了一个简单例子，质子(正电)与水(含有电子对)形成水合氢离子。表 12.2 所示为酸碱理论的主要代表性人物。

表 12.1　酸碱水解实例——水合氢离子

	酸	碱
	H^+ + H_2O → $[H_3O^+]^+$	$[:\ddot{O}—H]^-$
斯凡特·奥古斯特·阿伦尼乌斯(1884)	溶液中 H^+浓度增大	溶液中 OH^-浓度增大
布朗斯特-劳里(1923)	提供 H^+离子	获得 H^+离子
吉尔伯特·牛顿·路易斯(1923)	获得电子对形成共价键	提供电子对
孙长庆等(2015)	H↔H 反氢键点断裂源(量子致脆)	O：↔：O 超氢键点压缩源(量子压缩)
	酸+碱=盐+水 如：$HI+NaOH=Na^++I^-+H_2O$	Na^+和 I^-(Y^+与 X^-)点极化源

表 12.2　酸碱理论的主要代表性人物

肖像	简介
	吉尔伯特·牛顿·路易斯(Gilbert Newton Lewis，1875—1946)，美国化学家，因为发现共价键和提出电子对与酸碱概念而闻名于世。路易斯点结构和价键理论对现代化学键理论的形成与发展具有重要意义。他也在热力学、光化学和同位素分离等学科领域有突出贡献
	斯凡特·奥古斯特·阿伦尼乌斯(Svante August Arrhenius，1859—1927)，瑞典化学家，物理化学科学的创始人之一。因提出酸碱理论于 1903 年获得诺贝尔化学奖
	约翰内斯·尼古拉斯·布朗斯特(Johannes Nicolaus Brønsted，1879—1947)，丹麦物理化学家。他于 1908 年从哥本哈根大学获得博士学位，并留校任教。1906 年，他发表了第一篇关于电子亲和力的论文，同时与托马斯·马汀·劳里在 1923 年提出酸碱反应的质子理论
	托马斯·马汀·劳里(Thomas M. Lowry，1874—1936)，英国物理化学家。与布朗斯特同时独立发展了酸碱理论，是法拉第学会的创始人兼主席

酸碱反应是一类中和反应，产物称为加合物或复合物。如果一类物质能提供所有电子用以成键，形成的化学键称为配位共价键。带正电荷的金属阳离子极易吸引电子对，它们往往具有至少一个空轨道，所以金属阳离子被认为是潜在的路易斯酸。OH^-根是最普通的路易斯碱，它们常常结合金属阳离子形成碱性氢氧化物。而像 $Al(OH)_3$既显酸性又显碱性，这类两性氢氧化物与布朗斯特碱性质相同，能与布朗斯特酸反应，同时也表现出路易斯酸性质并能与路易斯碱反应。

路易斯酸碱理论也可以解释非金属氧化物的酸性。如 CO_2中 O 原子的电负性比 C 原子大，它们的共用电子对更偏向 O 原子，稍显正价的 C 原子将吸引 OH^-，因此 CO_2可以接受 OH^-提供的电子对而显酸性。

12.3.1.2　水合质子/孤对电子动力学

以质子和孤对电子主导的 HX 酸和 YOH 碱水合对农业科学、生物化学、药物科学、生命科学等领域至关重要(X = F、Cl、Br、I；Y = Li、Na、K、Rb、Cs)。但是 H^+质子和“:”孤对电子，以及离子与水分子的作用以及它们的功能始终未能确定[8-14]，而路易斯的理论主要针对水解而非水合。酸溶液的主要特征是具有高腐蚀性稀释和破坏溶液的表面张力[15]，碱溶液也具有腐蚀性并在水合时释放热量[16]。理解溶质-溶剂分子间的通过质子或孤对电子的作用有助于了解诸如药物与细胞的作用以便提高医用效率[17-20]。

在一个世纪内，已经建立了许多关于酸碱水合的理论模型[25-34]。这些模型多为关注质子和孤对电子的输运行为而少有涉及包括质子和孤对电子的溶质对溶液网络结构以及溶液的物理化学性能的影响。图 12.4 介绍了 3 个典型的描述酸/碱溶液中质子/孤对电子输运动力学模型，认为酸溶液中的 H_3O^+和碱溶液中的 HO^-行为全同，只不过极性反转而已。

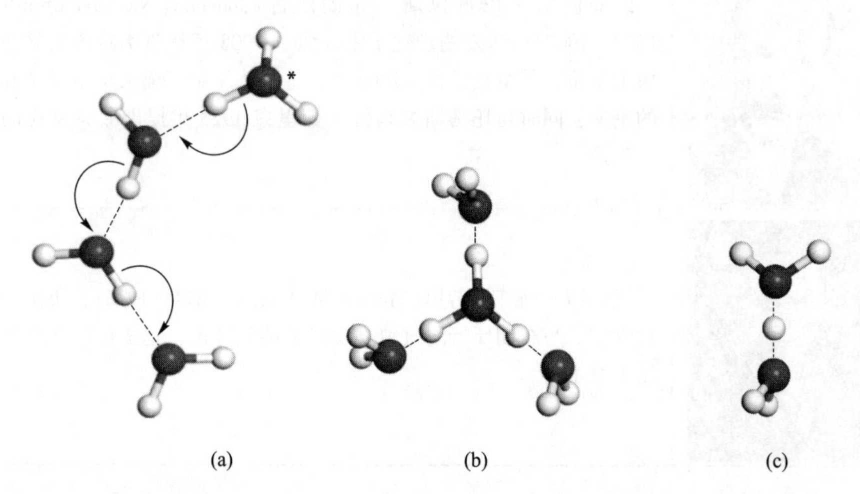

图 12.4　酸/碱溶液中质子/孤对电子的输运机制：(a) Grotthuss 的随机跃迁机制[21,22]，(b) Eigen的 $[H_9O_4]^+$构型[23]，(c) Zundel 的 $[H_5O_2]^+$随机隧穿机制[24]

Eigen 的模型忽略周围水分子的取向及其整体的 2N 守恒，中心 H_3O^+与 3 个紧邻 H_2O 分子形成氢键而顶部的孤对电子自由存在。Zundel 的模型与博纳尔-富勒-鲍林的质子隧穿模型一致而忽略 O : H—O 能量的非对称特性

第一个是 Grotthuss[21,22]在 1900 年代初期提出的质子“随机迁移扩散”或者“随机跃迁”模型。认为质子或孤对电子随机地从一个水分子跳至另一个水分

子，而且质子的迁移活性远大于水分子。这个模型可以描述含有额外质子的H_3O^+酸溶液和含有额外孤对电子的HO^-碱溶液的输运行为。后期发展引入了热致跳跃[35]、结构涨落[36]以及量子隧穿[37]等微观机制。虽然这个模型在早期非常流行，而且能够描述电荷长程迁移，但对描述酸碱溶液的结构演变和物性仍然面临挑战[38]。

在20世纪60年代，Eigen[23]提出了$H_9O_4^+$的局域结构模型而且主张H_3O^+与其3个紧邻水分子形成O：H—O强键而保持它的孤对电子自由。根据2N和O：H—O键构型守恒规则，H_3O^+同时形成3条O：H—O键，若孤对电子自由而不考虑它的4个近邻水分子的空间取向约束似乎是不可行的[15]。酸溶液中的H_3O^+或碱溶液中的HO^-很难通过3个H^+或"："与其近邻已有固定取向的水分子形成4条O：H—O键[39]。

同期，Zundel[24]推崇$[H_5O_2]^+$构型而假定质子/孤对电子在两个水分子之间作博奈尔-富勒-鲍林的量子隧穿运动[40,41]而忽略了O：H—O键分段能量的差异和水分子的空间取向规则。因为2N和O：H—O构型守恒，每个水分子的4个近邻中必须有两个以H^+而另外两个以"："朝向它，也即水分子的空间取向规则。具有4.0 eV或以上结合能的H—O键[39]需要在至少121.6 nm波长的激光辐照下才能裂解[42]。

12.3.2 霍夫梅斯特序列

盐溶于水发生电离和水解后以离子或原子团形式存在，形成电解质溶液。海水和体液都是非常典型的电解质溶液。在动物体内，体液发挥着重要作用[43]。溶液中的离子常常影响蛋白质、DNA、酶等生物分子以及生物膜的性质，因此特定离子的作用对于医药、健康和疾病治疗具有重要意义。将离子以酸、碱、盐、糖、各种缓冲剂等添加物形式加入蛋白质溶液中，有助于维持蛋白质的性能稳定。在活性或失活的离子通道中，不同离子对抑制或促进DNA的折叠和展开的作用不同。

此外，在分子尺度上，离子溶液常被用作润滑剂。尿素和无机盐能改变溶液的相变温度。这些物质为有机化学反应提供新的手性媒介[44]。严寒地区遭遇大雪天气，在结冰的路面撒盐能够促进冰雪消融从而改善交通状况。糖、盐等添加剂都可以降低离解能，用于除冰防冻，低温保存生物样本是必不可少的。温度升高，糖的溶解度增大，若压强增大，溶解度反而减小[45]。

科学家们已经开展了大量研究试图理解霍夫梅斯特序列的机理[1,4,46-49]。19世纪80年代，霍夫梅斯特在研究鸡蛋清时发现硫酸盐或氟化物能迅速使蛋白质产生沉淀，而碘化物或硫氰酸盐没有观察到相同的现象。他还发现不同离子会影响蛋白质等胶体溶液的稳定性和溶解度以及水的表皮张力。此外，阳离子比阴离子效果更明显。霍夫梅斯特根据离子使蛋白质变性的能力得到如下序列。

阴离子：

$$F^- \approx SO_4^{2-} > HPO_4^{2-} > CH_3COO^-(\text{acetate}) >$$
$$Cl^- > NO_3^- > Br^- > ClO_3^- > I^- > ClO_4^- > SCN^-$$

阳离子：

$$NH_4^+ > K^+ > Na^+ > Li^+ > Mg^{2+} > Ca^{2+} > CH_6N_3^+(\text{guanidiium})$$

此外，Randall 和 Failey[50-52]认为，离子的盐析性质也类似遵循霍夫梅斯特序列。

阴离子：

$$OH^- > SO_4^{2-} > CO_3^{2-} > ClO_4^- > BrO_3^- > Cl^- >$$
$$CH_3COO^- > IO_3^- > IO_4^- > Br^- > I^- > NO_3^-$$

阳离子：

$$Na^+ > K^+ > Li^+ > Ba^{2+} > Rb^+ > Ca^{2+} > Ni^{2+} > Co^{2+} > Mg^{2+} > Fe^{2+} >$$
$$Zn^{2+} > Cs^+ > Mn^{2+} > Al^{3+} > Fe^{3+} > Cr^{3+} > NH_4^+ > H^+$$

因此，理解离子如何调控溶液性质进而影响化学反应和结构动力学显然具有重要意义。

12.3.3　盐溶液现象与模型

非电解质溶液中溶盐，情况往往更加复杂，因为它涉及离子、溶剂、溶质分子之间的相互作用[1,53]。现有理论与实验结果倾向于从作用程和不同离子对溶液性质影响的正反序的角度来解释霍夫梅斯特序列[43]。

12.3.3.1　霍夫梅斯特：水的结构固化与破坏

霍夫梅斯特曾试图应用电解质电离的知识来解释其实验发现[54]。他还将研究拓展至蛋白质和其他胶体溶液，并尝试把得到的序列与各离子的水合能力联系起来。离子的水合能力大小一般可以用来描述对应盐的溶解度。20 世纪 30~50 年代，基于霍夫梅斯特对其观察到的离子序列的解释形成了溶质离子结构固化与破坏的理论[55-57]，表 12.3 列出了一些属性。

表 12.3　溶质离子结构固化与破坏的重要属性

	结构固化型	结构破坏型
离子半径	小	大

续表

	结构固化型	结构破坏型
电荷量	多	少
属性	提高氢键序度； 促进水合作用； 从蛋白质中“偷水”，促进盐析效应； 沉淀蛋白质，抑制蛋白质展开； 增强疏水性； 硫酸铵沉淀蛋白质提纯	抑制水分子序度； 导致蛋白质、DNA 变性； 削弱氢键作用； 促进蛋白质展开，并且与展开的蛋白质相互作用更强； 减弱疏水性
举例	F^-、Mg^{2+}	I^-、NH_4^+、SCN^-

注：离子形成长程作用影响水的结构，进而调节蛋白质析出或溶解的能力。

Zangi 等的研究结果表明[58]，即使考虑离子(溶质)之间的相互作用，仅用单一概念很难解释离子的溶剂化效应。他们研究了离子与 0.5 nm 大小的微粒的相互作用，发现电荷密度大的离子表现出更强的疏水性进而引起离子析出，而电荷密度小的离子的析出或溶解能力取决于其浓度。一般而言，强疏水性会促使微粒团聚。这些现象与微粒表面的水分子对离子的选择性吸附或排斥有关，但并不是简单、单调的方式。在疏水微粒表面，与电荷密度高的离子相结合的水分子虽然很少，但结合非常紧密，从而减少了溶剂水分子数量。另一方面，电荷密度低的离子优先在微粒表面吸附，当离子浓度较高时，会促进盐溶现象，因为离子以类胶束结构排列在疏水微粒形成的团簇周围。当离子浓度降低时会发生盐析现象。

结构固化或破坏理论至少在以下两个方面存在不足[4]：首先，它无法描述蛋白质或其他溶质表面的真实化学情况；其次，离子可能只直接影响第一个水合壳层[59,60]，但也可能对更远程的水合壳层有影响[61]。此外，由于极化特性，阴离子会优先占据溶剂-空气界面[62]。如果我们不从蛋白质本身以及溶剂-蛋白质相互作用的本质着手，就不可能真正合理地对各离子进行排序，进而充分理解霍夫梅斯特效应的本质。

12.3.3.2　柯林斯亲和性匹配法则——离子选择性

19 世纪 90 年代，柯林斯(Collins)从直觉经验上描述离子选择性机制：在水中，自由能相近且电性相反的离子会倾向于成对存在，此即“水的亲和性匹配法则”[63,64]。该法则考虑了离子间以及异种电荷离子表面之间的静电相互作用和系统化(非定量)的水合相互作用。盐效应不仅取决于单个离子，离子间的相互作用也会造成影响。这种离子对会影响水溶液的诸多性质，如活性系数、表皮张力以及蛋白质等胶体溶液的盐化效应。

还有一种观点认为，霍夫梅斯特效应是源于在非极性分子或大分子表面，盐离子取代了水分子，因为离子具有不同的取代能力，所以会呈现霍夫梅斯特序列。实验上，空气-盐溶液界面的表面势和表皮张力的差异可以解释在蛋白质-溶液界面离子对其稳定性和溶解度的间接影响[65]。

12.3.3.3　量子色散与离子-表面互感

如果忽略离子间的相互作用、水分子的量子效应和离子特定的色散作用，仅仅依据静电场理论模型并不能为溶液的某些性质提供合理解释[66]。基于柯林斯法则的计算方法考虑了离子色散作用，可以解释溶液的一些性质[63]，如半径相同的离子的溶解能力差异；碘化物溶液的空气-水界面存在微弱斥力；溶液中大离子之间具有亲和性等。

Liu 等[67]发现一固定的、离子强度变化很大的带电表面，表现出显著的 Ca^{2+} 和 Na^{+} 交换的霍夫梅斯特效应。他们认为，研究结果与色散力、经典感应力、离子半径或水合效应没有关系，而是由一种活跃在离子-表面感应作用的新的力引起的。这种感应力的大小约为经典感应力的 10^4 倍，大小和库仑力相当。它似乎受到库仑作用、色散力和水合效应综合影响。这种非经典的强感应力意味着界面上离子/原子的非价电子能量可能一直被低估了，而恰好它们决定了霍夫梅斯特效应。

另外，Xie 等[43]认为阳离子-阴离子的协同作用在霍夫梅斯特效应中发挥了重要作用，但它们常常被忽视。有些盐能增加氢供体如尿素等的浓度，有些盐含有强溶剂化的阳离子或弱水合的阴离子，它们往往作为二级结构变性剂来溶解蛋白质结构，而那些缺乏氢供体而富含氢受体的盐则与之相反。

12.3.3.4　光谱学测量结果

分子动力学和光谱学相结合的方法已经被广泛应用于研究带电氨基酸侧链上盐离子的霍夫梅斯特序列[68,69]。研究表明，带负电荷的羧酸侧链基团倾向于与离子半径更小的阳离子配对。另外，Na^{+} 比 K^{+} 更容易使蛋白质表面“中毒”[70]，这可能有助于解释为什么细胞质中含有的 K^{+} 比 Na^{+} 多。类似地，碱性氨基酸中带正电的侧链基团能更有效地与离子半径更小的阴离子配对，所以在这些位点上，呈现霍夫梅斯特逆序排列[71,72]。这些带电基团的相互作用可以和主链的相互作用相提并论，前者的作用甚至更强。对于整个多肽或蛋白质而言，这将导致其相关的霍夫梅斯特序列逆序。

在 H_2O/D_2O 的混合溶液中，溶质离子与水分子偶极子间的相互作用会影响水分子的取向以及 H—O(ω_H)和 D—O(ω_D)键的伸缩振动频率。Smith 等[13]配制了一定浓度的 H_2O/D_2O 混合溶液，接着向其中加入 1 M 的 KX($X = F^-$、Cl^-、Br^-、I^-)，然后分别采集它们的拉曼光谱并与不加盐的样本进行对比研究。他们发现，离子半径更大且电负性更低的离子(I^-)会使 H—O 和 D—O 振动频率的蓝移更为显著，而 F^-的影响几乎可以忽略。Park 等[73]采用 2D-IR 光谱技术和 MD 模拟计算发现，当向 H_2O/D_2O 混合溶液中加入 5%的 NaBr 溶液后，D—O 伸缩振动频率从 2 509 cm^{-1}变为 2 539 cm^{-1}，而且计算结果还显示，频移量会随附属于每个 Br^-的水分子相对数量(8、16 或 32)多少变化。相对水分子数越少(较高浓度)，频移越显著。此外，D—O 声子蓝移，其弛豫时间会随之增加。继续增大 NaBr 浓度，溶液中的水分子平动或分子涨落程度都会降低，这促使 ω_D蓝移而且溶液黏度增大。研究也表明[74]，增大 LiCl 的浓度会将溶液的过冷温度从 248 K 降至 190 K。

Li 等在 0~100 ℃温度范围内采集了的卤化钠溶液拉曼光谱来研究溶液中氢键的结构[75]。他们把 H—O 伸缩振动带分解成 5 个高斯峰，峰位分别位于 3 051、3 233、3 393、3 511 和 3 628 cm^{-1}，其中波数较高的两个频率属于配位数小于 4 的水分子，另外 3 个属于具有类冰结构的四配位水分子。此外，他们还发现，20 ℃时，F^-离子对应的拉曼光谱和纯水的光谱几乎不变，但是 Cl^-、Br^-和 I^-都能破坏类冰的四配位氢键结构，且程度依次增强。因此，他们认为卤离子和升温对水分子结构破坏效果是类似的，它们都会促进自由水分子氢键转变成卤素离子-水氢键。升温[76]和加盐[6]虽然对 H—O 声子的频移效果相同，但物理机制截然不同。

然而，Smith 等[13]认为盐溶液中的 H—O 拉伸声子频移与氢键结构破坏没有相关性而是与氢键成键有关。他们分别测量了 D_2O 和卤化钾(1 M)混合溶液以及 HOD(14%)溶液的拉曼光谱，通过光谱分析，认为盐溶液和纯水光谱的差异主要源于盐离子形成的电场，而不是第一水合层之外氢键的重排。盐的分解只能在溶液中形成离子点电荷，其径向分布电场拉伸和极化水分子[77,78]。

进一步分析图 12.3 可知，$\Delta\omega_H$蓝移总是伴随着 $\Delta\omega_L$红移，且 $\Delta\omega_x$协同变化量仅取决于 O：H—O 分段键长和键能的弛豫。外加激励只是改变 O：H—O 的分段长度和能量以及非键电子的极化程度[79]。氢键中非键电子极化和退极化会对光谱的峰位、峰宽和强度产生影响[79]。另外，局域场主导 H—O 成键电子钉扎和非键电子极化以及水分子重排[67]。

12.3.3.5 声子寿命与溶液黏度

黏度是表现盐溶液性质的重要参量之一，也是区分盐水的结构固化或结构破坏分类的一个标准。一般可用 Jones-Dole 经验方程描述溶液浓度与黏度

的关系[80]

$$\frac{\Delta\eta}{\eta_0} = A\sqrt{c} + Bc \tag{12.1}$$

式中，系数 A 与离子特性以及离子间的相互作用有关，碱金属卤化物溶液的 A 值为常数；系数 B 体现了离子与溶剂之间的相互作用；η_0表示纯水的黏度。对于浓度低于 0.1 M 的溶液，应用该方程所描述的稀溶液的黏度与实验测量值非常相符。

Nickolov 等[81]采用傅里叶变换红外吸收光谱（FTIR）技术研究了 5 种碱金属卤化物（KF、KI、NaI、CsF、CsCl）与 4 wt.% D_2O 的混合溶液的 $\Delta\omega_D$随浓度的变化，并考虑了溶质的结构固化和破坏特性与 $\Delta\omega_D$变化之间的关系。发现结构固化型离子 $B>0$，而结构破坏型离子 $B<0$。KI、NaI、CsCl 溶液的 $\Delta\omega_D$ 在 2 500 cm^{-1}附近发生红移，可知它们是结构破坏型离子；而 KF 和 CsF 发生了蓝移，所以其碱金属离子为结构固化型。

Omta 等[59]利用飞秒探测光谱研究了 $Mg(ClO_4)_2$、$NaClO_4$以及 Na_2SO_4溶液中水分子取向随时间变化的离子效应。他们发现，离子的存在对第一水合层外的水分子平动行为没有影响，因此离子的存在不会导致氢键网络固化或破坏。但是，Tielrooij 等[61]通过中子衍射[82]和黏度实验[65]测试表明，一些盐不但对第一水合层中的水分子有影响，甚至可以影响其他水合层的水分子。另外，结合太赫兹和飞秒红外光谱技术对离子（Mg^{2+}、Li^+、Na^+和 Cs^+，以及 SO_4^{2-}、Cl^-、I^-、ClO_4^-）周围水分子动力学行为的研究表明，离子和反离子对水分子的作用具有强关联和非叠加性，并且离子的作用范围可能远远不止第一水合层。

Jungwirth 等曾指出[4]，若要更多地了解关于生物系统中离子的特定效应，应该考虑霍夫梅斯特序列之外的更多东西。真正决定溶液性质的不仅仅是蛋白质表面的单个离子，离子间的相互作用在一定程度上也会起到影响，包括蛋白质附近和溶液中的离子。

研究表明[77]，$\Delta\eta/\eta_0$ 正比于 O：H—O 从纯水状态转化到第一离子水合层中的相对数目。其中，线性项源于正离子的贡献而非线性项源于负离子的贡献。由于水合层内反向排列的水分子偶极矩对体积较小的正离子的电场全屏蔽，故其水合团簇大小恒定，不随溶质浓度改变；对大体积的负离子则不然，高度有序的水分子偶极矩不足以全屏蔽其局域场，所以负离子间的排斥在溶质浓度升高时削弱其局域电场，阴离子的团簇内有效分子数目逐渐变少。

综上所述，从离子电场所致 O：H—O 弛豫和极化这一角度重新考虑离子的水解和水合以及盐水的性质非常必要[1,49,83]。

12.4　解析实验证明

12.4.1　酸碱盐水合的主控因素

我们已经证明水表皮的超固态及其高热稳定性和强极化[79,84]。霍夫梅斯特效应最初是研究蛋白质变性剂的规律，它涉及离子、水和蛋白质3个方面。因此，实际上是图12.5中3个圆域内的各自相互作用以及域间的耦合作用共同决定了霍夫梅斯特序列，但溶液中H_2O溶剂对溶质种类、浓度以及蛋白质的响应起主导作用。当然，要求任一理论模型考虑所有影响因素和各因素之间的关系是不现实的。所以，有必要尽可能列出所有影响因素，并分清主次，如表12.4所示。

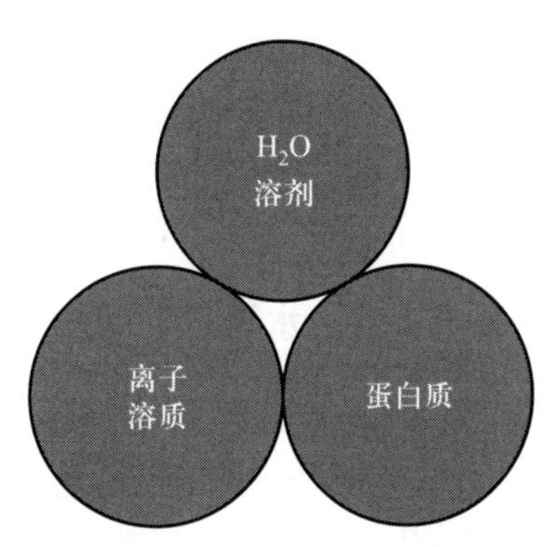

图12.5　霍夫梅斯特效应涉及的相互作用示意图

表12.4　影响霍夫梅斯特效应和酸碱溶液性质的因素

影响对象	因素
溶质离子	离子种类、浓度；离子半径、电荷量、电负性；接触离子对(CIP)，溶剂分隔的离子对(SIP)；水合层的本质和形成方式等
水溶剂	O-O库仑斥力作用，O：H—O分段差异；氢键分段协同弛豫；键长和键能变化，非键电子极化；水分子活性等
DNA和蛋白质	主/侧链；极化等
溶剂表皮和溶质水合层	离子位置选择性；超固态；水分子偶极子取向等
H_2O与蛋白质界面	亲水键；疏水非键；超固态等
实验可测量	声子频移；声子寿命；介电常数；表面张力；极化率；溶解度；黏度；化学稳定性；热稳定性等

氢键分段协同弛豫和非键电子极化决定了溶液的表皮张力、溶解度、离子水合层厚度和溶液表皮的热稳定性。盐溶于水形成离子，溶液中均匀分布的离子或离子对形成电场源和极化源，而离子和H^+或O原子上的孤对电子对间发生电荷共用或电荷转移的概率很小。

O：H非键孤对电子和偶极子也普遍存在于生物分子中，它们对各种形式的微扰非常敏感。因此，我们应当优先考虑溶质和溶剂本身以及相互之间的作用。溶液离子电场中的主要反应包括氢键弛豫、成键电子钉扎、非键电子极化、O：H 非键断续。相对而言，H—O 键能高达 4.0 eV，不使用催化剂很难断裂。离子与水或生物分子之间没有电子交换作用，只有感应或极化。

在溶液中，离子电场使氢键伸缩和非键电子极化。溶液的表皮张力、黏度、相变压强和相变温度、溶质-空气界面和溶质-蛋白质界面的反应活性都与离子电场有关。所以，我们只有建立全面的溶质-溶剂-蛋白质知识体系，才能清晰理解溶质和其他生物分子之间的相互作用。水应该是分子晶体中最简单的一种，因为它不涉及质子-质子和孤对-孤对电子间的排斥。

12.4.2　盐水溶液：离子点极化

12.4.2.1　溶质离子的电场

图 12.6 所示为离子电场的示意图。YX 型盐溶于水后，会形成 Y^{n+} 阳离子和 X^{n-} 阴离子。Y^{n+} 和 X^{n-} 离子各自形成一个点电荷中心，它们的极性和半径不同。阴、阳离子分别产生径向电场，从阳离子出发，指向阴离子。阴阳离子的离子间距取决于溶液浓度以及它们的电负性差($\Delta\eta=\eta_X-\eta_Y$)。当浓度较低或者电负性差很

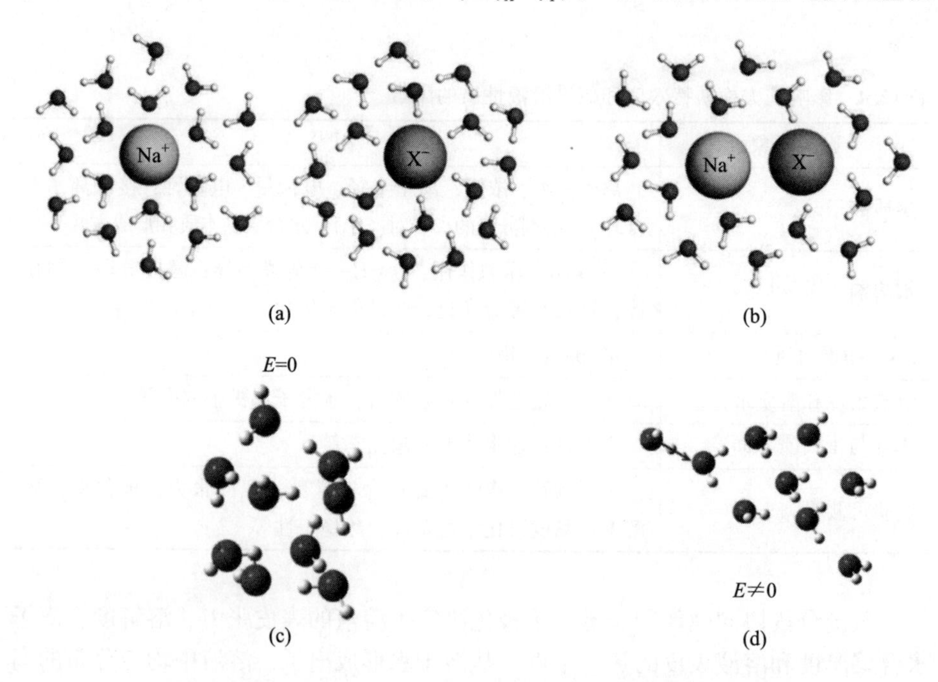

图 12.6　离子电场示意图[85]：(a)溶剂分隔的离子对(SIP)常形成于低浓度溶液中；(b)接触离子对(CIP)存在于更高浓度的溶液中，大约 $N_{水分子}/N_{离子}\leqslant 18$(或浓度在 3.0 M 以上)；(c)无电场时，水分子排布呈各向同性；(d)有电场强度如 $E=0.024$ V/m 时，水分子排布更加有序

小时，Y^{n+}和X^{n-}离子被水分子分开，形成溶剂分隔的离子对(solvent-separated ion pairs，SIP)；另一种情况是，当浓度较高或者电负性差比较大时，如NaF，$\Delta\eta=4.0-0.9=3.1$，F^-和Na^+间距较小，形成偶极子电场，称为接触离子对(contacted ion pairs，CIP)。CIP电场的作用范围比SIP的作用程短且有方向性。

另一方面，水分子偶极子在电场中的取向会屏蔽或减弱局域电场。内外合场强决定氢键弛豫和极化的程度。孤立离子的电场作用是长程的，离子对的电场作用范围相对较小。因此，离子水合层既可能是单层的也可能是多层的[59,61]。

12.4.2.2 氢键拉伸与极化

离子电场会通过静电作用改变水分子的取向，使水分子聚集、拉伸和极化。在第一水合壳层中，水分子中的H^+朝向阴离子，O^{2-}的孤对电子朝向阳离子。离子电场可以辐射到第二水合层甚至更远，这主要取决于离子电场的场强大小以及所受屏蔽的程度。因此，离子电场的作用范围随阴离子种类、大小、浓度而异。氢键是构成冰水最基本的结构和能量单元。因此，水分子偶极子被拉伸等效于氢键伸长。具体表现为O：H非键伸长同时H—O键缩短，因为非键的变化量总大于共价键。相应地，ω_H发生蓝移，ω_L红移。

一方面，离子电场使水分子的尺寸减小，增大了分子间距；另一方面，非键电子的强极化降低了水分子的涨落和自扩散程度[86]。这与分子低配位效应相同，在冰水表皮形成超固态。超固态离子水合层和纯水表皮的水分子显示出H—O声子频率蓝移，弛豫时间更长，表皮张力、黏度、溶解度更大，热稳定性更强的特点，而密度以及分子活动性降低。

溶液的可测物性与氢键的特征量有关。我们可以通过测量声子频移等获知氢键分段键长(d_x)、键能(E_x)、约化质量(μ_x)以及非键极化等情况[79,87]。因此，溶质离子的极化作用对O-O间的库仑相互作用$V_C(r_{OO})$以及相关声子频移$\Delta\omega_x$与加热、分子低配位的效果相同，如式(12.2)所示，都只与氢键分段刚度相关。外部激励是自变量，键的长度和刚度是因变量，而可测宏观物性是所要测量的目标变量。

$$\begin{cases}\Delta\omega_x=(2\pi c)^{-1}\sqrt{\dfrac{k_x+k_C}{m_x}}\propto\dfrac{\sqrt{E_x}}{d_x} & \text{(声子频移)}\\ V_C(r_{OO})=\dfrac{q_O^2}{4\pi\varepsilon_r\varepsilon_0 r} & \text{(O-O 库仑势)}\end{cases}\qquad(12.2)$$

库仑势函数$V_C(r_{OO})$中含有3个参数：介电常数ε_r，O-O间距r_{OO}以及O原子上的净电荷量q_O。拉伸、分子低配位、加热或加盐等条件以相同方式改变$V_C(r_{OO})$以及相应的声子频移$\Delta\omega_x$，但不涉及电荷交换[88,89]。

离子电场所致氢键伸缩和极化使O原子间的库仑作用减弱。另外，氢键的取向和极化使水合层对外部的离子电场具有屏蔽效应[73,74,90-93]。分析声子频移、接触角变化、冰水相变温度和压强、溶胶-凝胶转变时间等临界条件，有助于我们澄清决定霍夫梅斯特效应的主导因素。

12.4.3　酸碱溶液：反氢键和超氢键

1923 年，路易斯从共用电子对角度提出了酸碱水解理论。但一直以来，溶液中分子间的相互作用没有得到足够重视。因此，提出反氢键（anti-HB，H↔H）[15]、超氢键（super-HB，O：⇔：O）[16]和极化氢键（O：H—O）[78]分别描述酸、碱、盐溶液中的溶质-溶剂的分子间相互作用，这是十分必要的。

HX 型酸溶于水电离出一个 H^+，H^+ 极易结合水分子形成水合氢离子 H_3O^+，具有一对孤对电子和类 NH_3 的四面体结构。在初始水分子四面体结构中，H_3O^+ 取代一个水分子的位置，和配位的水分子通过 H↔H 的排斥相互作用，以点断裂源的方式破坏氢键网络。YOH 型碱溶于水电离出羟基 HO^-，具有 3 对孤对电子和类 HF 的四面体结构，HO^- 取代水分子四面体中的一个水分子后，与近邻的水分子通过 O：⇔：O强排斥作用来压缩氢键网络。此外，酸碱溶于水电离出的 X^- 和 Y^+ 与盐溶液中的离子行为和极化效果相同。表 12.5 为路易斯酸碱溶液中分子间的相互作用。

表 12.5　酸碱盐溶液中的反氢键点断裂源、超氢键点压缩源和离子点极化源[94-96]

溶液			反应	离子作用	性能实例
酸（pH<7）	$HX+H_2\ddot{O}$:	→	$X^-+H_3\ddot{O}^+$（H↔H 反氢键点断裂源）	$H_3\ddot{O}^+$结构中包含一对孤对电子，形成类 NH_3 的四面体结构，与近邻 4 个水分子中的某一个形成H↔H反氢键而破坏氢键网络	酸味；石蕊变红；腐蚀性，稀释性，抑制黏度和表皮应力；缓解高血压等
盐（复合物）	$YX+H_2\ddot{O}$：		$X^-+Y^++H_2\ddot{O}$：（X^- 和 Y^+ 点极化源）	X^- 和 Y^+ 形成离子电场重排、拉伸和极化氢键，变化程度与离子半径、浓度、类型等相关	霍夫梅斯特序列；表面应力及黏弹性增强；热稳定性增强；蛋白质溶解度增大；表皮超固态强化；极化增强；高血压升高等
碱（pH>7）（碱金属）	$YHO+H_2\ddot{O}$：		H：$\ddot{O}$：$^-$+Y^++$H_2\ddot{O}$：（O：⇔：O 超氢键点压缩源）	H：$\ddot{O}$：$^-$结构中包含 3 对孤对电子，形成类 HF 的四面体结构。形成的 O：⇔：O 超氢键压缩近邻 O：H 非键，拉伸 H—O 共价键。伴随着放热现象	溶液变腻、变滑；释热（H—O松弛）等

注：X=F、Cl、Br、I；Y=Li、Na、K、Rb、Cs。构成水合层的水分子数量由 Y^+ 和 X^- 的离子半径和电荷量确定。

12.4.4 水合离子的量子极化

12.4.4.1 氢键的热激和电致弛豫

声子计量谱学可以分析氢键的刚度对外界激励的响应。实验过程中，样品溶液中不同位置的水分子的配位数是不同的。据此，我们通过分峰拟合的方法来辨析不同位置的氢键随外界激励的变化情况。将 H—O 键伸缩振动的拉曼光谱解谱成 3 个高斯峰：块体，谱峰为 3 200 cm^{-1}(配位数等于 4)；水合层或纯水表皮，谱峰为 3 450 cm^{-1}(配位数≤4)；H—O 悬键，谱峰为 3 600 cm^{-1}(配位数≤1)。由式(12.2)可知，氢键分段键长和键能的变化会体现出 ω_x 的变化。光谱半高宽(FWHM)的变化与溶液中水分子的涨落序度变化有关。差谱横轴以上和以下包围的面积表示声子的丰度从常规水转移到水合层。谱峰总面积守恒。分峰后任意组分声子丰度的得失可以不同，但总峰的声子丰度的得失必须相等。

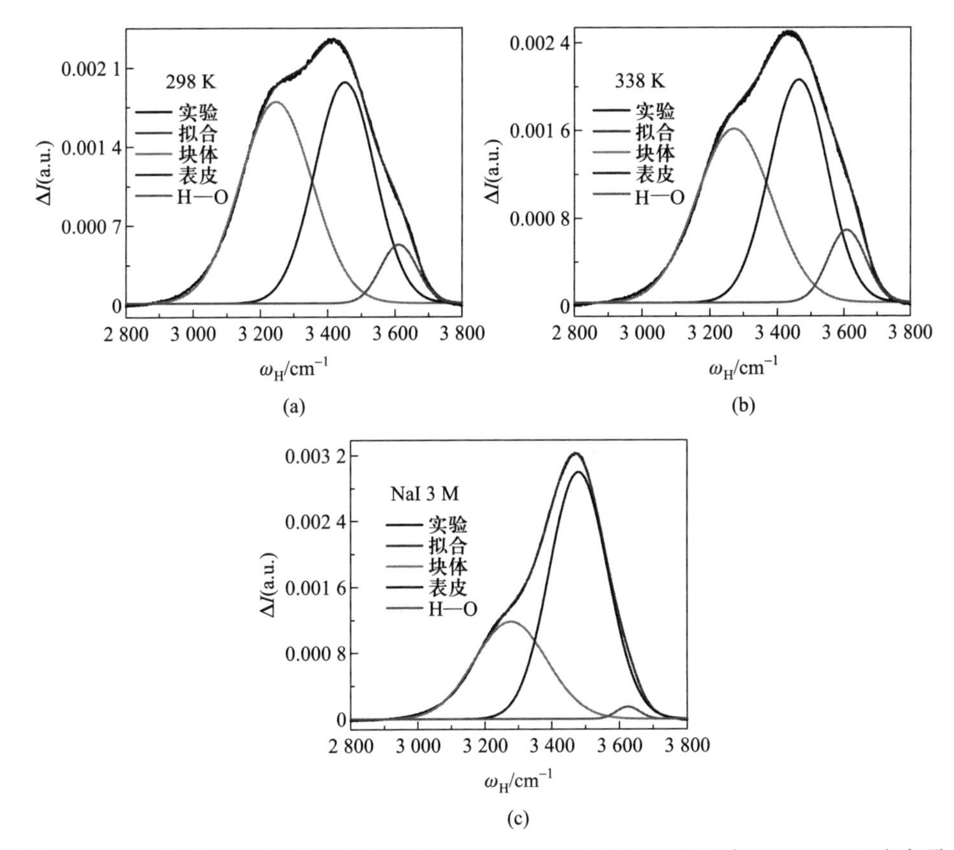

图 12.7 高斯分峰方法解谱样品溶液的拉曼光谱：(a)298 K 去离子水，(b)338 K 去离子水，(c)3 M 的 NaI 溶液[84](参见书后彩图)

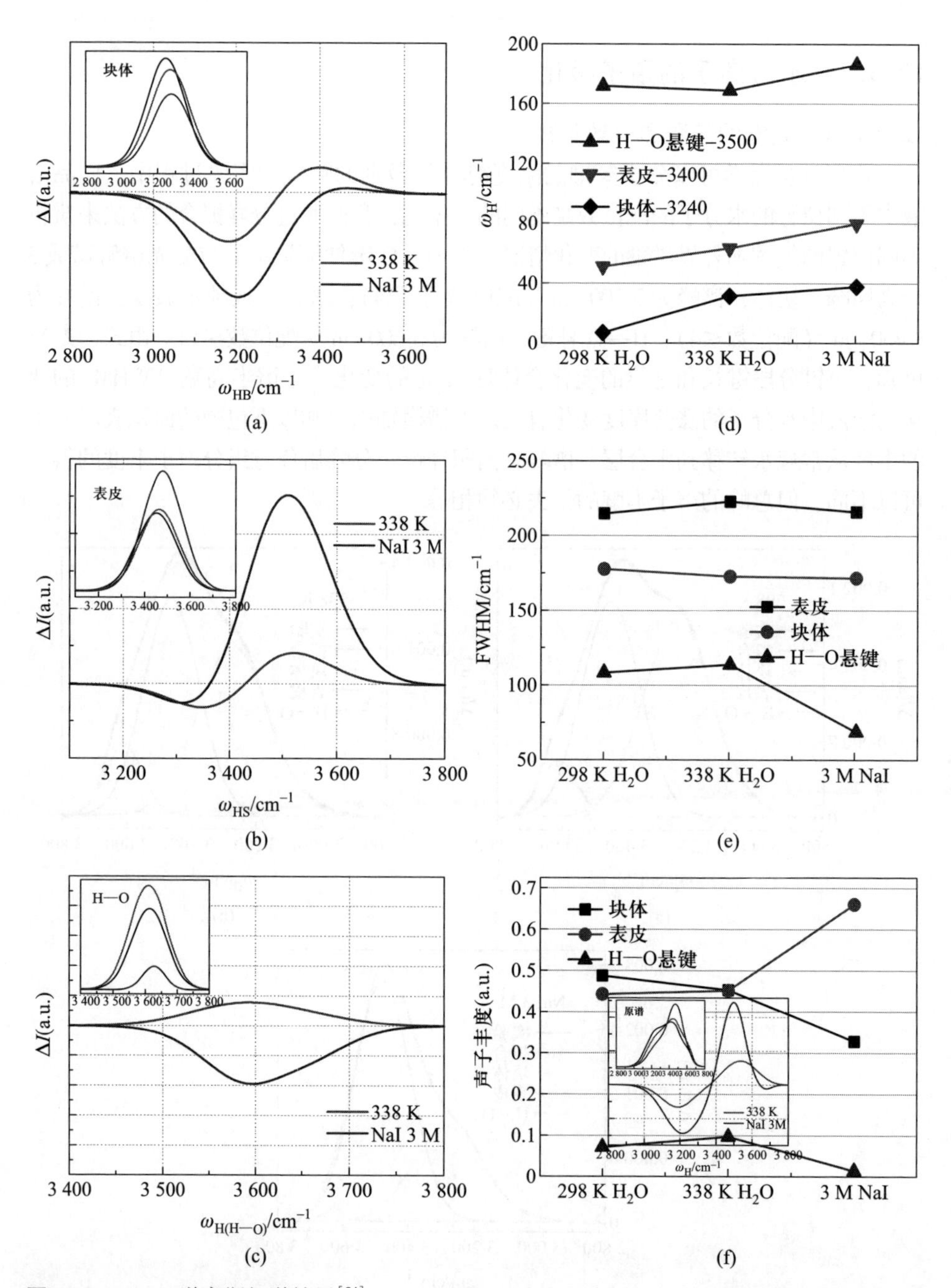

图 12.8　H—O 谱高斯解谱结果[84]：(a~c)338 K 去离子水和 3 M NaI 溶液的分子位置分辨差谱，以 298 K 去离子水的拉曼谱为参考光谱；(d~f)分别表示各位置组分的键刚度、半高宽和声子丰度(参见书后彩图)

(a~c)中的插图为 H—O 伸缩振动谱高斯分峰解谱的各组分峰结果，(f)中的插图表示 338 K 去离子水和 3 M NaI 溶液中 H—O 声子的拉曼差谱

图 12.7 所示为去离子水和 3 M NaI 溶液的拉曼光谱。采用高斯分峰解谱的方法得到了各样本中块体、离子水合层和溶液表皮以及 H—O 悬键的分谱。图 12.8 表示各组分的峰位、半高宽和声子丰度情况。

综合图 12.7 和图 12.8 可以得到以下重要信息(如表 12.6 所示)：

(1) 纯水样品加热或加盐后，溶液中的 H—O 伸缩振动声子在块体水和溶液表皮/离子水合层组分中都显示出刚度会有不同程度的增大；

(2) 纯水升温后，H—O 悬键声子变软，拉曼频率从 3 611 cm^{-1} 红移至 3 608 cm^{-1}，但光谱强度增大，表明样品中的水分子热涨落序度升高；

(3) 与纯水相比，NaI 溶液中的 H—O 悬键声子更硬，其拉曼频率从 3 611 cm^{-1} 蓝移至 3 625 cm^{-1}，但强度有所减小，这是由于 I^- 在溶液表皮处优先占据而增强局域极化的结果；

(4) 光谱半高宽变化反映溶液中水分子的涨落情况，对溶液表皮和离子水合层组分而言，加盐后半高宽减小，而加热相反；

(5) 盐溶于水后，会形成水合层，因此溶液表皮和离子水合层组分的声子丰度会增加，相应的块体水和 H—O 悬键的声子丰度会减小。

表 12.6　纯水(298 K 和 338 K)以及 3 M NaI 溶液的 H—O 伸缩振动拉曼光谱分峰的主要参数[84]

	样品	块体	溶液表皮和离子水合层	H—O 悬键	备注
ω_H/cm^{-1}（H—O 键刚度）	298 K H_2O	3 247	3 451	3 611	纯水升温后，块体和表皮的 H—O 伸缩声子变硬，悬键变软；NaI 溶液中，H—O 所有组分的声子都变硬
	338 K H_2O	3 271	3 463	3 608	
	3 M NaI	3 278	3 480	3 626	
$FWHM/cm^{-1}$（水分子涨落序度）	298 K H_2O	214	178	108	纯水加热时，表皮组分的分子受到抑制，而块体和悬键的水分子活性增强；NaI 溶液中，溶液表皮/离子水合层和 H—O 悬键的分子涨落程度降低
	338 K H_2O	223	173	114	
	3 M NaI	216	172	69	

续表

	样品	块体	溶液表皮和离子水合层	H—O 悬键	备注
峰面积(a. u.)(声子丰度)	298 K H_2O	0. 49	0. 44	0. 07	超固态表皮具有热稳定性；NaI 溶液形成离子水合层，增加了表皮/离子水合层 H—O 声子数目
	338 K H_2O	0. 45	0. 45	0. 10	
	3 M NaI	0. 33	0. 66	0. 01	

类似地，图 12. 3 中纯水的红外差谱随温度和 NaCl 浓度的变化也表现出相同趋势[6]：

（1）块体、溶液表皮/离子水合层以及 H—O 悬键 3 个不同位置的 O：H—O氢键随温度和浓度变化弛豫时刚度、声子丰度和涨落序度各不相同。

（2）加热和增大盐浓度均使 ω_H 声子变硬，其红外频率从 3 150 cm^{-1} 蓝移至 3 450 cm^{-1}；同时 ω_{B1} 声子（∠O：H—O 弯曲振动模，峰位 ~600 cm^{-1}）变软，但是加热和加盐造成的变化程度不同[88,97]。25% NaCl 溶液的实验结果[90,98]一致。

（3）随着温度升高，氢键 ω_H 声子逐渐变硬，其频率从 3 200 cm^{-1} 蓝移至 3 450 cm^{-1}（25% NaCl 溶液），3 650 cm^{-1} 处存在一吸收伴峰（相当于拉曼光谱中 3 610 cm^{-1} 附近的散射峰），它属于 H—O 悬键。加热使氢键退极化，水分子的热涨落增大，因此光谱中的半高宽增大。

（4）随着 NaCl 浓度升高，氢键 ω_{B1} 振动频率从 600 cm^{-1} 红移至 530 cm^{-1}，而加热时，由于进一步退极化效应，其 ω_{B1} 更低（470 cm^{-1}）。位于 3 610 cm^{-1} 处的吸收峰表明 Cl^- 优先占据溶液表皮，湮没 H—O 悬键特征[62]。

（5）接触角实验验证了理论预测：加盐促进非键电子极化，而加热退极化[6]。较之拉曼测量，氢键弯曲振动模更具红外活性。

12. 4. 4. 2　碱金属碘盐种类效应

图 12. 9a 所示为 2. 1 M 的 YI（Y = Na、K、Rb、Cs）溶液的拉曼光谱[99]，扫描范围设为 50~4 000 cm^{-1}。对比所有谱线可知，并没有出现新的特征峰，表明 YI 溶于水后，均匀分布于溶液中的 Y^+ 和 I^- 并没有与水分子成键，而仅作为孤立电荷中心，所形成的离子电场极化相邻水分子。图 12. 9b 和 c 是 YI 溶液与纯水的氢键高低频声子振动频率差谱。高频声子（ω_H）蓝移，低频声子（ω_L）发生同步红移，只是 Y^+ 阳离子种类对高低振动频率频移的影响不明显。声子丰度得失相等，意味着离子水合层形成时，部分块体水分子转移至水合层。所

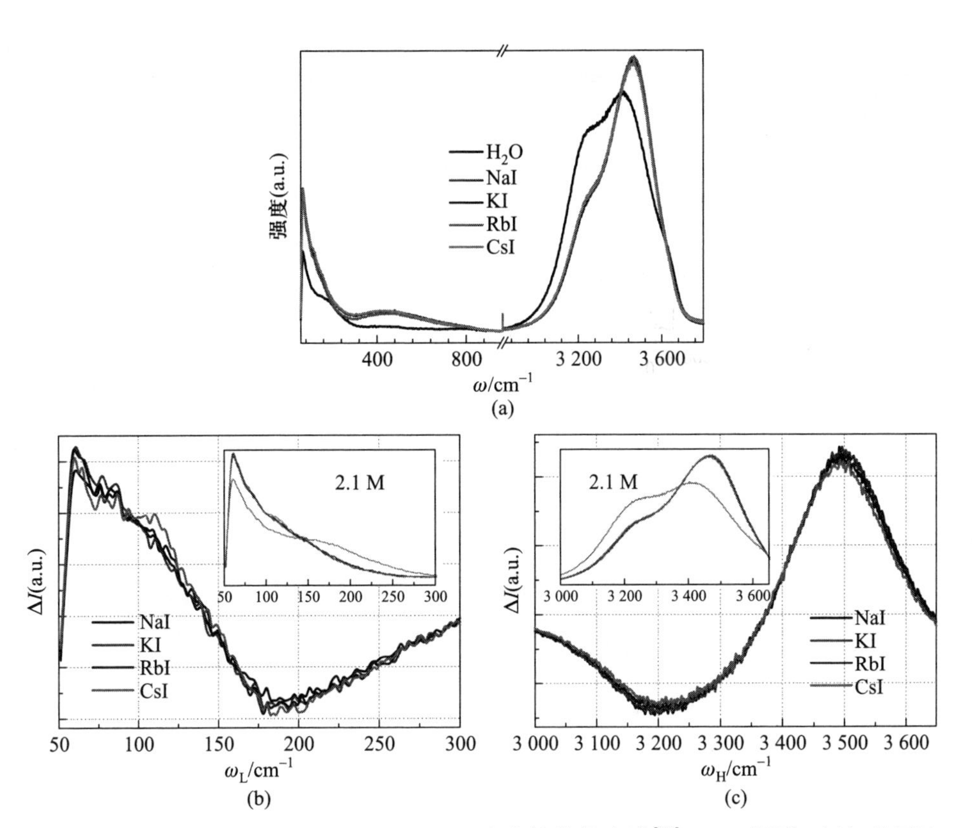

图 12.9 2.1 M 的 YI(Y = Na、K、Rb、Cs)溶液的拉曼光谱[99]：(a)原谱(频扫范围为 50~4 000 cm^{-1})、YI 溶液与纯水的(b)低频与(c)高频声子差谱(各插图为分段实测拉曼光谱)(参见书后彩图)

有溶液光谱中的 FWHM 都变窄，离子极化致使溶液中水分子结构变得更为有序，详细参数列于后文的表 12.7。

图 12.10 和图 12.11 为碘化物溶液中氢键分段伸缩振动频率随浓度变化的拉曼差谱。综合考虑实验变量与离子特性以及氢键分段声子频移的关系可知，Y^+离子浓度、种类都会影响氢键特征振动模式的拉曼频移，频移趋势与离子半径(R)、电负性(η)等特性参数有关，遵循霍夫梅斯特序列：$Y^+(\eta/R) = Na^+(0.9/0.98) > K^+(0.8/1.33) > Rb^+(0.8/1.49) > Cs^+(0.8/1.65)$。但氢键极化($\omega_L$增大)的顺序与之相反。离子越小，对应的 ω_x 偏移更大，因为第一水合层包含的水分子较少，极化效果更为明显。

图 12.12 给出了 2.1 M 的 4 种 YI 溶液拉曼光谱的解谱结果。利用 3 个高斯分峰拟合获得了样品溶液中块体、离子水合层与溶液表皮氢键以及 H—O 悬键的振动频率结果，峰位分别位于 3 200 cm^{-1}、3 450 cm^{-1}和 3 610 cm^{-1}附近。图 12.13 分析

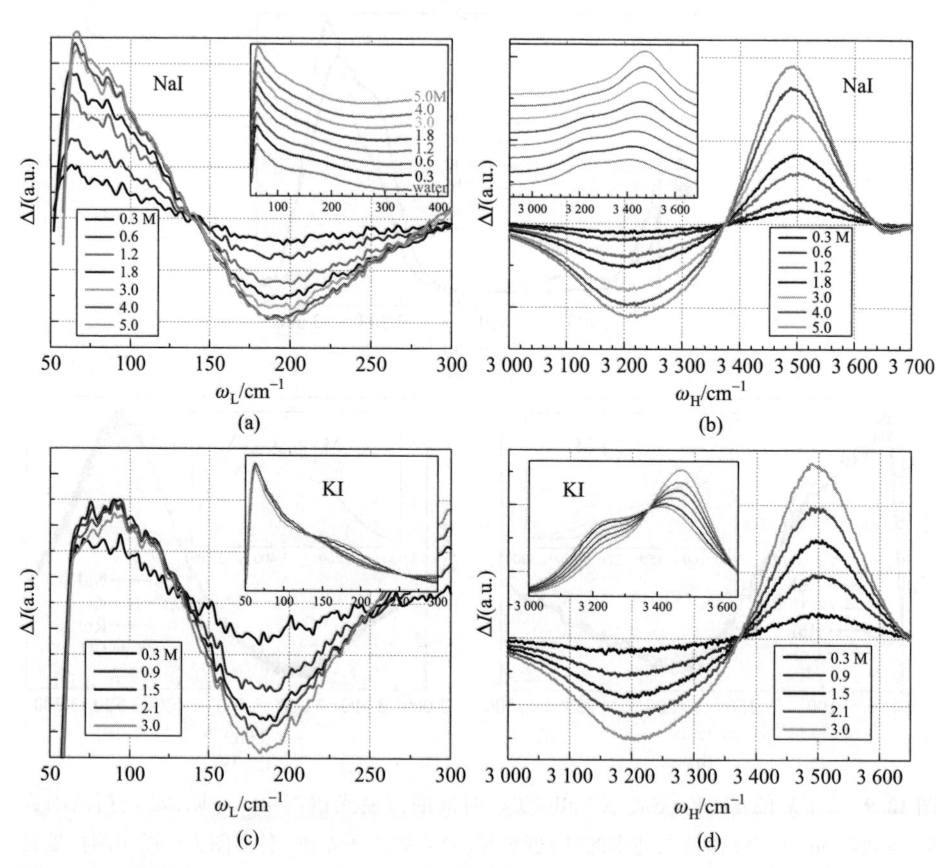

图 12.10　室温下，(a、b)NaI 与(c、d)KI 溶液中氢键分段的高低伸缩振动频率随浓度变化的拉曼差谱[99](参见书后彩图)

室温去离子水拉曼光谱为参考光谱。溶液中的离子电场使 ω_H 声子变硬，且随浓度增大发生蓝移，从 3 200 cm^{-1} 增大至 3 500 cm^{-1}；同时，ω_L 声子频率从 190 cm^{-1} 红移至 70 cm^{-1}。光谱的半高宽变窄。插图为各样品相应分段的原始拉曼谱

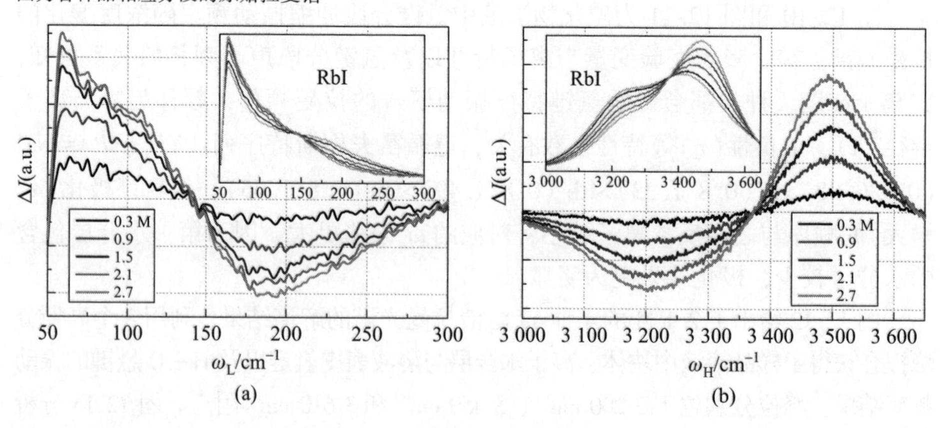

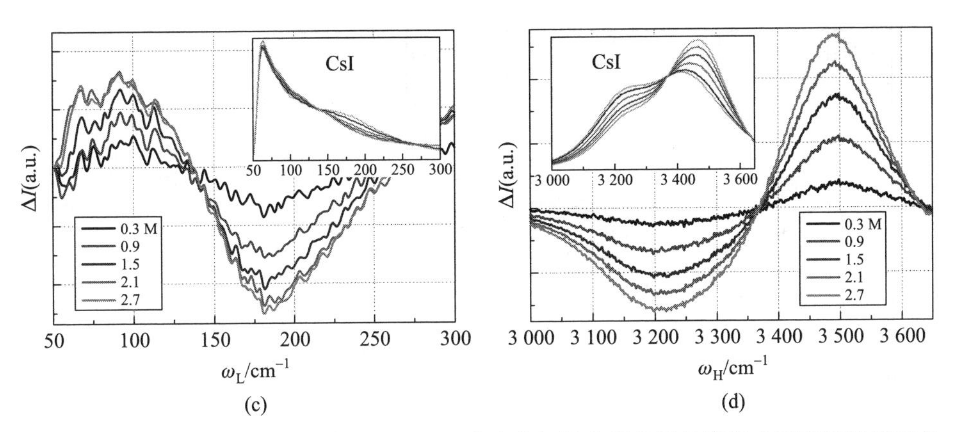

图 12.11 室温下，(a、b) RbI 与(c、d) CsI 溶液中氢键分段高低伸缩振动频率随浓度变化的拉曼差谱[99] (参见书后彩图)

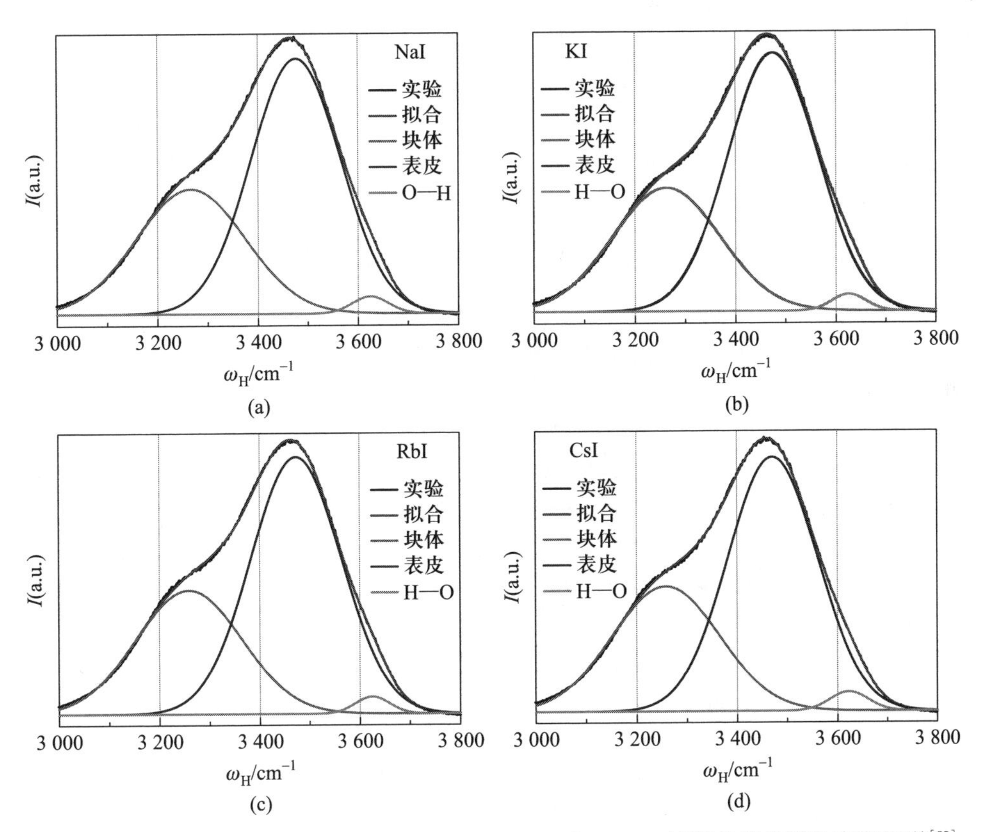

图 12.12 浓度为 2.1 M 的(a) NaI、(b) KI、(c) RbI 和(d) CsI 溶液拉曼光谱的高斯解谱[99] (参见书后彩图)

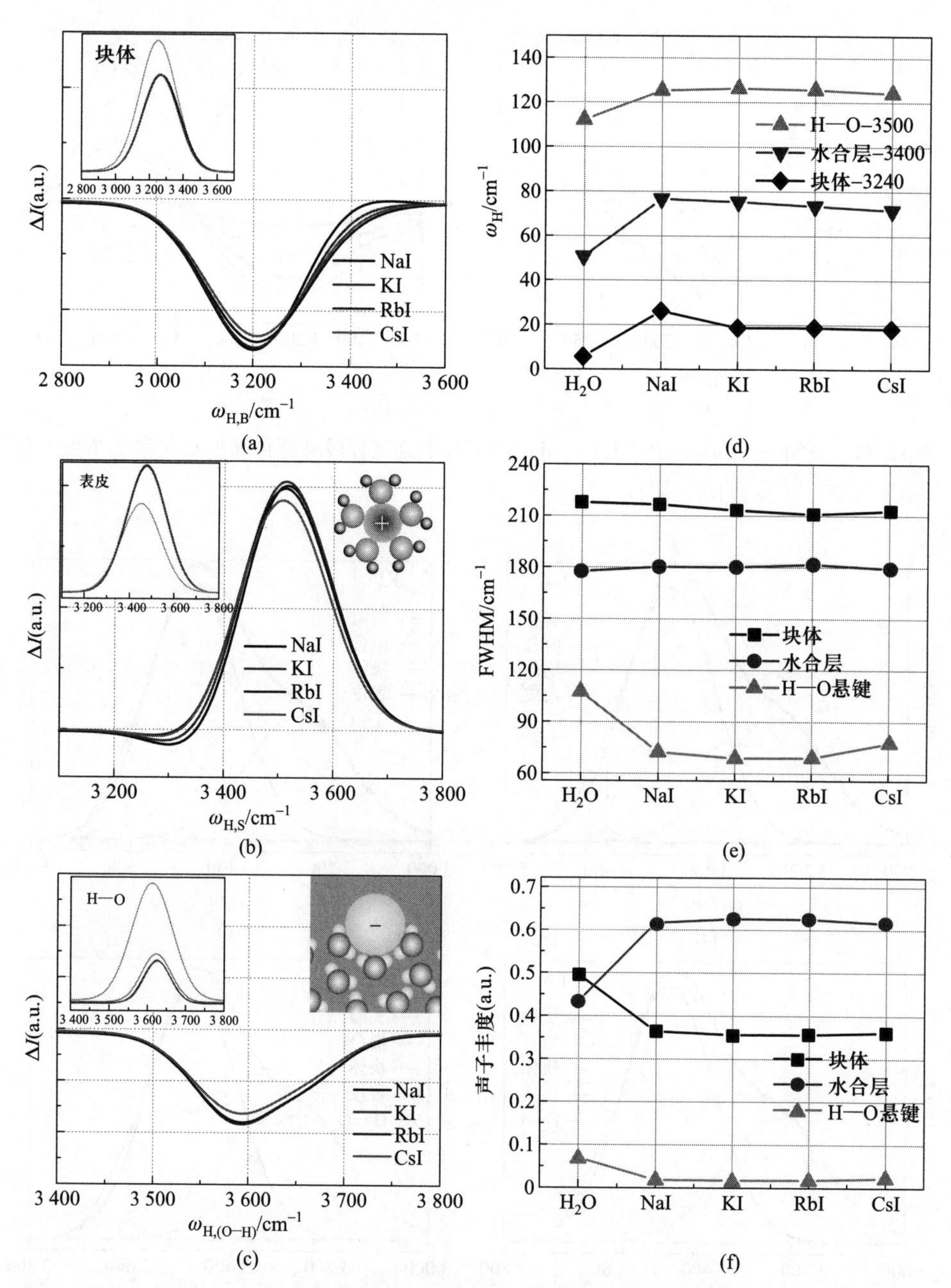

图 12.13　YI 溶液拉曼光谱高斯分解的各组分峰位、半高宽和声子丰度[62,99-101]：(a)块体、(b)表皮与(c)H—O 悬键的分子位置分辨差分声子计量谱，以及 H—O 键(d)刚度、(e)半高宽与(f)声子丰度(参见书后彩图)

(a~c)左上角插图为各组分的拉曼原谱。(b)与(c)右上角插图分别为离子水合层和阴离子表面水分子的选择性占据示意图。以 298 K 去离子水的拉曼谱作为参考光谱了各组分的峰位、半高宽和声子丰度随溶液离子类型的变化情况，主要参数列于表 12.7,进一步揭示了在不同空间位置或分子配位环境中氢键的弛豫行为。

表 12.7 YI 溶液中 H—O 伸缩振动拉曼光谱分峰的主要参数[99]

	样品	块体水	溶液表皮与离子水合层	H—O 悬键	备注
ω_H/cm^{-1}（H—O 键刚度）	H_2O	3 246	3 451	3 612	溶质离子电场与分子低配位效应作用机制本质相同 Y^+ 阳离子对氢键弛豫的影响较阴离子 I^- 小
	NaI	3 266	3 476	3 625	
	KI	3 259	3 475	3 626	
	RbI	3 259	3 473	3 625	
	CsI	3 258	3 471	3 624	
FWHM/cm^{-1}（涨落序度）	H_2O	217	177	107	离子水合层的形成降低了水分子的活动性
	NaI	216	180	72	
	KI	213	180	69	
	RbI	210	181	69	
	CsI	212	179	78	
峰面积(a. u.)（声子丰度）	H_2O	0.50	0.43	0.07	H—O 悬键的声子丰度减少，且声子发生蓝移，表明 I^- 具有空间位置分布选择性
	NaI	0.36	0.62	0.02	
	KI				
	RbI				
	CsI				

本质而言，水的表皮与离子水合层是一样的，表皮低配位分子和离子电场均诱导形成超固态。另外，H—O 悬键的声子丰度损失以及声子蓝移近 20 cm^{-1}，进一步证明 I^- 在气-液界面的选择性分布和占据加强局部电场并屏蔽 H—O 悬键的信号[62, 100]。

12.4.4.3 卤化钠盐溶质种类效应

图 12.14 为 3 M 的 NaX（X = F、Cl、Br、I）溶液的拉曼光谱测试结果，扫描范围设为 50~4 000 cm^{-1}。结果表明，氢键的高频声子(ω_H)蓝移，低频声子(ω_L)红移。图 12.15 比较了 0.9 M 和 3 M 的 NaX 溶液中氢键分段高低频差谱，它们的变化趋势一致，只是变化幅度不同[78]。

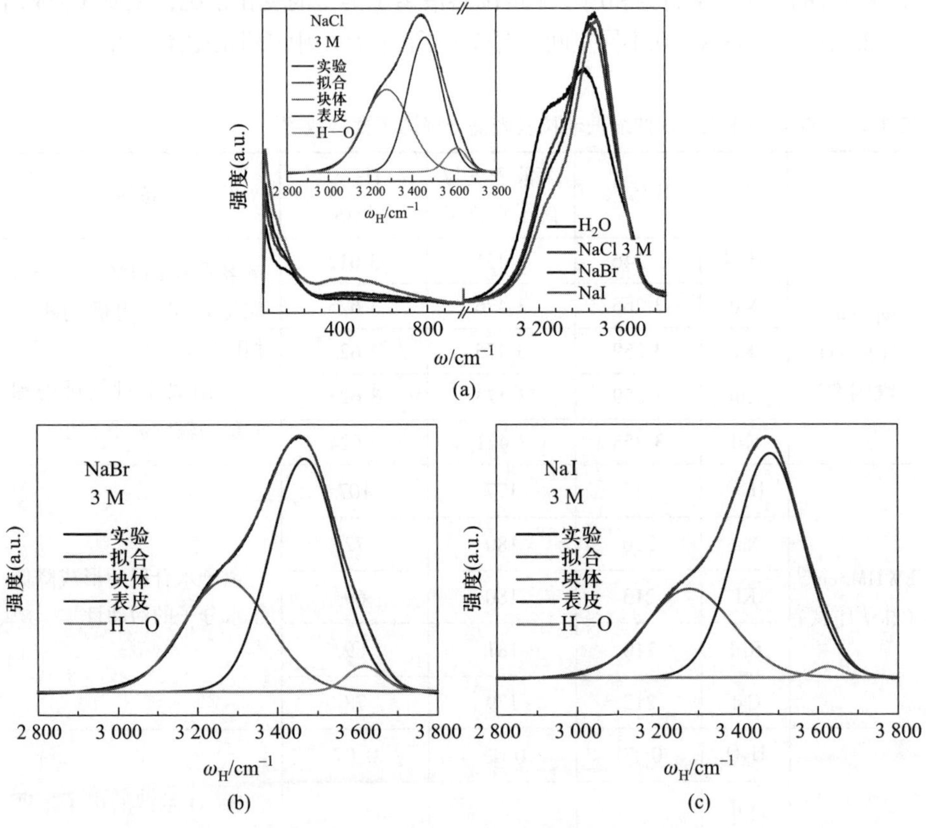

图 12.14　(a)NaX 溶液的拉曼全谱(插图为高频部分的高斯解谱结果)以及(b) NaBr 与(c) NaI 的高斯解谱[78](参见书后彩图)

结合拉曼原谱与差谱结果，可以证实 NaX 溶液中的氢键 H—O 与 O：H 分段在 O-O 库仑调制下耦合弛豫，离子的加入使 H—O 键变短、声子硬化；

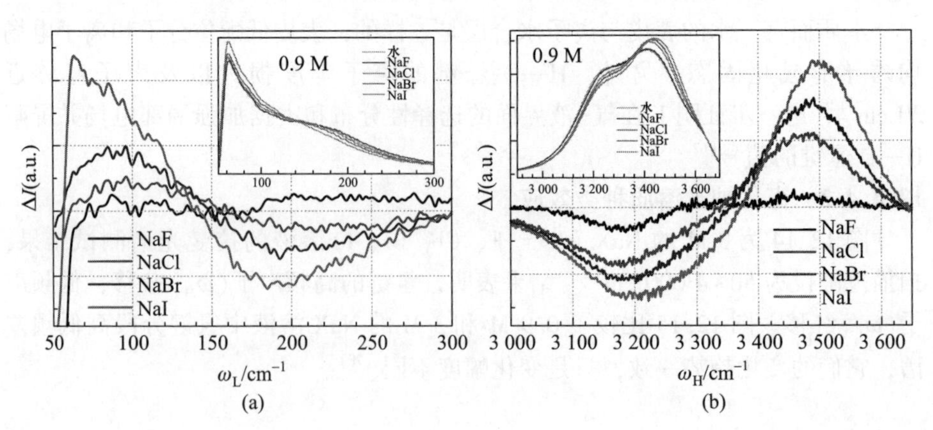

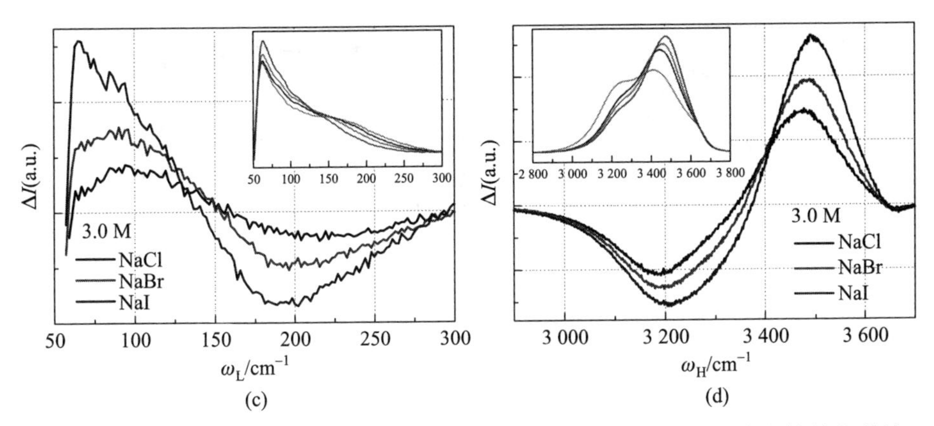

图 12.15 (a、b)0.9 M 与(c、d)3.0 M 的 NaX 溶液氢键高低振动频率的拉曼差谱结果(插图为样品的拉曼原谱)[78](参见书后彩图)

O：H键伸长、声子软化。溶液中氢键的拉曼声子频移对离子浓度、种类、分子空间位置或配位环境等非常敏感，变化趋势与离子半径、电负性等离子特性相关，遵循霍夫梅斯特序列：$X^-(R/\eta)=I^-(2.2/2.5)>Br^-(1.96/2.8)>Cl^-(1.81/3.0)>F^-(1.33/4.0)\approx 0$。NaF 溶液中的离子作用十分微弱，光谱分析表明，NaF 溶液中的 Na^+和 F^-更倾向以离子对形式分布在溶液中，其中 $N_{H_2O}/N_{NaF}\approx 60/1$，这可作为 NaF 溶解度很小(约 0.9 M)的依据。通过换算，其他 NaX 溶液(3 M)中盐离子与水分子的数目之比分别为：1/19(NaCl)、1/17(NaBr)、1/16(NaI)。

图 12.16 和表 12.8 给出了 NaX 溶液中处于不同位置的氢键的高频声子谱的峰位、涨落序度、声子丰度等定量信息。块体与和 H—O 悬键的声子丰度减小，转化为溶液表皮离子水合层状态，这预示着 NaX 溶于水后，离子和水分子结合形成水合层。此外，溶液的拉曼声子频移对离子浓度、种类、分子空间位置或配位环境等非常敏感。

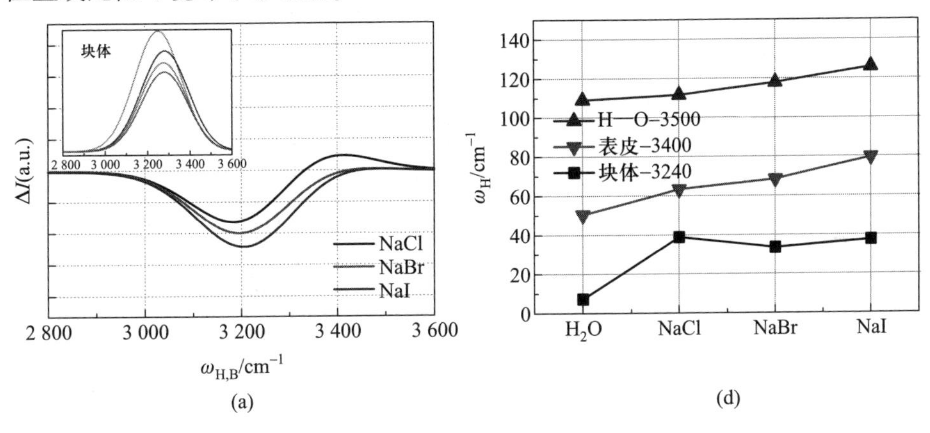

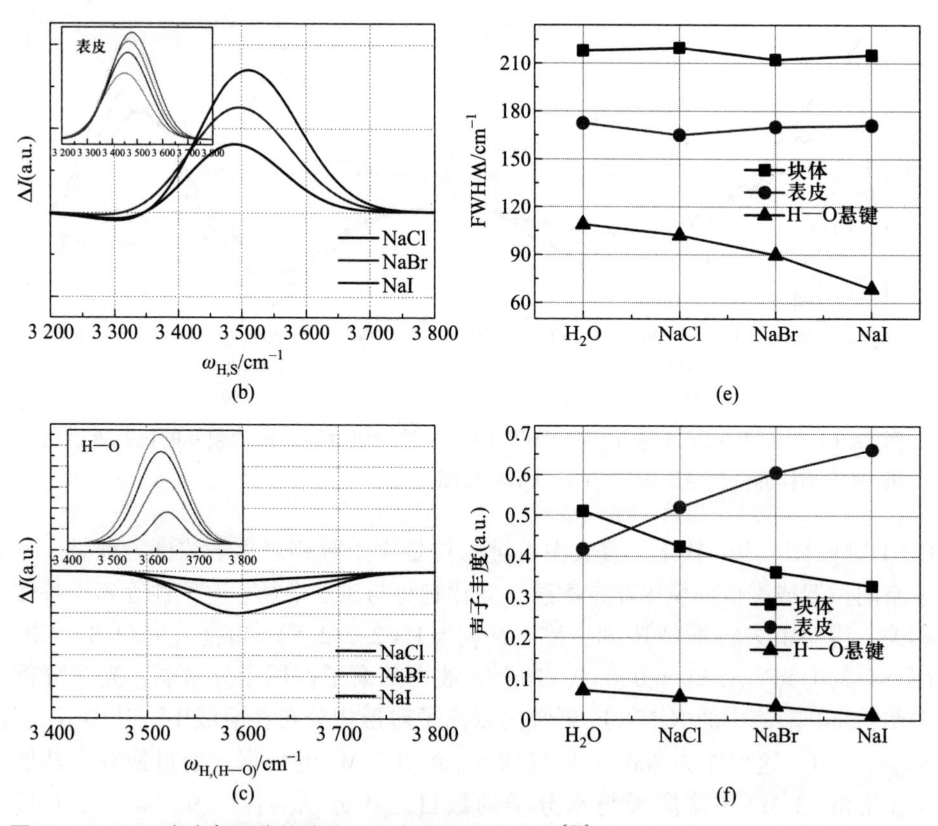

图 12.16　NaX 溶液各组分的峰位、半高宽和声子丰度[78]：(a)块体、(b)表皮与(c)H—O 悬键的分子位置分辨差分声子计量谱，以及 H—O 键(d)刚度、(e)半高宽与(f)声子丰度(参见书后彩图)

(a~c)左上角插图为各组分的拉曼原谱。以 298 K 去离子水的拉曼谱作为参考光谱

表 12.8　NaX 溶液中各 H—O 组分分峰的主要参数[78]

	浓度	样品	块体水	溶液表皮与离子水合层	H—O 悬键	备注
ω_H/cm^{-1}（H—O 键刚度）	0.9 M	H_2O	3 247	3 450	3 609	H—O 键刚度随浓度增大变硬；键刚度随分子位置变化显著
		NaF	3 260	3 458	3 613	
		NaCl	3 257	3 456	3 611	
		NaBr	3 257	3 459	3 612	
		NaI	3 255	3 466	3 615	
	3.0 M	NaCl	3 279	3 463	3 612	
		NaBr	3 274	3 469	3 618	
		NaI	3 278	3 480	3 626	

续表

	浓度	样品	块体水	溶液表皮与离子水合层	H—O 悬键	备注
FWHM/cm^{-1} (涨落序度)	0.9 M	H_2O	219	173	110	NaX 溶液中各组分的 H—O 声子谱表明水分子活性减低，溶液黏度增加
		NaF	231	170	105	
		NaCl	219	172	106	
		NaBr	219	174	104	
		NaI	218	180	98	
	3.0 M	NaCl	220	166	103	
		NaBr	213	171	90	
		NaI	216	171	69	
峰面积(a. u.) (声子丰度)	0.9 M	H_2O	0.51	0.42	0.07	声子丰度变化存在转折点；H—O 悬键的声子丰度减少且声子蓝移，表明 I^- 离子优先占据溶液/空气界面
		NaF	0.55	0.39	0.07	
		NaCl	0.48	0.45	0.06	
		NaBr	0.46	0.48	0.06	
		NaI	0.44	0.52	0.04	
	3.0 M	NaCl	0.42	0.52	0.06	
		NaBr	0.36	0.60	0.03	
		NaI	0.33	0.66	0.01	

12.4.4.4 碘化钠浓度对声子谱的调制

图 12.17 采集了 NaI 溶液随浓度变化的拉曼光谱[102]。结合差分声子计量谱可知，随着 NaI 浓度的升高，氢键 ω_H 声子蓝移，同时 ω_L 声子红移。此外，块体水组分向离子水合层组分转变，表现在它们的声子丰度变化。图 12.18 为 NaI 溶液随浓度变化的分子位置分辨差谱结果。

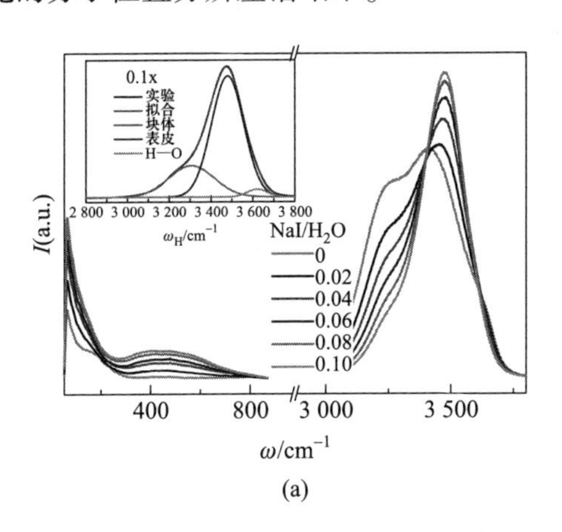

(a)

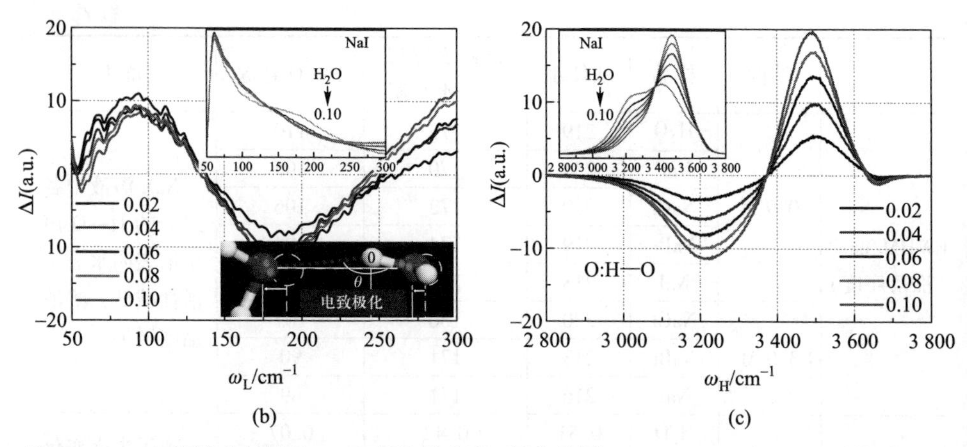

图 12.17　NaI 溶液中氢键的(a)全频拉曼光谱(频率范围 50~4 000 cm^{-1})、(b)低频与(c)高频差谱(插图为实测原谱)[78](参见书后彩图)

综合分析图 12.18 和表 12.9，得到以下结论：

(1) 随着 NaI 浓度的增大，离子水合层中的 H—O 键刚度并非单调增加，其刚度比纯水表皮更大，说明离子水合层具有超固态特性。

(2) 随着 NaI 浓度的增大，离子水合层中的水分子涨落序度和声子丰度也增大，表明溶液黏度增加。

(3) 随着 NaI 浓度的增大，块体水和 H—O 悬键的声子丰度均减少，意味着它们已向离子水合层转化。

(4) H—O 悬键组分的 ω_H 随溶液浓度增大发生蓝移，3 M 时渐趋饱和，随后转变为红移。此外，随着 NaI 浓度增大，H—O 悬键组分的水分子涨落序度和声子丰度均减少，表明此时 I^- 在溶液/空气界面上呈优先选择性分布和占据特征。

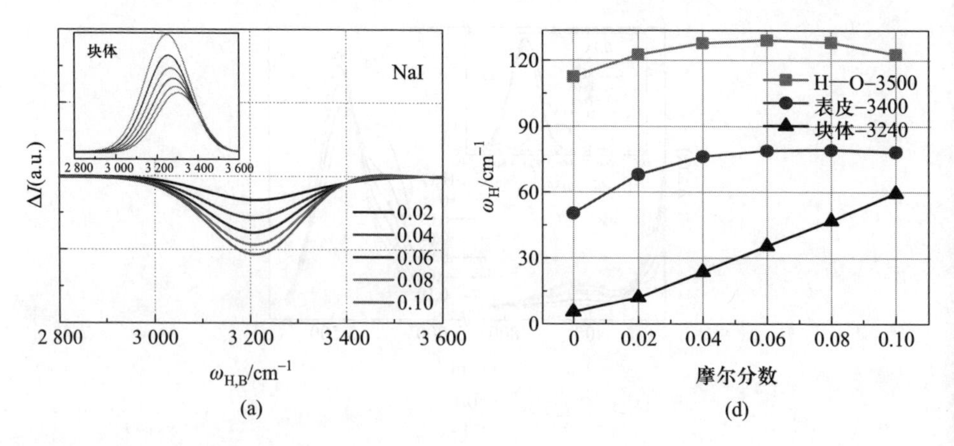

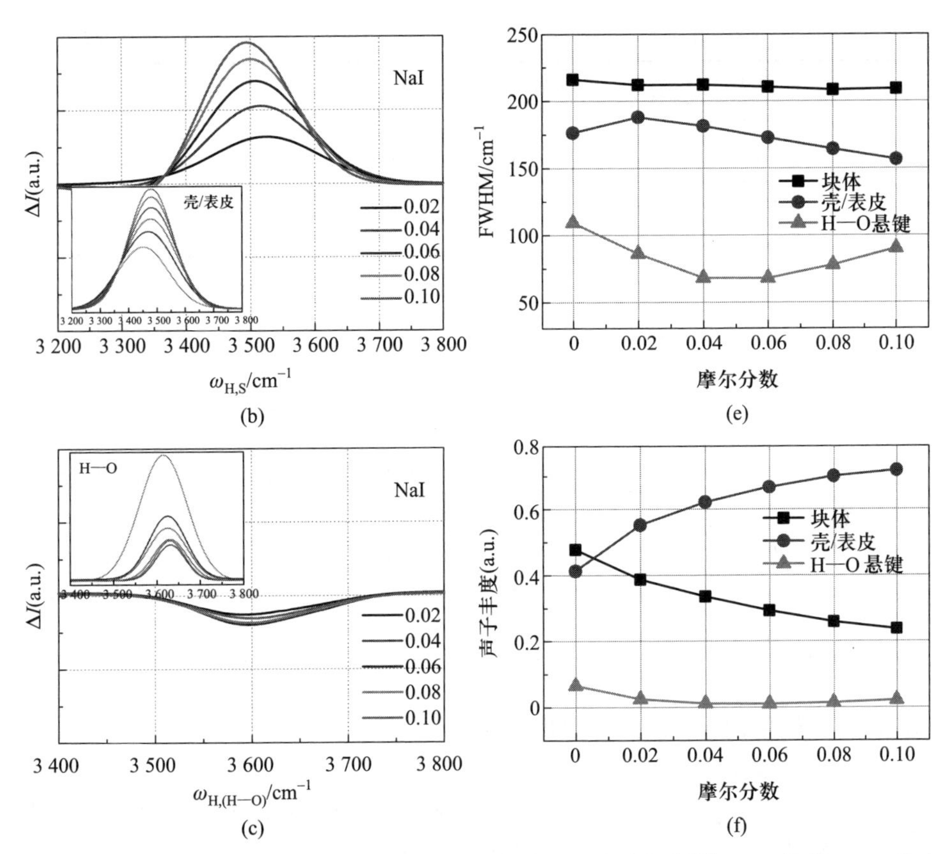

图 12.18 不同浓度的 NaI 溶液各组分的峰位、半高宽与声子丰度[78]：(a)块体、(b)表皮与(c)H—O 悬键的分子位置分辨差分声子计量谱，以及 H—O 键(d)刚度、(e)半高宽与(f)声子丰度(参见书后彩图)

(a~c)左上角插图为各组分的拉曼原谱。以 298 K 去离子水的拉曼谱作为参考光谱

表 12.9 NaI 溶液中各 H—O 组分分峰的主要参数[78]

	摩尔分数	块体水	溶液表皮与离子水合层	H—O 悬键	备注
ω_H/cm^{-1} (H—O 键刚度)	0	3 246	3 451	3 613	离子极化和分子低配位效应对 H—O 刚度的影响趋势相同；块体水的 H—O 键刚度与浓度呈线性关系；浓度较高(≥0.06)时，离子水合层或溶液表皮以及 H—O 悬键的键刚度变化渐趋饱和
	0.02	3 253	3 468	3 622	
	0.04	3 264	3 476	3 628	
	0.06	3 276	3 479	3 629	
	0.08	3 287	3 479	3 628	
	0.10	3 300	3 478	3 623	

续表

	摩尔分数	块体水	溶液表皮与离子水合层	H—O 悬键	备注
FWHM/cm^{-1}（涨落序度）	0	216	176	109	水分子的涨落序度强依赖于浓度和配位环境
	0.02	212	188	86	
	0.04	212	181	68	
	0.06	210	173	67	
	0.08	208	164	77	
	0.10	209	156	90	
峰面积(a.u.)（声子丰度）	0	0.48	0.42	0.07	NaI 浓度增大，块体水组分向离子水合层转变；H—O 悬键声子丰度的变化与其声子频移变化趋势相反
	0.02	0.39	0.56	0.03	
	0.04	0.34	0.63	0.01	
	0.06	0.30	0.67	0.01	
	0.08	0.26	0.71	0.02	
	0.10	0.24	0.73	0.02	

12.4.4.5　碘化钠水合层的高热稳定性

1. 声子谱测量

图 12.19 所示为 NaI 溶液的变温拉曼光谱。溶液浓度为 0.1（约 6 M），扫描范围设定为 50~4 000 cm^{-1}，NaI 溶液从 278 K 升温至 368 K。拉曼光谱特别是低频部分的强度增强反映了结构序度增强导致入射光的高反射系数。

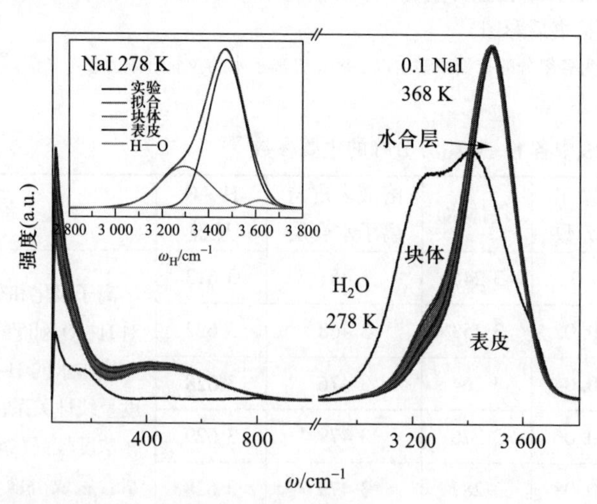

图 12.19　NaI 溶液的变温拉曼光谱[78]（参见书后彩图）

图 12.20 给出了 NaI 溶液中氢键分段变温弛豫规律，随着温度升高，H—O键收缩而 O：H 非键经由 O-O 库仑调制伸长。NaI 溶于水后，溶剂水分子与离子结合形成水合层。离子携带水合层运动、扩散。因此，水分子的结构序度增加，光谱中观察到其半高宽相比于块体水变窄。热效应实际增强了离子对氢键弛豫的作用。图 12.21 为变温 NaI 溶液拉曼光谱的高斯分解。图 12.22 和表 12.10 给出了变温 NaI 溶液的分子位置分辨拉曼差谱及相应的参数，以去离子水的拉曼光谱为参考。随着温度升高，块体水组分的 H—O 拉曼声子发生蓝移，而离子水合层与溶液表皮的 H—O 声子变化很小，表现出超热稳定性。

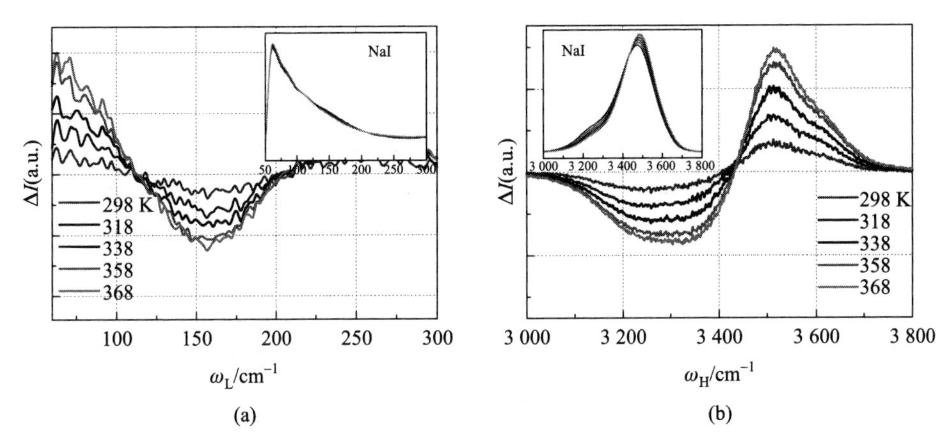

图 12.20 NaI 溶液中氢键(a)O：H 与(b)H—O 分段的变温振动频率差谱[78](参见书后彩图)
278 K 的 NaI 溶液的拉曼光谱为参考光谱。插图为实测拉曼原谱

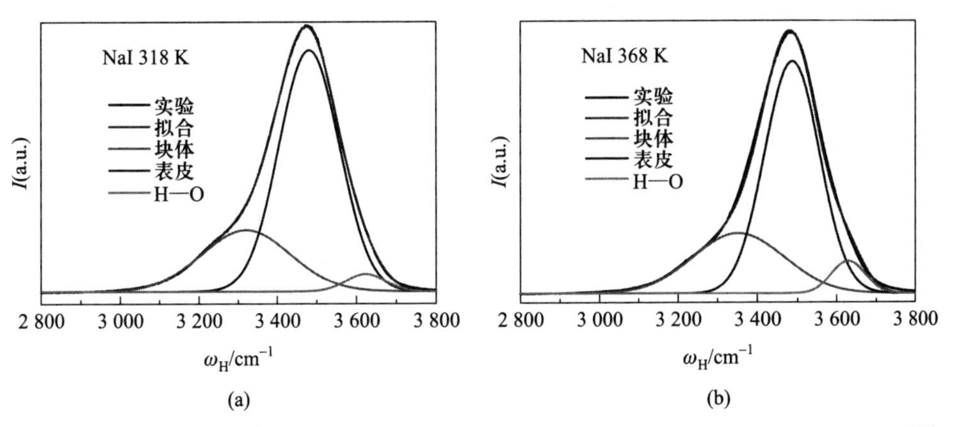

图 12.21 浓度为 0.1 的 NaI 溶液在(a)318 K 与(b)368 K 时的拉曼光谱高斯解谱结果[78](参见书后彩图)

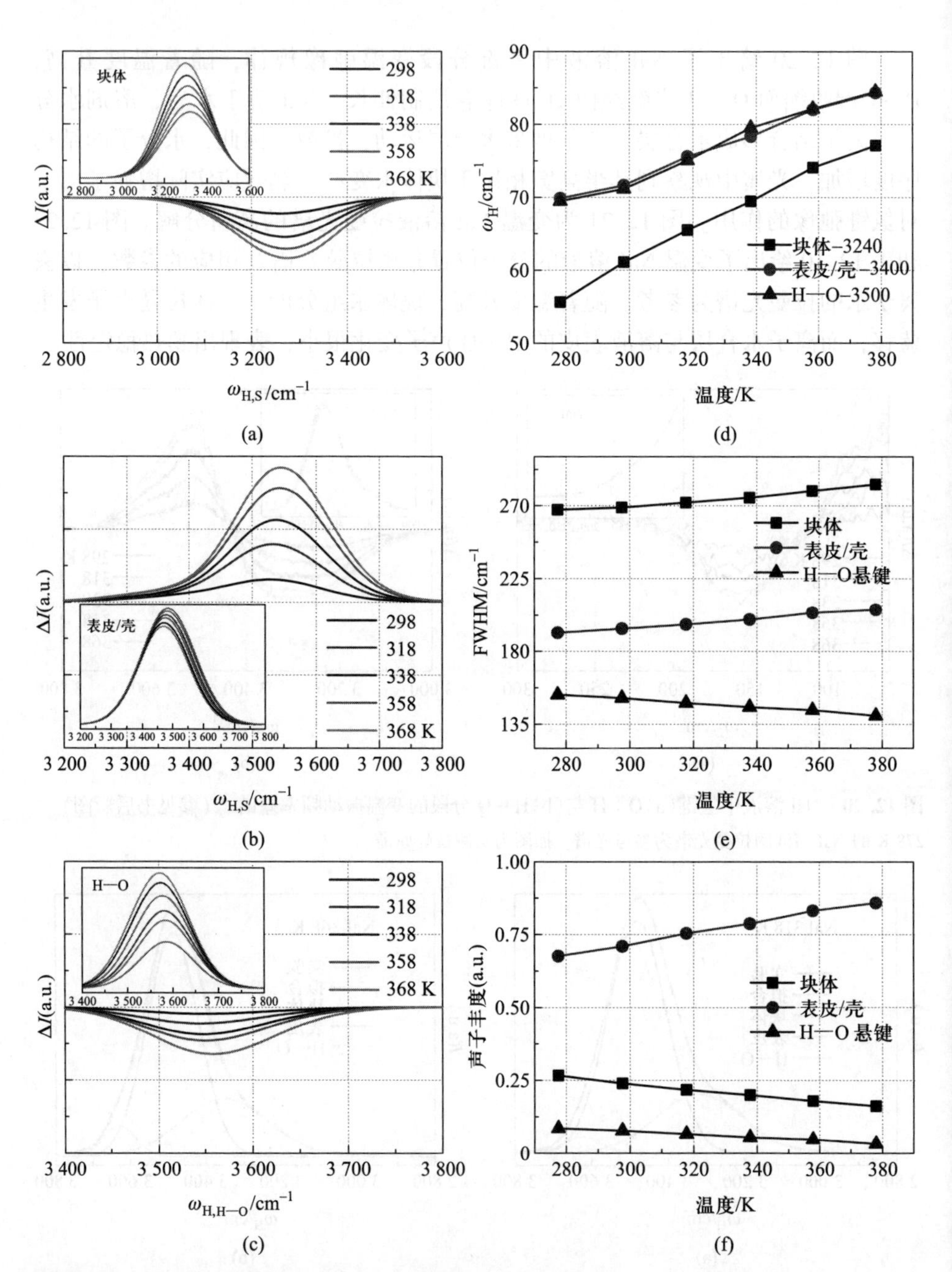

图 12.22　NaI 溶液各组分的峰位、半高宽与声子丰度随温度的变化情况[78]：(a)块体、(b)表皮与(c)H—O悬键的分子位置分辨差分声子计量谱，以及 H—O 键(d)刚度、(e)半高宽与(f)声子丰度(参见书后彩图)

(a~c)左上角插图为各组分的拉曼原谱。以 298 K 去离子水的拉曼谱作为参考光谱

表 12.10 NaI 溶液中各 H—O 组分分峰的主要参数随温度变化的情况[78]

	温度	块体水	溶液表皮与离子水合层	H—O 悬键	备注
ω_H/cm^{-1} (H—O 键刚度)	278 K 水	3 239	3 443	3 603	热效应与盐离子效应具有协同性
	278 K NaI	3 294	3 476	3 619	
	298 K	3 307	3 479	3 621	
	318 K	3 320	3 482	3 624	
	328 K	3 333	3 482	3 625	
	338 K	3 331	3 485	3 626	
	355 K	3 341	3 488	3 629	
	368 K	3 353	3 487	3 630	
$FWHM/cm^{-1}$ (涨落序度)	278 K 水	217	167	122	离子水合层中的水分子活性比纯水表皮更低，但它们对温度都很敏感
	278 K NaI	212	157	100	
	298 K	220	155	99	
	318 K	227	153	100	
	328 K	236	151	102	
	338 K	250	170	104	
	358 K	260	168	108	
	368 K	269	162	100	
峰面积(a.u.) (声子丰度)	278 K 水	0.48	0.42	0.07	热效应使离子水合层中的水分子声子丰度减小
	278 K NaI	0.27	0.71	0.03	
	298 K	0.27	0.71	0.03	
	318 K	0.27	0.70	0.03	
	328 K	0.28	0.68	0.04	
	338 K	0.25	0.70	0.06	
	358 K	0.26	0.68	0.06	
	368 K	0.28	0.66	0.06	

2. 软 X 射线近边吸收测量

图 12.23 所示为温度与空间位置分辨 LiCl 水合溶液的软 X 射线近边吸收峰的能移。

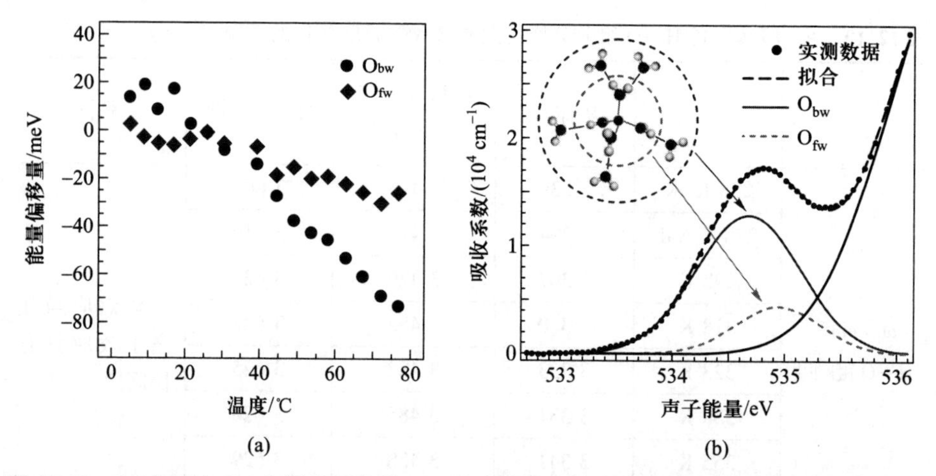

图 12.23　(a)温度与(b)空间位置分辨 LiCl 水合溶液的软 X 射线近边吸收峰的能移[103]
相对其他位置(O_{bw})，第一水合层(O_{fw})的近边吸收特征分量偏移较多且热稳定性更高

实验揭示 Li、Na 和 K 等阳离子比 Cl、Br 和 I 阴离子对盐溶液中第一水合层中氧的 X 射线 k-边吸收带的能量深移作用明显[103]。如图 12.23 所示，相对其他位置，Li^+的第一水合层的 X 射线吸收光谱(XAS)能移较大而且热稳定性更高。H—O 的能量变化主导 O 1 s 能级和价带的偏移，ΔE_{1s}和 ΔE_{vb}，而且 $\Delta E_{1s}<\Delta E_{vb}$[104]，而Li · O极化或 O：H 的结合太弱，可以忽略。边吸收的能移 $\Delta E_{vb}-\Delta E_{1s}\propto\Delta E_{H}$。因为极化使 H—O 键变短变强，所以 $\Delta E_{H}>0$ 而且强键的热稳定性也会更高[84]。所以，XAS 测量结果与声子谱测量和离子第一水合层的极化理论预测完全一致。

12.4.5　酸水合动力学——氢键网络的量子致脆

12.4.5.1　氢卤酸溶质种类效应

图 12.24 所示为 HX(X=Cl、Br、I)溶液的拉曼光谱及氢键分段伸缩振动的拉曼差谱。浓度为 0.1(摩尔分数)，扫描范围设定为 50~4 000 cm^{-1}，以纯水拉曼光谱作为参考光谱。拉曼谱中位于 500 cm^{-1}附近的谱峰强度增加，它是∠O：H—O 的键角弛豫特征峰。图 12.24a 中的插图以及图 12.25 给出了 HX 溶液中 H—O 振动谱的高斯分解，分别对应于溶液中的块体水、表皮和离子水合层以及 H—O 悬键。HX 溶液中离子诱导的氢键极化与弛豫行为和之前讨论的卤离子作用趋势相同，即分段氢键的拉曼频移规律服从 $X^-=I^->Br^->Cl^-$。进一步分析差谱可知，NaX 使 ω_L从 190 cm^{-1}红移至 75 cm^{-1}，但 HX 中 ω_L仅红移至120 cm^{-1}，这表明酸溶液中的 O-O 库仑斥力比盐溶液的弱。

换算 0.015、0.05 和 0.1 的 HX 溶液中的 N_{H_2O}/N_{HX}摩尔比分别为 147、42 和 21。

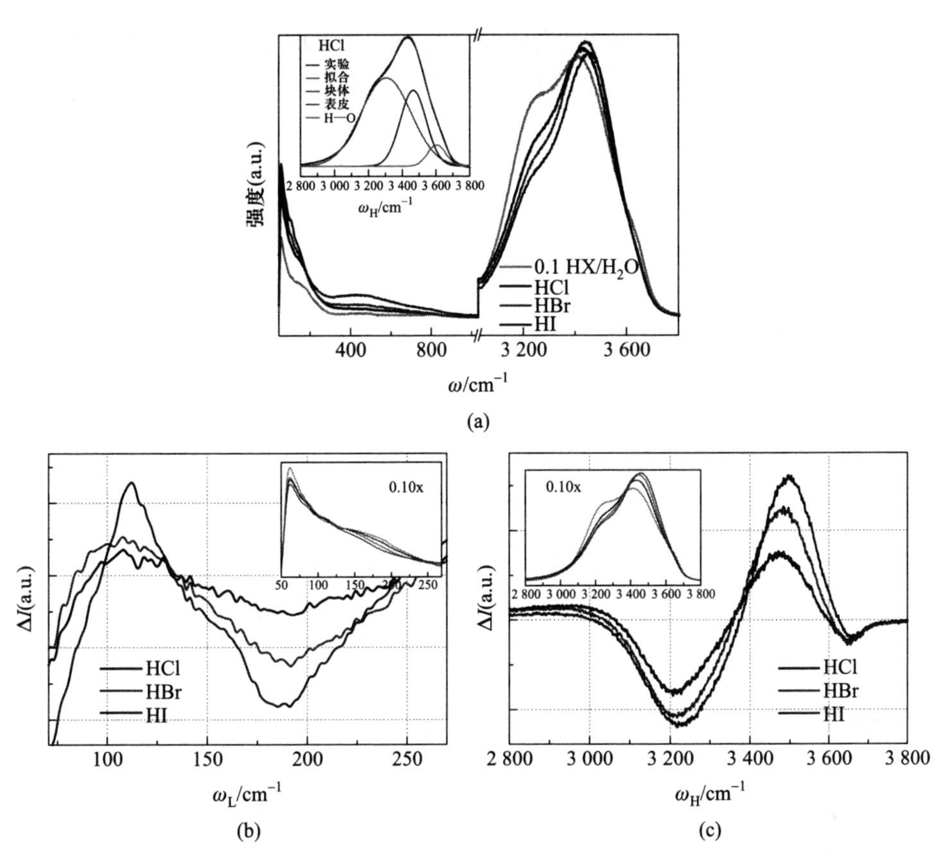

图 12.24 浓度为 0.1(摩尔分数)的 HX(X=Cl、Br、I)溶液的氢键(a)拉曼全谱以及(b)低频与(c)高频分段的差谱(插图为分段实测拉曼光谱)[78](参见书后彩图)

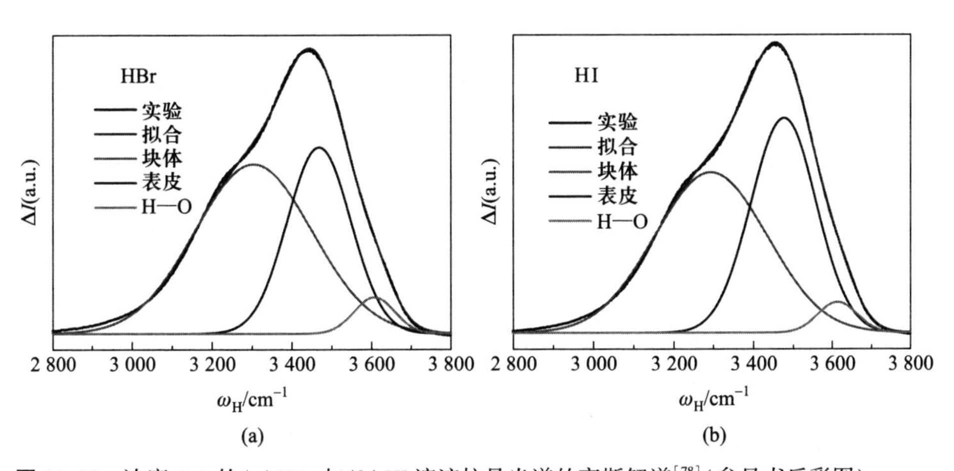

图 12.25 浓度 0.1 的(a)HBr 与(b)HI 溶液拉曼光谱的高斯解谱[78](参见书后彩图)

图 12.26 给出了 HX 溶液的分子位置分辨并以 298 K 的去离子水为参考的差分声子计量谱。结果显示，键刚度、水分子涨落序度以及声子丰度对分子位置都具有依赖性。

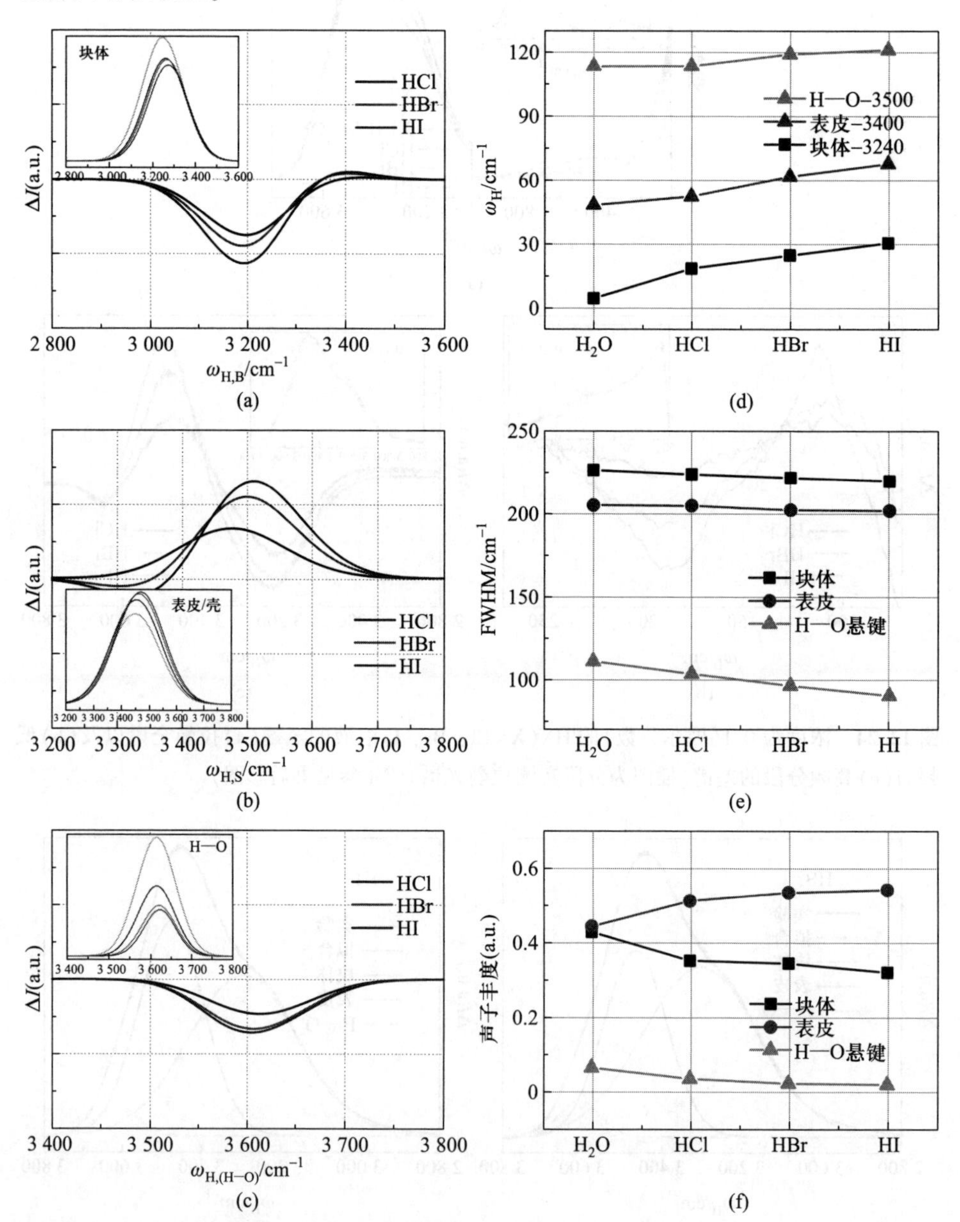

图 12.26　不同 HX 溶液各组分 H—O 振动频率的峰位、半高宽与声子丰度[15]：(a)块体、(b)表皮与(c)H—O 悬键的分子位置分辨差分声子计量谱，以及(d)键刚度、(e)半高宽与(f)声子丰度(参见书后彩图)

(a~c)左上角插图为各组分的拉曼原谱。以 298 K 去离子水的拉曼谱作为参考光谱

综合图 12.26 和表 12.11，得到以下主要结论：

(1) HX 溶于水后，溶液中氢键各组分的 ω_H 均发生蓝移，其变化趋势遵循霍夫梅斯特序列，即 $X^- = I^- > Br^- > Cl^-$；

(2) HX 溶水电离出的质子和 X^- 均与水分子结合，因此水合层中的水分子涨落序度(与 FWHM 反相关)降低；

(3) HX 溶液中 H—O 悬键组分的声子丰度减少，其声子发生蓝移，其中 HI 变化量最大，这表明大的阴离子总是优先分布在溶液/空气界面上；

(4) 在 HX 溶液中，相对于块体水组分，离子水合层组分的 H—O 键刚度和水分子涨落序度变化较小，表明离子水合层和溶液表皮稳定性更强。

表 12.11 HX 溶液中各 H—O 组分分峰的主要参数[15]

	样品	块体水	溶液表皮与离子水合层	H—O 悬键
ω_H/cm^{-1} (H—O 键刚度)	H_2O	3 244	3 448	3 613
	HCl	3 258	3 452	3 613
	HBr	3 264	3 461	3 619
	HI	3 270	3 467	3 621
$FWHM/cm^{-1}$ (涨落序度)	H_2O	226	205	111
	HCl	224	205	104
	HBr	222	202	97
	HI	220	202	91
峰面积(a. u.) (声子丰度)	H_2O	0.43	0.44	0.07
	HCl	0.34	0.51	0.04
	HBr	0.35	0.54	0.02
	HI	0.32	0.54	0.02

12.4.5.2 碘化氢溶液拉曼谱的浓度调制

图 12.27a 为室温下采集的 HI 溶液变浓度时的拉曼光谱，扫描范围设为 50~4 000 cm^{-1}。插图为高斯分解，分别对应于溶液中的块体水、溶液表皮和离子水合层以及 H—O 悬键。图 12.27b 和 c 所示为 HI 溶液中氢键分段振动频率随浓度变化时的拉曼差谱。

根据图 12.27 可知，HI 溶水所形成离子的电场强度与溶液浓度正相关。振动频率数据显示，随着浓度增大，氢键分段振动频率偏移量都增加。氢质子极易与水分子结合形成水合氢离子，水合氢离子中包含一对孤对电子，呈类 NH_3 结构。溶液中的 H_3O^+ 将取代水分子中心四面体配位结构中的一个水分子，而以 H↔H 反氢键形式作用于氢键网络。因此，I^- 电场和 H↔H 反氢键作用呈现在光谱特征中。H↔H 反氢键以点破坏源的方式影响氢键网络，如血液稀释

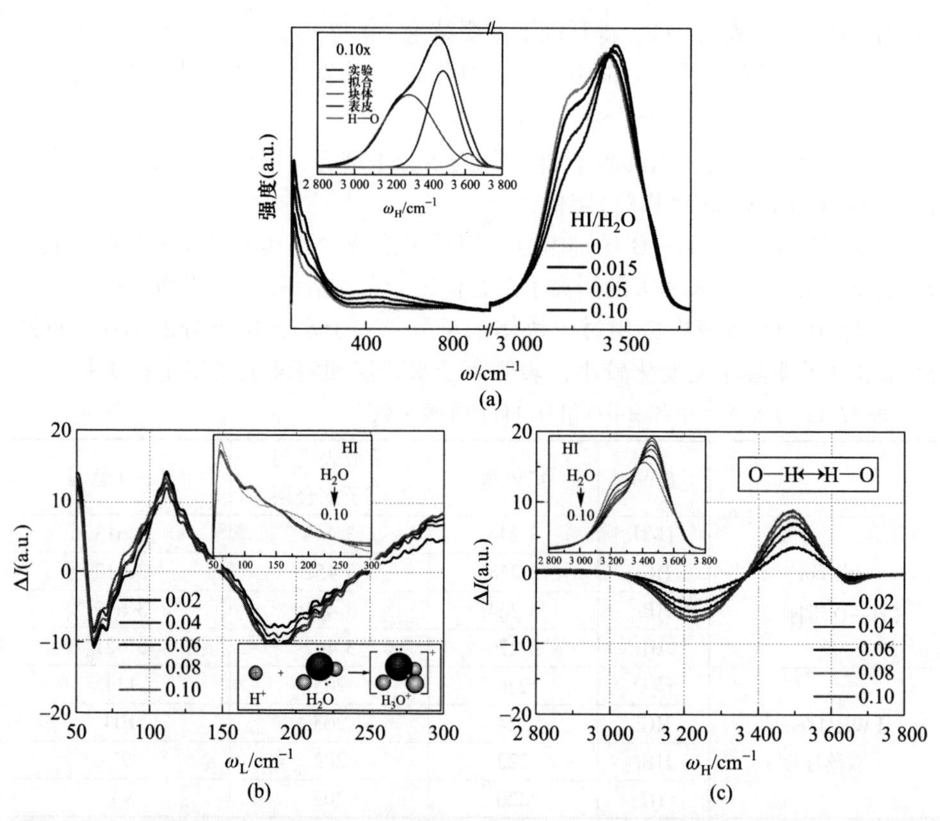

图 12. 27　HI 溶液的氢键(a)拉曼全谱以及(b)低频与(c)高频分段的差谱(插图为分段实测拉曼光谱)[95](参见书后彩图)

等[105]。图 12. 28 对高频峰段的解谱明确 H—O 的刚度、结构序度以及声子丰度与水分子位置和 HI 浓度都有关系。

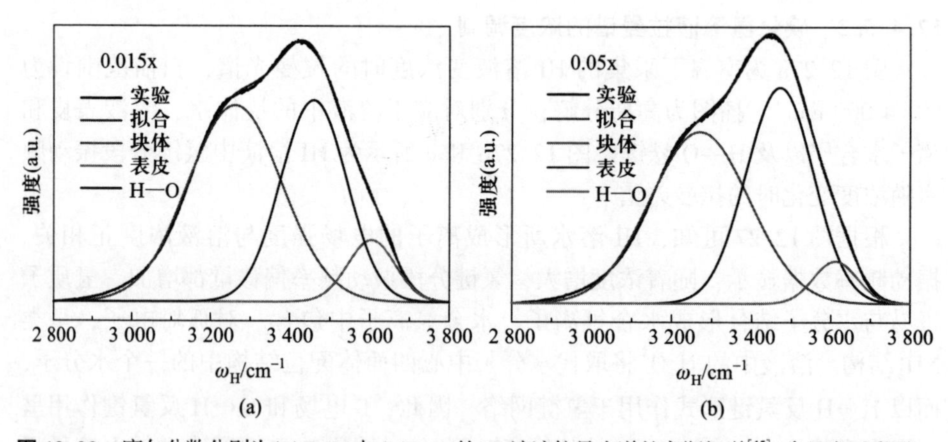

图 12. 28　摩尔分数分别为(a)0.015 与(b)0.05 的 HI 溶液拉曼光谱的高斯解谱[15](参见书后彩图)

综合表 12.12 和图 12.29，可以得到以下结论：

(1) 随着 HI 浓度增大，溶液中所有组分的 ω_H 都发生蓝移，但溶液表皮与离子水合层组分的 ω_H 变化较小，表明溶液表皮与离子水合层稳定性更高。

(2) 随着 HI 浓度增大，H—O 悬键组分的声子丰度减少且声子蓝移，验证了 I^- 在溶液/空气界面呈优先分布的特性。

(3) HI 溶液中，离子水合层与溶液表皮的键刚度和水分子涨落序度随浓度变化并不明显，进一步表明其稳定性。

表 12.12 HI 溶液中各 H—O 组分分峰的主要参数[15]

298 K	HI	块体水	溶液表皮与离子水合层	H—O 悬键	备注
ω_H/cm^{-1}（H—O 键刚度）	0	3 245	3 446	3 614	ω_H 随浓度成比例增加，但配位键越少对浓度越不敏感
	0.02	3 251	3 454	3 608	
	0.04	3 255	3 459	3 608	
	0.06	3 266	3 465	3 616	
	0.08	3 270	3 465	3 620	
	0.10	3 272	3 470	3 620	
$FWHM/cm^{-1}$（涨落序度）	0	226	193	110	水合层分子对浓度变化不敏感而块体水分子活性高
	0.02	224	200	98	
	0.04	224	192	106	
	0.06	222	191	107	
	0.08	222	190	104	
	0.10	219	189	88	
峰面积(a.u.)（声子丰度）	0	0.44	0.43	0.07	水合层和块体水分子的声子丰度变化均不大
	0.02	0.38	0.49	0.06	
	0.04	0.35	0.51	0.04	
	0.06	0.33	0.53	0.03	
	0.08	0.32	0.55	0.02	
	0.10	0.30	0.57	0.01	

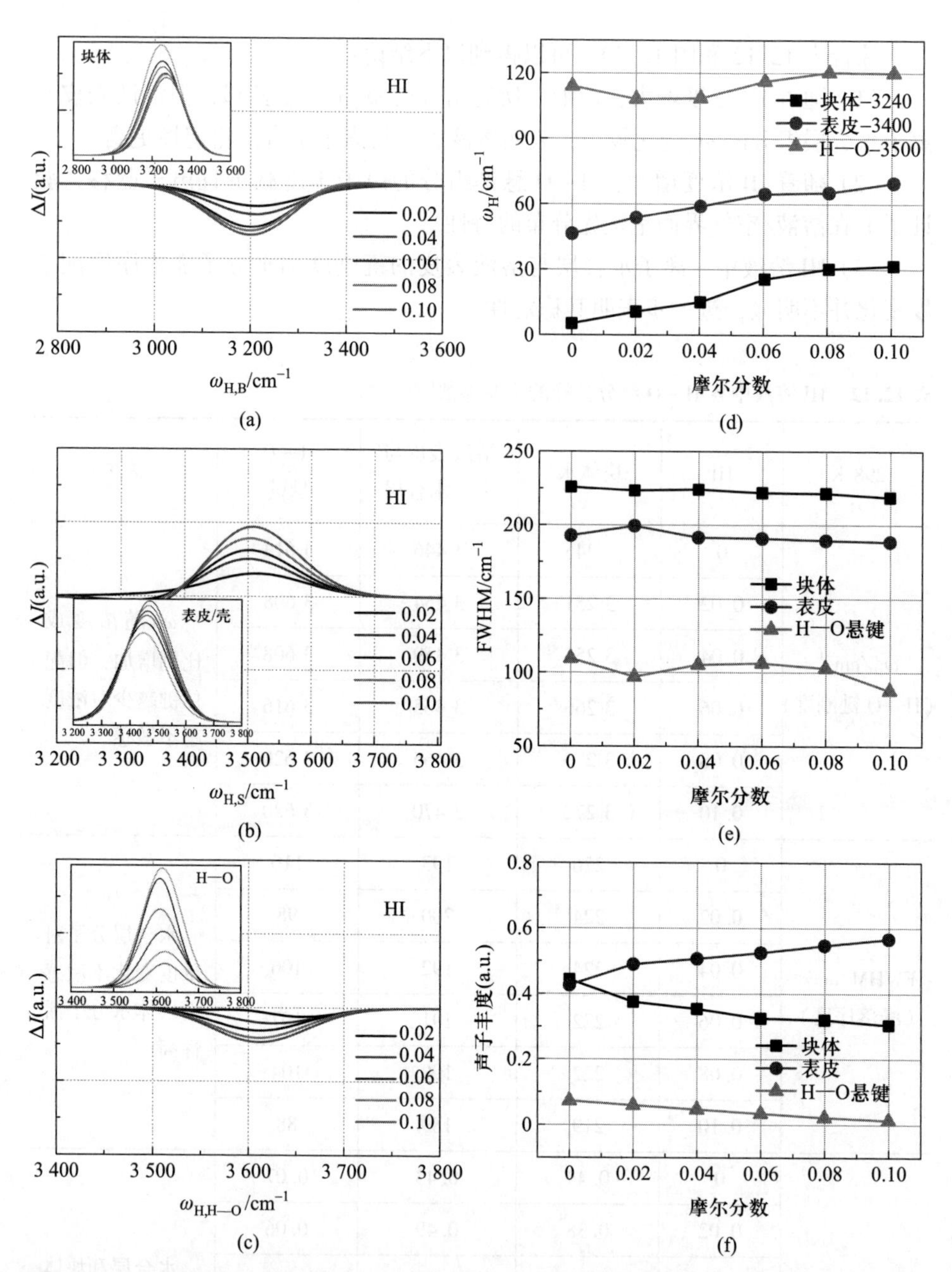

图 12.29　不同浓度的 HI 溶液各组分的峰位、半高宽与声子丰度[15]：(a)块体、(b)表皮与(c)H—O 悬键的分子位置分辨差分声子计量谱，以及 H—O 键(d)刚度、(e)半高宽与(f)声子丰度(参见书后彩图)

(a~c)左上角插图为各组分的拉曼原谱。以 298 K 去离子水的拉曼谱作为参考光谱

12.4.5.3　碘化氢水合层的高热稳定性

图 12.30 给出了 HI 溶液氢键的热致弛豫行为。虽然加热对纯水中的氢键产生退极化的效果，但在 HI 溶液中，随着温度升高，氢键中的 H—O 高频声子蓝移，同时 O : H 低频声子红移，与氢键退极化时分段的弛豫趋势相反。图 12.31 给出了 HI 溶液氢键分段的振动频率差谱，进一步表明加热增强了 HX 的作用。不过对比 NaI 溶液，相同温度和浓度的 HI 溶液中水分子的结构序度优化稍小。

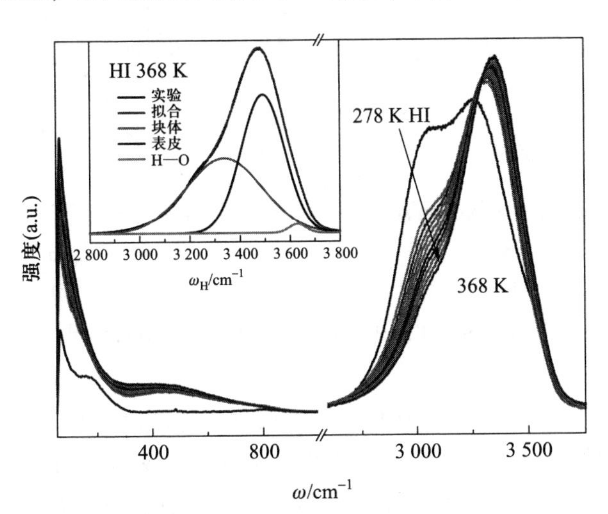

图 12.30　浓度 0.1 的 HI 溶液不同温度条件下的拉曼光谱(插图为 368 K 时拉曼谱高频部分的高斯分峰结果)[15](参见书后彩图)

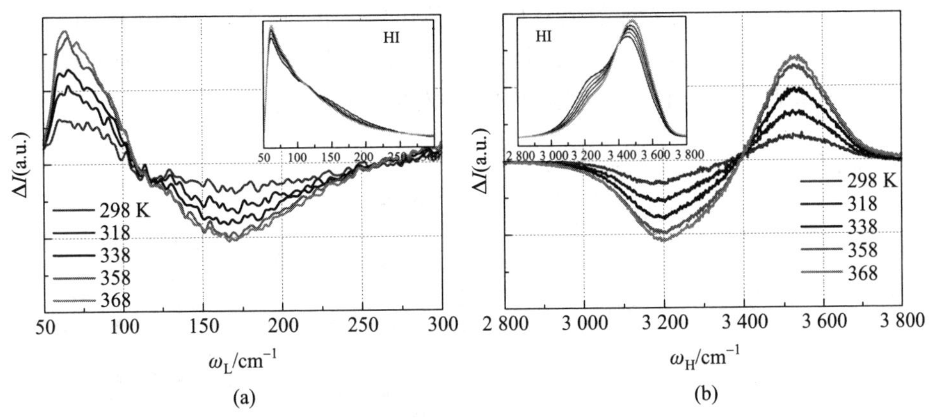

图 12.31　HI 溶液中氢键的(a)低频和(b)高频分段的变温差谱(插图为各部分的实测拉曼原谱)[15](参见书后彩图)

综合图 12.20 与图 12.31，可以对比 NaI 和 HI 溶液离子水合层的声子丰度。分析可知，在相同条件下，HI 溶液中离子水合层的尺寸比 NaI 小。细致对比 NaI 和 HI 溶液的光谱特征，发现两者仅仅极化程度不同，这进一步澄清了在两种溶液中，Na^+ 实为点极化源而 H^+ 结合水分子形成反氢键的实质。图 12.32 对比了 278 K 与 338 K 时 HI 溶液高频谱段的高斯分峰。

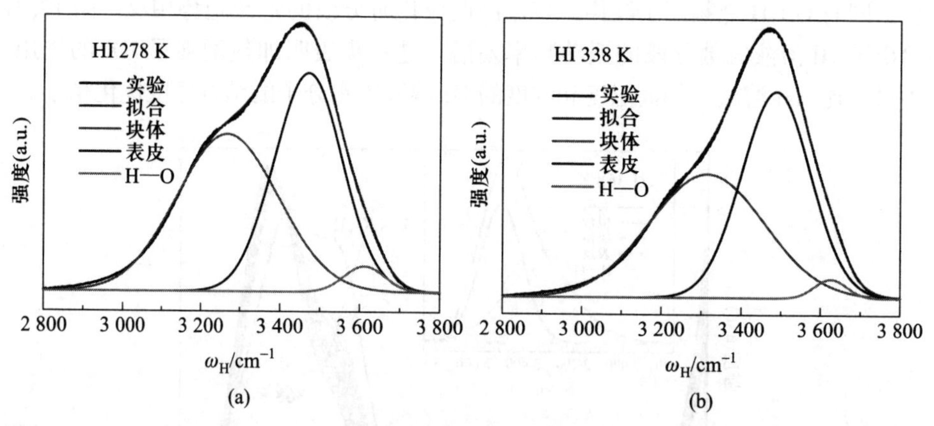

图 12.32　(a)278 K 与(b)338 K 时 HI 溶液拉曼光谱的高斯分峰结果[15](参见书后彩图)

图 12.33 对比了 HI 溶液中不同位置水分子随温度变化时的差谱，并对比了其 H—O 键刚度、半高宽和声子丰度。表 12.13 列出了 HI 溶液中各 H—O 组分的 H—O 键刚度、半高宽和声子丰度的详细数据。最为明显的区别是，随着温度升高，HI 溶液中 H—O 悬键的声子频率发生蓝移而在纯水中表现为红移，这是因为在纯水中水分子热涨落占主导，而在 HI 溶液中 I^- 会优先分布在溶液/空气界面上，对光散射信号具有屏蔽作用。此外，HI 溶液中 H—O 悬键的声子丰度随温度升高产生的变化量相对较小。温度效应使 HI 溶液的离子水合层和纯水表皮中的 H—O 键振动频率均发生蓝移。

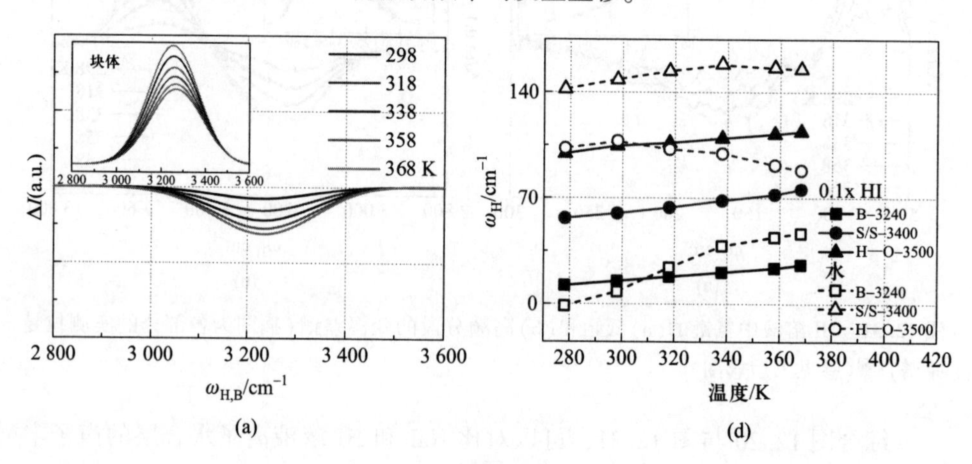

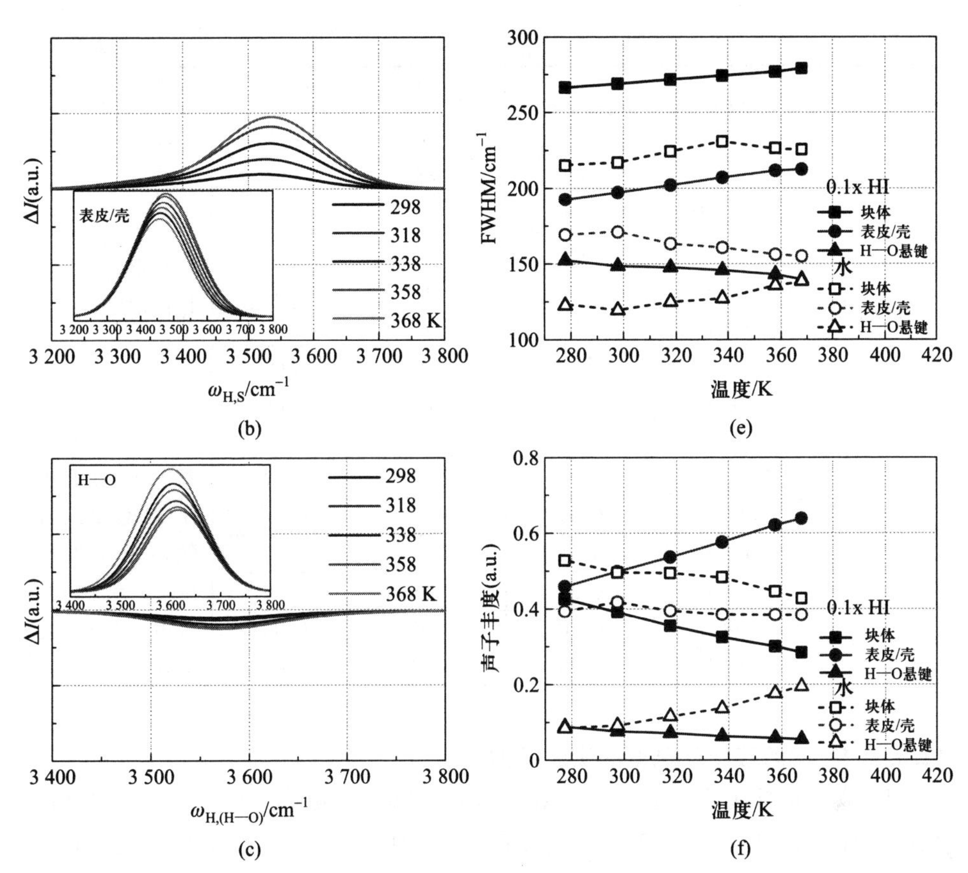

图 12.33 不同温度的 HI 溶液各组分的峰位、半高宽与声子丰度[15]：(a)块体、(b)表皮与(c)H—O 悬键的分子位置分辨差分声子计量谱，以及 H—O 键(d)刚度、(e)半高宽与(f)声子丰度(参见书后彩图)

(a~c)左上角插图为各组分的拉曼原谱。以 298 K 去离子水的拉曼谱作为参考光谱

表 12.13 HI 溶液中各 H—O 组分分峰的主要参数[15]

	温度	块体水	溶液表皮与离子水合层	H—O 悬键	备注
ω_H/cm^{-1} (H—O 键刚度)	278 K 水	3 243	3 442	3 597	随着温度升高，HI 溶液中 H—O 键各组分的键刚度都增大；但纯水中 H—O 悬键的键刚度却减小
	278 K HI	3 252	3 457	3 600	
	298 K	3 255	3 460	3 605	
	318 K	3 258	3 464	3 607	
	338 K	3 261	3 469	3 610	
	358 K	3 264	3 473	3 613	
	368 K	3 266	3 476	3 615	

续表

	温度	块体水	溶液表皮与离子水合层	H—O 悬键	备注
FWHM/cm^{-1}（结构序度）	278 K 水	263	188	154	纯水表皮具有热稳定性
	278 K HI	267	193	152	
	298 K	269	197	149	
	318 K	272	202	148	
	338 K	275	207	146	
	358 K	277	212	143	
	368 K	280	213	140	
峰面积(a. u.)（声子丰度）	278 K 水	0. 55	0. 35	0. 10	随着温度升高，HI 溶液中 H—O 悬键组分的声子丰度减少；纯水中该组分声子丰度随温度升高而增加
	278 K HI	0. 43	0. 46	0. 09	
	298 K	0. 39	0. 50	0. 07	
	318 K	0. 35	0. 54	0. 07	
	338 K	0. 32	0. 58	0. 06	
	358 K	0. 30	0. 62	0. 06	
	368 K	0. 28	0. 64	0. 05	

12. 4. 5. 4　酸溶液中反氢键的实验证据

HI 和 NaI 都属于强电解质，溶于水后能够完全电离。因此，当浓度和体积相同时，HI 和 NaI 溶液中的 I^- 数量应当相同。但从实验结果来看，H^+ 和 Na^+ 对氢键网络的作用不同。我们考虑溶液中所有离子的半径差异和结合水分子的情况可以推断，受离子电场作用而结合的水分子数应满足如下关系：$1=N_I/N_I>x_{Na}>x_H\geqslant 0$。因此，$(1+x_{Na})/(1+x_H)=A_{NaI}/A_{NI}$，其中 A 表示声子丰度，即被离子电场极化的相对水分子数，声子丰度正比于氢键中 H—O 振动模的光谱积分面积。从表 12. 14 与图 12. 34 所示的不同浓度溶液中离子水合层的声子丰度之比可知，浓度为 0. 02 和 0. 10 时，$(1+x_{Na})/(1+x_H)$ 分别约为 1. 5 和 2. 0，证明了我们的预期：Na^+ 结合水分子形成水合层，从而作为点极化源使氢键伸缩并极化；而 H^+ 结合一个水分子形成水合氢离子，取代冰水四面体结构中的一个水分子形成 H↔H 反氢键且无明显极化效应[106]。

表 12. 14　NaI 与 HI 溶液中离子水合层的声子丰度信息[15]

摩尔分数	$N_{H_2O}/N_{溶质}$	A_{NaI}(a. u.)	A_{HI}(a. u.)	A_{NaI}/A_{HI}
0. 02	49	0. 081 7	0. 055 2	1. 480 0
0. 04	24	0. 145 6	0. 090 2	1. 614 5

续表

摩尔分数	$N_{H_2O}/N_{溶质}$	A_{NaI}(a. u.)	A_{HI}(a. u.)	A_{NaI}/A_{HI}
0.06	16	0.198 5	0.113 6	1.746 6
0.08	12	0.242 9	0.129 6	1.874 2
0.10	9	0.277 8	0.141 3	1.966 0

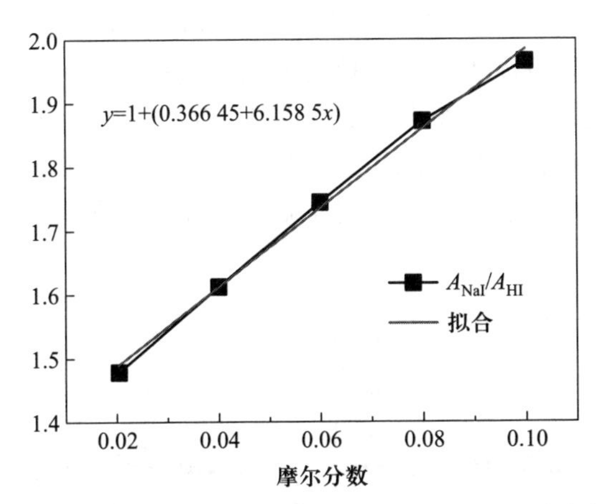

图 12.34 NaI 与 HI 溶液中离子水合层的声子丰度之比(A_{NaI}/A_{HI})随浓度的变化情况[15]

12.4.6 碱水合动力学——氢键网络的量子压缩

NaOH 溶液中氢键分段随浓度变化的拉曼差谱和加热及盐与酸完全不同，其变化趋势相反，随浓度升高，氢键高频声子红移，低频声子蓝移。这种变化

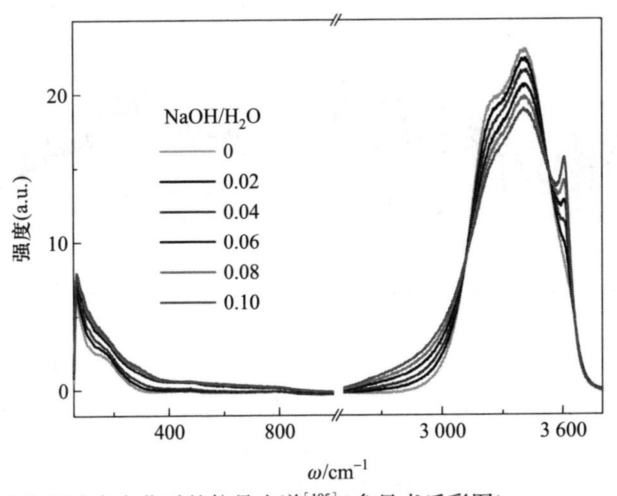

图 12.35 NaOH 溶液浓度变化时的拉曼光谱[105](参见书后彩图)

趋势与冰水受压表现相一致。NaOH 溶于水后会电离出 Na^+ 和 OH^-，OH^- 结构中包含 3 对孤对电子，具有类 HF 四面体结构。均匀分布在溶液中的 OH^- 会取代四面体水分子结构中的一个水分子，从而形成 O：⇔：O 超氢键结构。超氢键本质上是孤对电子对之间的强压缩作用。在这种作用下，氢键中长而弱的 O：H非键被压缩，同时经由 O-O 库仑调制，H—O 伸长变软，因此其拉曼光谱表现为高频声子红移(从 3 500 cm^{-1}降低至 3 000 cm^{-1}以下)，同时低频声子蓝移，如图 12.35 所示。图 12.36 对比了 NaOH 溶液中氢键分段振动频率随浓度变化的拉曼差谱以及冰水受压的拉曼差谱。氢键 H—O 声子在 1.33 GPa 时的红移幅度比浓度造成的影响小很多。可见，NaOH 溶液中的 O：⇔：O 超氢键作用对氢键的影响比机械压缩更大。Na^+ 离子本身的电场效果被 O：⇔：O 作用湮灭。3 610 cm^{-1} 为 OH^- 溶质键序缺失的 H—O 单键的特征峰，与表皮 H—O 悬键等同[105]。

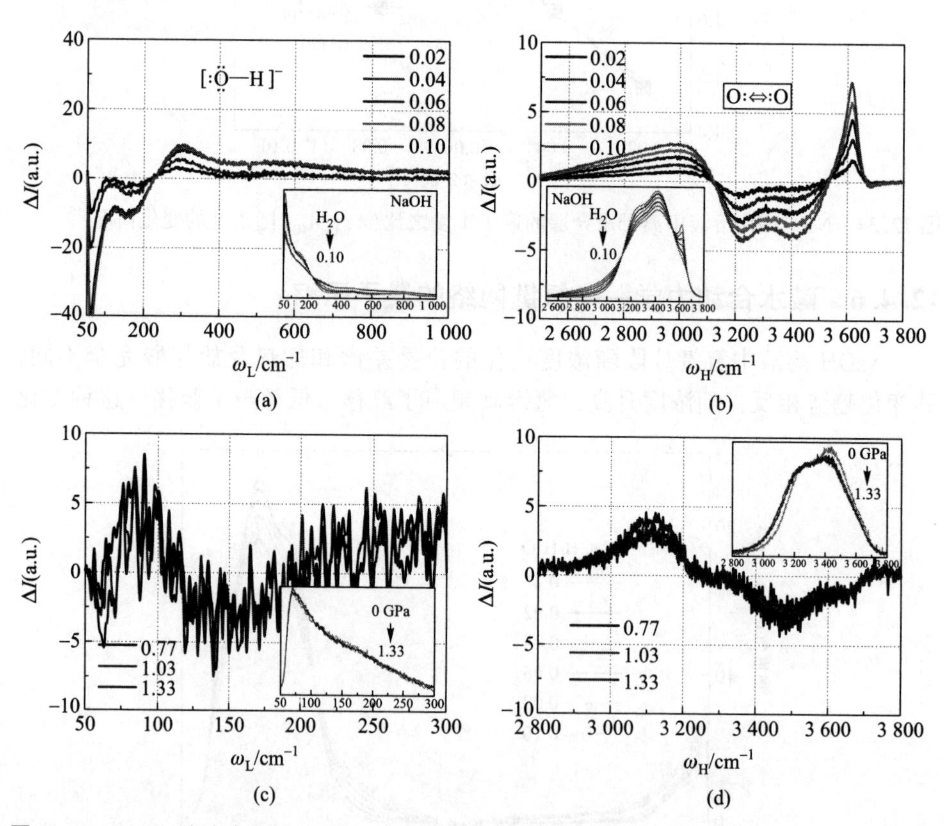

图 12.36　NaOH 溶液中氢键(a)高、(b)低频段随浓度变化的差谱以及受压时水中氢键(c)高、(d)低频分段的差谱(插图为实测拉曼光谱)[105](参见书后彩图)

3 610 cm^{-1}为 OH^-溶质 H—O 单键的特征峰，与表皮 H—O 悬键等同

12.4.7 盐离子的极化和反氢键的退极化

12.4.7.1 盐离子的极化

本质而言，溶液的表面张力是一种分子间作用力。因此，表面张力或接触角的大小可以反映微观的极化程度。考察 NaCl 和 NaI 溶液的接触角随温度、溶质和浓度变化的曲线(图 12.37 与图 12.38)，虽然热效应和盐离子作用引起氢键分段声子弛豫的方式相同，但这两种情况下氢键极化情况正好相反，加热降低表面能而表现为退极化作用，温度升高，溶液接触角减小；而盐离子使溶液表面能提高，增强极化作用，浓度升高，溶液接触角增大。所以，关注化学键弛豫以及非键电子极化在探究溶液属性时非常重要。溶液接触角的变化对离子浓度、种类、温度等因素非常敏感。阴、阳离子造成的拉曼频移和接触角变化趋势均与离子半径(R)及电负性(η)等离子特性参数有关，且这种变化趋势遵循霍夫梅斯特序列：阴离子 $X^-(R/\eta)=I^-(2.2/2.5)>Br^-(1.96/2.8)>Cl^-(1.81/3.0)>F^-(1.33/4.0)\approx 0$，阳离子 $Y^+(R/\eta)=Na^+(0.98/0.9)>K^+(1.33/0.8)>Rb^+(1.49/0.8)>Cs^+(1.65/0.8)$。比较而言，阴离子作用效果比阳离子更为明显。

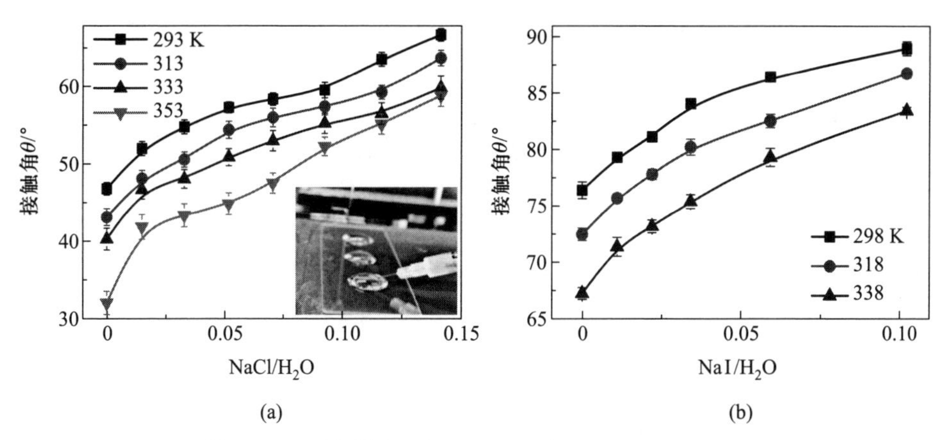

图 12.37 (a) NaCl[6] 和(b) NaI[78,99] 溶液接触角随浓度和温度的变化情况

12.4.7.2 酸溶液反氢键的退极化

测量 HX 溶液在玻璃基片上的接触角随浓度的变化情况(图 12.39)可知，酸会降低溶液的表面能，表现为致脆作用。浓度升高，溶液接触角减小，与加热表现出相同的变化趋势。HX 通过 H↔H 反氢键破坏氢键网络；加热加剧水分子的热运动，使分子间作用减弱。

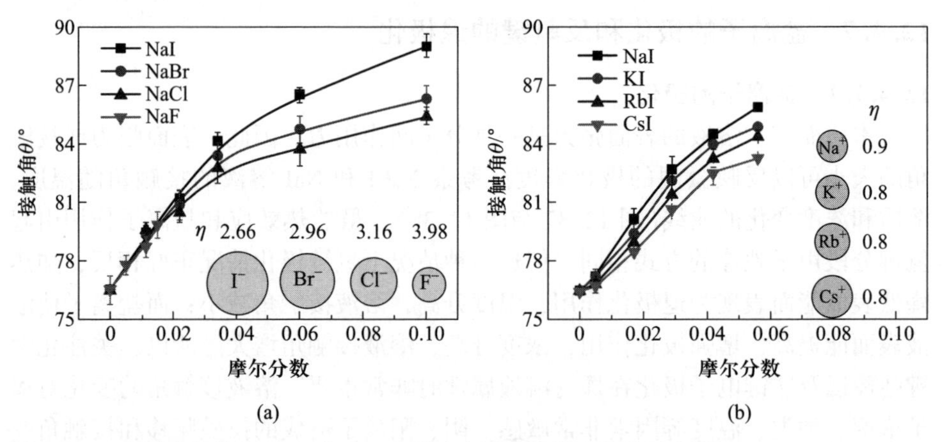

图 12.38　不同浓度的(a)NaX 与(b)YI 溶液在清洁铜箔上的接触角[78]

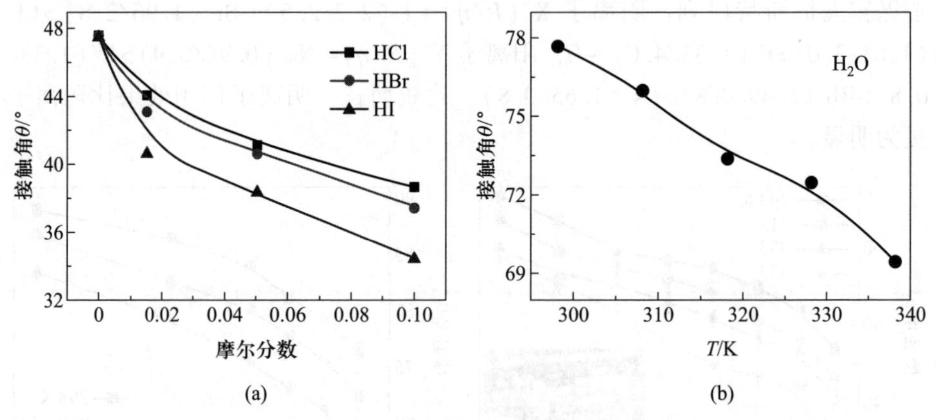

图 12.39　(a)不同浓度的 HX 溶液在玻璃基片和(b)去离子水在铜箔上受热时接触角的变化[15]

12.4.8　氢键的分段长度和能量估算

基于文献中报道的冰水中氢键分段键长和键能值[79]，可以估算溶液中氢键的键长和键能

$$\omega_{\mathrm{x}} \propto \frac{\sqrt{E_{\mathrm{x}}/\mu_{\mathrm{x}}}}{d_{\mathrm{x}}}$$

$$E_{\mathrm{x}} = \frac{E_{0\mathrm{x}}}{(\omega_0 d_0)_{\mathrm{x}}^2}\omega_{\mathrm{x}} d_{\mathrm{x}} = \begin{cases} 3.906\times10^{-7}\omega_{\mathrm{H}} d_{\mathrm{H}} & (\mathrm{eV}) \\ 2.375\times10^{-3}\omega_{\mathrm{L}} d_{\mathrm{L}} & (\mathrm{meV}) \end{cases}$$

和纯水相比，溶液中的离子电场使 H—O 键变强，O：H 变弱，相应结合能

$\Delta E_H>0$，$\Delta E_L<0$，详细数据列于表 12.15。以冰水氢键的各物性参数作为基准，一旦产生激励，氢键分段键长和键能将迅速响应，氢键分段声子振动频率 ω_x 会相对于基准值发生偏移[79]。通过测量氢键分段的拉曼或红外光谱可获得分段振动频率，以此即可估算溶液中的氢键分段键长和键能。

氢键的分段键长、声子频率和键能等会影响溶液性质，如溶解度、表面张力、溶液黏度、H—O 声子寿命、相变温度和压强等。所以，在冰雪路面上撒盐能促进雪水融化，而某些特定种类和浓度的盐可以加快溶胶-凝胶转变过程。此外，探索降低 H—O 键能的途径，在提高制氢效率和储氢能力上有望取得突破。

表 12.15 溶液中氢键的物性参数

	H_2O (277 K)	H_2O (338 K)	H_2O (表皮)	NaX (水合层)	HX (水合层)
ω_L/cm^{-1} *	200	波动	75	65~90	120
ω_H/cm^{-1}，0.9 M	3 150	3 340	3 450	3 466	3 459
ω_H/cm^{-1}，3 M	—	—	—	3 480	3 468
d_L/Å	1.70	1.717 0	2.075 7	≥1.95	—
d_H/Å	1.00	0.994 5	0.889 3	≤0.95	—
E_L/meV	95	—	59	≤59	—
E_H/eV	3.98	4.43	4.97	≥4.43	—
O-O/Å	2.695 0[79]	2.711 5[79]	2.965 0[107]	≥2.965	—

* ω_L 的变化主要源自极化或涨落。极化使光谱略微增强而涨落则宽化光谱半高宽。

大量实验和理论模拟结果表明[76,108]，热激发与离子电场效应对氢键分段弛豫的作用效果类似，均导致 H—O 键缩短、O：H 键伸长。盐溶于水形成离子，离子电场会改变水分子取向，从而促使氢键伸缩和极化。

热激发与离子电场效应对氢键作用的主要区别在于极化。温度升高，水分子热运动增强，便于热扩散，因此分子间作用减弱，表现出退极化。而盐溶液中盐离子电场首先改变溶液中水分子的取向，使离子与水分子结合形成水合层，从而驱使氢键分段协同弛豫和极化。极化作用使溶液的表面张力和黏度增大。此外，溶液中氢键的 H—O 键变强、O：H 键变弱，因熔点和冰点与键能成正比，故在相变上表现为熔点升高、冰点降低，这是超固态对准固态相边界拓展的结果。

12.4.9　酸碱盐水解和水合动力学

综上所述，酸碱盐溶液中的反氢键、超氢键和极化氢键作用规律如下：

(1) 酸水合产生 H↔H 反氢键点断裂源[15]。酸溶于水电离出的 H^+ 极易与水分子结合形成水合氢离子，水合氢离子包含一对孤对电子，具有四面体结构。分散在溶液中的 H_3O^+ 取代四配位水分子中的一个水分子，形成 H↔H 反氢键作用于氢键网络。酸水合与加热具有相同的氢键弛豫和退极化效果[6,76]。

(2) 碱水合产生 O：⇔：O 超氢键点压缩源[105]。碱溶于水电离出 OH^-，OH^- 包含 3 对孤对电子，也具有四配位结构。它与邻近水分子形成 O：⇔：O 超氢键，这种强压缩作用对氢键网络产生极大的压强，造成 H—O 共价键能大幅降低，其拉曼声子频率从 3 500 cm^{-1} 红移至 3 000 cm^{-1} 以下。H—O 键能损失，释放能量，因此碱溶解时放热。此外，OH^- 的单键显示与 H—O 悬键有相同的 3 610 cm^{-1} 特征峰，证明低键序 OH^- 的 H—O 键自发收缩。碱水合与加压具有相同的氢键弛豫和极化效果[109-111]。

(3) 盐水合分解成离子点极化源[78,99]。YX 型盐溶于水后电离出 Y^+ 和 X^-，盐离子与水分子结合形成水合层。离子电场改变水分子的取向，作为点极化源使氢键伸缩和极化。在离子电场中，H—O 共价键变短，因此离子水合层更具热稳定性，显示出超固态特征；此外，其声子弛豫时间和溶液黏度增大。盐水合与分子低配位具有相同的氢键弛豫和极化以及产生超固态的效果[88,104,112]。

酸碱盐的新定义有助于我们重新思考生活中一些习以为常的现象。例如为什么食物很咸时，我们需要喝水？为什么食谱应该清淡？为什么食盐和醋酸的饮用可以调节人的血压？因为盐离子能极化水分子，并进一步使水分子从流体状态转变成超固态离子水合层，降低水分子的活性。此外，反氢键有利于稀释溶液，医药领域已经广泛使用显酸性的阿司匹林来促进患者的血液循环。

12.5　小结

本章从酸碱盐溶质与氢键作用的微观角度解释了酸碱盐和溶剂相互作用的物理机制，建立了一种基于拉曼光谱定量获取氢键协同弛豫过程中的氢键分段长度、键能、极化等物理信息的差分声子计量谱学方法。并且从氢键协同弛豫的视角探究了霍夫梅斯特效应的可能原因：

(1) 酸溶于水电离出的 H^+ 极易与水分子结合形成水合氢离子，水合氢离子包含一对孤对电子，具有四面体结构。分散在溶液中的 H_3O^+ 取代四配位水分子中的一个水分子，形成 H↔H 反氢键作用于氢键网络。酸会减小溶液的表面能，从而影响溶液的表面张力、黏度。H↔H 反氢键使溶液具有腐蚀性并稀释溶液。

（2）碱溶于水电离出 OH^-，OH^-包含 3 对孤对电子，也具有四面体结构。它与邻近的水分子形成 O：⇔：O 超氢键，这种强压缩作用对氢键网络产生极大的压强，造成 O：H 非键受压缩短，同时 H—O 共价键伸长变弱。H—O 共价键由于键能损失而释放能量，因此碱溶解过程往往发生放热反应。

（3）YX 型盐溶于水后电离出 Y^+和 X^-，盐离子与水分子结合形成水合层。离子电场改变水分子的取向，作为点极化源使氢键伸缩和极化。在离子电场中，H—O 共价键变短，同时 O：H 非键伸长，因此水分子尺寸减小但分子间距增大。盐溶液中氢键的 ω_H 声子刚度增大，离子水合层显示出超固态特征，具有强热稳定性。

参 考 文 献

[1] Lo Nostro P., Ninham B. W. Hofmeister phenomena: An update on ion specificity in biology. Chem. Rev., 2012, 112 (4): 2286-2322.

[2] Hofmeister F. Concerning regularities in the protein-precipitating effects of salts and the relationship of these effects to the physiological behaviour of salts. Arch. Exp. Pathol. Pharmacol., 1888, 24: 247-260.

[3] Wilson E. K. Hofmeister still mystifies. Chem. Eng. News Arch., 2012, 90 (29): 42-43.

[4] Jungwirth P., Cremer P. S. Beyond Hofmeister. Nat. Chem., 2014, 6 (4): 261-263.

[5] Schwierz N., Horinek D., Netz R. R. Anionic and cationic Hofmeister effects on hydrophobic and hydrophilic surfaces. Langmuir, 2013, 29 (8): 2602-2614.

[6] Zhang X., Yan T., Huang Y., et al. Mediating relaxation and polarization of hydrogen-bonds in water by NaCl salting and heating. Phys. Chem. Chem. Phys., 2014, 16 (45): 24666-24671.

[7] Lewis G. N. Acids and bases. J. Franklin Inst., 1938, 226 (3): 293-313.

[8] Cappa C. D., Smith J. D., Wilson K. R., et al. Effects of alkali metal halide salts on the hydrogen bond network of liquid water. J. Phys. Chem. B, 2005, 109 (15): 7046-7052.

[9] Glover W. J., Schwartz B. J. Short-range electron correlation stabilizes noncavity solvation of the hydrated electron. J. Chem. Theory Comput., 2016, 12 (10): 5117-5131.

[10] Iitaka T., Ebisuzaki T. Methane hydrate under high pressure. Phys. Rev. B, 2003, 68 (17): 172105.

[11] Liu D., Ma G., Levering L. M., et al. Vibrational spectroscopy of aqueous sodium halide solutions and air-liquid interfaces: Observation of increased interfacial depth. J. Phys. Chem. B, 2004, 108 (7): 2252-2260.

[12] Marcus Y. Effect of ions on the structure of water: Structure making and breaking. Chem. Rev., 2009, 109 (3): 1346-1370.

[13] Smith J. D., Saykally R. J., Geissler P. L. The effects of dissolved halide anions on hydrogen bonding in liquid water. J. Am. Chem. Soc., 2007, 129: 13847-13856.

[14] Zhang J., Kuo J. L., Iitaka T. First principles molecular dynamics study of filled ice hydrogen hydrate. J. Chem. Phys., 2012, 137 (8): 084505.

[15] Zhang X., Zhou Y., Gong Y., et al. Resolving H(Cl, Br, I) capabilities of transforming solution hydrogen-bond and surface-stress. Chem. Phys. Lett., 2017, 678: 233-240.

[16] Sun C. Q., Chen J., Yao C., et al. (Li, Na, K)OH hydration thermodynamics: Solution self-heating. Chem. Phys. Lett., 2018, 696: 139-143.

[17] Bhargava B. L., Yasaka Y., Klein M. L. Computational studies of room temperature ionic liquid-water mixtures. Chem. Commun., 2011, 47 (22): 6228-6241.

[18] Saita S., Kohno Y., Nakamura N., et al. Ionic liquids showing phase separation with water prepared by mixing hydrophilic and polar amino acid ionic liquids. Chem. Commun., 2013, 49 (79): 8988-8990.

[19] Stoyanov E. S., Stoyanova I. V., Reed C. A. The unique nature of H^+ in water. Chem. Sci., 2011, 2 (3): 462-472.

[20] Heiles S., Cooper R. J., DiTucci M. J., et al. Hydration of guanidinium depends on its local environment. Chem. Sci., 2015, 6 (6): 3420-3429.

[21] De Grotthuss C. Sur la décomposition de l'eau et des corps qu'elle tient en dissolution à l'aide de l'électricité galvanique. Ann. Chim., 1806, 58: 54-74.

[22] Hassanali A., Giberti F., Cuny J., et al. Proton transfer through the water gossamer. Proc. Natl. Acad. Sci. U. S. A., 2013, 110 (34): 13723-13728.

[23] Eigen M. Proton transfer, acid-base catalysis, and enzymatic hydrolysis. Part Ⅰ: Elementary processes. Angew. Chem. Int. Ed., 1964, 3 (1): 1-19.

[24] Schuster P., Zundel G., Sandorfy C. The Hydrogen Bond. Recent Developments in Theory and Experiments. Amsterdam-New York: North-Holland Publishing Company, 1976.

[25] Thämer M., De Marco L., Ramasesha K., et al. Ultrafast 2D IR spectroscopy of the excess proton in liquid water. Science, 2015, 350 (6256): 78-82.

[26] Kiefer P. M., Hynes J. T. Theoretical aspects of tunneling proton transfer reactions in a polar environment. J. Phys. Org. Chem., 2010, 23 (7): 632-646.

[27] Daschakraborty S., Kiefer P. M., Miller Y., et al. Reaction mechanism for direct proton transfer from carbonic acid to a strong base in aqueous solution Ⅰ: Acid and base coordinate and charge dynamics. J. Phys. Chem. B, 2016, 120 (9): 2271-2280.

[28] Kalish N. B. M., Shandalov E., Kharlanov V., et al. Apparent stoichiometry of water in proton hydration and proton dehydration reactions in CH_3CN/H_2O solutions. J. Phys. Chem. A, 2011, 115 (16): 4063-4075.

[29] Borgis D., Tarjus G., Azzouz H. An adiabatic dynamical simulation study of the Zundel

polarization of strongly H-bonded complexes in solution. J. Chem. Phys., 1992, 97 (2): 1390-1400.

[30] Vuilleumier R., Borgis D. Quantum dynamics of an excess proton in water using an extended empirical valence-bond Hamiltonian. J. Phys. Chem. B, 1998, 102 (22): 4261-4264.

[31] Vuilleumier R., Borgis D. Transport and spectroscopy of the hydrated proton: A molecular dynamics study. J. Chem. Phys., 1999, 111 (9): 4251-4266.

[32] Ando K., Hynes J. T. Molecular mechanism of HCl acid ionization in water: Ab initio potential energy surfaces and Monte Carlo simulations. J. Phys. Chem. B, 1997, 101 (49): 10464-10478.

[33] Ando K., Hynes J. T. HF acid ionization in water: The first step. Faraday Discuss., 1995, 102: 435-441.

[34] Borgis D., Hynes J. T. Molecular-dynamics simulation for a model nonadiabatic proton transfer reaction in solution. J. Chem. Phys., 1991, 94 (5): 3619-3628.

[35] Stearn A. E., Eyring H. The deduction of reaction mechanisms from the theory of absolute rates. J. Chem. Phys., 1937, 5 (2): 113-124.

[36] Huggins M. L. Hydrogen bridges in ice and liquid water. J. Phys. Chem., 1936, 40 (6): 723-731.

[37] Wannier G. Die beweglichkeit des wasserstoff-und hydroxylions in wäßriger lösung. Ⅰ. Ann. Der Phys., 1935, 416 (6): 545-568.

[38] Agmon N. The grotthuss mechanism. Chem. Phys. Lett., 1995, 244 (5): 456-462.

[39] Sun C. Q., Sun Y. The Attribute of Water: Single Notion, Multiple Myths. Springer-Verlag, 2016.

[40] Frank H. S., Wen W. -Y. Ion-solvent interaction structural aspects of ion-solvent interaction in aqueous solutions: A suggested picture of water structure. Discuss. Faraday Soc., 1957, 24: 133-140.

[41] Pauling L. The structure and entropy of ice and of other crystals with some randomness of atomic arrangement. J. Am. Chem. Soc., 1935, 57: 2680-2684.

[42] Harich S. A., Hwang D. W. H., Yang X., et al. Photodissociation of H_2O at 121. 6 nm: A state-to-state dynamical picture. J. Chem. Phys., 2000, 113 (22): 10073-10090.

[43] Xie W. J., Gao Y. Q. A simple teory for the Hofmeister series. J. Phys. Chem. Lett., 2013: 4247-4252.

[44] Imperato G., Eibler E., Niedermaier J., et al. Low-melting sugar-urea-salt mixtures as solvents for Diels-Alder reactions. Chem. Commun., 2005, (9): 1170-1172.

[45] Saldaña M. D. A., Alvarez V. H., Haldar A. Solubility and physical properties of sugars in pressurized water. J. Chem. Thermodyn., 2012, 55: 115-123.

[46] Salis A., Ninham B. W. Models and mechanisms of Hofmeister effects in electrolyte solutions, and colloid and protein systems revisited. Chem. Soc. Rev., 2014, 43 (21):

7358-7377.

[47] Xie W. J., Liu C. W., Yang L. J., et al. On the molecular mechanism of ion specific Hofmeister series. Sci. China Chem., 2014, 57 (1): 36-47.

[48] Thomas Record M., Guinn E., Pegram L., et al. Introductory lecture: Interpreting and predicting Hofmeister salt ion and solute effects on biopolymer and model processes using the solute partitioning model. Faraday Discuss., 2013, 160: 9-44.

[49] Johnson C. M., Baldelli S. Vibrational sum frequency spectroscopy studies of the influence of solutes and phospholipids at vapor/water interfaces relevant to biological and environmental systems. Chem. Rev., 2014, 114 (17): 8416-8446.

[50] Randall M., Failey C. F. The activity coefficient of gases in aqueous salt solutions. Chem. Rev., 1927, 4 (3): 271-284.

[51] Randall M., Failey C. F. The activity coefficient of non-electrolytes in aqueous salt solutions from solubility measurements. The salting-out order of the ions. Chem. Rev., 1927, 4 (3): 285-290.

[52] Randall M., Failey C. F. The activity coefficient of the undissociated part of weak electrolytes. Chem. Rev., 1927, 4 (3): 291-318.

[53] Parsons D. F., Boström M., Nostro P. L., et al. Hofmeister effects: Interplay of hydration, nonelectrostatic potentials, and ion size. Phys. Chem. Chem. Phys., 2011, 13 (27): 12352-12367.

[54] Hofmeister F. Zur lehre von der wirkung der salze. Arch. Exp. Pathol. Pharmakol., 1888, 25 (1): 1-30.

[55] Cox W. M., Wolfenden J. H. The viscosity of strong electrolytes measured by a differential method. Proc. Roy. Soc. London A, 1934, 145 (855): 475-488.

[56] Ball P., Hallsworth J. E. Water structure and chaotropicity: Their uses, abuses and biological implications. Phys. Chem. Chem. Phys., 2015, 17 (13): 8297-8305.

[57] Collins K. D., Washabaugh M. W. The Hofmeister effect and the behaviour of water at interfaces. Q. Rev. Biophys., 1985, 18 (4): 323-422.

[58] Zangi R., Berne B. Aggregation and dispersion of small hydrophobic particles in aqueous electrolyte solutions. J. Phys. Chem. B, 2006, 110 (45): 22736-22741.

[59] Omta A. W., Kropman M. F., Woutersen S., et al. Negligible effect of ions on the hydrogen-bond structure in liquid water. Science, 2003, 301 (5631): 347-349.

[60] Funkner S., Niehues G., Schmidt D. A., et al. Watching the low-frequency motions in aqueous salt solutions: The terahertz vibrational signatures of hydrated ions. J. Am. Chem. Soc., 2012, 134(2): 1030-1035.

[61] Tielrooij K., Garcia-Araez N., Bonn M., et al. Cooperativity in ion hydration. Science, 2010, 328 (5981): 1006-1009.

[62] Levin Y. Polarizable ions at interfaces. Phys. Rev. Lett., 2009, 102 (14): 147803.

[63] Collins K. D. Why continuum electrostatics theories cannot explain biological structure,

polyelectrolytes or ionic strength effects in ion-protein interactions. Biophys. Chem., 2012, 167: 43-59.

[64] Collins K. D. Charge density-dependent strength of hydration and biological structure. Biophys. J., 1997, 72 (1): 65-76.

[65] Collins K. D. Ions from the Hofmeister series and osmolytes: Effects on proteins in solution and in the crystallization process. Methods, 2004, 34 (3): 300-311.

[66] Duignan T. T., Parsons D. F., Ninham B. W. Collins's rule, Hofmeister effects and ionic dispersion interactions. Chem. Phys. Lett., 2014, 608: 55-59.

[67] Liu X., Li H., Li R., et al. Strong non-classical induction forces in ion-surface interactions: General origin of Hofmeister effects. Sci. Rep., 2014, 4: 5047.

[68] Hess B., van der Vegt N. F. A. Cation specific binding with protein surface charges. Proc. Natl. Acad. Sci. USA., 2009, 106 (32): 13296-13300.

[69] Uejio J. S., Schwartz C. P., Duffin A. M., et al. Characterization of selective binding of alkali cations with carboxylate by X-ray absorption spectroscopy of liquid microjets. Proc. Natl. Acad. Sci. U. S. A., 2008, 105 (19): 6809-6812.

[70] Vrbka L., Vondrášek J., Jagoda-Cwiklik B., et al. Quantification and rationalization of the higher affinity of sodium over potassium to protein surfaces. Proc. Natl. Acad. Sci. U. S. A., 2006, 103 (42): 15440-15444.

[71] Paterová J., Rembert K. B., Heyda J., et al. Reversal of the Hofmeister series: Specific ion effects on peptides. J. Phys. Chem. B, 2013, 117 (27): 8150-8158.

[72] Heyda J., Hrobárik T., Jungwirth P. Ion-specific interactions between halides and basic amino acids in water. J. Phys. Chem. A, 2009, 113 (10): 1969-1975.

[73] Park S., Fayer M. D. Hydrogen bond dynamics in aqueous NaBr solutions. Proc. Natl. Acad. Sci. U. S. A., 2007, 104 (43): 16731-16738.

[74] Aliotta F., Pochylski M., Ponterio R., et al. Structure of bulk water from Raman measurements of supercooled pure liquid and LiCl solutions. Phys. Rev. B, 2012, 86 (13): 134301.

[75] Li R., Jiang Z., Chen F., et al. Hydrogen bonded structure of water and aqueous solutions of sodium halides: A Raman spectroscopic study. J. Mol. Struct., 2004, 707 (1-3): 83-88.

[76] Sun C. Q., Zhang X., Fu X., et al. Density and phonon-stiffness anomalies of water and ice in the full temperature range. J. Phys. Chem. Lett., 2013, 4: 3238-3244.

[77] Sun C. Q., Chen J., Gong Y., et al. (H, Li)Br and LiOH solvation bonding dynamics: Molecular nonbond interactions and solute extraordinary capabilities. J. Phys. Chem. B, 2018, 122 (3): 1228-1238.

[78] Zhou Y., Huang Y. L., Ma Z. S., et al. Water molecular structure-order in the NaX hydration shells(X=F, Cl, Br, I). J. Mol. Liq., 2016, 221: 788-797.

[79] Huang Y., Zhang X., Ma Z., et al. Hydrogen-bond relaxation dynamics: Resolving

mysteries of water ice. Coord. Chem. Rev., 2015, 285: 109-165.
[80] Jones G., Dole M. The viscosity of aqueous solutions of strong electrolytes with special reference to barium chloride. J. Am. Chem. Soc., 1929, 51 (10): 2950-2964.
[81] Nickolov Z. S., Miller J. Water structure in aqueous solutions of alkali halide salts: FTIR spectroscopy of the OD stretching band. J. Colloid Inter. Sci., 2005, 287 (2): 572-580.
[82] Mancinelli R., Botti A., Bruni F., et al. Hydration of sodium, potassium, and chloride ions in solution and the concept of structure maker/breaker. J. Phys. Chem. B, 2007, 111 (48): 13570-13577.
[83] Li X. P., Huang K., Lin J. Y., et al. Hofmeister ion series and its mechanism of action on affecting the behavior of macromolecular solutes in aqueous solution. Prog. Chem., 2014, 26 (8): 1285-1291.
[84] Zhou Y., Zhong Y., Gong Y., et al. Unprecedented thermal stability of water supersolid skin. J. Mol. Liq., 2016, 220: 865-869.
[85] Bartolotti L. J., Rai D., Kulkarni A. D., et al. Water clusters $(H_2O)n$ [n=9 - 20] in external electric fields: Exotic OH stretching frequencies near breakdown. Comput. Theor. Chem., 2014, 1044 (0): 66-73.
[86] Zhao L., Ma K., Yang Z. Changes of water hydrogen bond network with different externalities. Int. J. Mol. Sci., 2015, 16 (4): 8454-8489.
[87] Sun C. Q. Relaxation of the Chemical Bond. Heidelberg: Springer, 2014.
[88] Zhang X., Huang Y., Ma Z., et al. A common supersolid skin covering both water and ice. Phys. Chem. Chem. Phys., 2014, 16 (42): 22987-22994.
[89] Huang Y., Ma Z., Zhang X., et al. Hydrogen bond asymmetric local potentials in compressed ice. J. Phys. Chem. B, 2013, 117 (43): 13639-13645.
[90] Sun Q. Raman spectroscopic study of the effects of dissolved NaCl on water structure. Vib. Spectrosc., 2012, 62: 110-114.
[91] Park S., Ji M. B., Gaffney K. J. Ligand exchange dynamics in aqueous solution studied with 2DIR spectroscopy. J. Phys. Chem. B, 2010, 114 (19): 6693-6702.
[92] Park S., Odelius M., Gaffney K. J. Ultrafast dynamics of hydrogen bond exchange in aqueous ionic solutions. J. Phys. Chem. B, 2009, 113 (22): 7825-7835.
[93] Gaffney K. J., Ji M., Odelius M., et al. H-bond switching and ligand exchange dynamics in aqueous ionic solution. Chem. Phys. Lett., 2011, 504 (1-3): 1-6.
[94] Zhang X., Xu Y., Zhou Y., et al. HCl, KCl and KOH solvation resolved solute-solvent interactions and solution surface stress. Appl. Surf. Sci., 2017, 422: 475-481.
[95] Zhou Y., Yuan Zhong, Liu X., et al. NaX solvation bonding dynamics: Hydrogen bond and surface stress transition (X = HSO_4, NO_3, ClO_4, SCN). J. Mol. Liq., 2017, 248: 432-438.
[96] Zhou Y., Gong Y., Huang Y., et al. Fraction and stiffness transition from the H-O vibrational mode of ordinary water to the HI, NaI, and NaOH hydration states. J. Mol. Liq., 2017, 244: 415-421.

[97] Kahan T. F., Reid J. P., Donaldson D. J. Spectroscopic probes of the quasi-liquid layer on ice. J. Phys. Chem. A, 2007, 111 (43): 11006-11012.

[98] Baumgartner M., Bakker R. J. Raman spectroscopy of pure H_2O and NaCl-H_2O containing synthetic fluid inclusions in quartz: A study of polarization effects. Miner. Petrol., 2008, 95 (1-2): 1-15.

[99] Gong Y., Zhou Y., Wu H., et al. Raman spectroscopy of alkali halide hydration: Hydrogen bond relaxation and polarization. J. Raman Spectrosc., 2016, 47 (11): 1351-1359.

[100] Monroe D. Focus: A surface attraction. Phys. Rev. Focus, 2009, 24: 25.

[101] Silvera Batista C. A., Larson R. G., Kotov N. A. Nonadditivity of nanoparticle interactions. Science, 2015, 350 (6257): 1242477.

[102] Zhou Y., Huang Y., Li L., et al. Hydrogen-bond transition from the vibration mode of ordinary water to the (H, Na) I hydration states: Molecular interactions and solution viscosity. Vib. Spectrosc., 2018, 94: 31-36.

[103] Nagasaka M., Yuzawa H., Kosugi N. Interaction between water and alkali metal ions and its temperature dependence revealed by oxygen k-edge X-ray absorption spectroscopy. J. Phys. Chem. B, 2017, 121 (48): 10957-10964.

[104] Sun C. Q., Zhang X., Zhou J., et al. Density, elasticity, and stability anomalies of water molecules with fewer than four neighbors. J. Phys. Chem. Lett., 2013, 4: 2565-2570.

[105] Zhou Y., Wu D., Gong Y., et al. Base-hydration-resolved hydrogen-bond networking dynamics: Quantum point compression. J. Mol. Liq., 2016, 223: 1277-1283.

[106] Sun C. Q. Unprecedented O : ⇔ : O compression and H↔H fragilization in Lewis solutions. Phys. Chem. Chem. Phys., 2019, 21: 2234-2250.

[107] Wilson K. R., Schaller R. D., Co D. T., et al. Surface relaxation in liquid water and methanol studied by X-ray absorption spectroscopy. J. Chem. Phys., 2002, 117 (16): 7738-7744.

[108] Zhang X., Huang Y., Ma Z., et al. Hydrogen-bond memory and water-skin supersolidity resolving the Mpemba paradox. Phys. Chem. Chem. Phys., 2014, 16 (42): 22995-23002.

[109] Zeng Q., Yan T., Wang K., et al. Compression icing of room-temperature NaX solutions (X= F, Cl, Br, I). Phys. Chem. Chem. Phys., 2016, 18 (20): 14046-14054.

[110] Zhang X., Sun P., Huang Y., et al. Water's phase diagram: From the notion of thermodynamics to hydrogen-bond cooperativity. Prog. Solid State Chem., 2015, 43: 71-81.

[111] Sun C. Q., Zhang X., Zheng W. T. Hidden force opposing ice compression. Chem. Sci., 2012, 3: 1455-1460.

[112] Zhang X., Liu X., Zhong Y., et al. Nanobubble skin supersolidity. Langmuir, 2016, 32 (43): 11321-11327.

第 13 章
水合团簇：声子寿命与黏滞性

重点提示

- YX 型盐溶液的水合团簇主要表现为量子极化，提升水分子的结构序度和超固态特性
- HX 型酸溶液的氢键网络主要表现为反氢键量子致脆，降低水分子的结构序度和表皮应力
- YOH 型碱溶液的氢键网络主要表现为超氢键量子压缩与极化，提高结构序度和超固态特性
- H—O 声子丰度-刚度-序度-寿命受激协同转换决定表皮张力、溶液黏度和扩散系数

摘要

溶质离子聚集其近邻水分子并以之为中心形成水合层。电场极化拉伸 O：H 键、压缩 H—O 键。H—O 声子变硬同时 O：H 声子变软。极化作用主导盐溶液的氢键网络，增强 H—O 声子寿命、分子结构序度、表皮张力、溶液黏度以及热稳定性。酸溶液以 H↔H 反氢键量子致脆效应为主导，减弱分子结构序度、表皮张力以及拉曼散射和红外吸收率。碱溶液以 O：⇔：O 超氢键量子压缩效应为主导，除压缩 O：H 刚化其声子，压长 H—O 键并软化其声子外，YOH 中的 H—O 单键具有与 H—O 悬键等同的声子刚度特征。H^+ 和孤对电子与碱金属离子间在电负性、电子结构以及离子尺寸方面的差异造成了酸、碱、盐各异的氢键网络特征。

13.1　悬疑组十二：水合团簇声子的丰度-刚度-序度-寿命

上一章的图 12.38[1,2]比较了 YX 型盐溶液接触角和表皮应力随离子类型的变化，结果服从霍夫梅斯特序列。然而，其中蕴含的物理机制以及下列相关主题的物理根源和关联性依旧具有挑战性：

（1）溶液的接触角和表皮张力有什么关系？

（2）离子水合层中氢键的本质是什么？

（3）H—O 键声子的丰度-刚度-序度-寿命以及它们与溶液黏度之间有什么联系？

（4）为什么 H^+ 与 Na^+ 引起的表皮张力和水分子结构序度不同？

13.2　释疑原理：量子致脆、量子压缩与量子极化

对比 NaX、NaOH 和 HX 溶液氢键分段振频的差谱，可以获知：

（1）X^- 阴离子具有极化作用，形成超固态水合层并使 H—O 键收缩硬化、O：H 键伸长软化[3]。

（2）Na^+ 作为点极化源形成离子电场致使氢键伸缩和极化，以增强水分子间的作用；而 H^+ 与水分子结合形成 H_3O^+，以 H↔H 反氢键形式破坏氢键网络[4]。

（3）OH^- 水合形成 O：⇔：O 超氢键与机械压强效果相同[5]。

（4）H—O 键声子的丰度-刚度-序度-寿命与溶液黏度和表皮应力正相关。

13.3　H—O 声子寿命与振频的关联

超快红外吸收光谱被广泛应用于探测声子频移及其弛豫时间以揭示水与溶质分子在溶液中的时空行为。研究结果显示[3]，H—O 声子蓝移则其弛豫时间更长，溶液黏性升高。图 13.1 和图 13.2 分别是以 $HOD+H_2O$ 为溶剂的 NaBr 和 $NaClO_4$ 溶液的傅里叶变换(FT)红外光谱。随着浓度增大，D—O 声子蓝移，弛豫时间也在变长，因为极化降低了溶液中水分子的活性。

13.4　声子寿命与分子扩散

图 13.3 所示 MD 计算结果表明，咪唑鎓盐溶液中离子和水分子的扩散系

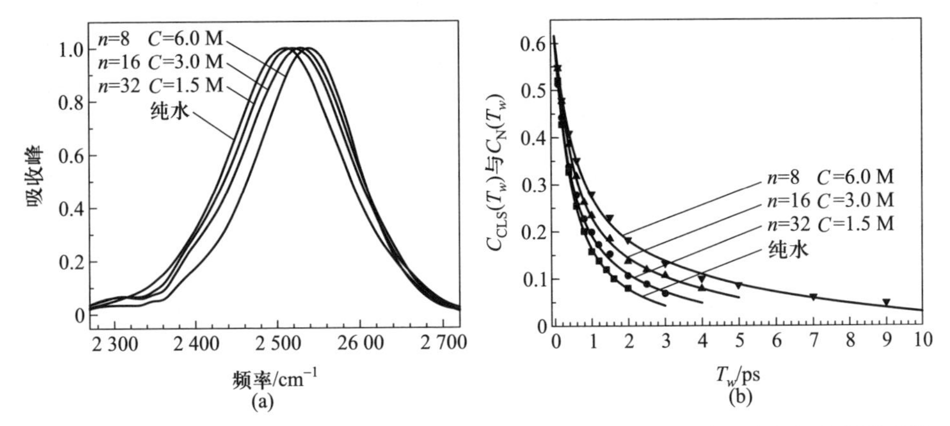

图 13.1 (a)FT红外采集的D—O振频及其(b)动力学特性随NaBr溶液浓度的变化情况[6]
NaBr溶液浓度6 M、3 M和1.5 M分别对应于NaBr分子周围水分子数8、16和32。NaBr浓度升高，声子弛豫时间变长，因为水分子的动力学特性在减弱

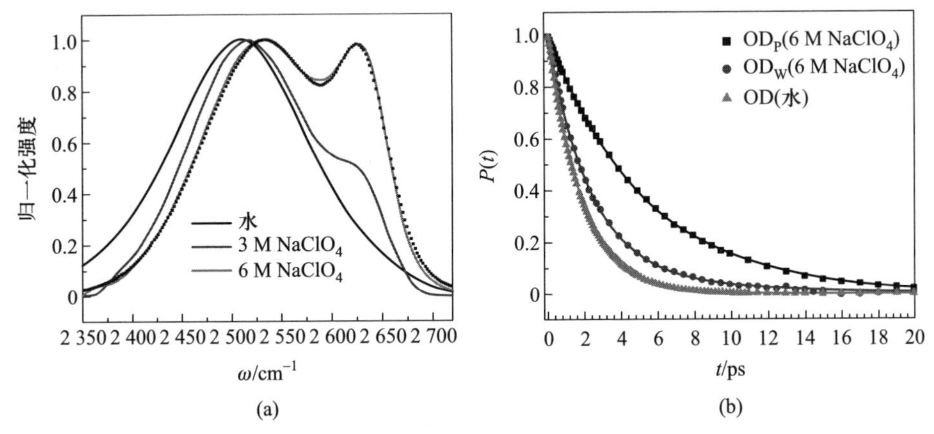

图 13.2 (a)3 M和6 M的$NaClO_4$溶液中D—O振频的变化及(b)6 M $NaClO_4$溶液中D—O两振频模式($\omega_w = 2\ 371\ cm^{-1}$和$\omega_P = 2\ 630\ cm^{-1}$)的声子衰减曲线[7]

数随浓度升高而减小，同时溶质分子转动弛豫时间增长[8]。这说明溶剂水分子的极化提高了溶液黏度，抑制了溶液中离子和水分子的流动和扩散。

纯水的氢键弛豫动力学过程时间极短。HDO/D_2O体系的声子扩散时间少于200 fs[9]，纯水中声子振动寿命为200 fs[10]。H—O的声子寿命与其振动频率和所处位置有关[11]。另一方面，不同分子位置的H—O键声子寿命也不相同。同样频率的声子，处于表皮的寿命可达700 fs[11]，这是表皮超固态的特征[12]。

氢键分段声子频率的变化仅取决于键刚度在外界刺激下的改变。与刺激源

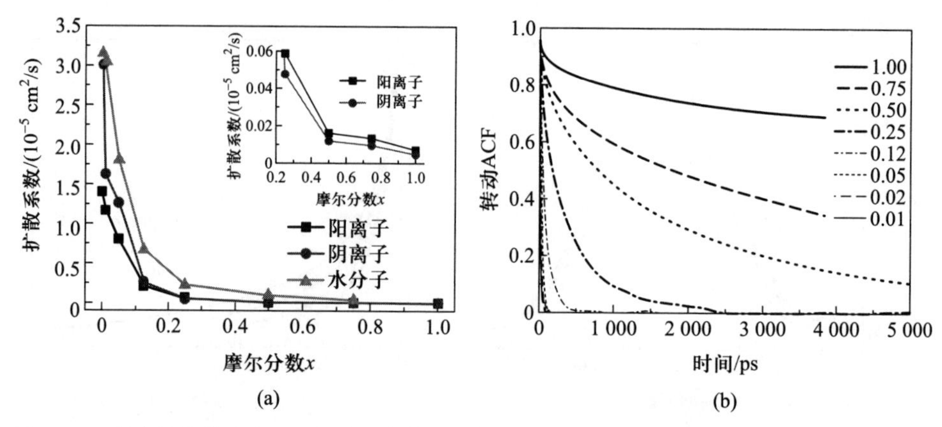

图 13.3　咪唑鎓盐溶液中(a)离子和水分子的扩散系数及(b)溶质旋转自相关函数随浓度的变化曲线[8]

(a)中插图为阳/阴离子扩散系数变化的局域放大图

(如加盐、加热、加压、低配位等)有关。基于傅里叶变换原理，声子光谱信息可以反映离子点源电场对氢键强度弛豫的影响而无需辨析微扰源的属性。因此，我们可以采集纯水的振动谱作为参考，将样品的光谱和参考光谱对比，通过特征峰位、峰强、半峰宽等差异来考察溶液中离子对水分子和氢键的影响。ω_H声子蓝移，伴随着声子寿命变长，此时溶液的黏滞性也增强，这是因为水分子横向和转动的行为能力均下降。差谱的形状和频移与声子寿命测试结果相符合，此外，还可反映溶液中水分子相互作用的变化和电子极化的情况。

13.5　氢键极化与表皮张力

溶液中氢键分段的振动频率、溶液表皮张力和黏度等极其灵敏，随溶液体系类别、浓度、水分子空间位置/配位环境以及温度等因素发生变化，为我们分析和理解酸碱盐与生物分子间的相互作用提供了直接有效的证据。拉曼光谱等光谱测试技术对制样技术要求低，可以对样品进行非接触无损测量，非常有助于我们进行原位研究。

和频振动(SFG)、拉曼、红外等谱学测试方法和表皮应力的测试表明[1]，随着酸或盐溶液浓度的增大，H—O 声子频率 ω_H会从块体时的 3 200 cm^{-1}逐渐蓝移，如图 12.13 和图 12.26 所示。若 ω_H振频已达极值，即此时 $d_H = 0.95$ Å，$d_L = 1.95$ Å，声子振频将不再产生正向频移。

图 12.37~图 12.39 已经给出了不同类型溶质的浓度对接触角和表皮张力的影响趋势。结果表明，酸和盐溶液对接触角和表皮张力的影响呈相反效果：

前者减弱，后者增强。这是因为对于各自的水合层，Na^+形成强极化作用而 H^+ 退极化且因量子致脆破坏氢键网络[13]。表皮张力或水分子结构序度较低时会弱化溶液的拉曼散射率和红外吸收率。酸和盐溶液中的离子均可形成点源电场极化O：H—O 氢键，极化程度会影响表皮应力。

13.6　表皮张力与溶液黏滞性

图 13.4 和图 13.5 比较了几种代表性的霍夫梅斯特盐的表皮张力和黏度随浓度和温度变化的情况。浓度增大，溶液的表皮张力和黏度会随之增大；温度升高，表皮张力和黏度均减小。温度从 298 K 升高至 303 K 时，0.1 M K_3PO_4 溶液的表皮张力从 72.82 mN/m 减小至 72.11 mN/m，而 0.3 M K_3PO_4 的从 72.54 mN/m 减小至 72.20 mN/m[14]。这些实验结果与之前讨论的盐溶化和加热引起溶液接触角和声子频率弛豫趋势完全一致[13]。

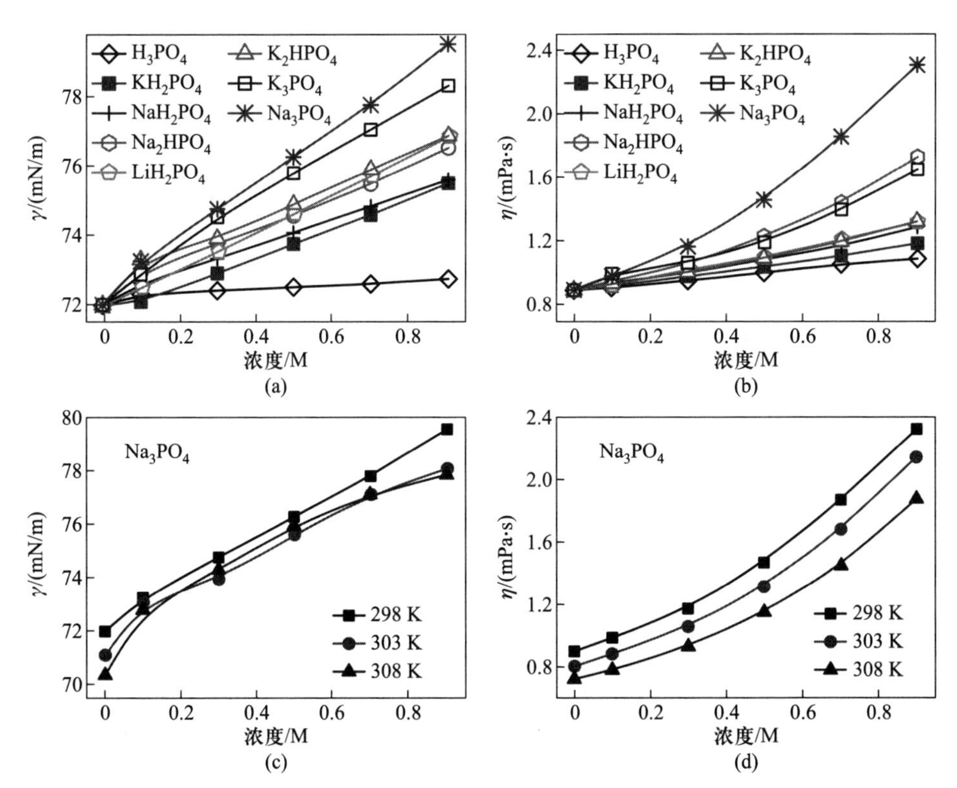

图 13.4　几种碱金属磷酸盐溶液的(a)表皮张力和(b)黏度随溶质类型和浓度的变化情况以及 Na_3PO_4溶液(c)表皮张力和(d)黏度随浓度和温度的变化趋势[14]

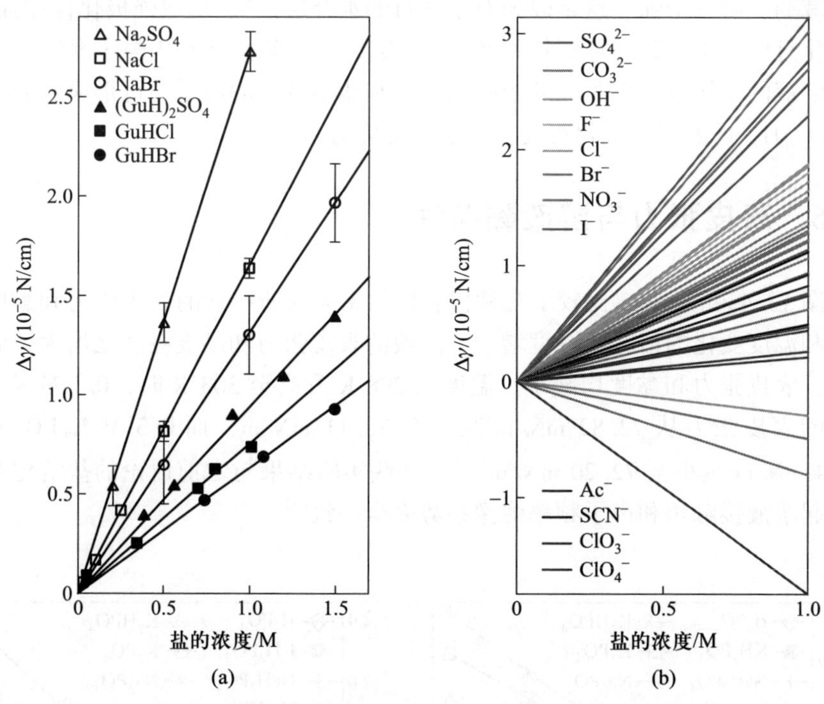

图 13.5　几种代表性的霍夫梅斯特盐的表皮张力数据[15]（参见书后彩图）

空心符号表示钠盐：硫酸盐（三角形）、氯化物（正方形）、溴化物（圆圈）；相应的实心符号表示同阴离子的胍盐[16]

13.7　拓展范例

13.7.1　火星上的氯盐溶液

2015 年，NASA 发布了有关火星的一项“重大发现”——火星地表存在液态水。NASA 称，火星山丘上的“季节性斜坡纹线”是火星表面存在液态水的有力证据。火星是太阳系中最像地球的行星，液态水是支持生命存在的必要条件，无疑这一新发现再次激起了人们对火星生命的遐想。目前的证据表明，火星表面可能曾存在过适合生命生存的条件，但无法确认是否曾经有生命出现。火星到了夏季也极为寒冷，因此纯液态水几乎不太可能在火星表面存在，只能是冰点低于零摄氏度的盐水。那么，火星上的液态水从何而来？研究人员并没有提供答案，仅猜测可能是融冰、地下蓄水层、火星大气层水蒸气或者它们的综合效果。

或许人们可以将火星上的"水"归结为水的超固态特性[14]。火星上的盐水可能是高氯酸镁、氯化镁和高氯酸钠的混合物，应该比地球上的海水咸得多。离子点源电场可伸缩、极化盐水中的氢键，不仅拓宽准固态相边界，还使水合层和溶液表皮呈现超固态特性——高黏度、高熔点、低冰点。高氯酸钠可使溶液冰点降低近至-40 K，而高氯酸镁和氯化镁则更多，到-70 K。

13.7.2 超固态的应用范例

严寒地区路面容易结冰，一般在路面上撒盐以促进冰雪消融从而改善交通状况。盐离子的极化可调节冰和雪的固态/准固态转变，从而达到除冰和防冰的效果。糖也可以用于去除冰雪，它的工作机制与盐类似[17]。调控温度加热碳水化合物、尿素和无机盐的混合物可获得糖溶液，这为有机化学反应提供了新的思路[18]。糖的溶解度可以通过升温提高、加压降低[19]。

加热对水中氢键弛豫的作用与糖化和盐化一样，所以热水比冷水的去污能力强。肥皂和清洁剂应该具有类似的清洁机理。加热会弱化 O：H 键而增强水分子的涨落和扩散能力，引起表皮张力减小，从而使热水分子活性和润滑能力增强以致能深入微孔或狭缝中清除污渍。肥皂和清洁剂能进一步弱化 O：H 键以提高清洁效果。若用盐、酸或糖离子取代 O：H—O 氢键中的氧离子，与加热一样，都会减弱带电离子之间的库仑斥力，O：H 键随之弱化；而加热会因为退极化作用进一步弱化 O：H 键。

盐、酸和加热诱导的氢键弛豫趋势一致，但是在极化和退极化能力方面存在差异。对于高血压患者，医生会建议减少盐和糖的摄入。为什么呢？盐和糖的离子点源电场会极化减小血细胞中的水分子尺寸而增大水分子间的间距，这样细胞发生"膨胀"，增大了血液的黏度，因此，心脏需要加大泵力以保证血管中血液的流动，于是高血压便发生了。

此外，盐水和糖水会增大溶液黏度和表皮张力。所以，盐碱地会阻碍植物从肥料中充分吸收水分和养分，不利于植物的生长。

13.8 小结

综合拉曼光谱、接触角测试以及分子弛豫时间、表皮张力和黏滞性的实验结果，我们可以澄清并定量分析离子点源电场对溶液超固态水合层中的位置分辨氢键长度和强度弛豫、分子序度以及声子丰度的影响。结论如下：

(1) 离子点源电场调制氢键弛豫，调节了溶液的 H—O 振频、声子寿命、离子扩散率、表皮张力、溶解度和黏度等。H—O 声子的丰度-刚度-序度-寿命与表皮应力和溶液黏滞度正相关，与分子扩散活性负相关。

（2）溶液中的阴离子总是优先占据溶液和空气界面。这将减少气-液界面上的 H—O 悬键数量并进一步使之硬化。

（3）溶液中离子诱导的氢键弛豫对离子种类、浓度以及分子配位环境等非常敏感。各离子所形成的超固态水合层的差异或许是霍夫梅斯特效应的主导因素。

（4）盐离子点极化源和酸离子点断裂源使它们溶液的结构序度、表皮张力和黏滞性等性质存在明显差异。

参 考 文 献

[1] Levering L. M., Sierra-Hernández M. R., Allen H. C. Observation of hydronium ions at the air-aqueous acid interface: Vibrational spectroscopic studies of aqueous HCl, HBr, and HI. J. Phys. Chem. C, 2007, 111(25): 8814-8826.

[2] Zhou Y., Huang Y. L., Ma Z. S., et al. Water molecular structure-order in the NaX hydration shells(X=F, Cl, Br, I). J. Mol. Liq., 2016, 221: 788-797.

[3] Sun C. Q., Chen J., Gong Y., et al. (H, Li)Br and LiOH solvation bonding dynamics: Molecular nonbond interactions and solute extraordinary capabilities. J. Phys. Chem. B, 2018, 122(3): 1228-1238.

[4] Zhang X., Zhou Y., Gong Y., et al. Resolving H(Cl, Br, I) capabilities of transforming solution hydrogen-bond and surface-stress. Chem. Phys. Lett., 2017, 678: 233-240.

[5] Zhou Y., Wu D., Gong Y., et al. Base-hydration-resolved hydrogen-bond networking dynamics: Quantum point compression. J. Mol. Liq., 2016, 223: 1277-1283.

[6] Park S., Fayer M. D. Hydrogen bond dynamics in aqueous NaBr solutions. Proc. Natl. Acad. Sci. USA., 2007, 104(43): 16731-16738.

[7] Park S., Odelius M., Gaffney K. J. Ultrafast dynamics of hydrogen bond exchange in aqueous ionic solutions. J. Phys. Chem. B, 2009, 113(22): 7825-7835.

[8] Sha M., Dong H., Luo F., et al. Dilute or concentrated electrolyte solutions? Insight from ionic liquid/water electrolytes. J. Phys. Chem. Lett., 2015, 6(18): 3713-3720.

[9] Fecko C., Eaves J., Loparo J., et al. Ultrafast hydrogen-bond dynamics in the infrared spectroscopy of water. Science, 2003, 301(5640): 1698-1702.

[10] Lock A., Woutersen S., Bakker H. Ultrafast energy equilibration in hydrogen-bonded liquids. J. Phys. Chem. A, 2001, 105(8): 1238-1243.

[11] Van der Post S. T., Hsieh C. S., Okuno M., et al. Strong frequency dependence of vibrational relaxation in bulk and surface water reveals sub-picosecond structural heterogeneity. Nat. Commun., 2015, 6: 8384.

[12] Huang Y., Zhang X., Ma Z., et al. Hydrogen-bond relaxation dynamics: Resolving mysteries of water ice. Coord. Chem. Rev., 2015, 285: 109-165.

[13] Zhang X., Yan T., Huang Y., et al. Mediating relaxation and polarization of hydrogen-bonds in water by NaCl salting and heating. Phys. Chem. Chem. Phys., 2014, 16(45): 24666-24671.

[14] Ameta R. K., Singh M. Surface tension, viscosity, apparent molal volume, activation viscous flow energy and entropic changes of water+alkali metal phosphates at T=(298. 15, 303. 15, 308. 15)K. J. Mol. Liq., 2015, 203: 29-38.

[15] Pegram L. M., Record M. T. Hofmeister salt effects on surface tension arise from partitioning of anions and cations between bulk water and the air-water interface. J. Phys. Chem. B, 2007, 111(19): 5411-5417.

[16] Kumar A. Aqueous guanidinium salts: Part Ⅱ. Isopiestic osmotic coefficients of guanidinium sulphate and viscosity and surface tension of guanidinium chloride, bromide, acetate, perchlorate and sulphate solutions at 298. 15 K. Fluid Phase Equilib., 2001, 180(1-2): 195-204.

[17] Ni C., Gong Y., Liu X., et al. The anti-frozen attribute of sugar solutions. J. Mol. Liq., 2017, 247: 337-344.

[18] Imperato G., Eibler E., Niedermaier J., et al. Low-melting sugar-urea-salt mixtures as solvents for Diels-Alder reactions. Chem. Commun., 2005, 36(9): 1170-1172.

[19] Saldaña M. D. A., Alvarez V. H., Haldar A. Solubility and physical properties of sugars in pressurized water. J. Chem. Thermodyn., 2012, 55: 115-123.

第 14 章

水与水合溶液的压致液–固转变

重点提示

- 离子电场极化与机械压强反向调制 O：H—O 声子频率和准固态相边界
- 准固态的冰点和熔点温度分别与 O：H 和 H—O 键能正相关
- 若相变温度不变则需要额外压强以恢复离子极化所导致的氢键弛豫
- 在恒定相变温度和压强下胶体凝固所需的时间遵循霍夫梅斯特序列

摘要

离子点源电场调制氢键弛豫并拓展准固态相边界，所以直接决定溶液相变的临界压强、温度和时间。高压拉曼光谱测量表明，要在 298 K 下实现 NaX 溶液冰Ⅵ–Ⅶ相的先后转变，需要额外增大压力。相变压强的改变量遵循霍夫梅斯特序列：X = I>Br>Cl>F ~ 0。离子电场会导致氢键弛豫，所以需要额外能量以恢复形变后才能发生相变。溶质–溶质作用增强 NaI 溶液室温相变临界压强对其浓度的依赖关系，表明它与纯水加热调制液Ⅵ–Ⅶ相变的动力学机制类似。

14.1　悬疑组十三：溶液相变临界条件的离子调制

盐离子或其他杂质可以调制溶液的相变温度、相变压强、溶胶凝化时间等，然而其机理尚不明确：

(1) 如图 14.1 所示，盐分解不仅促进冰雪融化而且缩短溶液凝胶或固化的时间。

(2) 常温水能在 1.3 GPa 下形成冰Ⅵ相，若要继续转变为冰Ⅶ相则需增大压强。加盐能提高水的结冰压强，提高幅度因离子种类和浓度而异，服从霍夫梅斯特序列[1]。

(3) 在某一临界离子浓度下，液-冰Ⅶ相变直接取代液-冰Ⅵ和冰Ⅵ-Ⅶ相变两个阶段，液-冰Ⅵ和冰Ⅵ-Ⅶ相变压强相同[2]。

(4) 盐粒碰撞并进入过冷水滴可调制其结冰行为[3]。

(a)

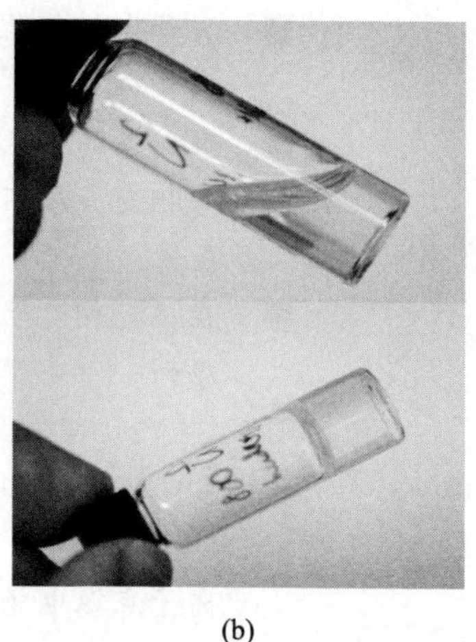

(b)

图 14.1　(a)撒盐除冰，(b)溶盐加速溶胶-凝胶转变过程[4]

14.2　释疑原理：准固态相边界的受激色散

准固态介于液态和固态之间，如图 14.2a 所示的两实(或虚)线交点之间的区域。图 14.2 概括了溶液的相变机制：

(1) 溶液中的离子极化拓展准固态相边界，使冰点(T_N)降低、熔点(T_m)升高，即图 14.2a 所示两条比热曲线的外向拓展。准固态相边界的拓展幅度与溶质种类和浓度相关。

(2) O：H 键能主导 T_N，H—O 键能主导 T_m，均呈正相关。

(3) 离子极化压缩 H—O 键，若要保持溶液相变温度恒定，则可额外增加压强以恢复氢键的电致形变直至发生相变，因此相变压强增大。

(4) O：H 键能减小会降低 T_N 以及准固态溶液-固体凝胶相变的凝胶时间，但后者情况更为复杂。

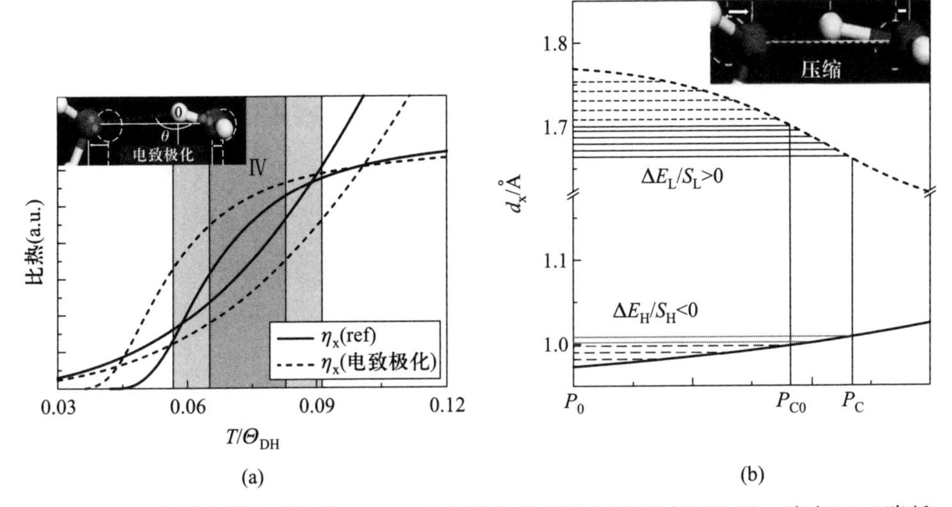

图 14.2 (a)离子点源电场致使 O：H—O 氢键拉长而拓展准固态相边界，冰点(T_N)降低、熔点(T_m)升高，(b)离子电场诱导氢键弛豫从而提高溶液的相变压强[1]

(b)中通过增大压强提供额外能量来恢复离子导致的氢键弛豫，对于 H—O 键，$\Delta E_H<0$；对于 O：H 键，$\Delta E_L>0$。两幅插图表示离子电场和加压引起的 O：H—O 弛豫趋势

14.3 解析实验证明：单键热力学

14.3.1 相变潜能的单键表述

相变的临界温度 T_C，压强 P_C 和氢键能量 E_{xC} 相互关联[1, 2]

$$T_C \propto \sum_{L,\ H} E_{xC} = \begin{cases} \sum_{L,\ H}\left(E_{x0} - s_x\int_{P_0}^{P_{C0}} p\dfrac{\mathrm{d}d_x}{\mathrm{d}p}\mathrm{d}p\right) & (\text{水}) \\ \sum_{L,\ H}\left(E_x - s_x\int_{P_0}^{P_C} p\dfrac{\mathrm{d}d_x}{\mathrm{d}p}\mathrm{d}p\right) & (\text{溶液}) \end{cases} \tag{14.1}$$

式中，T_C正比于相变时 O：H 和 H—O 双段能量 E_{xC}之和，x = L 和 H。E_{x0}和 E_x

分别表示在平衡位置时纯水和溶液相应氢键分段的键能。$\Delta E_x = E_x - E_{x0}$是溶液中的离子效应使氢键分段存储的初始形变能。因此时 H—O 键缩短变强，O：H伸长变弱，所以，$\Delta E_H>0$，$\Delta E_L<0$。$s_x d_x$为分段体积。P_0和 P_C表示初始和临界压强。样品受压发生相变时，氢键首先恢复形变，随着压强增大继续存储能量。参见图 14.2b。

14.3.2　压致结冰

14.3.2.1　氢键受激形变

施加压强可使室温条件下的纯水或溶液发生相变结冰。此时纯水和溶液的相变温度不变，即$\Delta T_C = 0$。因此，式(14.1)转变为

$$\Delta E_x - s_x \left(\int_{P_0}^{P_C} p \frac{\mathrm{d}d_x}{\mathrm{d}p} \mathrm{d}p - \int_{P_0}^{P_{C0}} p \frac{\mathrm{d}d_x}{\mathrm{d}p} \mathrm{d}p \right) = 0 \tag{14.2}$$

根据压致氢键弛豫规律和相变压强增大的约束条件[1,5]

$$\frac{\mathrm{d}d_L}{\mathrm{d}p} < 0, \quad \frac{\mathrm{d}d_H}{\mathrm{d}p} > 0, \quad P_C > P_{C0}$$

以及溶液中离子极化效应使氢键分段弛豫，可以得到氢键储能

$$\Delta E_x = s_x \left(\int_{P_0}^{P_C} p \frac{\mathrm{d}d_x}{\mathrm{d}p} \mathrm{d}p - \int_{P_0}^{P_{C0}} p \frac{\mathrm{d}d_x}{\mathrm{d}p} \mathrm{d}p \right) \begin{cases} > 0 & (x = H) \\ < 0 & (x = L) \end{cases} \tag{14.3}$$

离子电场会使 H—O 缩短变强、O：H 伸长变弱。如果 $P_C<P_{C0}$，若 s_x和 $\mathrm{d}d_x/\mathrm{d}p$ 已知，可以得到ΔE_x。只是不同于纯水，溶液中氢键的初始分段键长因溶质而不同，所以 $\mathrm{d}d_x/\mathrm{d}p$ 也稍有不相同，并服从$(\mathrm{d}d_x/\mathrm{d}p)_{溶液}<(\mathrm{d}d_x/\mathrm{d}p)_{水}$的趋势。

14.3.2.2　Na(F、Cl、Br、I)溶液的临界压强

图 14.3a 所示为恒温 298 K 时，0.9 M NaX 溶液随压强增大先后发生冰Ⅵ、Ⅶ相变，相变过程路经冰-水相图的液态区、冰Ⅵ相和冰Ⅶ相，如图 14.3b 中实箭头所指。虚箭头所指为更高恒温条件下压致相变经过的路径[1]。

图 14.4 和图 14.5 所示为 0.9 M NaX（X=F、Cl、Br、I)溶液的氢键振动频移随压强和溶质类型的变化情况[1]：

(1) 加压始终使 O：H 键变短、声子变强；H—O 键变长、声子减弱。仅在冰Ⅵ/Ⅶ相边界处出现反常，两段均突然收缩。这与恒压相边界处的氢键弛豫预测相符[6]。

(2) 如图 14.3b 所示，恒温下压致结冰过程先后历经了液态、冰Ⅵ相、冰Ⅶ相。

(3) 相变时，压强会下降，因为此时水分子和氢键因相变发生的几何重组会导致 O-O 间库仑斥力减小。

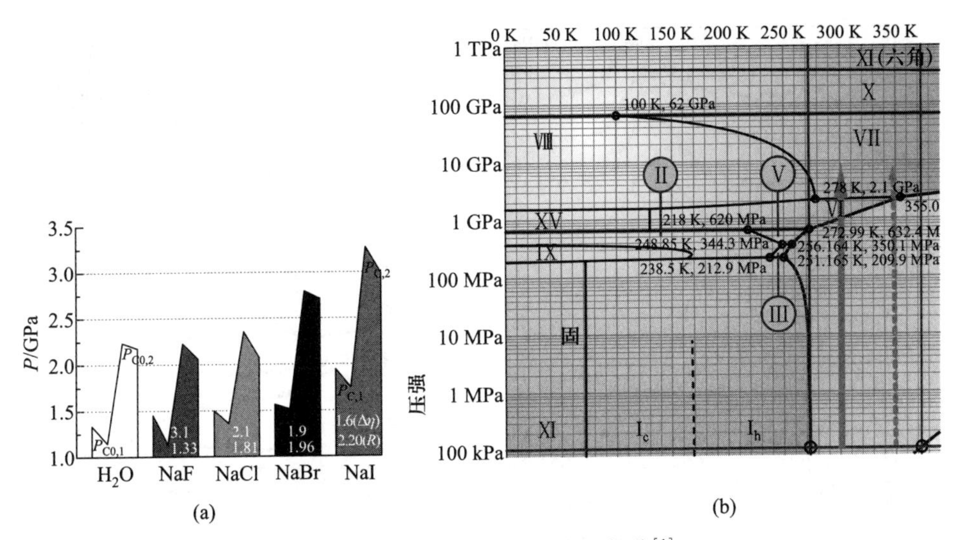

图 14.3 (a) NaX 溶液的受压相变，(b) 冰-水相图的高压部分[1]

(a) 中标示的数值为样品元素电负性差($\Delta\eta$)和卤素离子半径(R)。液-冰Ⅵ和冰Ⅵ-Ⅶ相变压强分别为 $P_{C,1}$ 和 $P_{C,2}$。(b) 中实虚两个长箭头分别表示 298 K 和更高温下压致相变路径

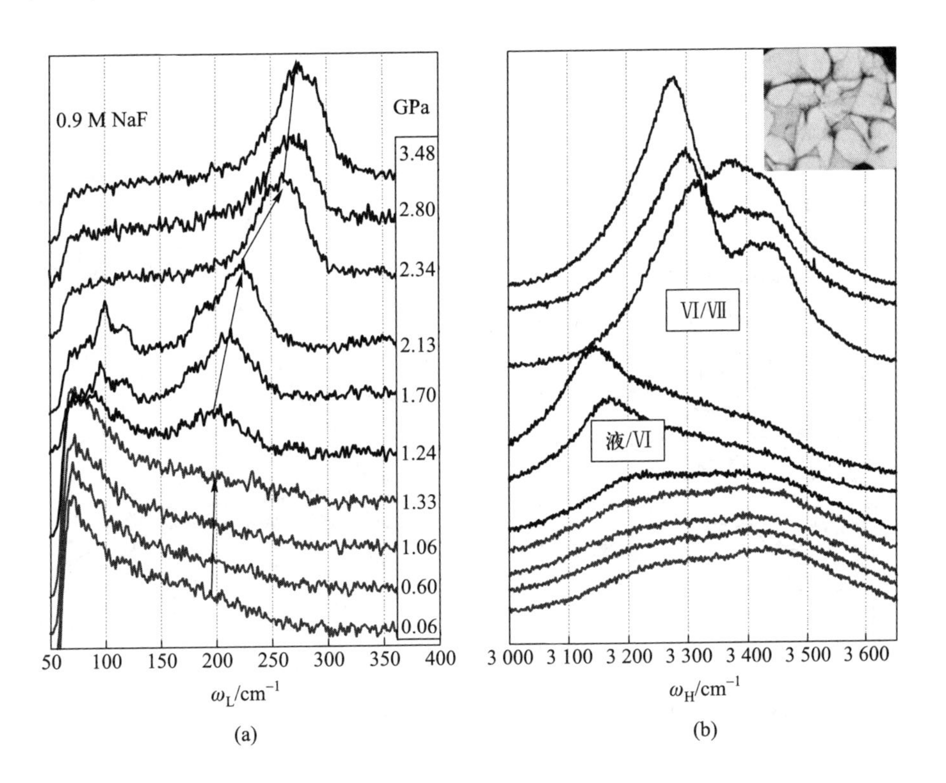

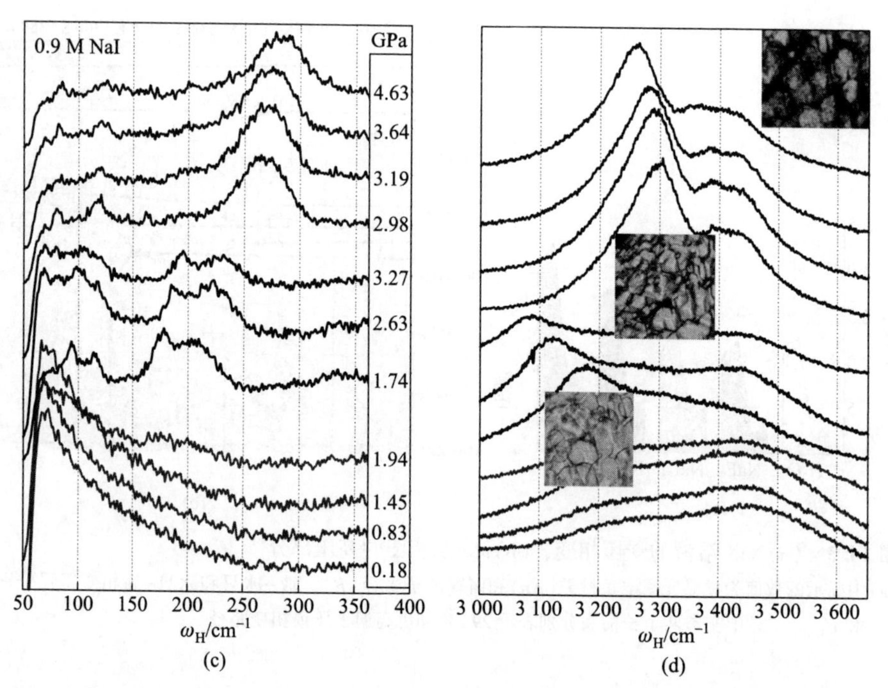

图 14.4　常温 298 K 时，0.9 M(a、b)NaF 和(c、d)NaI 溶液中氢键双段振频随压强的变化[1]
插图为不同冰的光学照片。两种溶液发生液-冰Ⅵ-冰Ⅶ相变的振频几乎完全一致，仅相应的相变压强因溶质离子而异

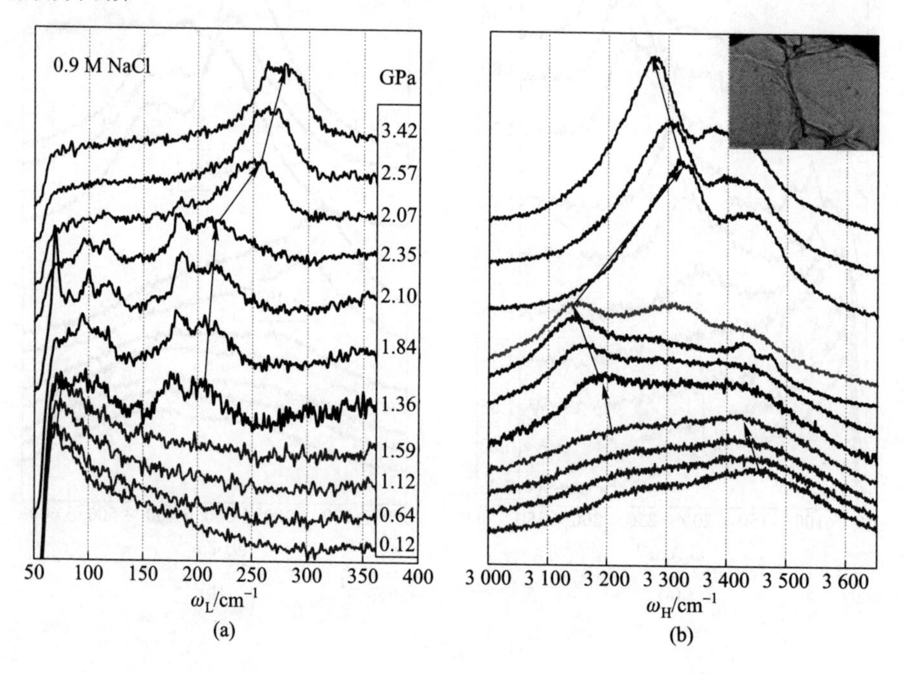

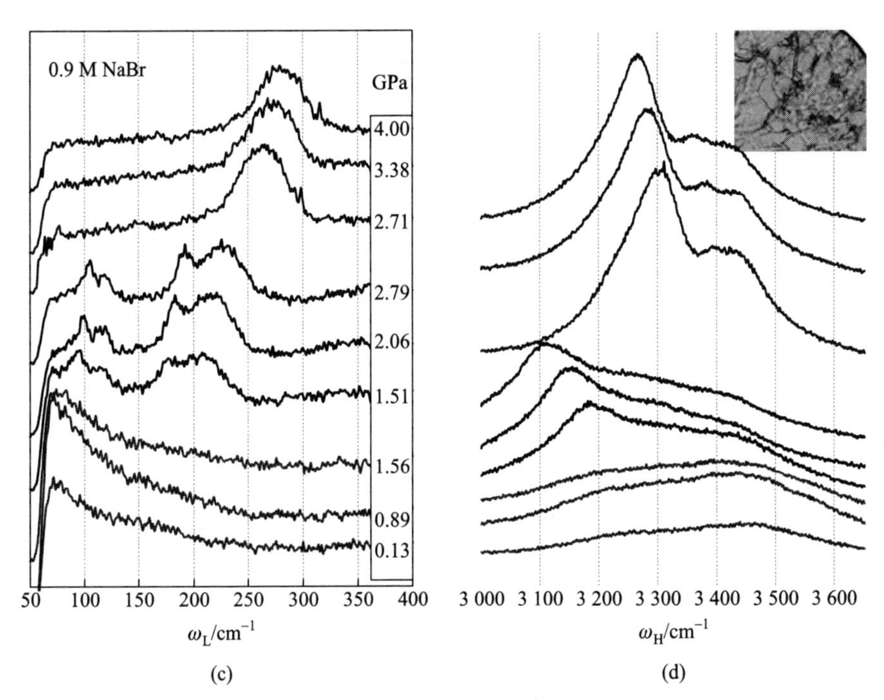

图 14.5 常温 298 K 时，0.9 M(a、b) NaCl 和(c、d) NaBr 溶液中氢键双段振频随压强的变化[1]

插图为冰的光学照片

(4) 卤盐溶液的相变压强随 X^-离子尺寸(R)增大或电负性(η)减小而增加，趋势服从霍夫梅斯特序列：$X^-(R/\eta) = I^-(2.20/2.5) > Br^-(1.96/2.8) > Cl^-(1.81/3.0) > F^-(1.33/4.0) \approx 0$。

表 14.1 总结了 0.9 M NaX 溶液因离子点源电场和压强耦合作用产生的氢键声子频移和相变压强变化。P_C会随溶质种类变化，这为离子电场致使氢键形变提供了进一步证据。H—O 键的形变量实际决定 NaX 溶液液-冰Ⅵ和冰Ⅵ-Ⅶ的相变压强。

表 14.1 NaX 溶液受压时液-冰Ⅵ-Ⅶ相变过程中氢键弛豫的动力学信息[1, 2]

		H_2O	NaF	NaCl	NaBr	NaI
$\Delta\eta(\eta_{Na}=0.9)$		—	3.1	2.1	1.9	1.6
$R(R_{Na+}=0.98$ Å$)$		—	1.33	1.81	1.96	2.20
液相 Ⅵ Ⅶ	$\Delta\omega_L$	$>0(\Delta d_L<0)$				
	$\Delta\omega_H$	$<0(\Delta d_H>0)$				

续表

		H_2O	NaF	NaCl	NaBr	NaI
液相→Ⅵ	$P_{C,1}$	1.33→1.14	1.33→1.24	1.59→1.36	1.56→1.51	1.94→1.74
	$\Delta\omega_L$	$>0(\Delta d_L<0)$				
	$\Delta\omega_H$	$<0(\Delta d_H>0)$				
Ⅵ→Ⅶ	$P_{C,2}$	2.23→2.17	2.13→2.34	2.35→2.07	2.79→2.71	3.27→2.98
	$\Delta\omega_L$	$>0(\Delta d_L<0)$				
	$\Delta\omega_H$	$>0(\Delta d_H<0)$				

注：1. 不同电解质对应的相变压强 P_{C1} 和 P_{C2} 不同。卤离子对相变压强影响从大到小依次为 $I^->Br^->Cl^->F^-$，这一顺序与它们的离子半径及电负性变化相一致，且服从霍夫梅斯特序列。

2. 相变压强降低表明 O 原子间的库仑斥力减小。

3. 在冰Ⅵ/Ⅶ相边界处，O：H 和 H—O 键都缩短说明 H—O 实际自发收缩。

14.3.2.3　NaI 溶液相变压强与浓度的关系

在 NaX 溶液中，NaI 的浓度对声子频移和相变压强影响最为显著，故以之为代表探究相变压强 P_C 随浓度变化的规律，如图 14.6 所示。图 14.7 和图 14.8 给出了相应的拉曼光谱信息，从中可知[2]：

(1) 液-冰Ⅵ相变压强 $P_{C,1}$ 随浓度升高而增大。在浓度为 6 M 时，达到最大值 3.0 GPa。

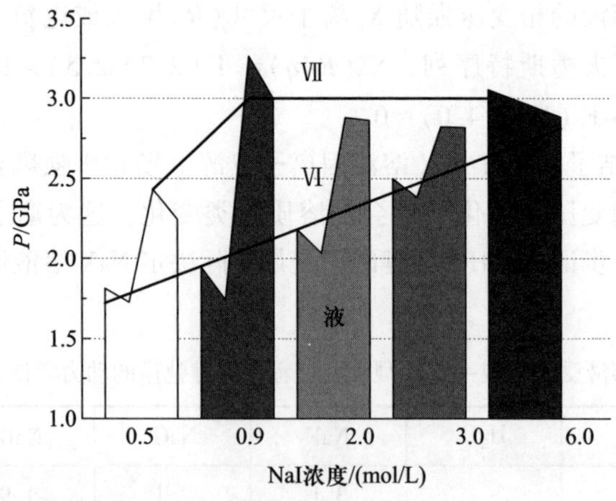

图 14.6　NaI 溶液相变压强 $P_{C,1}$ 和 $P_{C,2}$ 随浓度的变化情况[2]

$P_{C,2}$ 与 $P_{C,1}$ 的差值随浓度增大而减小，在浓度为 6 M 时为零。此外，$P_{C,2}$ 几乎保持为常数。这两点表明盐化和加热效果相当，都使 H—O 键收缩。对 6 M 浓度的溶液施压效果等同于对 350 K 的纯水加压，都只经历液-冰Ⅶ相变，如图 14.3b 所示。深入研究表明，I^- 离子间的相互排斥主导 $P_{C,1}$ 的变化，而 $P_{C,2}$ 对应于氢键压致变形，已不易继续变形。

（2）浓度变化对 $P_{C,2}$ 影响不明显，与冰-水相图中相边界相一致。但溶质种类会显著改变 $P_{C,2}$，见图 14.3。

（3）浓度增大实际与加热相当。随着浓度升高，压强路径向高温方向偏移，如图 14.3b 所示。$P_{C,1}$ 沿着液-冰Ⅵ相边界朝上移动而 $P_{C,2}$ 几乎保持不变。在临界浓度 6 M 时，NaI 溶液的 $P_{C,1}$ 和 $P_{C,2}$ 相交（图 14.6）。

（4）同浓度不同溶质的 NaX 溶液，其离子电致氢键的形变程度有异。$P_{C,1}$ 和 $P_{C,2}$ 均随初始键能变化并遵循霍夫梅斯特序列。

图 14.7 和图 14.8 为 NaI 溶液氢键拉曼声子振频随压强的变化情况。结果表明，除在相边界外，受压始终使 O：H 键收缩、声子蓝移，而 H—O 键伸长、声子红移。当浓度较高时，如 3 M 和 6 M，表皮声子振频 3 450 cm^{-1} 对压强反应特别灵敏，进一步证实 X^- 阴离子占据表皮位置，增强表皮局部电场[7]。相变时伴随有压强陡降，这是因为此时溶液结构发生重组，O 原子间的斥力减弱。

值得注意的是，O：H—O 对外界环境如压力持续时间、温度、化学反应等非常敏感，因此多次的重复测量结果可能并不完全相同，但氢键弛豫本质与趋势是不变的。

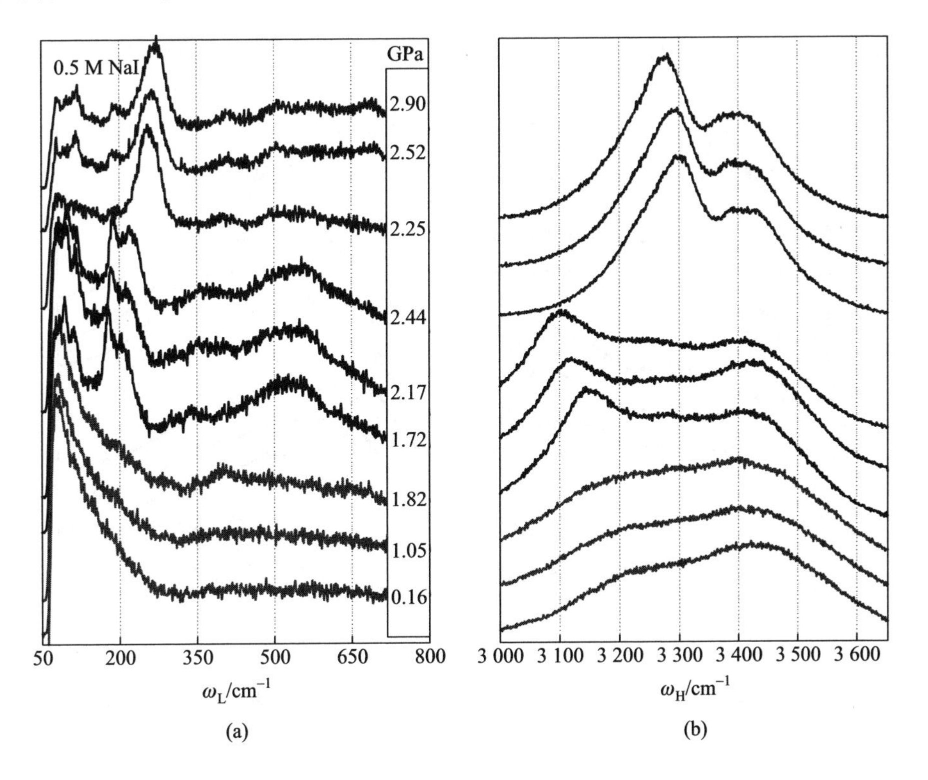

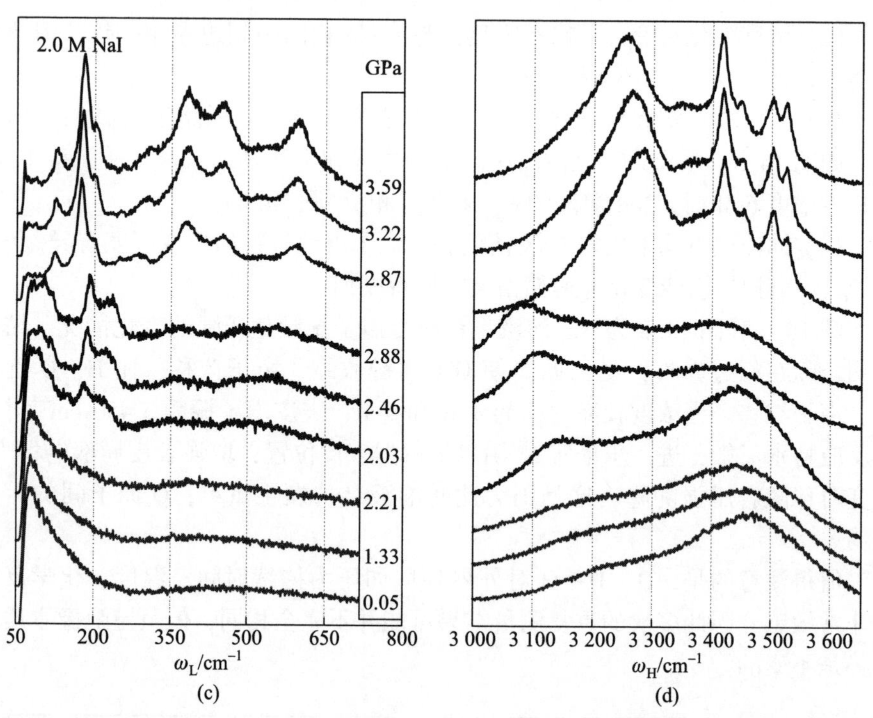

图 14.7　室温 298 K 时，(a、b)0.5 M 和(c、d)2.0 M NaI 溶液氢键振频随压强的变化[2]

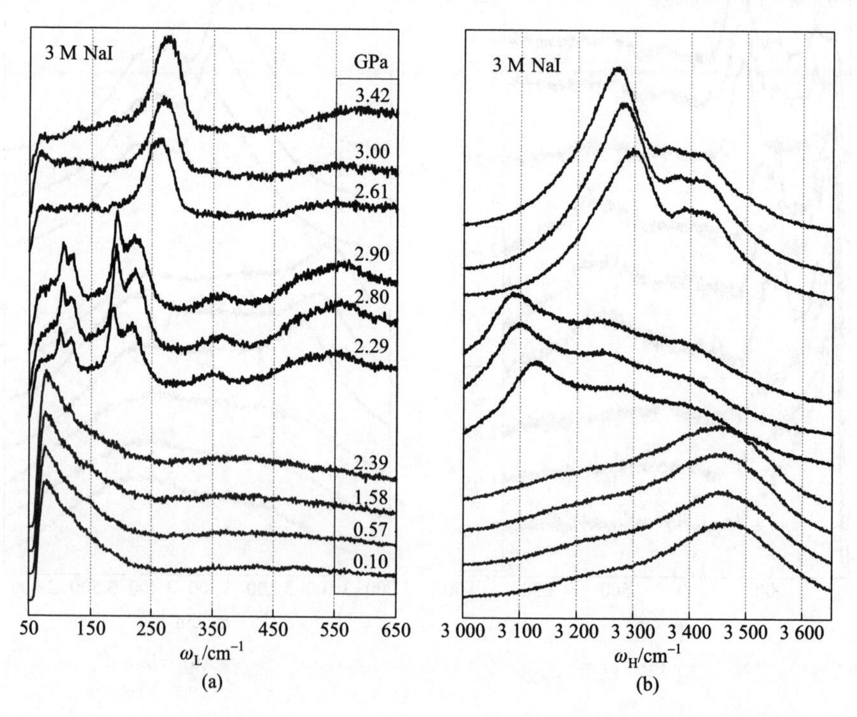

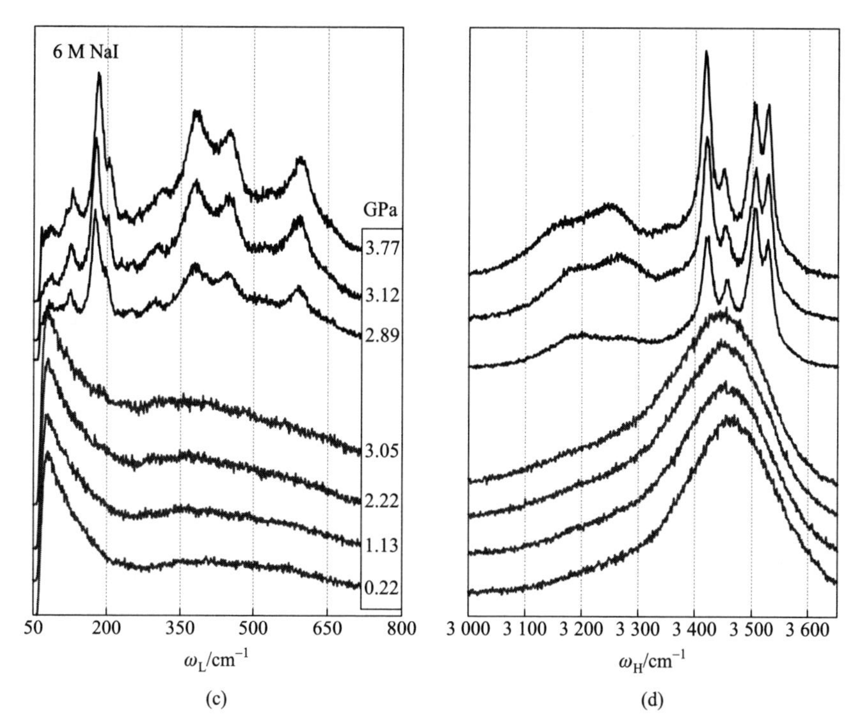

图 14.8 室温 298 K 时，(a、b)3 M 和(c、d)6 M NaI 溶液氢键振频随压强的变化[2]

14.3.2.4 冰的Ⅶ–Ⅺ相变

高压拉曼散射测试表明，含有 NaCl 或 LiCl 杂质的冰Ⅶ相转变为对称的冰Ⅹ相时，其相变压强比纯水情况高出 30 GPa，即使杂质含量很少[1,2]。图 14.9所示为纯水和盐溶液从冰Ⅶ相转变为冰Ⅹ相时 H—O 声子和 d_{OO}间距的

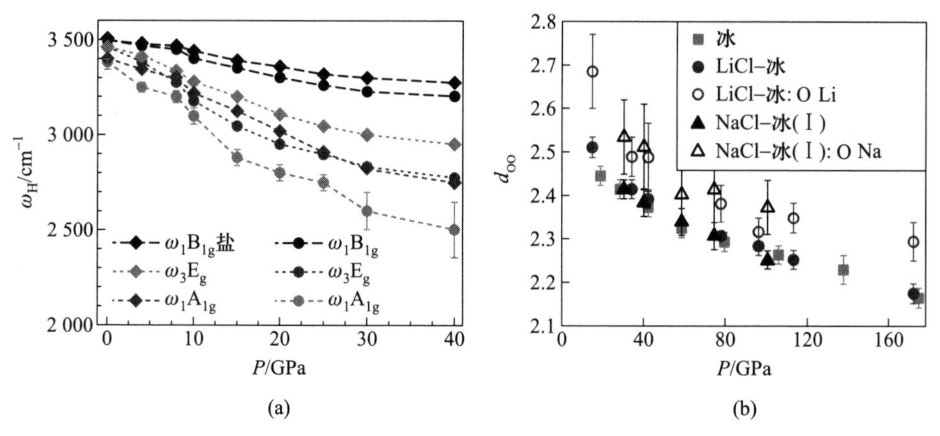

图 14.9 (a)纯水和含 LiCl(0.08 M)冰的 H—O 拉伸模(ω_3E_g)振频和(b)纯水、含 LiCl 冰、含 NaCl 冰的平均 d_{OO}随压强的变化[1,2]

弛豫。盐离子极化不仅强化 H—O 声子频率蓝移，而且拉伸 O-O 间距。这种情况在离子附近的水合层中尤为明显。极化团簇中的高频声子难于继续受压蓝移，短的 H—O 难于继续压缩。

14.3.3　瞬时冲量和离子调制

14.3.3.1　离子撞击和浸润

若在空气-水界面上存在接触式撞击，则非常利于结冰。受到地球大气层中冰的形成[3]和冰雪-准固态相变的启发，人们开展了大量关于接触式结冰行为的研究。凭直觉，人们判断可溶性物质会使溶液熔点和冰点都降低，而不可溶性物质则提高结冰温度。

早期研究表明[8]，碘化银、沙子和黏土与水若处于撞击接触模式，则都可以在冰点温度以上诱发结冰，而浸润模式则不会出现此情形；然而，盐和糖的接触结冰温度分别降低为-11 ℃和-13.5 ℃。Niehaus 等[3]发现，过冷水一般在-34 ℃ 才会均匀形核结冰，而 KCl、KI、NaCl、NaI、NaOH 和 KOH 6 种可溶性物质与过冷水接触都可在高于-34 ℃的温度下开始结冰，且结冰发生时间极短，仅 10 ns，详见表 14.2。颗粒粒径、密度、撞击速度(~3 m/s)和碰撞动能等因素对结冰温度都有影响。结冰行为取决于撞击这一行为本身。如图 14.10所示，即使准固态过冷水从容器倒出的瞬间，也导致结冰。轻轻震动盛有准固态过冷水的容器，可以看到明显的结冰。只有在撞击情况下，机械动能或瞬间冲量因降低结冰形核的能垒而使结冰相变的概率增大。这与氢键受压弛豫降低冰点，也即与复冰现象的观点不谋而合。若盐浸润于水中，并不会形成接触结冰形核。由于极化对 O：H 的弱化，反而降低冰点。

表 14.2　几种类型的盐在接触结冰时的初始结冰温度(T_0)、80%的结冰温度(T_{80})以及共晶温度($T_{eutectic}$)[3]

盐	T_0/℃	$T_{80\%}$/℃	$T_{eutectic}$/℃
NaI	-7	-13	-31.5
KI	-8	-12	-23.2
NaOH	-11	-15	-28.0
KOH	-11	-15	-62.8
NaCl	-12	-15	-21.2
KCl	-12	-13	-10.8

目前解释接触结冰的机制很多，如入射粒子表面吸附亚临界冰晶胚[9]、润

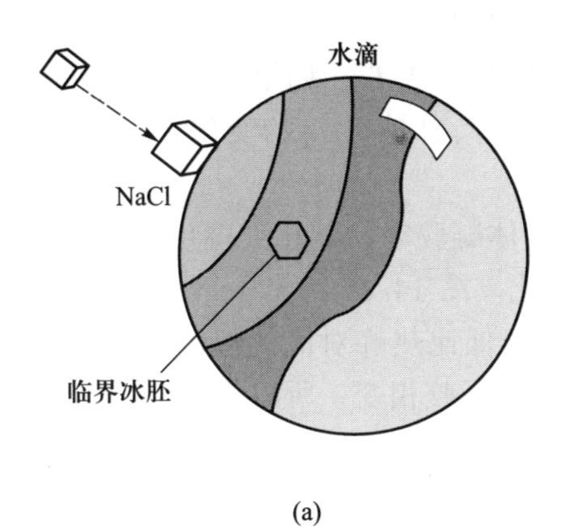

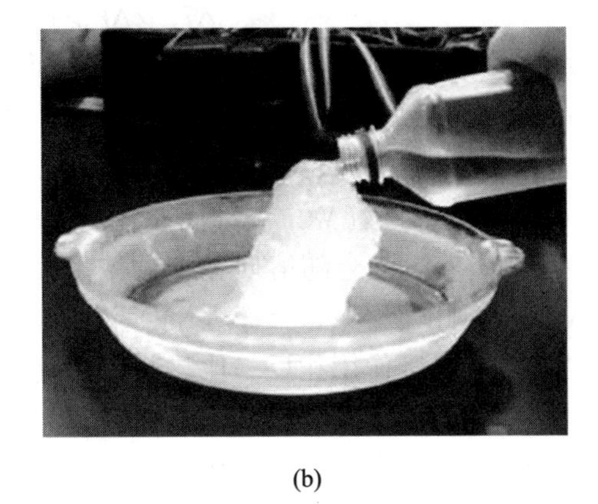

(a) (b)

图 14.10 (a) NaCl 颗粒撞击过冷水滴引起接触式结冰[3]，(b) 过冷水的受扰结冰[3]
NaCl 颗粒的碰撞或机械微扰提供瞬态冲量内敛准固态相边界而提高过冷水滴的冰点温度

湿热瞬态降低冰水间的自由能垒[10]、三相交界线上自由能本征降低[11, 12]，等等。Knollenberg[13]还提出了另一种涉及可溶物质的接触结冰机理，并认为大多数盐溶解时会吸热。盐溶于水形成水合层之前需断裂离子键而吸热，因此盐粒周围的水局部降温。如果水温降低至水-盐共晶点之下，则可能以盐为核开始结冰。或者，将水冷却至均相结冰温度以下，使溶解离子在扩散到过冷温区之前结冰。事实上，键的拉伸和断裂释放能量，而键的形成和收缩吸收能量[14, 15]。

14.3.3.2 氢键受激弛豫：撞击和电极化

根据氢键受激弛豫调节准固态相边界的观点，溶质离子电场效应在接触和浸润两种模式中都能一定程度上调节溶液的结冰温度。氢键中 O : H 键能决定冰点温度 T_N。机械撞击与离子极化引起的氢键弛豫趋势相反。撞击等效于瞬间机械压缩，能使 O : H 键瞬间缩短变强，提升 T_N；而离子电场却使 O : H 键伸长变软，降低 T_N。因此，盐粒或任何方式的撞击是压致结冰[16]：

(1) 首先，飞来的盐粒与准固态液滴(一般指准固态过冷液滴)碰撞产生冲量引起准固态水滴局部结冰。这一过程是瞬时的压致结冰结果。

(2) 随后，盐粒溶解，离子电场发挥作用，使结冰温度降低、熔点升高。这一过程与溶质种类和浓度有关。

(3) 机械冲撞和离子电场效应竞相影响结冰温度，其先后作用顺序影响结冰方式。

14.3.4 溶质种类分辨的临界温度

当$\Delta P_C = 0$ 时，式(14.1)转变为

$$\Delta T_C \propto \Delta E_H + \Delta E_L \quad (恒压) \tag{14.4}$$

离子电场极化会使氢键产生形变，从而改变相变温度 T_C。如果$\Delta T_m>0$，$\Delta E_H>0$，相变温度 T_m升高；如若$\Delta T_m<0$，则$\Delta E_H<0$。T_N总是与 T_m的变化方向相反，这是氢键协同弛豫的必然。

甲基纤维素(MC)由准固态溶胶转变成固体凝胶时，其相变温度 T_C(由比热峰和焓表征)会随溶质类型和浓度发生变化。图 14.11 给出了 NaCl 盐析和 NaI 盐溶 MC 的情况[17, 18]。NaCl 浓度增大会降低比热峰对应的温度但增大峰强，而 NaI 则作用相反。比热峰正对应于溶胶-凝胶相变。所以，NaCl 会降低 MC 的相变温度而使之易于形成凝胶析出，NaI 则反之。NaSCN 作用效果与 NaI 类似。还有系列钠盐会产生如同 NaCl 盐析的效果，以作用能力排序为 $NaNO_3$< NaBr < NaCl < $NaSO_4$< Na_3PO_4。MC 溶液的盐析和盐溶现象实际与霍夫梅斯特序列的机制是一致的：盐的种类和浓度调制氢键分段弛豫，进而影响相变温度。

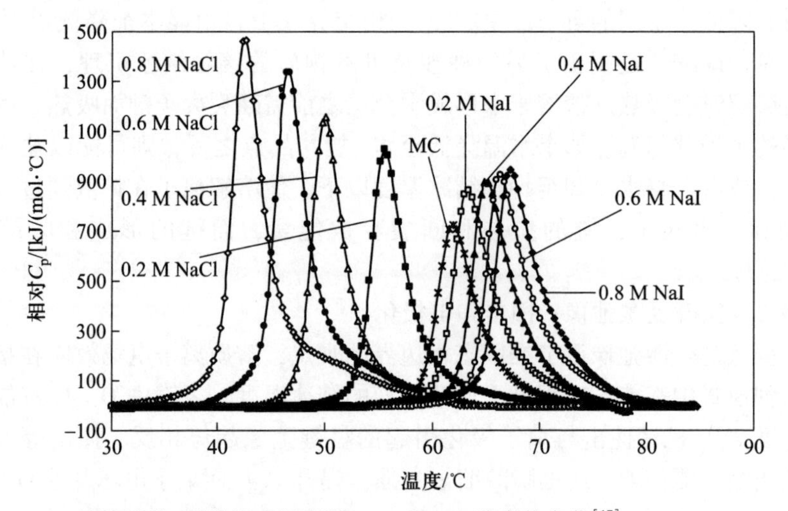

图 14.11 MC 溶液溶胶-凝胶相变温度随 NaCl 和 NaI 浓度的变化[17]

14.3.5 溶-凝胶转变耗时与离子种类和浓度的关系

凝胶时间Δt_{gel}定义为在一定温度和压强下，样品从准固态溶胶状转变成凝胶所需要的时间。它通常由 O：H 非键键能变化ΔE_L决定。ΔE_L减小，Δt_{gel}增长，反之亦然。ΔE_L与离子电场效应密切相关。

图 14.12a 所示为 SiO_2溶胶的凝胶时间随几种氯盐浓度变化的情况[4]。结果表明，盐的浓度越大，体系凝胶时间越短。不同氯盐对凝胶时间的影响顺序依次为 $Li^+>Na^+>K^+>Rb^+>Cs^+$，与引起的 H—O 声子拉曼频移规律一致(图

14.12b)，$\Delta t_{gel} \propto \Delta\omega_x \propto 1/R^+$，遵循霍夫梅斯特序列[9]。不过，$t_{gel}$和$\omega_x$随氯盐浓度的变化规律与盐水中观察到的不同，前者服从$\Delta t_{gel} \propto \Delta C \propto 1/\Delta\omega_x$，后者满足$\Delta C \propto \Delta\omega_x$。$Y^+$阳离子尺寸越大，凝胶时间越短，$\omega_H$频移越小；$Y^+$阳离子浓度越大，凝胶时间越短，但$\omega_H$频移也变大。两种因素引起的变化规律存在差异。

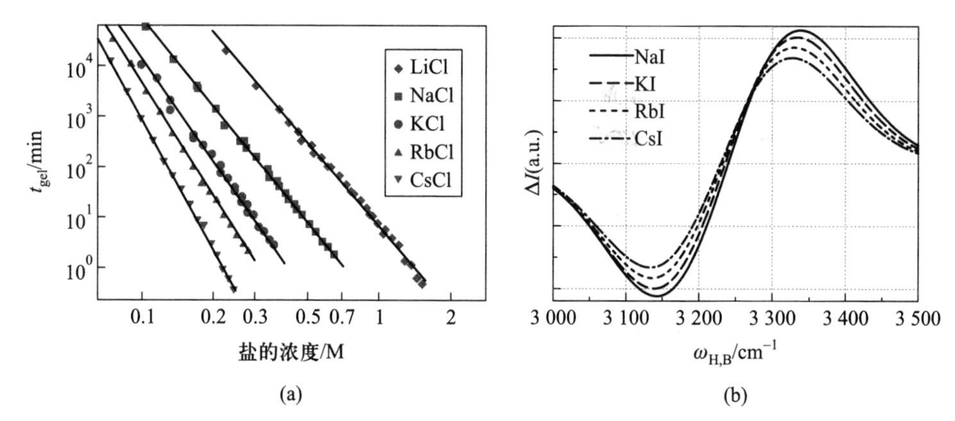

图 14.12 (a)SiO_2溶胶的凝胶时间随氯盐种类和浓度的变化情况，(b)碱金属碘盐溶液中H—O 键的拉曼差谱[4]

盐化引起的胶质溶液凝胶时间与纯水相变温度的变化不尽相同，因为前者还存在其他化学物质的作用。也正因如此，使得凝胶问题更为复杂，比如SiO_2溶胶凝胶时间的浓度效应[4]，MC 溶液的盐析和盐溶情况[17]。因此，凝胶问题还有待进一步深入研究。

14.4 小结

拉曼光谱测试结果澄清了水溶液相变的临界压强、临界温度、凝胶(准固态-固体相变)耗时的霍夫梅斯特效应。总结如下：

(1) 离子电场效应拓展准固态相边界，提高熔点、降低冰点，与压强作用效果相反。

(2) 相变的发生需要额外能量以恢复离子电场效应所致的氢键形变，且T_C、P_C或t_{gel}等会随溶质种类和浓度发生变化。

(3) 溶质种类和浓度能调控溶液压致结冰时的相变压强。浓度增大等效于加热作用；溶质种类会引起氢键初始形变程度不同，并遵循霍夫梅斯特序列。

(4) 液-冰Ⅵ和冰Ⅵ-Ⅶ相边界上因结构相变而引起声子振频骤然变化，进而弱化 O-O 库仑斥力。

(5) 胶质溶液凝胶耗时的变化复杂且敏感，因为溶液中存在其他化学物质的作用。

(6) 撞击瞬间冲量提升冰点，而离子极化反之。

参 考 文 献

[1] Zeng Q., Yan T., Wang K., et al. Compression icing of room-temperature NaX solutions (X= F, Cl, Br, I). Phys. Chem. Chem. Phys., 2016, 18(20): 14046-14054.

[2] Zeng Q., Yao C., Wang K., et al. Room-temperature NaI/H_2O compression icing: Solute-solute interactions. Phys. Chem. Chem. Phys., 2017, 19: 26645-26650.

[3] Niehaus J., Cantrell W. Contact freezing of water by salts. J. Phys. Chem. Lett., 2015, 6 (13): 3490-3495.

[4] Van der Linden M., Conchúir B. O., Spigone E., et al. Microscopic origin of the Hofmeister effect in gelation kinetics of colloidal silica. J. Phys. Chem. Lett., 2015, 6 (15): 2881-2887.

[5] Sun C. Q., Zhang X., Zheng W. T. Hidden force opposing ice compression. Chem. Sci., 2012, 3: 1455-1460.

[6] Zhang X., Sun P., Huang Y., et al. Water ' s phase diagram: From the notion of thermodynamics to hydrogen-bond cooperativity. Prog. Solid State Chem., 2015, 43: 71-81.

[7] Zhou Y., Huang Y. L., Ma Z. S, et al. Water molecular structure-order in the NaX hydration shells(X=F, Cl, Br, I). J. Mol. Liq., 2016, 221: 788-797.

[8] Gokhale N. R., Spengler J. D. Freezing of freely suspended, supercooled water drops by contact nucleation. J. Appl. Meteorol., 1972, 11(1): 157-160.

[9] Cooper W. A. A possible mechanism for contact nucleation. J. Aoms. Sci., 1974, 31(7): 1832-1837.

[10] Fukuta N. A study of the mechanism of contact ice nucleation. J. Aoms. Sci., 1975, 32 (8): 1597-1603.

[11] Gurganus C., Kostinski A. B., Shaw R. A. Fast imaging of freezing drops: No preference for nucleation at the contact line. J. Phys. Chem. Lett., 2011, 2(12): 1449-1454.

[12] Shaw R. A., Durant A. J., Mi Y. Heterogeneous surface crystallization observed in undercooled water. J. Phys. Chem. B, 2005, 109(20): 9865-9868.

[13] Knollenberg R. G. A laboratory study of the local cooling resulting from the dissolution of soluble ice nuclei having endothermic heats of solution. J. Aoms. Sci., 1969, 26(1): 115-124.

[14] Zhou Y., Wu D., Gong Y., et al. Base-hydration-resolved hydrogen-bond networking dynamics: Quantum point compression. J. Mol. Liq., 2016, 223: 1277-1283.

[15] Sun C. Q., Chen J., Gong Y., et al. (H, Li)Br and LiOH solvation bonding dynamics: Molecular nonbond interactions and solute extraordinary capabilities. J. Phys. Chem. B,

2018, 122(3): 1228-1238.

[16] Zhang X., Yan T., Huang Y., et al. Mediating relaxation and polarization of hydrogen-bonds in water by NaCl salting and heating. Phys. Chem. Chem. Phys., 2014, 16(45): 24666-24671.

[17] Xu Y., Li L., Zheng P., et al. Controllable gelation of methylcellulose by a salt mixture. Langmuir, 2004, 20(15): 6134-6138.

[18] Xu Y., Wang C., Tam K., et al. Salt-assisted and salt-suppressed sol-gel transitions of methylcellulose in water. Langmuir, 2004, 20(3): 646-652.

第 15 章
电致准固态相边界色散

重点提示

- 平行电场与溶液离子的径向电场对氢键的极化和弛豫效果相同
- 氢键极化通过拓展准固态相边界而提高熔点、降低冰点
- 准固态是水桥形成的基础，表皮超固态进一步强化水桥的稳定性
- 盐溶液中离子电场与平板电容器电场的反向叠加弱化总电场而使水桥失稳

摘要

分子低配位和电场极化诱导的局域超固态和对准固态相边界的拓展是电致水桥、水滴和二维水电致反常相变的物理基础。准固态不仅降低了冰点和分子的运动活性，而且提高了熔点、H—O 声子寿命、表皮应力与黏滞性。准固态相边界的色散程度由电荷种类、数量、空间分布决定。盐溶液中正负离子间的偶极矩在电场中的排列削弱平板电容器或外加电荷电场，从而使水桥失稳。盐溶液中的离子偶极矩电场与土壤颗粒的电场反向叠加削弱由单一电场产生的极化效应并加速盐水对土壤的浸润。

15.1　悬疑组十四：水在平行电场作用下的行为

将两个盛满去离子水的容器放置于绝缘体上，用润湿的棉线连接，在容器的两侧施加强度为 10^6V/m的电场，即可形成水桥。当容器间距达到 3 cm 时，水桥仍然可以稳定存在。图 15.1a 是典型的水桥形态，桥体半径为 1 ~ 3 mm，通常可稳定保持数小时。水桥的形成也与水滴的电致相变有关。然而，自 1893 年阿姆斯壮发现水桥以来[1]，关乎水桥的系列问题仍不清楚：

（1）为什么水桥中的水比块体水更具韧性，更稳定？

（2）平板电容器电场如何调节分子内和分子间的相互作用？

（3）为什么盐溶液会使电致水桥失稳？

（4）外加电场如何调节冰水的熔点与冰点？

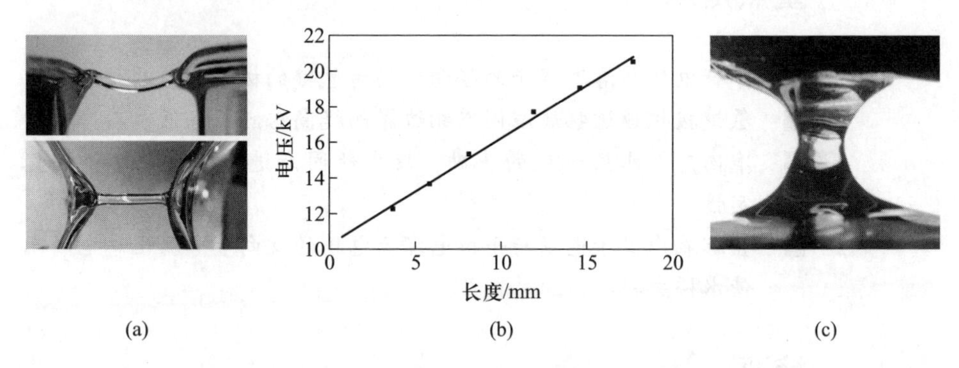

图 15.1　(a)室温下，电场强度为 10^6V/m 时，两烧杯间形成的长约 14 mm 的水桥的侧视与俯视图，(b)电流恒为 0.5 mA 时，水桥长度与电压的关系(斜率约为 0.6×10^6 V/m)，(c) 电场强度为 0.5×10^6 V/m 时，形成 8 mm 的竖直水柱[2-4]

15.2　释疑原理：氢键在均匀电场中的弛豫极化

图 15.2 阐述了水桥形成、水电致相变的机理：

（1）平行电场与水中加盐的效果相同，但它产生的是单向长程电场，会重排、拉长并极化水分子偶极子。这一电致极化过程使 H—O 共价键变短、O：H非键伸长，并伴随非键电子极化。

（2）基于爱因斯坦关系：$\hbar\omega_x = k\Theta_{Dx}$。平行电场极化作用拓展了水的准固态相边界，从而提高准固态的熔点 T_m、降低冰点 T_N。

（3）分子低配位诱导的水桥表皮超固态会进一步强化水桥的准固态特征，提高其韧性、黏性、弹性及热稳定性。

（4）溶液中的离子电场与平板电容器电场反向叠加削弱彼此而使水桥失稳。

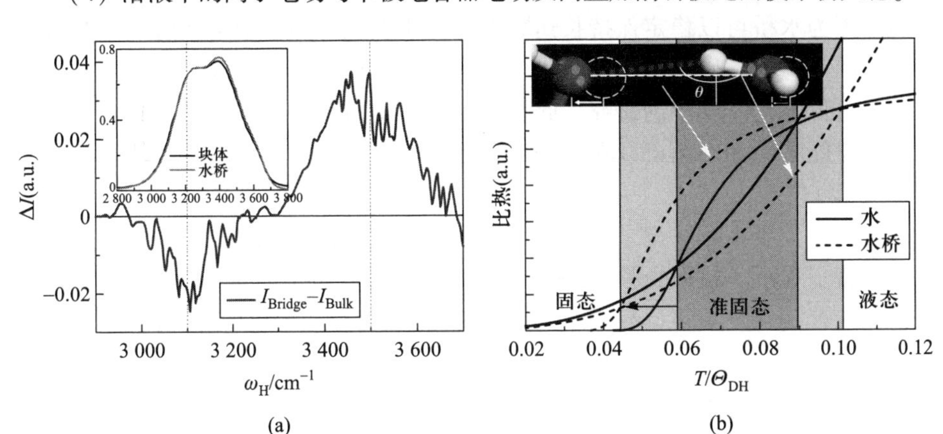

图 15.2　(a)电极化致使高频声子从 3 100 cm^{-1}频移至 3 500 cm^{-1}[5]，(b)声子振频弛豫拓展了准固态相边界，提高熔点、降低冰点，故而室温水桥呈类橡胶的准固态[6, 7]

15.3　历史溯源：阿姆斯壮效应

1893 年，威廉·乔治·阿姆斯壮(表 15.1)向纽卡斯尔哲学与文学学会递交了著名的直流高电压实验报告[1]：“将两只杯子盛满化学纯水，再将一根润湿棉线的一端盘卷在一只杯中，另一端浸入另一只杯子。通电后，盘卷的棉线迅速地自动撤出杯子，沉积至另一只杯中。两只杯口边缘间产生了绳状悬空水桥。当时，我认为有两股流向不同的水流，它们代表不同的电流，其中一股水流存在于另一股水流中，拉着棉线移动。产生这一现象需要很大的功率。但很遗憾，后来我在伦敦的实验室中，由于扩散效应，没有再得到足够形成水桥的功率。因此，我失败了。但是，我已经得到了崇高的奖赏。”

表 15.1　威廉·乔治·阿姆斯壮简介

肖像	简介
	威廉·乔治·阿姆斯壮（1810—1900），英国皇家学会成员，工业家，也是卓越的工程师、科学家、发明家、慈善家。1859 年，阿姆斯壮将枪的专利上交政府，因此，他被授予爵位。1887 年为英国维多利亚女王 50 周年纪念年，阿姆斯壮升为贵族，为英国上议院第一位工程师和科学家

水桥像一个小型高压液体实验室，用于研究液体在电场强度达 kV/m 时的行为。因为水桥可以稳定保持长达数小时，所以也可用于中子散射或光散射等长时间的实验。它也可作为运输化合物的电化学反应器，实现其他方法不易实现的低电位电化学反应的研究。此外，水桥为实验生物学家提供了揭开生命体机制的可能，例如细菌可以在电场下存活，电场对它们的行为甚至基因组都存在重大影响[8]。

然而，关于水桥的记录很少。直到 1997 年，瑞士联邦理工学院的 Uhlig 在网上刊载了水桥实验的视频。2006 年，Fuchs 和他的同事们开始对水桥展开系统研究[9]。现在，更多研究小组开始从理论或实验上研究这一神奇现象。

15.4　水的定向电极化奇观

15.4.1　泰勒锥电致喷雾

如图 15.3 所示，当一小体积的液滴暴露在电场中时，液滴形状将发生改变。电压增强，电场效应会越显著。当电场力相当于液滴表面张力时，液滴圆锥体就形成了。当电场强度达到某一临界值时，液体将以雾的形式喷出[10-12]。喷射开始前，分子转化为气相。为形成稳定的喷射过程，电压必须稍高于临界值。喷雾形状、传播角度和速率都可以通过电场强度和方向进行调整。

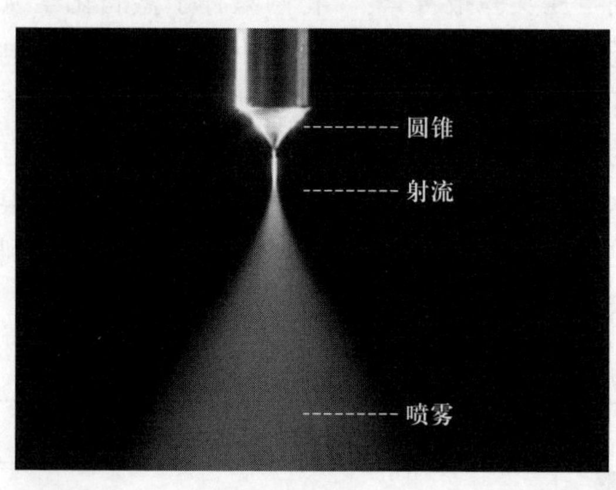

图 15.3　泰勒锥电致喷雾[15]

泰勒锥电致喷雾在工业上有重要应用。如电纺丝，一种制备超精细纤维的新型加工方法。目前世界上已有超过 30 种聚合物可成功进行电纺丝加工，包括 DNA、胶原、丝蛋白等天然高分子以及聚氧乙烯、聚丙烯腈、尼龙等合成高分子。与电致水桥类似，泰勒锥电致喷雾现象的机理是表面等电势致使液滴变形[13, 14]。基于氢键受激协同弛豫和非键电子极化理论，可以认为，当电压足够高时，电场将重排水分子，拉伸、极化甚至破坏氢键进而影响表皮应力。

15.4.2　准固态边界扩展：电致熔凝

冰水的熔点和冰点对电场十分敏感[16-19]。1861 年，Dafour[20] 曾指出外加电场可以提高水的冰点(应是熔点)。1951 年，Rau[21] 发现向两个插着裸露电极的超冷水滴加电场，水滴会立即结冰。20 世纪 60~70 年间，Pruppacher[22, 23] 实验证实通电可以使水结冰。然而，人们对其电场施加方式及相应的冰诱发形核的机制还不甚清晰[24, 25]。

电致结冰最常用的证明实验是在小水池中插入电极，通过加电压在水中建立小电流电场。Hozumi 等[26] 发现水的冰点取决于电极材料，这也表示界面反应的重要性。电流产生的焦耳热会阻碍冰形核，但这一影响几乎可以忽略不计。

电致结冰现象在生活中也很常见，图 15.4 所示为雪花在电线周围结冰。虽然主要原因是气温较低，但电场也起到了一定的作用。电线周围结冰会阻碍电能传输。为了防止灾难发生，除冰防冰势在必行。了解水桥形成与电致结冰机制将有所裨益。

(a)

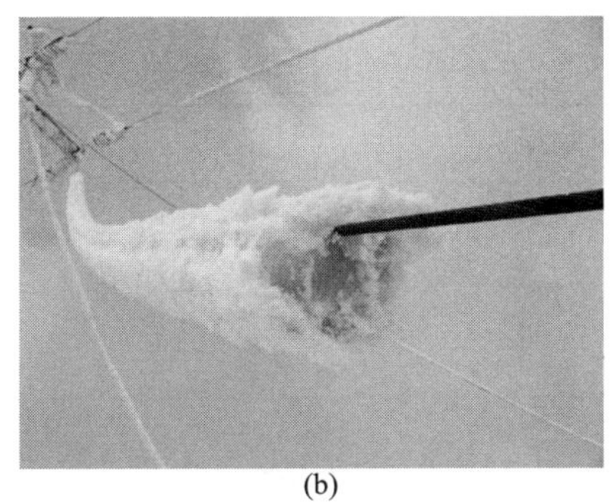
(b)

图 15.4　2008 年冰灾时期，中国南方随处可见电线结冰现象

15.4.3　电致水桥

15.4.3.1　水桥的形成与特性

Fuchs 与他的同事们通过中子衍射、声子谱、质子转移追踪、介电光谱和红外热成像等技术方法对水桥展开了系统研究[3, 8, 9, 27-35]，并在文献[34]中描述了水桥制备的细节。电场强度达到临界值约 0.6×10^6 V/m 时，水桥才能稳定形成，参考图 15.1b。

向两只 100 mL 的烧杯加入去离子水至距离烧杯口 3 mm 的位置，将一根棉线的两端分别没入两个烧杯中。在烧杯中分别插入正、负电极，通直流电压值至 15 kV，水会沿着棉线自发上升，形成水桥。将一只烧杯慢慢推离另一只烧杯，水桥可以保持稳定。当电压升至 25 kV 时，水桥的稳定长度为 25 mm。如果棉线较短，水中的电场力可将之从正极烧杯拉入负极烧杯中。

形成水桥后，水通常是从正极流向负极。但是，由于各烧杯水表面积累的电荷不同，水流动时会因路径上电荷属性差异而形成剪应力，从而影响质量流动方向。如果烧杯间距过大或电压低于临界值，水桥将会由于毛细作用断开成为水滴。

若在烧杯中加入盐离子或其他电解质将会明显减弱水桥的稳定性。加入 NaCl、NaOH 和 NH_4Cl，可以改变溶液电离度并减小水桥长度，但加入不溶的 Al_2O_3悬浊液对水桥没有任何影响[8]。高频交流电场也可以形成稳定的水桥[5]。不过，如果电压过高，水桥的稳定性会下降。用带电玻璃棒靠近水桥会使之瓦解，形成水滴喷雾。

在绝缘气体环境中，平板电极之间也可以形成竖直的水桥[36]，如图 15.1c 所示[4]。虽然这一实验很容易重复，但其中蕴含的物理机制主导了诸多水桥相关的神奇现象。表 15.2 总结了水桥的系列特征与可能机制。

表 15.2　水桥的行为特征与机制[3, 4, 8, 9, 27-37]

物理量	方法	性质	解释
水桥尺寸	在两只盛有去离子水的容器间施加强度为 10^6 V/m的电场	3 cm 长、3 mm 厚	电极化，重力和表皮张力
温度	红外热成像仪	水桥断裂前可以达到 60 ℃	电流和电阻产生焦耳热
稳定性		几个小时	
质量转移	追踪粒子； 激光多普勒风速计	从正极到负极及其他循环方式	
结构各向异性极化	激光偏振器[38]； 中子衍射[28]； 光学双折射[33]	具有旋转外壳的分层结构，存在极化效应和激光散射强化效果；沿水桥排列	电致双折射，即常说的电光克尔效应

续表

物理量	方法	性质	解释
密度梯度	光学方法[30]	水桥顶部至中间下降 7%	纳米或微气泡形成[30]
网络结构	X 射线衍射[27, 39]	保持块体结构	
杨氏模量	轮廓弯曲形貌计算[40]：$Y = mgl^3/(12\pi r^4 s)$（l 为长度；r 为半径；s 为弯度）	10~24 MPa	与橡胶相似
H—O 声子刚度	拉曼和红外光谱[5, 32, 41]	峰位从 3 100 cm^{-1} 移至 3 500 cm^{-1}	极化外壳；H—O 变短变硬[6]
可溶电解质（NaCl、NaOH、NH_4Cl 等）[42]		稳定性降低，水桥长度减小	离子电场弱化平板电容器长程电场
不可溶 Al_2O_3[38]		没有影响	极化很弱
适用液体（甲醇、甘油、戊醇等）[27]		适当条件下形成水桥	类氢键形成以及 O：⇔：O 量子压缩 O：H键

15.4.3.2 水桥中的分子取向与质量密度

声子和光谱学以及中子衍射研究表明，水桥的形成是由于沿电场方向形成各向异性的水分子链。D_2O 水桥的中子衍射实验结果表明[29]，纳米气泡或其他纳米物质的出现会增强衍射强度（$Q \leqslant 2$ Å^{-1}），导致水桥密度降低。在 D_2O 中加入 H_2O，微弱的各向异性使中子衍射强度呈角分布状态[28]。中子衍射和偏光散射观测的各向异性现象表明在电场强度为 10^6 V/m 时，氢键键合的水分子沿电场方向具有择优取向。MD 模拟也证实，水分子确实可以沿着电场排列，但要求电场强度达到 10^9 V/m 或更高。

Skinner 等[39]进行了一系列水桥的高能 X 射线衍射（XRD）实验，改变电压、水桥长度、水桥检测位置，如图 15.5 所示。但结果显示，水分子并没有在电场方向上显示出明显的择优取向。介电测量结果并未发现水桥与块体水的氢键结构差异。MD 模拟也难以从分子尺度阐明水桥的性能，因为它可模拟的水分子数有限。不过，MD 可模拟电场对水分子团簇的影响，只是涉及的电场强度为水桥形成所需电场强度的上千倍[8]。

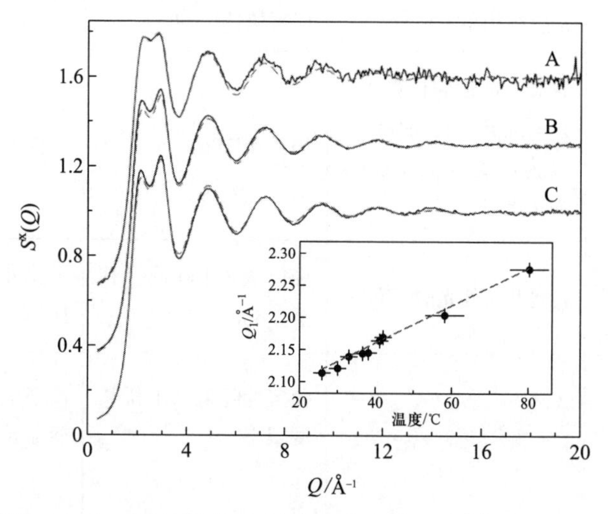

图 15.5　不同温度、电压、电极间距下水桥的 XRD 结构因子[39]

图中的 3 种条件为：A——58 ℃、17 kV、9.4 mm（1.81×10^6 V/m）；B——42 ℃、15 kV、7 mm（2.14×10^6 V/m）；C——26 ℃、15.5 kV、7 mm（2.21×10^6 V/m）。虚线为去离子水在相同条件但未加电场时的测试结果

15.4.3.3　H—O 键的声子寿命与水桥的黏滞性

水分子寿命涉及两个重要概念。一是常说的分子寿命，与 O : H 非键作用有关；另一个是热弛豫时间，与 H—O 振动频率有关。H—O 弛豫时间正比于它的频率，表皮 H—O 振频高于相应的块体频率，故而表皮 H—O 键振动弛豫时间要比块体的长[43]。图 15.6 给出了 HDO : D_2O 水桥中 HDO 分子 H—O 的拉伸振动超快激光光谱结果[8, 32]。表明非键作用决定的 HDO 分子寿命（~630 fs ± 50 fs）介于 0 ℃块体水（~740 fs ± 40 fs）与 0 ℃冰 I 相（384 fs ± 16 fs）之间。

水桥中 H—O 振动主导的热弛豫时间（~1.5 ps ± 0.4 ps）比块体水（~0.25 ps ± 0.90 ps）长。然而，冰中的热弛豫时间比水中的短。因此，水桥中分子间激活能的扩散需要更长的时间。相比霍夫梅斯特盐，水桥中 H—O 键弛豫的时间更长，表明水桥中的水分子更加有序，其黏性也高于块体水或盐溶液。

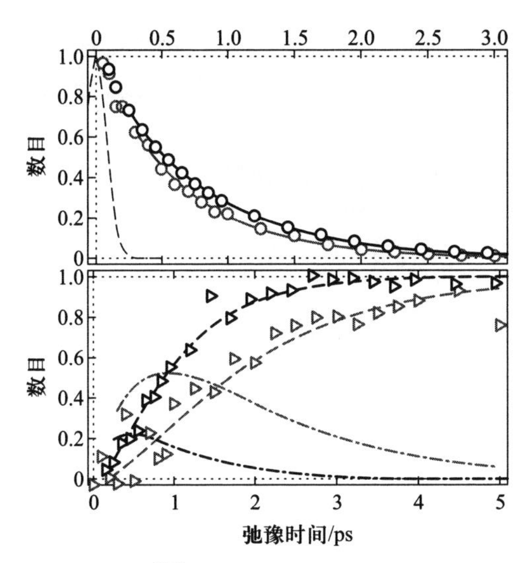

图 15.6　水桥中的水分子涨落情况[32]

上半幅图是水桥(灰色)和块体水(黑色)激发态水分子群体动力学模拟(空心圆)结果。实线是拟合曲线，虚线是泵浦-探测脉冲曲线。下半幅图是基于 H—O 拉伸弛豫的水桥(灰色)和块体水(黑色)的热弛豫结果。点虚线和虚线来源于模型拟合

15.4.3.4　水桥的弹性

若水桥伸长由柱状水桥质量 m、长度 l、半径 r 以及弯度 s 决定，那么其杨氏模量可表示为[30, 31]

$$\gamma = \frac{mgl^3}{12\pi s(r_{out}^4 - r_{int}^4)} \tag{15.1}$$

式中，r_{out} 和 r_{int} 分别指弯曲水桥的外径和内径。Teschke 等[44]假设带电水层是塑性的而非液体，采用式(15.1)估算了水桥的弹性模量。

因为离子化的水分子仅限于水桥表层，所以采用含内外径的空心管来表示水桥结构。高压形成的水桥结构尺寸难以测量，因此，Teschke 等绘制了图 15.7所示的杨氏模量与内径的关系图。他们发现，内径大于 0.5 mm (外径为 0.56 mm)时，块体模量持续增大。这表明塑性结构厚度小于 0.5 nm，此时相应的杨氏模量为 85 kPa，比计算值高 0.63 kPa[40]。表 15.3 是基于式(15.1)计算的不考虑表皮的水桥杨氏模量，结果表明水桥的杨氏模量和弯曲程度都依赖于电场强度。

水桥塑性层沿水桥横向匀速运动。电流 10 μA 时，形成的水桥外径为 0.56 mm，壁厚为 0.5 mm，电流密度约为 5.6 mA/cm^2。他们认为水桥壁厚、塑性水桥内的电场强度以及诱发的偶极矩等是形成水桥的关键因素，但忽略了水表皮超固态的强化作用。

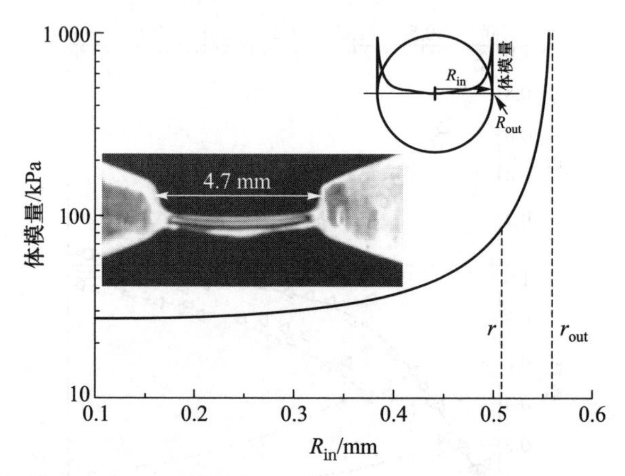

图 15.7　水桥内径与杨氏模量的关系[44]

表 15.3　水桥各参数随电场强度的变化[40]

样品	E/(MV/m)	r/mm	s/mm	l/cm	M/MPa
1	0.20	0.38	0.42	0.59	0.63
2	0.21	0.56	0.46	0.90	2.16
3	0.22	0.72	0.68	1.38	6.19
4	0.25	0.41	0.36	1.23	13.10
5	0.43	0.30	0.02	0.60	24.03

15.4.4　经典理论

15.4.4.1　流体电动力学

宏观上，水桥中电场梯度产生的电场力与自身重力平衡。人们试图用这一机制解释电致水桥的系列现象。基于水的两相畴结构，外加电场使“相干畴域”沿着水桥方向重排，形成“超级畴域”。这一效应类似于铁磁材料中的磁畴在外加磁场下的行为，即微观结构调制呈宏观结构而骤然展现出宏观效应。基于此，Widom 等[31]认为水是一种“电磁流体”。他们对比了水桥与超流体的流变行为，发现“在高压电场下，水的结构异乎寻常，可以认为是一种电磁流体”。

为了阐明“电磁流体”水桥平衡的机制，Widom 等[31]设计实验测得结果表明，支撑水桥的力来源于电介质极性流体的麦克斯韦电场张力。水桥就像一根可伸缩的电线，电场诱发的张力足以支撑其自重。实验中需用去离子水，以去除水的导电效应而保留其介电效应。水桥内部的麦克斯韦张力可表示为

$$P_{ij} = Pg_{ij} - \frac{\varepsilon}{4\pi}E_iE_j \tag{15.2}$$

式中，g_{ij}是液体的体积应变；ε 是介电常数。他们推断水桥中的水分子是链状结构。因此，近磁流体的极性液体中低熵、长程有序排列的相干偶极子之间产生了张力。Widom 等[31]、Lohse 等[37]和 Saija 等[4]的研究表明，水的高介电常数是其水桥稳定形成的原因。Woisetschlager 等[38]认为，任何低导电率的极性液体均可形成稳定水桥，因为电场梯度产生的电场力可以克服其重力。

15.4.4.2 量子力学

水分子在电场中的行为可以用量子力学从分子尺度描述。根据量子力学的观点[41, 45]，电场会拉伸水分子间的氢键，最终破坏水的三维结构而形成线性、枝状或网状结构，导致极性水单体沿电场方向重新排列形成水桥。然而，计算得到该结构所需的电场强度比实际所需高得多。

但是，MD 模拟结果表明，当电场强度为 10^5 V/m 时，冷水分子团簇的结构并没有明显变化，只是增加了 O：H 部分的振幅及与之关联的分子取向改变。还有一些 MD 模拟结果表明，电场强度高于临界值 1.2×10^9 V/m 时，氢键的极化作用会导致水桥形成。介观尺度下也形成了系列关于水桥形成的理论如量子纠缠和水的相干结构[8]。

15.4.4.3 介电力学

还有另外有两种代表性的水桥受力平衡观点。一是认为介电材料内由电场产生的张力平衡重力[31]。这一张力的大小表示为

$$T_{\mathrm{DE}} = \varepsilon_0(\varepsilon_{\mathrm{r}} - 1)E^2A \tag{15.3}$$

式中，$A = \pi D^2/4$ 是水桥的横截面积；ε_{r}是水的相对介电常数；ε_0是真空介电常数。若水桥曲率为 ξ，那么水桥张力 T_{DE}产生的垂直分量为 ξT_{DE}。单位长度水桥的重力为 $A\rho g$。因此，张力与重力的比值为

$$R_{\mathrm{DE}} = \frac{\varepsilon_0(\varepsilon_{\mathrm{r}} - 1)E^2\xi}{\rho g} \tag{15.4}$$

水桥中，水分子沿电场方向择优取向[8]。

另一观点认为支撑水桥的是表面张力，而电场则防止水桥断裂并维持它的稳定性。Aerov[46]研究发现，沿水桥方向的电张力为零。当电场足够强以抵消表面张力引起的畸变时，水桥表面就达到平衡。此时，表面伸展对应的张力等于沿圆周的张力(γl)与表面压力突变引起的斥力($-\gamma l/2$)之和

$$T_{\mathrm{ST}} = \frac{\gamma l}{2} \tag{15.5}$$

式中，$l = \pi D$ 是水桥的横截面周长。表面张力沿竖直方向的部分与水桥重力之比为

$$R_{ST} = \frac{2\gamma\xi}{\rho g D} \tag{15.6}$$

但水桥由常规表面张力而非电场力支撑的观点[46]与实验测试结果——水桥中氢键变强[32]相矛盾。Skinner 等[39]认为水桥的特性应归结于表皮水分子的行为。而 Teschke 等[44]认为，带电水分子团簇会游至水桥表面，改变该处的水分子结构，形成强度约 85 kPa 的塑性层。

15.4.4.4　第四相

尽管水的第四相(又称为禁区水)还有待进一步研究，但科学家们已经认同高强度电场所造成的水表面极化是水桥稳定的原因。Pollack[47]认为，水桥是由二维 $H_3O_2^+$ 晶格组成或看作水分子的禁入区(或排斥区)。水的排斥区存在一种类凝胶的物质，而非水分子，它排斥电荷与微生物，并吸收各种类型的能量。但是，电场如何产生这一排斥区还不清楚。根据 Pollack 的观点，这一区域通常与亲水接触界面相连。

15.5　解析实验证明

15.5.1　氢键的电致弛豫与极化

将两个电极插入去离子水中并接通电路，相当于将液体置于平板电容器中。电极之间的电场将会重排、拉伸并极化水分子偶极子，与盐离子点源短程电场效应相同。只是盐离子电场有序度较差，并受水合层中偶极子的屏蔽，而平板电容器电场长程有序且具有高定向性。

若将电极插在盐溶液中，会导致盐离子电场以与平板电容器电场方向相反的形式叠加，弱化平板电容器电场的作用 。如果电容器电场足够强，盐离子将会分开并沿各自方向移动而破坏水桥。

任何形式电场引起的偶极子极化，均可拉长 O：H 键、收缩 H—O 键，从而而拉伸并极化O：H—O氢键，进而导致熔点升高、冰点降低，拓展准固态相边界。极化会增强水的黏性和 H—O 声子弛豫时间，从而使水桥稳定且具有塑性、分子流动性降低。

图 15.8 给出了电场作用下水分子团簇分子重排、伸长和断开的范例[41]。图 15.9 所示为 O 原子 sp^3 轨道杂化和外加电场共同引起的水分子取向、非键长度和极化程度的变化。电场达到临界值时，O：H 非键断裂，这也是图 15.3 所示的泰勒锥电致喷雾的基础。

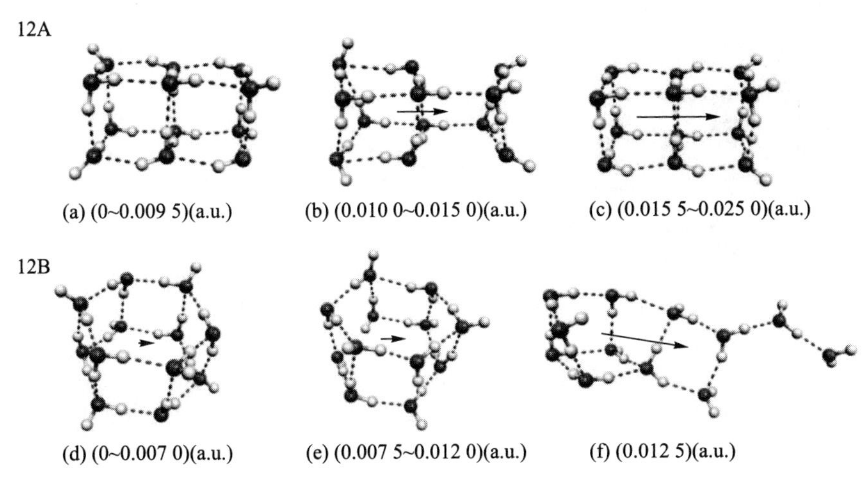

图 15.8 能量稳定的$(H_2O)_{12}$构型随沿偶极矩方向电场变化发生的分子排布演化[41]

一个原子单位对应电场强度为 51.42 eV/Å

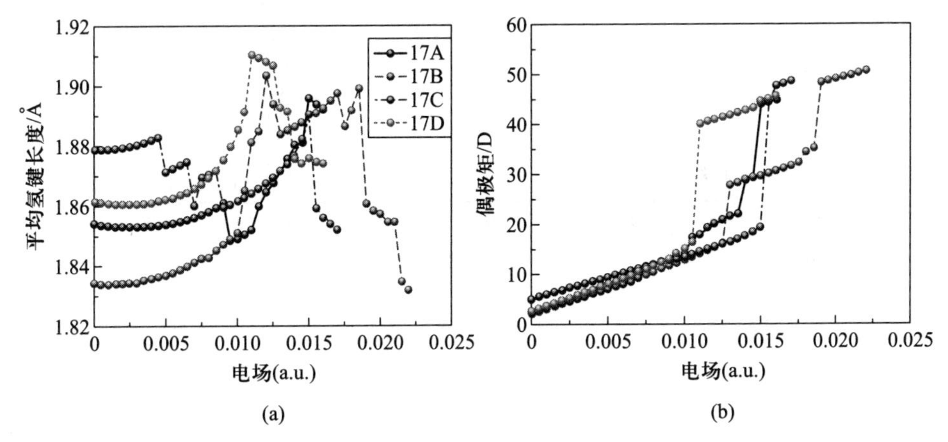

图 15.9 (a)$(H_2O)_{17}$水分子团簇最低能结构 O：H 非键的平均长度随外加电场(原子单位)的变化情况，(b)电偶极矩随团簇分子重排和氢键非键断裂发生的跳变[48](参见书后彩图)

(a)中长度峰值表示非键断开形成了分子团簇开口

图 15.10 给出了团簇尺寸和电场影响的团簇分子偶极矩与最优键能的等高线图。图 15.11是 H—O 声子频移的红外光谱。结果证实，电极化缩短并强化 H—O 键，而拉长弱化非键使之声子振幅变高、声子频率变低。尽管不同尺寸团簇的几何构型存在差异，但关乎其结构与物性的电致演化[41, 48, 49]符合电致极化机制——氢键取向、重排、拉伸、极化。

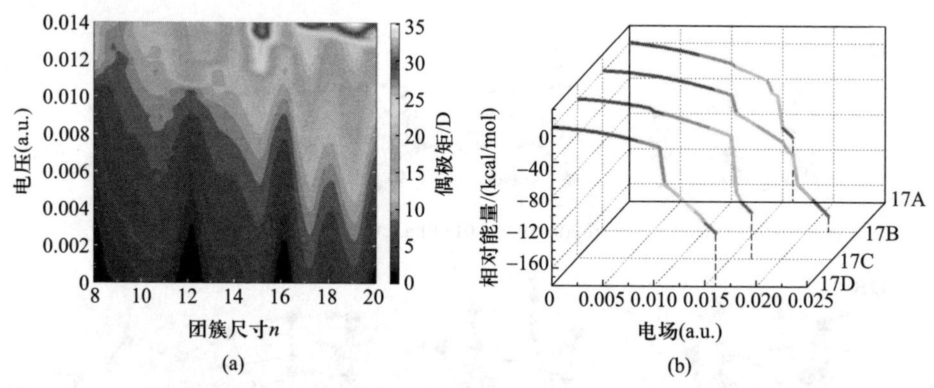

图 15.10　(a)偶极矩随电场和水分子团簇尺寸变化的计算云图，(b)$(H_2O)_{17}$团簇 4 种构型(17A~17D)构象变化时相对能量(与电场自由能相比)随施于永久偶极矩方向的电场的变化情况[48](参见书后彩图)

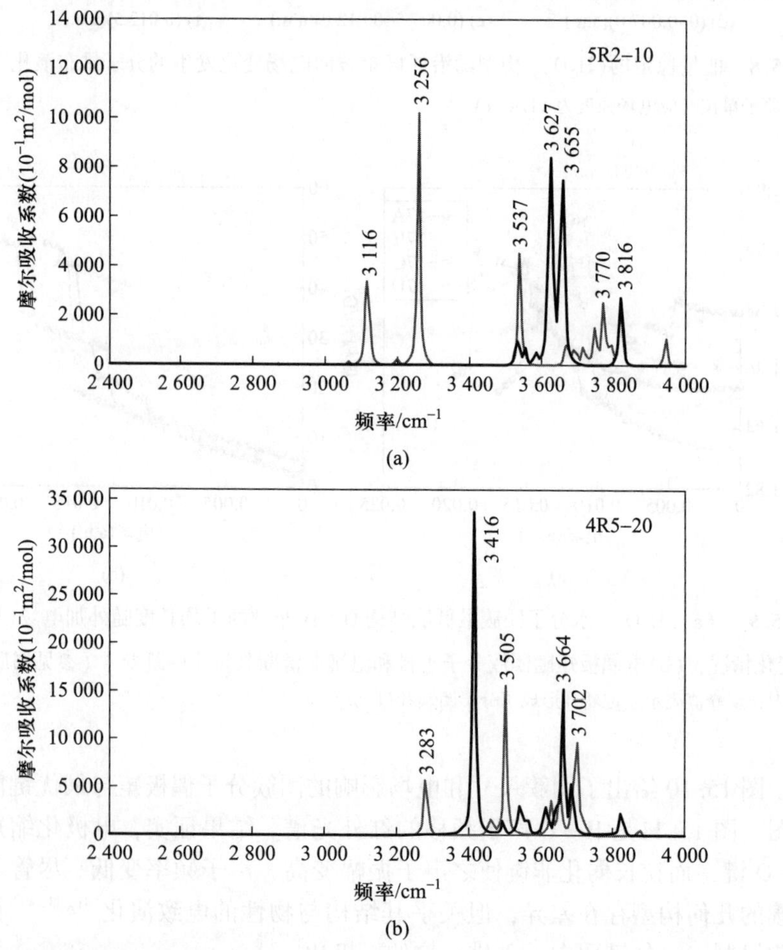

图 15.11　水分子团簇在无电场(细蓝线)和水桥断裂临界电场(粗红线)下的红外光谱[49](参见书后彩图)

15.5.2 电致水滴凝固：准固态相边界色散

15.5.2.1 多场耦合效应

准固态的熔点与冰点不同。水从液态转变为准固态的温度为 273 K；从准固态转变为固态的温度是 258 K[50]。通过引入外部激励如压缩或拉伸、分子低配位、电场等，可改变水的准固态相边界[6]。电极化提升熔点、降低冰点。氢键受到任何形式的作用时，都将改变准固态的冰点和熔点，这对生命体与非生命体都至关重要。

表皮低配位和电场均可拓展水的准固态相边界，此时 H—O 声子硬化、非键声子软化，熔点升高、冰点降低。同性电荷形成的排斥电场会抵制电致极化，可以称之为逆电极化。水滴表皮极化时会在表皮形成带有负电荷的局域偶极子，均匀分布在表皮，使水滴自发具备逆电极化效应。所以，低配位、电极化与逆电极化影响水滴的热力学行为。因此，电极化形成的水桥呈准固态，即使温度达到 60 ℃，水桥也不会断裂。但若在水滴上增加一反向电场，则水滴熔点降低、冰点升高。

15.5.2.2 水滴熔点的局域电荷调制

没有外加电场时，水滴表面由于低配位水分子的极化，会存在大量强局域负电荷。因此，水滴结冰与熔化将受到基片表面电荷种类和数量的影响[17]。表面带负电的基片将在水滴与基片间形成排斥电场(即逆电极化)，从而压缩水滴准固态相边界，使冰点升高、熔点降低。带负电的 $LiTaO_3$和 $SrTiO_3$表面可以降低其上水滴的熔点，所以在-11 ℃时保持液态。液态向准固态的转变优先发生在气-液界面，因为此处局域电场排斥作用较弱[17]。

基片表面带正电荷时，电荷与水滴表皮电子会形成相互吸引的电场，相比基片表面带负电荷时使冰点降低、熔点升高。若调控 $LiTaO_3$和 $SrTiO_3$基片表面使之带正电，则其上的水滴熔点将从-11 ℃上升至-8 ℃ 。液态向准固态的转变优先发生在固-液界面，因为固-液界面的吸引性电场较强[17]。带电基片上水滴的熔点介于-8 ℃和 -11 ℃之间，远低于块体水的 0 ℃，这是水滴表皮诱导逆极化的证据。

15.5.2.3 水滴熔点的电压调制

图 15.12 和图 15.13 是不同基片上去离子水滴的电致结冰实验[16]。电线穿过水滴在介电基片上加电场，基片设计有孔或无孔以调控电流。介电层不导电，电荷集中在介电层上下表面，调整电压正负可调整电荷种类。外加电场和基片极化形成的复合电场对水分子产生电极化作用。

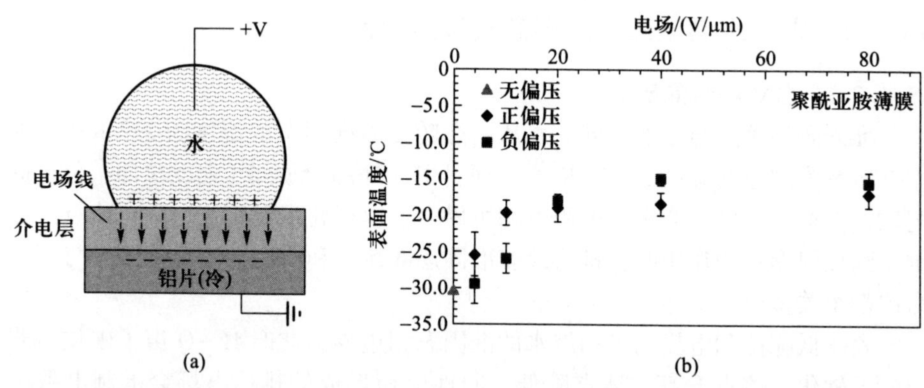

图 15.12　聚酰亚胺介电基片上(a)加压后在液滴内产生排斥电场内敛准固态相边界而提升冰点温度导致(b)水滴冰点随电压的变化情况[16]

图 15.12 表明，在没有电流时，复合电场使水的冰点由 -30 ℃ 升高至 -15 ℃，且结冰始于三相交界处而非固-液界面或气-液界面。当电场强度达到 4×10^{7} V/m 时，电极化效果开始趋于稳定。电荷极性对电致结冰有直接影响。基片上的正电荷会在液滴内形成一个吸引电场，会提升水滴熔点、降低冰点。图 15.12b 是冰点与电场强度的关系。电极化饱和前，带正电荷的液滴在其内部形成的电场强度比带负电荷的液滴弱，冰点降低幅度也小一些。

若介电层中加工有小孔，则水流入小孔时，电流和气泡都将产生，如图 15.13 所示。这就是电流效应，与电场效应不同。电流效应可使水滴冰点降低 6.5 ℃。

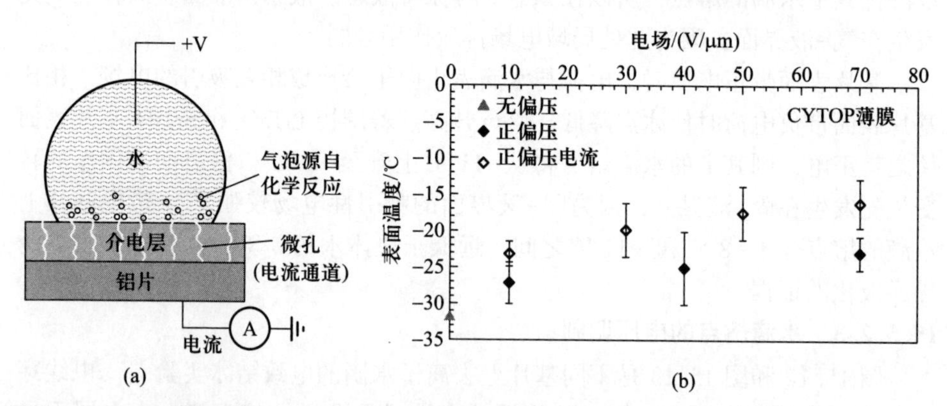

图 15.13　(a)多孔 CYTOP 基片上产生电流弱化内部电场而弱化对准固态相边界的调制导致(b)水滴冰点的变化情况[16]

有电流时，冰点温度变化幅更小，表明此时水滴内部电场更弱考虑到电场叠加，电流诱发相变温度降低存在两个因素：气泡产生和内部电场强度减小。水滴水分子的低配位状态降低冰点源自水滴超固态本征属性；电流效应则会减少基片表面电子数目，弱化基片与水滴表面的电场。因此，电流的存在减弱了水滴的准固态特性，相较于无电流情形，电流使水滴冰点的降幅减小。

15.5.2.4 受限水冰点的电压调制

图 15.14 为 0.79 nm 单水分子层面内扩散系数随电场的变化情况。电场强度从零增至 10^9 V/m 量级时，水分子层的相变温度由 325 K 降至 278 K[18]。这与之前的预测相符：随电场强度增加，水的冰点降低，熔点上升。

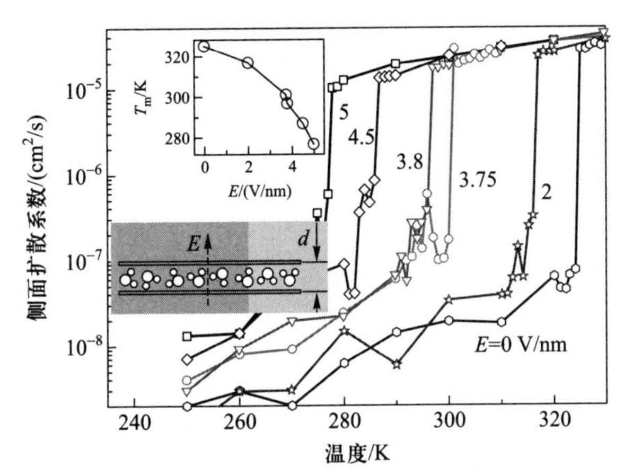

图 15.14 厚度 0.79 nm 的单水分子层的扩散系数随温度和电场强度的变化情况[18]（参见书后彩图）插图表明冰点与电场强度、单层的水分子结构以及电场方向相关

图 15.15 给出了 240 K 和 300 K 时，0.95 nm 双水分子层的面内扩散系数的电极化效应[19]。在此温度下，准固态双水分子层中存在大量低配位分子，会使 $\pm q$ 电荷转移至横跨薄膜的六边形晶格对角 O 原子上，形成横穿水膜的竖直电场。

温度 300 K 的水，其电量增加至 0.7 e 时，扩散系数接近于零。这表明电场将拉伸非键、软化其声子，使水由准固态向固态转变。而对于 240 K 的水，由于冰 I 相六边形结构被破坏，带电量 q 为 0.3~0.6 e 的电场使冰转变成扩散系数不为零的状态。准固态时扩散系数为 $0.2\times10^{-5}\,cm^2/s$，而冰的扩散系数通常低于 $0.05\times10^{-5}\,cm^2/s$。随着电量 q 的增加，相转变朝着冰分子更为稳定的方向发展。水双分子层最大密度从距离分子层边界 0.34 nm 处变化至 0.29 nm 处，与第 3 章中的镜像电荷场结果相符。

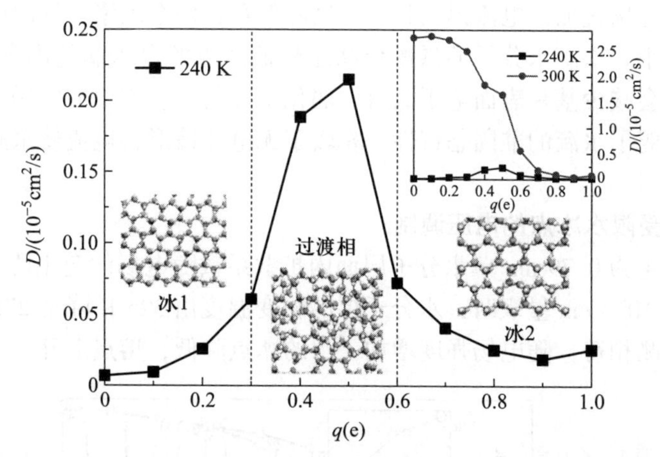

图 15.15　水温 240 K 时，面内扩散系数随六面体对角位置 O 原子的带电量的变化趋势[19]（参见书后彩图）

插图是 300 K 与 240 K 两种温度下扩散系数的对比

15.5.2.5　电致熔点升高、冰点沸点降低

单晶氨基酸疏水缝隙中的水，其冰点（实指熔点）也受到电场影响[51]。水蒸气在具备外旋、手性、疏水性质的成对氨基酸单晶面间可冷却结冰。每对晶体对的形貌和分子排列是相似的，但仅有一个晶体存在极轴，且平行于与水接触的疏水面。晶格有极轴比无极轴时熔点升高 4~5 ℃。

Choi 等[52]利用扫描隧道显微镜（STM）发现镀金针尖与金表面之间存在纳米尺度的水间隙。调整电场强度和水隙宽度可实现液体由水至冰（实际指准固态）的转变。此时，水可以在电场强度低于 10^6 V/m 的弱电场下结冰。STM 形成的偏压使液体熔点升高，说明电场极化压缩 H—O 键，与水桥相同。这一电场诱发的反常室温结冰[52]，与电场强度达 10^4 V/m 以上时水蒸气的冰（指准固态形成）形核率随之增长的现象相一致[53]。其他许多实验结果也证实[51, 53]，电极化和低配位效应会使水的准固态熔点温度升高，而使冰点和沸点降低。

15.5.3　电场中的肥皂膜

在溶液中加电场时，电场会驱动溶液中的离子而实现液体通过狭窄管道。离子实即为正、负电荷的混合物，但因电场存在，通道表面带电。当表面离子被电场驱动时，它们就会拉动液体，这一现象称为电渗，在微纳米尺度下因比表面积较大更加显著。

Bonhomme 等证实电场可推动肥皂液沿着肥皂膜薄壁管道移动[54, 55]，且膜厚、流速和声子弛豫时间均随电场强度的增加而增加，如图 15.16 所示。

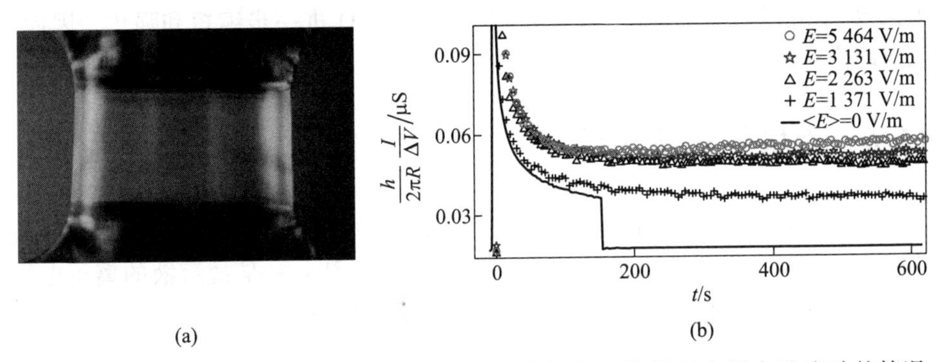

图 15.16 (a) 100 nm 圆柱壳肥皂膜中肥皂液在外加电压作用下克服自重流动的情况，(b)归一化的电导率随时间和外加电场的变化[54, 55](参见书后彩图)

外加电压会使薄膜变厚、延长电导弛豫时间，增加溶液流速

参考阿姆斯壮水桥的形成过程，水膜厚度、流速、电导弛豫时间的增加表明水分子电极化增加了水的黏滞性，增大了水膜表面张力，提高了水分子的结构序度，降低了水分子的涨落能力，拓展了准固态相边界，故此肥皂膜处于准固态。

15.5.4 实验验证：电致拉曼频移

水桥形成时，水的高频声子频率由 3 100 cm^{-1}增强至 3 500 cm^{-1}，略高于超固态表皮特征峰 3 450 cm^{-1}(图 15.2a)。图 15.17 为加压时去离子水高低频频移的差谱结果，与水桥频移的结果一致。表皮超固态的极化与黏弹性是支撑水桥的原因。高频段从 3 450 cm^{-1}增至3 500 cm^{-1}，表明电场极化和水分子低

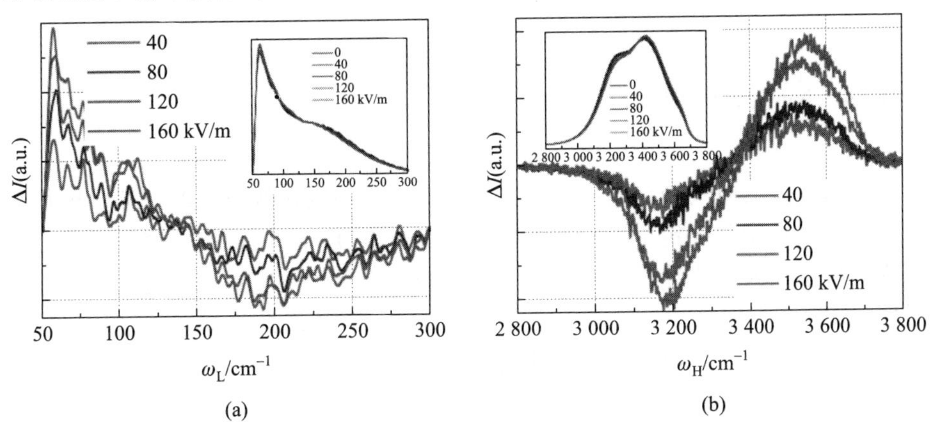

图 15.17 室温去离子水在外加电场作用下的(a)低、(b)高频频移差谱(参见书后彩图)

电极间距为 3.8 mm。电压低于 1 000 V 时，H—O 特征峰频移不明显

配位效果相互增强而强化表皮超固态性质，H—O 进一步缩短和强化。因此，表皮超固态、电场和重力共同维持水桥稳定。

15.6　土壤的盐溶液浸润

土壤的颗粒存在表面电荷，也会产生强局域电场，影响水的扩散。研究表明，土壤颗粒电场影响水的输运主要有两个因素[56]：一是盐溶液的离子电场与水分子偶极子间的静电力；另一个则是土壤颗粒稳定性影响水的传导。当电场强度高于临界表面势(153 mV)时，将破坏土块凝聚，强化电场-偶极子相互作用。当电场强度低于该临界值时，土块非常稳定。这表明，我们可以通过电解质调整土壤电场以调节水的输运。图 15.18 是不同浓度 $NaNO_3$ 融入土壤后，水的浸润深度随时间的变化情况[56]，其斜率即为流速。

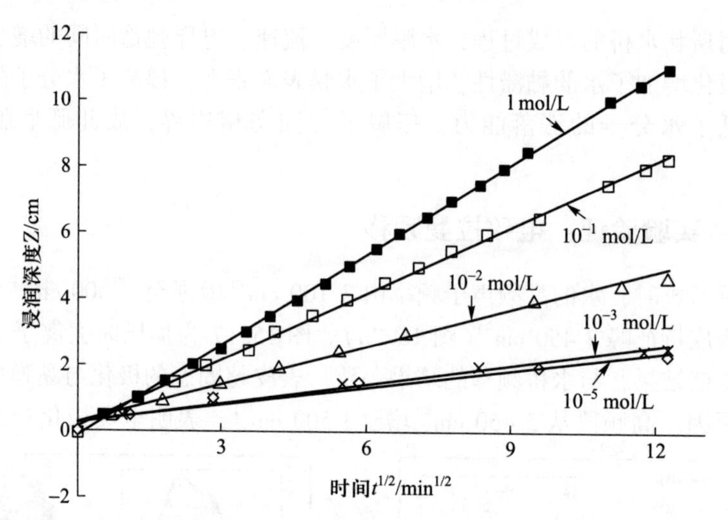

图 15.18　$NaNO_3$ 溶液对土壤浸润深度的影响[56]

土壤颗粒的电场与溶质离子的电场具有相同的极化效应，即拉伸、极化水分子增强其黏度并决定土壤中水的输运速率。不过，土壤颗粒与溶质离子的作用程度相差较大。水分子偶极子和溶质偶极子均减弱土壤颗粒电场，就像盐离子弱化水桥一样。因此，该复合电场的效应比土壤颗粒或溶质点源电场单独作用时要低。因此，含电解质的液体更容易浸润土壤。

15.7 小结

水分子低配位诱发的表皮超固态与电场极化相互强化而形成的准固态是水桥形成与稳定以及电致相变的物理基础：

（1）平板电容器电场的电极化将重排、拉伸和极化氢键，提高水分子的长程序度。氢键拉伸伴随 H—O 收缩和 O：H 伸长，高频声子硬化，低频声子软化。

（2）超固态表皮偶极子形成的电场决定水滴行为。

（3）水桥的水分子声子弛豫降低德拜温度、提高熔点、降低冰点。因此，水桥呈准固态特征，具有热稳定性、表皮可塑性。

（4）同性电荷电场产生氢键的逆电极化，压缩准固态相边界，而异性电荷电场则相反，拓展准固态相边界。两者的电极化效果完全相反。

（5）溶液离子产生与平板电容器反向的电场，降低水桥稳定性；电场叠加可以退极化。

（6）水分子与氢键对长程电场扰动非常敏感。

参 考 文 献

[1] Armstrong W. Electrical phenomena. The newcastle literary and philosophical society. Electr. Eng., 1893, 10: 154-155.

[2] Namin R. M., Lindi S. A., Amjadi A., et al. Experimental investigation of the stability of the floating water bridge. Phys. Rev. E, 2013, 88 (3): 033019.

[3] Woisetschlaeger J., Wexler A. D., Holler G., et al. Horizontal bridges in polar dielectric liquids. Exp. Fluids, 2012, 52 (1): 193-205.

[4] Saija F., Aliotta F., Fontanella M. E., et al. Communication: An extended model of liquid bridging. J. Chem. Phys., 2010, 133 (8): 081104.

[5] Ponterio R. C., Pochylski M., Aliotta F., et al. Raman scattering measurements on a floating water bridge. J. Phys. D: Appl. Phys., 2010, 43 (17): 175405.

[6] Huang Y., Zhang X., Ma Z., et al. Hydrogen-bond relaxation dynamics: Resolving mysteries of water ice. Coord. Chem. Rev., 2015, 285: 109-165.

[7] Zhang X., Sun P., Huang Y., et al. Water nanodroplet thermodynamics: Quasi-solid phase-boundary dispersivity. J. Phys. Chem. B, 2015, 119 (16): 5265-5269.

[8] Fuchs E. C., Wexler A. D., Paulitsch-Fuchs A. H., et al. The Armstrong experiment revisited. Eur. Phys. J. -Spe. Top., 2014, 223 (5): 959-977.

[9] Fuchs E. C. Can a century old experiment reveal hidden properties of water? Water, 2010,

2 (3): 381-410.
[10] Wilson C. T. R., Taylor G. I. The bursting of soap-bubbles in a uniform electric field. Mathematical Proceedings of the Cambridge Philosophical Society, 1925, 22 (05): 728-730.
[11] Macky W. A. Some investigations on the deformation and breaking of water drops in strong electric fields. P. Roy. Soc. A: Math. Phys., 1931, 133 (822): 565-587.
[12] Taylor G. Disintegration of water drops in an electric field. P. Roy. Soc. A: Math. Phys., 1964, 280 (1382): 383-397.
[13] Liu F., Chen C. -H. Electrohydrodynamic cone-jet bridges: Stability diagram and operating modes. J. Electrostat., 2014, 72 (4): 330-335.
[14] Gunji M., Washizu M. Self-propulsion of a water droplet in an electric field. J. Phys. D: Appl. Phys., 2005, 38 (14): 2417-2423.
[15] Victor D. B. Tylore cone-jet-spray [EB/OL]. https://www.youtube.com/watch? v = r6TGvG7RUyo.
[16] Carpenter K., Bahadur V. Electrofreezing of water droplets under electrowetting fields. Langmuir, 2015, 2015, 31 (7): 2243-2248.
[17] Ehre D., Lavert E., Lahav M., et al. Water freezes differently on positively and negatively charged surfaces of pyroelectric materials. Science, 2010, 327 (5966): 672-675.
[18] Qiu H., Guo W. Electromelting of confined monolayer ice. Phys. Rev. Lett., 2013, 110 (19): 195701.
[19] Mei F., Zhou X., Kou J., et al. A transition between bistable ice when coupling electric field and nanoconfinement. J. Chem. Phys., 2015, 142 (13): 134704.
[20] Dufour L. Uber das gefrieren des wassers und uber die bildung des hagels. Poggendorfs Ann. Physik, 1861, 114: 530-554.
[21] Rau W. Eiskeimbildung durch dielektrische polarisation. Z. Naturforsch. A, 1951, 6 (11): 649-657.
[22] Pruppacher H. Electrofreezing of supercooled water. Pure Appl. Geophys., 1973, 104 (1): 623-634.
[23] Pruppacher H. R. The effects of electric fields on cloud physical processes. Z. Angew. Math. Phys., 1963, 14 (5): 590-599.
[24] Wilson P., Osterday K., Haymet A. The effects of electric field on ice nucleation may be masked by the inherent stochastic nature of nucleation. CryoLetters, 2009, 30 (2): 96-99.
[25] Doolittle J., Vali G. Heterogeneous freezing nucleation in electric fields. J. Atmos. Sci., 1975, 32 (2): 375-379.
[26] Hozumi T., Saito A., Okawa S., et al. Effects of electrode materials on freezing of supercooled water in electric freeze control. Int. J. Refrig., 2003, 26 (5): 537-542.
[27] Fuchs E. C., Cherukupally A., Paulitsch-Fuchs A. H., et al. Investigation of the mid-infrared emission of a floating water bridge. J. Phys. D: Appl. Phys., 2012, 45

(47): 475401.
[28] Fuchs E. C., Baroni P., Bitschnau B., et al. Two-dimensional neutron scattering in a floating heavy water bridge. J. Phys. D: Appl. Phys., 2010, 43 (10): 105502.
[29] Fuchs E. C., Bitschnau B., Woisetschläger J., et al. Neutron scattering of a floating heavy water bridge. J. Phys. D: Appl. Phys., 2009, 42 (6): 065502.
[30] Fuchs E. C., Woisetschlager J., Gatterer K., et al. The floating water bridge. J. Phys. D: Appl. Phys., 2007, 40 (19): 6112-6114.
[31] Widom A., Swain J., Silverberg J., et al. Theory of the Maxwell pressure tensor and the tension in a water bridge. Phys. Rev. E, 2009, 80 (1): 016301.
[32] Piatkowski L., Wexler A. D., Fuchs E. C., et al. Ultrafast vibrational energy relaxation of the water bridge. Phys. Chem. Chem. Phys., 2012, 14 (18): 6160-6164.
[33] Fuchs E. C., Gatterer K., Holler G., et al. Dynamics of the floating water bridge. J. Phys. D: Appl. Phys., 2008, 41 (18): 185502.
[34] Wexler A. D., Lopez Saenz M., Schreer O., et al. The preparation of electrohydrodynamic bridges from polar dielectric liquids. J. Vis. Exp., 2014, (91): e51819.
[35] Paulitsch-Fuchs A. H., Fuchs E. C., Wexler A. D., et al. Prokaryotic transport in electrohydrodynamic structures. Phys. Biol., 2012, 9 (2): 026006.
[36] Raco R. J. Electrically supported column of liquid. Science, 1968, 160 (3825): 311.
[37] Marin A. G., Lohse D. Building water bridges in air: Electrohydrodynamics of the floating water bridge. Phys. Fluids, 2010, 22 (12): 122104.
[38] Woisetschlager J., Gatterer K., Fuchs E. C. Experiments in a floating water bridge. Exp. Fluids, 2010, 48 (1): 121-131.
[39] Skinner L. B., Benmore C. J., Shyam B., et al. Structure of the floating water bridge and water in an electric field. Proc. Natl. Acad. Sci. USA., 2012, 109 (41): 16463-16468.
[40] Teschke O., Mendez Soares D., Valente Filho J. F. Floating liquid bridge tensile behavior: Electric-field-induced Young's modulus measurements. Appl. Phys. Lett., 2013, 103 (25): 251608.
[41] Rai D., Kulkarni A. D., Gejji S. P., et al. Water clusters $(H_2O)n$, n=6-8, in external electric fields. J. Chem. Phys., 2008, 128 (3): 034310.
[42] Nishiumi H., Honda F. Effects of electrolyte on floating water bridge. Adv. Phys. Chem., 2009: 371650.
[43] Van der Post S. T., Hsieh C. S., Okuno M., et al. Strong frequency dependence of vibrational relaxation in bulk and surface water reveals sub-picosecond structural heterogeneity. Nat. Commun., 2015, 6: 8384.
[44] Teschke O., Gomes W., Roberto de Castro J., et al. Relaxation oscillations in floating liquid bridges. Chem. Sci. J., 2015, 6: 99.
[45] Choi Y. C., Pak C., Kim K. S. Electric field effects on water clusters (n = 3-5): Systematic ab initio study of structures, energetics, and transition states. J. Chem. Phys.,

2006, 124 (9): 094308.

[46] Aerov A. A. Why the water bridge does not collapse. Phys. Rev. E, 2011, 84 (3): 036314.

[47] Pollack G. H. The Fourth Phase of Water: Beyond Solid, Liquid, and Vapor. Seattle: Ebner & Sons Publishers, 2013.

[48] Rai D., Kulkarni A. D., Gejji S. P., et al. Exploring electric field induced structural evolution of water clusters, $(H_2O)n$ [n = 9-20]: Density functional approach. J. Chem. Phys., 2013, 138 (4): 044304.

[49] Bartolotti L. J., Rai D., Kulkarni A. D., et al. Water clusters $(H_2O)n$ [n=9-20] in external electric fields: Exotic OH stretching frequencies near breakdown. Comput. Theor. Chem., 2014, 1044: 66-73.

[50] Sun C. Q., Zhang X., Fu X., et al. Density and phonon-stiffness anomalies of water and ice in the full temperature range. J. Phys. Chem. Lett., 2013, 4: 3238-3244.

[51] Gavish M., Wang J. L., Eisenstein M., et al. The role of crystal polarity in alpha-amino-acid crystals for induced nucleation of ice. Science, 1992, 256 (5058): 815-818.

[52] Choi E. -M., Yoon Y. -H., Lee S., et al. Freezing transition of interfacial water at room temperature under electric fields. Phys. Rev. Lett., 2005, 95 (8): 085701.

[53] Bartlett J. T., Vandenheuvel A. P., Mason B. J. Growth of ice crystals in an electric field. Z. Angew. Math. Phys., 1963, 14 (5): 599-610.

[54] Schirber M. Focus: Tuning the flow through a soap film. Physics, 2013, 6: 12.

[55] Bonhomme O., Liot O., Biance A. -L., et al. Soft nanofluidic transport in a soap film. Phys. Rev. Lett., 2013, 110 (5): 054502.

[56] Yu Z., Li H., Liu X., et al. Influence of soil electric field on water movement in soil. Soil Till. Res., 2016, 155: 263-270.

第16章 相关悬疑

重点提示

- 多场耦合作用下的氢键弛豫具有叠加效应
- 氢键的强耦合使其对电磁辐射和能量吸收显示长程多米诺效应
- 氢键协同弛豫可以拓展到任何含有孤对电子的强关联、非对称、超短程作用系统
- 与非对称、超短程、强关联作用势相关的分段比热差异，是物质负热膨胀的物理基础

摘要

氢键分段协同弛豫与非键电子极化理论，使我们能深入理解冰、水在多种外场刺激如同位素、电荷感应、电磁辐射等作用下表现异常行为的共同机制。氢键弛豫与极化理论还可以应用在类氢键相互作用、负膨胀、介电弛豫，水滴凝固结晶，炸药储能等情况，并能阐释准固态及超固态的“聚合水”现象。氢键因其非对称、短程、耦合相互作用，对激励的响应具有长程特征。

16.1　多场耦合效应

16.1.1　热激发与分子低配位

低配位水分子的数量随着水滴的曲率增大而增大，超固态表皮效应亦增强。通常，曲率越大，表层的H—O键越短，极化越强，表皮也越坚固，分子稳定性越高，导致熔点升高、冰点降低。分子低配位与水的液相和固相受热时的氢键弛豫趋势相同，差别仅在分子低配位伴随氢键极化。Medcraft[1]对3～200 nm的冰颗粒升温(5～209 K)，结果表明，颗粒尺寸减小至5 nm以下时，声子蓝移约40 cm^{-1}，当粒径大于8 nm时，尺寸效应不再明显；颗粒温度从30 K升高至209 K，声子蓝移35 cm^{-1}。证实加热与低配位造成的氢键弛豫相互增强。

图16.1给出了团簇与块体水分子声子频移的尺寸与温度效应的MD模拟结果[2]。温度为310 K时，团簇中的低配位水分子高频声子较之同温度的块体水分子蓝移35 cm^{-1}；而低频声子随温度提升而发生红移。团簇尺寸减小会拉长O：H非键，使低频声子振频降低；而升温则进一步增强这一效应。模拟结果证实，尺寸减小与升温对声子频率的影响是一致的。

然而，温度低于60 K(此温度随粒径变化)时，只要尺寸不变，氢键两段的声子频率几乎都不随温度变化[1,3]，仅有轻微的体积增加[4]。因为此时两段比热几乎为零，氢键两段长度和能量不随温度改变，声子频率也不会变化，仅有的键角增大引起了体积的微弱变化。

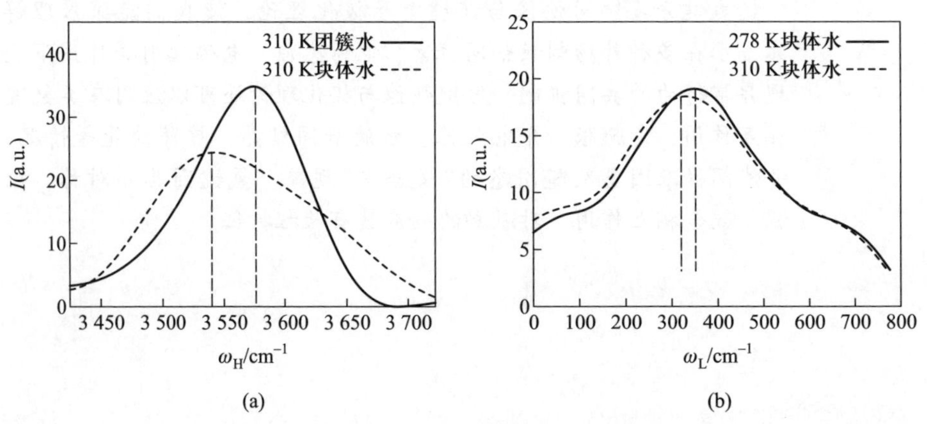

图16.1　(a)310 K时，团簇与块体水分子H—O声子频率的差异[2]，(b)变温对块体水分子低频声子的影响[5]

16.1.2 机械压强与分子低配位

图 16.2 所示为压力-低配位复合情况下，O 1s 轨道能级和价带能级偏移的变化[6]。O 1s 轨道能级从气态分子的 539.7 eV 下降至 538.2 eV，朝着块体水表皮 O 1s 能级538.1 eV的方向移动[7,8]。紫外光电子能谱(UPS)表明，在 7.5 kPa 压强下，随着团簇尺寸增大，水分子的整个价带能级上升且宽度增加[6]。

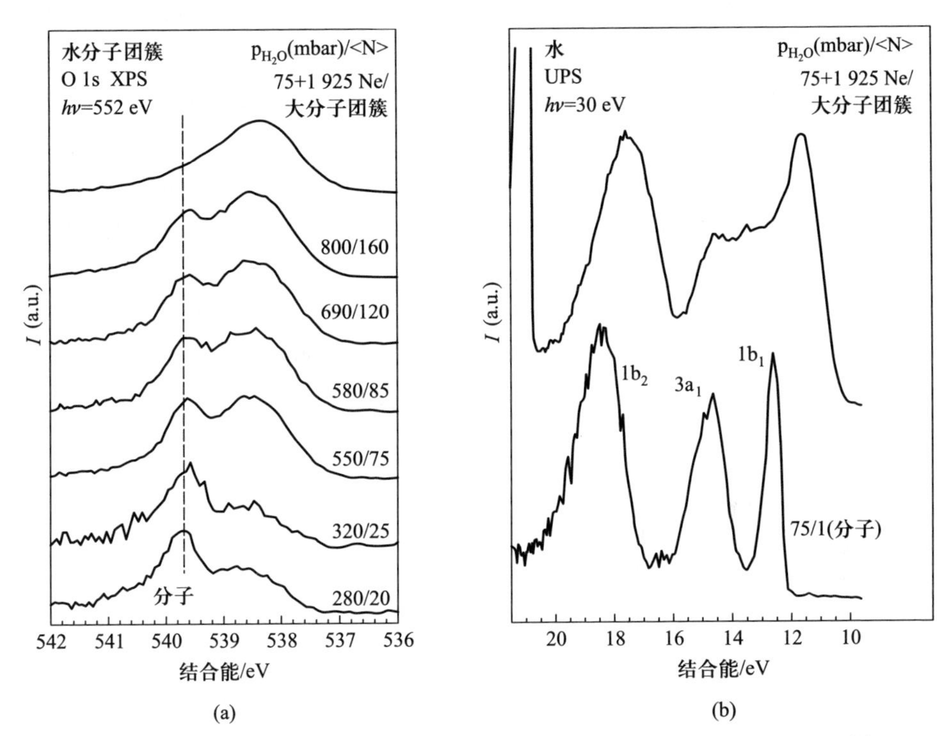

图 16.2 水分子团簇的(a)O 1s 能级与(b)价带在低配位和压强复合作用下的响应[6]

(a)中垂线表示气态 O 1s 能级，约 539.7 eV。(b)中给出了水分子单体的 $1b_1$、$1b_2$、$3a_1$ 3 个轨道能量。压缩和团簇尺寸增大均导致 H—O 弱化，使 O 1s 能级红移、价带宽度增加。因为能级偏移正比于 H—O 键能[9]。10 mbar = 1 kPa

加压和分子低配位都能增强非键电子极化[5]。通常，非键电子脱离超固态表皮需要 1.6 eV 的能量，而脱离块体水需要 3.3 eV。尺寸减小导致表皮超固态性能增强，则非键电子脱离所需的能量将进一步减小。加压极化则增宽水的禁带，而不是像常规半导体一样键能增强。

加压与水滴尺寸增大对 O 1s 能级和价带宽度的耦合作用遵从键弛豫理论。O 1s 能级偏移正比于原子结合能。加压弱化 H—O 键，分子低配位则相反。因此，加压与尺寸增大效应相互增强，共同使 H—O 能量降低，O 1s能级向上偏移越明显。研究表明，若在受压时降温，可以进一步加快冰的相变并增加偶极矩[10,11]。所以，液态降温和加压都可使 O：H 非键变短，H—O 共价键伸长[5]。

16.1.3　氢键的超低压缩率与极化

与常规材料不同，压致 O：H 收缩强化，H—O 膨胀弱化。因此，冰呈现出极低的压缩率[12]。所以，人们常认为冰是不可压缩的。在足够的低温下对冰加压，可提高其扩散率，但由于拉长了 H—O 键导致黏性下降，使熔点降低，出现复冰现象。压缩其他液体时，则效果相反。由于分子间距减小，液体的流动性将下降[13]。

液态水的可压缩性低于冰。如图 16.3 所示，温度 0 ℃、压强 0 Pa 时，水的压缩系数为 5.1×10^{-10} Pa^{-1}；压强不变，温度增加至 45 ℃，压缩系数达到极小值，约 4.4×10^{-10} Pa^{-1}；温度继续上升，压缩系数逐渐增大。随着压强增加，压缩系数逐渐降低。当温度为 0 ℃、压强为 100 MPa 时，压缩系数为 3.9×10^{-10} Pa^{-1}[14]。所以，水的极低压缩率在 4 000 m 深海中体现明显，此时水中的压强约为 40 MPa，水的体积仅降低 1.8%，O：H—O 键仅缩短 0.6%。

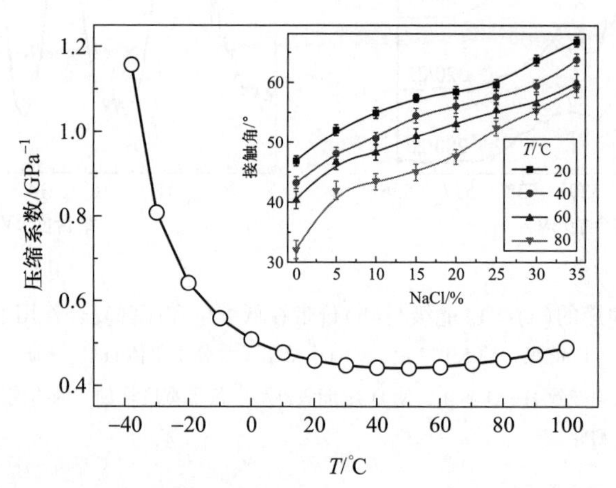

图 16.3　冰水压缩系数受温度的影响情况[15]

温度在 45 ℃附近出现异常极小压缩率。插图为 NaCl 溶液浓度和温度对接触角的影响

压缩系数对温度的依赖性体现了压力、热膨胀和退极化的耦合效果。加压会缩短氢键，增强极化，而升温相反。图 16.3 的插图表示纯水和盐水的加热退极化情况。水滴温度从 20 ℃升至 80 ℃时，接触角从 47°降至 30°。加盐会

增强而加热会减弱极化效应，而使近邻 O 原子间的斥力也相应变化。所以，温度升高时，弱化的 O 原子间库仑斥力和热致退极化协同影响压缩率。极化主导了约 45 ℃处的压缩率极低值[16]。随后升温退极化，使压缩系数稍有增大。在极低压缩率对应温度之下继续降温，会与压缩一样，使非键缩短，压缩系数增大。

16.1.4　电场极化与分子低配位

离子点电荷径向电场或平板电容器平行电场均能重排、拉伸和极化氢键，使水分子沿电场线有序重列。极化具有与分子低配位相同的效果。H—O 的刚化和 O：H 的弱化体现在它们拉伸振动频率的协同频移，导致拓展水的准固态相边界并在低配位水分子周围形成低密度、高弹、疏水的超固态相。

16.2　同位素的约化质量效应

在水中加入氘(Deuterium，D，^{2}H)同位素会改变氢键振子的约化质量，从而影响氢键振动频率，此即同位素效应。图 16.4 是含同位素水的受热声子谱[17]。因约化质量增加，所有峰的强度都降低，H—O 峰位从 3 200 红移至 D—O 的2 500 cm^{-1}，O：H 从 750 红移至 O：D 的 500 cm^{-1}[17]。不过，O：D—O 声子受热频移规律与 O：H—O 升温情况相同，高频受热蓝移、低频红移。

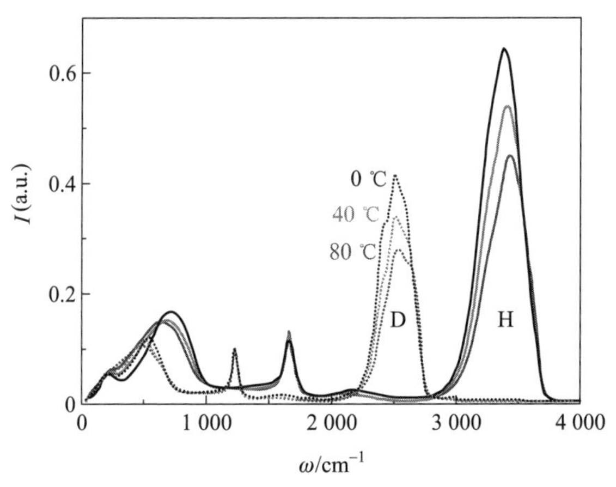

图 16.4　水与重水薄层(1 μm)的红外声子谱[17](参见书后彩图)

同位素的加入使约化质量 $\mu(m_1, m_2) = m_1 m_2/(m_1 + m_2)$ 改变，引起声子频率[$\omega_x \propto (E_x/\mu_x)^{1/2}/d_x$]弛豫，所有的振动模式相较其普通水的情况按下列方式变化：

$$\frac{\Delta\omega_{xH}}{\Delta\omega_{xD}} \cong \left[\frac{\mu_D(m_1,\ m_2)}{\mu_H}\right]^{1/2} = \begin{cases} \left[\dfrac{\mu_D(2,\ 16)}{\mu_H(1,\ 16)}\right]^{1/2} = (17/9)^{1/2} = 1.374 \quad (\omega_H) \\ \left[\dfrac{\mu_D(20,\ 20)}{\mu_H(16,\ 16)}\right]^{1/2} = (5/4)^{1/2} = 1.118 \quad (\omega_L) \end{cases} \tag{16.1}$$

对于分子内的 H—O 振动，m_1指 H 原子(一个原子单位)或 D 原子(两个原子单位)的质量，m_2为 O 原子(16 个原子单位)的质量；对于分子间 O：H 振动，$m_1=m_2$ 为 2H+O(18 个原子单位)或 2D+O(20 个原子单位)的质量。根据图 16.4 的实验结果可得

$$\frac{\Delta\omega_{xH}}{\Delta\omega_{xD}} \approx \begin{cases} 3\,400/2\,500 = 1.36 \quad (\omega_H) \\ 1\,620/1\,200 = 1.35 \quad (\omega_B) \\ 750/500 = 1.50 \quad (\omega_L) \end{cases} \tag{16.2}$$

式(16.1)的推导结果与式(16.2)的实验结果不同，主要源于近邻 O 原子间的库仑排斥耦合作用的贡献，尤其是低频声子频率。不过一阶近似已足够适宜描述声子振频弛豫的同位素效应。而高阶部分可对应于氢键原子中的量子效应。同位素的添加增大了氢键振子的约化质量而使所有声子皆软化，峰强降低，因为低频振动可增强声子的散射效果。

图 16.5 为变温时 H_2O 与 D_2O 中 O 1s 能级的 k-边吸收谱[18,19]。D 原子添加会引起 O 1s 能带与价带能级偏移，引起吸收谱特征峰的微小移动，而H—O 主导的电子能级偏移对温度变化几乎不可分辨。

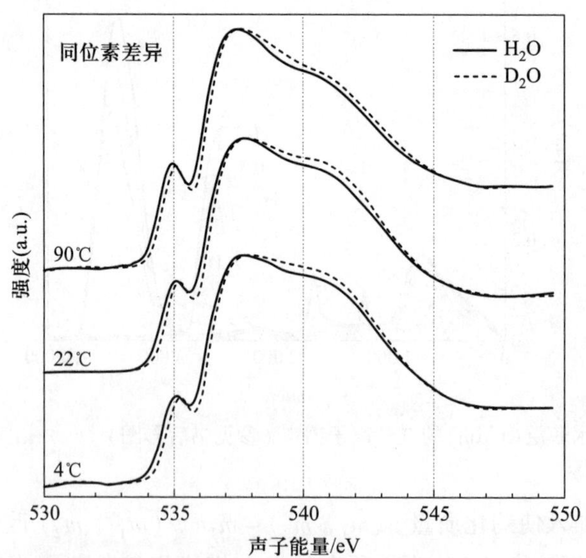

图 16.5　H_2O 与 D_2O 分别在 4 ℃、22 ℃、90 ℃下 O 原子的 k-边吸收谱[18]

16.3　能量交换：微扰的长程响应

16.3.1　受扰冰晶类型

水以长程方式吸收各种能量。除电磁场辐射影响冰水整体外，局部微扰也会以长程方式引起 O : H—O 氢键重排与弛豫，类似多米诺效应，这是因为 O : H非键的弱相互作用以及强劲的强耦合。氢键网络中的∠O : H—O 键角、∠O—H—O 键角、分段键长以及键能决定冰与雪花的几何结构。任何生物电信号如情感[20]、声调、声音频率、热脉冲或波动信号等微扰，都会影响雪花形成的几何结构与形状。因为弱 O : H 非键能量量级约为 10 meV，与大多数微扰能量相近，所以水对微扰十分敏感。300 K 的室温能 25 meV 相当于非键键能的 1/4，温度升高 1 K 等效于吸收能量约 8×10^{-5} eV 。

由于水对外场和实验条件的高度敏感性，任何微扰都可能改变冰的晶体类型[20]和水的冷凝速率[21]。日本科学家江本胜研究发现，一些简单的语言和情感，如“爱”、“感谢”、“战争”、“讨厌”等影响水在-4 ℃时结冰的晶体类型。图 16.6 是显微镜下观察到的雪花冰晶结构。“爱”与“谢谢”代表漂亮、近乎完美的结构，“战争”与“讨厌”代表丑陋、奇形怪状。雪花的多姿结构吸引了许多科学家甚至哲学家的研究兴趣。Wilson A. Bentley(1865—1931) 终其一生都在向人们展示上千种雪花的美丽和多样非重复特性。

图 16.6　雪花冰晶结构[20]

因此，毫不夸张，莫扎特与贝多芬等著名音乐家的作品或悦耳的轻音乐甚至自然声音如海浪声、鲸鱼歌唱等都可以影响结冰形成的晶格结构。反过来，刺耳声音如重金属音乐、交通噪声等也会影响冰晶结构。不同声调或频率的声波、生物电信号等也会影响冰晶生长模式。用新的语言表述，或许可称为量子纠缠效果吧。

如图 16.6 所示，与水滴结冰形状相同，雪花都是六边形结构，说明某种对称性的守恒。其最基本结构元素有六角片状、简单柱状、细长柱状、针状、星状和枝晶状。这些形状相互组合，形成更为复杂的冰晶形状。根据雪花的形状还可以推断雪花形成的环境条件如温度、湿度等。温暖、潮湿的环境有利于形成大而复杂的雪花。任意点缺陷或微扰都会影响甚至改变冰晶生长模式。虽然人们常从迷信的角度看待雪花的形成，但它确实反映了氢键对微扰的高度敏感性。

16.3.2　压致溶液相分离

图 16.7 是室温下，浓度为 3 M 的 NaI 溶液压致成冰过程的光学照片。溶液所受压强低于 2.39 GPa 时不会结冰。静水压强达到 2.39 GPa 并保持 35 h

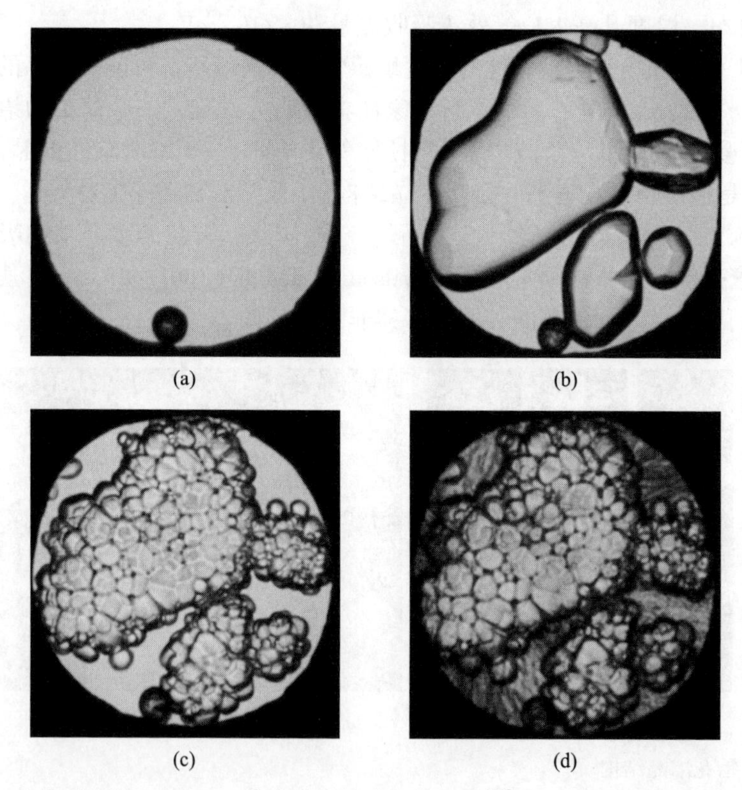

图 16.7　室温下浓度 3 M 的 NaI 溶液受压结冰光学照片[22]：(a)2.39 GPa 以下不会结冰；(b)2.39 GPa 维持 35 h 后，低浓度溶液部分凝固；(c)压强升高至 2.90 GPa 并稳定保持 2 h 后，液相维持原样，而冰从Ⅵ相转变为Ⅶ相，且压强降至 2.61 GPa；(d)压强升至 3.00 GPa 再保持 2 h，剩余液体全部凝为冰

后，溶液部分结冰，其余部分还是液态，出现压致相分离，低浓度处优先结冰。压强升高至 2.90 GPa 并保持 2 h，液相依然存在，但固相转变为冰Ⅶ相，所测压强也下降至 2.61 GPa。继续升高压强至 3.0 GPa 再保持 2 h，液相全部转变成冰。

图 16.8 是 3 M NaI 溶液氢键高低频声子在变压下的拉曼光谱。实验条件相同，只是探测时间内存在溶液沉淀，演变成高、低浓度两部分。低浓度部分优先结冰，高浓度部分维持液态直至压强达到其结冰的临界值。

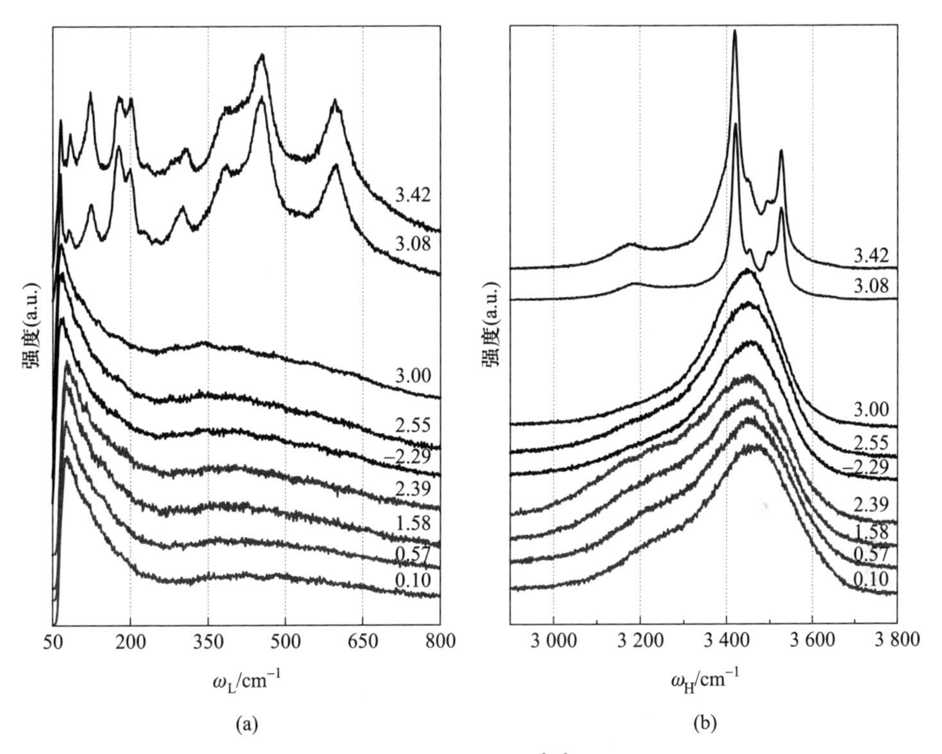

图 16.8 3 M NaI 溶液中氢键高低频的变压拉曼光谱[22]

16.3.3 结冰排异除杂

盐溶液结冰能析出盐。为证明这一现象可以设计如下实验。首先测量浓度固定的盐溶液如 NaI 母液以及纯水的拉曼光谱，然后将母液放入冰箱。冰箱内设定的温度与结冰所需的时间取决于溶液浓度。当母液部分结冰后，将冰从母液中取出并使之在室温下融化。如果发生溶质析出现象，则融化液的声子频率相较于块体纯水不会偏移或者偏移减小，比母液和剩余的母液相较于纯水的拉曼频移要小。反之，则说明结冰不能析盐。剩余母液的冰点温度会进一步减小。

图 16.9 为室温和大气环境下，浓度为 3 M 的 NaI 母液和融化液的拉曼光谱及它们与纯水的差谱。结果表明，融化液的声子频移小于母液。所以，结冰可以析盐。结果还表明，3 M 的 NaI 溶液块体比表皮结冰析盐明显，由于后者的低配位效应强化 H—O 键。较稀浓度的溶液表皮，声子频移更为明显。表 16.1总结了 3 M NaI 溶液析盐过程拉曼谱的详细信息。

正如结冰析盐，在寒冷的冬天，海水结冰也可以排除有机、无机杂质。当冰融化时，净化的海水即可作为可进一步提纯的饮用水源。所以，结冰除杂有可能成为海水淡化的一种新的值得尝试的方式。

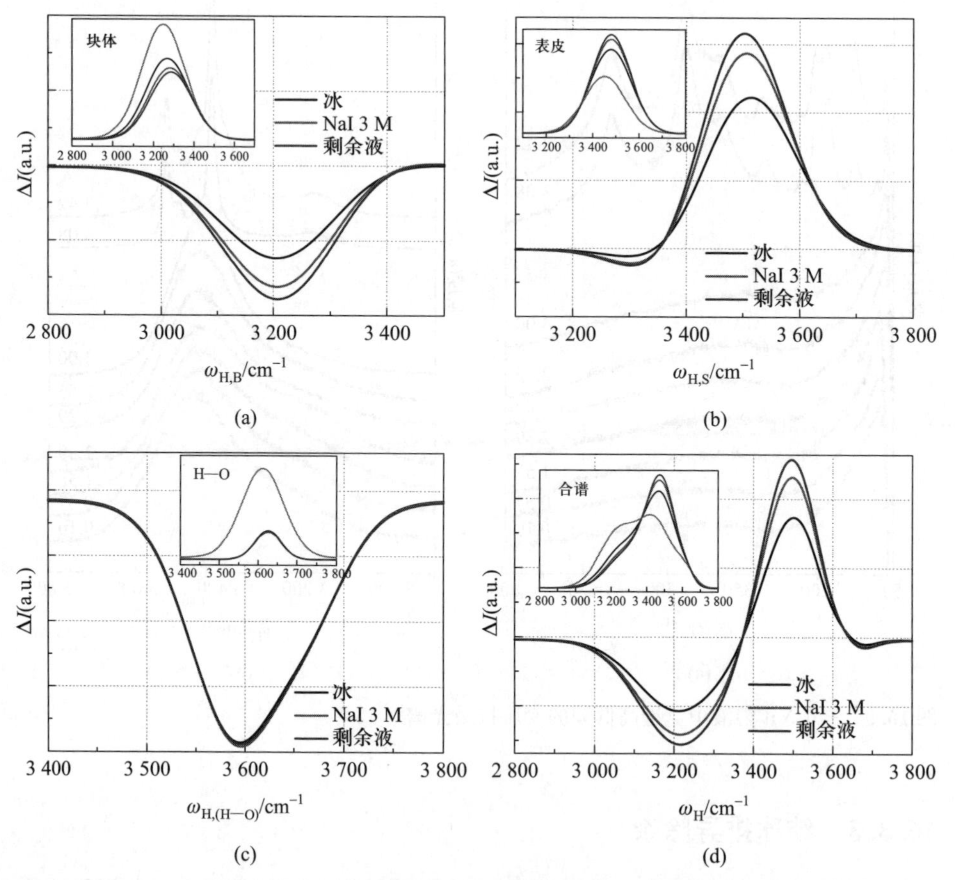

图 16.9　室温与大气环境下，3 M 的 NaI 溶液、融化液、剩余母液的(a)块体、(b)表皮、(c)H—O 悬键和(d)总的高频部分的差谱结果(参见书后彩图)

(d)中峰面积得失相等。H—O 声子蓝移和峰面积损失表明 I^- 优先占据表皮位置。表皮面积包括水表皮与离子水合层

表 16.1 室温与大气环境下，3 M 的 NaI 溶液、融化液、剩余母液拉曼光谱解谱数据

	样品	块体	表皮	H—O 悬键	备注
ω_H/cm^{-1}	水	3 246.88	3 451.05	3 611.77	声子强化
	融化液	3 269.11	3 477.50	3 625.64	
	原液	3 281.01	3 479.60	3 626.02	
	剩余原液	3 285.72	3 479.64	3 625.57	
半峰宽/cm^{-1}	水	215.78	175.65	108.06	涨落序度
	融化液	214.69	177.76	68.79	
	原液	213.70	169.36	69.23	
	剩余原液	212.12	166.12	70.18	
面积(a. u.)	水	4 869	4 197	685	声子丰度
	融化液	3 431	6 297	141	
	原液	3 023	6 719	136	
	剩余原液	2 828	6 921	141	

16.4 静电感应与极化效应

16.4.1 开尔文滴水起电机

1867 年，英国科学家威廉·汤姆森·开尔文勋爵发明了一种滴水起电机，也因此称之为开尔文滴水起电机。该装置利用水滴滴落过程中相互连接的正负电荷系统的静电感应产生电压。图 16.10 是典型的开尔文滴水起电机装置[23]。一盛有水或其他导电液体的容器，通过小孔或滴水管释放 2 道水流，孔或管口大小使得流出的水刚好形成水滴而间隙又不过长。水流穿过导电环时不与之接触，最后分别滴入两金属水箱中，水箱置于绝缘物体之上。导电环与水箱用导线交叉连接起来。

水滴穿过金属环时，金属环将吸引水流中的游离电荷。电荷存储于莱顿瓶中。两个金属桶中只要开始有电荷即可发电。例如，右侧金属桶带少量正电荷，因桶与金属环相连，此时左侧金属环也带正电。由于静电感应，左侧带正电金属环吸引水流中的负电荷。带负电的水滴通过金属环后，滴入左侧金属桶中。随后，与左侧金属桶相连的右侧金属环也带负电荷。

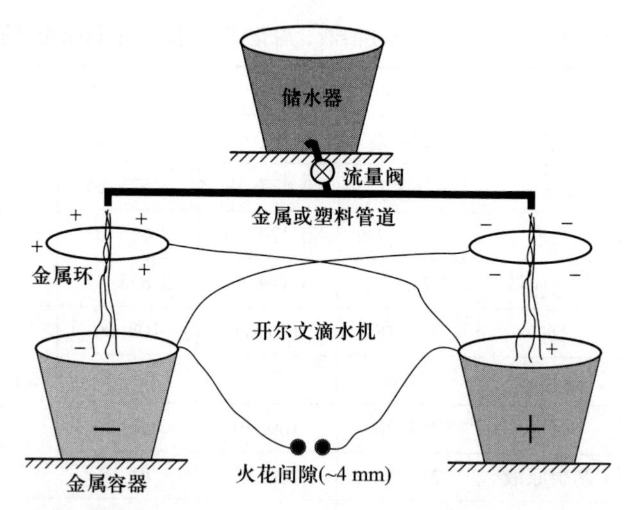

图 16.10　开尔文滴水起电机装置[23]

带负电的右侧金属环吸引右侧水流中的正电荷。带正电水滴滴入带正电荷的金属桶中，使内部正电荷增加。因此，正电荷蓄积于右侧金属桶中，而负电荷则蓄积在左侧金属桶中。由于桶中和金属环上电荷的循环反馈，桶和环中的电量持续增加。电荷量越大，静电感应越强。在感应过程中，导线中因水的正或负离子形成电流。当水流穿过右侧带负电的金属环时，水中的任何自由电子都可以逆着水流向左流动。

最后，当金属桶中都充满大量电荷时，可能产生不同的效应。例如，可能在两桶或环间产生脉冲火花，降低金属桶的带电量。若有一股稳定水流穿过金属环，但不从环中心穿过，由于电荷的吸引作用，水流将向金属环靠近。电量增加时，由于自排斥，水流将呈扇形结构。这种装置电压可达上千伏，由于电流较小，对人体没有损害。

电荷的分离和积聚耗能源自水下落时释放的重力势能。开尔文滴水起电机与普通充电容器不同，前者是将水滴的重力势能转换成电能，外加动能。

16.4.2　云与雾：团簇外壳极化

云和雾是由少量水分子团簇组成的，尽管团簇质量密度比空气大得多，但它们既不分离也不凝结，而是浮动于空气中。那么云和雾是如何产生的呢？

水分子团簇具有大量低配位水分子，因此具有强极化的超固态表皮。带负电的超固态表皮可以防止自身形成更大的水滴而落下。自然环境中，摩擦或团簇尺寸减小产生的静电感应很容易形成静电力。由于 H—O 收缩，团簇表皮被极化，外壳内侧带正电。各团簇分子间相互排斥，分子中心与表皮相互吸引，导致云与雾形成，有如巨型的原子间的相互作用。图 16.11 所示为尼加拉瓜瀑布上的雾和云及相应的粒子模型。表皮低配位缩短 H—O 键而拉伸 O : H 非键，引起强极化作用，使水滴表皮形成偶极层。

(a)　　(b)

图 16.11　尼加拉瓜瀑布上的雾和云及相应的粒子模型(参见书后彩图)

云和雾皆由水分子团簇组成，表皮的低配位分子造成表皮极化与超固态而使团簇呈各向异性。表皮间的库仑力与水滴中心和表皮间的吸引力相平衡，防止团簇变大或被负电荷吸引而下落

地球上所有物质都具有由偶极子形成的固有电荷或感应形成的非固有电荷，特别是在纳米尺度下，所有物质的表皮都由低配位原子组成，低配位导致键收缩、量子钉扎和非键电子极化。如果存在非键电子，则固有极化存在。否则，芯层电子钉扎会使表皮带正电，进而从地球自然界中吸附负电荷，形如电子蓄积器。

溶液中纳米颗粒的相互作用会影响与生物分子的成键、电性能和大颗粒的堆积方式。由于纳米粒子的相互作用呈非线性关系，因此，适用于大颗粒子的理论不再适用于纳米粒子。纳米颗粒形状复杂，尺寸也接近溶剂分子。表皮极化与电荷感应使晶体与非晶粒子以及有机、无机、生物纳米材料与大颗粒相比，性能不再是简单的线性叠加[24]。

16.5　电磁辐射与交流电场极化

16.5.1　运动偶极子在洛伦兹力场中的行为

电磁辐射主要通过振荡电效应释放能量[25]。与单一电场效应类似，电磁辐射可在不同条件下以完全相反的方式改变水的结构。这与电磁场对氢键的作用略有不同。较弱的电磁场会弱化吸收谱中的低能部分[26]。相比于强度

45 μT、频率范围 1~10 GHz 的电磁辐射，强度为 0.15 T 的极低频辐射使可水的介电系数增大 3.7%[27]，结果证实，低频高强度辐射可提高极化及水分子间的相互作用。

电磁辐射如微波加热已广泛应用于工业或家庭中。振荡电场可使水中的偶极子矩重新取向[25]。加热过程中，新取向的偶极子矩与未受影响分子间的相互作用会导致能量耗散。这一过程很大程度上依赖于氢键。定性地说，对于液态水，它发生于 GHz(微波范畴)；对于冰，则大约在 kHz(长电磁波范畴)。此外，电磁场也具有生物效应。电磁场辐照的水对于生物体的生长既有促进作用，也有不良影响[28]。所以，该效应可以用于刺激有益生命体，抑制有害微生物生长。

磁场会影响水的结构，改变其热力学性质、谱学性能等。增加磁场强度可以改变水的内部能量、热容和辐射分布函数[29]。磁场也可以通过非常规形式调节水的凝固过程。MD 模拟表明，强度为 10 T 的磁场可使疏水纳米水滴的冰点上升至 340 K[30]。室温下，磁场强度达 10 T 时，水的表皮张力从 71.7 mN/m增加至 73.3 mN/m，重水增至 74.0 mN/m[31]。氢原子核磁共振结果表明，0.01~1.0 T 的磁场可以降低水的表皮张力但会提高黏滞性[32]。然而，强度为 60×10^{-4} T 的直流电磁场可使水的冰点下降至 -7 ℃[33]。可见，电磁场效应对水的凝固影响明显。

如图 16.12 所示，将一容器放在磁铁上，注满水后，在容器中心与边缘间加电场，可以观察到反磁铁性。当电荷垂直通过磁场时，可以看到杯中的水沿垂直于电场和磁场的方向翻动。老式电视机中的阴极射线管就是应用这一原

(a)

(b)

图 16.12　(a)在磁场中，电流在容器中心和边缘流过时会引起水的翻动[34]，(b)水流在磁场下形成的漩涡[35]

理。阴极射线管是电荷穿过真空，而此处电荷载体是偶极子。由于洛伦兹力调节了水分子偶极子的角运动和平动，所以简单地说，水具有抗磁性而不是反铁磁性，这可能需要更正。图16.12b中可见，在磁场顶部，洛伦兹力使水形成漩涡。洛伦兹力调制水分子偶极子的运动可以改善血管中血液的微循环，可在一定程度上缓解高血压。

图16.13呈现了水的表皮张力随磁场强度的变化情况[31,36]。水-空气界面张力随磁场的平方线性增加，当磁场达到10 T时，表皮张力增大(1.57±0.25)%。这意味着在磁场作用下，水中的氢键也将发生弛豫和极化。

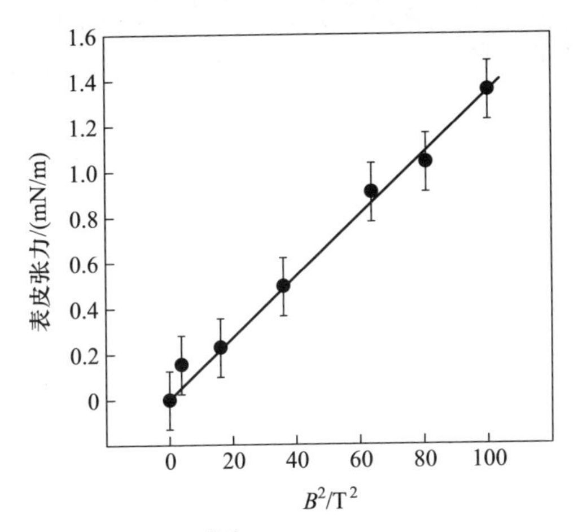

图16.13　水的表皮张力随磁场的变化[31]

16.5.2　水滴在交流电场下的跳跃

赵亚溥等设计了动态电场中的水滴运动实验，通过调节表面张力、弹力和电场力控制弹性薄膜包覆与释放细小水滴，薄膜周期性地开与合，就像液滴轻盈地跳着踢踏舞一样[37,38]。薄膜包覆液滴的振动频率是输入信号频率的两倍。当电压加至最大值时，水滴平铺于表面；当电压减小时，水滴也逐渐恢复球状，如图16.14所示。

水滴在不同粗糙度、温度的疏水或亲水表面上的动态电润湿现象也非常有趣。其行为与液-固界面的相互作用有关。赵亚溥等提出了亲水柱动态接触线的多尺度动力学机制[39,40]，尺度关系为$R\approx t^x$(粗糙表面，$x=1/3$；光滑表面$x=1/7$)，其中R是传播半径，t为时间。亲水柱表面的液滴传播也遵循上述关系。当液滴靠近亲水柱时，弹性柱面会加速液滴移动；而在经过柱面时，移动受阻。因为液体与柱面接触时使柱面变形，导致沿接触线的能量损失。表面拓扑结构、固体的本征润湿性能和弹性综合影响着水滴在柱状阵列表面的移动方式。

图 16.14　电压变化时，薄膜包裹的水滴上下跳动，像在“跳舞”，而薄膜可看作“舞裙”[37,38]。当电压达到峰值时，水滴平铺在表面上。变化电压可实现可控可逆的水滴包覆与释放

水与亲水基体间的相互作用由 O：H—O 氢键主导。基体需带正电或量子诱捕钉扎主导无电荷极化作用。带正电的基体表皮会吸引带负电的表皮水分子，通过静电作用形成 O：H—O 氢键，不含交换相互作用，类似于水分子在界面处的拓扑结构拓展。这些已由声子谱结果确认。水与疏水基体的相互作用源自电子间的排斥力，液滴与基体之间存在空气间隙，这已在前面章节中予以了详细解释。

16.6　反常热膨胀——多元比热耦合

对于大多数材料而言，它们的热膨胀系数都大于零，即加热时体积膨胀。热膨胀系数变化与各自的德拜比热曲线形似[41]，但也有一些材料在受热时表现出相反的体积收缩行为，即热膨胀系数小于零[42-45]。典型的有立方晶格的 ZrW_2O_8，当温度超过 1 000 K 时，体积减小[46]。此外还有极低温度(<100 K)下的金刚石、硅、锗[47]，室温下的钛-硅玻璃族、凯夫拉纤维、碳纤维、各向异性铁镍合金钢以及特定种类的分子网络等。如图 16.15 所示，石墨[48]、氧化石墨烯[49]和 $ZrWO_3$[46]都具有负热膨胀性。将负热膨胀材料与热膨胀材料复合，可能得到零膨胀系数的材料。零膨胀材料由于体积不受温度影响，应用范围很广。

典型的模型认为，负热膨胀起源于 ZrW_2O_8、HfW_2O_8、$SC_2W_3O_{12}$、$AlPO_{4\text{-}17}$以及八面体结构沸石-SiO_2 中 M—O—M 的横向热振动[52,53]。声子振动(峰值3 200 cm^{-1}或 30 meV)[51]可在 WO_4四面体或 ZrO_6八面体等不发生扭曲的情况下传播，谓之“刚性单元模式”，可解释 ZrW_2O_8和 ZrV_2O_7的结构相变[54]。

立方 ScF_3 在较大的温度范围内也呈现负热膨胀性[55]。非弹性中子散射探

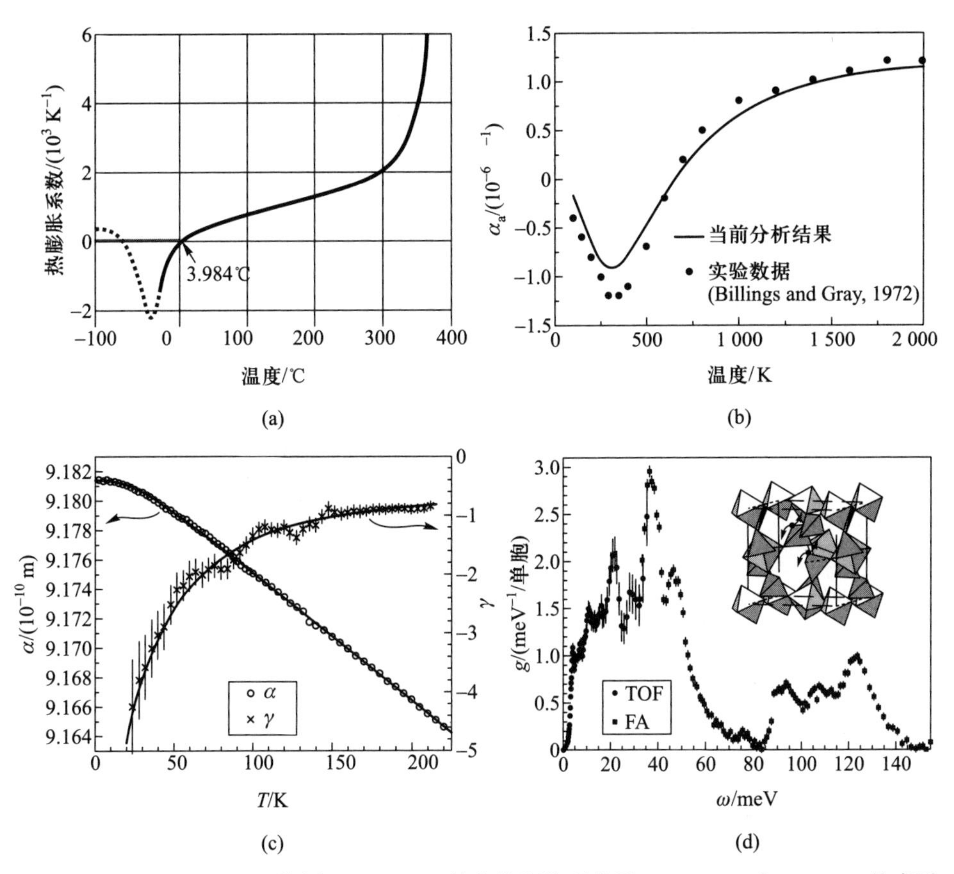

图 16.15 (a)H_2O、(b)石墨和(c)ZrW_2O_8的负热膨胀现象及(d)300 K 时，ZrW_2O_8的声子态密度[48,50,51]

(c)中 α 为热膨胀系数，$\gamma=3\alpha B/C_v$为 Grüneisen 系数，其中 B 为体模量，C_v为定容热容。(d)中插图示意刚性转动模型。这些反常热膨胀物质行为与水结冰时体积膨胀类似，也表明其体内存在两种类型的短程相互作用，相应的比热存在差异

测了温度范围 7~750 K 内的声子态密度变化，证实在 25 meV 左右，热强化模式呈现明显的非简谐贡献。第一性原理进行的声子计算证实态密度的独立模式；直接声子法计算结果表明，F 原子部分平移至成键方向，形如量子极矩振荡器，其势能起源于 ScF_3 态密度结构中的简谐原子力，随温度变化声子强化且是负热膨胀性能的重要部分。

水在准固态相时的负热膨胀机制可以拓展至那些非常规负热膨胀材料，从原子尺度阐释负热膨胀现象，它应起源于至少两种耦合的短程相互作用，且双段比热不一致。在任何温度，负热胀材料都应有不同的比热值，低比热值部分主导常规的热胀冷缩，另一部分则反之。以石墨为例，与水中的 O：H—O 氢

键类似，(0001)晶面的层内共价作用和层间范德瓦耳斯作用对其负热膨胀起决定性作用。O、N、F 等原子反应都可产生孤对电子而形成弱的短程非键作用。声子谱可以便捷地监测键的弛豫过程。图 16.15 与图 16.16 的计算结果明确证实，ScF_3 与 ZrW_2O_8都存在 25 meV 以下的声子态密度。

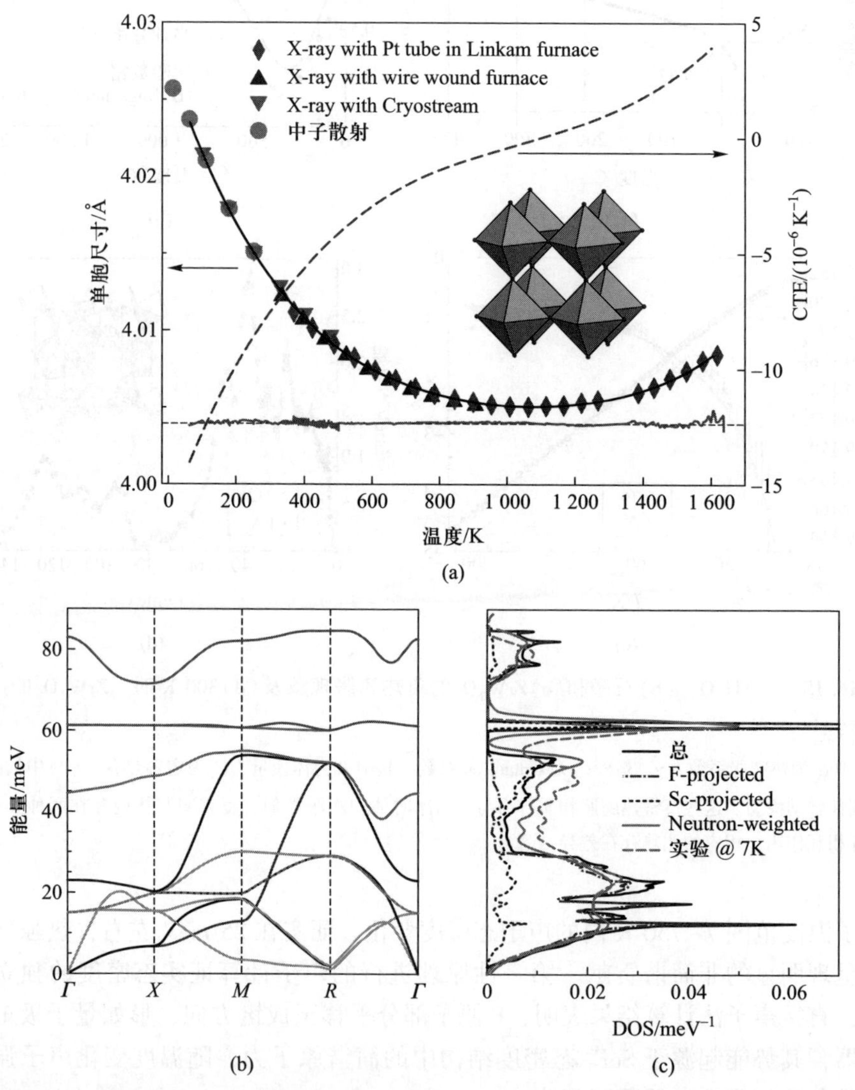

图 16.16 立方晶格 ScF_3(a)负热膨胀性能的测试结果以及第一性原理计算的 0 K 时态密度的(b)总体和(c)部分曲线[55,56](参见书后彩图)

可以预期，层状 WX_2(W = Mo、W；X = S、Se)物质同样具有反热膨胀效应，因为它们存在短程相互作用。单层 WX_2 呈 $X^{-\delta}-W^{+\delta}-X^{-\delta}$结构（$\delta$ 为净电荷量），含有 3 个原子壳层，形成二维巨型原子，表皮带负电荷、中心带正电荷。这些巨型原子之间的相互作用类似于雾或云的水分子团簇作用。短程和长程相互作用混合衍生出不同的比热。而这些相异的比热交叠就会形成类似于不同温区水的分段比热比值不同的情况，从而产生反常热膨胀效应。

16.7 介电弛豫：极化

在半导体中，电子从价带到导带的跃迁决定介电常数的弛豫[57]。带宽增宽、晶格弛豫和电子-声子耦合皆有助于介电弛豫。半导体的介电常数（$\chi=\varepsilon_r-1$）与禁带宽度的平方成反比[58-60]，而禁带宽度正比于键能并与原子间距成反比[57,59]。当样品受压或受冷时，禁带宽度增加，折射率 $n=\varepsilon_r^{1/2}=(\chi+1)^{1/2}$降低[61-63]。半导体的介电常数还会随样品尺寸减小而减小，其表层介电常数小于体内的[57]。

然而，如图 16.17 所示，在室温下，液态水的折射率随压力增加而增加，与密度变化趋势一致。介电常数随温度降低而增大。这与常规材料的介电行为完全相反。硅在冷却、受压或在纳米晶格存在低配位原子时，其介电常数是减小的。

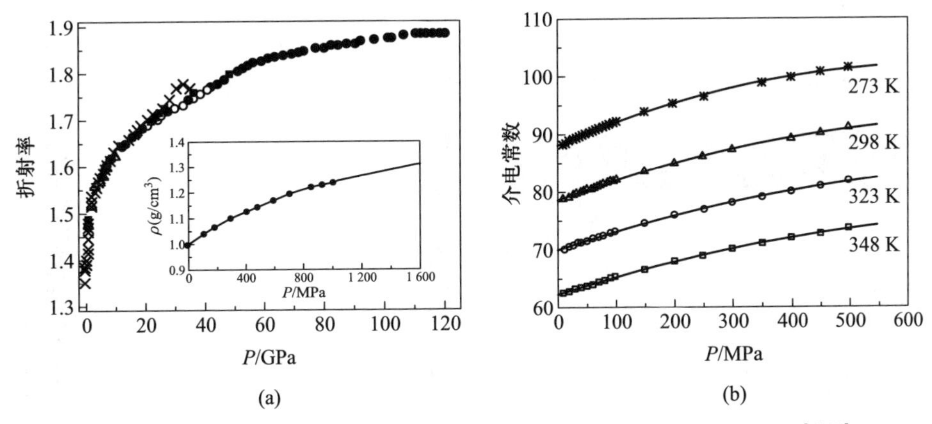

图 16.17 水在(a)室温下的折射率和(b)变温条件下的介电常数随压强的变化[64,65]

受压或冷却时，氢键 O：H 非键变短，而 H—O 共价键被拉长，造成结合能降低和质量密度增加，从而使介电常数增加。下列物理量都可能使介电常数升高，但极化占主导因素：

$$\varepsilon_r \propto \begin{cases} \rho(d_{OO}) & (\text{质量密度}) \\ E_H^{-2} & (\text{H—O 键能}) \\ P & (\text{极化}) \end{cases} \qquad (16.3)$$

水分子在受压、冷却、电化和磁化等刺激下都能产生极化。质量密度在受压和冷却时升高，而在低配位、电化或磁化时降低。外界刺激下，介电系数的增加表明分子的强极化调控着冰与水的介电性质。

根据 Gregory 的计算结果[40]，随着小水分子团簇分子数目 n 从 1 增加至 8，偶极矩从单体的 1.865 D 增大至~2.76 D①。孤立水分子的正、负电荷中心并不重合，所以有较大偶极矩，这也是水呈现反常行为的原因。此外，尺寸增大时，低配位效应会减弱[5]。固相的偶极矩值为 2.4~2.6 D[41]。

16.8　亲水界面：第四相

华盛顿大学的 Gerald Pollack 教授[23]在他的专著中定义了与亲水界面有关的第四相水，也称为禁区水，对应的区域称为排斥区，如图 16.18 所示。图 16.18a 中，水中全氟磺酸的红外吸收谱形成不同的颜色区域，代表不同量级的红外吸收。蓝色区域代表较低的吸收水平。绿色的近三角区域代表禁区水的吸收水平。图 16.18b 区分了液态水与其类凝胶区域。图 16.18c 表示为 270 nm (4.59 eV) 处的吸收强度靠近界面逐渐增大。图 16.18d 所示为位置分辨的禁区水黏性。其中插图为 H_3O_2 分子的结构模型。箭头和圆圈代表近邻分子层的偏移情况。禁区水一般更稳定，黏性更强，H_3O_2 分子的六角层状结构也更为有序。但单价的 H 原子如何同时与两个近邻 O 原子成键仍不清楚。

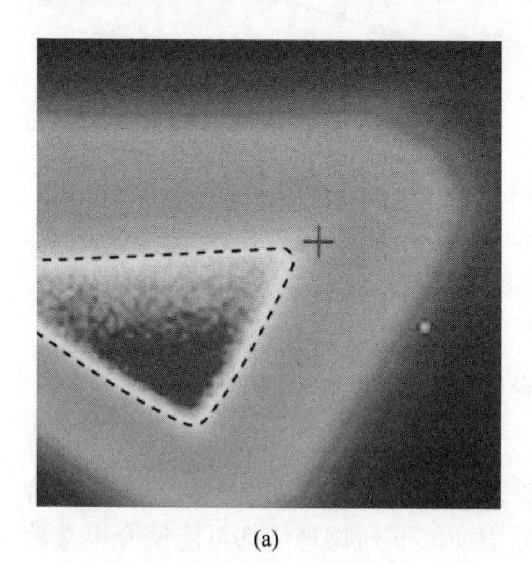

(a)

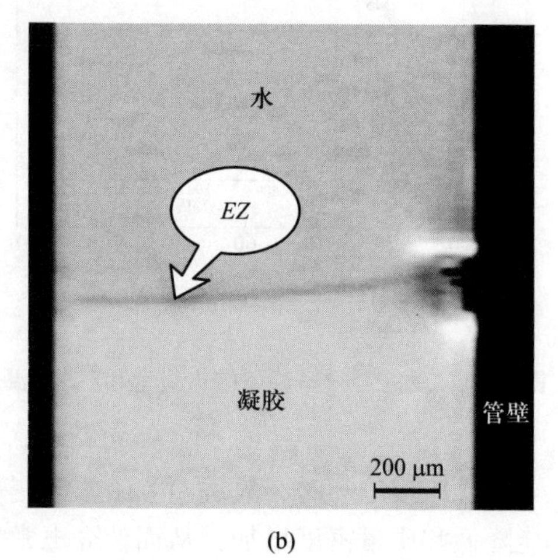

(b)

① 1 D=3.335 64×10⁻³⁰ C·m，本书同。

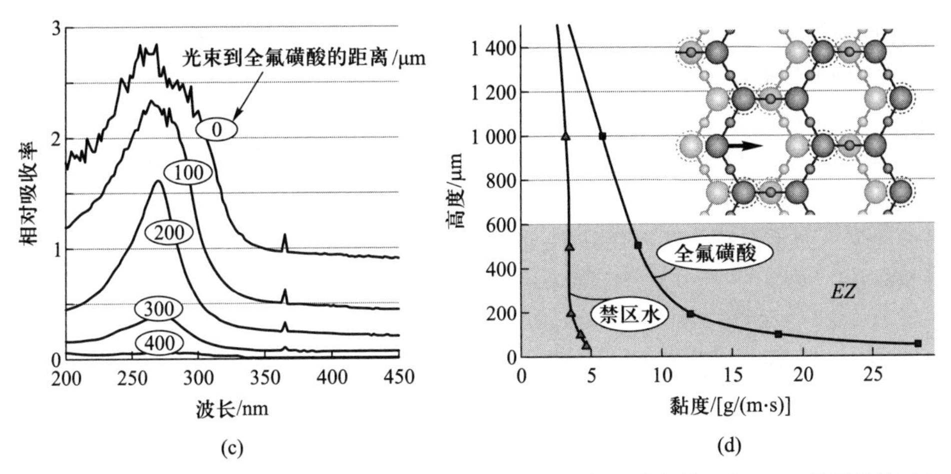

图 16.18 (a)水中全氟磺酸(三角区域)的红外吸收谱，绿色区域为禁区水；(b)类凝胶禁区水的核磁共振成像；(c)全氟磺酸不同位置的紫外吸收谱数据；(d)禁区水的黏性(参见书后彩图)

(d)中插图为水的结构模型，箭头和虚线圆圈表示近邻水层的偏离情况[23]

与块体水相比，禁区水的分子移动限制更多。它的折射率可达10%甚至更高。禁区水会排斥水中任何可溶、不可溶的物质。当水分子处于壳层液态晶格时，亲水表面将诱导附近的水分子排列成线。随着排序区域的增大，溶质逐渐析出。

MD 计算结果表明，当运动空间受到约束或在温度降低时，水分子的移动能力降低，O 原子的振幅增加[66]，如图 16.19 所示。正如我们预测，振幅平方值 r^2 增加相应于水的低频声子红移，弛豫时间 τ 增大对应于高频蓝移与黏性增大[67]，这是因为分子低配位诱导氢键伸长与非键电子极化以及超固相的有限弛豫[5]。

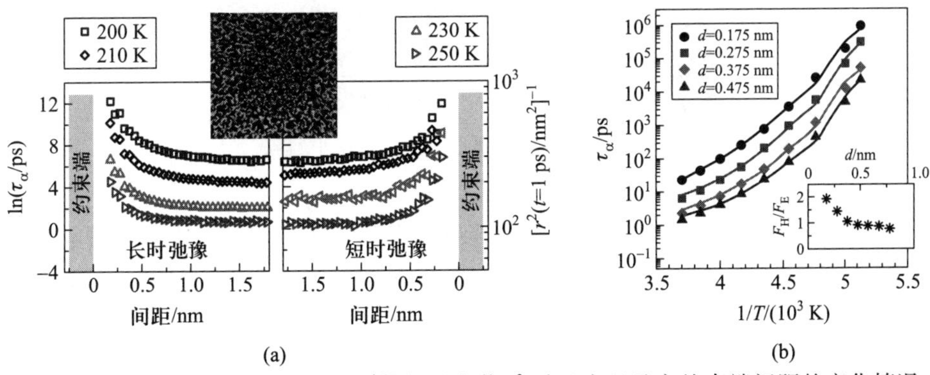

图 16.19 (a)弛豫时间 τ_α 和 O 原子振幅平方值 r^2 随温度以及离约束端间距的变化情况，(b)不同位置 d 和温度下的弛豫时间[66](参见书后彩图)

(b)中插图为 210 K 时，不同区域的跳跃势垒与弹性势垒的比值

在某些条件下，水会变得异常稳定：难以结冰，难以蒸发，但容易熔化，因为氢键弛豫收缩了准固态相边界。禁区水与水表皮或是疏水接触面的超固态相似。超固态具有黏弹性、强极化、低密度、强刚度、分子运动能力低、热稳定性好等特质。特别突出的是，超固态情况下，吸收能可达 4. 59 eV，对应于低配位下声子频率 3 450 cm^{-1} 的 H—O 共价键的键能；而块体 H—O 键能为 3. 97 eV，声子振频为 3 200 cm^{-1}；单分子共价键键能为 5. 10 eV，声子振频为 3 700 cm^{-1}[5]。

16. 9　莱顿弗罗斯特效应

莱顿弗罗斯特效应(Leidenfrost phenomenon)指的是水珠在加热基板上跳跃的现象，参见图 16. 20。当液滴撞击温度高于其熔点两倍的光滑高温板面时，液滴并不会直接与高温板接触。就像将液氮倒在地板上一样，每个小液滴与高温板的界面产生一绝缘层，阻止液滴迅速沸腾，并使液滴悬浮，扮演着“托盘”的角色。水滴还可以攀爬斜坡高温板。表面加工的粗糙度决定斜坡陡峭程度，水滴移动方向取决于板表面的热场分布[68]。

图 16. 20　莱顿弗罗斯特效应：水滴在高于沸点温度的基板上跳跃

我们可从水分子蒸发动力学和水滴喷射水分子的动量-冲量演化的角度理解莱顿弗罗斯特效应。高温和略低于饱和蒸气压下水分子蒸发更快。由于记忆效应，在非饱和蒸气压下加热使 O：H 非键拉长减弱。因此，O：H 弱化使水分子易于蒸发形成喷射水分子，其强大的动量对液滴施加反向冲量。冲量可以分解成平行于斜面板的冲量以推动水滴斜上攀爬，垂直于板面的冲量则使液滴悬起并与热板分隔开来。所以，从 O：H—O 氢键记忆效应和蒸发脉冲动量的角度阐释莱顿弗罗斯特效应或许是突破口，特别是水滴沿斜坡向上的运动行为。

16.10　聚合水：电致极化与低配位效应

16.10.1　聚合水乌龙

聚合水顾名思义，是一种假设的由水分子密集聚合而成的水，是20世纪60年代后期的重要争论主题。1969年，美国大众媒体已注意到聚合水，并引起了美国对于“聚合水研究差距”的担忧。五角大楼率先投巨资推动聚合水研究[69]，引发了新闻媒体的注意，同时引起了科学界的广泛关注。1970年，就有人质疑聚合水是否真实存在，最终证实其为病态科学。

苏联科学家Nikolai Fedyakin研究了冷凝于狭窄毛细玻璃管中受限水的性能。实验发现，毛细管中的水比普通水沸点更高、冰点更低、黏性更高，是一种特殊形态的水。莫斯科物理化学学院表面实验室的主任Boris Derjaguin改进了这种新形态水的制备方法，尽管产出很少但效率比Fedyakin的方法更高。研究表明，相比于普通水，新形态水的冰点降低至-40 ℃以下，沸点升高至150 ℃以上，密度也升高至1.1~1.2 g/cm^3，并且随着温度升高膨胀越发剧烈。他们将实验结果发表于苏联的科学期刊，并在《化学文摘》(*Chemical Abstract*)发表了简短的工作总结，只是当时并没有引起西方科学家的注意。

1966年，Derjaguin在诺丁汉的“法拉第论坛”上再次展示了自己的实验成果。随后，英国科学家才开始研究聚合水。1968年，美国科学家也开始进行相关研究。到1969年，“聚合水”已出现于各大报纸与杂志上。《纽约时报》(*New York Times*)上写道[70]：“水如此重要，如此丰富，成分如此简单，这似乎是一种经历了数个世纪的广泛研究而看似不可能再会有科学惊喜的物质。然而，这一惊喜恰恰就在最近发生了。美国化学家已经证实，有一种新的水，其性能与我们理所当然认为的水的性质大不相同。已被命名为聚合水，是普通水分子的集合或聚合物，但有着全然不同的性能。”

随着研究的深入，一些实验科学家可以复制Derjaguin的实验，但也有一些人失败了。也相继出现了关于聚合水的理论。有人提出，这是导致跨大西洋电话电缆阻力增加的原因。还有人预测，如果普通水与聚合水接触，就会转变为聚合水，这可能带来灾难或战争。到20世纪70年代，聚合水已被普通民众广泛熟知。

在这段时间内，也有人质疑聚合水的真实性，主要关心的是聚合水是否为污染的产物。贝尔实验室的Denis Rousseau与Sergio Porto测试了聚合水的红外线光谱，结果显示，聚合水主要由Cl和Na元素组成，具有和汗液相同的光谱特征[71]。之后，Rousseau[72]也认为聚合水只不过是含有少量生物杂质的普通水。

随之而来的是另一波研究，这一次实验得到了更为严格的控制。结果总是无法再制造出聚合水。化学分析发现，聚合水样品已被其他物质污染。电子显微镜检查发现，它含有各种细小的固体颗粒，如硅和磷脂质，这就是“为什么聚合水具有更高的黏性”的原因。

《时代周刊》(*Times*)报道[73]：“批评家要求让更多科学家们分析 Derjaguin 的聚合水。Derjaguin 将 25 个样品移交给苏联科学院化学物理研究所的研究人员。检测结果表明，Derjaguin 的聚合物中确实含有有机化合物，包括脂肪、磷脂质等人体汗液中的成分。”

当用干净的玻璃器皿重复聚合水实验时，科学家发现，水的异常现象消失了。甚至一些之前认可聚合水存在的科学家也赞同了聚合水并不存在的观点。苏联继续坚持了几年后，也承认了这一观点。1973 年 8 月，Derjaguin 与 Churaev 在 *Nature* 期刊上发表文章写道[74]：“水的奇异特性是由于杂质而非聚合水分子。”

现在，聚合水已是众所周知的科学丑闻[75]。

16.10.2　聚合水溶液的密度、稳定性和黏性

虽然聚合水的故事已经结束，但聚合水中存在的离子效应引发了人们的广泛讨论。实验已表明，水对杂质极其敏感。那为什么有机和无机物杂质，甚至汗液可以使水溶液变浓、变黏，甚至热力学性能变得更稳定呢？

基于 O : H—O 氢键协同弛豫和非键电子极化理论，我们可以对这些问题予以解释：大量杂质的介入提高了溶液的密度；高黏性则源于杂质电场极化拓展准固态相边界——聚合水实际处于准固态相——冰点降低、熔点升高。溶质的带电离子电场以及水分子的低配位使 H—O 键自发缩短，强化它的声子频率，O : H 非键则相反。

疏水性杂质与液态水之间的分子低配位状态以及杂质离子的电致极化，两者相互促进，共同压缩 H—O 共价键，加强其声子振频，而 O : H 非键则呈相反变化。氢键分段协同弛豫，调控各自分段的德拜温度，拓展准固态相边界，升高熔点，降低冰点。所以，所谓的聚合物高密度、高熔点、高热稳定性以及高黏性是杂质离子电致极化与分子低配位共同作用导致超固态的结果。

16.11　水与细胞和 DNA 的相互作用

16.11.1　水与细胞混合物的声子谱

作为霍夫梅斯特序列的重要因素，水分子与细胞、细胞膜、蛋白质等的相互作用是生物学研究中的关键问题[76]。蛋白质周围的溶剂水比纯水密度

大[77]，表明 H—O 变长、变弱，O：H—O 氢键形成，相互作用具有亲水性。冰可以吸收和俘获溶液中的蛋白质[78]。当与蛋白质表面相互作用时，溶剂化层中的 O：H—O 氢键网络几何构型与块体水的不同。

图 16.21 是健康与癌变乳腺组织的高频拉曼谱[79]。基于光谱特征可以辨别癌变组织、健康组织与纯水的 H—O 特征，揭示了水与癌变组织作用时 H—O 键的长度与强度的变化情况。健康组织癌变后，其初始频率 2 900 cm^{-1}会发生蓝移。此外，因癌变组织中充满含有低配位水分子的血液，所以还产生了频率为 3 200 cm^{-1}和 3 450 cm^{-1}两个新的特征峰。

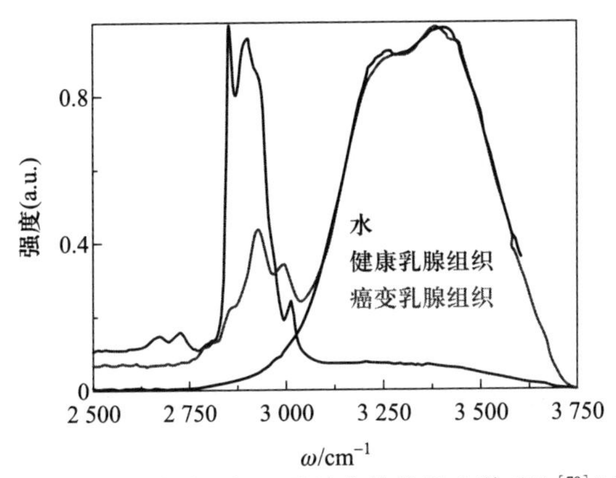

图 16.21　健康(非癌变)和癌变乳腺组织以及纯水的拉曼光谱对比[79](参见书后彩图)

(2 900±100) cm^{-1}是 C—H 键的拉伸特征频率

16.11.2　水-DNA 溶液的中子衍射

DNA 中储藏着所有活细胞的结构和功能信息。DNA 与水分子的相互作用很大程度上决定了 DNA 的结构和功能。然而，我们对 DNA 的水合作用机制了解得还很少。通常来自 DNA 和蛋白质的光散射信号非常弱，它们还处于不同的能量转移范围。所获得的振动信息主要来自水分子内的相互作用，而生物分子对水分子相互作用造成微扰[80]。低频范围的中子衍射光谱(H 原子运动主导)主要源自水与 DNA 间或水分子之间的 O：H—O 氢键弛豫。非弹性非相干中子散射所提供信息的能量范围与红外和拉曼光谱一致，但其强度对声子的态密度敏感，而无需遵循拉曼和红外光谱中的选择定则。

图 16.22 所示为 200 K 时，水-DNA 在浓度变化时的中子谱。结果显示，水合程度低时，高频声子从 400 meV 开始蓝移，而低频声子从 5 meV 红移。若水合作用足够强，那么特征峰越接近冰的情况。DNA 水合引起的氢键弛豫趋势与加热或加盐以及低配位情况相同，即 H—O 变短、变强，O：H 反之，但随 DNA 浓度变化的趋势则相反。

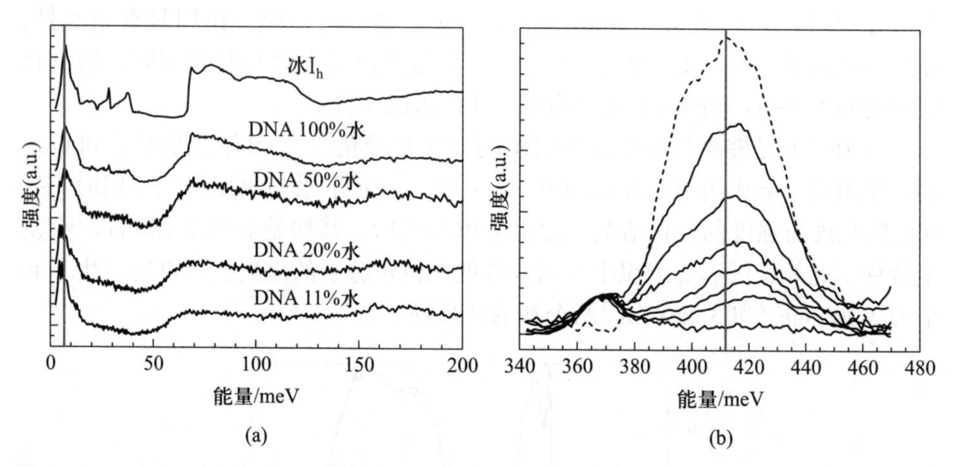

图 16.22　200 K 时，水-DNA 溶液在(a)100 g 干 DNA 以及(b)100 g 冻干 DNA 中含水量变化时的中子衍射谱[80]

(b)自下而上曲线中的 DNA 含量依次是，每 100 g 冻干中含 25 g、50 g、75 g、100 g、150 g 和 200 g 水

特定选择的亲水与疏水生物分子中水合溶液的非弹性中子衍射与 MD 模拟结果表明[81]，水合溶液的氢键网络塑性随生物分子的位置发生变化。200 K 时，亲水性多肽水合层水分子的低频态密度测量结果与高密度非晶冰的相同。然而，对于疏水性生物分子，其行为类似于低密度非晶冰。亲水和疏水生物分子的高频∠H—O—H 模相较于室温下发生蓝移。因此，在亲水环境下水的局域密度似乎比疏水环境的大。因为 H—O 伸长和 O：H 非键收缩造成了水的高密度。图 16.22 所示则相反，H—O 收缩，O：H 非键伸长，表明水分子与 DNA 之间疏水作用占主导。

16.12　X：H—O 型氢键压致弛豫

对于含 F、O 和 N 元素的材料而言，O：H—O 氢键的非对称、超短程、强耦合是其固有特征。短程的相互作用与库仑斥力适用于描述这些物质分子间与分子内的相互作用。图 16.23 是草酰胺($CO(NH_2)_2$)[82]和联二脲($C_2H_6N_4O_2$)超分子[83]受压时的拉曼频移，与冰受压的频移趋势一致[84]。样品受压拉曼光谱表明，其 O：H—N 键表现出高频弱化(≈3 000 cm^{-1})和低频强化(110~290 cm^{-1})的声子协同弛豫现象[85]。

压强大于 150 GPa 时可以继续软化 H—O 声子(≈4 000 cm^{-1})[86]。计算结果表明，在受压条件下，分子内与分子间的 H_2 分子间距最终会呈对称化[87]。

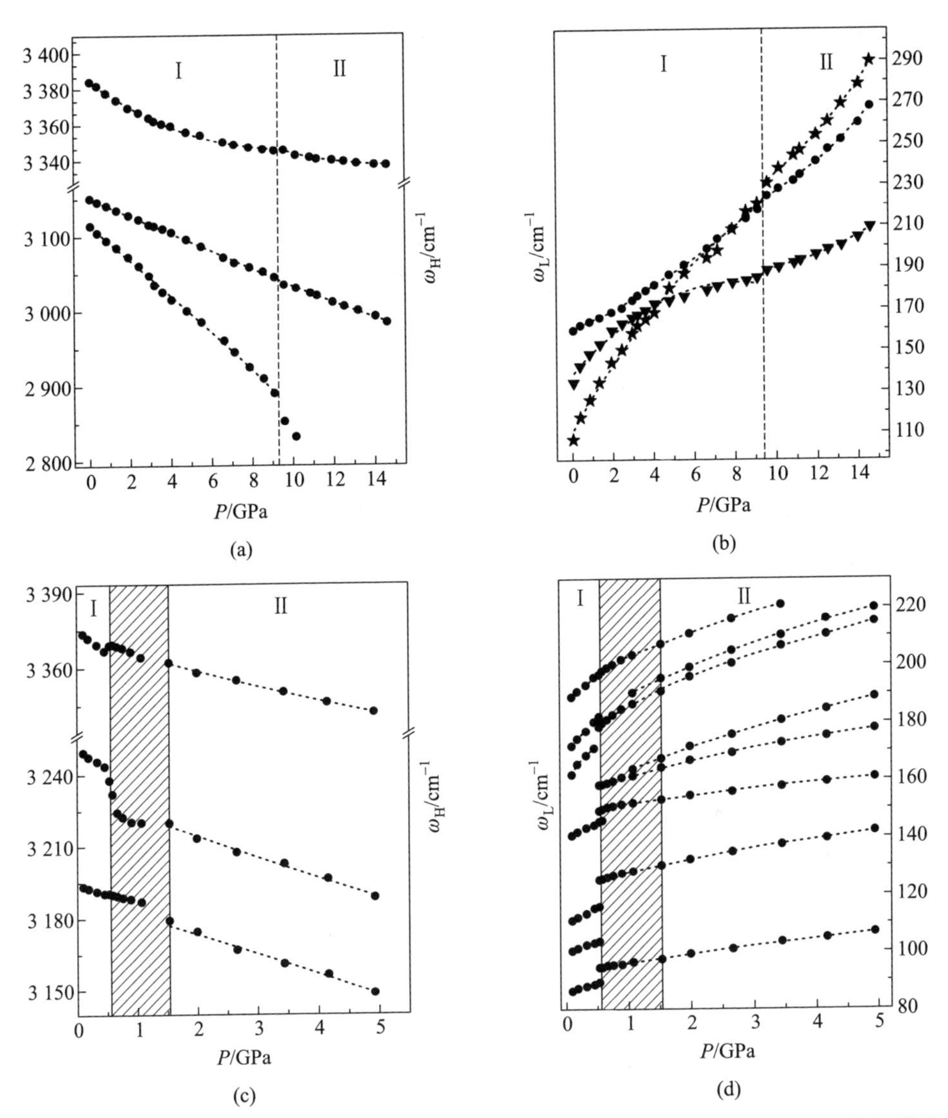

图 16.23 (a、b) 草酰胺($CO(NH_2)_2$)和(c、d) 联二脲($C_2H_6N_4O_2$)中 O：H—N 类氢键的高低频受压拉曼频移[83,85]

这些发现可以证明，H 原子晶格中也存在短程的分子内与分子间相互作用以及耦合的库仑斥力。

图 16.24 为 $CuF_2(H_2O)_2$(3-氯吡啶)中的 F：H—O 与 Cl：H—O 两种类氢键的 ω_L 谱及其频移、X：H—O 键长以及 ω_H 谱随压力的变化情况[88]。曲线灰度变化意味着新相形成(或共存相)。HP-Ⅰ是第一高压相，HP-Ⅱ是第二高压相；AFM 具有反铁磁性，FM 具有铁磁性。

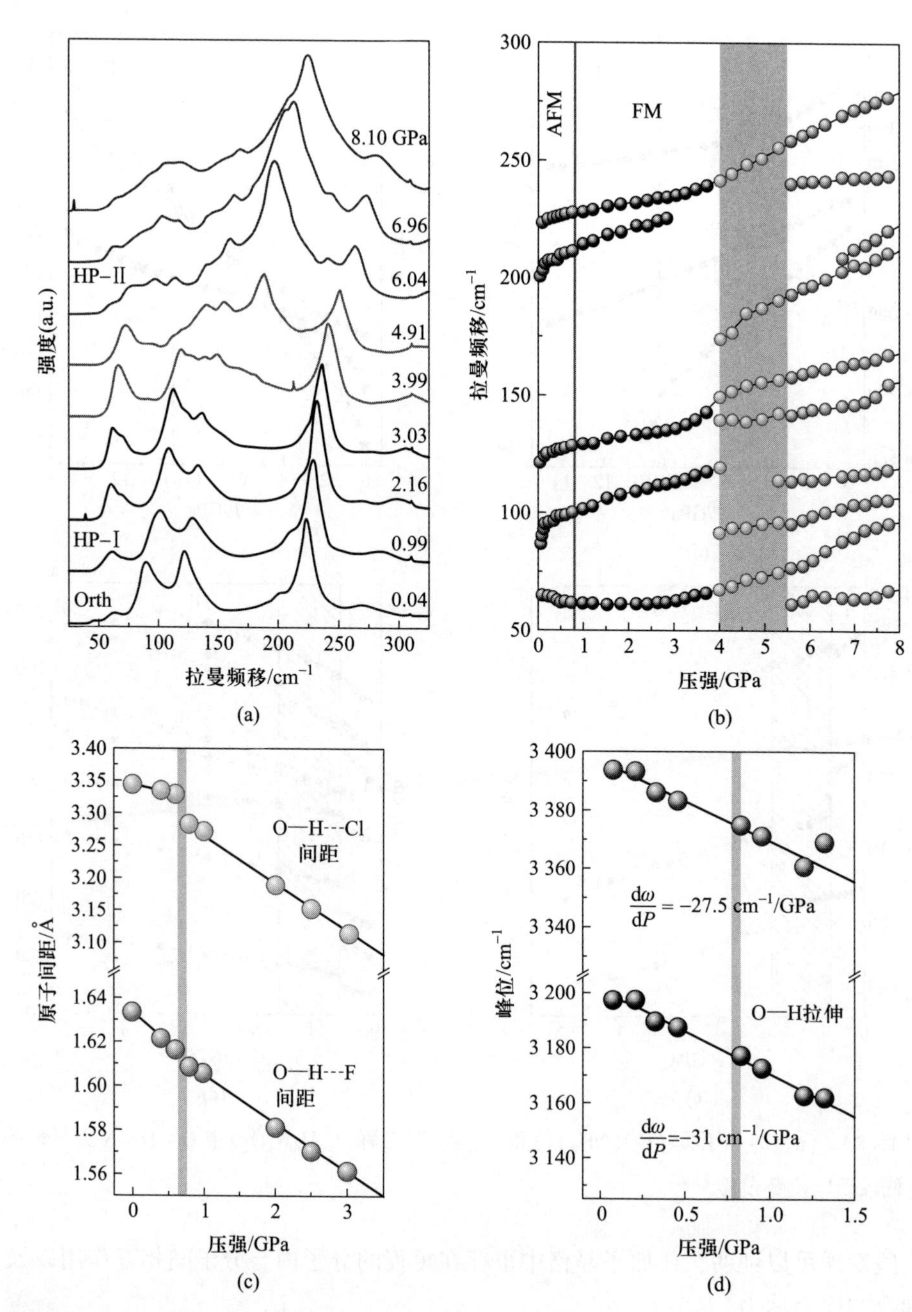

图 16.24 $CuF_2(H_2O)_2$(3-氯吡啶)中类氢键的(a)ω_L声子谱、(b)ω_L声子频移、(c)类氢键键长以及(d)ω_H峰位随压力的弛豫情况[88]

所有 X : H—O 类氢键分段受压时长度和刚度的弛豫趋势相同。压致 X : H 缩短，强化 ω_L声子，共价键则相反，共同导致类氢键收缩或质量密度增大。

例如，La∶F 非键[89]与 Fe∶S 非键[90]的低频声子 $\omega_L \leq 500\ cm^{-1}$受压时强化。然而，原位拉曼光谱与同步加速 X 射线衍射表明，固体盐酸肼的类氢键 N∶H—Cl 受压时高低频声子皆蓝移[91]，这可能因为 Cl^-和 N^{3-}离子间的库仑排斥较弱，耦合作用不明显。

总的来说，X∶H—O 类氢键存在于大量材料中，如 H_2O、NH_3、HF、H_2、氧化物、氮化物、氟化物，其相互作用具有非对称、短程性、关联耦合性。孤对电子的存在是关键。基于氢键协同弛豫和非键电子极化理论，氢键双段长度和强度的非对称弛豫主导了含有类氢键的各种物质如生物分子、有机材料、H 原子晶体等的各种性能。

16.13　液滴凝固结晶动力学

16.13.1　结冰形态：三相线与液滴形变

水滴在-20 ℃的平板上和容器中受冷凝固后由于冷膨胀效应形成一个尖顶圆锥[92-95]。这一现象与基板材料和水溶液性质有关，与基板温度和浸润角无关[96]。Shen 等[97]进行了一系列实验和分析。实验冷源在 0～-25 ℃可调。用注射器在平板上方 2 cm 处将液滴无初始速度释放。实验用光学显微镜观察。同时，考察 NaCl 的浓度、环境温度以及单晶硅、铜片、玻璃和聚氯乙烯等具有不同热导率的基片材料等对液滴结冰形态的作用。

图 16.25 是水滴在铜基板上结冰过程中出现了一条向上移动的三相(气/液/固)分界线和凹型分界面。分界面的下部已经结晶而上部为液态。凹形球

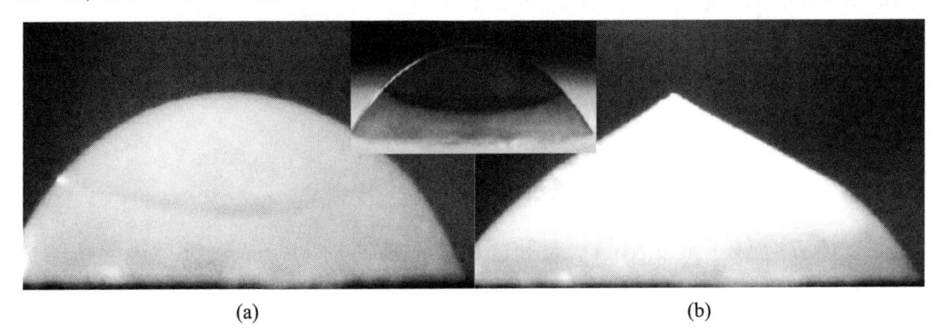

图 16.25　水滴结冰动力学[5]：(a)液滴在铜基板上结冰的三相分界线和凹形球缺向上移动，(b)完全结冰后由于冷膨胀导致的顶部凸出尖端[97]

插图显示固(浅色)/液(深色)界面[95]。结晶排除杂质而颜色变浅

缺越来越小，直至完全结冰。液滴顶部由于冷膨胀最后生成凸出尖端。三相分界线和液-固分界面向上移动是由于基底的热导高于表皮而优先结冰。动态观察表明，水滴表皮优先结冰，体内结冰过程中体积膨胀向上推进冰水界面，在成尖之前会“犹豫”一下，然后突破已经成冰的表皮的约束。

16.13.2　NaCl 溶液：准固态相边界色散

图 16.26 比较了 NaCl 浓度不同的水溶液的结晶动力学。作为体膨胀的特征，顶部凸出尖端在 60 g/L(0.018 M)盐溶液中没有出现，意味着该溶液并没有完全结冰。NaCl 水合和分解 Na^+ 和 Cl^- 离子，离子的点电场极化伸长弱化 O：H非键并缩短强化 H—O 键，使溶液体积膨胀。当盐水浓度足够高时，离子极化弱化 O：H 和强化 H—O 声子并拓展准固态相变界而降低冰点，提高熔点。液滴顶部没有明显凸出，表明高浓度 NaCl 溶液的冰点低于-20 ℃，与报道的-25 ℃结果相符[98]。

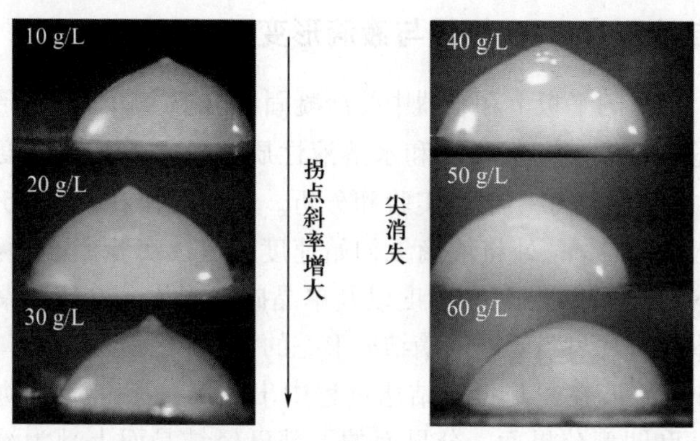

图 16.26　不同 NaCl 浓度水溶液的结晶动力学[5]

由于离子极化拓展准固态相边界而降低冰点。当浓度大于 40 g/L(0.012 M)时，液滴冰点低于-20 ℃，故溶液呈准固态[97]

16.13.3　基板材料热导率效应

表 16.2 比较了液滴结晶状态和完成结晶所需时间与基板材料热导率的关系。结果表明，如果基板热导率足够大，底部先结冰，结晶所需时间短。作为极端情形，聚氯乙烯的低热导率使基板与水滴界面最后结冰。冷膨胀效应使整个液滴结冰状态紊乱。由此可见，液滴表皮的热导率大于体内，低于硅和铜。结冰的优先序度为：高热导界面>三相交线>界面>表皮>体内>低热导界面。

表 16.2　基板热导率决定的水滴-20 ℃结冰动力学过程[99]

基板材料	结晶状态	热导率/[W/(m·K)]	结冰时间/s
单晶硅		611	11
铜		401	16
玻璃		0.75	80
聚氯乙烯		0.16	154

16.14　温度-压强-配位耦合对受限冰的准固态相边界调制

16.14.1　准固态相边界的多场调制

表 16.3 给出了 O：H—O 氢键分段长度、刚度、德拜温度、准固态相边界（T_m和 T_N）的多场调制规律。H—O 键能 E_H主导 T_m，而 O：H 键能 E_L决定 T_N。机械压强、准固态受热、溶碱效果相同，O：H 变短而 H—O 伸长；分子低配位和溶盐效果相同，O：H 伸长而 H—O 变短，并伴有强极化；液态受热和溶酸使O：H伸长，而 H—O 变短但伴有退极化。这些表观规律有助于对受压-受限-受热所调制的准固态相变的临界温度和压强的理解。

表 16.3　O：H—O 氢键分段长度、振动频率、德拜温度、相变临界温度和压强的协同弛豫和转变(理想参考值为 $d_{L0}=1.6946$ Å，$d_{H0}=1.0004$ Å，$\omega_{H0}=3\,200\ \mathrm{cm^{-1}}$，$\omega_{L0}=200\ \mathrm{cm^{-1}}$；在 277 K，$\Theta_{DL}=198$ K，$\Theta_{DH}=3\,200$ K，$T_N=258$ K，$T_m=273\sim277$ K，$E_x \propto d_x^{-m}$[5,100])

<table>
<tr><th></th><th>Δd_H</th><th>$\Delta\omega_H \propto \Delta\Theta_{DH}$</th><th>$\Delta E_H \propto \Delta T_m$</th><th>$\Delta d_L$</th><th>$\Delta\omega_L \propto \Delta\Theta_{DL}$</th><th>$\Delta E_L \propto \Delta T_N$</th><th>参考文献</th></tr>
<tr><td>压强</td><td rowspan="2">>0</td><td colspan="2" rowspan="2"><0</td><td rowspan="2"><0</td><td colspan="2">>0</td><td>[22]</td></tr>
<tr><td>准固态受热</td><td colspan="2">准固态相边界内敛</td><td rowspan="2">[101]</td></tr>
<tr><td>液态受热</td><td rowspan="2"><0</td><td colspan="2" rowspan="2">>0</td><td rowspan="2">>0</td><td colspan="2"><0</td></tr>
<tr><td>低配位/受限</td><td colspan="2">准固态相边界拓展</td><td>[102]</td></tr>
</table>

16.14.2　受限准固态相变

图 16.27 所示为原子力显微镜观察到的在石墨烯和石英之间二维冰受压时从冰到准固态的相变[103]。图 16.28 的观察结果展示了由于低配位和受压导致的固态-准固态相变临界温度 T_N 的两种变化情况：

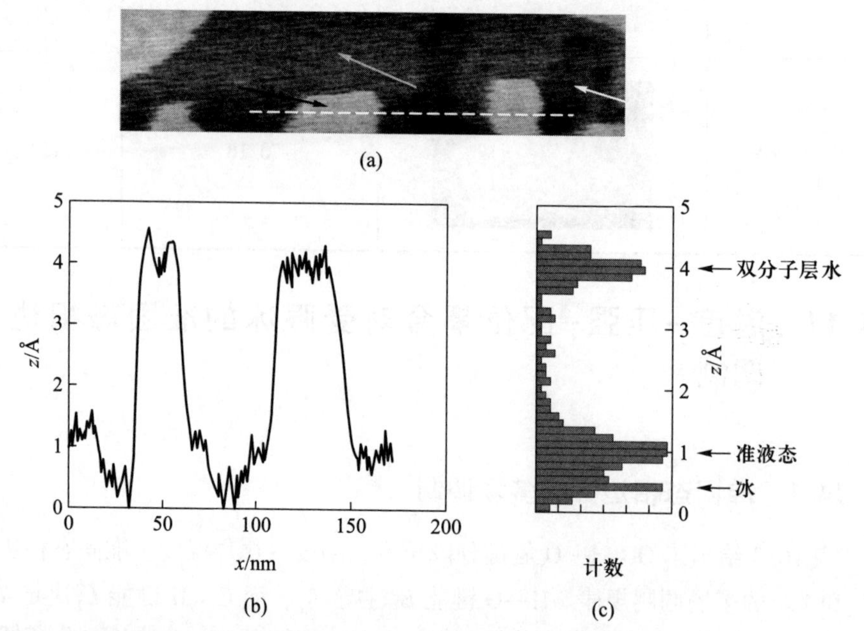

图 16.27　受限二维水在 6 GPa 压强下的原子力显微拓扑高度分布[103]：(a) 3 种不同高度——(ⅰ)白箭头指冰，(ⅱ)蓝箭头指准固(液)态，(ⅲ)黑箭头指双分子层水；(b)沿(a)中白线单向扫描的高度分布显示高度差为 3.6 Å，准固态比冰层高约 0.70 Å；(c)三相的丰度分布(参见书后彩图)

(1) 在室温下，受限体系的固态-准固态的临界压强为6.0 GPa，其值远高于体相水和0.1 M的NaI溶液的液态-固态相变临界 P_C值1.3 GPa和3.5 GPa[22,104]。恢复因低配位和盐离子极化而缩短的H—O键和伸长的O：H非键需要额外的压强，只有恢复O：H—O键的初始变形后继续加压才能发生常规压致相变。

(2) 临界压强 P_C随温度升高而降低。冰和准固态交界线出现在293~333 K之间，高于标准条件下的准固态相区间258~277 K[101]。准固态受热使H—O伸长、O：H变短，可以提高准固态-固态相变温度。

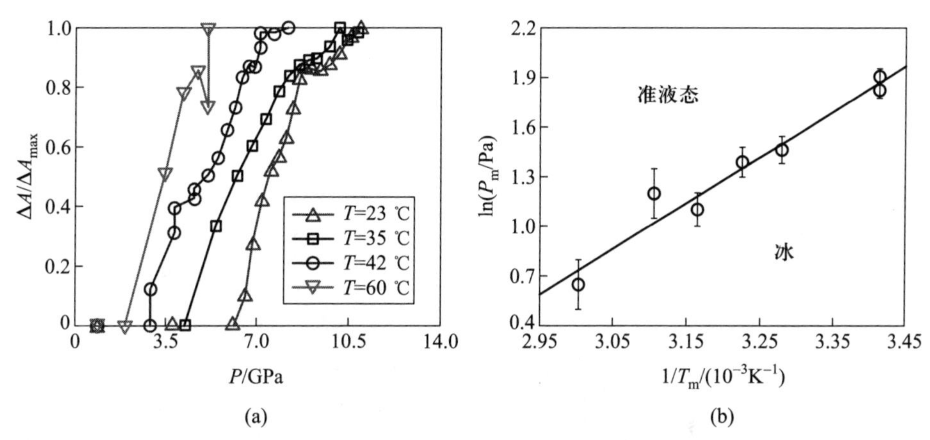

图16.28 受限冰水的相图：(a)相对最大准固态的固态面积随压强和温度的变化，升温降低液化所需临界压强，两者互补；(b)受限冰水的 $\ln(P_m)-1/T_m$相图[103]

这项实验与氢键弛豫理论预期结果完全一致，并且证明了温度-配位-压强的耦合对准固态相边界的调制作用[101]。受限或分子低配位拓展准固态相边界而将单层和表皮水的 T_m 从273~277 K提升到325 K[105]和310 K[106]，把4.4 nm、3.4 nm、1.4 nm和1.2 nm水滴的 T_N从体相的258 K分别降到242 K[107]、220 K[107]、205 K[108]和172 K[109]。对于一个含有18或更少水分子的团簇，T_N约为120 K[110]。但是，与低配位效果相反，压强增加可缩小准固态相温区，也即复冰效应，提升 T_N降低 T_m[111]。220 MPa压强使体相的 T_m从273 K可逆降低到250 K[112]。

按表16.3的规律，固态-准固态的临界温度 T_N可以通过低配位降低或通过加压提升。加压到6 GPa可提升远低于体相的 T_N到室温甚至以上。此外，准固相的H—O键服从常规热胀冷缩定律而O：H反之。O：H受热收缩而提升 T_N，从而补偿相变的临界 P_C，与实验结果一致。

16.15　氢键与超氢键：炸药分子晶体的储能燃爆反应

炸药是民用爆破、兵器装备、航空航天以及国防与国土安全等领域的关键能源介质。透彻理解这些含能介质的储能燃爆机制无论是对知识创新还是对材料设计都意义重大且深远。为了证明氢键协同弛豫理论的完备性和普适性，我们尝试将氢键、反氢键和超氢键的概念移植拓展至炸药分子晶体的储能燃爆反应动力学中。首先，炸药是由含 C、N、H、O、F 等的有机小分子通过弱键相连而成的晶体；其次，C、N、O、F 的共性是 sp^3 轨道杂化并含有不同数目的孤对电子。孤对电子是主导炸药储能燃爆的关键。图 16.29 所示为 TNT 炸药的粉末结构和爆炸场景。

(a)

(b)

图 16.29　TNT 炸药的粉末结构和爆炸场景

水溶液与含能分子晶体的共性为，都含有非键孤对电子，两者的区别在于每个分子裸露的氢质子数目与孤对电子数目存在差异。经过 sp^3 轨道杂化，N 原子通过一对孤对电子和 3 个共价键与 4 个氢质子相连形成氨分子(NH_3)；O 原子通过两对孤对电子和两个共价键与 4 个氢质子相连形成水分子(H_2O)；F 原子通过 3 对孤对电子和一个共价键与 4 个氢质子相连形成氟烷(FH)。在水中，由于每个分子的质子数目与孤对电子数目相等，所以氢键(O：H—O)构型唯一，每个 O 原子通过 4 条氢键与其近邻相连。但在氨中，质子与孤对电子的数目比例为 3：1。每个 N 原子通过两条类氢键(N：H—N)和两条反氢键(H↔H)与近邻 N 原子作用。同理，在氟烷中每个 F 原子通过两条超氢键(F：⇔：F)和两条类氢键(F：H—F)与其近邻作用[100,113]。研究证明，分子间超氢键的点压缩和反氢键的点致脆效应分别主导碱(类氟烷四面体 HO^- 主导)和酸(类氨四面体 H_3O^+ 主导)溶液的氢键网络结构和各自的属性[100,114]。

对于 $C_mH_nN_pO_qF_l$ 分子晶体，其一个分子裸露在外的只能是 H^+ 或孤对电子，而且它们各以 1/2 的概率与近邻分子的异类电子形成类氢键或与同类电子形成反氢键或超氢键。每个 O 原子贡献两对而 N 贡献一对孤对电子，碳的 sp^2 或 sp^3 杂化轨道可能与 H、N、O 相连而仅供应 H^+。那么这个分子就有 $2q+p$ 个裸露的孤对电子和 n 个 H^+。如果 $n \leqslant 2q+p$，那么它将通过 $2n$ 个类氢键和 $2q+p-2n$ 个超氢键与其近邻相连。超氢键的 4 个电子间的排斥压缩分子内的共价键。另一方面，类氢键的拉伸是通过分子间 X：H 非键的伸长和分子内 H—Y 的压缩实现的[100]。所以，分子内所有共价键处于压缩状态。这可以用拉曼差谱直接定量标定[5]，并用拉格朗日振子对动力学解析转换以获得氢键分段力常数和结合能[115,116]。

表 16.4 列出了多种分子结构近邻分子间类氢键、超氢键和反氢键的数目。裸露的质子和孤对电子各有 1/2 概率与近邻分子的异类电荷形成类氢键(X：H—Y)以及 1/2 概率与同类电荷形成反氢键(H↔H)或超氢键(X：⇔：Y)。

表 16.4 各分子结构近邻分子间类氢键、超氢键和反氢键数目

$C_mH_nN_pO_qF_l$	n	p	q	l	总数	(X：⇔：Y)数	(X：H—Y)数	(H↔H)数
H_3N	3	1	0	0	4	0	2	2
H_2O	2	0	1	0	4	0	4	0
HF	1	0	0	1	4	2	2	0
$2C_7H_5N_3O_6$	10	6	12	0	40	20	20	0
$4CH_2N_2O_2$	8	8	8	0	32	16	16	0
$3CH_2N_2O_2$	6	6	6	0	24	12	12	0
$C_7H_5N_5O_8$	5	5	8	0	26	16	10	0

表 16.5 以三硝基甲苯(TNT：$2C_7H_5N_3O_6$)和奥克托今(HMX：$4CH_2N_2O_2$)单分子为例，说明炸药的分子间作用机制和可能的储能燃爆反应机理。类氢键(X：H—Y)处于张弛拉伸而超氢键(X：⇔：Y)处于排斥压缩状态，使分子晶体稳定。所有共价键都处于压缩储能状态。若 X：H 非键受损，共价键逆向弛豫断裂雪崩式发生，晶体爆炸并以冲击波的形式释放能量和气体。

表 16.5　TNT 和 HMX 炸药的分子结构与爆炸反应式

名称	三硝基甲苯(TNT)	奥克托今(HMX)
分子结构	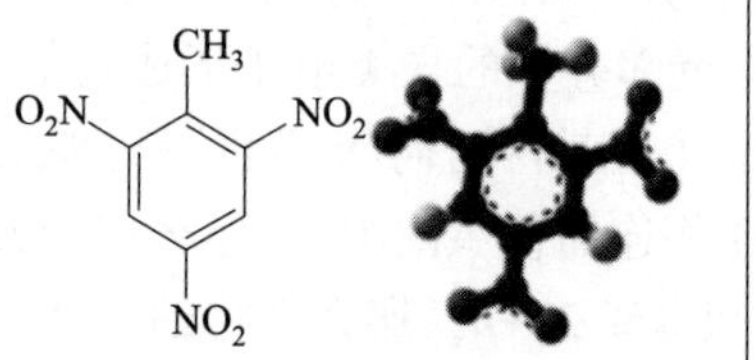 CH_3 O_2N NO_2 NO_2	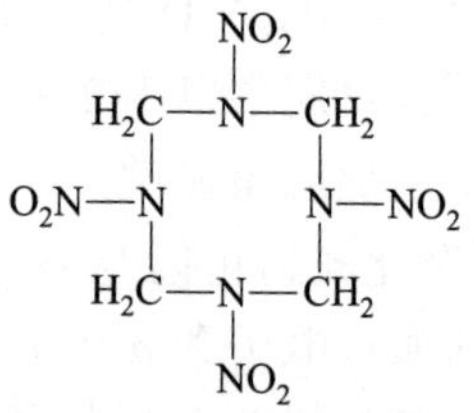 NO_2 $H_2C—N—CH_2$ $O_2N—N$ $N—NO_2$ $H_2C—N—CH_2$ NO_2
分子间作用	10×(类氢键+超氢键)	16×(类氢键+超氢键)
爆炸反应	$2C_7H_5N_3O_6 \longrightarrow 6CO_2+5H_2+3N_2$	$4CH_2N_2O_2 \longrightarrow 2CO_2+4N_2+4H_2$

(1) 分子间类氢键拉力与超氢键斥力的平衡。

每个 N 和 O 原子上都分别有 3/1 和 2/2 的成键/非键轨道，那么整个分子裸露的质子和孤对电子数目分别为 5 和[3×(1+4)]=15。TNT 苯环上的 C 原子为 sp^2 轨道杂化与氢成键。所以每个分子通过 10 条具有排斥作用的超氢键(X：⇔：Y)和 10 条张弛的类氢键(X：H—Y)与近邻分子作用。类氢键的拉伸吸引和超氢键挤压排斥平衡炸药分子晶体，使其在一定条件下处于亚稳状态。

对于奥克托今，每个 C、N、O 原子都发生 sp^3 轨道杂化且确保分别有 4、3、2 个共价键。这样，8 个氢与 4 个碳结合而成为 H^+。每个 N 原子有一个孤对电子而 O 原子有两个孤对电子。每个 HMX 分子有 8 个 H^+ 和 8+16=24 个孤对电子裸露在外。所以，一个 HMX 分子通过 16 个类氢键和 16 个超氢键与近邻分子作用。同理，特屈儿(Tetryl)，也称 2，4，6-三硝基苯甲硝胺，分子式为 $C_7H_5N_5O_8$，通过 10 条类氢键和 16 条超氢键与近邻分子作用。每个环三次甲基三硝铵(黑索金)分子，分子式为 $3(CH_2N_2O_2)$，通过 12 条类氢键和 12 条超氢键与近邻分子作用。虽然有待进一步考证，但这种通过类氢键拉伸吸引和超氢键挤压排斥而实现平衡的方式应该是炸药分子间作用和容易引爆的共性基础。

(2) 能量存储：共价键受挤压缩。

一方面，分子间超氢键的排斥[114]压缩分子内的共价键。另一方面，由于负离子电荷之间的库仑排斥作用，类氢键的拉伸是通过 X：H 段伸长和 H—Y 段缩短实现的。所以，整个系统的共价键都处于压缩储能的亚稳状态。

(3) 引爆过程：X：H 非键受激破损。

由孤对电子链接的 X：H 非键键能在 0.1~0.2 eV 范围。当受外场激发时，处于拉伸状态的 X：H 非键优先断裂，分子间失去平衡，超氢键压缩也相继失效。

（4）能量释放：共价键逆向弛豫雪崩裂解。

X：H 非键一旦断裂，所有处于压缩状态的 H—Y 共价键发生逆向弛豫直至断裂，燃爆发生，同时释放能量和 N_2、H_2、CO_2 等气体。

就此而言，水和炸药既具有非键作用的共性，也具有成键和非键数值比差异的个性。所以，看似互不相容的水与火其实在原理上是可以通过孤对电子作用共融的。将孤对电子和氢键的认知拓展到炸药的储能燃爆机理研究，不仅可解决炸药科学领域的挑战，而且证明我们的氢键协同弛豫理论的完备性和普适性，其前景和意义是非常深远和广阔的。

16.16 小结

采用 O：H—O 氢键非对称耦合振子的受激协同弛豫的处理方法，我们在前述定量研究的基础上解释了冰水在多场耦合作用下的反常物性并拓展到其他物质，如含能介质的储能和燃爆过程。主要变量包括温度、压强、配位环境、电场、磁场、辐射、同位素效应等。物性变化包括声子频率弛豫、氢键对微扰的长程响应、介电性、溶液相分离、反常冷膨胀、受限水和聚合水的本质、准固态相边界的调制等。通常物性变化会在多场量和作用条件下发生，而且各种物性的变化是相互关联的，所以厘清目标变量之间的关联以及外调变量对通过氢键弛豫和极化改变物性的规律并建立相应规则是至关重要的。结果表明，只有考虑氢键的受激协同弛豫和氢键的分段比热差异才能使这些现象的系统理解变成可能。

参 考 文 献

[1] Medcraft C., McNaughton D., Thompson C. D., et al. Water ice nanoparticles: Size and temperature effects on the mid-infrared spectrum. Phys. Chem. Chem. Phys., 2013, 15 (10): 3630-3639.

[2] Deshmukh S. A., Sankaranarayanan S. K., Mancini D. C. Vibrational spectra of proximal water in a thermo-sensitive polymer undergoing conformational transition across the lower critical solution temperature. J. Phys. Chem. B, 2012, 116 (18): 5501-5515.

[3] Medcraft C., McNaughton D., Thompson C. D., et al. Size and temperature dependence in the far-Ir spectra of water ice particles. Astrophys. J., 2012, 758 (1): 17.

[4] Rottger K., Endriss A., Ihringer J., et al. Lattice-constants and thermal-expansion of H_2O and D_2O ice ih between 10 and 265 K. Acta Crystallogr. B, 1994, 50: 644-648.

[5] Huang Y., Zhang X., Ma Z., et al. Hydrogen-bond relaxation dynamics: Resolving

mysteries of water ice. Coord. Chem. Rev., 2015, 285: 109-165.

[6] Bjorneholm O., Federmann F., Kakar S., et al. Between vapor and ice: Free water clusters studied by core level spectroscopy. J. Chem. Phys., 1999, 111 (2): 546-550.

[7] Abu-Samha M., Borve K. J., Winkler M., et al. The local structure of small water clusters: Imprints on the core-level photoelectron spectrum. J. Phys. B, 2009, 42 (5): 055201.

[8] Nishizawa K., Kurahashi N., Sekiguchi K., et al. High-resolution soft X-ray photoelectron spectroscopy of liquid water. Phys. Chem. Chem. Phys., 2011, 13: 413-417.

[9] Liu X. J., Bo M. L., Zhang X., et al. Coordination-resolved electron spectrometrics. Chem. Rev., 2015, 115 (14): 6746-6810.

[10] Kang D. D., Dai J. Y., Yuan J. M. Changes of structure and dipole moment of water with temperature and pressure: A first principles study. J. Chem. Phys., 2011, 135 (2): 024505.

[11] Kang D. D., Dai J., Sun H., et al. Quantum similation of thermally driven phase transition and O k-edge absorption of high-pressure ice. Sci. Rep., 2013, 3: 3272.

[12] Marion G. M., Jakubowski S. D. The compressibility of ice to 2. 0 kbar. Cold Reg. Sci. Technol., 2004, 38 (2-3): 211-218.

[13] Debenedetti P. G., Stanley H. E. Supercooled and glassy water. Phys. Today, 2003, 56 (6): 40-46.

[14] Fine R. A., Millero F. J. Compressibility of water as a function of temperature and pressure. J. Chem. Phys., 1973, 59: 5529.

[15] Kell G. S. Density, thermal expansivity, and compressibility of liquid water from 0° to 150°. Correlations and tables for atmospheric pressure and saturation reviewed and expressed on 1968 temperature scale. J. Chem. Eng. Data, 1975, 20 (1): 97-105.

[16] Zhang X., Yan T., Huang Y., et al. Mediating relaxation and polarization of hydrogen-bonds in water by NaCl salting and heating. Phys. Chem. Chem. Phys., 2014, 16 (45): 24666-24671.

[17] Marechal Y. The molecular structure of liquid water delivered by absorption spectroscopy in the whole IR region completed with thermodynamics data. J. Mole. Struct., 2011, 1004 (1-3): 146-155.

[18] Nilsson A., Nordlund D., Waluyo I., et al. X-ray absorption spectroscopy and X-ray Raman scattering of water and ice: An experimental view. J. Electron. Spectrosc. Relat. Phenom., 2010, 177 (2-3): 99-129.

[19] Meibohm J., Schreck S., Wernet P. Temperature dependent soft X-ray absorption spectroscopy of liquids. Rev. Sci. Instrum., 2014, 85 (10): 103102.

[20] Emoto M., Puttick E. The Healing Power of Water. Hay House, 2007.

[21] Brownridge J. D. When does hot water freeze faster then cold water? A search for the Mpemba effect. Am. J. Phys., 2011, 79 (1): 78-84.

[22] Zeng Q., Yan T., Wang K., et al. Compression icing of room-temperature NaX solutions

(X=F, Cl, Br, I). Phys. Chem. Chem. Phys., 2016, 18 (20): 14046-14054.
[23] Pollack G. H. The Fourth Phase of Water: Beyond Solid, Liquid, and Vapor. Seattle: Ebner & Sons Publishers, 2013.
[24] Silvera Batista C. A., Larson R. G., Kotov N. A. Nonadditivity of nanoparticle interactions. Science, 2015, 350 (6257): 1242477.
[25] English N. J., MacElroy J. Molecular dynamics simulations of microwave heating of water. J. Chem. Phys., 2003, 118 (4): 1589-1592.
[26] De Ninno A., Castellano A. C. On the effect of weak magnetic field on solutions of glutamic acid: The function of water. J. Phys. : Conf. Ser., 2011, 329: 012025.
[27] Shen X. Increased dielectric constant in the water treated by extremely low frequency electromagnetic field and its possible biological implication. J. Phys. : Conf. Ser., 2011, 329: 012019.
[28] Goldsworthy A., Whitney H., Morris E. Biological effects of physically conditioned water. Water Res., 1999, 33 (7): 1618-1626.
[29] Zhou K., Lu G., Zhou Q., et al. Monte Carlo simulation of liquid water in a magnetic field. J. Appl. Phys., 2000, 88 (4): 1802-1805.
[30] Zhang G., Zhang W., Dong H. Magnetic freezing of confined water. J. Chem. Phys., 2010, 133 (13): 134703.
[31] Fujimura Y., Iino M. The surface tension of water under high magnetic fields. J. Appl. Phys., 2008, 103 (12): 2940128.
[32] Cai R., Yang H., He J., et al. The effects of magnetic fields on water molecular hydrogen bonds. J. Mol. Struct., 2009, 938 (1-3): 15-19.
[33] Zhou Z., Zhao H., Han J. Supercooling and crystallization of water under DC magnetic fields. Ciesc J., 2012, 63 (5): 1408-1410
[34] Taylor D. Standard YouTube License[EB/OL]. https: //www. youtube. com/watch? v=kt—n8N_kqto.
[35] Domain P. Magnetic field whirpool [EB/OL]. https: //www. wikiwand. com/en/Whirlpool.
[36] Chen L., Li C. J., Ren Z. M. Variation of surface tension of water in high magnetic field. Adv. Mater. Res., 2013, 750-752: 2279-2282.
[37] Wang Z., Wang F. C., Zhao Y. P. Tap dance of a water droplet. P. Roy. Soc. A: Math. Phys., 2012, 468 (2145): 2485-2495.
[38] Ceurstemont S. Zapped droplets tap dance to the beat (Zhao Yapu) [EB/OL]. New Scientist, 2013. http: //www. newscientist. com/blogs/nstv/2012/04/zapped-droplets-tap-dance-to-the-beat. html.
[39] Yuan Q., Zhao Y. P. Multiscale dynamic wetting of a droplet on a lyophilic pillar-arrayed surface. J. Fluid Mech, 2013, 716: 171-188.
[40] Yuan Q. Z., Zhao Y. P. Wetting on flexible hydrophilic pillar-arrays. Sci. Rep., 2013,

3: 1944.

[41] Sun C. Q. Thermo-mechanical behavior of low-dimensional systems: The local bond average approach. Prog. Mater. Sci., 2009, 54 (2): 179-307.

[42] Iikubo S., Kodama K., Takenaka K., et al. Local lattice distortion in the giant negative thermal expansion material $Mn_3Cu_{1-x}Ge_xN$. Phys. Rev. Lett., 2008, 101 (20): 205901.

[43] Goodwin A. L., Calleja M., Conterio M. J., et al. Colossal positive and negative thermal expansion in the framework material $Ag_3[Co(CN)_6]$. Science, 2008, 319 (5864): 794-797.

[44] McLaughlin A. C., Sher F., Attfield J. P. Negative lattice expansion from the superconductivity-antiferromagnetism crossover in ruthenium copper oxides. Nature, 2005, 436 (7052): 829-832.

[45] Evans J. S. O., Mary T. A., Sleight A. W. Negative thermal expansion materials. Physica B, 1997, 241-243: 311-316.

[46] Mary T. A., Evans J. S. O., Vogt T., et al. Negative thermal expansion from 0. 3 to 1050 Kelvin in ZrW_2O_8. Science, 1996, 272 (5258): 90-92.

[47] Stoupin S., Shvyd'ko Y. V. Thermal expansion of diamond at low temperatures. Phys. Rev. Lett., 2010, 104 (8): 085901.

[48] Tang Q. H., Wang T. C., Shang B. S., et al. Thermodynamic properties and constitutive relations of crystals at finite temperature. Sci. Chi. Phys. Mech. Astron., 2012, 55(6): 918-926.

[49] Su Y. J., Wei H., Gao R. G., et al. Exceptional negative thermal expansion and viscoelastic properties of graphene oxide paper. Carbon, 2012, 50 (8): 2804-2809.

[50] Chaplin M. Water structure and science[EB/OL]. http://www. lsbu. ac. uk/water/.

[51] Ernst G., Broholm C., Kowach G. R., et al. Phonon density of states and negative thermal expansion in ZrW_2O_8. Nature, 1998, 396 (6707): 147-149.

[52] Sleight A. W. Compounds that contract on heating. Inorg. Chem., 1998, 37 (12): 2854-2860.

[53] Evans J. S. O., Mary T. A., Vogt T., et al. Negative thermal expansion in ZrW_2O_8 and HfW_2O_8. Chem. Mater., 1996, 8 (12): 2809-2823.

[54] Pryde A. K. A., Hammonds K. D., Dove M. T., et al. Origin of the negative thermal expansion in ZrW_2O_8 and ZrV_2O_7. J. Phys. : Condens. Matter, 1996, 8 (50): 10973-10982.

[55] Li C. W., Tang X., Muñoz J. A., et al. Structural relationship between negative thermal expansion and quartic anharmonicity of cubic ScF_3. Phys. Rev. Lett., 2011, 107 (19): 195504.

[56] Greve B. K., Martin K. L., Lee P. L., et al. Pronounced negative thermal expansion from a simple structure: Cubic ScF_3. J. Am. Chem. Soc., 2010, 132 (44): 15496-15498.

[57] Pan L. K., Xu S. Q., Qin W., et al. Skin dominance of the dielectric-electronic-phononic-

photonic attribute of nanostructured silicon. Surf. Sci. Rep., 2013, 68 (3-4): 418-455.
[58] Pan L. K., Huang H. T., Sun C. Q. Dielectric relaxation and transition of porous silicon. J. Appl. Phys., 2003, 94 (4): 2695-2700.
[59] Pan L. K., Sun C. Q., Chen T. P., et al. Dielectric suppression of nanosolid silicon. Nanotechnology, 2004, 15 (12): 1802-1806.
[60] Tsu R., Babic D. Doping of a quantum-dot. Appl. Phys. Lett., 1994, 64 (14): 1806-1808.
[61] Li J. W., Yang L. W., Zhou Z. F., et al. Bandgap modulation in ZnO by size, pressure, and temperature. J. Phys. Chem. C, 2010, 114 (31): 13370-13374.
[62] Pan L. K., Ee Y. K., Sun C. Q., et al. Band-gap expansion, core-level shift, and dielectric suppression of porous silicon passivated by plasma fluorination. J. Vac. Sci. Technol. B, 2004, 22 (2): 583-587.
[63] Ouyang G., Sun C. Q., Zhu W. G. Atomistic origin and pressure dependence of band gap variation in semiconductor nanocrystals. J. Phys. Chem. C, 2009, 113 (22): 9516-9519.
[64] Zha C. S., Hemley R. J., Gramsch S. A., et al. Optical study of H_2O ice to 120 GPa: Dielectric function, molecular polarizability, and equation of state. J. Chem. Phys., 2007, 126 (7): 074506.
[65] Floriano W. B., Nascimento M. A. C. Dielectric constant and density of water as a function of pressure at constant temperature. Braz. J. Phys., 2004, 34 (1): 38-41.
[66] Klameth F., Vogel M. Slow water dynamics near a glass transition or a solid interface: A common rationale. J. Phys. Chem. Lett., 2015, 6(21): 4385-4389.
[67] Van der Post S. T., Hsieh C. S., Okuno M., et al. Strong frequency dependence of vibrational relaxation in bulk and surface water reveals sub-picosecond structural heterogeneity. Nat. Commun., 2015, 6: 8384.
[68] Zolfagharifard E. Leidenfrost effect [EB/OL]. http: //www. dailymail. co. uk/sciencetech/article-2442638/Leidenfrost-Effect-makes-high-temperature-water-travel-uphill. html.
[69] Fetherston D. U. S. begins efforts to exceed the USSR in polywater science. The Wall Street Journal, 1969.
[70] Polywater. New York Times, 1969.
[71] Rousseau D. L., Porto S. P. S. Polywater: Polymer or artifact? Science, 1970, 167 (3926): 1715-1719.
[72] Rousseau D. L. "Polywater" and sweat: Similarities between the infrared spectra. Science, 1971, 171 (3967): 170-172.
[73] Science: Doubts about Polywater. Time, 1970.
[74] Derjagui. Bv, Churaev N. V. Nature of anomalous water. Nature, 1973, 244 (5416): 430-431.
[75] Eisenberg D. A scientific gold rush. Science, 1981, 213 (4512): 1104-1105.

[76] Zuo G. H., Hu J., Fang H. P. Effect of the ordered water on protein folding: An off-lattice go-like model study. Phys. Rev. E, 2009, 79 (3): 031925.

[77] Kuffel A., Zielkiewicz J. Why the solvation water around proteins is more dense than bulk water. J. Phys. Chem. B, 2012, 116 (40): 12113-12124.

[78] Twomey A., Less R., Kurata K., et al. In situ spectroscopic quantification of protein-ice interactions. J. Phys. Chem. B, 2013, 117 (26): 7889-7897.

[79] Stiopkin I. V., Weeraman C., Pieniazek P. A., et al. Hydrogen bonding at the water surface revealed by isotopic dilution spectroscopy. Nature, 2011, 474 (7350): 192-195.

[80] Michalarias I., Beta I., Ford R., et al. Inelastic neutron scattering studies of water in DNA. Appl. Phys. A: Mat., 2002, 74: s1242-s1244.

[81] Russo D., Teixeira J., Kneller L., et al. Vibrational density of states of hydration water at biomolecular sites: Hydrophobicity promotes low density amorphous ice behavior. J. Am. Chem. Soc., 2011, 133 (13): 4882-4888.

[82] Wang K., Duan D., Wang R., et al. Stability of hydrogen-bonded supramolecular architecture under high pressure conditions: Pressure-induced amorphization in melamine-boric acid adduct. Langmuir, 2009, 25 (8): 4787-4791.

[83] Yan T., Wang K., Tan X., et al. Pressure-induced phase transition in N-H⋯O hydrogen-bonded molecular crystal biurea: Combined raman scattering and X-ray diffraction Study. J. Phys. Chem. C, 2014, 118 (28): 15162-15168.

[84] Yoshimura Y., Stewart S. T., Mao H. K., et al. In situ Raman spectroscopy of low-temperature/high-pressure transformations of H_2O. J. Chem. Phys., 2007, 126 (17): 174505.

[85] Yan T., Li S., Wang K., et al. Pressure-induced phase transition in N-H⋯O hydrogen-bonded molecular crystal oxamide. J. Phys. Chem. B, 2012, 116 (32): 9796-9802.

[86] Zha C. S., Liu Z., Hemley R. Synchrotron infrared measurements of dense hydrogen to 360 GPa. Phys. Rev. Lett., 2012, 108 (14): 146402.

[87] Liu H., Wang H., Ma Y. Quasi-molecular and atomic phases of dense solid hydrogen. J. Phys. Chem. C, 2012, 116 (16): 9221-9226.

[88] O'Neal K. R., Brinzari T. V., Wright J. B., et al. Pressure-induced magnetic crossover driven by hydrogen bonding in $CuF_2(H_2O)_2$(3-chloropyridine). Sci. Rep., 2014, 4: 6054.

[89] Crichton W. A., Bouvier P., Winkler B., et al. The structural behaviour of LaF_3 at high pressures. Dalton T., 2010, 39 (18): 4302-4311.

[90] Kleppe A., Jephcoat A. High-pressure Raman spectroscopic studies of FeS_2 pyrite. Mineral. Mag., 2004, 68 (3): 433-441.

[91] Jiang S., Duan D., Li F., et al. The hydrogen-bond effect on the high pressure behavior of hydrazinium monochloride. J. Raman Spectrosc., 2015, 46 (2): 266-272.

[92] Anderson D. M., Worster M. G., Davis S. H. The case for a dynamic contact angle in containerless solidification. J. Cryst. Growth, 1996, 163: 329-338.

[93] Snoeijer J. H., Brunet P. Pointy ice-drops: How water freezes into a singular shape. Am.

J. Phys., 2012, 80: 764-771.

[94] Jin Z., Sui D., Yang Z. The impact, freezing, and melting processes of a water droplet on an inclined cold surface. Int. J. Heat Mass Tran., 2015, 90: 439-453.

[95] Chaudhary G., Li R. Freezing of water droplets on solid surfaces: An experimental and numerical study. Exp. Therm. Fluid Sci., 2014, 57: 86-93.

[96] Marín A. G., Enríquez O. R., Brunet P., et al. Universality of tip singularity formation in freezing water drops. Phys. Rev. Lett., 2014, 113: 054301.

[97] Shen Y. T. Private communications, in Water Droplet Freezing, C. Q. Sun (Editor), 2014.

[98] Lide D. R. CRC Handbook of Chemistry and Physics. 80th ed. Boca Raton: CRC Press, 1999.

[99] 申艳军, 杨更社, 王铭. 冻融循环过程中岩石热传导规律试验及理论分析. 岩石力学与工程学报, 2016, 35 (12): 2417-2425.

[100] Sun C. Q., Sun Y. The Attribute of Water: Single Notion, Multiple Myths. Springer-Verlag, 2016.

[101] Sun C. Q., Zhang X., Fu X., et al. Density and phonon-stiffness anomalies of water and ice in the full temperature range. J. Phys. Chem. Lett., 2013, 4: 3238-3244.

[102] Sun C. Q., Zhang X., Zhou J., et al. Density, elasticity, and stability anomalies of water molecules with fewer-than-four neighbors. J. Phys. Chem. Lett., 2013, 4: 2565-2570.

[103] Sotthewes K., Bampoulis P., Zandvliet H. J. W., et al. Pressure-induced melting of confined ice. ACS Nano, 2017, 11 (12): 12723-12731.

[104] Zeng Q., Yao C., Wang K., et al. Room-temperature NaI/H_2O compression icing: Solute-solute interactions. Phys. Chem. Chem. Phys., 2017, 19: 26645-26650.

[105] Qiu H., Guo W. Electromelting of confined monolayer ice. Phys. Rev. Lett., 2013, 110 (19): 195701.

[106] Zhang X., Huang Y., Ma Z., et al. A common supersolid skin covering both water and ice. Phys. Chem. Chem. Phys., 2014, 16 (42): 22987-22994.

[107] Erko M., Wallacher D., Hoell A., et al. Density minimum of confined water at low temperatures: A combined study by small-angle scattering of X-rays and neutrons. Phys. Chem. Chem. Phys., 2012, 14 (11): 3852-3858.

[108] Mallamace F., Broccio M., Corsaro C., et al. Evidence of the existence of the low-density liquid phase in supercooled, confined water. Proc. Natl. Acad. Sci. USA., 2007, 104 (2): 424-428.

[109] Alabarse F. G., Haines J., Cambon O., et al. Freezing of water confined at the nanoscale. Phys. Rev. Lett., 2012, 109 (3): 035701.

[110] Moro R., Rabinovitch R., Xia C., et al. Electric dipole moments of water clusters from a beam deflection measurement. Phys. Rev. Lett., 2006, 97 (12): 123401.

[111] Zhang X., Huang Y., Sun P., et al. Ice regelation: Hydrogen-bond extraordinary recoverability and water quasisolid-phase-boundary dispersivity. Sci. Rep., 2015,

5：13655.

[112] Zhang X.， Sun P.， Huang Y.， et al. Water's phase diagram：From the notion of thermodynamics to hydrogen-bond cooperativity. Prog. Solid State Chem.， 2015， 43：71-81.

[113] Sun C. Q. Relaxation of the Chemical Bond. Heidelberg：Springer，2014.

[114] Zhou Y.， Wu D.， Gong Y.， et al. Base-hydration-resolved hydrogen-bond networking dynamics：Quantum point compression. J. Mol. Liq.，2016，223：1277-1283.

[115] Zhang X.， Sun P.， Huang Y.， et al. Water nanodroplet thermodynamics：Quasi-solid phase-boundary dispersivity. J. Phys. Chem. B，2015，119 (16)：5265-5269.

[116] Huang Y.， Ma Z.， Zhang X.， et al. Hydrogen bond asymmetric local potentials in compressed ice. J. Phys. Chem. B，2013，117 (43)：13639-13645.

第 17 章

理论实验处理方法

重点提示

■ 综合量子计算、声子与电子谱测量，可以关联化学键-电子-声子的协同弛豫并获得定量动力学信息
■ 拉格朗日振动力学将实测氢键分段长度和振频转变为相应力常数和键能，定量表征氢键受激弛豫势能轨迹
■ 傅里叶流体热力学重现姆潘巴效应，证实水的超固态表皮与氢键记忆效应
■ 拉曼与红外声子计量谱学提供有关氢键受激协同弛豫、分子涨落序度、溶液黏弹性、声子丰度等综合定量信息

摘要

电子结合能与声子振频的衍射晶体学、扫描隧道显微镜以及分子位置分辨光谱表征是研究原子尺度、多场耦合的化学键-电子-声子弛豫动力学的重要手段。然而，因 O：H—O 氢键的协同弛豫与分段差异，这些技术在处理水和冰的问题时各有优缺点。氢键的非对称、强耦合、超短程相互作用以及原子尺度的各向异性、局域性、强极化效应局限了量子计算与经典统计热力学对冰水行为的真实描述。为此，电子谱、声子谱、拉格朗日振动力学与傅里叶流体热力学等为量子与经典力学方法提供了必要补充。

17.1　数值计算方法

17.1.1　量子计算

17.1.1.1　重要物理量

密度泛函理论(DFT)与分子动力学(MD)计算可以验证氢键协同弛豫理论对氢键体系如冰和水物性的预测。受激弛豫主要关注的物理量包括：

(1) 分子团簇的几何构型；

(2) 氢键键角和分段键长及键能；

(3) 声子振频弛豫能谱；

(4) 电子与声子态密度分布及表皮电荷积累；

(5) 电子结合能与表皮应力及黏性；

(6) 液/准固态相变时的分子扩散系数。

某些情况下，计算结果与实验结果并不一致，此时计算结果仅作为理论预测论证的数据参考。因为具有强局域与强涨落特征，正确表征非对称的短程相互作用仍备受挑战。DFT 计算中引入了 O：H 相互作用来实现色散力校正，但计算结果与实测值相比依然存在一定差异，精确度不够。尽管如此，量子计算依然是证明氢键非对称弛豫及相关的声子、电子行为主导冰水正常与反常物性的有力手段。我们应更多地关注 O：H—O 氢键分段长度和能量协同弛豫的物理起源与趋势，而并非关注这些物理量的精确取值。

17.1.1.2　分子动力学

考虑到水的弹性、极化性和量子效应，采用第一性原理优化的 MD 和 COMPASS'27 力场[1]方法对水的氢键体系进行分析较为合适。该软件包可根据分子速度自相关函数 $\mathrm{Cor}(v(t))$ 的傅里叶变换 $\left(I(\omega)=2\int_0^\infty \mathrm{Cor}(v(t))\cos(\omega t)\mathrm{d}t\right)$ 得到声子或能量谱[2]。

在模拟一个含 360 个分子、质子无序的超大冰 $\mathrm{I_h}$ 晶胞时，质子被充分优化以避免净偶极矩或最小化净偶极矩[3]。单胞设计在常压和不同温度下进行的等温等压系综下弛豫。应用安德森恒温恒压方法保持单胞封闭系统的温度和压力恒定[4]。弛豫时间设置为 120 ps，以确保单相系统温度、密度和能量的稳定。如图 17.1，将 15 nm 的真空层插入超级单胞，以突出表皮的作用。这一表皮在 200 K 的正则系统中弛豫 100 ps 获得平衡，步长为 0.5 fs。采用 Q 值为 0.01 的 Nosé–Hoover 恒温算法控制温度。等温等压系统中冰的结构弛豫 30 ps 可获得收敛的 T、P 与能量，步长同样为 0.5 fs。由于氢键内部的非对称、超短程相互作用，数值计算结果与实验测量值之间可能存在偏差。不过这些偏差可以进一步通过光谱结果修正。

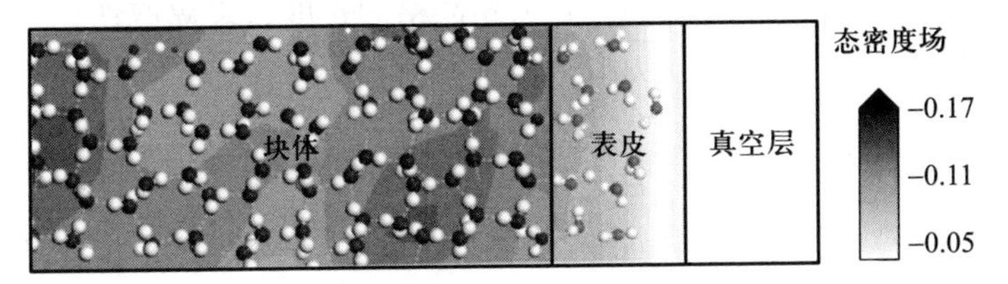

图 17.1　200 K 温度下，水的超大分子单胞示意图[5]

示意图中插入了宽 15 nm 的真空层，将整个模型划分为块体、表皮、真空层 3 个区域。表皮由低配位分子与氢键悬键组成。水平方向的颜色渐变表示 MD 计算的晶胞中态密度的分布变化

17.1.1.3　密度泛函理论

利用 Perdew 与 Wang（PW）的 DFT Dmol 3[6] 以及 Ortmann-Bechstedt-Schmidt（OBS）的色散修正 PW 代码[7]对$(H_2O)_N$团簇和冰的表皮进行结构优化和键角-键长-键强计算。后者涵盖了 O：H 非键相互作用。全电子方法用于近似波函数。总能自洽场迭代计算阈值设定为 10^{-6} Hartree①。几何优化的收敛阈值设为能量差小于 10^{-5} Hartree，力差小于 0.002 Hartree/Å，位移差小于 0.005 Å。通过对质量加权 Hessian 矩阵进行对角化计算谐波振动频率[8]。

Perdew-Burke-Ernzerhof（PBE）[9]功能参数中引用 CASTEP 代码[10]以计算冰Ⅷ的受压情况。采用规范-守恒赝势（NCP），H $1s^1$ 与 O $2s^2p^4$ 轨道电子作为价电子。平面波动能的截取值为 500 eV，以达到总能量收敛良好。冰Ⅷ相含有两个相互穿插的立方晶格单胞，各带有 8 个水分子。

利用 MD 计算压强在 1～20 GPa 范围变化时，含有 32 个水分子的冰Ⅷ相 2×2超晶格中 H—O 共价键与 O：H 非键的长度演化。选用等温等压系综弛豫 30 ps，直至能量、压强等参数达到稳定[11]。H—O 和 O：H 平均键长取自最后 10 ps（20 000 步）的结构。

密度泛函理论计算对目标物理量进行优化（热激励情况除外）。此外，在计算中，考虑了非键色散校正，会给出更为正确的氢键协同弛豫趋势，与未考虑色散时计算的团簇物理量相比，绝对值稍有差异。

17.1.2　表皮应力与黏性

利用下列方法可以定量计算水的表皮应力与黏性。界面处，平面与竖直方向上应力分量之差可定义表皮张力γ[12, 13]

① 1 Hartree = 27.21 eV，余同。

$$\gamma = \frac{1}{2}\left(\frac{\sigma_{xx} + \sigma_{yy}}{2} - \sigma_{zz}\right)L_z \tag{17.1}$$

式中，σ_{xx}、σ_{yy}和σ_{zz}为应力分量；L_z为超晶格的长度。表皮剪切黏度η_s与体应力σ有关[14, 15]

$$\eta_s = \frac{V}{kT}\int_0^{\infty}\langle\sigma_{\alpha\beta}(0)\sigma_{\alpha\beta}(t)\rangle dt \tag{17.2}$$

式中，$\sigma_{\alpha\beta}$表示应力张量的 3 个非对角等效分量。体积黏度η_v取决于应力张量对角分量的涨落衰减情况

$$\eta_v = \frac{V}{kT}\int_0^{\infty}\langle\delta\sigma(0)\delta\sigma(t)\rangle dt$$
$$\delta\sigma = \sigma - \langle\sigma\rangle \tag{17.3}$$

基于上述公式，γ首先通过 MD 计算的应力张量优化得到。再通过式(17.2)和式(17.3)，利用应力张量的自相关函数计算η_s与η_v。

17.1.3　拉格朗日力学表征 O：H—O 氢键势能演化

拉格朗日力学是研究 O：H—O 氢键耦合双振子动力学的理想方法。由于冰与水中氢键键角大于 160°，氢键采用线性近似[16]。键角弛豫只对水的密度有贡献，对键能和振动频率无影响。

H_2O：H_2O 非键振子约化质量为$m_L = 18\times18/(18+18)m_0 = 9m_0$，H—O 共价键振子质量$m_H = 1\times16/(1+16)m_0 = 16/17m_0$，$m_0$是单位质量，约为$1.66\times10^{-27}$ kg。同位素或化学杂质的存在将改变各组分的约化质量。氢键耦合振子振动遵循拉格朗日方程[17]

$$\frac{d}{dt}\left[\frac{\partial L}{\partial(dq_x/dt)}\right] - \frac{\partial L}{\partial q_x} = Q_x \tag{17.4}$$

式中，$L = T - V$，L是拉格朗日函数，T是总动能，V是总势能；Q_x是广义非保守力；$q_x(t)$指u_L和u_H，表示 L 和 H 两弹簧振子上各 O 原子的位置坐标。总动能T由如下两部分组成：

$$T = \frac{1}{2}\left[m_L\left(\frac{du_L}{dt}\right)^2 + m_H\left(\frac{du_H}{dt}\right)^2\right] \tag{17.5}$$

总势能V包含 3 个部分

$$2V = k_L(\Delta u_L)^2 + k_H(\Delta u_H)^2 + k_C[\Delta(u_L - u_H)]^2 + O(\cdots) \tag{17.6}$$

式中，k_x是力常数；Δu_x是共价键与非键的振幅；k_C是库仑势的力常数。式中第一和第二项分别为独立非键和共价键的势能，第三项是 O-O 原子间的耦合势能。$f_x = 0$，$f_x + f_C = 0$，$f_x + f_C + f_{ext} = 0$，分别表示无库仑斥力、有库仑斥力以及有库仑斥力和外部非保守力 3 种情况下的力平衡。基于这些约束条件，可定义

出与氢键势能有关的参数。

利用拉普拉斯正逆变换，可以将实验测量的键长与振频转化为氢键双段的力常数与键能。基于此，就可以定量表征非对称耦合氢键受激弛豫时的势能轨迹。

17.1.4 傅里叶流体热力学

设置适当的初始和边界条件，利用傅里叶流体热传导方程[18]可以描述流体的热传输(扩散与对流)过程。热流体模型中设计有液态表皮，其中的水分子呈低配位状态。利用这一方法，可以研究姆潘巴效应。根据分析，姆潘巴效应实际是 O：H—O 氢键在“热源—路径—冷库”循环系统内有关能量“释放—传导—耗散”的动力学过程，氢键记忆效应与表皮超固态在其中起到关键作用。

液体表皮与内部温度的变化遵循如下方程：

$$\frac{\partial\theta(x)}{\partial t}=\nabla\cdot\{\alpha[\theta(x),x]\nabla\theta(x)\}-v\cdot\nabla\theta(x) \qquad (17.7)$$

式中，α 为热扩散系数；v 为液体对流速度。表皮与块体界面以及表皮与冷库界面必须满足特定条件。第 11 章中给出了更多边界条件和计算过程的详细信息。为了检验姆潘巴效应的“热源—路径—冷库”循环系统内有关能量“释放—传导—耗散”的所有可能影响因素，我们应用有限元方法分析了初始条件和边界条件[19]。

17.2 实验技术

17.2.1 X 射线与中子衍射

17.2.1.1 基本原理与信息

X 射线衍射与中子衍射是研究 O–O 间距和几何构型的有力工具，满足布拉格衍射规律，可提供结构因子 $S(q)$ 与 O–O 径向分布函数 $g_{OO}(r)$ 的弛豫信息，描述某 O 原子周围第一及以下壳层的密度分布情况。q 指倒易矢量。中子衍射中扫描的是质子，而 X 射线扫描的是原子。因此，中子衍射也可提供 $g_{OH}(r)$ 与 $g_{HH}(r)$ 函数，且准确性更高。此外，中子衍射还可用于探测冰、水中整个能量范围的声子态密度。图 17.2 给出了变温条件下，微米级水滴结构因子 $S(q)$ 的测量装置[20]，也可用于电场诱导水桥的相关参数测量[21]。

17.2.1.2 优势和局限性

目前，实验技术已经发展到一定阶段，采集数据达到了足够的统计精度。然而，数据中系统误差的校正造成了一直以来所报道结构相关函数的不确定

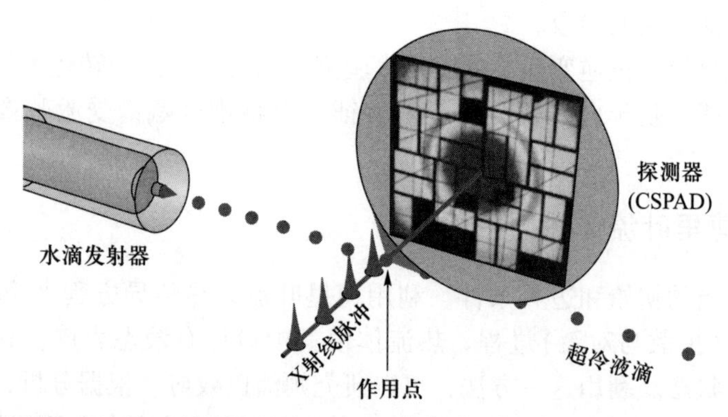

图 17.2　单个微米水滴的 X 射线衍射测试示意图[20]

X 射线与水滴的交汇处可以换成电场作用的水桥，即可测量水桥的性能[21]。将 X 射线用高真空中子束替换即可进行中子衍射测试[22]

性。实际上，大多数系统实验误差来源于与散射实验细节相关的极化、吸收以及其他几何校正。

Head-Gordon 与 Hura 对 X 射线衍射和中子衍射技术进行了综合评估，特别关注从各实验所测强度中获取结构信息时数据分析的固有困难[23]。然而，结构只是水的众多性质之一。其他实验，如探测水的多时间尺度动力学以表征其热力学相图或在溶液中的性能以及作为溶剂的重要作用，对于充分理解水这一物质至关重要。

这些截然不同但相辅相成的实验都可得到一个共同的参数，$g_{OO}(r)$。问题在于这些实验数据是否得到了优化分析，可否作为水的定量结构信息的可靠来源。可喜的是，新的 X 射线衍射技术测量结果的不确定性大大降低，与早前型号相比，它们采用了最先进的同步加速器和高质量的 CCD 探测器，对康普顿散射估计更为准确，在基于部分结构因子权重分析化学成键作用方面的理论分析更为细致。

随着衍射仪和低温设备在数据采集方面的发展和能力的提高，现在可以得到高精度的结构信息。但 H 原子位置及其精细信息的获取仍受到现有技术的局限。更为根本的问题在于，在 X 射线结构测定中，H 原子与成键后的较重原子(X—H)之间的距离比核间距离平均短 0. 1~0. 2 Å。这是因为 X 射线被电子散射，H 原子位置从电子密度质心获得。电子密度质心并非 H 原子核中心，而是移向 X 原子。

中子衍射避免了这一问题，因为散射中心就是原子核。因此，中子衍射分析得到的间距信息几乎相当于原子间距。所以，中子衍射是准确测定氢键参数的最重要技术[24-26]。虽然中子衍射得到的间距信息比较准确，但这并不一定意味着它们是具备化学意义的。因为不能简单地用原子核来识别原子，而应考虑原子核与电子组成。但无论如何，中子衍射已经成为研究氢键的基本方法。

然而，X射线衍射在探测受激O-O间距变化的同时，局限了O：H—O氢键协同弛豫信息的获取。事实上，O：H和H—O双段沿相反方向以不同幅度协同弛豫，共同决定O-O间距。中子衍射可以探测H—O和O：H距离，但需要注意O：H、H—O和O-O长度的相关性，以理解O：H—O氢键的协同弛豫行为。O：H—O氢键双段长度和能量的非对称弛豫决定了水和冰的性能。对于强关联、强涨落的水和水溶液来说，准确度是否足够仍然是一个问题。但着眼于化学键-电子-声子受激演化的根源与趋势可能更为有效。

17.2.2 电子发射光谱

探测不同能级上电子结合能的光谱技术主要有以下4种[27]。

(1) 扫描隧道显微镜/隧道谱(STM/S)：可以检测超低温、超高压条件下，固态或准固态中稍高于费米能级的非键孤对电子态与反键偶极子态[28, 29]。原子力显微镜利用合适的探针可以获取成键态与非键态信息，确认分子间电荷的得失情况[30]。

(2) 射流紫外光电子能谱(UPS)：利用两个光源电离H—O共价键，并激发溶剂电子[31]，获取液体表皮、体内以及团簇水合或吸收电子的结合能以及时间延滞信息。

(3) O 1s近边X射线吸收/发射精细结构光谱(NEXAFS/NEXEFS)：获取水在热激发情况下O 1s芯能级以及价带能级的热力学信息。在一定条件下，这两部分能级都受弛豫影响。因此，这项技术比较复杂。

(4) X射线光电子能谱(XPS)：可以直接测定外界刺激或真空条件下O 1s轨道的电子能级偏移。

电子光谱设备需要在真空环境下运行。O 1s能级偏移受H—O共价键弛豫的影响。由于O：H非键结合能较低，约3%共价键能甚至更低，所以XPS几乎无法获得非键信息。O：H非键弛豫和极化影响较高占据态和未占据态，H—O共价键弛豫主导O 1s能级偏移，共同影响NEXAFS的采集信息。

17.2.2.1 STM/S与超快射流UPS

图17.3给出了STM/S在低温和高真空下探测沉积在NaCl衬底上的$(H_2O)_N$团簇未占据反键态和占据非键态的原理图[28, 29]。针尖与团簇水分子间的偏压决定电流方向。如果水团簇带正电，非键电子将从团簇流向针尖，反之，电子将从针尖流向水团簇占据初始未占据的反键态。观察结果证实，在5 K或更低温度下，O原子发生sp^3轨道杂化，分子间的相互作用可区分水分子单体和四聚体的能态。

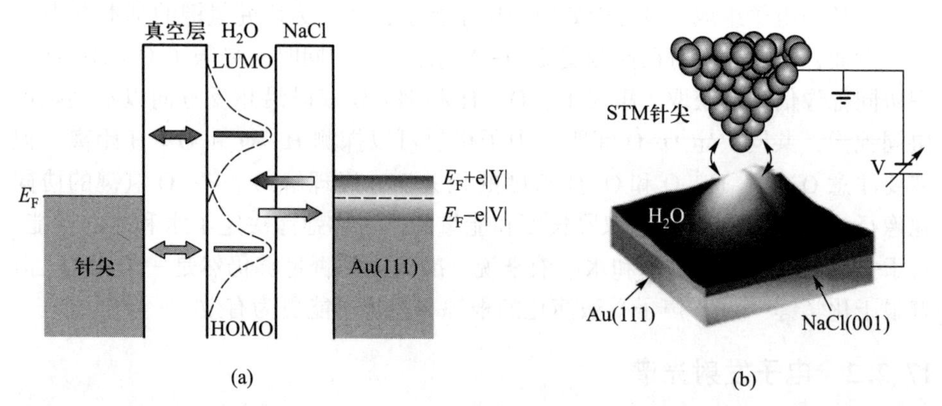

图 17.3　低温与高真空条件下，STM/S 探测沉积在 NaCl 基片上水团簇中跨越费米能级能态的原理图[29]

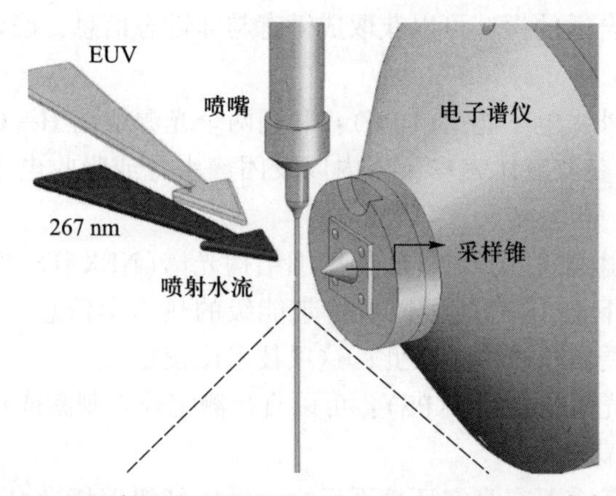

图 17.4　超快射流 UPS 探测射流中水合电子寿命与结合能的示意图[31]

波长 267 nm 的激光束可使液滴电离产生水合电子，极紫外光的高次谐波光脉冲将激发光电子，飞行时间质谱仪用于探测发射电子的动能与寿命

图 17.4 为超快射流 UPS 探测射流中水合电子寿命与结合能的示意图。喷嘴在飞行时间质谱仪前喷射纯水或溶液液体束。使用波长 267 nm 的激光束(4. 64 eV)电离水分子产生水合电子，可被适当的溶液离子捕获。38. 7 eV 的极紫外光束会激发水合电子克服结合能逃逸，随后被飞行时间质谱仪捕获。激光脉冲或极紫外脉冲与探针脉冲之间的时间延滞可给出水合电子的寿命和动力学信息。

17. 2. 2. 2　NEXAFS、XES 与 XPS

图 17. 5 展示了 NEXAFS、XPS 与 X 射线发射谱(XES)3 种光谱相关的能带结构和电子能级跃迁过程。这些技术的物理基础都是原子吸收 X 射线辐射激

发电子从 O 1s 轨道跃迁。受激电子可能变成自由电子，也可能落到更高的未占据能带，取决于入射光束的能量。

XPS 可测量液体 O 1s 轨道芯能级偏移。XPS 光谱所示的峰为表面和块体成分的混合贡献。光电子发射谱(PES)监测受激时键弛豫与键性改变引起的晶格场变化结果。在 XPS 和 UPS 的测量过程中，入射光束能量($h\nu$)激发 O 1s 轨道电子，受激电子克服功函数与轨道能级的约束，从样品中逃逸成为自由电子，动能为 E_k。XPS 与 UPS 的电子受激过程遵循爱因斯坦光电效应的能量守恒：$h\nu = E_{1s} + E_k$。平衡时，能级偏移 $\Delta E_{1s} = -\Delta E_k$，正比于 H—O 键能。H—O 键能为 4.0 eV，弱的 O : H 非键键能仅为其 3%或者更少。

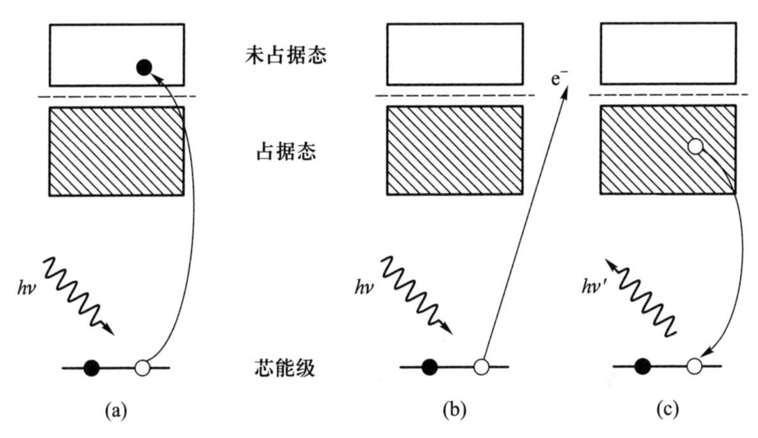

图 17.5　电子光谱仪(a) NEXAFS、(b) XPS、(c) XES 中 O 1s 轨道电子吸收入射能量跃迁的原理图

受激电子可能如(a)中所示向较高的空轨道转移或如(b)所示变成运动的自由电子。受激电子热弛豫至较高价带底部后，可能会返回至 O 1s 轨道并发射 XES 能量，如(c)所示。XPS 可探测孤立和块体 O 原子的 1s 轨道及其他轨道能级的受激偏移情况[27]。若忽略 O : H 非键贡献，孤立原子能级偏移正比于 H—O 键能

在 NEXAFS 与 XES 中，O 1s 轨道电子受激跃迁至更高的未占据空轨道[32]。此时，所有能带将发生弛豫，受激电子还将经历热弛豫过程，随后从未占据轨道跃迁至高占据能态。弛豫电子返回其初始轨道并释放能量。吸收与发射能量的差值等于热弛豫过程与声-电耦合作用的卷积[27]。另一方面，O 1s 轨道与激发电子轨道能级都会发生偏移，偏移量与 H—O 键能成正比。

EXAFS(扩展 X 射线吸收精细结构) 光谱对键长十分敏感，而 NEXAFS 光谱对键长和键角都很敏感。EXAFS 谱可提供足够能量激发电子，而 NEXAFS 谱只能提供足够能量保证电子跃迁至高能带边缘的空轨道。吸收强度呈阶梯状垂直上升，处于吸收边缘和区域之间，因此称为“近边”吸收。由于元素种类、

化学键或分子取向不同，能量始发上升的初始值也各不相同。在 NEXAFS 中，我们可以调用 X 射线频率来探测液体表面的分子取向以及分子内的键长。当 NEXAFS 或 XES 过程涉及多个影响因素时，它们提供的能级偏移信息变得有限[33, 34]。

图 17.6 为不同温度下冰和水的 NEXAFS 谱[34, 35]。在 O 1s 轨道能级，可观察到吸收系数迅速增加，这些能量称为吸收边，相当于从原子中激发一个电子所需的能量。对于孤立原子，当电子被激发时，吸收边会突现峰值，随后随着 X 射线能级增加，X 射线吸收逐渐减少。然而，对于分子、液体或固体中的原子，吸收原子周围原子的靠近将导致吸收边附近 X 射线吸收量的振荡。吸收边附近的这种“摆动”，称为 EXAFS 振荡，起源于激发原子近邻原子的背散射。振荡结构即振幅和频率取决于近邻原子的数量与间距。近邻原子的键长如水中氢与氧原子间距，可以通过分析 EXAFS 振荡来确定。

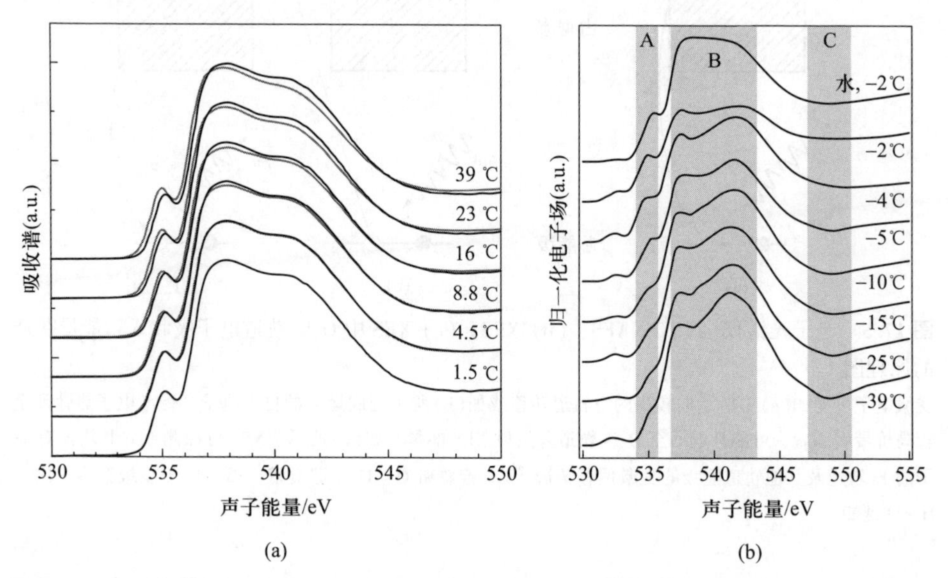

图 17.6　变温条件下(a)水与(b)冰的 O 1s 轨道 NEXAFS 谱[34, 35]

17.2.3　声子与介电光谱

17.2.3.1　红外、拉曼与和频振动光谱

某物质的声子共振频率可表示为 $\omega = \omega_0 + \Delta\omega$，其中 ω_0 是受激频移 $\Delta\omega$ 的偏移参考点。参考点可能随入射光改变，但频移 $\Delta\omega$ 与光束能量无关。对简谐系统原子对势采用一阶近似泰勒展开，可以得到振动频率[36]

$$u(r) = \sum_{n=0}\left(\frac{\mathrm{d}^n u(r)}{n!\ \mathrm{d}r^n}\right)_{r=d_i}(r-d_i)^n \tag{17.8}$$

$$= E_i + \frac{\mu\omega^2 (r - d_i)^2}{2} + O[(r - d_i)^{n\geq 3}] \cdots$$

式中，指数 $n = 0$ 的项表示平衡位置的键能 E_b，决定了不同轨道电子的能级偏移。XPS 测得芯能级偏移正比于 E_b。$n=1$ 的项表示平衡位置的力；$n=2$ 的项表示二体振子谐振力常数，决定声子频移[37]。$n\geq 3$ 时，为非线性振动相，影响输运动力学如热膨胀与热传导。因二体振动能等于泰勒展开式第三项，则有

$$\frac{1}{2}\mu (\Delta\omega)^2 x^2 \cong \frac{1}{2} \frac{\partial u(r)}{\partial r^2}\bigg|_{r=d_i} x^2 \propto \frac{1}{2} \frac{E_i}{d_i^2} x^2 \qquad (17.9)$$

简谐近似可以有效地描述氢键在平衡位置附近的振动问题。在考虑振频频移时，应用了量纲分析和比例关系。结果表明，声子频移 $\Delta\omega(d_i, E_i)$ 与键长 d_i、键能 E_i 以及约化质量 $\mu = \frac{m_1 m_2}{m_1 + m_2}$ 相关，即

$$\Delta\omega(d_i, E_i, \mu_i) \propto \frac{\sqrt{E_i/\mu_i}}{d_i} \propto \frac{\sqrt{Y_i d_i}}{\mu_i} \propto \sqrt{\frac{k_i + k_C}{\mu_i}} \qquad (17.10)$$

式中，k_i 为共价键或非键的力常数；k_C 是 O-O 库仑力的力常数，大小等于各短程势的二阶导数。实际上，声子频移正比于氢键分段刚度 $Y_i d_i$ 的平方根。Y_i 是弹性模量，正比于局域能量密度 E_i/d_i^3。

拉曼散射光谱、红外吸收光谱和中子衍射光谱都可以用于探测全频率范围内的非键 ω_L、共价键 ω_H 以及∠O：H—O 弯曲振频 ω_{B1}、∠O—H—O 弯曲振频 ω_{B2} 等。我们需要关注三类定量信息：

(1) 峰值相对参考值的频移，对应于氢键分段的强化或弱化。

(2) 半高宽(FWHM)，代表各分段刚度的涨落程度。

(3) 丰度，各成分谱峰面积积分，指特定成分同一振频的多少，通常会随频率增大而增加。

一般而言，红外吸收峰频率略高于拉曼反射。由于中子衍射收集声子态密度的信息，因此，与声子谱相比，中子衍射可得到更多关于精细结构的信息。

和频振动(SFG)光谱用于分析表面和界面性能。它是一种非线性光谱，始于1987年[38]，后迅速用于辨别气-固、气-液和液-固界面分子的成分、晶向分布与结构信息。SFG 对单层表皮十分敏感，与二次谐波发生器、紫外和拉曼光谱相似。

紫外-可见光 SFG 光谱仪发射两束激光，在材料表面或两材料界面处交叠，产生新的出射光束，频率为两入射光频率之和。入射光射入表面，出射光射出表面被探测器接收。两入射光束中，一束为恒定频率的可见光，另一束为频率可调的紫外光。通过调节紫外光，可以实现共振扫描，获取界面区域的振动谱。SFG 光谱的强度对应于二阶极化率，后者依赖于界面分子的偶极矩取向。因此，它也被称为介电光谱。

出射光的强度 I 可用下式计算：

$$I(\omega_3;\ \omega_1,\ \omega_2) \propto |\chi^{(2)}|^2 I_1(\omega_1) I_2(\omega_2) \tag{17.11}$$

式中，ω_1 为可见光频率；ω_2 为紫外光频率；$\omega_3 = \omega_1 + \omega_2$ 是 SFG 光谱的频率。比例系数在不同文献中取值不同。

二阶极化率包含两部分

$$\chi = \chi_{nr} + \chi_r$$

式中，χ_{nr} 为非共振项；χ_r 为共振项。非共振作用来自电子响应。尽管这一作用在整个光谱范围内常被认为是恒定的，但因为它是伴随共振响应自发产生的，所以这两种作用间必存在竞争。这种竞争通过共振衰减可以从含有共振特征的信息中区别出非共振贡献。因为目前还不知道如何充分排除非共振的干扰，所以在实验中排除非共振干扰因素非常重要，常采用非共振抑制技术。

SFG 光谱可以探测界面水的振动响应。二阶极化率 $\chi^{(2)}$ 决定 SFG 的强度，其虚部 $\mathrm{Im}[\chi^{(2)}]$ 可利用相分辨方法确定，它组成了块体红外系吸收谱的表面等效。而且，$\mathrm{Im}[\chi^{(2)}]$ 谱中正(负)能带表示空气/水界面处的 H—O 拉伸诱导偶极矩的净朝上(朝下)取向。如图 17.7 所示，空气/水界面处 $\mathrm{Im}[\chi^{(2)}]$ 谱的形状与水的块体红外吸收谱宽度相同。

图 17.8 比较了纯水 H—O 频段(ω_H)的红外吸收谱、拉曼反射谱和气-液界面 SFG 谱的结果。块体(~3 200 cm^{-1})、表皮(~3 450 cm^{-1})和 H—O 悬键(~3 650 cm^{-1})3 种成分对应的峰强与峰位略有不同。

由于低频信号比高频弱得多，人们常集中研究高频区域，忽略了低频(ω_L)的 O：H 非键弛豫以及库仑排斥信息。

17.2.3.2　多场耦合声子谱

声子谱是采集不同激励下氢键键角、分段键能与键长弛豫定量信息的最有效工具，适用于各种实验条件，无需高真空。超快光谱也可以给出一些与水分

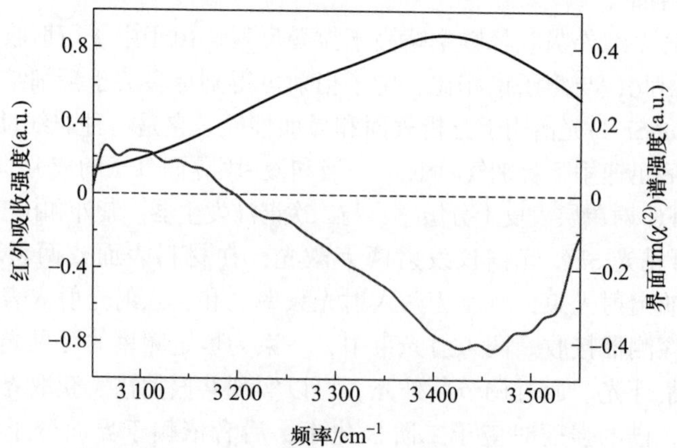

图 17.7　水的 H—O 声子频段的红外吸收谱与空气/水界面 $\mathrm{Im}[\chi^{(2)}]$ 谱[39]

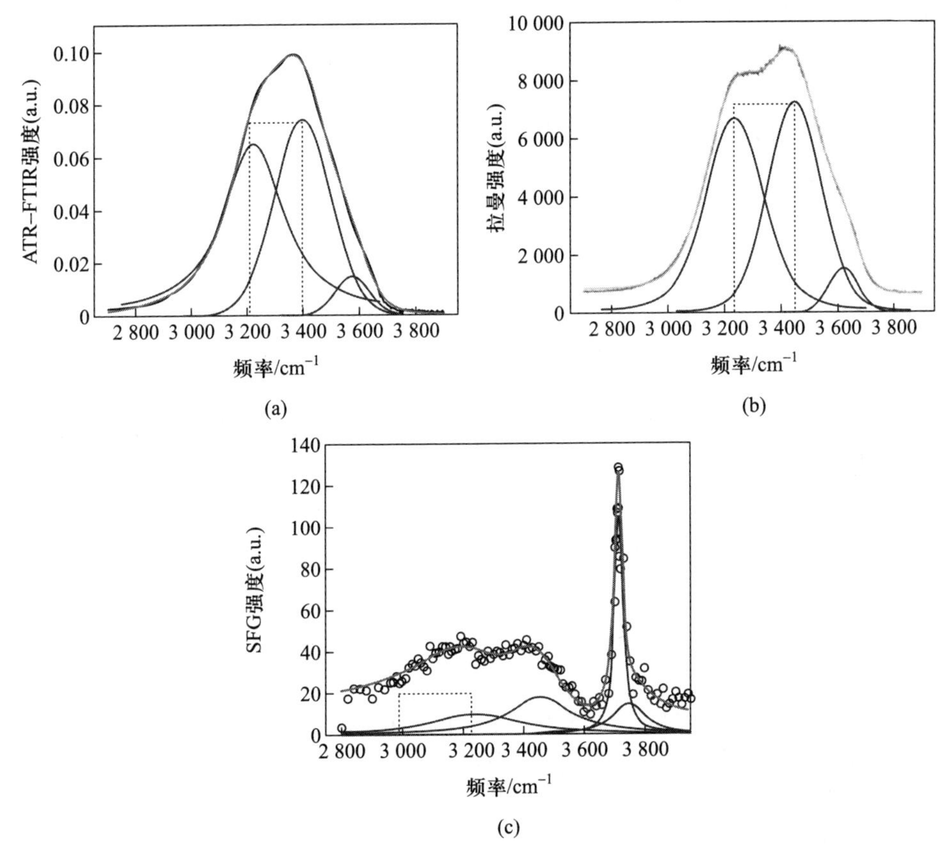

图 17.8 纯水 H—O 频段(a)衰减全反射傅里叶变换红外光谱(ATR-FTIR)、(b)各向同性拉曼光谱以及(c)气-液界面 SSP-极化 SFG 谱的解谱结果[40](参见书后彩图)

红外与拉曼谱中块体、表皮、H—O 悬键对应的特征峰约为 3 200 cm^{-1}、3 450 cm^{-1}、3 650 cm^{-1}[41]。SFG 收集单分子表皮的信息，其 H—O 悬键声子频率为 3 700 cm^{-1}

子涨落序度或样品黏弹性有关的分子动力学信息。

拉曼和傅里叶红外光谱可以采集在冷却、加热、压缩、加盐、电场、分子团簇等条件下，以及各种角度入射情况下冰与水的全频范围数据，以此探究并验证预测的氢键协同弛豫、电子钉扎与极化情况。

17.2.3.3 峰面积归一化差谱方法

差谱(differential phonon spectrometrics，DPS)，是选区光电子能谱的拓展[27, 42]，对同一样品在受激前后(或从不同的反射角度)采集数据，对数据谱图进行背景扣除和面积归一化后，再用受激后的谱图减去初始原谱(变角度谱图类似处理)即可提纯特征声子在受激情况下的演化信息。DPS 也可用于区别不同条件下计算的氢键分段键长或振频谱峰。例如，DPS 可以基于块体信息提纯低配位水分子的键长与振频特征[43]。

可以想象，如果能够区分下列情况下测得的两条谱线，我们可以获得非常重要的信息：

(1) 不同角度入射冰与水的表皮；

(2) 不同受激情况的液态水，如加盐(变类型、变浓度)、升温(升至不同温段)、压缩或拉伸、减小液滴尺寸、加电场、加磁场等。

经过背景扣除和面积归一化常规处理后，对于情况(1)，大角度入射会大幅度增加表皮信息，差谱可以过滤块体信息以提纯表皮的谱学特征。对于情况(2)，DPS 可以提纯条件改变引起的频谱特征变化。差谱无需任何近似或假设，可以敏感、准确地监控静态与动态的声子弛豫。

对于溶液，如酒精或甘油，它们的谱图信息涵盖纯水的谱学特征。我们可以通过以下方式从复合谱中扣除相同条件下水的光谱信息，得到溶质对声子频移的影响：$\Delta I = I_{x,溶质} + I_{x-1,水} - [xI_{溶质} + (1-x)I_{水}]$，其中 $I_{溶质}$ 和 $I_{水}$ 分别表示纯溶质与纯水的光谱，x 和 $1-x$ 代表溶液中溶质和水的摩尔分数。

差谱可以提取声子态密度信息。DPS 谱图水平轴以上的波峰部分表示态密度的增加，反之，水平轴以下的波谷部分则代表态密度的减小。这个过程消除无需关注的相同频谱特征。

DPS 谱图总面积守恒，即横坐标上方的面积与下方相等。若背景扣除不恰当或面积归一化处理不当都会造成 DPS 总面积不等于零。基于这些规则，我们可得到局域键长、键能、电子钉扎和极化等的定量信息。

通常，在差谱之前，应用标准 Tougaard 方法[44-46]，使用高斯函数、洛伦兹函数或者 Doniach-Sunjic 函数校正背景。不过，DPS 简化了背景校正、组分确定以及谱峰能量微调等繁琐过程。DPS 图谱中直接给出代表表皮或激励条件诱导信息的波峰，而波谷则对应着块体信息。

应用 DPS 技术可以直接获得氢键 O：H 非键与 H—O 共价键的声子弛豫趋势，还可以估算全频范围内氢键分段的声子频移。按照下列步骤，我们可以获得块体、表皮以及 H—O 悬键不同位置处键的弛豫信息。

(1) 将水参考谱的高频 H—O 特征峰分解为三部分：3 250 cm^{-1} 的块体组分、3 450 cm^{-1} 的表皮组分以及 3 610 cm^{-1} 的 H—O 悬键组分。

(2) 将不同条件下 H—O 特征峰按块体、表皮以及 H—O 悬键三部分分解，各分峰中心较之参考谱情况发生相对移动。

(3) 将(1)和(2)解谱后的全面积进行归一化和背景校正，再将处理后(2)的各条件分谱与水参考分谱相减，即得 DPS 结果，可从中获取不同位置处 O：H—O氢键分段键长、键能以及极化和离子占据态的变化趋势。

在声子光谱处理过程中，谱峰频率、半高宽(FWHM)和峰积分面积 3 个参数非常关键：

（1）谱峰频率 ω_H 的频移源自键长和键能或键刚度的弛豫，与 H—O 寿命 τ_H、分子结合能力（与自扩散能力相反）以及黏度 η 成正比。ω_L 频移一般与 ω_H 相反。

（2）FWHM 减小代表水分子涨落序度与自扩散能力降低。

（3）峰积分面积代表特定位置分子的特征声子丰度。

此外，差谱结果还具备以下规则并获得重要信息：

（1）谱图相减之前的面积归一化表示三组成分差谱后的面积得失相等，因为总的声子数保持不变。

（2）纯水光谱结果解谱得到块体、表皮、悬键 3 种声子频率组成，是因为分子配位数的影响，三者的近邻水分子数逐渐减小，低配位效应也越发明显，从而形成频率逐渐增大的 3 种 H—O 声子振频。因 H—O 频移依赖于 H—O 键长与键能，所以可以经由 H—O 频移来表征压缩、电场、加热等外部激励造成的声子弛豫情况。

17.3 化学键-电子-声子-性能关联性

17.3.1 键能-键长-O 1s 能级偏移的关联性

根据键弛豫-非电子极化（BOLS-NEP）理论[37]，氢键特定分段的结合能与配位数调控的键长相关[47]

$$\frac{E_x(z)}{E_x(\infty)}=\left[\frac{d_x(z)}{d_{x0}(\infty)}\right]^{-m}=[C_x(z)]^{-m} \tag{17.12}$$

式中，∞表示块体情况；$C_x(z)$是键收缩系数；m 值对于冰和水来说并非常数；下角标 x 表示不同分段。

应用紧束缚理论[48]可描述孤立原子第 ν 能级偏移时的哈密顿量

$$H=\left[-\frac{\hbar^2\nabla^2}{2m}+V_{atom}(r)\right]+V_{cry}(r)$$

式中，原子势 $V_{atom}(r)$ 决定孤立原子第 ν 层芯能级 $E_\nu(0)$；晶格势 $V_{cry}(r)$ 决定其能级偏移 $\Delta E_\nu(\infty)$，并遵循如下关系[48, 49]：

$$\begin{aligned}
E_\nu(0)&=\langle \nu, i \mid V_{atom}(r) \mid \nu, i\rangle \\
\Delta E_\nu(\infty)&=\langle \nu, i \mid V_{cry}(r) \mid \nu, i\rangle\left[1+\frac{z\langle \nu, i \mid V_{cry}(r) \mid \nu, j\rangle}{\langle \nu, i \mid V_{cry}(r) \mid \nu, i\rangle}\right]
\end{aligned} \tag{17.13}$$

$$\cong E_b\left[1+\left(\frac{\text{交叠积分}}{\text{交换积分}}<3\%\right)\right]=E_b$$

式中，$|\nu, i\rangle$ 是第 i 原子层的本征波函数，由于芯电子的强局域化，它满足 $\langle\nu, i|\nu, j\rangle=\delta_{ij}$；$E_b$ 是理想的块体键能；$V_{cry}(r)$ 是近邻原子对势的总和。原子势在平衡位置处泰勒展开的零阶项代表键能 E_b，它决定第 ν 能级偏移 $\Delta E_\nu(\infty)$。外部激励对晶格势造成微扰，可表示为 $V_{cry}(r)(1+\Delta_H)\cong E_b(1+\Delta_H)$，无需改变波函数。

因为水分子周边存在 4 对孤对电子，所以 $V_{cry}(r)$ 由 H—O 势能主导。因此，水分子的 O 1s 轨道能级相对孤立能级 $E_{1s}(0)$ 的偏移量 $\Delta E_{1s}(z)$ 正比于 H—O 键能 E_H[50]。任何因素引起 H—O 弛豫即引起 O 1s 轨道能级偏移，偏离块体值 $E_{1s}(\infty)$。偏移量 $\Delta E_{1s}(z)$ 可正可负，取决于扰动来源，包括键弛豫[51, 52]、电荷极化[52]、库仑耦合等。在冰与水中，$\Delta E_{1s}(z)$ 遵循如下关系[50]：

$$\frac{\Delta E_{1s}(z)}{\Delta E_{1s}(\infty)}=\frac{E_{1s}(z)-E_{1s}(0)}{E_{1s}(\infty)-E_{1s}(0)}=\frac{E_H(z)}{E_H(\infty)}=[C_H(z)]^{-m} \tag{17.14}$$

由于氢键 O : H 非键键能仅为 H—O 共价键键能 4.0 eV 的 3%甚至更小，XPS 难以接收非键信息，限制了对非键性能的表征。

17.3.2　杨氏模量–声子频率–O 1s 能级频移的关联性

基于量纲分析，受力平衡时，对势 $u_x(r)$ 的二阶导数正比于 E_x/d_x^2[53]。对势 $u_x(r)$ 泰勒级数的二阶微分项近似等于振子振动能 $\mu_x\omega_x^2x^2/2$，所以可据此得到声子振动频率 ω_x，其中 μ_x 是振子约化质量，x 是振幅。基于对势的泰勒展开与量纲分析，我们还可以获得如下参数关系[16, 54, 55]：

$$\begin{cases}\Delta\omega_x \propto \left(\left.\dfrac{\partial^2 u_x(r)}{\mu_x\partial r^2}\right|_{r=d_x}\Big/\mu_x\right)^{1/2} \propto \dfrac{\sqrt{E_x/\mu_x}}{d_x}\\ Y_x \propto -V\left.\dfrac{\partial^2 u_x(r)}{\partial V^2}\right|_{r=d_x} \propto \dfrac{E_x}{d_x^3}\\ (\Delta\omega_x)^2 \cong Y_x d_x\end{cases}$$

式中，$\omega_x(0)$ 是频移 $\omega_x(z)$ 的参考振频；V 是分子体积；$\Delta\omega_x(z)$ 为实测声子频移量(与杨氏模量和键长有关)。对于液态水，弹性模量由非键的弛豫和极化主导。库仑斥力的耦合作用体现在将力常数 k_x 用 (k_x+k_C) 替代，使声子振频偏移表示为 $\Delta\omega\propto[(k_x+k_C)/\mu_x]^{1/2}$。振频和杨氏模量的相对偏移量可表示为

$$\begin{cases}\dfrac{\Delta\omega_x(z)}{\Delta\omega_x(\infty)}=\dfrac{\omega_x(z)-\omega_x(0)}{\omega_x(\infty)-\omega_x(0)}=[C_x(z)]^{-(1+m_x/2)}\\ \dfrac{Y_x(z)}{Y_x(\infty)}=[C_x(z)]^{-(3+m_x)}\end{cases} \tag{17.15}$$

因此，O 1s 轨道能级偏移 ΔE_{1s}与频移 $\Delta\omega_H$关系为

$$\begin{cases}\Delta E_{1s} \propto E_H & (O_{1s}\text{ 能级偏移}) \\ \Delta\omega_H \propto d_H^{-1}\sqrt{E_H} & (\omega_H\text{ 频移}) \\ (d_H\Delta\omega_H)^2 \cong \Delta E_{1s}(\text{相关性}) \end{cases} \tag{17.16}$$

表明 ΔE_{1s}和 $\Delta\omega_H$同向偏移，速率不同。

17.3.3 相变温度与键能

对于常规材料，相变温度 T_C 正比于原子结合能即 $T_C \propto zE_z$，z 为有效配位数，E_z为 z 配位时的原子键能[47]。然而，对于液态水，由于水分子被它周围的孤对电子孤立，相变温度正比于 H—O 键能 E_H。蒸发过程与 O：H 非键断开有关，所以 O：H 键能 E_L决定着水的沸点温度

$$\frac{T_C(z)}{T_C(\infty)} = \begin{cases}\dfrac{E_H(z)}{E_H(z_b)} = [C_H(z)]^{-m_H} & (T_C < T_V) \\ \dfrac{E_L(z)}{E_L(z_b)} = [C_L(z)]^{-m_L} & (T_C = T_V)\end{cases} \tag{17.17}$$

17.4 小结

多尺度计算、衍射晶体学、原子和电子显微技术、电子和声子谱计量等方法的相互协作是验证冰与水在不同尺度和不同约束条件下性能演化理论预测的必要手段。这些方法可获得丰富信息，有助于全面了解 O：H—O 氢键及其电子、声子的弛豫动力学，从而澄清冰与水的各种奇异物理行为。

氢键分段长度和键能弛豫以及相关的电子和声子行为可统一冰与水的宏观性能。键参数对外界激励的响应产生了冰水的异常行为。所有可测物理量均能表示为 H—O 或 O：H 分段弛豫的函数。H—O 共价键的弛豫引起 O 1s 芯能偏移、H—O 声子频移以及相变温度 T_C(蒸发除外)改变。O：H 非键弛豫则产生极化、弹性、O：H 声子频移，主导分子解离能 E_L。

各种激励作用下若引起 H—O 收缩而产生高频蓝移、低频声子红移，其本质原因在于加强了极化效果，而加热则引起退极化。极化会使分子运动能力降低、所有声子与电子及转动行为弛豫时间拉长，从而提高水的黏弹性。因此，所有冰与水的可测或预想的性能都是相互关联的。若可以定量表征出其中某一个量，则可知其他性能的变化。

参 考 文 献

[1] Sun H. COMPASS: An ab initio force-field optimized for condensed-phase applications overview with details on alkane and benzene compounds. J. Phys. Chem. B, 1998, 102 (38): 7338-7364.

[2] Wang J., Qin Q. H., Kang Y. L., et al. Viscoelastic adhesive interfacial model and experimental characterization for interfacial parameters. Mech. Mater., 2010, 42 (5): 537-547.

[3] J. A. Hayward, Reimers J. R. Unit cells for the simulation of hexagonal ice. J. Chem. Phys., 1997, 106 (4): 1518-1529.

[4] Andersen H. C. Molecular-dynamics simulation at constant pressure and-or tempertaure. J. Chem. Phys., 1980, 72 (4): 2384-2393.

[5] Zhang X., Huang Y., Ma Z., et al. A common supersolid skin covering both water and ice. Phys. Chem. Chem. Phys., 2014, 16 (42): 22987-22994.

[6] Perdew J. P., Wang Y. Accurate and simple analytic representation of the electron-gas correlation-energy. Phys. Rev. B, 1992, 45 (23): 13244-13249.

[7] Ortmann F., Bechstedt F., Schmidt W. G. Semiempirical van der Waals correction to the density functional description of solids and molecular structures. Phys. Rev. B, 2006, 73 (20): 205101.

[8] Wilson E. B., Decius J. C., Cross P. C. Molecular Vibrations. New York: Dover, 1980.

[9] Clark S. J., Segall M. D., Pickard C. J., et al. First principles methods using CASTEP. Z. Kristallogr., 2005, 220 (5-6): 567-570.

[10] Perdew J. P., Burke K., Ernzerhof M. Generalized gradient approximation made simple Phys. Rev. Lett., 1997, 78 (7): 1396.

[11] Su X., Zhang Z. J., Zhu M. M. Melting and optical properties of ZnO nanorods. Appl. Phys. Lett., 2006, 88 (6): 061913.

[12] Dang L. X., Chang T. M. Molecular dynamics study of water clusters, liquid, and liquid–vapor interface of water with many-body potentials. J. Chem. Phys., 1997, 106 (19): 8149-8159.

[13] Nijmeijer M. J. P., Bakker A. F., Bruin C., et al. A molecular dynamics simulation of the Lennard-Jones liquid–vapor interface. J. Chem. Phys., 1988, 89 (6): 3789-3792.

[14] Green M. S. Markoff random processes and the statistical mechanics of time-dependent phenomena J. Chem. Phys., 1952, 20: 1281.

[15] Kubo R. Statistical mechanical theory of irreversible processes. Ⅰ. General theory and simple applications to magnetic and conduction problems. J. Phys. Soc. Jpn., 1957, 12: 570.

[16] Sun C. Q., Zhang X., Fu X., et al. Density and phonon-stiffness anomalies of water and ice in the full temperature range. J. Phys. Chem. Lett., 2013, 4: 3238-3244.

[17] Hand L. N., Finch J. D. Analytical Mechanics. Cambridge: Cambridge University Press, 2008.

[18] Fourier J. The Analytical Theory of Heat. New York: Dover Publications, 1955.

[19] Zhang X., Huang Y., Ma Z., et al. Hydrogen-bond memory and water-skin supersolidity resolving the Mpemba paradox. Phys. Chem. Chem. Phys., 2014, 16 (42): 22995-23002.

[20] Sellberg J. A., Huang C., McQueen T. A., et al. Ultrafast X-ray probing of water structure below the homogeneous ice nucleation temperature. Nature, 2014, 510 (7505): 381-384.

[21] Skinner L. B., Benmore C. J., Shyam B., et al. Structure of the floating water bridge and water in an electric field. Proc. Natl. Acad. Sci. U. S. A., 2012, 109 (41): 16463-16468.

[22] Fuchs E. C., Baroni P., Bitschnau B., et al. Two-dimensional neutron scattering in a floating heavy water bridge. J. Phys. D: Appl. Phys., 2010, 43 (10): 105502.

[23] Head-Gordon T., Hura G. Water structure from scattering experiments and simulation. Chem. Rev., 2002, 102 (8): 2651-2669.

[24] Li J. Inelastic neutron scattering studies of hydrogen bonding in ices. J. Chem. Phys., 1996, 105 (16): 6733-6755.

[25] Kolesnikov A., Li J., Parker S., et al. Vibrational dynamics of amorphous ice. Phys. Rev. B, 1999, 59 (5): 3569.

[26] Li J., Ross D. Evidence for two kinds of hydrogen bond in ice. Nature, 1993, 365: 327-329.

[27] Liu X. J., Bo M. L., Zhang X., et al. Coordination-resolved electron spectrometrics. Chem. Rev., 2015, 115 (14): 6746-6810.

[28] Meng X., Guo J., Peng J., et al. Direct visualization of concerted proton tunnelling in a water nanocluster. Nat. Phys., 2015, 11 (3): 235-239.

[29] Guo J., Meng X., Chen J., et al. Real-space imaging of interfacial water with submolecular resolution. Nat. Mater., 2014, 13: 184-189.

[30] Zhang J., Chen P., Yuan B., et al. Real-space identification of intermolecular bonding with atomic force microscopy. Science, 2013, 342 (6158): 611-614

[31] Siefermann K. R., Liu Y., Lugovoy E., et al. Binding energies, lifetimes and implications of bulk and interface solvated electrons in water. Nat. Chem., 2010, 2: 274-279.

[32] Stöhr J. NEXAFS Spectroscopy. Heidelberg: Springer-Verlag, 1992.

[33] Nilsson A., Nordlund D., Waluyo I., et al. X-ray absorption spectroscopy and X-ray Raman scattering of water and ice: An experimental view. J. Electron. Spectrosc., 2010, 177 (2-3): 99-129.

[34] Meibohm J., Schreck S., Wernet P. Temperature dependent soft X-ray absorption spectroscopy of liquids. Rev. Sci. Instrum., 2014, 85 (10): 103102.

[35] Bluhm H., Ogletree D. F., Fadley C. S., et al. The premelting of ice studied with photoelectron spectroscopy. J. Phys. : Condens. Mat., 2002, 14 (8): L227-L233.

[36] White G. Solid state physics, in Physics in Australia: A review by the National Committee for Physics, 1981.

[37] Sun C. Q. Relaxation of the Chemical Bond. Heidelberg: Springer, 2014.

[38] Shen Y. R. Basic theory of surface sum-frequency generation. J. Phys. Chem. C, 2012, 116: 15505-15509.

[39] Van der Post S. T., Hsieh C. S., Okuno M., et al. Strong frequency dependence of vibrational relaxation in bulk and surface water reveals sub-picosecond structural heterogeneity. Nat. Commun., 2015, 6: 8384.

[40] Levering L. M., Sierra-Hernández M. R., Allen H. C. Observation of hydronium ions at the air-aqueous acid interface: Vibrational spectroscopic studies of aqueous HCl, HBr, and HI. J. Phys. Chem. C, 2007, 111 (25): 8814-8826.

[41] Huang Y., Zhang X., Ma Z., et al. Hydrogen-bond relaxation dynamics: Resolving mysteries of water ice. Coord. Chem. Rev., 2015, 285: 109-165.

[42] Sun C. Q. Atomic scale purification of electron spectroscopic information. US: No. 9625397B2, 2017.

[43] Kahan T. F., Reid J. P., Donaldson D. J. Spectroscopic probes of the quasi-liquid layer on ice. J. Phys. Chem. A, 2007, 111 (43): 11006-11012.

[44] Hajati S., Coultas S., Blomfield C., et al. XPS imaging of depth profiles and amount of substance based on Tougaard's algorithm. Surf. Sci., 2006, 600 (15): 3015-3021.

[45] Seah M. P., Gilmore I. S., Spencer S. J. Background subtraction. Ⅱ. General behaviour of REELS and the Tougaard universal cross section in the removal of backgrounds in AES and XPS. Surf. Sci., 2000, 461 (1-3): 1-15.

[46] Zhou X. B., Erskine J. L. Surface core-level shifts at vicinal tungsten surfaces. Phys. Rev. B, 2009, 79 (15): 155422.

[47] Sun C. Q. Size dependence of nanostructures: Impact of bond order deficiency. Prog. Solid State Chem., 2007, 35 (1): 1-159.

[48] Omar M. A. Elementary Solid State Physics: Principles and Applications. New York: Addison-Wesley, 1993.

[49] Sun C. Q., Sun Y., Nie Y. G., et al. Coordination-resolved C -C bond length and the C 1s binding energy of carbon allotropes and the effective atomic coordination of the few-layer graphene. J. Phys. Chem. C, 2009, 113 (37): 16464-16467.

[50] Sun C. Q. Surface and nanosolid core-level shift: Impact of atomic coordination-number imperfection. Phys. Rev. B, 2004, 69 (4): 045105.

[51] Sun C. Q., Nie Y., Pan J., et al. Zone-selective photoelectronic measurements of the local bonding and electronic dynamics associated with the monolayer skin and point defects of graphite. RSC Adv., 2012, 2 (6): 2377-2383.

[52] Sun C. Q., Wang Y., Nie Y. G., et al. Adatoms-induced local bond contraction, quantum trap depression, and charge polarization at Pt and Rh surfaces. J. Phys. Chem. C, 2009, 113 (52): 21889-21894.

[53] Zheng W. T., Sun C. Q. Underneath the fascinations of carbon nanotubes and graphene nanoribbons. Energ. Environ. Sci., 2011, 4 (3): 627-655.

[54] Sun C. Q., Zhang X., Zhou J., et al. Density, elasticity, and stability anomalies of water molecules with fewer-than-four neighbors. J. Phys. Chem. Lett., 2013, 4: 2565-2570.

[55] Ouyang G., Yang G. W., Sun C. Q., et al. Nanoporous structures: Smaller is stronger. Small, 2008, 4 (9): 1359-1362.

第 18 章
氢键规则六十条

重点提示

- 水是由超固态表皮包裹、具有均相准四配位结构、高度有序、强关联、强涨落、可流动的分子单晶体
- 氧固有的 sp^3 轨道杂化特性使冰水中孤对电子和氢质子服从“$2N$ 守恒”定则且氢键(O：H—O)构型唯一
- O：H—O 键角、取向、分段长度和能量具有可调性；氢键的非对称性和 O-O 的库仑排斥主导其协同性、适应性、自修复性以及对刺激的长程敏感性
- H↔H 反氢键量子致脆，O：⇔：O 超氢键量子压缩，Y^+ 和 X^- 量子极化调制酸碱盐溶液的氢键网络并决定其物理化学性能

摘要

氢键与水在外场作用下的 60 条行为规则支配着氢键弛豫、电子极化以及由此主导的系列可测物性，如声子频率、O 1s 能级偏移、水分子几何构型、声子寿命、质量密度、弹性、疏水性、流动性、润滑性、超固态、准固态、黏性、表皮应力、溶解度、分子涨落序度、热稳定性等及它们之间的相互联系。将冰水的连续介质论、分子时空论、氢核量子论、氢键弛豫极化论融合并作为一个整体而互补应该是一个有效的方法，具有广阔的发展前景。

18.1　氢键协同弛豫及守恒规则

自博奈尔-富勒-鲍林于 1933—1935 年间提出氢质子以 THz 的频率在两个 O 原子之间的等价位置以等概率往返隧穿后，液态水的结构尤其是分子的近邻配位数目一直是关注的焦点。水分子的刚性或柔性偶极子相互作用表述、纳晶和非晶或混相结构模型、质子和溶质扩散迁移及作用程等假说仍为认知主流，定量地破解水在外场作用下所呈现的各种反常物性的进展长期不利。新的氢键耦合振子协同弛豫理论正在逐步改变现状。表 18.1 总结了目前关于冰与水及溶液研究的关注焦点、传统认知以及氢键协同弛豫理论研究的最新进展。

从表 18.1 左栏列出的当前最具代表性的关注焦点可见，就某一专题达成共识，尚需时日。正如《现代物理评论》2016 年 2 月发表的一篇文章指出[1]，人们对水的研究最多，但知之最少；研究投入越多，手段越先进，认知越迷茫[2]。常规液体-固体相变理论对水失灵；先进的量子理论计算很难符合实验结果。

表 18.1　冰、水与溶液研究中的关注焦点、传统认知以及氢键协同弛豫理论研究的最新进展

	关注焦点	传统认知[1, 2, 7-15]	研究进展[3, 4, 16, 17]
1	配位规则	或非四配位动态结构	质子和孤对电子数目以及 O：H—O 氢键构型守恒确定分子取向规则
2	作用形式	刚性或柔性偶极子近似	O：H—O 非对称超短程耦合振子对
3	势能函数	双体或多体、对称或非对称	三体非对称、超短程、强耦合
4	输运规则	$2H_2O \leftrightarrow H_3O^+ + HO^-$ 自发质子隧穿	O：H—O 分段长度和能量受激协同弛豫
5	液态结构	均相涨落或高低密度混相	超固态表皮包裹的强涨落单晶
6	温致特性	经典热力学；混相权重调控	O：H—O 分段比热叠加；液态-准固态-固态温区密度振荡
7	配位弛豫	过热和过冷；热力稳定性	超固态：准固态相边界受激色散伴随电子极化密度致疏
8	压致特性	质子平移隧穿和 O-O 收缩	O：H 缩短 H—O 伸长伴随极化
9	冰皮润滑	准液态（压融、热摩擦）润滑	界面超固态弱声子高弹性和极化电子相斥

续表

	关注焦点	传统认知[1, 2, 7-15]	研究进展[3, 4, 16, 17]
10	压融复冰	表皮液态连接剂	O：H—O 变形破损自愈合；H—O 键能主导熔点
11	温水速冻	多因素定性猜测	能量存储—释放—传导—耗散：氢键记忆与表皮超固态
12	盐水溶液	溶质迁移和水合层厚	O：H—O 网络离子局域极化调制氢键刚度、序度和丰度
13	酸合溶液	$H[H_4O_2]^+$ 质子隧穿扩散迁移	H_3O^+ 和 H↔H 反氢键点致脆退极化
	碱合溶液	HO^- 迁移	HO^- 和 O：⇔：O 超氢键点压缩极化
14	电致相变	阿姆斯壮水桥	极化拓展准固态相边界
15	液态抗磁	青蛙磁悬浮	感生偶极子电流对抗源磁场

当对某一系列专题付出长期和大量的努力而进展不如意时，就有必要审核所涉及的基础理论或假设是否存在某种缺陷。欲寻求破解液态水的结构及其反常物性的各项谜题的突破，必须从源头重新思考[3, 4]。根据鲍林的理论，化学键的属性是连接物质的结构和性能的桥梁[5]。所以，唯有从化学键的形成和弛豫以及相应的电子行为对可测物性的关联来思考，才有可能摆脱目前的困境[6]。

本书作者强调从传统的“偶极子-偶极子”到“氢键(O：H—O)超短程非对称强耦合”作用以及从源头的“质子隧穿失措”到“氢键受激协同弛豫”的思维方式的转变，对破解水的结构及其反常物性或成必然。相应地，我们采用一条氢键作为最基本的结构单元代表研究样本中所有的氢键，并专注于这条代表键和电子的受激行为以及它的演变对可测物理量的贡献。

本书报道的进展也证明，水中键合氢质子和孤对电子的数目和氢键的构型守恒；通过氢键作用的静态四配位单晶结构和强涨落是打破僵局的关键；由于氢键分段比热的差异，液态与固态之间存在具有冷胀热缩特性的准固态；由于键序降低导致的氢键分段协同弛豫，低配位水分子形成具有超低密度、强极化、高弹性、高热稳定性的超固态。此外，酸溶液中 H↔H 反氢键的点致脆效应、碱溶液中 O：⇔：O 超氢键的点压缩效应以及盐溶液中离子对氢键的极化效应主导水及其溶液的氢键网络与界面行为。

在处理方法上，我们从单变量精确求解转向多变量集合的统计平均（如表18.2与表18.3所示）；从液态纳晶/非晶转变到可流动的静态“分子单晶”；从表面的概念转到有一定厚度的表皮；从测量谱学实验转到计量谱学分析。这一系列的思维转变使我们可以系统地检测氢键分段长度和能量的协同弛豫以及非键电子极化对冰水的宏观可测物性的主导作用。我们归纳了氢键与水行为的60条规则，详述如下。

表18.2　氢键的键属性参数及其参考取值

		参数		块体（4 ℃）	表皮（±20 ℃）	冰（−20 ℃）
O—H:O 氢键属性	H—O 共价键	键长/Å	d_H	1.000 4	0.840	0.971 3
		键能/eV	E_H	3.97	4.66	3.97
		声子频率/cm^{-1}	ω_H	3 200	3 450	3 150
		德拜温度/K	Θ_{DH}	3 200	3 400	
		熔点/K	T_m	273	315	273
		O 1s 能级偏移/eV	ΔE_{1s}	536.6	538.1	—
		ω_H 声子寿命/ps	τ_H	0.25±0.90	—	
	H:O 非键	键长/Å	d_L	1.694 6	2.180	1.798 5
		键能/eV	E_L	0.1	0.095	0.1
		声子频率/cm^{-1}	ω_L	175	75	
		德拜温度/K	Θ_{DL}	198	100	198
		冰点/K	T_N	258	240	—
		沸点/露点/K	T_V	373	330	—
		O:H 声子寿命/fs	τ_{H_2O}	200	700	300
	∠O:H—O 键角/°		θ	160	—	165
	密度/(g/cm^3)		ρ	1.0	0.75	0.92

表 18.3　氢键受激弛豫响应规律

<table>
<tr><th></th><th>参数</th><th>外界刺激类型</th></tr>
<tr><td rowspan="20">O:H—O 氢键伸长</td><td>$\Delta d_{H} < 0$</td><td rowspan="4">热激发
• 准固态 H—O 冷缩和 O : H 冷胀(浮冰)
• 液体加热
• 冰 I_{c+h} 相加热</td></tr>
<tr><td>$\Delta E_{H} > 0$</td></tr>
<tr><td>$\Delta \omega_{H} > 0$</td></tr>
<tr><td>$\Delta \Theta_{DH} > 0$</td></tr>
<tr><td>$\Delta T_{m} > 0$</td><td rowspan="2">机械载荷
• 拉伸</td></tr>
<tr><td>$\Delta \tau_{H} > 0$</td></tr>
<tr><td>$\Delta E_{1s} > 0$</td><td rowspan="9">分子低配位效应——超固态
• 冰水表皮(疏水性和润滑性)
• 纳米气泡和纳米液滴(过冷和过热)
• 水分子团簇
• 水合壳层
• 亲水毛细管受限水(聚合水)
• 超润滑
• 超流
• 超固态</td></tr>
<tr><td>$\Delta d_{L} > 0$</td></tr>
<tr><td>$\Delta E_{L} < 0$</td></tr>
<tr><td>$\Delta \omega_{L} < 0$</td></tr>
<tr><td>$\Delta \Theta_{DL} < 0$</td></tr>
<tr><td>$\Delta T_{N} < 0$</td></tr>
<tr><td>$\Delta T_{V} < 0$</td></tr>
<tr><td>$\Delta \rho < 0$</td></tr>
<tr><td>$\Delta Y > 0$</td></tr>
<tr><td>$\Delta \eta > 0$</td><td rowspan="5">电场作用
• 离子短程电源电场(霍夫梅斯特效应)
• 平板电容器长程电场(阿姆斯壮水桥)
• 正负离子对电场</td></tr>
<tr><td>$\Delta \tau > 0$</td></tr>
<tr><td>$\Delta \varepsilon_{r} > 0$</td></tr>
<tr><td>$\Delta \gamma > 0$</td></tr>
<tr><td>$\Delta P > 0$</td></tr>
<tr><td colspan="2" rowspan="3">O : H—O 氢键缩短
(各参数反向变化)</td><td>热激发
• 准固态受热
• 液体冷却
• 冰 I_{h+c} 相冷却</td></tr>
<tr><td>机械载荷
• 压缩
• 碱溶液量子压缩点源</td></tr>
<tr><td>电场作用
• 同种电荷电场
• 反向电场叠加</td></tr>
</table>

18.2　冰水的结构与相图：氢键表述

(1) 液态水是由超固态表皮包裹的高度有序、强关联、强涨落的可流动单晶，也即静态单晶和动态强涨落，而非纳米晶体或无序玻璃体。

(2) 水结构中的恒量：O sp^3轨道杂化、孤对电子和键合氢质子的 2N 数目以及 O：H—O 键构型守恒。即使额外质子或孤对电子以 H_3O^+或 HO^-四配位体方式介入，分子的空间取向也必须服从这一守恒规则。

(3) 可变参量：O：H—O 键角、取向、分段长度和能量以及热涨落。

(4) H—O 键能~4.0 eV；$(H_2O)_2 \rightarrow H_3O^+ + OH^-$的质子隧穿超离子转化仅发生在极端高温(2 000 K)和高压下(2 TPa)。

(5) 水分子的四面体结构决定 H—O 和 O：H 键长在 4 ℃时分别为 1.000 4 Å和 1.694 6 Å，且其长度随水的质量密度可变。

(6) 相图中各相区内和相边界处的氢键分段协同弛豫动力学可以用 T-P 相边界斜率以及氢键分段主导描述。

(7) H—O 共价键弛豫主导 $dT/dP<0$ 的相变(液相/准固态，冰Ⅶ/Ⅷ)；O：H非键弛豫主导 $dT/dP>0$ 的相变(液/气)；O：H 和 H—O 的低温冻结决定 $dT/dP=0$ 的相变(Ⅰ$_c$/Ⅺ)；O：H 和 H—O 在高压区的同步弛豫决定 $dT/dP=\delta(T_C)$的相变(Ⅻ/ⅩⅢ-Ⅹ)。

(8) 理论重现复冰的 $T_C(P)$ 曲线得到 H—O 结合能为 3.97 eV；重现的正斜率液-气相边界得 O：H 键长随压强变化的函数关系。

18.3　氢键分段的协同性

(9) 氢键的关键在于非键孤对电子的存在和 O-O 库仑排斥作用。水的氢键可以推广到任何含有孤对电子的 X：B—Y 的系统中，X 和 Y 代表电负性大、原子半径较小、含孤对电子、带有部分负电荷的原子。

(10) 氢键协同弛豫和非键电子极化即包含分子间的非键，包含分子内成键以及它们的耦合。相对于用偶极子-偶极子相互作用的处理方法，氢键协同弛豫更具有普遍和深远的意义。

(11) O：H—O 氢键是构成冰/水结构的最基本单元，通过 O-O 库仑排斥耦合形成以氢质子为桥的非对称超短程耦合振子对。

(12) 在外场驱动下，氢键的强弱两段永远以“主从”方式协同弛豫。如果其中一段伸长，那么另一段必定收缩。

(13) 选取氢质子作为坐标原点，它两侧的氧离子总是以不同幅度沿连线同向位移。O：H 非键的位移量总是大于 O—H 共价键。

(14) 在冰/水表皮、水分子团簇、受限水滴、纳米气泡以及XVI空心笼等相中，分子低配位使 O：H—O 键角和分段长度变化以及电子极化，但O：H—O构型和本质不变。

(15) 氢键中任何一段的伸长和收缩都伴随其刚度的弱化和强化以及各自特征声子频率的红移和蓝移。

(16) 氢键双段的非对称性和 O-O 的库仑排斥主导其协同性、自适应性、自修复性以及对微扰的长程敏感性。

(17) O：H—O 氢键分段长度和键能的弛豫以及芯电子的钉扎与非键电子极化决定所有可测量，如声子频率、键刚度、德拜温度、分子涨落序度、偶极矩、声子寿命、密度、O 1s 能级偏移、相变动力学、溶解度、热稳定性、黏滞度和弹性等。

(18) H—O 键决定 O 1s 能级偏移和准固态的熔点温度；O：H 非键决定准固态的冰点温度、液态的汽化温度和气态的露点温度。

18.4 氢键分段比热差异与单键热力学

(19) 氢键中的相互作用含 3 项超短程作用势：O：H 范德瓦耳斯势、H—O 莫尔斯交换作用势以及 O-O 库仑作用势。长程作用、非线性效应和原子核的量子效应等具有共性的高阶贡献可作为背景平均。

(20) 求解拉格朗日方程可有效地处理氢键耦合振子对。将实验测得的氢键分段长度和振动频率转换为相应分段的力常数和结合能，继而得出氢键作用势在外场驱动下的弛豫路径。

(21) 氢键比热的特征：德拜温度决定曲线的饱和温度，曲线对温度的积分正比于相应分段的结合能。

(22) 两条比热曲线叠加出现的两个交点把整个温区分成 4 个具有不同比热比值的温段，即液态($\eta_L/\eta_H < 0$)、准固态($\eta_L/\eta_H > 0$)、固态 I 相($\eta_L/\eta_H < 0$)和XI相($\eta_L \cong \eta_H \cong 0$)。

(23) 比热相对较小的分段遵循常规的热胀冷缩规律，作为“主段”受热弛豫；而另一“从段”则发生热缩冷胀协同弛豫。

(24) O：H—O 声子刚度弛豫通过调制准固态的温度区间直接影响体系的冰点和熔点。德拜温度和声子频率成正比，$\Theta_{Dx} \propto \omega_x$。

18.5 氢键的热激弛豫：准固态

(25) 在液相和固相区，O：H 段冷缩大于 O—H 键冷胀量，所以 O：H—

O冷却收缩，密度升高。

(26) 准固态温区(258~277 K)内，H—O由于相对比热低而冷缩，O：H冷胀，由此导致O：H—O冷却伸长，密度降低，浮冰发生。这种非对称强耦合作用机制对具有负热膨胀性质的材料有普适性。

(27) 在XI低温(<100 K)相区，比热近零，O：H—O长度凝固，但∠O：H—O键角从液态的160°随温度降低而逐渐增大至174°。键角膨胀使体积稍有膨胀。

(28) H—O键能而非O：H非键主导冰水的比热。

(29) 升温软化H—O悬键声子刚度，增加声子丰度，提升分子热涨落序度。

18.6　氢键的压致弛豫：分段长度对称化

(30) 冰/水的低压缩率：外加压力和O-O斥力协同作用压缩O：H非键而伸长H—O键，直至氢键质子对称化的X相生成，而后，氢键两段同时按相同比率压缩而不改变各段的性质。

(31) 压致极化而不是H—O键能增大冰的带隙；通常，键能增大展宽半导体的带隙。

(32) 复冰现象：准固态相边界的压致漂移——H—O受压膨胀且熔点降低；撤去压力后，熔点复原，重新结冰。氢键具有超强的压致变形和配位破损自恢复能力。

(33) 水在45 ℃时压缩率最低：加热退极化和O：H热膨胀的竞争所致。

18.7　氢键的低配位效应：超固态

(34) 低配位分子内的H—O键收缩刚化，分子间距增大，O：H刚度弱化，从而拓展准固态相边界——熔点升高、冰点降低。强极化使其弹性、黏滞性以及表面电荷密度增加，质量密度减小到0.75单位或更低，超固态表皮的热稳定性高。

(35) 冰水的表层、水合层、水滴和气泡以及水受限在疏水微孔中形成具有超疏水、强极化、高弹性、高黏滞、高熔点、低冰点、低沸点和低密度等特点的超固态。

(36) 低配位体系的反常热力学行为，如过冷和过热，是因为分子低配位效应使H—O收缩和O：H伸长而导致超固态相边界弛豫。

(37) 表皮超固态的程度与其曲率或有效分子配位数的减小正相关。$z_{\text{团簇}} <$

$z_{微滴} < z_{表皮} < z_{气泡} < z_{块体} = 4$。譬如，液滴弹性更大、硬度更大、热稳定性更强以及表皮具有类冰性。

(38) 纳米液滴和纳米气泡呈超固态表皮包裹的“核–壳”双相结构。

(39) 纳米气泡的表皮超固态使其具有长寿命、高化学活性、高机械强度、高热稳定性。

18.8 接触界面：润滑和浸润

(40) 接触界面偶极子间的静电斥力(致密偶极子)与 O : H 弱声子的高振幅、低振频、超弹性主导超润滑和量子摩擦效应，类似磁悬浮和气垫船效应。

(41) 原子低配位效应所致量子钉扎与极化是纳米材料具有超疏水(极化主导)和超亲水性(钉扎主导)的本质原因。

(42) 原子低配位效应诱导表层应变及电荷与能量的钉扎效应，这种效应会导致纳米尺度液体–固体或固体–固体接触的表层产生锁定的表面偶极子或单极子。单极子或偶极子间的库仑排斥是纳米触点具有超疏水、超润滑、超流及超固态现象的根本原因。

(43) 冰水的表面均覆盖着一层超固态的表皮，因此水的表面是弹性而疏水的，冰具有超润滑特性。

18.9 溶质离子分辨霍夫梅斯特效应

(44) 除了传统的离子扩散运动以及离子对水结构的强化和弱化作用外，离子对氢键网络的水合调制以及极化作用主导霍夫梅斯特效应。

(45) 盐溶于水生成离子，各离子产生点源电场以集聚定向排列水合层中的分子，并拉伸和极化氢键。离子电场与分子低配位对氢键弛豫和极化具有相同但程度可调的超固态效果。

(46) 溶液的浓度、种类和空间位置或配位环境直接影响离子电场的强度和氢键网络在离子电场中的弛豫。

(47) 阴离子优先占据溶液和空气界面。近场强化致使 H—O 悬键的声子变硬；离子屏蔽弱化声子丰度。极化提高分子涨落序度、溶液弹性和黏滞度。

(48) 盐离子极化使 O : H—O 变形，提高溶液的液–Ⅵ–Ⅶ转变的临界压强。盐的种类和浓度服从霍夫梅斯特序列。

18.10　酸碱盐的水解和水合动力学

(49) HX 酸溶于水电离出的 H^+ 与水分子结合形成水合氢离子 H_3O^+，包含一对孤对电子，具有四面体结构。分散在溶液中的 H_3O^+ 取代四配位水分子中的一个水分子，形成 H↔H 反氢键点断裂源作用于氢键网络。此外，X^- 离子与其在盐溶液中的作用相同。点断裂源的致脆效应减小溶液的表面能，从而降低溶液的表面张力和黏度；H↔H 反氢键能够稀释溶液并使溶液具有腐蚀性。

(50) 碱溶于水电离出 OH^-，包含 3 对孤对电子，也具有四面体结构。它与邻近水分子形成 O：⇔：O 超氢键点压缩源，效果与宏观压缩相同。强压缩缩短 O：H 非键并压长弱化 H—O 共价键使其释放热能。此外，OH^- 上的 H—O 键具有与水表皮H—O悬键相同的声子特征频率(3 610 cm^{-1})。

(51) YX 型盐溶于水后电离出 Y^+ 和 X^-，盐离子与水分子结合形成水合层。离子电场改变水分子的取向，作为点极化源使氢键伸缩和极化。在离子电场中，H—O 共价键变短，同时 O：H 非键伸长，因此水分子尺寸减小但分子间距增大。盐溶液中的 ω_H 声子硬度增大，离子水合层显示出超固态特征，并具有高热稳定性。

(52) 生物和有机分子的水合：各功能团裸露在外的 H^+ 或孤对电子“：”各有 1/2 的概率与水溶剂分子形成氢键，而另外有 1/2 概率形成 H↔H 反氢键和 O：⇔：O 超氢键。拉曼声子谱测量已证明醇类分子水合后 O：⇔：O 超氢键和极化占主导；高低频声子均发生红移——溶液的冰点和熔点都降低，可作为优良的防冻剂。

18.11　平行电场极化：准固态相边界色散

(53) 电场导致准固态相边界拓展，使冰点降低、熔点升高。

(54) 平行均匀电场极化氢键导致准固态相边界外延而使阿姆斯壮水桥保持室温稳定。

(55) 盐溶液中正、负离子间的偶极矩电场减弱平板电容器或外加电荷的电场，使溶液水桥失稳；盐溶液中的离子偶极矩电场与土壤颗粒的电场反向叠加消除由单一电场产生的极化效应，使盐水加速浸润土壤。

18.12　电磁场：运动偶极子的洛伦兹力受扰行为

（56）水的抗磁性：水分子偶极子在洛伦兹力场中运动，既对平动分量增加旋转分量又对旋转分量增加平动分量，从而产生感应电流；感应电流的磁场与外加磁场相反，因此水具有抗磁性。

（57）与电场相比，磁场使准固态和超固态程度稍微增强，因而表皮张力和黏度也会小幅度提高。

18.13　能量吸收、发射、传导和耗散

（58）氢键以长程方式吸收各种辐射而激发分子运动和 O：H—O 氢键的弯曲振动，并使氢键分段弛豫。

（59）姆潘巴效应(佯谬)集成了 O：H—O 氢键在“热源—路径—冷库”循环系统内有关能量“存储—释放—传导—耗散”的动力学全过程。氢键的记忆效应使它发射能量的速率与初始能量存储状态或初始变形程度正相关；水的表皮超固态增强了局域热扩散，利于能量向外传导；严格的非绝热“热源—冷库”系统有利于热能耗散，但对流、蒸发、冷冻、过冷和杂质等因素与此过程弱相关。

（60）氢键与超氢键的耦合不仅平衡炸药分子间的作用，而且缩短分子内共价键而储能。

18.14　研究方法的优势与局限性

（1）声子计量差谱分析技术可以探测具有分子空间位置分辨功能的有关氢键分段协同弛豫的动力学行为。能探测水溶液在外场驱动下氢键的分段长度和刚度、局域分子涨落程度和声子丰度的弛豫和转变。

（2）紫外和 X 射线光电子谱学微射流技术可以探测不同空间位置的 O 1s 能级的移动和非键电子的极化。

（3）O：H—O 分段协同弛豫超出了衍射的范畴，氧 k-边 X 射线吸收/发射光谱很难探测 O：H 非键的能量变化，氧的 1s 能级和价带能级偏移可以给出更直接的电子结构信息。

（4）傅里叶流体热传导方程的有限元数值解充分证实了水的表皮超固态特性。拉格朗日力学是迄今为止处理非对称、超短程、强耦合的氢键振子对最有效的方法，它将测得的分段长度和振动频率转换成相应分段的力常数和结合

能，继而得出氢键作用势在外场驱动下的弛豫路径。

（5）声子计量差谱、超快红外吸收谱、核磁共振谱、和频谱、扫描隧道谱、光电子发射谱、X 射线和中子衍射谱的结合可以得到动态和静态的关于分子时空行为、氢键协同弛豫、核量子效应的完整信息。键弛豫理论与计量谱学方法合一，是为利器。

18.15　小结

作为新的尝试，我们在经典动力论、分子运动论和质子量子论思维的基础上，建立了氢键 O：H—O 非对称耦合振子受激协同弛豫理论。系统研究证明了这一理论对定量破解诸多有关冰水结构和反常物性的有效性和必要性。同时，我们强调由氢键分段比热差异导致的水在常压下的多相结构以及具有冷胀热缩特性和相边界可调的准固态；由分子低配位和电场极化导致的超固态；由质子和孤对电子注入导致的 H↔H 反氢键、O：⇔：O 超氢键；以及由外场扰动实现氢键的弛豫和对各相结构边界的调制的重要性。孤对电子、偶极子等非键电子是生命体的根源，应该引起业界的足够重视。作为对国际纯粹与应用化学联合会(IUPAC)在 2011 年关于氢键定义的补充，氢键耦合振子受激协同弛豫将成为新一代理论，并对深入系统地理解其他含有孤对电子的物质，如水合溶液、含能材料、食品与药物等的结构和属性以及对生物与生命科学领域的发展起到促进作用。

参 考 文 献

[1] Amann-Winkel K., Böhmer R., Fujara F., et al. Colloquiu: Water′s controversial glass transitions. Rev. Mod. Phys., 2016, 88(1): 011002.

[2] Ball P. H_2O: A Biography of Water. London: Phoenix Press, 1999.

[3] Sun C. Q., Sun Y. The Attribute of Water: Single Notion, Multiple Myths. Springer-Verlag, 2016.

[4] Huang Y., Zhang X., Ma Z., et al. Hydrogen-bond relaxation dynamics: Resolving mysteries of water ice. Coord. Chem. Rev., 2015, 285: 109-165.

[5] Pauling L. The Nature of the Chemical Bond. 3rd ed. NY: Cornell University Press, 1960.

[6] Sun C. Q. Relaxation of the Chemical Bond. Heidelberg: Springer, 2014.

[7] Agmon N., Bakker H. J., Campen R. K., et al. Protons and hydroxide ions in aqueous systems. Chem. Rev., 2016, 116(13): 7642-7672.

[8] Amann-Winkel K., Bellissent-Funel M. C., Bove L. E., et al. X-ray and neutron scattering of water. Chem. Rev., 2016, 116(13): 7570-7589.

[9] Björneholm O., Hansen M. H., Hodgson A., et al. Water at interfaces. Chem. Rev., 2016, 116(13): 7698-7726.

[10] Ceriotti M., Fang W., Kusalik P. G., et al. Nuclear quantum effects in water and aqueous systems: Experiment, theory, and current challenges. Chem. Rev., 2016, 116(13): 7529-7550.

[11] Cisneros G. A., Wikfeldt K. T., Ojamäe L., et al. Modeling molecular interactions in water: From pairwise to many-body potential energy functions. Chem. Rev., 2016, 116(13): 7501-7528.

[12] Fransson T., Harada Y., Kosugi N., et al. X-ray and electron spectroscopy of water. Chem. Rev., 2016, 116(13): 7551-7569.

[13] Gallo P., Amann-Winkel K., Angell C. A., et al. Water: A tale of two liquids. Chem. Rev., 2016, 116(13): 7463-7500.

[14] Perakis F., Marco L. D., Shalit A., et al. Vibrational spectroscopy and dynamics of water. Chem. Rev., 2016, 116(13): 7590-7607.

[15] Pettersson L. G. M., Henchman R. H., Nilsson A. Water: The most anomalous liquid. Chem. Rev., 2016, 116(13): 7459-7462.

[16] Zhang X., Huang Y., Ma Z., et al. From ice supperlubricity to quantum friction: Electronic repulsivity and phononic elasticity. Friction, 2015, 3(4): 294-319.

[17] Zhang X., Sun P., Huang Y., et al. Water's phase diagram: From the notion of thermodynamics to hydrogen-bond cooperativity. Prog. Solid State Chem., 2015, 43: 71-81.

索引

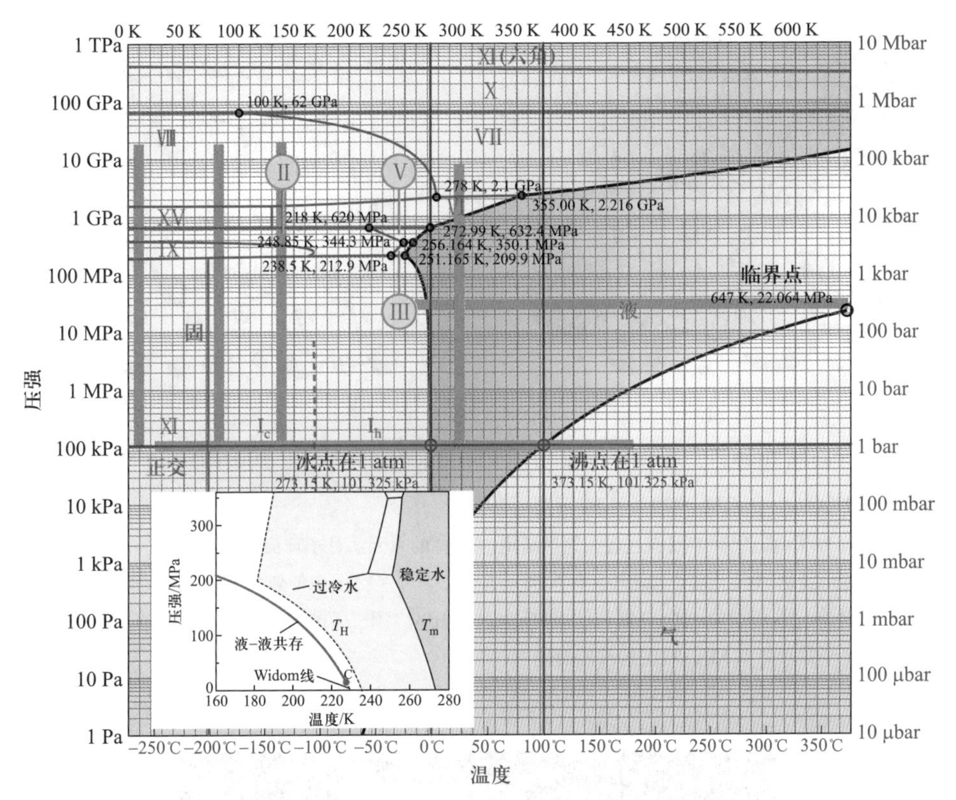

图 1.1 冰水的 P-T 相图[85]①

图中各相的边界线可以按其斜率分类[85, 87, 88]：① $dT_C/dP<0$ 时有Ⅱ-Ⅴ、液-$\mathrm{I_h}$以及Ⅶ-Ⅷ相边界；②$dT_C/dP>0$时有液-气、液-Ⅴ/Ⅵ/Ⅶ相边界；③$dT_C/dP\cong\infty$且 60 GPa 时有Ⅶ/Ⅷ-Ⅹ相边界；④ $dT_C/dP\cong 0$ 时有 $\mathrm{I_c}$-Ⅺ相边界。插图对应乳状水的过冷相变情况[89, 90]，其均相冰的形核温度(即第二临界温度 T_H)随压强变化，此相区常称过冷水，或“准固态无人区”。主图中的粗实线表示拉曼标定的氢键弛豫动力学路径，详细阐述请见第 4 章

① 为相应章节的参考文献序号，余同。

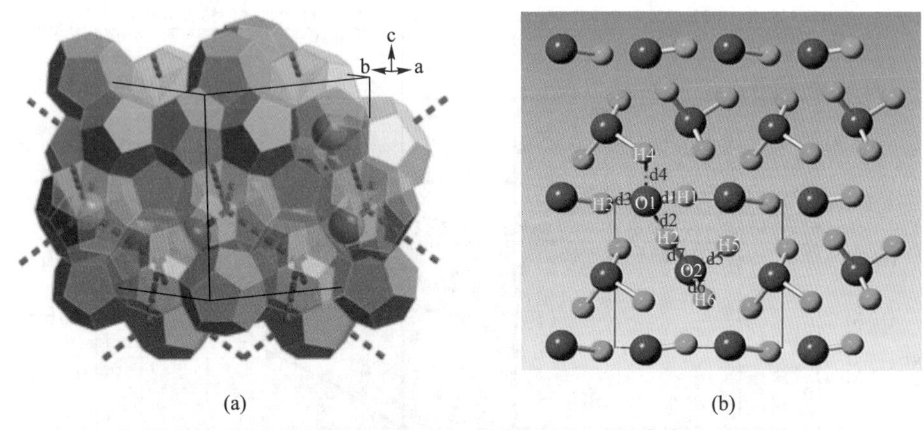

图 1.2 (a)冰XVI相的笼形结构[95]和(b)在 2 000 K 和 2 TPa 下，从 $2H_2O$ 到 $H_3O^{\delta+}$: $HO^{\delta-}$($\delta=0.62$) 超离子态的转变[36]

(a)图中 Ne 原子(蓝色)可轻易穿过较大笼形结构(灰色)的六元水分子环面(红色虚线)，但 Ne 原子要脱离较小笼形结构(绿色)则需五元环上存在水分子空位[98]。(b)图中的紫色大球表示氧原子，绿色小球表示氢原子。原子间距及 H—O 键长已如图标记。图中 O : H—O 键仍然存在，但 $2H_2O$ 演变成含有不同孤对电子数目的类 NH_3 和 HF 的准四面体

图 1.3 NASA 的火星勘测轨道飞行器所拍摄的火星表面照片，其中有近 100 m 的黑暗狭窄条纹，科学家认为是流动的咸水引起的(David Templeton，匹兹堡邮报)

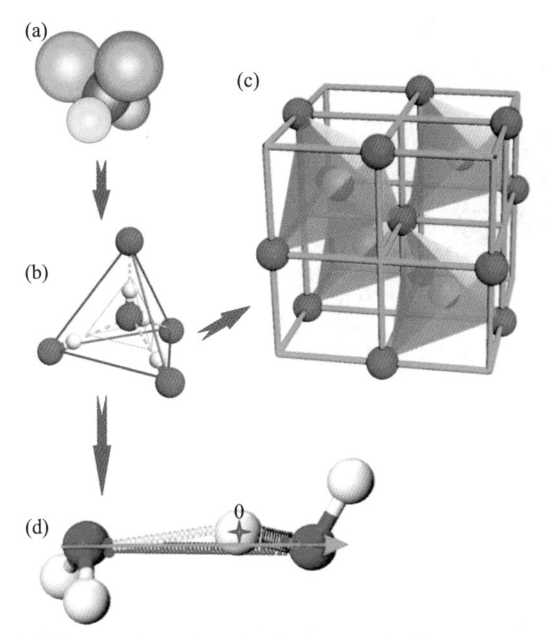

图 2.2 水分子的基本结构：(a) O 的 sp^3 电子轨道杂化和水的单分子；(b) 水分子的高对称原胞；(c) 多原胞堆垛的金刚石结构；(d) O : H—O 键非对称耦和振子对

(a)中 O 原子 sp^3 轨道杂化形成准四面体配位结构，可与近邻 H 原子形成两个成键电子对(小黄球，两者键角小于 104.5°)以及两个非键电子对(蓝球，两者角度大于 109.5°)[6]。该配位经 C_{2v} 拓展形成(b)所示的 C_{3v} 均匀对称四面体配位原胞，包含两个水分子和 4 个定向的 O : H—O 键[(d)所示]。(b)结构空间堆垛形成(c)理想的金刚石结构。据此几何结构与质量密度关系可得到分子尺寸与分子间距[5]。由(b)可得水分子体系的基本拓扑结构和(d)韧性可极化的 O : H—O 键非对称耦合振子对。键角弛豫或扭曲可能使水分子构成如 2D 或者笼状的其他结构[10]，但 O : H—O 基本单元守恒。两氧原子上的成对小圆点表示成键和非键电子对，H^+ 视作 O : H 和 H—O 双段协同弛豫时的动态坐标系原点[5]

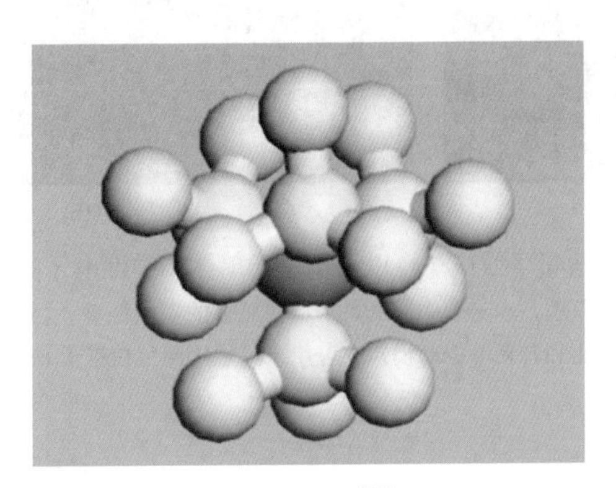

图 2.5 CF_4 中心对称孤对电子团可起抗凝血作用[68]

中心灰色原子为 C^{4+}；其近邻 4 个蓝色原子为 F^-；每个 F^- 近邻有 3 对黄色的孤对电子

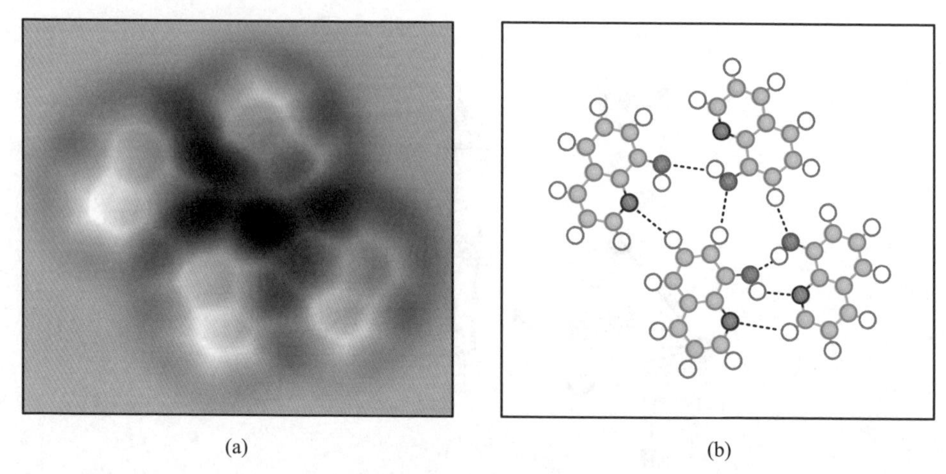

(a)　　　　　　　　　　(b)

图 2.7　(a) Cu(111)表面 8-羟基喹啉(8-hq)氢键网络的 AFM 图像及(b)孤对电子弱非键相互作用[73]

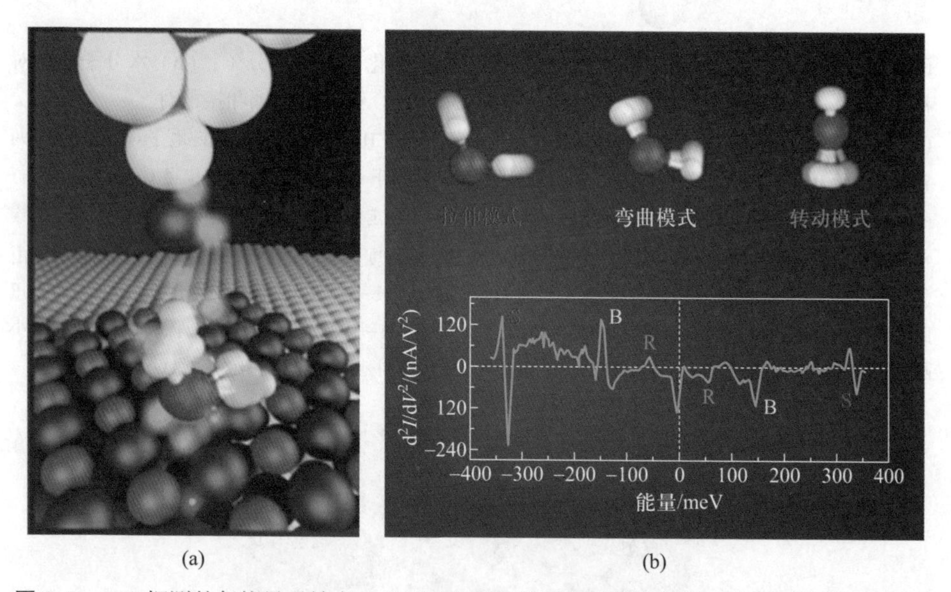

(a)　　　　　　　　　　(b)

图 2.8　STM 探测的氢核量子效应 (a)以及水分子单体非弹性电子隧穿谱(b)[74, 75]

基于量子力学的不确定性原理，水分子中的氢离子呈现显著的零点振动。(b)图中可分辨 S、B 和 R 分别代表水分子的拉伸、弯曲和转动等振动模式，可用于灵敏探测氢核量子效应对氢键振动能的影响

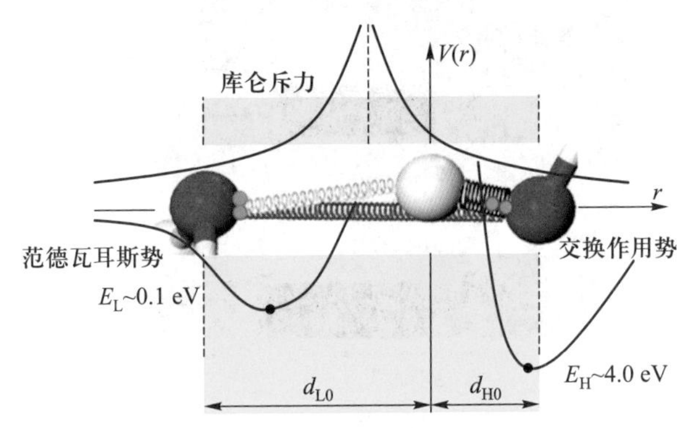

图 3.2 O：H—O 键非对称超短程耦合振子对和三体短程作用势[1-3]

坐标原点的 H 原子与右侧 O 原子形成 H—O 共价键，与左侧 O 原子的孤对电子作用形成 O：H 非键而无电荷交换或轨道交叠[1]。H—O 与 O：H 构成非对称、超短程、由 O-O 库仑排斥耦合的振子对。弹簧分别代表 O：H 非键的类范德瓦耳斯作用势、H—O 共价键的交换作用势以及 O-O 电子间的库仑作用势。O：H 作用源自左侧 O 原子的孤对电子和 H^+ 质子间的库仑引力以及偶极子间范德瓦耳斯作用的叠加，能量约为 0.1 eV；H—O 共价作用能量约为 4.0 eV。当越过任一边界时，作用势即可发生转换。受激时，两个 O^{2-} 离子沿氢键同向异幅移动。d_{L0} 和 d_{H0} 代表标准条件下 O：H 和 H—O 的长度[4]

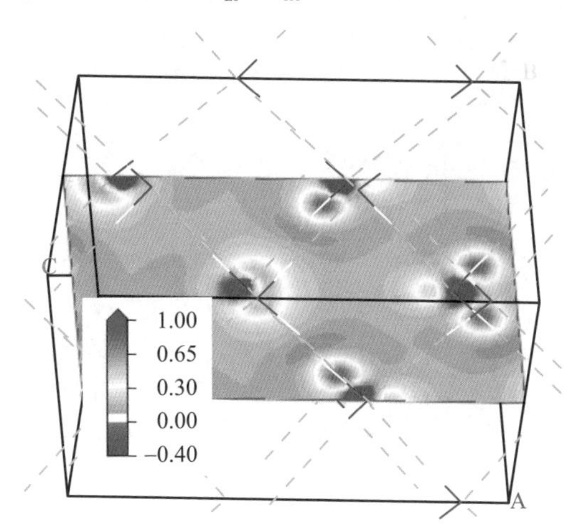

图 3.4 冰-Ⅷ晶胞的强局域化剩余电荷密度分布是引入 O-O 间库仑排斥耦合的基础[1]

剩余电荷密度指一个水分子与孤立 O 原子之间的电荷密度之差。正值区域（红色）对应于电荷净增，负值区域（蓝色）表示电荷损失

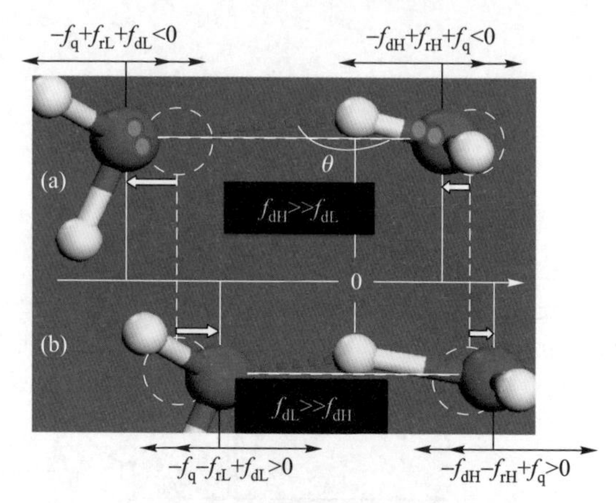

图 3.6 以 H^+质子为原点的 O：H—O 氢键的键弛豫驱动力[2, 3]

氢键内部作用力包括库仑斥力 f_q、变形恢复力 f_{rx} 和外力 f_{dx}。因氢键分段的非对称性和 O-O 间的库仑斥力，外部激励会使两个 O^{2-} 离子同向不同幅移动。弱 O：H 非键始终比强 H—O 共价键弛豫幅度大。(a)表示 O：H—O 键伸长的判据，如准固态冷却[2]、电致极化、分子低配位[3]及张力作用等；(b)表示 O：H—O 键收缩的判据，如受压[28]、液相和固相冷却[2]、碱溶液水合层等。当 f_{dx} 满足 $f_{dH} \gg f_{dL}$ 或 $f_{dH} \ll f_{dL}$ 时，弛豫朝特定方向发生

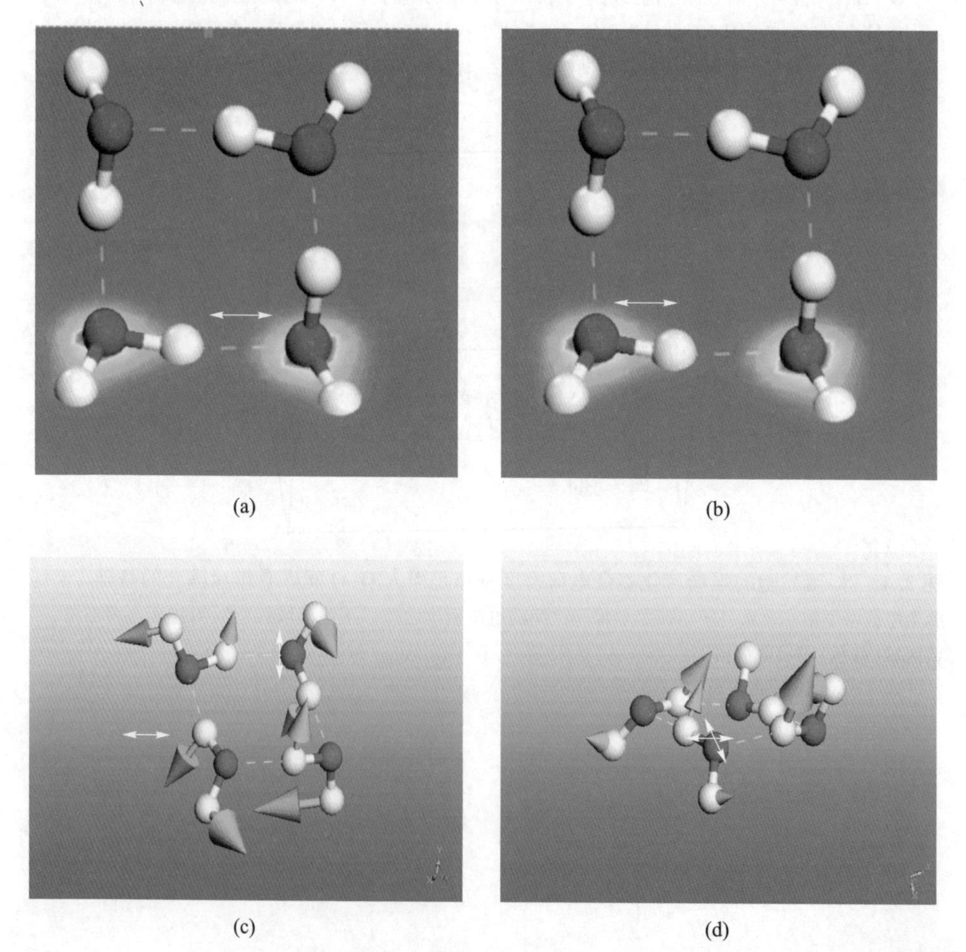

图 3.12 $(H_2O)_4$四聚体的振动模式：(a)O：H 伸缩，(b)H—O 伸缩，(c)O：H—O 弯曲以及(d)H—O—H 弯曲，特征频率列于表 3.2

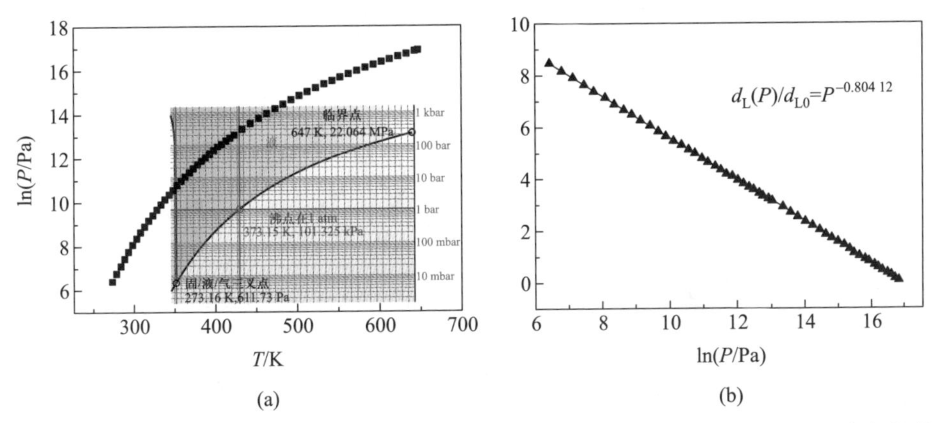

图 4.10 通过(a) 液/气相变 $T_C(P)$[35, 36] 拟合得到 (b)相变边界上 $d_L(P)$的压致变化趋势[3]

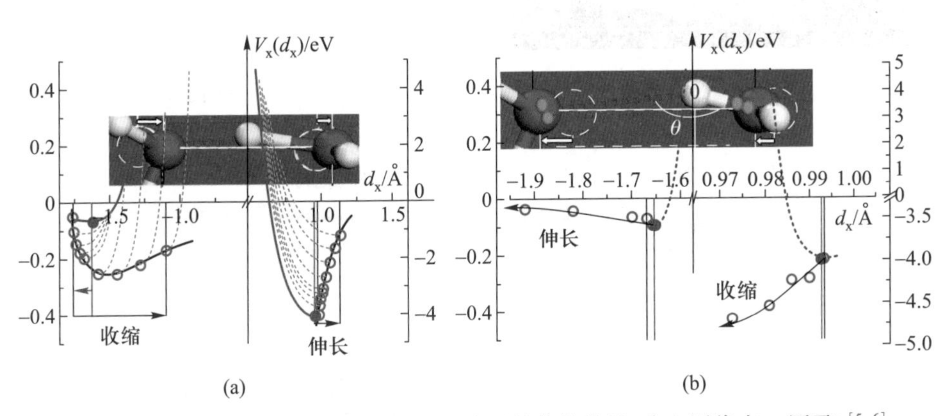

图 5.2 O：H—O 键(a)受压和(b)低配位状态下的势能路径(空心圆代表 O 原子)[5, 6]

(a)中从左至右对应的压强分别为 0 GPa、5 GPa、10 GPa、15 GPa、20 GPa、30 GPa、40 GPa、50 GPa 和 60 GPa[5]。(b)中水分子团簇的分子数从右至左分别为 6、5、4、3、2[6]。实心圆表示无 O-O 库仑作用时的平衡位置，$V_x'=0$。(a)中最左侧和(b)中最右侧空心圆表示无外部激励但考虑库仑作用时的平衡位置点，$V_x'+V_C'=0$。其他空心圆表示外部刺激变化时库仑调制的准平衡位置点，$V_x'+V_C'+f_{ex}=0$。f_{ex}为外部激励引起的非保守力，V_x'为势能曲线梯度，V_C'为库仑排斥势梯度

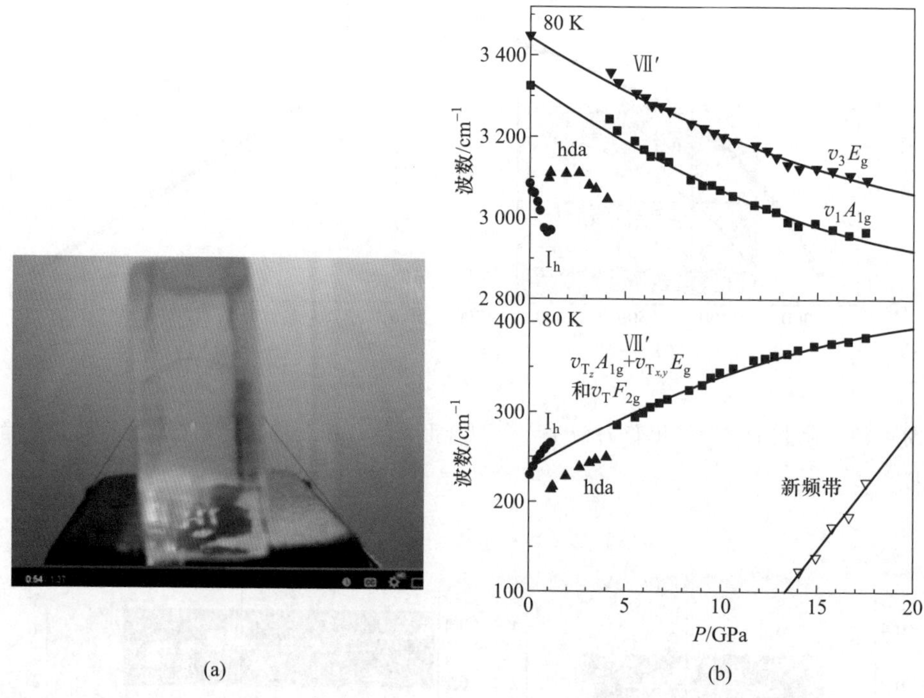

图 6.1 冰受压的(a)复冰实验[5-7]和(b)氢键分段振频协同弛豫[8]

(a)中线切割冰块并不能切断。(b)中压强高于 5 GPa 时，O : H (<400 cm^{-1})和 H—O(>2 900 cm^{-1})声子偏移趋势比较稳定；在低于 5 GPa 时，冰 I_h、Ⅸ、Ⅱ 相中的氢键弛豫稍显异常

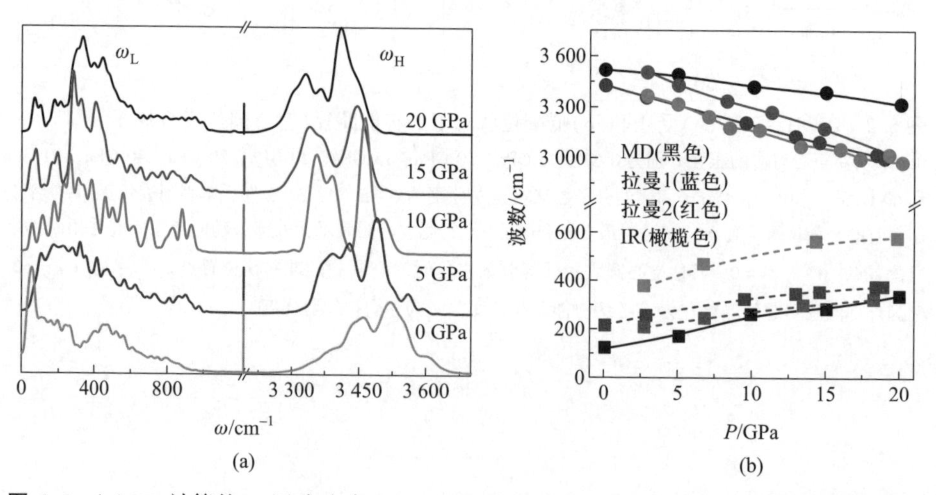

图 6.6 (a)MD 计算的 ω_x 压致弛豫，(b)80 K 冰Ⅷ相的 ω_x 压致频移的计算和实验结果对比[9]

(a) (b)

图 6.11 南极冰山的奇特色彩：(a)冰山底部翻转后，明显比上部更蓝；(b)白色与蓝色冰山的对比[58]

图 6.12 冰川河流之源

中国云南的梅里雪山，位于怒江、澜沧江和金沙江交界处

图 6.13 冰异常的低压缩性和施压降低而不是升高其相转变温度，这些都使科学家感到非常困惑

图 7.3 距美国马萨诸塞州岛 30 mile(约 50 km)南部科德角的楠塔基特，低温(−25 ℃)下呈果冻状的准固态雪浪[33]

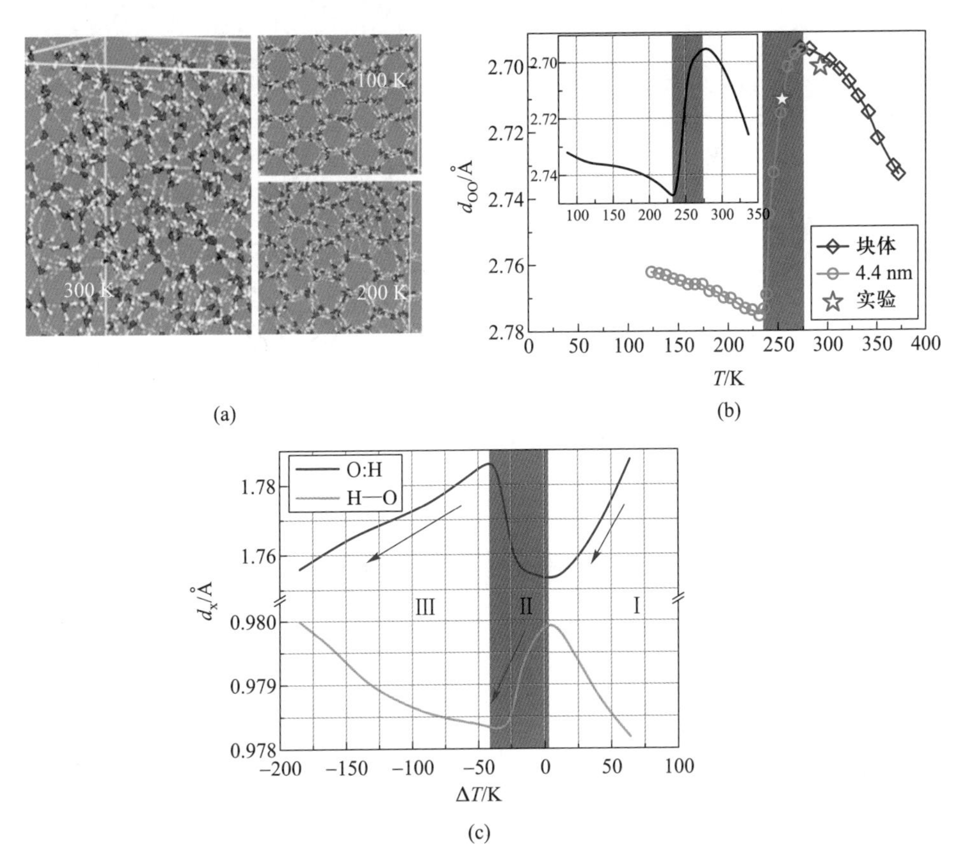

图 7.4 (a) MD 计算的水分子运动轨迹快照[6]，(b) O-O 间距随温度变化的实验测量[5]与计算(插图)结果，(c) 氢键分段键长 d_x 的协同弛豫

(a)中温度升高，水分子的结构序度降低，但因强劲的 H—O 共价键(3.97 eV/键)，水分子在 300 K 时仍保持 V 形结构[3]。(b)中计算与测量的 O-O 间距振荡与冰水密度温驱变化趋势一致，除 202～258 K 的相变温度区间外[2]。25 ℃和-16.8 ℃时 d_{OO} 值的计算与测量值一致[37]

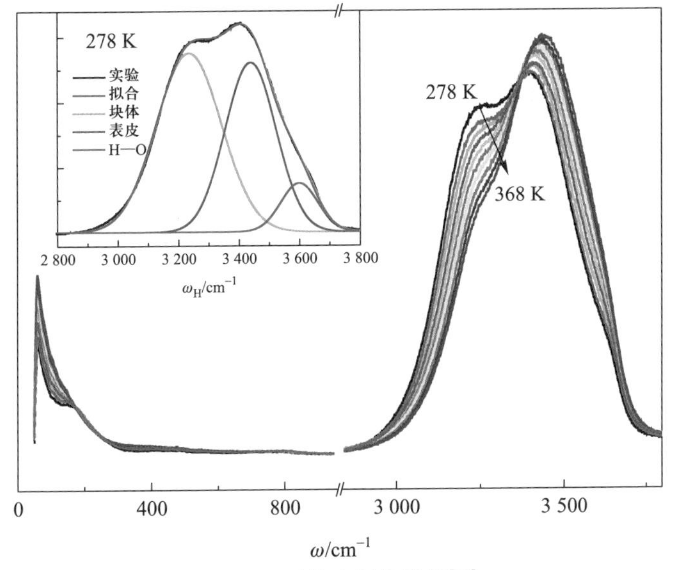

图 7.6 去离子水从 278 K 升温至 368 K 时的全频拉曼谱[64]

H—O 振频谱峰分解为体相(3 200 cm^{-1})、表皮(3 450 cm^{-1})以及 H—O 悬键(3 610 cm^{-1})3 个分峰

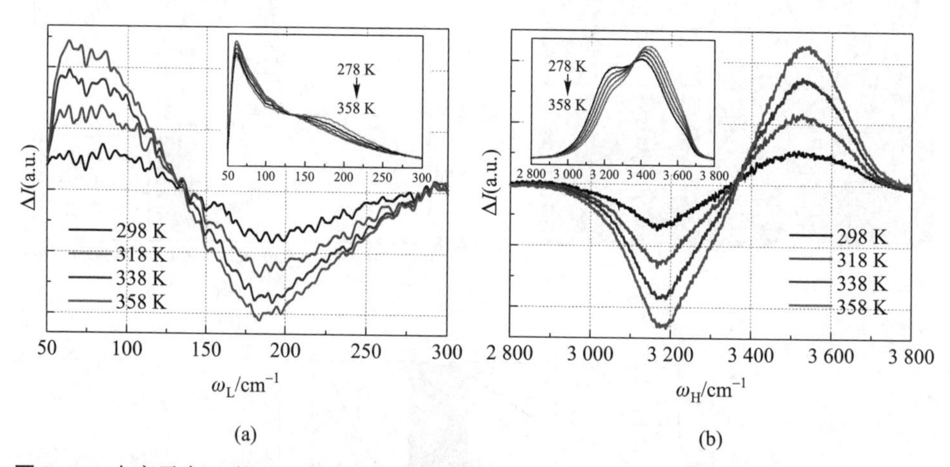

图 7.10 去离子水 ω_x 的 DPS 结果，加热使液相的(a)ω_L 从 190 cm^{-1} 软化至 75 cm^{-1}，(b)ω_H 从 3 180 cm^{-1} 硬化至 3 550 cm^{-1}

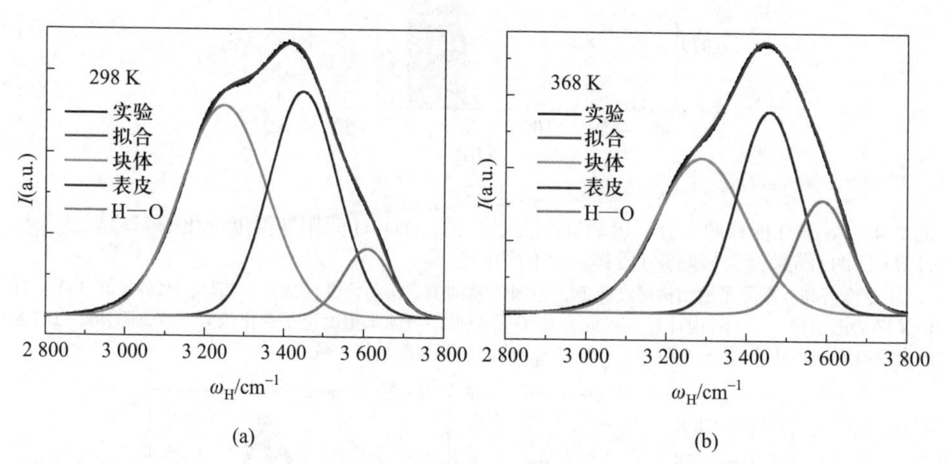

图 7.11 (a)298 K 和(b)368 K 下纯水 ω_H 谱段的高斯解谱(拟合度 $R^2 \geqslant 0.999\ 8$)显示悬键从 3 604 cm^{-1} 红移到 3 588 cm^{-1}，但涨落丰度增加

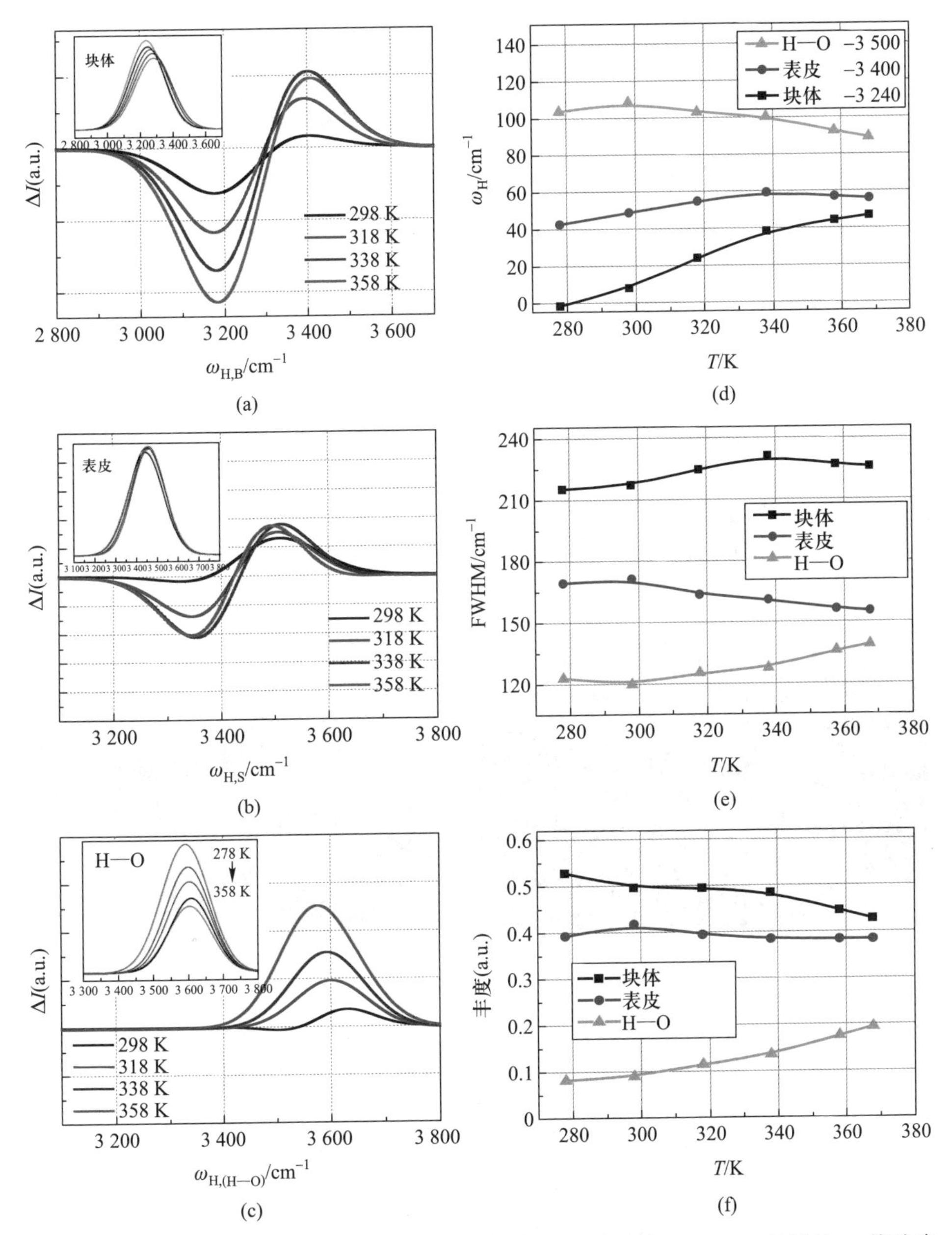

图 7.12 分子空间位置分辨的 DPS 结果：(a)块体、(b)表皮和(c)H—O 悬键的 ω_H 热弛豫及其(d)刚度、(e)半高宽和(f)声子丰度的热致演化[64]

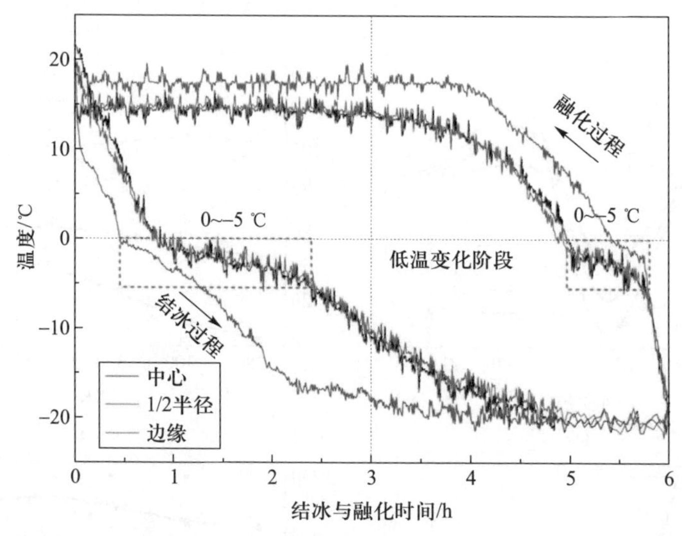

图 7.16　岩石冻融温滞回线[73]

水浸饱和的圆柱状人造岩石样本的中心、1/2 半径和边缘 3 个不同部位的氢键三温(相)区弛豫：液态、准固态、固态。平台对应准固态氢键受阻膨胀[6]

(a)　　(b)

图 7.17　岩石侵蚀风貌

图 7.18　农田冬灌

(a)

(b)

图 7.19　全球变暖导致冰川融化以及沿海城市濒危(威尼斯)

20 世纪 90 年代初，世界各地海平面就以每年 3.5 mm 的速度上升。这使得许多沿海城市如威尼斯，甚至整个格陵兰岛都有被海洋吞没的危险[79]

(a)

(b)

图 8.1　水分子低配位的典型实例：(a)冰表皮，(b)云、雾与雪

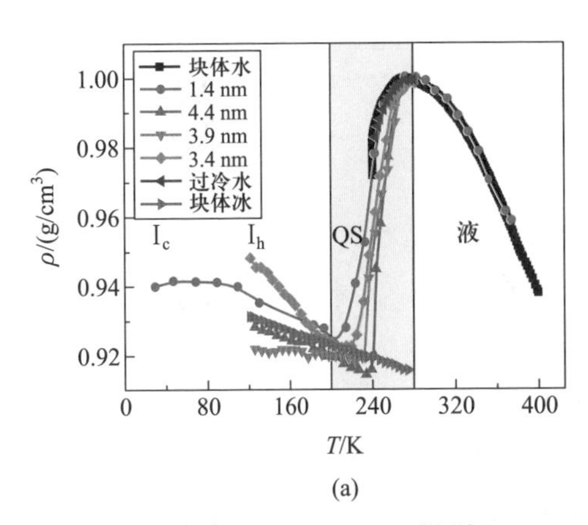

(a)

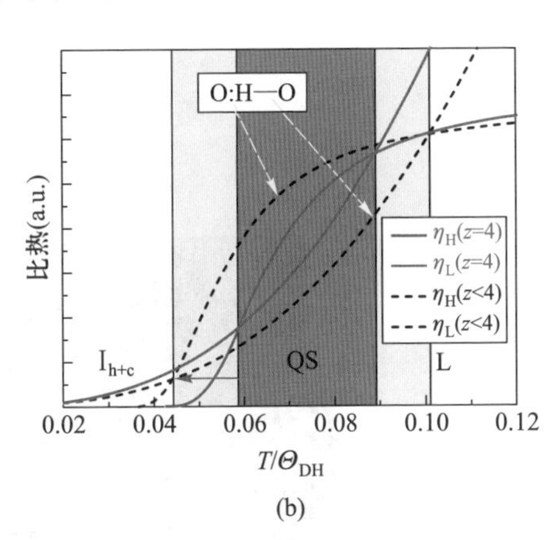

(b)

图 8.3　(a)T_N随液滴尺寸的变化[18-22]以及(b)分子低配位引起的准固态边界拓展[23]

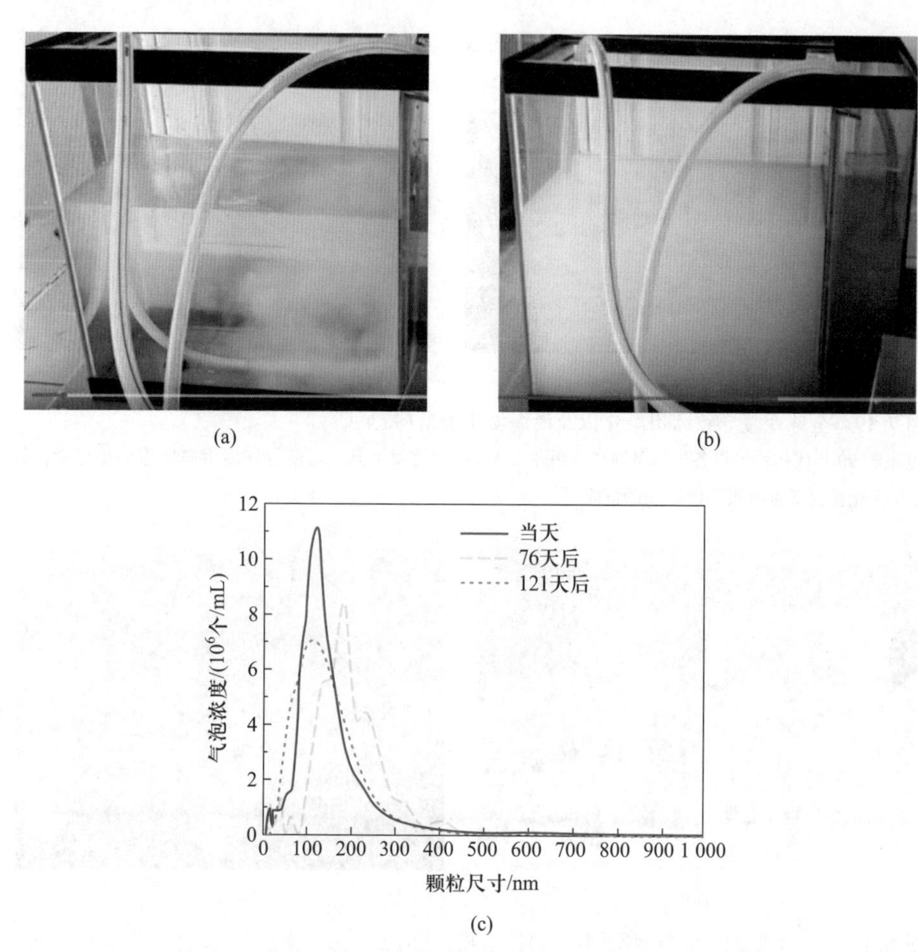

图 8.5 (a~b)水中通入气体形成超微气泡，(c)气泡寿命与其表观尺寸成反比[26]

图 8.6 疏水表面超微气泡的 AFM 形貌[24]

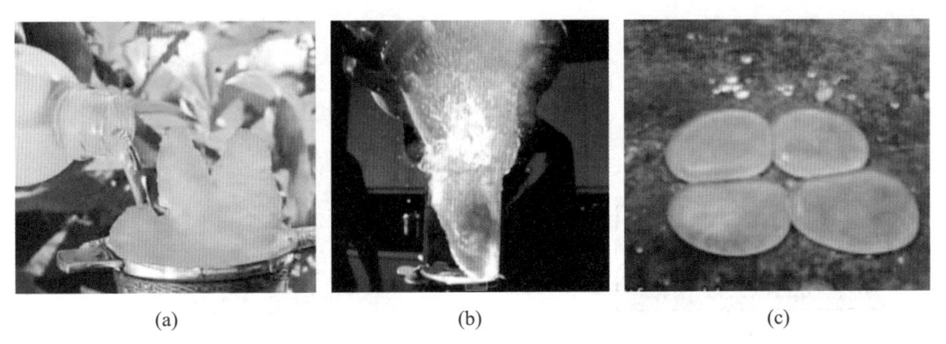

(a) (b) (c)

图 8.7 (a)受弱冲击扰动等效于压强提升冰点而导致过冷水结冰[56]，(b)加糖可以同时降低冰点和熔点[57]而导致过热水爆炸，(c)胶状超固态水滴停留在疏水基底上

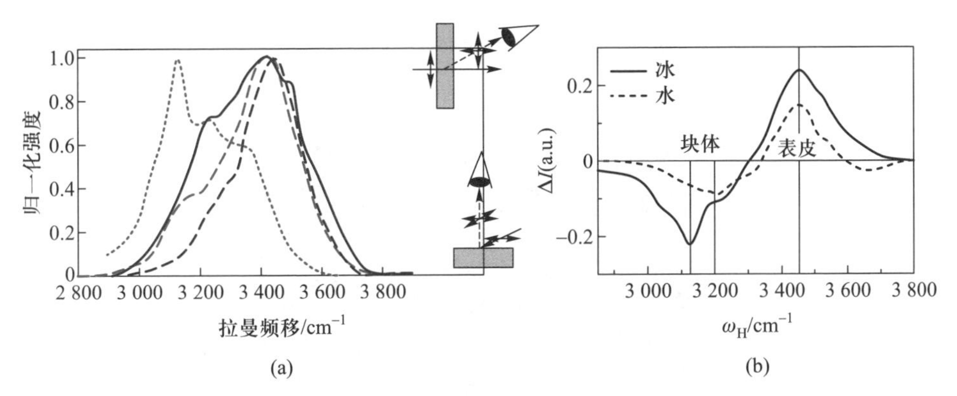

图 8.20 (a)从 87°(接近高频峰)和 0°采集的水(25 ℃，蓝色线条)与冰(−20 ℃和−15 ℃，红色线条)的 ω_H 拉曼光谱[100]及(b)两种角度数据的 DPS 结果

差谱的丰度(积分面积)显示液态与固态的超固态厚度比约为 9/4[37]

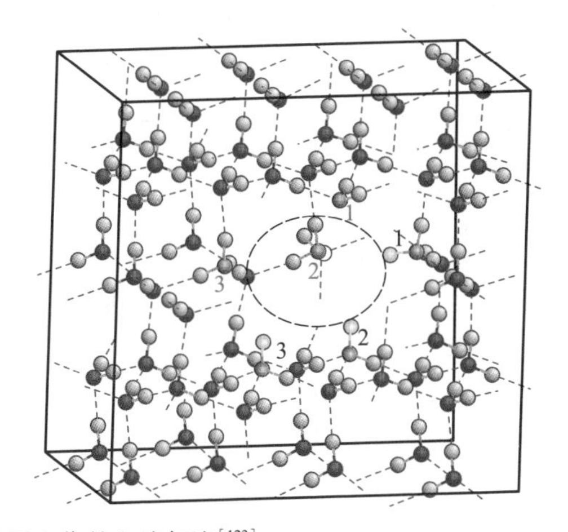

图 8.21 含有 3 个分子空位的空腔气泡[123]

橙色和黄色分别表示悬挂的氧离子和氢质子。H—O 键分为两类：H—O 悬键与悬挂水分子的另一条 H—O键

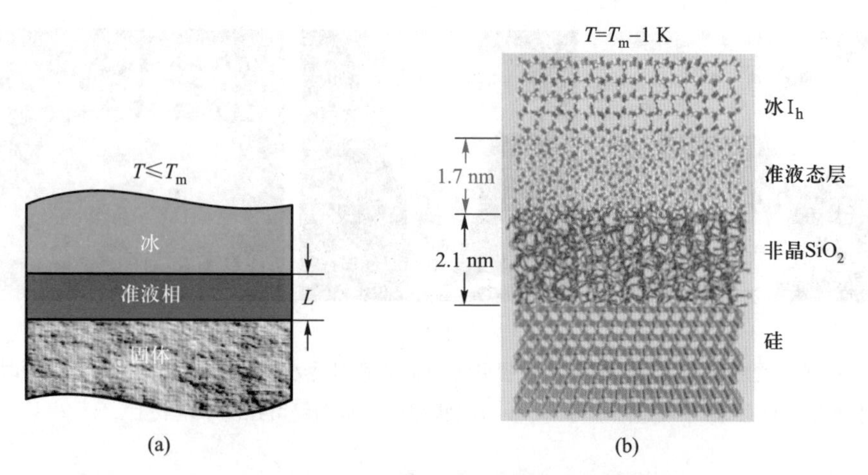

图 9.7 $T \geqslant T_m - 17$ K 时，冰与非晶 SiO_2 界面间形成的高密度准液态表皮及其厚度随温度的变化[31]

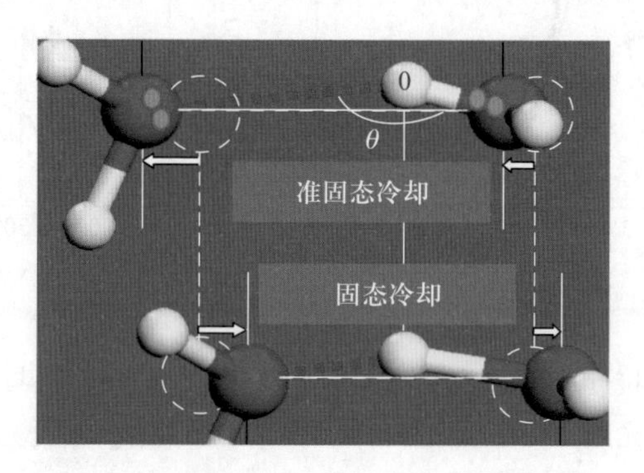

图 9.9 O：H—O 氢键在固态(T<258 K)和准固态(258≤T≤277 K)中的弛豫[7]

O：H 非键在准固态中伸长弱化，振频降低，振幅增大，降低了摩擦系数；而在固态中，O：H 冷却收缩，振频升高，振幅减小，提高了摩擦系数[49]

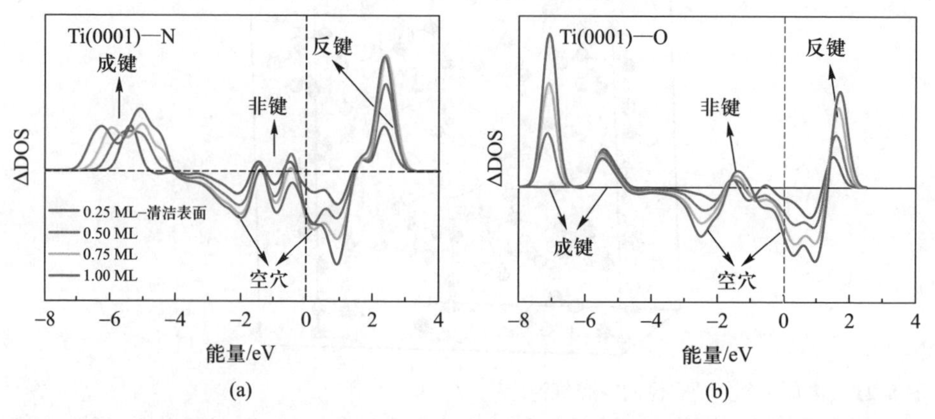

图 9.16 (a)Ti(0001)—N 和 (b)Ti(0001)—O 吸附在不同吸附原子层数情况下的 ZPS 结果

两幅图均揭示了 4 个价带 DOS 特征：反键、非键、成键态和空穴

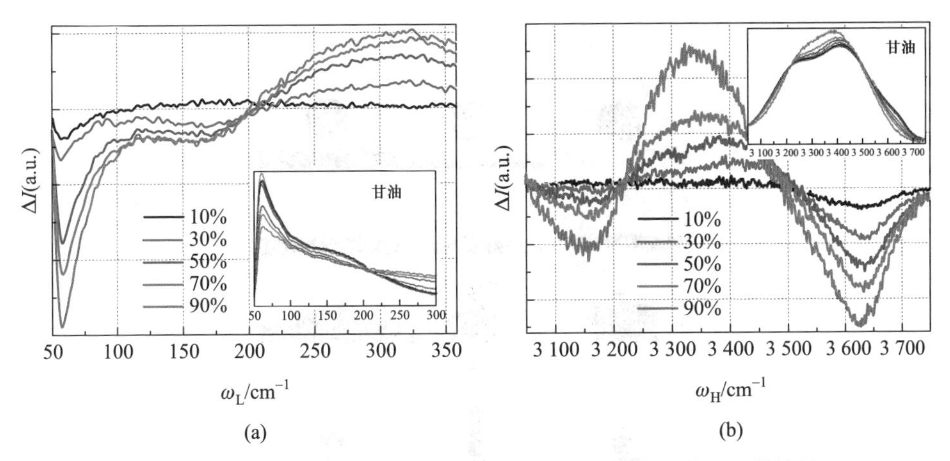

图 9.21 甘油体积变化时氢键(a) O∶H 和(b) H—O 双段伸缩振动的差谱结果
插图为原谱结果

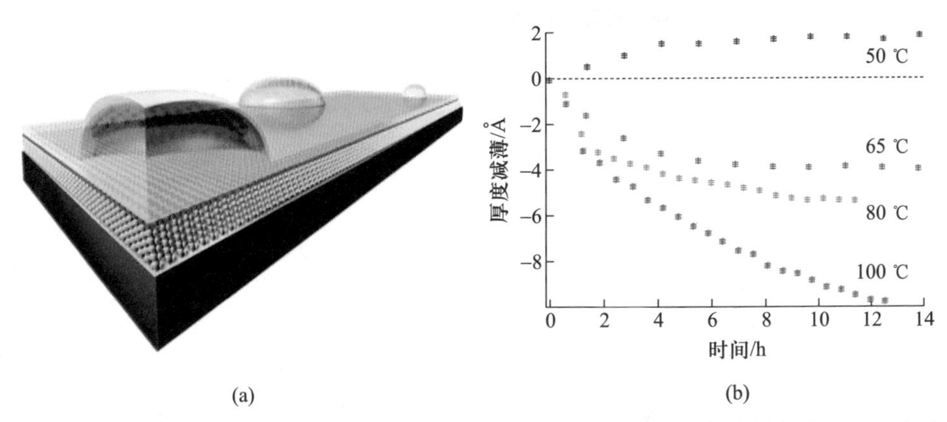

图 10.9 (a) 纳米水滴与亲水羧基封端单层膜上沉积的水膜之间的类冰性行为，(b) 水膜厚度随时间和温度的变化情况，表明室温下超薄水膜层的疏水性和准固态热稳定性[64, 65]
(b)中数据表明水膜的熔点介于 50~65 ℃之间，汽化发生在 65 ℃左右。熔点增加时汽化温度降低。厚度增加意味着持续的结冰

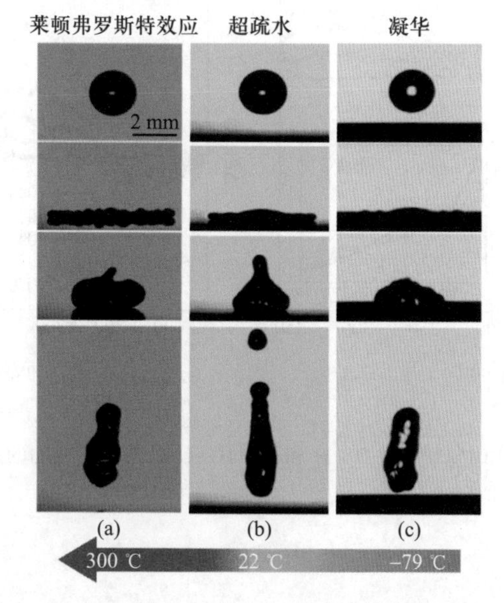

图 10.10　水滴落在(a) 300 ℃ Al 片、(b) 22 ℃超疏水性表皮以及(c) −79 ℃固体 CO_2上的行为

(a)中所示为莱顿弗罗斯特效应，由水滴之下汽化层引起；(b)体现超疏水性，由分子低配位诱导基片量子钉扎和极化引起[88]；(c)展示凝华效应，由接触界面的凝霜引起[84]

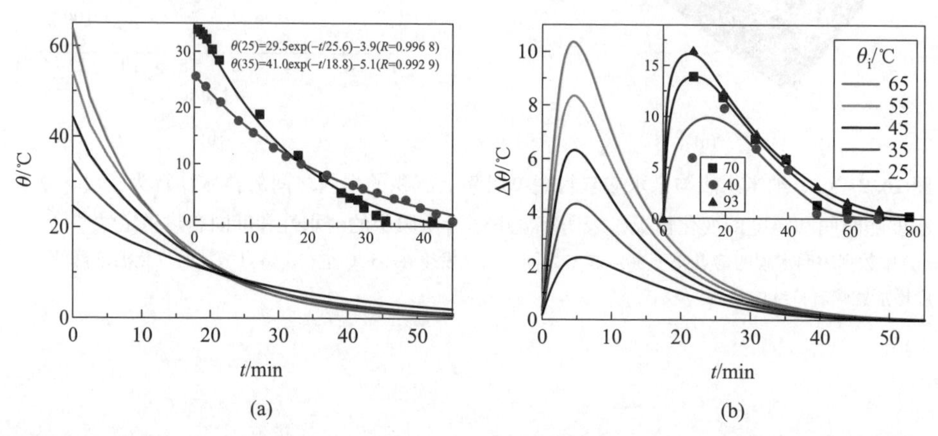

图 11.1　冷却时，(a)水温 $\theta\ (\theta_i,\ t)$[6]和(b)表皮–块体温差 $\Delta\theta\ (\theta_i,\ t)$随初始温度 θ_i和时间变化的数值计算曲线[7]

图(a)中的插图为 30 mL 去离子水在敞口或磁力搅拌情况下自 θ_i = 25 ℃和 35 ℃冷却结冰过程中的温度变化

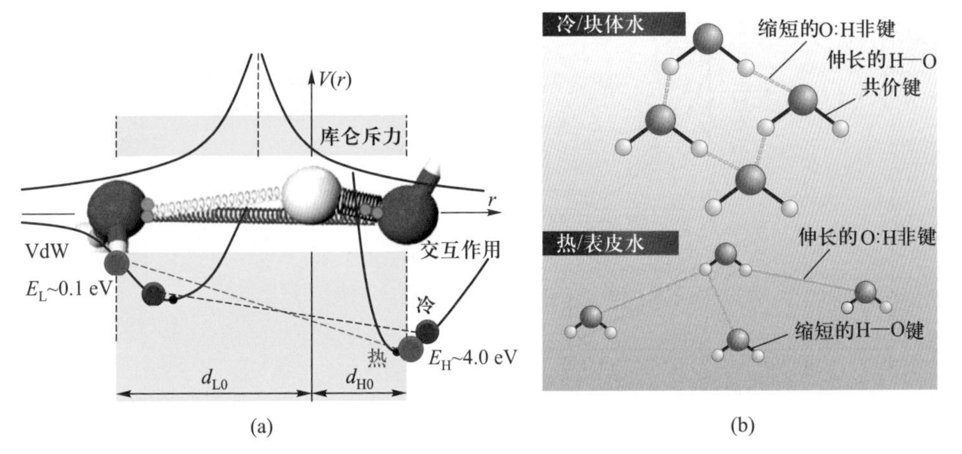

图 11.2　(a) O：H—O 非对称性和短程作用势示意图，(b) 加热和分子低配位引起的 O：H—O结构变化[7]

(a)中所示作用势包括 O：H 非键的范德瓦耳斯作用(E_L ~ 0. 1 eV)、H—O 共价键的交互作用(E_H ~ 4.0 eV)以及 O-O 间的库仑排斥作用[11]。加热和分子低配位效应使两个 O 原子以中心氢质子为中心朝相同方向偏离原来的位置，但偏移量不同。氧离子沿着 O：H—O 键的势场曲线从较热的态(红色虚线连接红色小球，标记为“热”)向较冷的态(蓝线虚线连接蓝色小球，标记为“冷”)移动。(b)图表明，加热和分子低配位效应使分子尺寸(d_H)减小而分子间距增加，因而水的密度降低

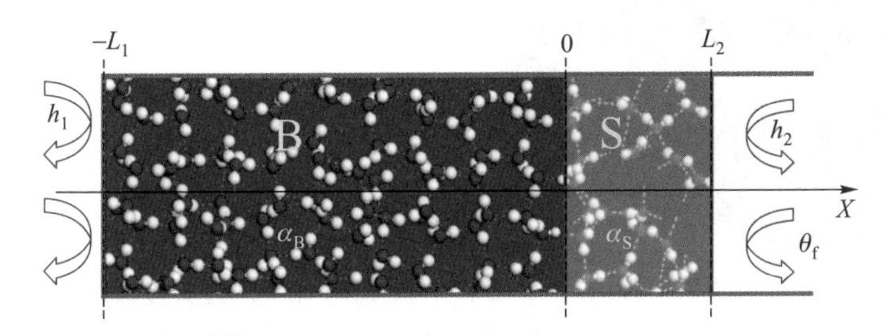

图 11.5　一维管道中流体热传导问题的有限元模型示意图[7]

管道两壁绝热、一端开口。水的初始温度为 θ_i，外界温度为 θ_f。沿 X 轴方向，管道中的水分成块体水[B，($-L_1 = -9$ mm，0)]和表皮水[S，(0，$L_2 = 1$ mm)]，两部分的扩散系数分别为 α_B 和 α_S，密度分别为$\rho_B = 1$ g/cm^{3}和 $\rho_S = 0.75$ g/cm^3[18,19]。h_j(左端 $j=1$，右端 $j=2$)代表与外界的热交换系数

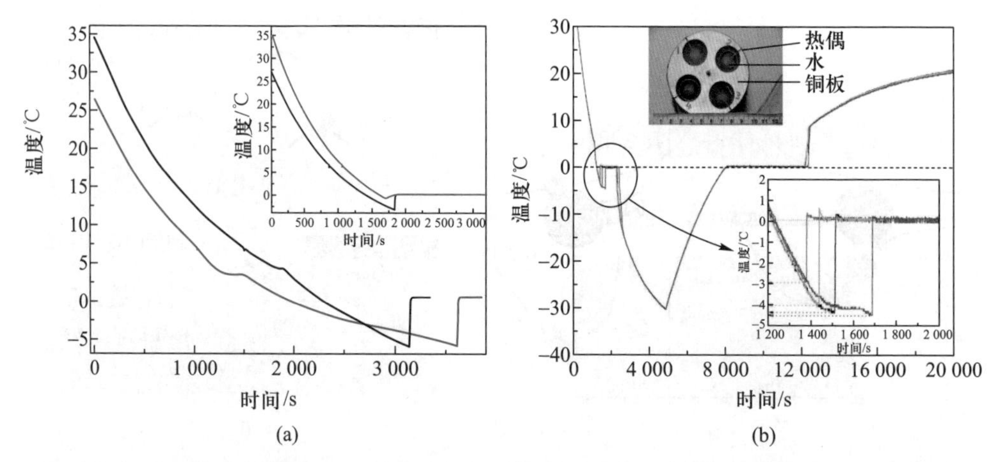

图 11.11 (a)置入冰箱的 30 mL 去离子水未搅拌时冷却结冰的温度-时间曲线，(b)置于铜制容器中同条件冷却的 4 组硬水样品的温度-时间曲线[15]

(a)中插图为去离子水在磁力搅拌后的温度-时间曲线，以作对比[6]

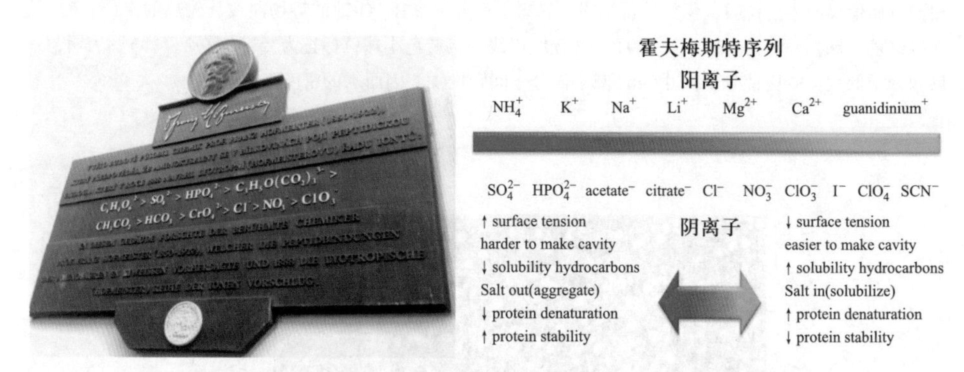

图 12.1 捷克查尔斯大学医学院内的一块纪念碑上记录着霍夫梅斯特教授(1850—1922)曾在这里从事科学研究工作[4]，他预测了蛋白质中的氨基酸是通过肽键连接的。1888 年，他提出有关蛋白质变性剂的霍夫梅斯特序列[3]

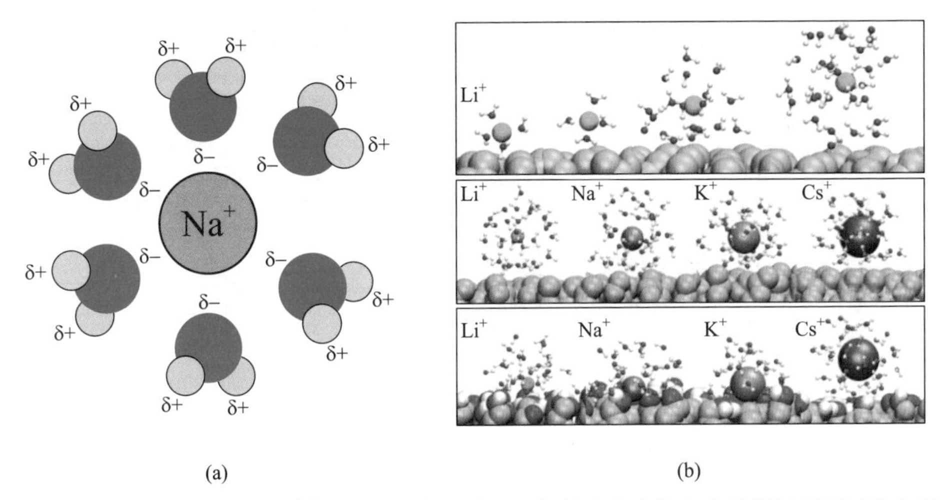

图 12.2 离子点源电场作用[5]：(a) Na^+离子点源电场使溶液中的水分子偶极子通过静电引力和 O-O 库仑斥力作用改变取向并团簇成水合层而被拉伸；(b)以离子为中心的水分子团簇与蛋白质表面的亲/疏水作用

离子浓度、种类以及离子半径、电负性、电荷量等因素决定构成水合层的水分子数目

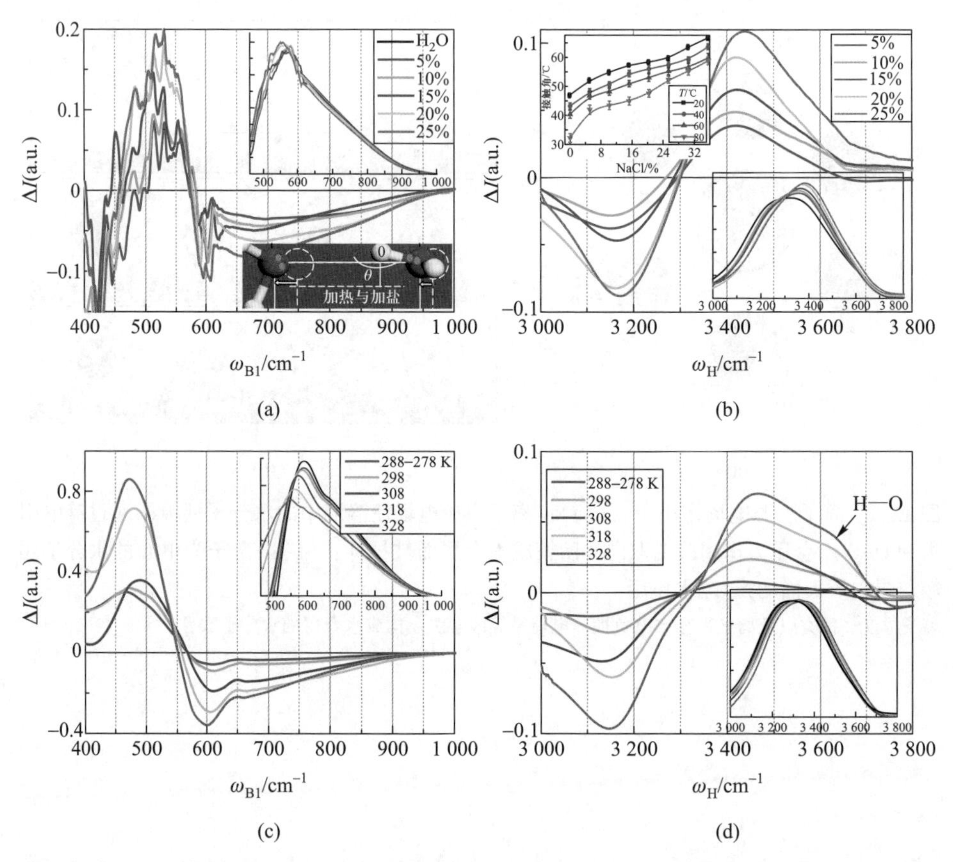

图 12.3 （a，c）氢键∠O：H—O 弯曲振动模（ω_{B1}）和（b，d）H—O 伸缩振动模（ω_H）的声子频率分别随（a，b）NaCl 浓度（wt. %）和（c，d）温度变化的红外差谱[6]

278 K 去离子水的红外光谱为参考光谱。(a) 中插图为加热与加盐时 O：H—O 氢键协同弛豫的理论模型。(b) 中插图是 NaCl 溶液接触角（宏观上体现氢键的极化程度）随浓度和温度的变化曲线。ω_H 和 ω_{B1} 的半高宽与溶液中分子涨落序度以及极化程度相关，此外，ω_H 的弛豫时间与溶液黏滞系数相关。对溶液加热会使∠O：H—O 弯曲声子变软，而加盐与之相反。另外，加盐使溶液中的水分子排列更加有序，因此其红外吸收率更低

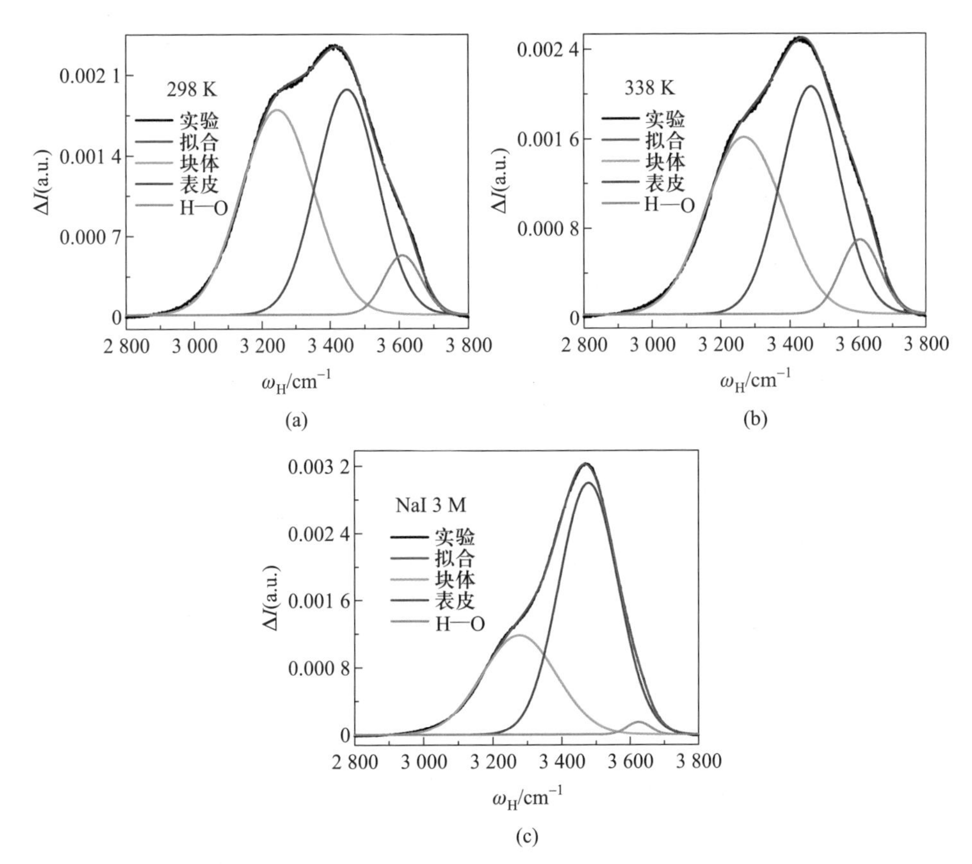

图 12.7 高斯分峰方法解谱样品溶液的拉曼光谱：(a) 298 K 去离子水，(b) 338 K 去离子水，(c) 3 M 的 NaI 溶液[84]

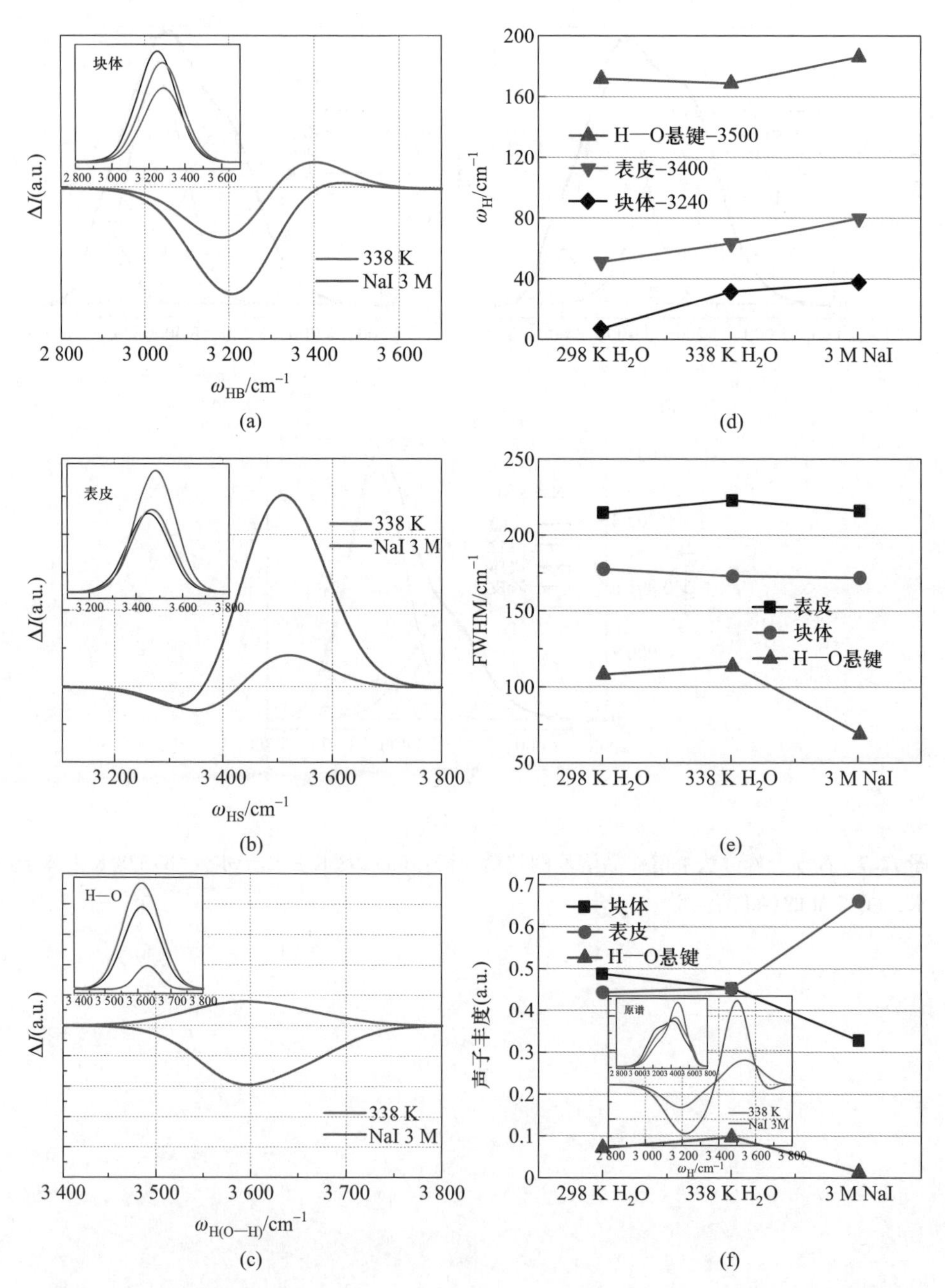

图 12.8 H—O 谱高斯解谱结果[84]：(a~c)338 K 去离子水和 3 M NaI 溶液的分子位置分辨差谱，以 298 K 去离子水的拉曼谱为参考光谱；(d~f)分别表示各位置组分的键刚度、半高宽和声子丰度

(a~c)中的插图为 H—O 伸缩振动谱高斯分峰解谱的各组分峰结果，(f)中的插图表示 338 K 去离子水和 3 M NaI 溶液中 H—O 声子的拉曼差谱

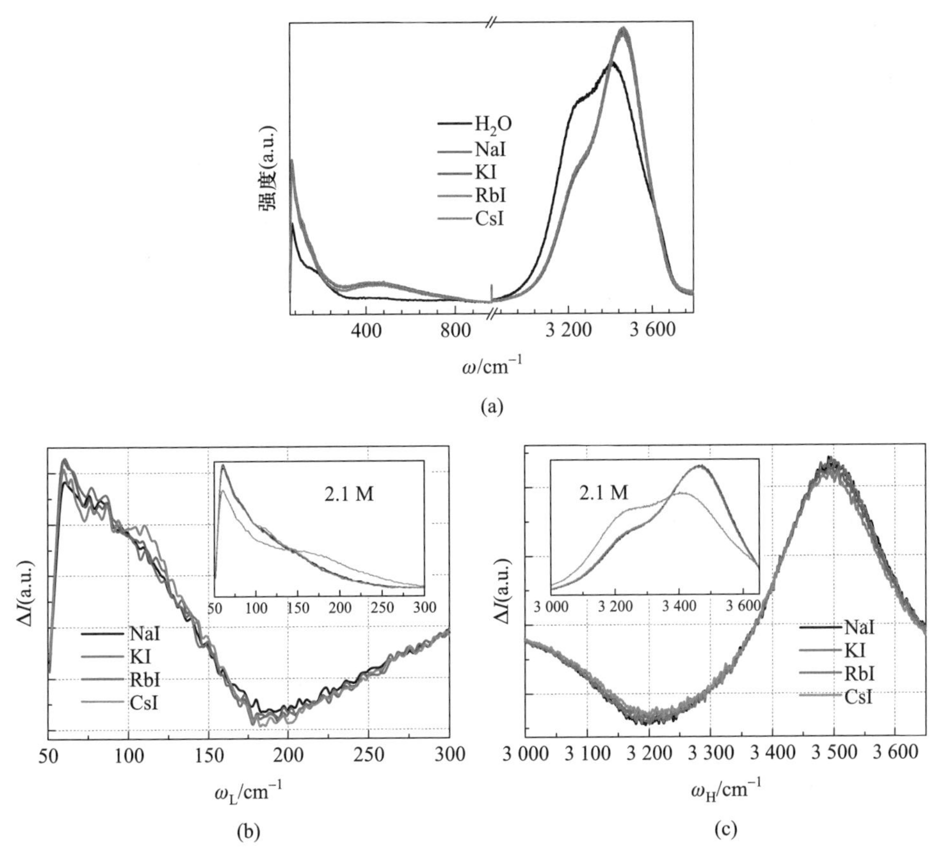

图 12.9 2.1 M 的 YI(Y = Na、K、Rb、Cs)溶液的拉曼光谱[99]：(a)原谱(频扫范围为 50~4 000 cm^{-1})、YI 溶液与纯水的(b)低频与(c)高频声子差谱(各插图为分段实测拉曼光谱)

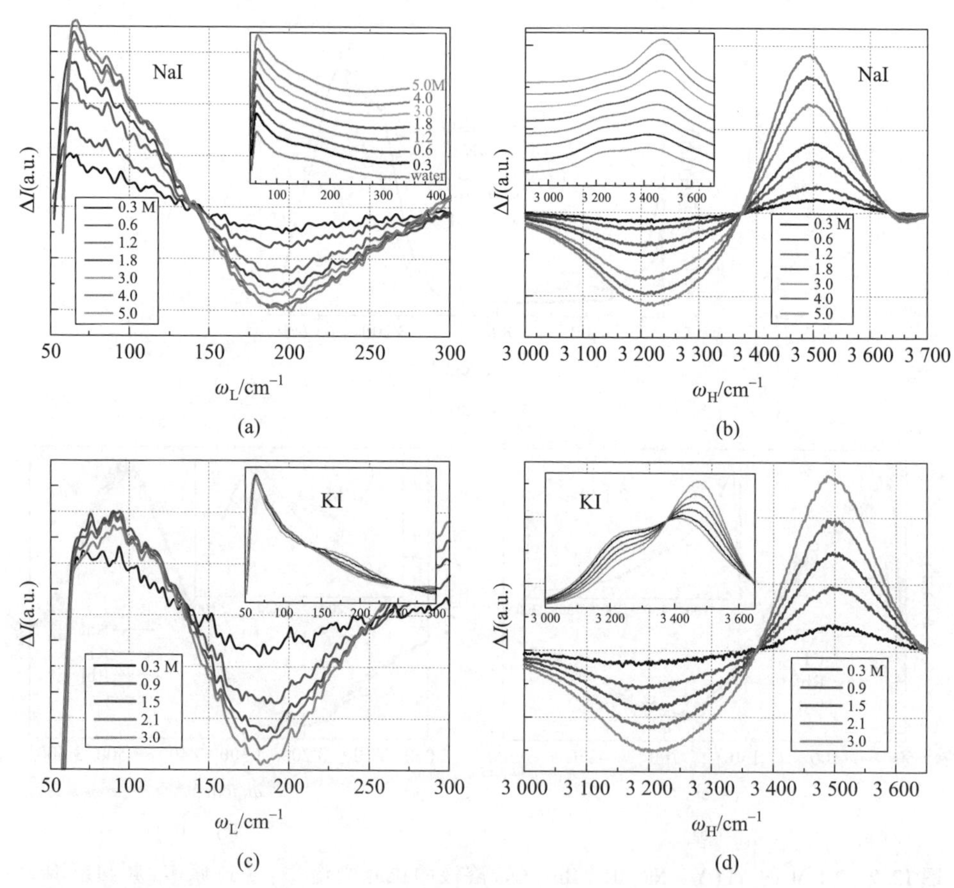

图 12.10 室温下，(a、b)NaI 与(c、d)KI 溶液中氢键分段的高低伸缩振动频率随浓度变化的拉曼差谱[99]

室温去离子水拉曼光谱为参考光谱。溶液中的离子电场使 ω_H 声子变硬，且随浓度增大发生蓝移，从 3 200 cm^{-1}增大至3 500 cm^{-1}；同时，ω_L声子频率从 190 cm^{-1}红移至 70 cm^{-1}。光谱的半高宽变窄。插图为各样品相应分段的原始拉曼谱

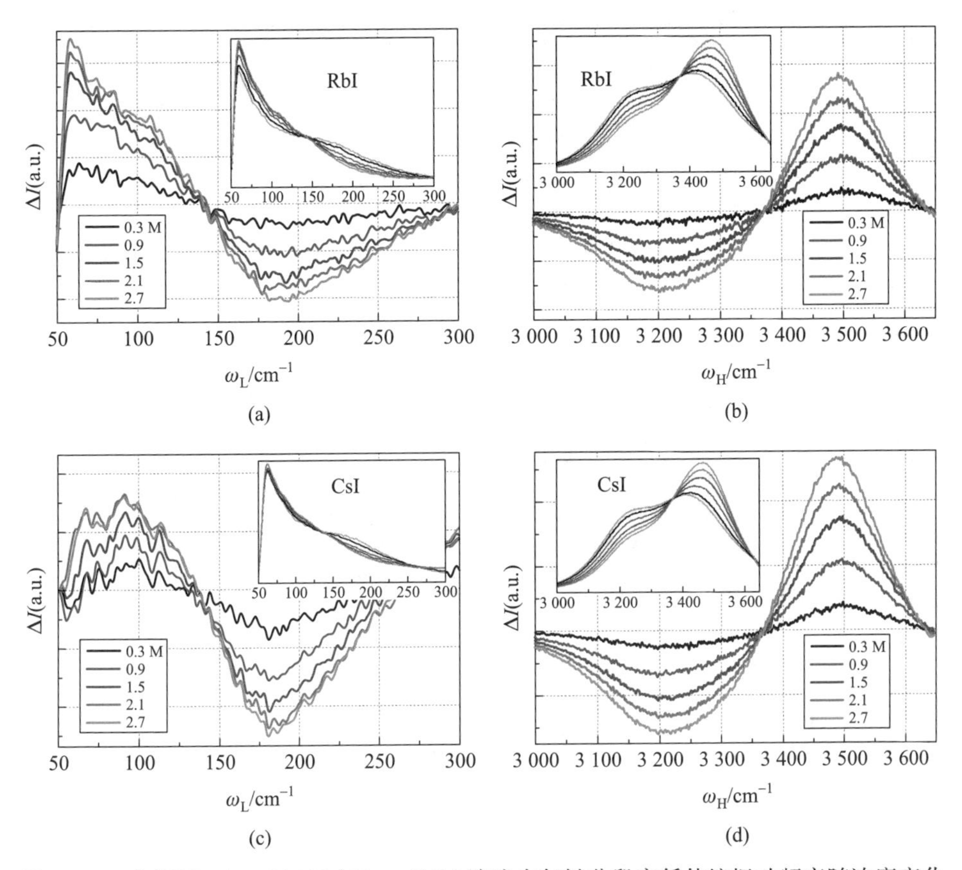

图 12.11 室温下，(a、b)RbI 与(c、d)CsI 溶液中氢键分段高低伸缩振动频率随浓度变化的拉曼差谱[99]

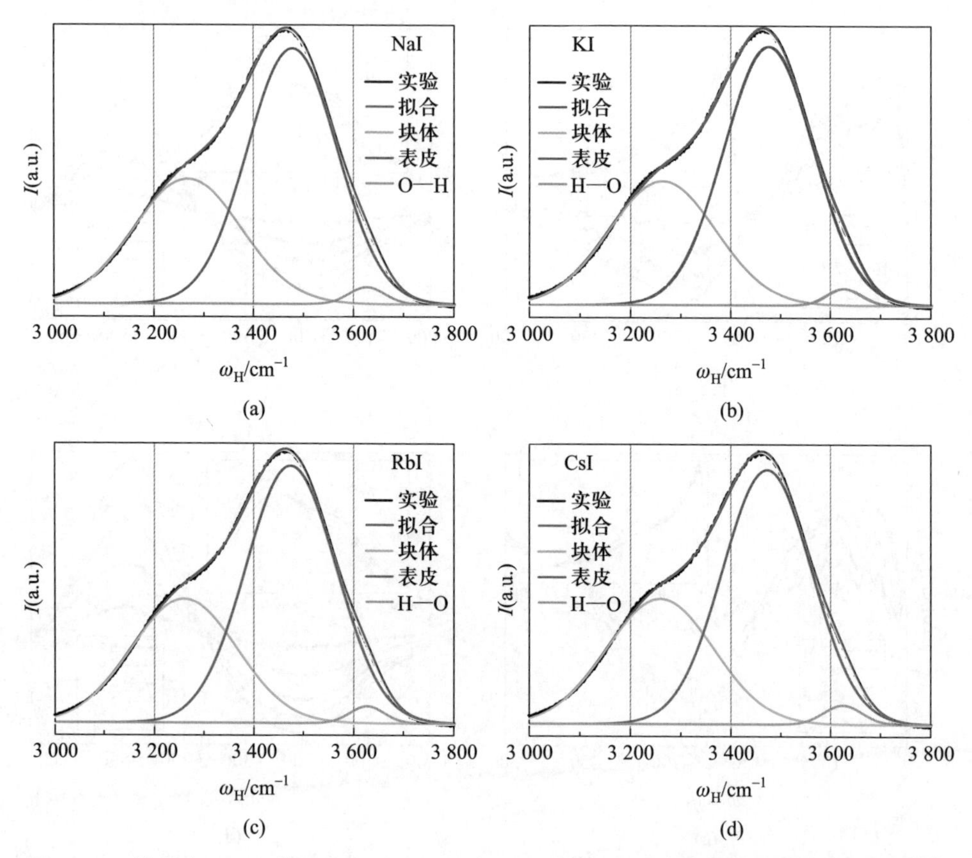

图 12.12 浓度为 2.1 M 的(a)NaI、(b)KI、(c)RbI 和(d)CsI 溶液拉曼光谱的高斯解谱[99]

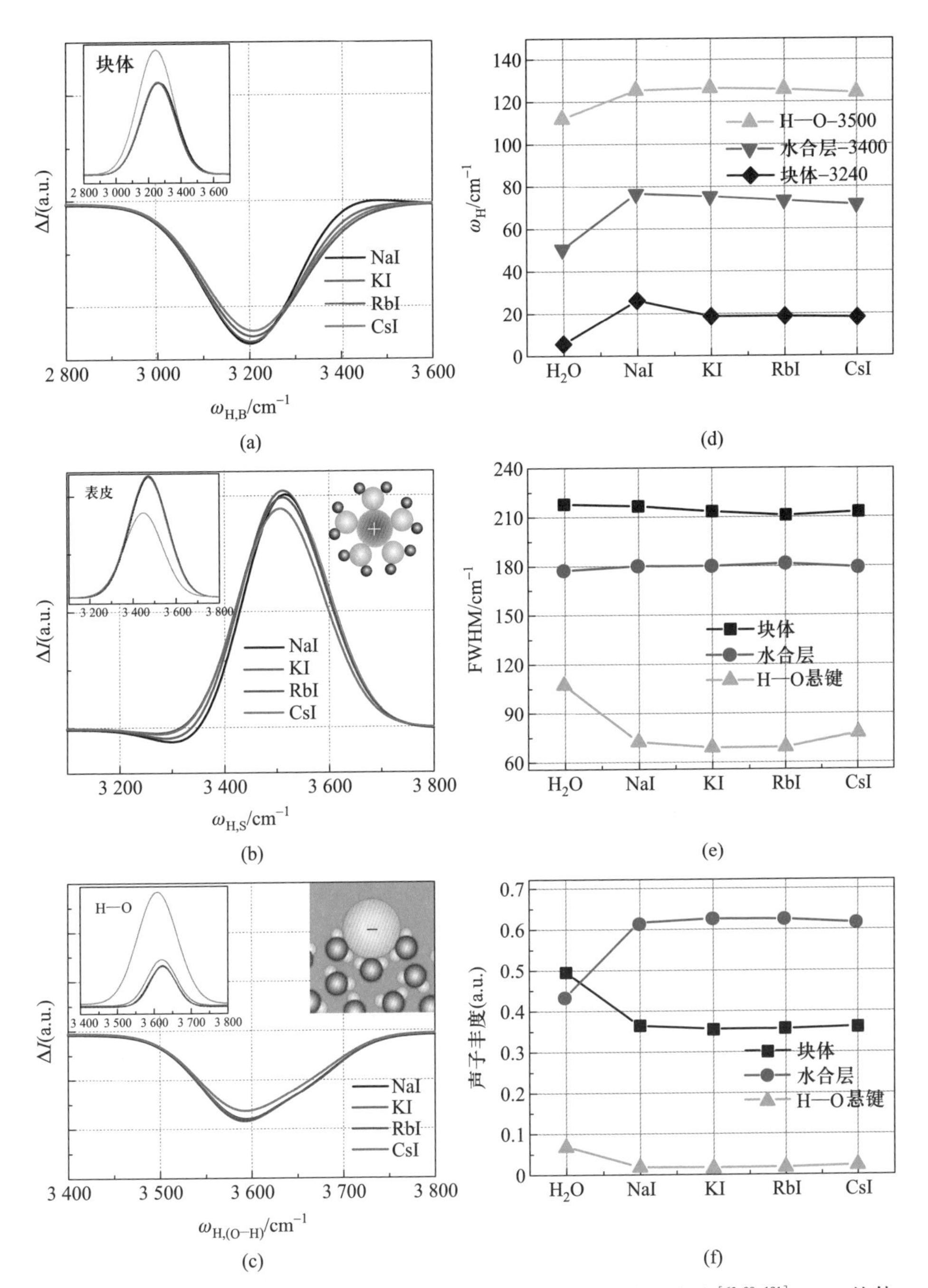

图 12.13 YI 溶液拉曼光谱高斯分解的各组分峰位、半高宽和声子丰度[62,99-101]：(a)块体、(b)表皮与(c)H—O 悬键的分子位置分辨差分声子计量谱，以及 H—O 键(d)刚度、(e)半高宽与(f)声子丰度

(a~c)左上角插图为各组分的拉曼原谱。(b)与(c)右上角插图分别为离子水合层和阴离子表面水分子的选择性占据示意图。以 298 K 去离子水的拉曼谱作为参考光谱

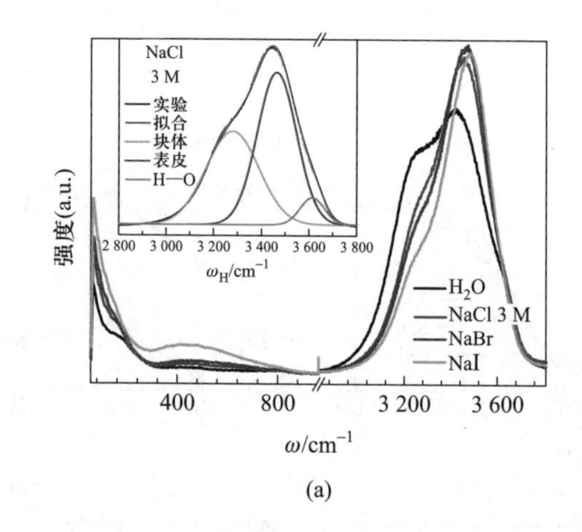

(a)

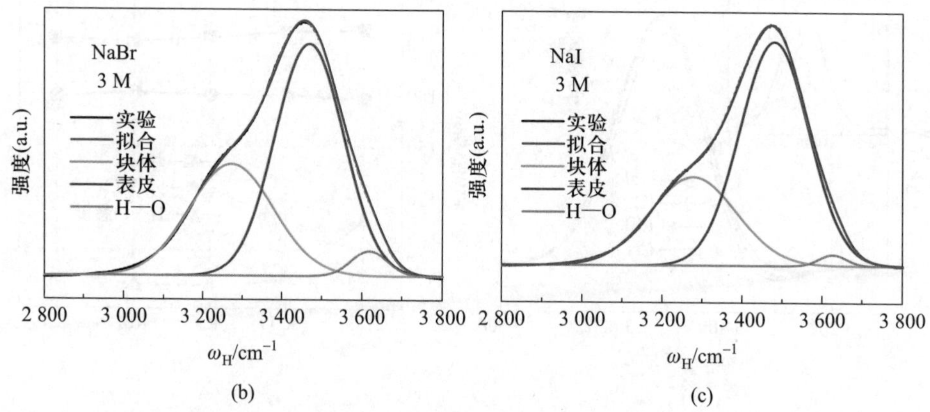

(b) (c)

图 12.14 (a)NaX 溶液的拉曼全谱(插图为高频部分的高斯解谱结果)以及(b) NaBr 与(c) NaI 的高斯解谱[78]

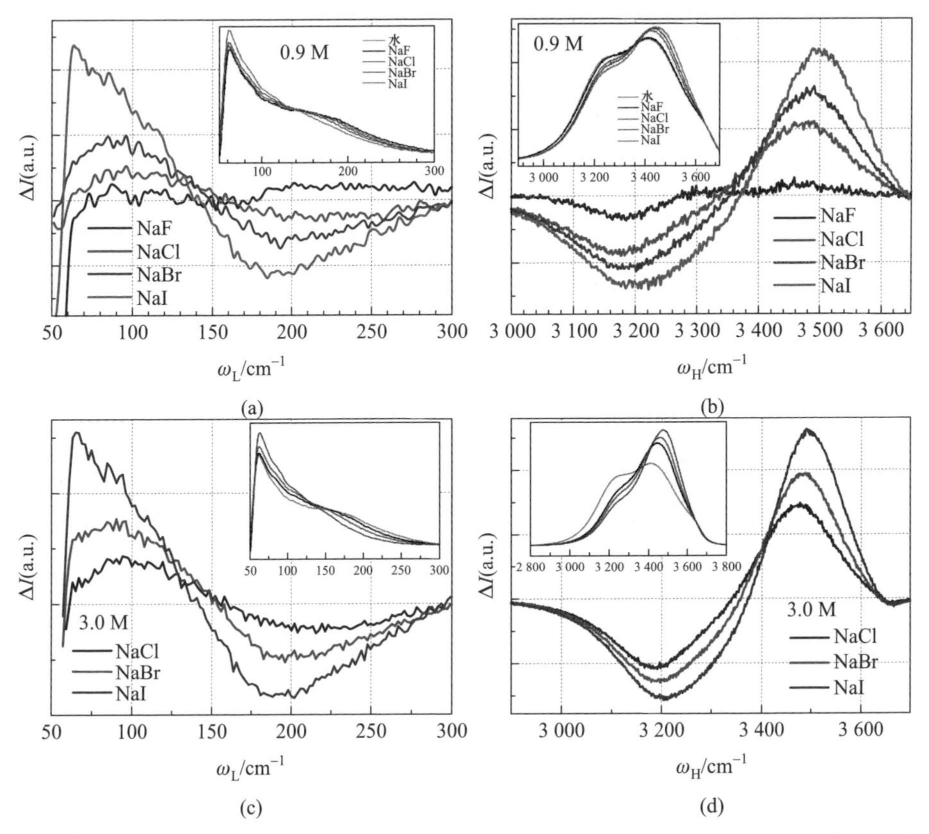

图 12.15 (a、b)0.9 M 与(c、d)3.0 M 的 NaX 溶液氢键高低振动频率的拉曼差谱结果(插图为样品的拉曼原谱)[78]

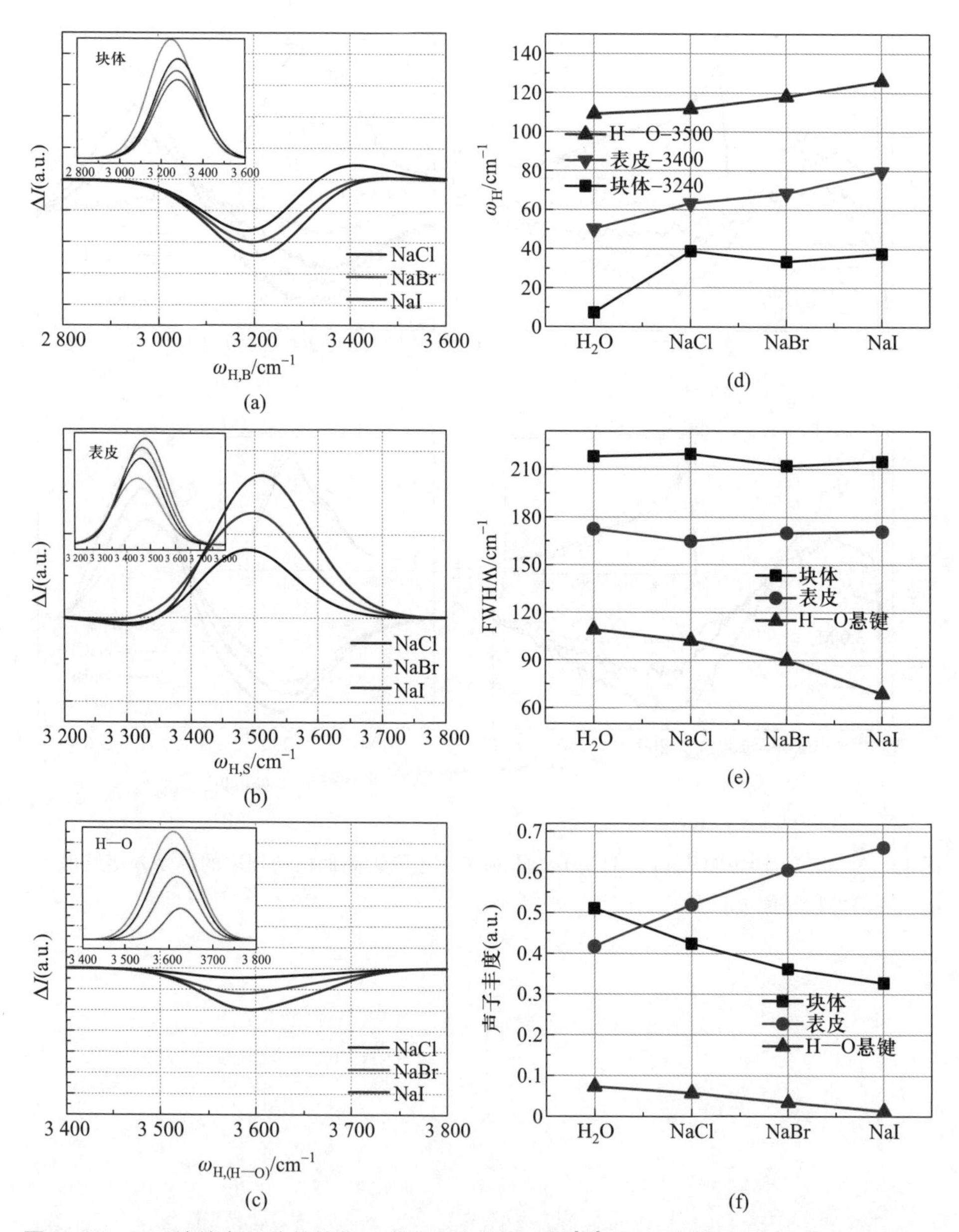

图 12.16 NaX 溶液各组分的峰位、半高宽和声子丰度[78]：(a)块体、(b)表皮与(c)H—O悬键的分子位置分辨差分声子计量谱，以及 H—O 键(d)刚度、(e)半高宽与(f)声子丰度(a~c)左上角插图为各组分的拉曼原谱。以 298 K 去离子水的拉曼谱作为参考光谱

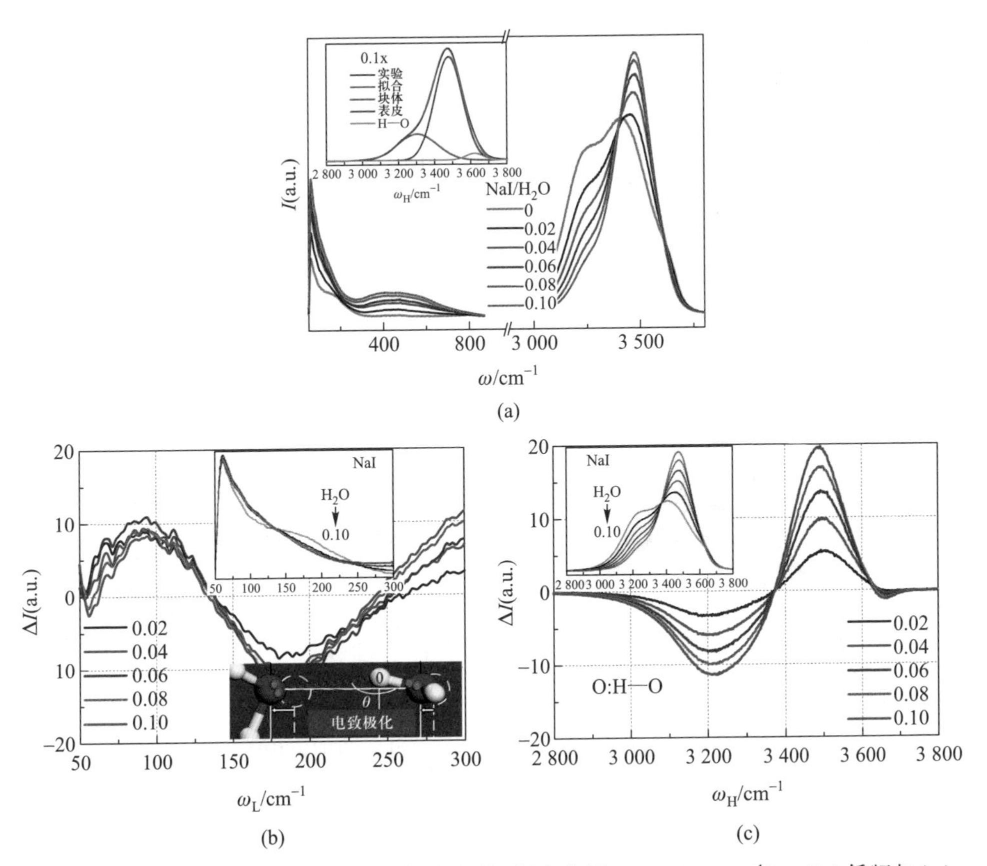

图 12.17 NaI 溶液中氢键的(a)全频拉曼光谱(频率范围 50~4 000 cm^{-1})、(b)低频与(c)高频差谱(插图为实测原谱)[78]

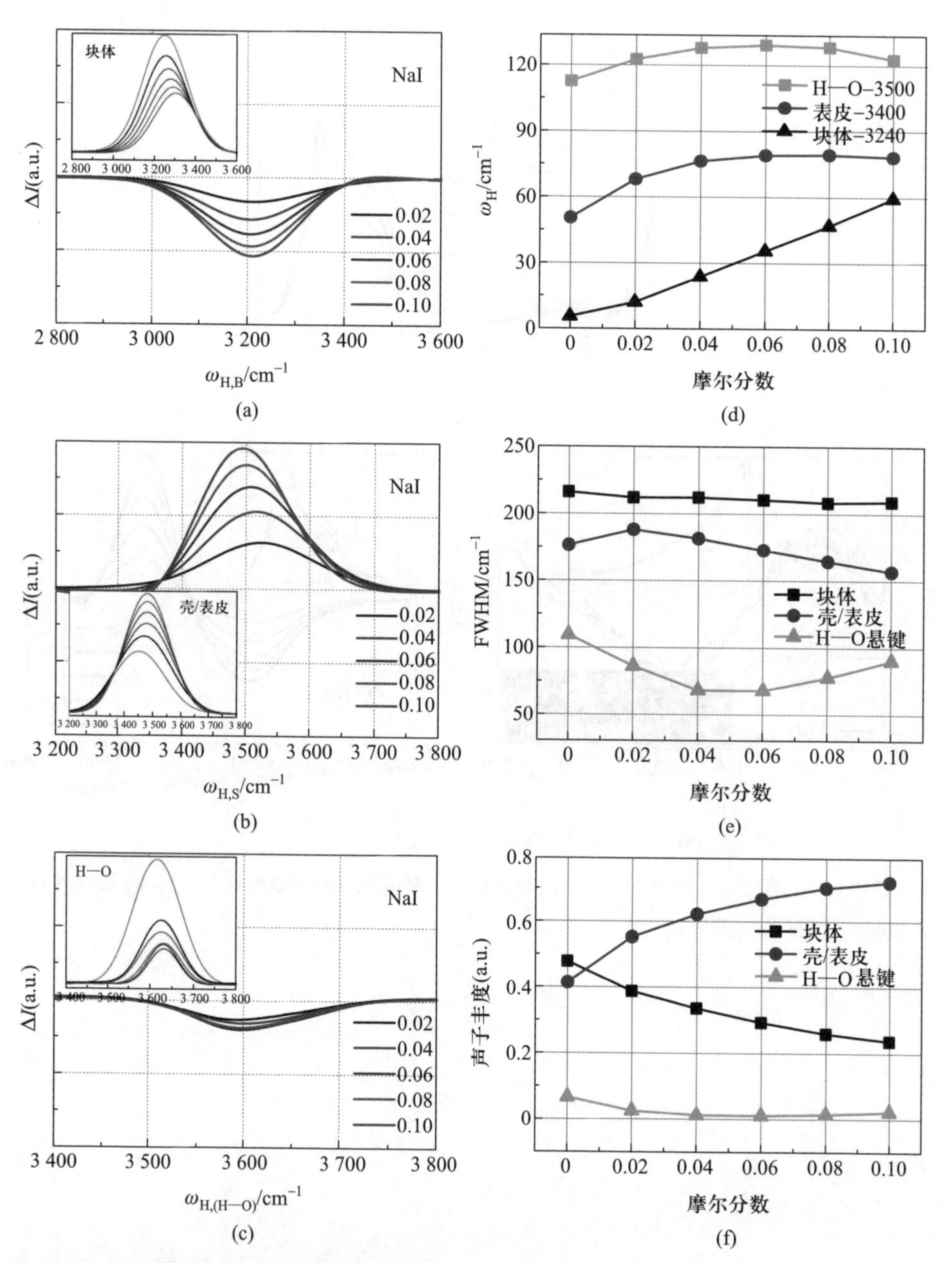

图 12.18 不同浓度的 NaI 溶液各组分的峰位、半高宽与声子丰度[78]：(a)块体、(b)表皮与(c)H—O 悬键的分子位置分辨差分声子计量谱，以及 H—O 键(d)刚度、(e)半高宽与(f)声子丰度

(a~c)左上角插图为各组分的拉曼原谱。以 298 K 去离子水的拉曼谱作为参考光谱

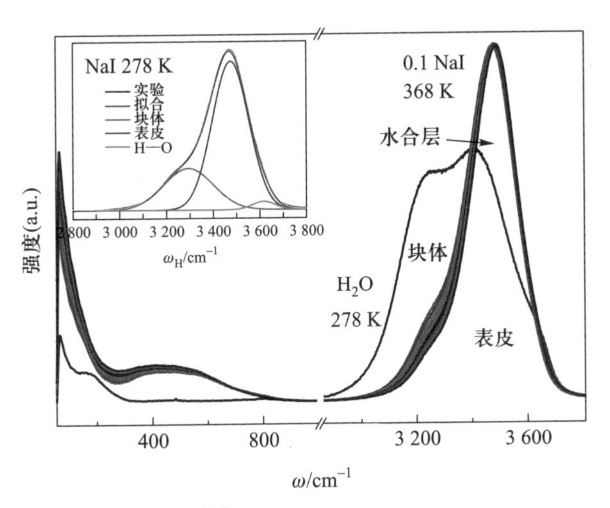

图 12.19　NaI 溶液的变温拉曼光谱[78]

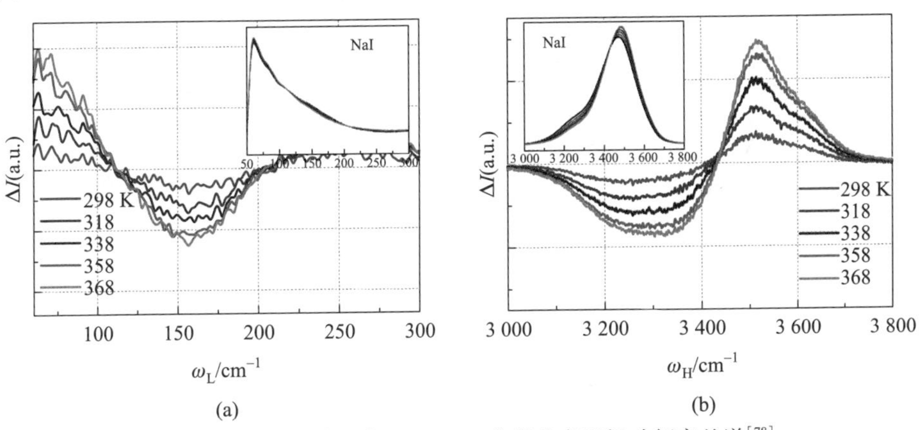

图 12.20　NaI 溶液中氢键(a)O：H 与(b)H—O 分段的变温振动频率差谱[78]

278 K 的 NaI 溶液的拉曼光谱为参考光谱。插图为实测拉曼原谱

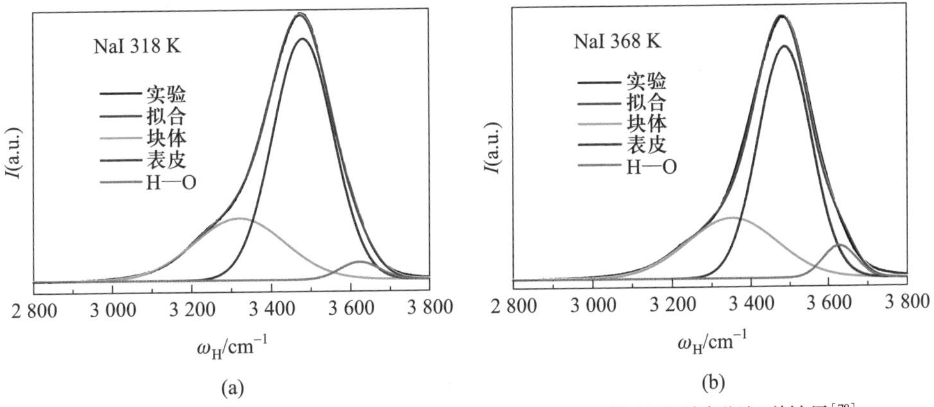

图 12.21　浓度为 0.1 的 NaI 溶液在(a)318 K 与(b)368 K 时的拉曼光谱高斯解谱结果[78]

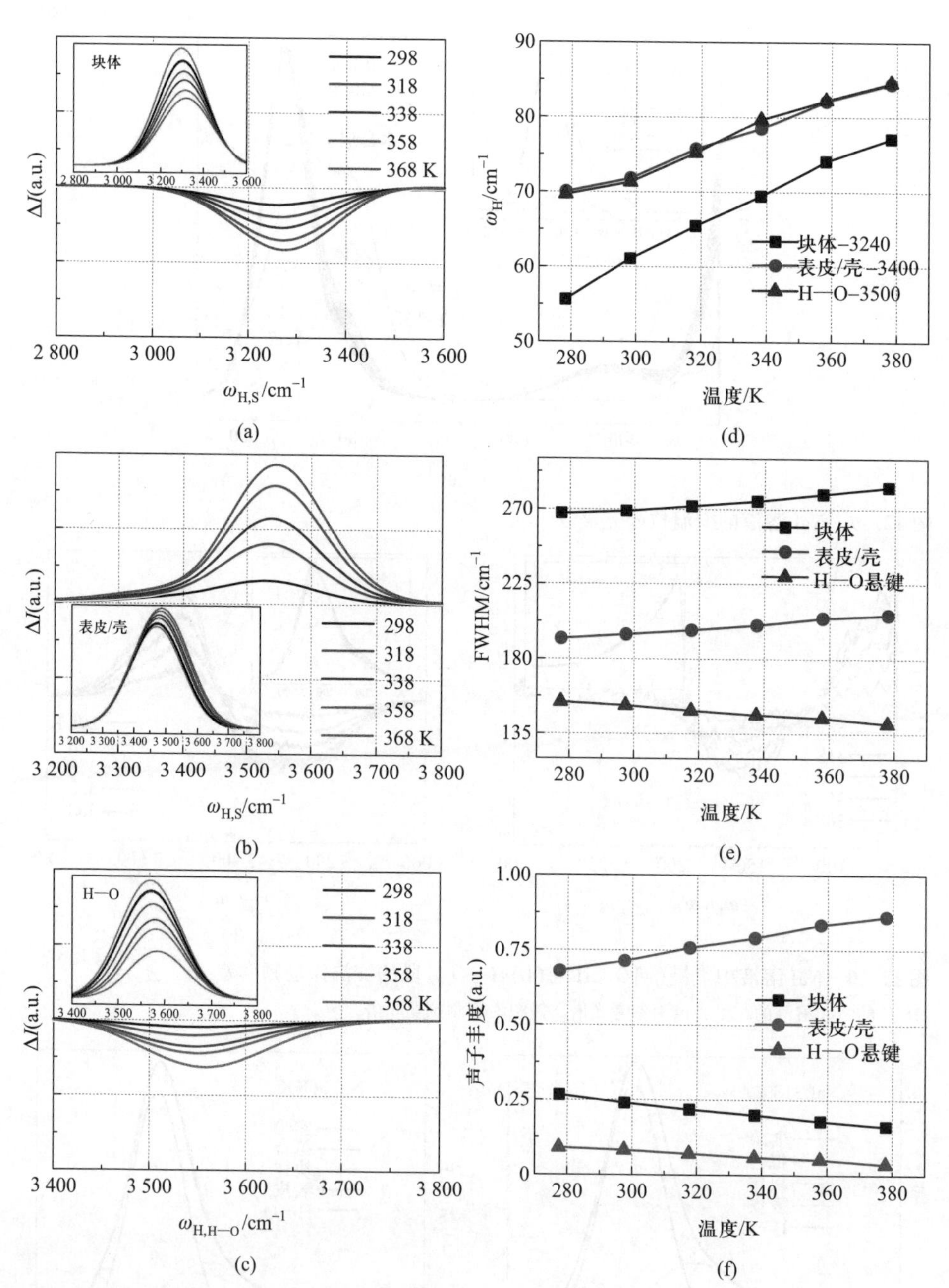

图 12.22 NaI 溶液各组分的峰位、半高宽与声子丰度随温度的变化情况[78]：(a)块体、(b)表皮与(c)H—O悬键的分子位置分辨差分声子计量谱，以及 H—O 键(d)刚度、(e)半高宽与(f)声子丰度

(a~c)左上角插图为各组分的拉曼原谱。以 298 K 去离子水的拉曼谱作为参考光谱

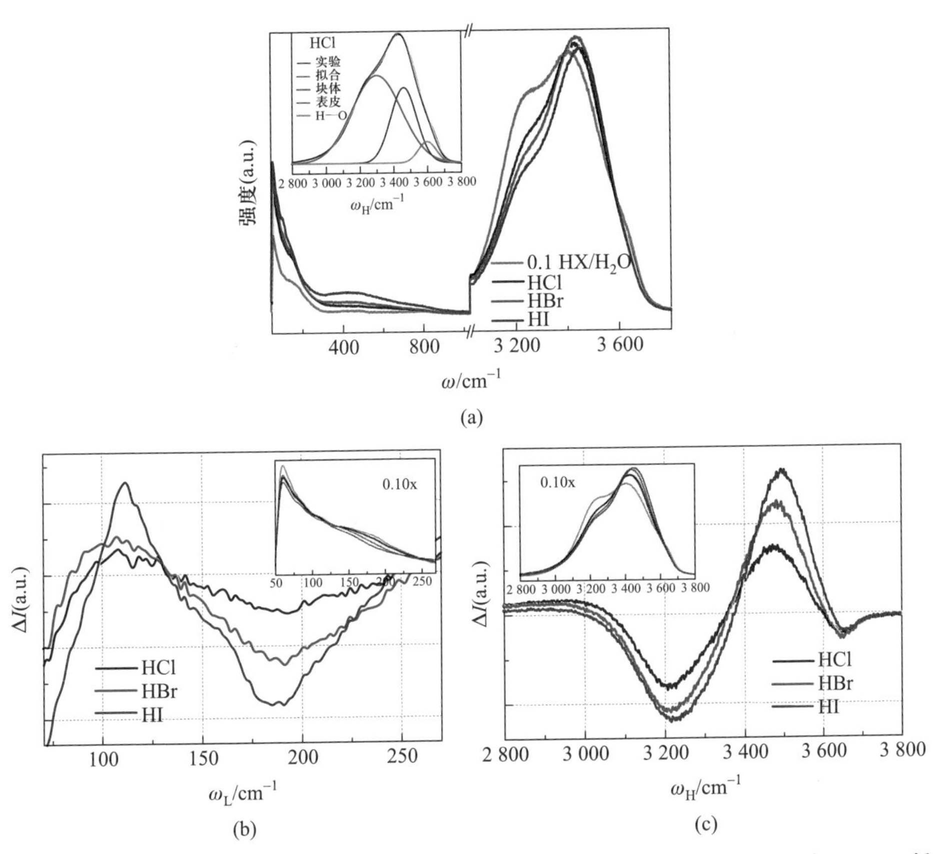

图 12.24 浓度为 0.1(摩尔分数)的 HX(X=Cl、Br、I)溶液的氢键(a)拉曼全谱以及(b)低频与(c)高频分段的差谱(插图为分段实测拉曼光谱)[78]

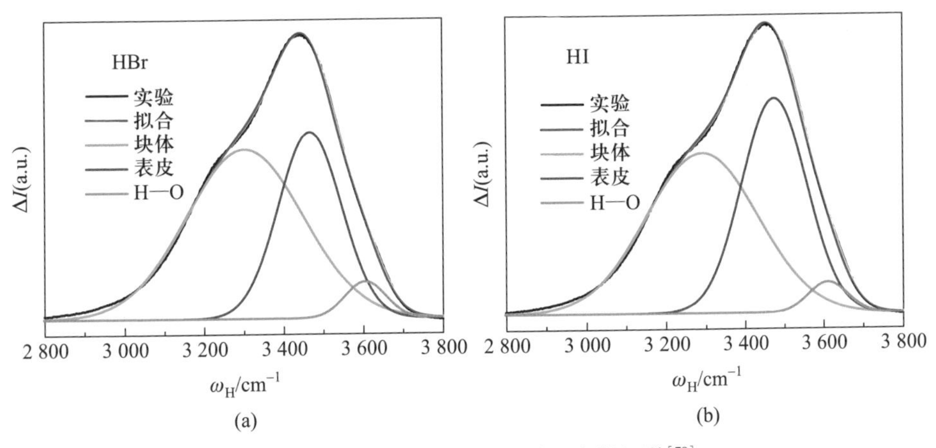

图 12.25 浓度 0.1 的(a)HBr 与(b)HI 溶液拉曼光谱的高斯解谱[78]

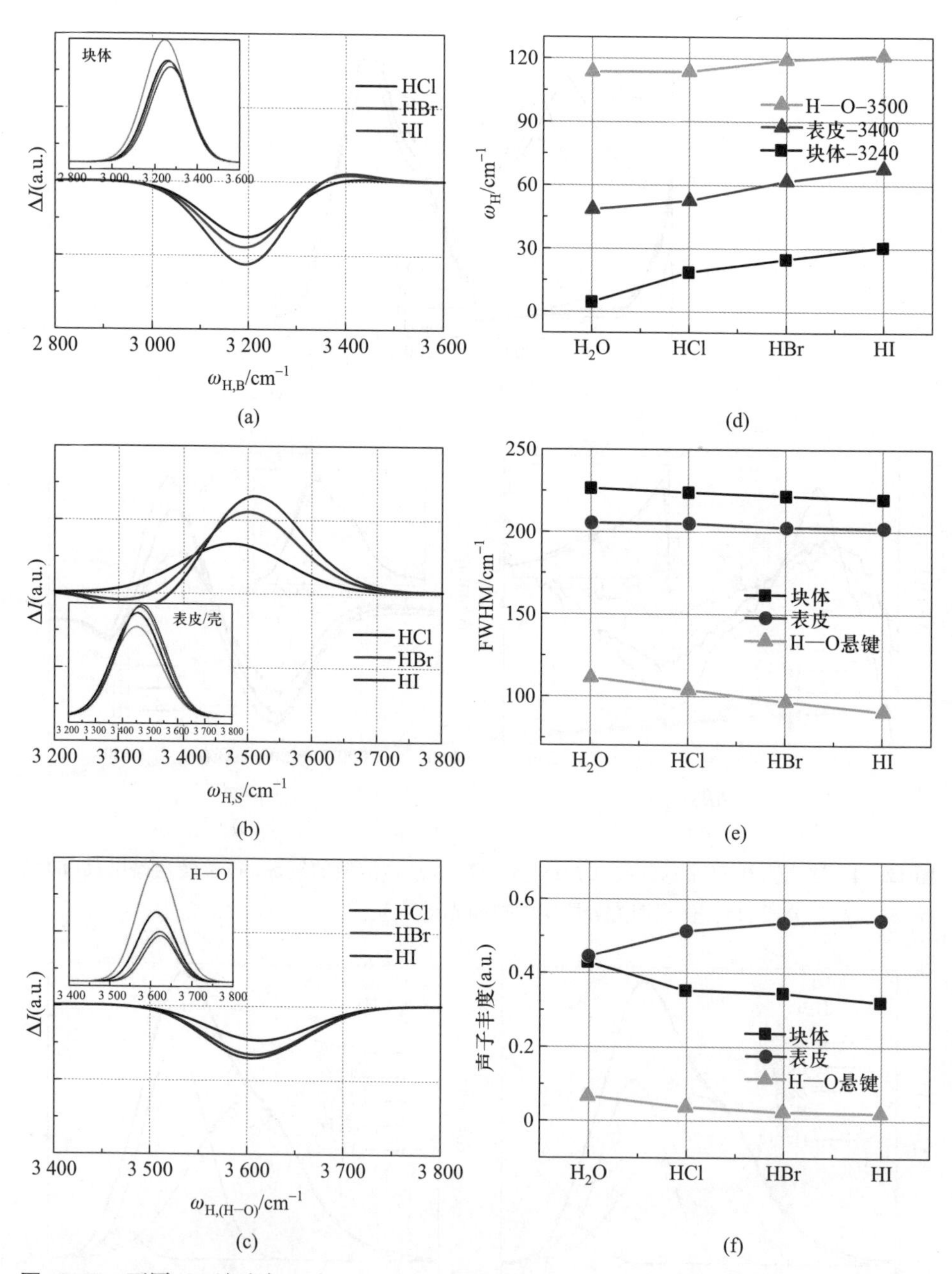

图 12.26 不同 HX 溶液各组分 H—O 振动频率的峰位、半高宽与声子丰度[15]：(a)块体、(b)表皮与(c)H—O 悬键的分子位置分辨差分声子计量谱，以及(d)键刚度、(e)半高宽与(f)声子丰度

(a~c)左上角插图为各组分的拉曼原谱。以 298 K 去离子水的拉曼谱作为参考光谱

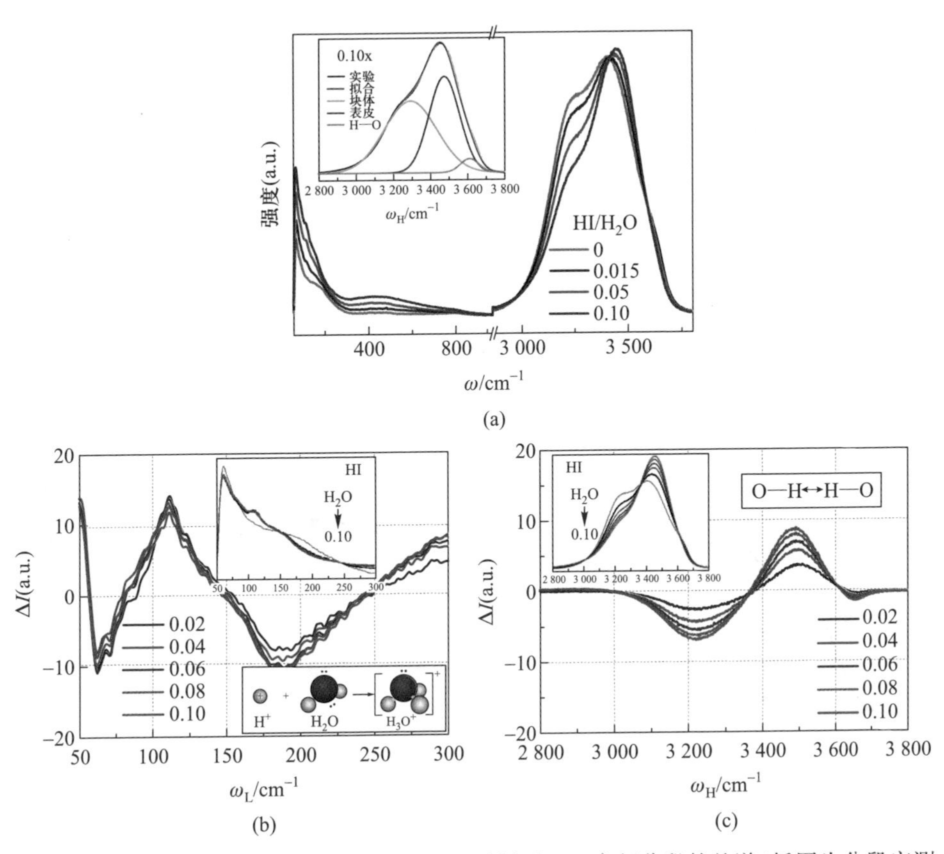

图 12.27 HI 溶液的氢键(a)拉曼全谱以及(b)低频与(c)高频分段的差谱(插图为分段实测拉曼光谱)[95]

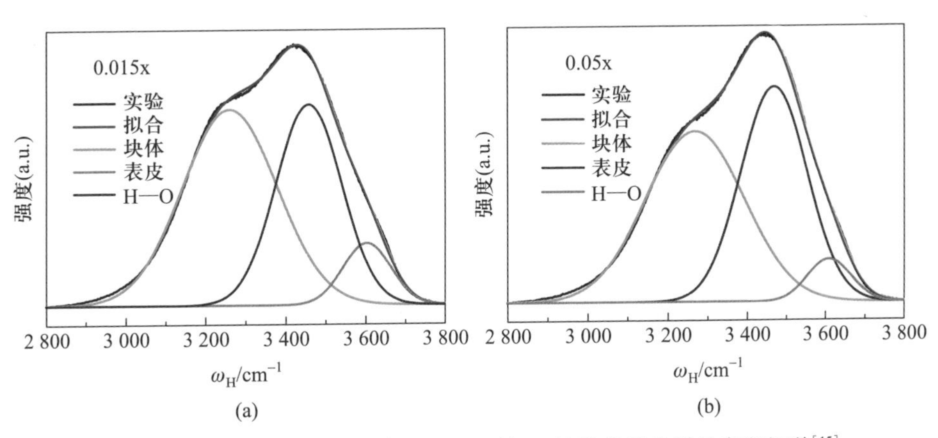

图 12.28 摩尔分数分别为(a)0.015 与(b)0.05 的 HI 溶液拉曼光谱的高斯解谱[15]

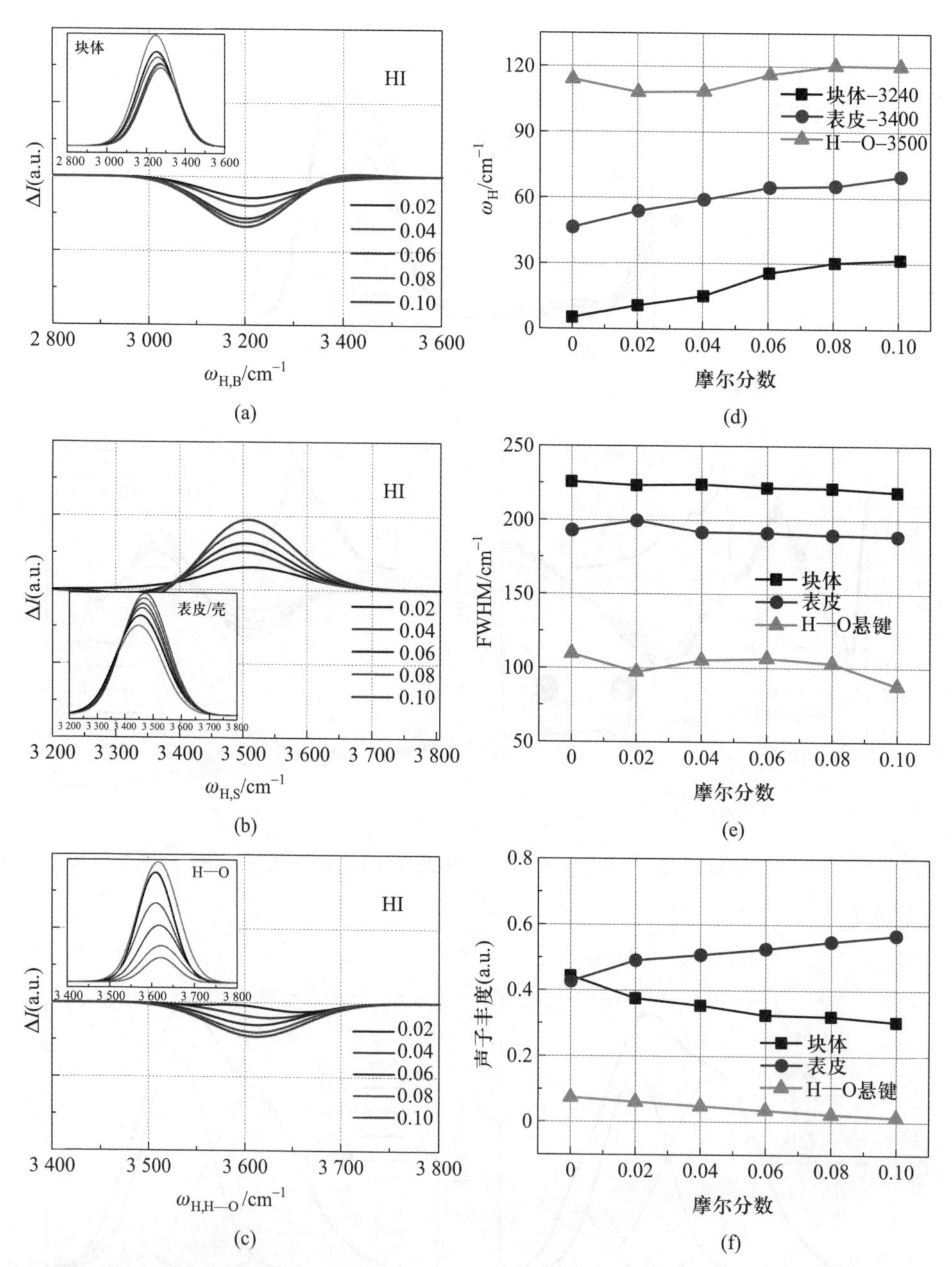

图 12.29 不同浓度的 HI 溶液各组分的峰位、半高宽与声子丰度[15]：(a)块体、(b)表皮与(c)H—O 悬键的分子位置分辨差分声子计量谱，以及 H—O 键(d)刚度、(e)半高宽与(f)声子丰度

(a~c)左上角插图为各组分的拉曼原谱。以 298 K 去离子水的拉曼谱作为参考光谱

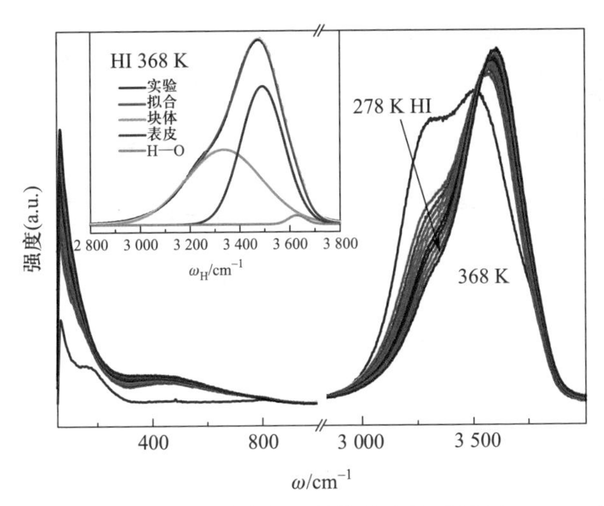

图 12.30 浓度 0.1 的 HI 溶液不同温度条件下的拉曼光谱(插图为 368 K 时拉曼谱高频部分的高斯分峰结果)[15]

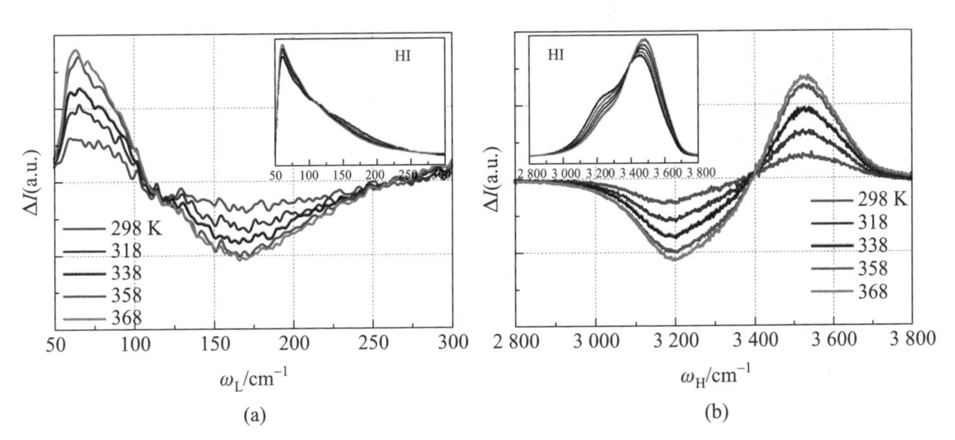

图 12.31 HI 溶液中氢键的(a)低频和(b)高频分段的变温差谱(插图为各部分的实测拉曼原谱)[15]

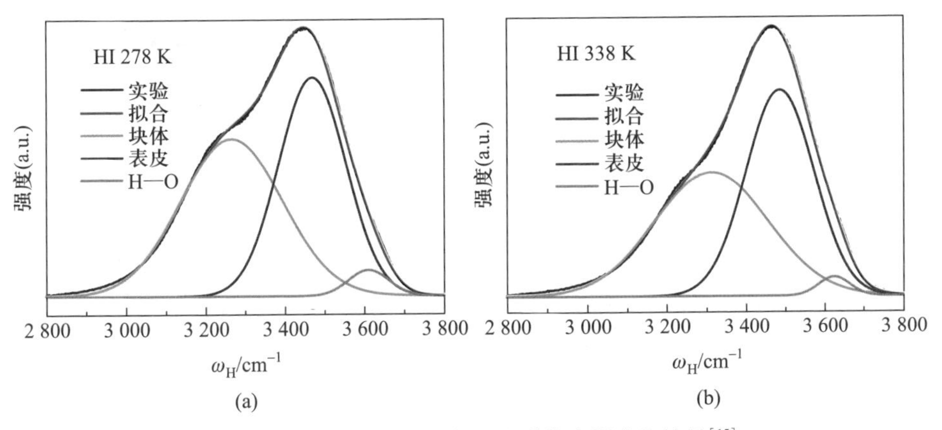

图 12.32 (a)278 K 与(b)338 K 时 HI 溶液拉曼光谱的高斯分峰结果[15]

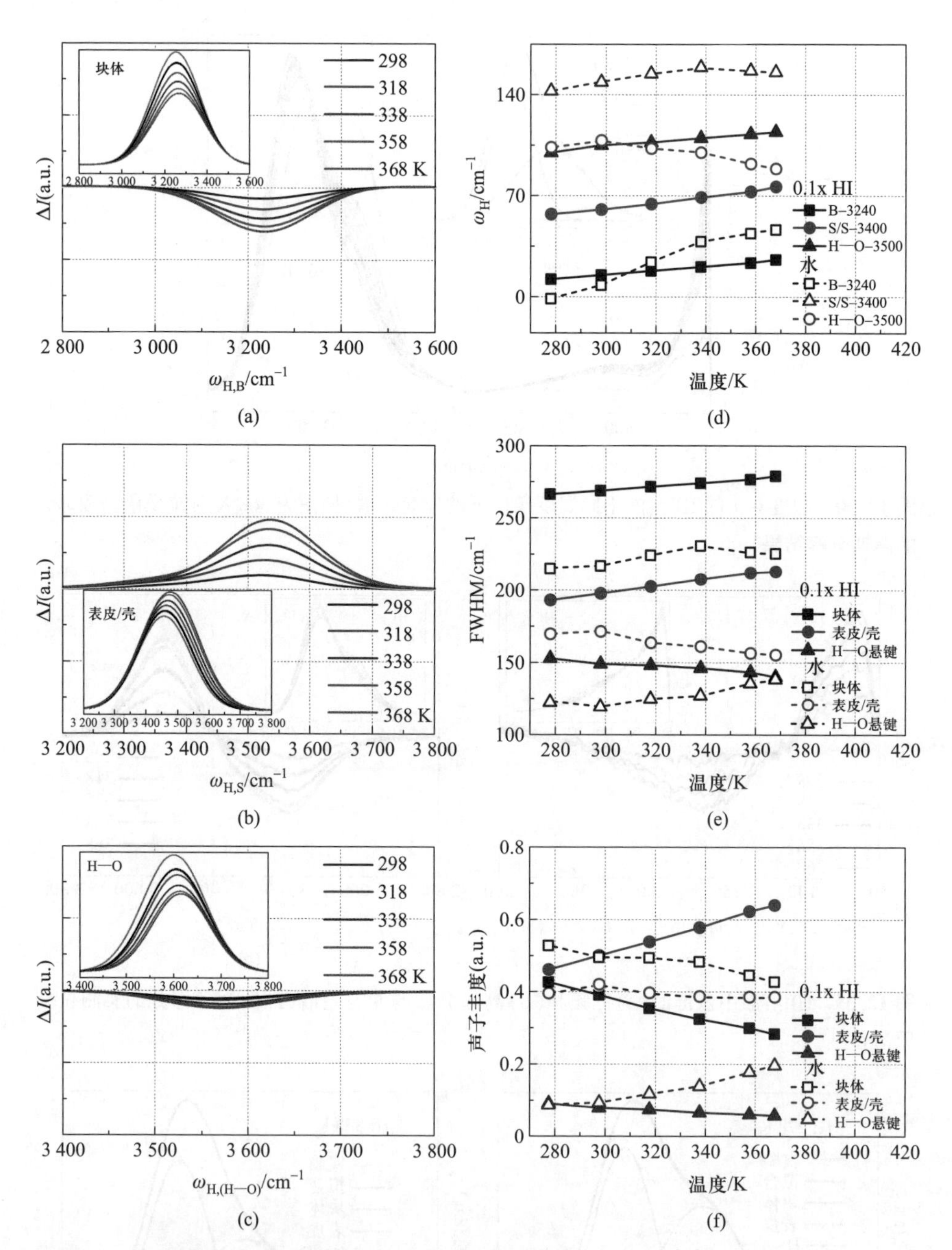

图 12.33 不同温度的 HI 溶液各组分的峰位、半高宽与声子丰度[15]：(a)块体、(b)表皮与(c)H—O 悬键的分子位置分辨差分声子计量谱，以及 H—O 键(d)刚度、(e)半高宽与(f)声子丰度

(a~c)左上角插图为各组分的拉曼原谱。以 298 K 去离子水的拉曼谱作为参考光谱

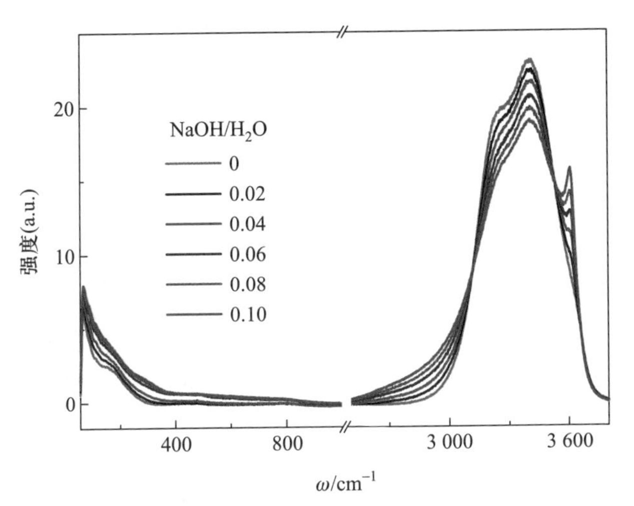

图 12.35 NaOH 溶液浓度变化时的拉曼光谱[105]

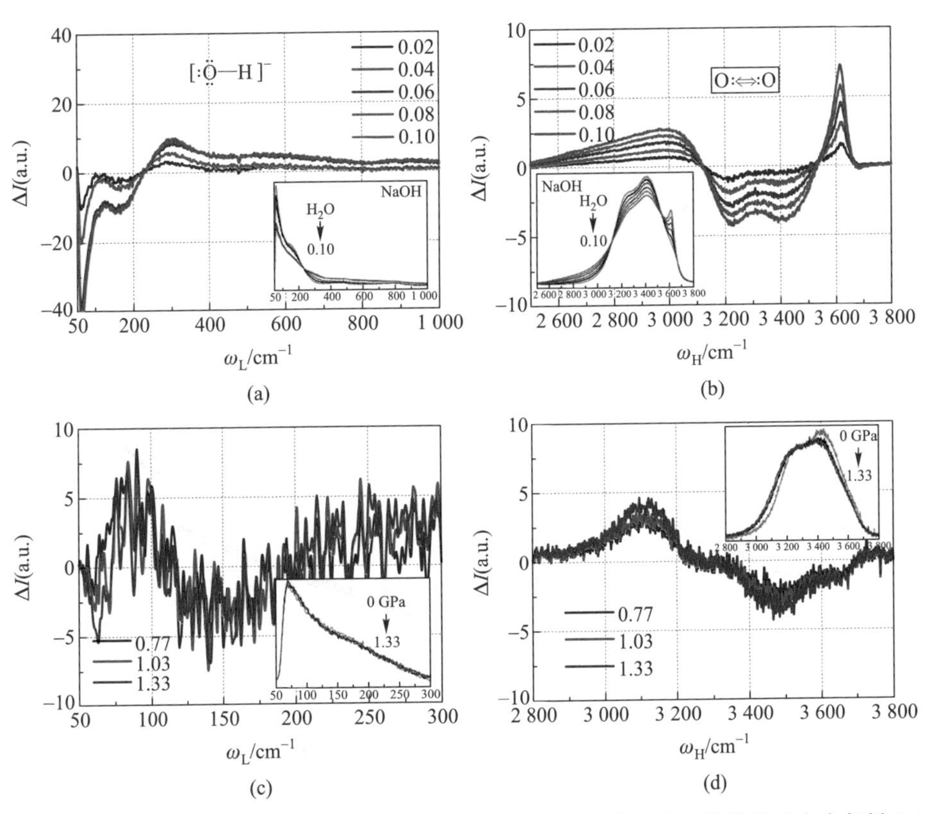

图 12.36 NaOH 溶液中氢键(a)高、(b)低频段随浓度变化的差谱以及受压时水中氢键(c)高、(d)低频分段的差谱(插图为实测拉曼光谱)[105]

3 610 cm^{-1}为 OH^-溶质 H—O 单键的特征峰，与表皮 H—O 悬键等同

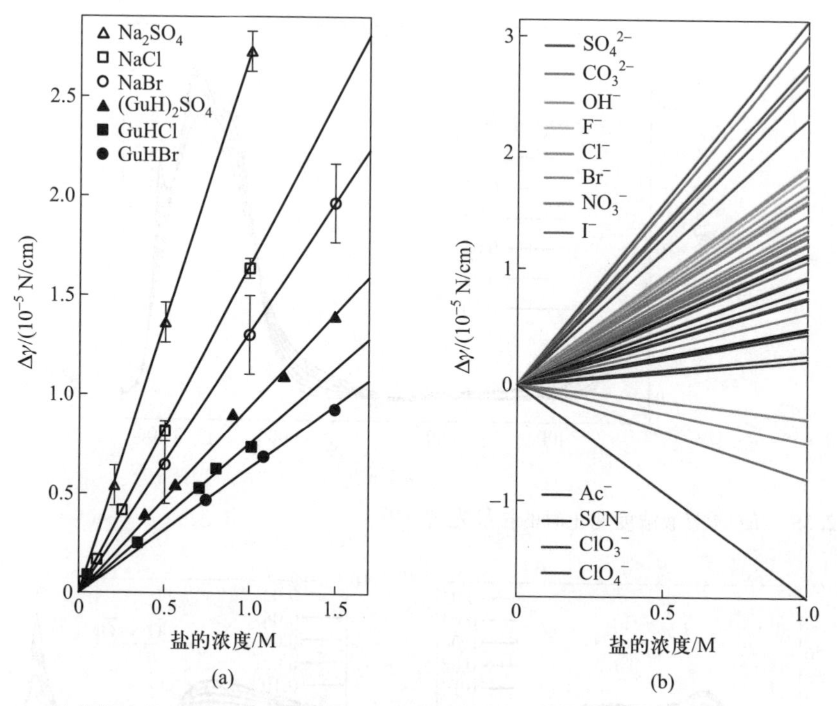

图 13.5 几种代表性的霍夫梅斯特盐的表皮张力数据[15]

空心符号表示钠盐：硫酸盐（三角形）、氯化物(正方形)、溴化物(圆圈)；相应的实心符号表示同阴离子的胍盐[16]

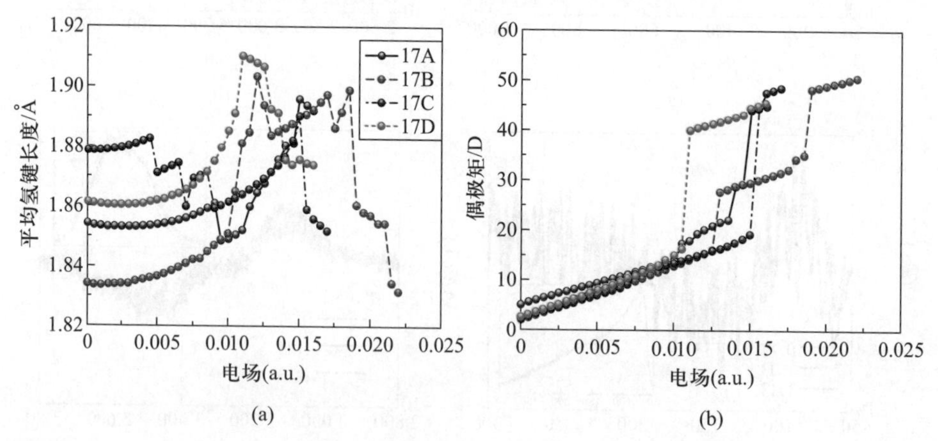

图 15.9 (a)$(H_2O)_{17}$水分子团簇最低能结构 O：H 非键的平均长度随外加电场(原子单位)的变化情况，(b)电偶极矩随团簇分子重排和氢键非键断裂发生的跳变[48]

(a)中长度峰值表示非键断开形成了分子团簇开口

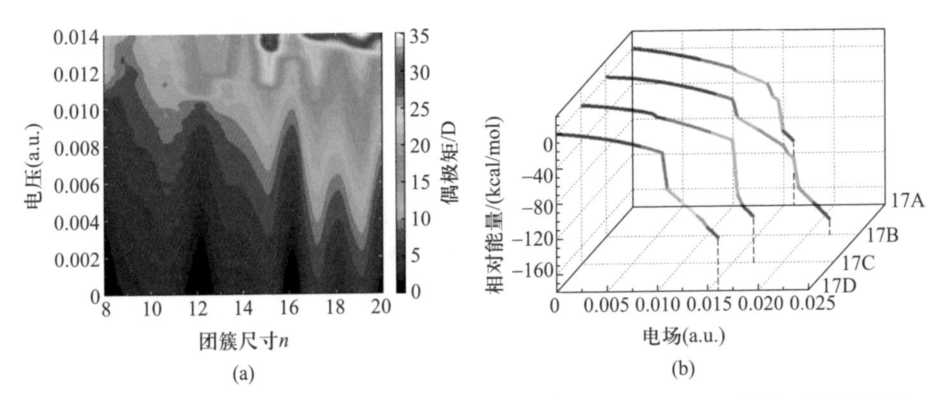

图 15.10 (a)偶极矩随电场和水分子团簇尺寸变化的计算云图，(b)$(H_2O)_{17}$团簇4种构型(17A～17D)构象变化时相对能量(与电场自由能相比)随施于永久偶极矩方向的电场的变化情况[48]

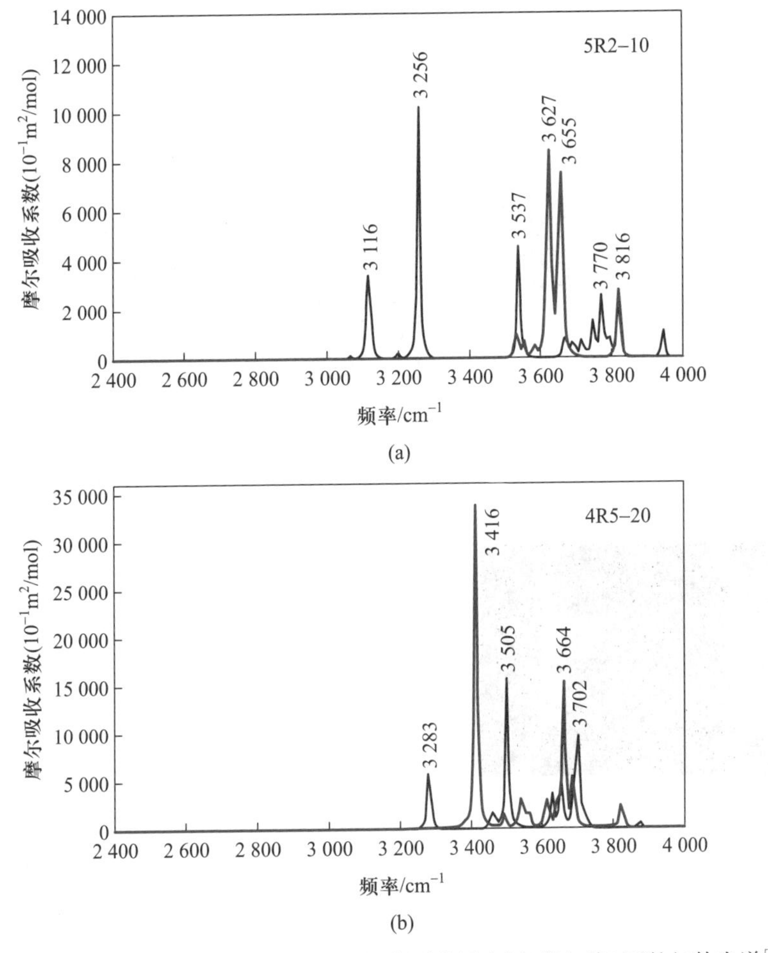

图 15.11 水分子团簇在无电场(细蓝线)和水桥断裂临界电场(粗红线)下的红外光谱[49]

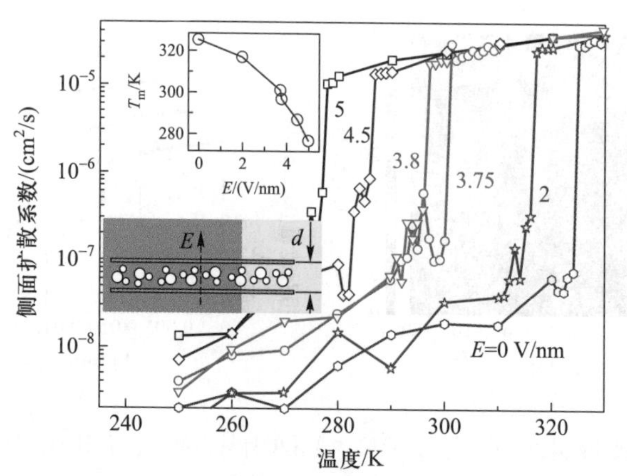

图 15.14 厚度 0.79 nm 的单水分子层的扩散系数随温度和电场强度的变化情况[18]

插图表明冰点与电场强度、单层的水分子结构以及电场方向相关

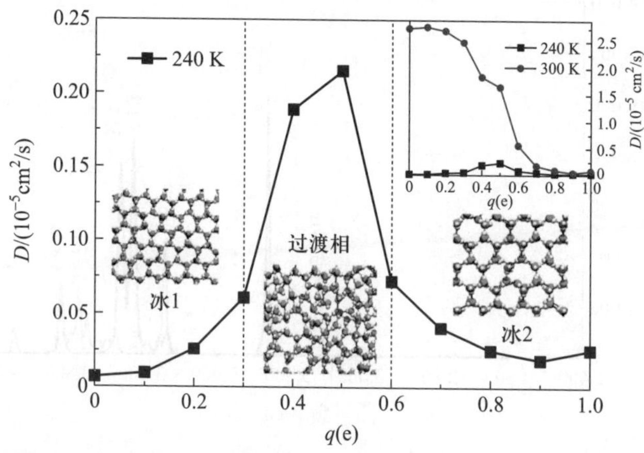

图 15.15 水温 240 K 时，面内扩散系数随六面体对角位置 O 原子的带电量的变化趋势[19]

插图是 300 K 与 240 K 两种温度下扩散系数的对比

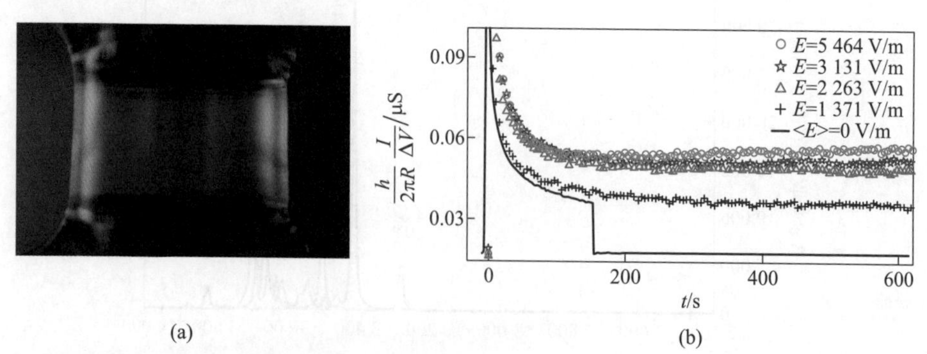

图 15.16 (a) 100 nm 圆柱壳肥皂膜中肥皂液在外加电压作用下克服自重流动的情况，(b) 归一化的电导率随时间和外加电场的变化[54, 55]

外加电压会使薄膜变厚、延长电导弛豫时间，增加溶液流速

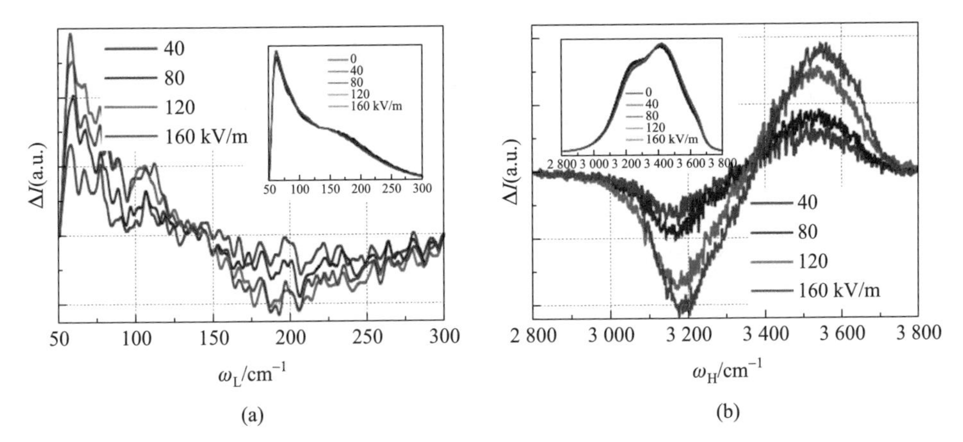

图 15.17 室温去离子水在外加电场作用下的(a)低、(b)高频频移差谱

电极间距为 3.8 mm。电压低于 1 000 V 时，H—O 特征峰频移不明显

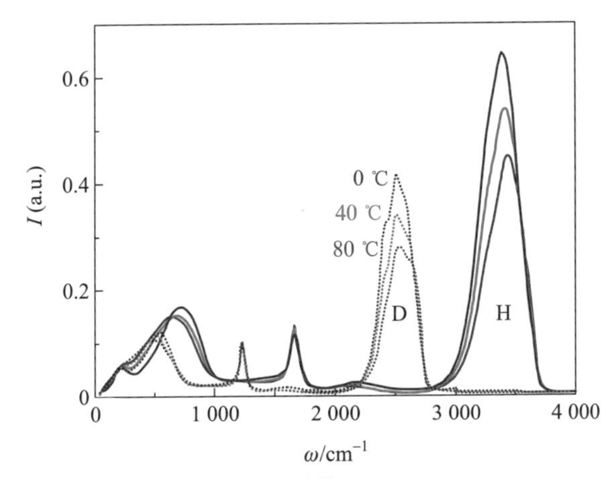

图 16.4 水与重水薄层(1 μm)的红外声子谱[17]

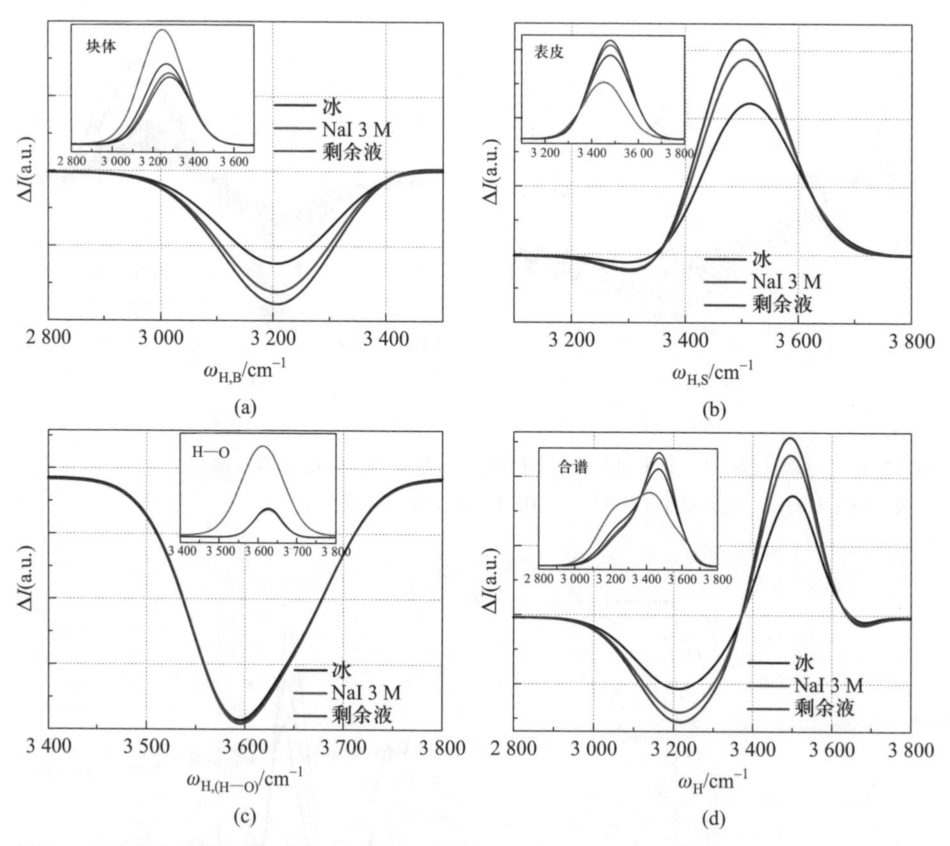

图 16.9 室温与大气环境下，3 M 的 NaI 溶液、融化液、剩余母液的(a)块体、(b)表皮、(c)H—O 悬键和(d)总的高频部分的差谱结果

(d)中峰面积得失相等。H—O 声子蓝移和峰面积损失表明 I^- 优先占据表皮位置。表皮面积包括水表皮与离子水合层

图 16.11 尼加拉瓜瀑布上的雾和云及相应的粒子模型

云和雾皆由水分子团簇组成，表皮的低配位分子造成表皮极化与超固态而使团簇呈各向异性。表皮间的库仑力与水滴中心和表皮间的吸引力相平衡，防止团簇变大或被负电荷吸引而下落

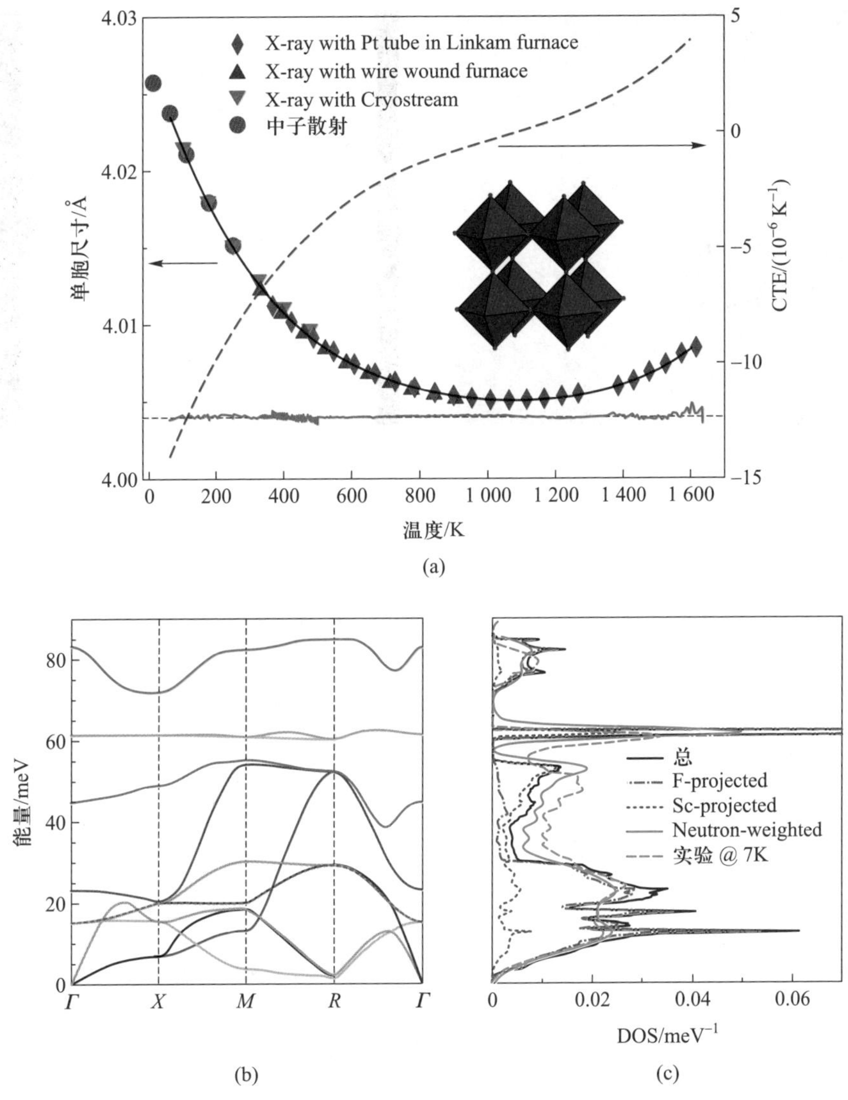

图 16.16 立方晶格 ScF_3(a)负热膨胀性能的测试结果以及第一性原理计算的 0 K 时态密度的(b)总体和(c)部分曲线[55,56]

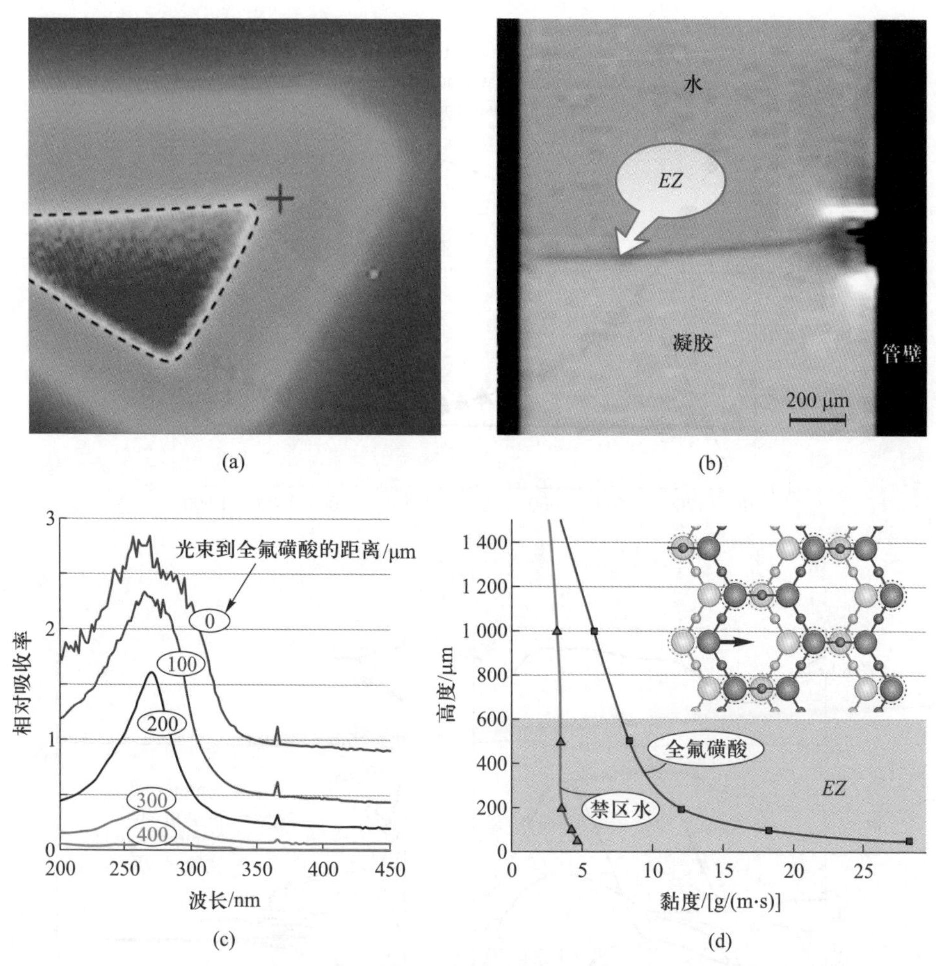

图 16.18 (a)水中全氟磺酸(三角区域)的红外吸收谱，绿色区域为禁区水；(b)类凝胶禁区水的核磁共振成像；(c)全氟磺酸不同位置的紫外吸收谱数据；(d)禁区水的黏性

(d)中插图为水的结构模型，箭头和虚线圆圈表示近邻水层的偏离情况[23]

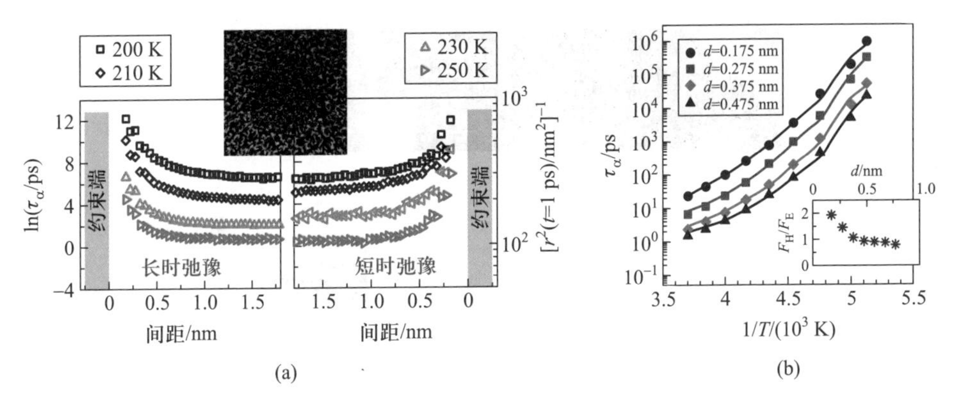

图 16.19 (a)弛豫时间 τ_α 和 O 原子振幅平方值 r^2 随温度以及离约束端间距的变化情况，(b)不同位置 d 和温度下的弛豫时间[66]

(b)中插图为 210 K 时，不同区域的跳跃势垒与弹性势垒的比值

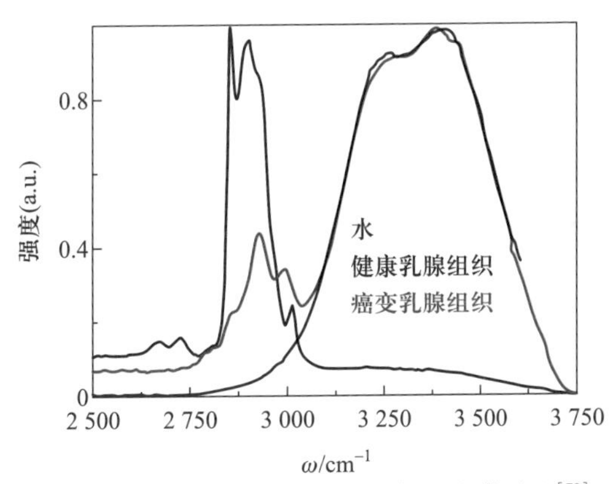

图 16.21 健康(非癌变)和癌变乳腺组织以及纯水的拉曼光谱对比[79]

(2 900±100) cm^{-1}是 C—H 键的拉伸特征频率

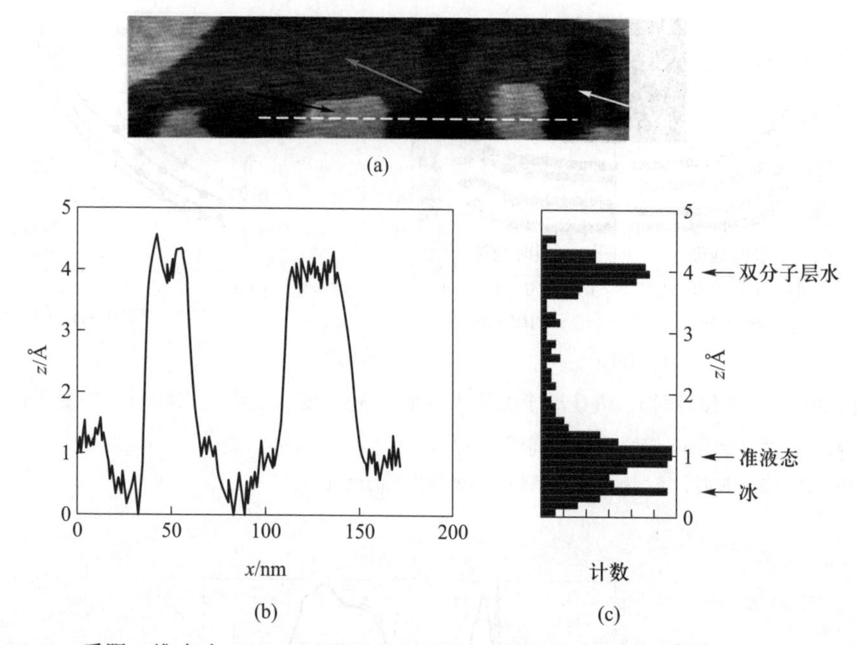

图 16.27 受限二维水在 6 GPa 压强下的原子力显微拓扑高度分布[103]：(a) 3 种不同高度——(i)白箭头指冰，(ii)蓝箭头指准固(液)态，(iii)黑箭头指双分子层水；(b)沿(a)中白线单向扫描的高度分布显示高度差为 3.6 Å，准固态比冰层高约 0.70 Å；(c)三相的丰度分布

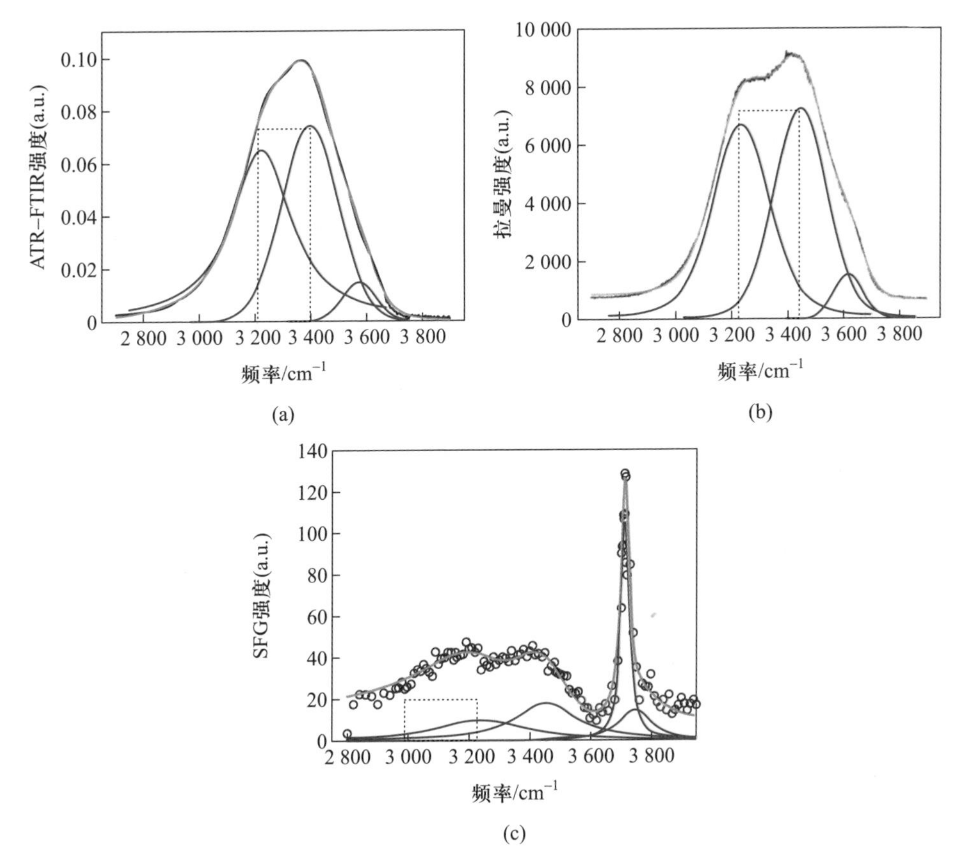

图 17.8 纯水 H—O 频段(a)衰减全反射傅里叶变换红外光谱(ATR-FTIR)、(b)各向同性拉曼光谱以及(c)气-液界面 SSP-极化 SFG 谱的解谱结果[40]

红外与拉曼谱中块体、表皮、H—O 悬键对应的特征峰约为 3 200 cm^{-1}、3 450 cm^{-1}、3 650 cm^{-1}[41]。SFG 收集单分子表皮的信息，其 H—O 悬键声子频率为 3 700 cm^{-1}

材料基因组工程丛书

> 已出书目

□ 化学键的弛豫

孙长庆　黄勇力　王 艳　著

■ 氢键规则六十条

孙长庆　黄勇力　张 希　著

即将出版

□ 材料信息学

Krishna Rajan　著

尹海清　译

□ 固体变形与破坏多尺度分析导论

范镜泓　徐硕志　著

□ 水合反应动力学——电荷注入理论

孙长庆　黄勇力　杨学弦　著